普通高等教育规划教材

分 析 化 学

王中慧　张清华　主编

化学工业出版社

·北京·

本书是根据应用型本科院校化学工程与工艺专业教学需求和教学改革成果，充分吸收教学一线骨干教师多年的教学体会和经验，参考相关的同类教材编写而成。全书共分十五章，包括绪论，定量分析化学概论，酸碱滴定法，络合滴定法，氧化还原滴定法，沉淀滴定法，重量分析法和光、电、色谱等仪器分析方法。教材注重基本方法、基本理论、基本应用及理论联系实际的教学要求，重点突出学生应用能力的培养。每章附有本章小结、思考题与习题。

本书可作为高等应用型本科院校化学化工类、轻工类、材料化学类、冶金类、矿物加工类、环境保护类专业分析化学课程的教材，也可供理、工、农、医科院校和从事分析化学工作的科技人员阅读和参考。

图书在版编目（CIP）数据

分析化学/王中慧，张清华主编． —北京：化学工业出版社，2013.8（2021.2重印）
普通高等教育规划教材
ISBN 978-7-122-18001-8

Ⅰ.①分…　Ⅱ.①王…②张…　Ⅲ.①分析化学-高等学校-教材　Ⅳ.①O65

中国版本图书馆 CIP 数据核字（2013）第 165057 号

责任编辑：张双进　　　　　　　　　　　　文字编辑：孙凤英
责任校对：吴　静　　　　　　　　　　　　装帧设计：王晓宇

出版发行：化学工业出版社（北京市东城区青年湖南街 13 号　邮政编码 100011）
印　　装：北京盛通商印快线网络科技有限公司
787mm×1092mm　1/16　印张 23¼　字数 598 千字　2021 年 2 月北京第 1 版第 4 次印刷

购书咨询：010-64518888　　　　　　　　　售后服务：010-64518899
网　　址：http://www.cip.com.cn
凡购买本书，如有缺损质量问题，本社销售中心负责调换。

定　　价：42.00 元　　　　　　　　　　　　　　　　　　　　　版权所有　违者必究

前　言

本书是根据化学工程与工艺专业教材会议制定的《分析化学》教材编写大纲编写的，作为地方应用型本科院校化学化工类、环境科学类、材料化学类等专业的分析化学课程教材。

分析化学是化工类专业的基础课程之一。通过本课程的学习，要求学生掌握分析化学的基本理论，准确树立量的概念，并对近代仪器分析方法有所了解，初步具有分析问题和解决问题的能力。本书的编写以培养应用型人才为目标，以应用、实用、适用为原则，体现应用理论的系统性，注重理论的应用方法，兼顾应用理论和应用实践的比例，有助于学生应用能力和素质的培养。

分析化学的内容十分广泛，本书在化学分析方面，对"酸碱滴定法"、"络合滴定法"、"氧化还原滴定法"、"重量分析法"和"沉淀滴定法"等做了比较全面系统的阐述；在仪器分析方面，重点阐述了"紫外可见分光光度分析"、"原子发射光谱法"、"原子吸收光谱法"、"电位分析法"和"气相色谱法"等。此外，根据教材大纲的要求，考虑到教材的适应面要适当广一点，本书还编写了"分析化学中的误差及分析数据处理"、"常用的分离和富集方法"以及"定量分析的一般步骤"等章节。

全书共分十五章，绪论由吕梁学院王中慧编写；第1章、第2章由太原科技大学胡建水编写；第3章由吕梁学院范冬梅编写；第4章、第10章由太原科技大学王跃平编写；第5章由太原科技大学陶仙水编写；第6章由吕梁学院周慧编写；第7章由吕梁学院王玲编写；第8章、第12章由吕梁学院任列香编写；第9章、第11章由太原科技大学张清华编写；第13章、第14章分别由太原科技大学吴志刚和张书琳编写。全书由王中慧、张清华统稿。

由于编者水平和能力有限，书中还存在不少不妥之处，希望读者批评指正，以便以后修改。

编者
2013年5月

目 录

绪论 ··· 1
  0.1 分析化学的任务和作用 ·· 1
  0.2 分析方法的分类 ·· 1
    0.2.1 定性分析、定量分析和结构分析 ································ 1
    0.2.2 无机分析和有机分析 ·· 1
    0.2.3 化学分析和仪器分析 ·· 2
    0.2.4 常量分析、半微量分析和微量分析 ································ 2
    0.2.5 例行分析、快速分析和仲裁分析 ································ 2
  0.3 分析化学的发展 ·· 3
    0.3.1 分析化学发展简史 ·· 3
    0.3.2 分析化学发展趋势 ·· 3
  0.4 分析化学的学习方法 ·· 4

第1章　定量分析化学概论 ·· 5
  1.1 误差及其产生的原因 ·· 5
    1.1.1 基本概念 ·· 5
    1.1.2 准确度与精密度 ·· 5
    1.1.3 误差与偏差 ·· 6
    1.1.4 极差 ·· 7
    1.1.5 公差 ·· 8
    1.1.6 系统误差和随机误差 ·· 8
  1.2 定量分析结果的表示方法 ·· 9
    1.2.1 待测组分的化学表示形式 ······································ 9
    1.2.2 待测组分含量的表示方法 ······································ 9
  1.3 有效数字及其运算规则 ·· 10
    1.3.1 有效数字 ·· 10
    1.3.2 数字的修约规则 ·· 11
    1.3.3 计算规则 ·· 11
  1.4 分析结果的数据处理 ·· 12
    1.4.1 随机误差的正态分布 ·· 12
    1.4.2 总体平均值的估计 ·· 16
    1.4.3 平均值的置信区间 ·· 18
    1.4.4 异常值的取舍 ·· 19
    1.4.5 显著性检验 ·· 21
    1.4.6 回归分析法（选学） ·· 24
    1.4.7 误差的传递 ·· 26
  1.5 提高分析结果准确度的方法 ·· 29

第 2 章 滴定分析法概论 ·········· 36

2.1 滴定分析法简介 ·········· 36
2.1.1 滴定分析法的过程和方法特点 ·········· 36
2.1.2 滴定分析法对滴定反应的要求 ·········· 36
2.1.3 滴定方式 ·········· 36
2.2 标准溶液浓度的表示方法 ·········· 37
2.2.1 物质的量的浓度 ·········· 37
2.2.2 滴定度 ·········· 38
2.3 标准溶液的配制和浓度的标定 ·········· 38
2.3.1 基准物质 ·········· 38
2.3.2 标准溶液的配制 ·········· 38
2.4 滴定分析中的计算 ·········· 39
2.4.1 滴定分析计算的依据和常用的公式 ·········· 39
2.4.2 标准溶液的配制、稀释与增浓 ·········· 39
2.4.3 标定溶液浓度的有关计算 ·········· 40
2.4.4 物质的量的浓度与滴定度之间的换算 ·········· 41
2.4.5 被测物质的质量分数的计算 ·········· 41

第 3 章 酸碱滴定法 ·········· 46

3.1 酸碱平衡的理论基础 ·········· 46
3.1.1 酸碱质子理论 ·········· 46
3.1.2 酸碱解离平衡 ·········· 48
3.2 水溶液中弱酸（碱）各种型体的分布 ·········· 49
3.2.1 一元弱酸 ·········· 49
3.2.2 多元酸 ·········· 50
3.3 酸碱溶液氢离子浓度的计算 ·········· 52
3.3.1 物料平衡、电荷平衡和质子平衡 ·········· 52
3.3.2 一元强酸（碱）溶液 H^+ 浓度的计算 ·········· 55
3.3.3 一元弱酸（碱）溶液 H^+ 浓度的计算 ·········· 55
3.3.4 多元弱酸（碱）溶液 H^+ 浓度的计算 ·········· 57
3.3.5 两性物质溶液 H^+ 浓度的计算 ·········· 58
3.3.6 强酸与弱酸的混合溶液中 H^+ 浓度的计算 ·········· 59
3.4 酸碱缓冲溶液 ·········· 62
3.4.1 缓冲溶液 pH 值的计算 ·········· 63
3.4.2 缓冲容量与缓冲范围 ·········· 64
3.4.3 常用缓冲溶液的选择与配制 ·········· 64
3.5 酸碱指示剂 ·········· 65
3.5.1 酸碱指示剂的作用原理 ·········· 65
3.5.2 指示剂变色的 pH 范围 ·········· 66
3.5.3 影响指示剂变色范围的因素 ·········· 67
3.5.4 混合指示剂 ·········· 67
3.6 酸碱滴定基本原理 ·········· 68

3.6.1　用强碱（酸）滴定强酸（碱) ………………………………………… 69
3.6.2　用强碱（酸）滴定一元弱酸（碱） …………………………………… 71
3.6.3　多元酸碱的滴定 ……………………………………………………… 74
3.6.4　混合酸碱的滴定 ……………………………………………………… 76
3.6.5　酸碱滴定中 CO_2 的影响 …………………………………………… 76
3.6.6　终点误差 E_t ………………………………………………………… 77
3.7　酸碱滴定法的应用示例 ……………………………………………………… 80
3.7.1　食用醋中总酸度的测定 ……………………………………………… 80
3.7.2　混合碱的分析 ………………………………………………………… 80
3.7.3　铵盐中氮的测定 ……………………………………………………… 82
3.7.4　有机化合物中氮含量的测定——凯氏（Kjeldahl）定氮法 ………… 83
3.7.5　极弱酸（碱）的测定 ………………………………………………… 83
3.7.6　酸碱滴定法测定磷 …………………………………………………… 84
3.7.7　氟硅酸钾容量法测定硅酸盐中 SiO_2 含量 ………………………… 84
3.8　非水溶液中的酸碱滴定 ……………………………………………………… 85
3.8.1　非水滴定中的溶剂 …………………………………………………… 85
3.8.2　非水滴定条件的选择 ………………………………………………… 86
3.8.3　非水溶液中酸碱滴定应用示例 ……………………………………… 87

第4章　络合滴定法 …………………………………………………………… 94
4.1　概述 …………………………………………………………………………… 94
4.1.1　络合滴定中的络合剂 ………………………………………………… 94
4.1.2　乙二胺四乙酸及其二钠盐 …………………………………………… 96
4.1.3　金属离子与 EDTA 形成的络合物 …………………………………… 97
4.2　络合物在溶液中的离解平衡 ………………………………………………… 97
4.2.1　络合物的稳定常数 …………………………………………………… 97
4.2.2　溶液中各级络合物型体的分布 ……………………………………… 99
4.2.3　平均配位数 …………………………………………………………… 100
4.3　副反应系数和条件稳定常数 ………………………………………………… 100
4.3.1　副反应和副反应系数 ………………………………………………… 101
4.3.2　条件稳定常数 ………………………………………………………… 105
4.3.3　金属离子缓冲溶液 …………………………………………………… 106
4.4　络合滴定基本原理 …………………………………………………………… 106
4.4.1　络合滴定曲线 ………………………………………………………… 106
4.4.2　影响滴定 pM′ 突跃的主要因素 ……………………………………… 108
4.5　终点误差和准确滴定的条件 ………………………………………………… 109
4.5.1　终点误差 ……………………………………………………………… 109
4.5.2　直接准确滴定金属离子的条件 ……………………………………… 111
4.5.3　单一金属离子滴定中酸度的选择与控制 …………………………… 112
4.6　金属指示剂 …………………………………………………………………… 113
4.6.1　金属指示剂的作用原理 ……………………………………………… 113
4.6.2　金属指示剂的变色点 pM 值 ………………………………………… 114

4.6.3 金属指示剂在使用中存在的问题 ……………………………………………………… 114
   4.6.4 常用的金属指示剂简介 …………………………………………………………………… 115
 4.7 提高络合滴定选择性的方法 …………………………………………………………………… 116
   4.7.1 控制酸度进行混合离子的选择滴定 ……………………………………………………… 116
   4.7.2 使用掩蔽剂提高络合滴定的选择性 ……………………………………………………… 117
   4.7.3 选用其他络合剂 …………………………………………………………………………… 120
 4.8 络合滴定方式及其应用 ………………………………………………………………………… 121
   4.8.1 直接滴定法 ………………………………………………………………………………… 121
   4.8.2 返滴定法 …………………………………………………………………………………… 122
   4.8.3 置换滴定法 ………………………………………………………………………………… 122
   4.8.4 间接滴定法 ………………………………………………………………………………… 123
   4.8.5 络合滴定结果的计算 ……………………………………………………………………… 124

第5章 氧化还原滴定法 ……………………………………………………………………………… 130
 5.1 氧化还原平衡 …………………………………………………………………………………… 130
   5.1.1 条件电极电位 ……………………………………………………………………………… 130
   5.1.2 外界条件对电极电位的影响 ……………………………………………………………… 131
   5.1.3 氧化还原平衡常数 ………………………………………………………………………… 133
   5.1.4 化学计量点时反应进行的程度 …………………………………………………………… 134
 5.2 氧化还原反应的速率 …………………………………………………………………………… 135
 5.3 氧化还原滴定基本原理 ………………………………………………………………………… 136
   5.3.1 氧化还原滴定曲线 ………………………………………………………………………… 136
   5.3.2 化学计量点电位的计算通式 ……………………………………………………………… 138
   5.3.3 氧化还原滴定终点误差 …………………………………………………………………… 139
 5.4 氧化还原滴定中的指示剂 ……………………………………………………………………… 141
   5.4.1 氧化还原指示剂 …………………………………………………………………………… 141
   5.4.2 其他指示剂 ………………………………………………………………………………… 141
   5.4.3 指示剂的选择 ……………………………………………………………………………… 142
 5.5 氧化还原滴定前的预处理 ……………………………………………………………………… 142
 5.6 常见的氧化还原滴定法及其应用 ……………………………………………………………… 143
   5.6.1 高锰酸钾法 ………………………………………………………………………………… 144
   5.6.2 重铬酸钾法 ………………………………………………………………………………… 146
   5.6.3 碘量法 ……………………………………………………………………………………… 147
   5.6.4 其他方法 …………………………………………………………………………………… 150
 5.7 氧化还原滴定结果的计算 ……………………………………………………………………… 152

第6章 沉淀滴定法 …………………………………………………………………………………… 158
 6.1 概述 ……………………………………………………………………………………………… 158
 6.2 确定终点的方法 ………………………………………………………………………………… 158
   6.2.1 莫尔法 ……………………………………………………………………………………… 158
   6.2.2 佛尔哈德法 ………………………………………………………………………………… 160
   6.2.3 法扬司法 …………………………………………………………………………………… 161

6.3 沉淀滴定法应用示例 ··· 162
   6.3.1 可溶性氯化物中氯的测定 ··· 162
   6.3.2 银合金中银的测定 ··· 162
   6.3.3 有机卤化物中卤素的测定 ··· 162

第7章 重量分析法 ··· 165

7.1 重量分析法概述 ··· 165
   7.1.1 重量分析法的分类和特点 ··· 165
   7.1.2 重量分析法对沉淀形式和称量形式的要求 ······················· 166
7.2 沉淀的溶解度及其影响因素 ··· 167
   7.2.1 溶解度、溶度积和条件溶度积 ··· 167
   7.2.2 影响沉淀溶解度的因素 ·· 169
7.3 沉淀的类型和沉淀的形成过程 ··· 175
   7.3.1 沉淀的类型 ··· 175
   7.3.2 沉淀形成的过程及影响沉淀类型的因素 ···························· 175
7.4 影响沉淀纯度的主要因素 ··· 177
   7.4.1 影响沉淀纯度的因素 ·· 177
   7.4.2 提高沉淀纯度的措施 ·· 179
7.5 沉淀条件的选择 ··· 180
   7.5.1 晶形沉淀的沉淀条件 ·· 180
   7.5.2 无定形沉淀的沉淀条件 ·· 180
   7.5.3 均匀沉淀法 ··· 181
7.6 有机沉淀剂 ··· 182
7.7 重量分析法结果的计算 ··· 183

第8章 紫外-可见分光光度分析 ··· 187

8.1 概述 ·· 187
   8.1.1 光的基本性质 ··· 187
   8.1.2 物质对光的选择性吸收 ·· 188
   8.1.3 吸收曲线 ·· 189
8.2 光吸收的基本定律 ·· 190
   8.2.1 朗伯-比尔定律 ··· 190
   8.2.2 引起朗伯-比尔定律偏离的因素 ······································· 191
8.3 比色法和吸光光度法及其仪器 ··· 192
   8.3.1 目视比色法 ··· 192
   8.3.2 吸光光度法 ··· 192
   8.3.3 分光光度计的基本部件 ·· 193
   8.3.4 吸光度的测量原理 ··· 195
   8.3.5 分光光度计的类型 ··· 195
8.4 光度分析法的设计 ·· 197
   8.4.1 显色反应 ·· 197
   8.4.2 显色条件的选择 ··· 199

8.4.3　测量波长和吸光度范围的选择 ……………………………………………… 201
　　8.4.4　参比溶液的选择 ………………………………………………………………… 202
　　8.4.5　标准曲线的制作 ………………………………………………………………… 202
8.5　吸光光度法的应用 …………………………………………………………………… 202
　　8.5.1　定量分析 …………………………………………………………………………… 203
　　8.5.2　络合物组成和酸碱解离常数的测定 ……………………………………… 205
　　8.5.3　双波长分光光度法 ……………………………………………………………… 207
　　8.5.4　示差分光光度法 ………………………………………………………………… 207
8.6　有机化合物紫外-可见吸收光谱简介 …………………………………………… 208
　　8.6.1　有机化合物电子跃迁的类型 ………………………………………………… 208
　　8.6.2　有机化合物的吸收带 …………………………………………………………… 209
　　8.6.3　影响紫外-可见吸收光谱的因素 …………………………………………… 210
　　8.6.4　紫外-可见吸收光谱在有机化合物中的应用 …………………………… 210

第9章　原子吸收光谱法 …………………………………………………………………… 215
9.1　概述 ……………………………………………………………………………………… 215
　　9.1.1　原子吸收光谱的发现与发展 ………………………………………………… 215
　　9.1.2　原子吸收光谱分析过程 ………………………………………………………… 215
　　9.1.3　原子吸收光谱法的特点和应用范围 ………………………………………… 215
9.2　基本原理 ………………………………………………………………………………… 216
　　9.2.1　共振线和吸收线 ………………………………………………………………… 216
　　9.2.2　吸收线轮廓及谱线变宽 ………………………………………………………… 217
　　9.2.3　基态原子数（N_0）与待测元素原子总数（N）的关系 ………………… 218
　　9.2.4　积分吸收与峰值吸收 …………………………………………………………… 219
9.3　原子吸收分光光度计 ………………………………………………………………… 220
　　9.3.1　光源 ………………………………………………………………………………… 221
　　9.3.2　原子化器 …………………………………………………………………………… 222
　　9.3.3　单色器 ……………………………………………………………………………… 225
　　9.3.4　检测系统 …………………………………………………………………………… 225
　　9.3.5　吸收分光光度计的类型 ………………………………………………………… 226
9.4　定量分析方法 …………………………………………………………………………… 226
　　9.4.1　标准曲线法 ………………………………………………………………………… 226
　　9.4.2　标准加入法 ………………………………………………………………………… 227
9.5　原子吸收分光光度法干扰及消除方法 …………………………………………… 228
　　9.5.1　光谱干扰及消除 ………………………………………………………………… 228
　　9.5.2　物理干扰及消除 ………………………………………………………………… 229
　　9.5.3　化学干扰及消除 ………………………………………………………………… 229
　　9.5.4　电离干扰及消除 ………………………………………………………………… 229
　　9.5.5　有机溶剂的影响 ………………………………………………………………… 230
9.6　工作条件的选择 ……………………………………………………………………… 230
　　9.6.1　分析线的选择 …………………………………………………………………… 230
　　9.6.2　空心阴极灯电流的选择 ………………………………………………………… 231

9.6.3　狭缝宽度的选择 ……………………………………………………………… 231
　　9.6.4　原子化条件的选择 …………………………………………………………… 231
9.7　灵敏度和检出极限 …………………………………………………………………… 232
　　9.7.1　灵敏度（S） ………………………………………………………………… 232
　　9.7.2　检出限 ………………………………………………………………………… 233
9.8　原子吸收分光光度法的特点及其应用 ……………………………………………… 233

第10章　原子发射光谱法 …………………………………………………………… 236
10.1　概述 …………………………………………………………………………………… 236
　　10.1.1　原子发射光谱法基本原理 …………………………………………………… 236
　　10.1.2　原子发射光谱法的特点 ……………………………………………………… 239
10.2　光谱分析仪器 ………………………………………………………………………… 239
　　10.2.1　激发光源 ……………………………………………………………………… 239
　　10.2.2　光谱仪（摄谱仪） …………………………………………………………… 242
10.3　原子发射光谱分析 …………………………………………………………………… 247
　　10.3.1　光谱定性分析 ………………………………………………………………… 247
　　10.3.2　光谱半定量分析 ……………………………………………………………… 249
　　10.3.3　光谱定量分析 ………………………………………………………………… 250
10.4　发射光谱的应用 ……………………………………………………………………… 254

第11章　电位分析法 ………………………………………………………………… 257
11.1　电分析化学法概述 …………………………………………………………………… 257
11.2　电位分析法原理 ……………………………………………………………………… 257
　　11.2.1　电位分析法的分类及特点 …………………………………………………… 257
　　11.2.2　化学电池 ……………………………………………………………………… 258
　　11.2.3　电极电位及其测量 …………………………………………………………… 259
11.3　参比电极 ……………………………………………………………………………… 259
　　11.3.1　甘汞电极 ……………………………………………………………………… 260
　　11.3.2　银-氯化银电极 ………………………………………………………………… 261
11.4　指示电极 ……………………………………………………………………………… 261
　　11.4.1　金属基电极 …………………………………………………………………… 262
　　11.4.2　离子选择性电极 ……………………………………………………………… 263
11.5　直接电位法 …………………………………………………………………………… 268
　　11.5.1　直接电位法测pH ……………………………………………………………… 268
　　11.5.2　离子活（浓）度的测定 ……………………………………………………… 269
　　11.5.3　影响测定准确度的因素 ……………………………………………………… 271
　　11.5.4　直接电位法的应用 …………………………………………………………… 273
11.6　电位滴定法 …………………………………………………………………………… 273
　　11.6.1　电位滴定法的测定原理 ……………………………………………………… 273
　　11.6.2　基本装置 ……………………………………………………………………… 273
　　11.6.3　电位滴定的终点确定方法 …………………………………………………… 274
　　11.6.4　电位滴定法的应用 …………………………………………………………… 275

11.6.5 自动电位滴定法 …………………………………………………………… 276

第12章 气相色谱法 ………………………………………………………………… 279
12.1 概述 ……………………………………………………………………………… 279
  12.1.1 色谱法简介 …………………………………………………………… 279
  12.1.2 色谱法的分类 ………………………………………………………… 279
  12.1.3 气相色谱分离流程 …………………………………………………… 280
  12.1.4 气相色谱常用术语 …………………………………………………… 281
12.2 气相色谱理论基础 ……………………………………………………………… 283
  12.2.1 分配平衡 ……………………………………………………………… 283
  12.2.2 塔板理论 ……………………………………………………………… 284
  12.2.3 速率理论 ……………………………………………………………… 284
12.3 色谱分离条件的选择 …………………………………………………………… 287
  12.3.1 分离度 ………………………………………………………………… 287
  12.3.2 色谱基本分离方程式 ………………………………………………… 288
  12.3.3 分离操作条件的选择 ………………………………………………… 289
12.4 气相色谱固定相及其选择原则 ………………………………………………… 290
  12.4.1 固体固定相（吸附剂） ……………………………………………… 290
  12.4.2 液体固定相 …………………………………………………………… 290
  12.4.3 新型合成固定相 ……………………………………………………… 292
12.5 气相色谱检测器 ………………………………………………………………… 293
  12.5.1 热导池检测器 ………………………………………………………… 293
  12.5.2 氢火焰离子化检测器 ………………………………………………… 295
  12.5.3 电子捕获检测器 ……………………………………………………… 296
  12.5.4 火焰光度检测器 ……………………………………………………… 297
  12.5.5 检测器的性能指标 …………………………………………………… 298
12.6 气相色谱定性方法 ……………………………………………………………… 300
  12.6.1 根据色谱保留值进行定性分析 ……………………………………… 300
  12.6.2 与其他方法结合的定性分析 ………………………………………… 302
  12.6.3 利用检测器的选择性进行定性分析 ………………………………… 302
12.7 气相色谱定量方法 ……………………………………………………………… 302
  12.7.1 响应信号的测量 ……………………………………………………… 302
  12.7.2 定量校正因子 ………………………………………………………… 303
  12.7.3 几种常用的定量计算方法 …………………………………………… 303
12.8 毛细管柱气相色谱法 …………………………………………………………… 305
  12.8.1 毛细管色谱柱 ………………………………………………………… 305
  12.8.2 毛细管色谱柱的特点 ………………………………………………… 305
  12.8.3 毛细管柱的色谱系统 ………………………………………………… 306
12.9 气相色谱分析的特点及其应用 ………………………………………………… 306
  12.9.1 气相色谱法的特点 …………………………………………………… 306
  12.9.2 气相色谱法的应用 …………………………………………………… 307
12.10 高效液相色谱法简介 …………………………………………………………… 307

  12.10.1 高效液相色谱法的特点 …………………………………… 307
  12.10.2 高效液相色谱法的分类 …………………………………… 308
  12.10.3 高效液相色谱仪 …………………………………………… 308

第13章 常用的分离和富集方法 ……………………………………… 313
 13.1 概述 ……………………………………………………………… 313
  13.1.1 沉淀分离法 ………………………………………………… 313
  13.1.2 挥发和蒸馏分离法 ………………………………………… 316
 13.2 溶剂萃取分离法 ………………………………………………… 317
  13.2.1 萃取分离的基本原理 ……………………………………… 317
  13.2.2 重要萃取体系 ……………………………………………… 318
  13.2.3 萃取操作方法 ……………………………………………… 319
 13.3 离子交换分离法 ………………………………………………… 322
  13.3.1 离子交换树脂的结构和性质 ……………………………… 322
  13.3.2 离子交换亲和力 …………………………………………… 324
  13.3.3 离子交换色谱法 …………………………………………… 325
  13.3.4 离子交换分离法的操作 …………………………………… 326
  13.3.5 离子交换分离法的应用 …………………………………… 327
 13.4 色谱分离法 ……………………………………………………… 328
  13.4.1 反向分配色谱分离法（柱色谱）………………………… 329
  13.4.2 纸上色谱分离法（纸色谱）……………………………… 329
  13.4.3 薄层色谱分离法（薄层色谱）…………………………… 330

第14章 定量分析的一般步骤 ………………………………………… 333
 14.1 分析试样的采取和制备 ………………………………………… 333
  14.1.1 组成分布比较均匀的试样采取 …………………………… 333
  14.1.2 组成分布比较不均匀的试样采取 ………………………… 333
  14.1.3 分析试样的制备 …………………………………………… 334
  14.1.4 采取与制备试样应注意的事项 …………………………… 335
 14.2 试样的分解 ……………………………………………………… 335
  14.2.1 无机试样的分解 …………………………………………… 335
  14.2.2 有机试样的分解 …………………………………………… 337
 14.3 测定方法的选择 ………………………………………………… 338
  14.3.1 对测定的具体要求 ………………………………………… 338
  14.3.2 被测组分的性质 …………………………………………… 339
  14.3.3 被测组分的含量 …………………………………………… 339
  14.3.4 共存组分的影响 …………………………………………… 339
 14.4 复杂物质分析示例——硅酸盐的分析 ………………………… 339
  14.4.1 硅酸盐试样的分解 ………………………………………… 339
  14.4.2 SiO_2 的测定 ……………………………………………… 340
  14.4.3 Fe_2O_3、Al_2O_3 和 TiO_2 的测定 …………………… 340
  14.4.4 CaO 和 MgO 的测定 …………………………………… 341

附录 ... 342

- 表1 常用基准物质的干燥条件和应用 ... 342
- 表2 弱酸、弱碱在水中的解离常数（25℃，$I=0\text{mol}\cdot\text{L}^{-1}$） ... 342
- 表3 常用缓冲溶液的配制 ... 343
- 表4 部分络合物的形成常数（18~25℃） ... 343
- 表5 金属离子与某些氨羧络合剂络合物的形成常数（18~25℃，$I=0.1\text{mol}\cdot\text{L}^{-1}$） ... 345
- 表6 EDTA 的酸效应系数 $\lg\alpha_{Y(H)}$ 值 ... 346
- 表7 一些络合剂的酸效应系数 $\lg\alpha_{L(H)}$ ... 346
- 表8 部分金属离子的水解效应系数 $\lg\alpha_{M(OH)}$ 值 ... 346
- 表9 铬黑 T 和二甲酚橙的 $\lg\alpha_{In(H)}$ 及其变色点的 pM（pM_t）值 ... 347
- 表10 ΔpM 与 A 的换算（$A=|10^{\Delta pM}-10^{-\Delta pM}|$） ... 347
- 表11 指数加法表 ... 348
- 表12 部分氧化还原电对的标准电极电势（18~25℃） ... 348
- 表13 部分氧化还原电对的条件电势（18~25℃） ... 349
- 表14 难溶化合物的活度积常数（18~25℃，$I=0\text{mol}\cdot\text{L}^{-1}$） ... 351
- 表15 相对原子质量表 ... 352
- 表16 化合物的相对分子质量 ... 353

参考文献 ... 356

绪 论

0.1 分析化学的任务和作用

分析化学是研究物质化学组成、形态、含量和结构等信息的有关理论和分析方法的一门科学，它是化学学科的一个重要分支。其主要任务是鉴定物质的化学组成、结构和测量有关组分的含量。因此，分析化学实质上是一门表征和测量的科学。无论是测量还是表征，都涉及相应的方法和技术。通过建立新的分析方法、开发新的分析技术等手段，分析化学帮助人们掌握认知世界物质的质和量的一般规律。

分析化学是研究物质及其变化的重要方法之一。在化学学科本身的发展过程中，分析化学一直起着非常重要的作用。很多化学规律，如元素周期表的建立，质量守恒定律、定比定律、倍比定律的发现，原子论、分子论的创立，相对原子质量的测定等都与分析化学的贡献密切相关。另外，任何科学研究，只要涉及化学现象，都需要用到分析化学为其提供信息以分析、解决问题。如生物学、医药学、农业科学、材料科学、矿物学、地质学、海洋学、天文学、考古学、环境科学及生命科学等，分析化学常作为一种手段而被应用到其研究当中去。

在国民经济建设和工农业生产中，分析化学也具有重要的地位和作用。例如，在工业上，资源的勘探、原料的配比、工艺流程的控制、产品质量的检验及"三废"的处理等；在农业上，水、土壤成分的调查，化肥和农药的生产，农产品质量的检验等；在尖端科学、国防、公安、航天、食品等领域中，如原子能材料、半导体材料、超纯物质、航天技术等的研究都离不开分析化学。

分析化学在各个领域中都有着十分重要的地位，它常被认为是衡量一个国家科学技术水平的标志之一。

0.2 分析方法的分类

分析化学可以按照任务不同分为定性分析、定量分析和结构分析，也可根据分析对象的不同分为无机分析和有机分析，还可以根据测定原理、试样用量、被测组分含量和生产部门的要求等，分为许多不同类别。

0.2.1 定性分析、定量分析和结构分析

定性分析的任务是鉴定物质的化学组成，如物质是由哪些元素、离子或哪些原子、分子组成的，对有机物而言，是由哪些官能团组成；定量分析的任务是测量物质中各组分的含量；结构分析的任务是研究各组分是以怎样的状态构成物质的。

0.2.2 无机分析和有机分析

根据分析对象的不同，分析化学可以分为无机分析和有机分析。前者的对象是无机物，后者的对象是有机物。在无机分析中，无机化合物所含的元素种类繁多，通常要求鉴定试样是由哪些元素、离子、原子团或化合物所组成，各组分的含量是多少。在有机分析中，虽然组成有机化合物的元素种类并不多，但由于有机化合物结构复杂，其种类达千万种以上，故

分析方法不仅有元素分析,还有官能团和结构分析。

0.2.3 化学分析和仪器分析

依据分析方法的原理,分析化学可分为化学分析法和仪器分析法两大类。

(1) 化学分析法

化学分析法以物质化学反应为基础,主要有重量分析法和滴定分析法。

重量分析法是通过化学反应及一系列操作步骤使被测组分从试样中分离出来后直接称其质量,是人们最早采用的定量分析方法。

滴定分析法(旧称容量分析法)是将已知准确浓度的试剂溶液,滴加到待测物质的溶液中,使其与待测组分发生反应,当化学反应恰好完成时,根据所用试剂的准确体积、浓度和严格的化学计量关系,计算出待测组分的含量。依据不同反应类型,滴定分析法又分为酸碱滴定法、络合滴定法、氧化还原滴定法和沉淀滴定法四大类。

这两类分析方法历史悠久,又是分析化学的基础,所以又称为经典分析法,适用于含量在1%以上的常量组分的测定。

(2) 仪器分析法

以物质的物理或物理化学性质为基础的分析方法称为物理和物理化学分析法,由于这两类方法都需要使用特殊的仪器,故称之为仪器分析法。

使用某种专门的仪器进行检测,如果物质的某种物理或物理化学性质所表现出的检测信号与它的某种参数如质量、浓度等之间存在着某种简单的函数关系,就可以根据此建立相应的分析方法。随着光电技术和计算机技术的不断发展,各种新的仪器分析方法相继建立。主要有光学分析法、电化学分析法、色谱法和其他仪器分析法四大类型。其他仪器分析法包括质谱分析、核磁共振分析、电子显微镜分析、生化分析及生物传感器、各种联用技术等,种类很多。而且新的方法还在不断出现。

0.2.4 常量分析、半微量分析和微量分析

分析工作中所用试样量的大小以及被测物质组分含量的多少,也是分析方法分类的重要标准。

① 根据所用试样量大小不同的分析方法见表0-1。

表0-1 根据所用试样量大小不同的分析方法

分析方法	固体试样用量	液体试样用量/mL	分析方法	固体试样用量	液体试样用量/mL
常量分析	>0.1g	>10	微量分析	0.1~10mg	0.01~1
半微量分析	0.01~0.1g	1~10	痕量分析	<0.1mg	<0.01

② 根据被测组分含量不同的分析方法见表0-2。

表0-2 根据被测组分含量不同的分析方法

分析方法	被测组分含量	分析方法	被测组分含量
常量组分分析	>1%	痕量组分分析	<0.01%
微量组分分析	0.01%~1%		

0.2.5 例行分析、快速分析和仲裁分析

例行分析又称为常规分析,是指一般化验室对日常生产中的原材料和产品所进行的分析。其目的是控制原料的规格、生产流程及产品质量。

快速分析主要为控制生产过程提供信息。例如冶金过程中的炉前分析,要求在尽量短的时间内报出分析结果,以便控制生产过程,这种分析要求速度快,准确的程度达到一定要求即可。

仲裁分析是当不同单位对同一试样分析得出不同的测定结果，并由此发生争议时，要求权威机构用公认的标准方法进行准确的分析，以裁判原分析结果的准确性。显然，在仲裁分析中，对分析方法和分析结果要求有较高的准确度。

0.3 分析化学的发展

分析化学有着悠久的历史，也是近年来发展最为迅速的学科之一。在科学史上，分析化学曾经是研究化学的开路先锋，它在化学学科、矿产资源的勘察、利用及社会发展过程做出了重要的贡献。

0.3.1 分析化学发展简史

分析化学萌芽于历史上的炼丹术和炼金术，它们都涉及对原材料的检验和产品质量的判断。例如公元 4 世纪，人们为了鉴定金块成色就开始使用试金石。阿基米德在公元前 3 世纪就利用金、银密度之间的差异解决了金冕纯度问题，建立了史上最早的无损分析法。

分析化学最初只是一些分析检验的实践活动，16 世纪湿法分析在工业生产中被广泛应用；18 世纪，重量分析法的出现使得分析化学迈进了定量分析时代。定性、定量分析不断发展，不断趋于完善，直到 20 世纪初期物理化学溶液理论的完善为分析化学的发展提供了理论依据，这时分析化学才真正成为一门独立的学科，被称为经典分析化学。

第二次世界大战前后，物理学及电子学的发展，促进了各种仪器分析方法的发展，改变了经典分析化学以化学分析为主的局面。

自 20 世纪 70 年代以来，以计算机应用为主要标志的信息时代到来的同时，生命科学、环境科学、新材料科学等学科也迅猛发展，各种基础理论、分析测试方法与手段日趋完善，促使分析化学发生了进一步变革：不仅可以为各种物质提供组成、含量、结构、分布、形态等全面的信息，还可以使微区分析、薄层分析、无损分析、瞬时追踪、在线监测及全过程控制等过去的难题都迎刃而解。从这个角度来讲，分析化学是一门信息科学，也被称为现代分析化学。现代分析化学广泛吸取了当代科学技术的最新成就，成为当代最富活力学科之一。

0.3.2 分析化学发展趋势

美国《分析化学》杂志中由 G. M. Hieftje 教授撰写的"编者的话"对分析化学有这样一个全新的定义，他说："分析化学是一门仪器装置和测量的科学（Analytical chemistry is a science of instrumentation and measurements）"。这一定义明确地把"仪器（装置）"作为分析化学的主要研究内容，并放在"测量"之前，这反映了当今分析化学发展的动向。

从对分析化学的要求上来看，分析手段必须朝着越来越灵敏、快速、准确、简便和自动化的方向发展。例如，半导体技术中的原子级加工，要求测出单个原子数目；环境保护工作要求测定超微量有害物质；在地质普查、勘探工作中，需要获得上百万、上千万个数据，不仅要求快速、自动化，而且要求发展遥控技术；生命科学作为 21 世纪的一门基础科学，它的发展同样也离不开分析化学。例如，生命体系中元素都不以游离状态发挥作用，因此需采用在体、在线、最好是非侵入式的分析方法，生命过程大都与水溶液中分子或基团的化学反应有关，因此溶液分子或基团的分子光谱检测就成了许多研究工作的重点。此外，电分析方法、各种分离技术、成像技术特别是医学化学成像技术等都已主要集中于生命过程的研究。因此，分析化学的任务也不再限于测定物质的组分和含量，而是要求提供物质更多、更全面的信息：从常量到微量、痕量及微粒分析；从组成到形态分析；从总体到微区、表面、逐层分析；从宏观到微观结构分析；从静态到快速追踪分析；从破坏试样到无损分析；从离线到在线分析等。因此，现代分析化学的方法正向着仪器化、自动化及各种分析方法联用的方向发展，许多由计算机控制的完全自动化的分析仪器已经商品化，不但节省了时间，也大大提高了分析工作的水平和效能。

另外，科学发展史也证明，仪器是现代科学发展的基础。许多重要的科学分支，特别是分析化学的许多分支学科都是从某项重要仪器装置的研制成功而建立和发展起来的。例如，极谱仪的发明产生了极谱学；光谱仪的发明产生了光谱学；色谱仪的发明产生了色谱学；质谱仪的发明产生了质谱学等。由此可见，仪器创新在分析化学的发展中的重要地位和作用。将分析仪器的研究作为分析化学的一个主要内容，无疑将促进分析化学的迅速发展。因此，不断采用新出现的各项高新科技成果解决各个领域各个学科的问题也将是分析化学发展的一个重要趋势。

0.4 分析化学的学习方法

分析化学是高等学校化学化工类、材料科学类等专业的基础课程之一，是一门实践性很强的学科。通过学习本课程，学生可以掌握分析化学的基本原理和测定方法，正确地进行有关计算，准确树立"量"的概念。并培养学生严肃认真、实事求是的科学态度以及严谨细致地进行科学实验的基本技能，培养学生分析问题、解决问题和创新能力，为学习后续课程打下坚实的基础。

根据本课程特点，学生在学习《分析化学》理论课时，应掌握每一个理论的来由、结论、作用和局限性。本课程涉及公式颇多，不同公式有不同的适用条件；因此记住最基本的公式，同时掌握重要的推导方法是学习的有效方法。另外，多做习题是学好"分析化学原理"的前提，因为概念、理论的掌握是以反复做习题为基础的，教材中许多习题是前人的研究课题，多做习题也有利于体会科学研究的思想方法。

分析化学原理涉及整个化学及其他如数学、物理学、信息科学、材料科学、环境科学、生物科学等许多领域。这就需要学生在学习过程中，注意分析化学原理和方法与化学其他分支学科以及其他相关学科之间的内在联系；注意利用各种资源对相关学科的知识进行更进一步认识。如阅读相关文献，了解分析化学学科发展战略、分析化学传感原理及生化分析、环境分析的重要性等。

分析化学是一门以实验为基础的科学，在学习过程中必须注意理论与实践的相结合，在所学理论的正确指导下，熟练地掌握分析化学的实验方法和基本操作技能。

第 1 章　定量分析化学概论

定量分析（quantitative analysis）的任务是准确测定试样中待测组分的含量。但是，在分析过程中，即使技术非常熟练的分析人员，在相同条件下用同样的试剂和同一方法对同一试样仔细地进行多次测量，也不可能得到完全一致的分析结果。这表明误差（error）的存在具有客观性，是不可能完全避免或消除的。因此，在进行定量测定时，必须对分析结果的可靠性和准确度做出合理的判断和正确的表达，了解分析过程中产生误差的原因及其特点，采取相应措施尽量减少误差，使分析结果达到一定的准确度。

1.1　误差及其产生的原因

1.1.1　基本概念

（1）真值

某一物理量本身具有的客观存在的真实数值，即为该量的真值（true value, x_T）。由于测定过程中误差的客观存在，我们难以获得其真实值，因此在分析化学中常将以下的值当做真值来处理。

① 理论真值　如某化合物的理论组成等。

② 计量学约定真值　如国际计量大会上确定的长度、质量、物质的量单位等。

③ 相对真值　可采用各种可靠的分析方法，使用最精密的仪器，经过不同实验室、不同人员进行平行分析，用数理统计方法对分析结果进行处理，确定出各组分相对准确的含量，此值为标准值，一般用标准值代表该物质中各组分的真实含量。在实际工作中，人们把标准物质作为参考物质，用来校准测量仪器、评价测量方法等，标准物质在市场上有售，它给出的标准值是最接近真值的。

（2）平均值

在日常分析工作中，总是对某试样平行测定数次，取其算术平均值（mean, $\bar{x}$）作为分析结果，若以 x_1, x_2, $\cdots$, x_n 代表各次的测量值，n 代表平行测定的次数，$\bar{x}$ 代表平均值，即：

$$\bar{x} = \frac{x_1 + x_2 + \cdots + x_n}{n} = \frac{1}{n}\sum_{i=1}^{n} x_i \tag{1-1}$$

平均值不是真值，只能说明真值的最佳估计。

（3）中位数

数理统计中常使用中位数（median, x_M），即一组测量数据按大小顺序排列，当测量次数 n 是奇数时，排在中间一个数据即为中位数；当测定次数 n 为偶数时，中位数为中间相邻两个数据的平均值。与平均值相比，中位数的优点是能简便直观地说明一组数据的结果，不受两端具有过大误差的数据的影响，其缺点是不能充分利用数据。

1.1.2　准确度与精密度

准确度（accuracy）是指测定值与真实值之间相符合的程度。准确度的高低常以误差的大小来衡量，误差愈小，说明分析结果的准确度愈高。准确度除受到诸如使用方法、仪器和试剂等固定原因影响外，也受到偶然因素以及操作者的操作经验、操作水平和工作态度等影响。

在实际工作中，分析人员在同一条件下平行测定几次，如果几次分析结果的数值比较接近，表示分析结果的精密度高。精密度（precision）表示各次分析结果相互接近的程度。精密度的大小用偏差表示，偏差愈小说明精密度愈高；精密度仅受偶然因素以及操作者的工作态度、操作经验和操作水平等影响。在分析化学中，有时用重复性（repeatability）和再现性（reproducibility）表示不同情况下分析结果的精密度。根据 ISO 的建议，重复性表示一段时间间隔，在同样条件（操作者、仪器、实验室），用相同试剂、相同方法获得的各个结果的接近程度。类似地，再现性表示用相同试剂、相同方法，但在不同条件（如，不同实验室、操作者、仪器和时间）下获得的各个结果的接近程度。显然，重复性与再现性的概念基本相似，只是分别涉及相同和不同的工作条件。

尽管准确度和精密度是两个不同的概念，但是相互之间具有一定的关系。现举例说明。

例如 现有甲、乙、丙、丁四人同时测定某一矿样中的铜含量（$T=10.00\%$），每人分别平行测定 6 次，6 次测定值表示于图 1-1 中。由图 1-1 可见：甲的分析结果，精密度较高，但其平均值与真实值相差较大，测定结果的准确度较低；乙的测定值精密度和准确度均很好，结果可靠；丙的测定结果虽然平均值靠近真实值，但 6 次测定值精密度都很差，可认为纯属巧合；丁的测定结果精密度低，其准确度也低。

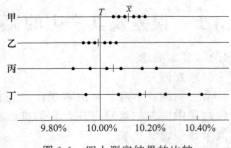

图 1-1 四人测定结果的比较

由此可见，欲使分析结果的准确度高，首先必须要求精密度高。但由于在测定过程当中存在着各种不同性质的误差，精密度高的分析结果，其准确度不一定高；精密度是保证准确度的先决条件。

1.1.3 误差与偏差

（1）误差

误差可采用绝对误差（absolute error，E_A）和相对误差（relative error，E_R）两种方法表示。绝对误差是测量值（measured value，x）与真值之间的差值，即：

$$E_A = x - x_T \tag{1-2a}$$

$$E_R = \frac{E_A}{x_T} \times 100\% = \frac{x - x_T}{x_T} \times 100\% \tag{1-2b}$$

由于测定值可能大于真实值，也可能小于真实值，所以绝对误差和相对误差都有正、负之分。

例如，若测定值为 47.30%，真实值为 47.34%，则：

$$E_A = x - x_T = 47.30\% - 47.34\% = -0.04\%$$

$$E_R = \frac{E_A}{x_T} \times 100\% = \frac{-0.04\%}{47.34\%} \times 100\% = -0.08\%$$

又如，若测定值为 79.35%，真实值为 79.39%，则：

$$E_A = x - x_T = 79.35\% - 79.39\% = -0.04\%$$

$$E_R = \frac{E_A}{x_T} \times 100\% = \frac{-0.04\%}{79.39\%} \times 100\% = -0.05\%$$

从两次测定的绝对误差看是相同的，但它们的相对误差却相差较大，而相对误差是指误差在真实值中所占的百分率。上面两例中相对误差不同说明它们在真实值中所占的百分率不同。因此，用相对误差来衡量测定的准确度更具有实际意义。

对于多次测量的数值，其准确度可按下式计算结果表示：

$$E_A = \bar{x} - x_T \tag{1-3a}$$

$$E_R = \frac{\bar{x} - x_T}{x_T} \times 100\% \tag{1-3b}$$

【例 1-1】 若测定 3 次的结果为：$0.1101g \cdot L^{-1}$，$0.1093g \cdot L^{-1}$，$0.1085g \cdot L^{-1}$，真值为：$0.1134g \cdot L^{-1}$，求绝对误差和相对误差。

解：平均值 $\bar{x} = \dfrac{x_1 + x_2 + \cdots + x_n}{n} = \dfrac{0.1101 + 0.1093 + 0.1085}{3} = 0.1093g \cdot L^{-1}$

$$E_A = \bar{x} - x_T = 0.1093 - 0.1134 = -0.0041g \cdot L^{-1}$$

$$E_R = \frac{\bar{x} - x_T}{x_T} \times 100\% = \frac{-0.0041}{0.1134} \times 100\% = -3.62\%$$

但应注意，有时为了说明一些仪器测量的准确度，用绝对误差更明了。例如分析天平的称量误差是 $\pm 0.0001g$，常量滴定管的读数误差是 $\pm 0.01mL$ 等。这些都是用绝对误差来说明的。

(2) 偏差

由于难于获得真值，因此在实际分析工作中，一般要对试样进行多次平行测定，以求得测定结果的算术平均值。这种情况下，通常采用偏差来衡量测定结果的精密度。偏差（deviation，d）表示测量值（x）与平均值（$\bar{x}$）之间的差值，常有以下几种表示方式。

若用 d_i 表示各次测定结果 x_i 与平均值 $\bar{x}$ 之间的差值，则：

个别测定值的绝对偏差

$$d_i = x_i - \bar{x} \tag{1-4a}$$

平均偏差

$$\bar{d} = \frac{|d_1| + |d_2| + \cdots + |d_i|}{n} \tag{1-4b}$$

相对平均偏差

$$\bar{d}_R = \frac{\bar{d}}{\bar{x}} \times 100\% \tag{1-4c}$$

个别测定值的偏差有正负。在计算平均偏差时，若不取绝对值，其值为零或接近零，无法较真实地反映测定值的分散程度，也就失去了其表示数据精密度的功能。

当测定的次数较多时，多采用标准偏差（standard deviation，s）或相对标准偏差（relative standard deviation，s_R）来表示数据的分散程度。实际测定时，测量的次数总是有限的，有限次测量的样本标准偏差 s 为：

$$s = \sqrt{\frac{d_1^2 + d_2^2 + \cdots + d_i^2}{n-1}} \tag{1-5a}$$

相对标准偏差亦称变异系数

$$s_R = \frac{s}{\bar{x}} \times 100\% \tag{1-5b}$$

与平均偏差相比，它通过平方运算后，能将较大的偏差显著地表现出来，因此，标准偏差能更好地反映测量数据的精密度。实际工作中，常用相对标准偏差表示分析结果的精密度。

1.1.4 极差

偏差也可用极差或全距（range，R）表示，它是一组平行数据中最大值 x_{max} 和最小值

x_{min} 的差值。即：

$$R = x_{max} - x_{min} \tag{1-6}$$

极差越大，数据越分散；反之，数据越集中。此法简单，适用于少数几次测定。

1.1.5 公差

从前面的讨论可知，误差和偏差具有不同的含义。误差以真值为标准，偏差以测定结果的平均值为标准。客观存在的真实值是不知道的，实际工作中往往用"标准值"代替真值来检查分析方法的准确度。因此生产部门并不特别强调误差与偏差的区别。

公差是生产部门对分析结果允许偏差的范围规定，在例行分析中，可用公差作为判断分析结果是否合格的依据。若分析结果的绝对偏差不在公差范围内则称为超差，此项分析应重做。

公差范围的确定，一般是根据生产需要和实际情况而制定的，也有许多是由国家统一制定标准的。所谓的实际情况是指试样的组成情况和使用分析方法的准确程度。试样的组成越复杂，进行某一项分析时受到的干扰越严重，由此引起的分析误差也越大。所以分析复杂试样，如天然矿石，应比分析简单试样的公差范围要宽一些。另外，各种分析方法能达到的准确程度不同，其公差范围也不相同。例如比色、极谱、光谱分析方法的相对误差较大，公差范围要宽一些；称量分析和滴定分析的相对误差要小些，公差范围要窄一些。因此要确定允许的公差范围应考虑具体的分析方法。例如，钢铁中碳含量公差范围，国家标准规定如表1-1所示。

表 1-1 钢铁中碳含量公差范围（用绝对误差表示）

碳含量范围/%	0.10~0.20	0.50~1.00	2.00~3.00
公差范围/±%	0.015	0.025	0.045
公差（双面公差）/%	0.030	0.050	0.090

对于具体的分析项目，各主管部门都规定了具体的公差范围。例如，测定工业硫酸的纯度（98%），规定公差为±0.3%。2次平行测定结果为97.40%和98.61%。因为0.61%大于允许差±0.3%绝对值的2倍（0.6%），因此测定无效，此项分析应重做。

应当指出的是，公差可以采用上例所提到绝对误差表示外，还可采用相对误差来表示。

1.1.6 系统误差和随机误差

任何测量都有误差，而这些误差严重影响着实验结果，采取哪些可能的措施可以减小误差，依赖于误差本身的性质。误差按其性质可分为系统误差（systematic error）和随机误差（random error）两类。

（1）系统误差

系统误差是指由某种固定原因所造成的误差。根据产生此类误差的原因，又可以分为以下几种。

① 方法误差 指分析方法本身所造成的误差。例如滴定分析中，滴定终点和化学计量点不吻合；在重量分析中，沉淀的溶解、共沉淀现象等都系统地使测得的数据偏高或偏低。方法的选择和方法的校正可克服方法误差。

② 仪器误差 它是由测定时所用仪器本身不准确引起的。例如天平不准确、容量仪器刻度和仪表刻度不准确等都会系统地使测得的数据偏高或偏低。可对仪器进行校准，来克服仪器误差。

③ 试剂误差 由于试剂或蒸馏水不纯所引起的误差。例如分析中所用的蒸馏水质量不合格，可通过空白试验及使用高纯度的水等方法加以克服。

④ 操作误差　是由操作人员的主观原因造成的误差。例如，由于个体对颜色的敏感程度有差异，在终点的判断上，有人偏深，有人偏浅；读滴定管读数时，有人偏高，有人偏低等。通过加强训练，可减小此类误差。

从上面的叙述可知，此类误差在重复测定时会重复出现，且具有单向性，即正负、大小都有一定的规律性。从理论上讲，若能找出原因，并设法加以测定，是可以消除的，故又称可测误差、恒定误差，但是在实际工作中，有时测定系统误差也是十分困难的。

(2) 随机误差

随机误差亦称偶然误差，它是由某些难以控制且无法避免的偶然因素造成的。例如，测定过程中环境条件（温度、湿度、气压等）的微小变化；分析人员对各份试样处理时的微小差别等。这些不可避免的偶然因素，使分析结果在一定范围内波动而引起随机误差。由于随机误差是由一些不确定的偶然原因造成的，其大小和正负不定，有时大，有时小，有时正，有时负，因此，随机误差是无法测量的，是不可避免的，也是不能加以校正的。例如，一个很有经验的人，进行很仔细的操作，对同一试样进行多次分析，得到的分析结果却不能完全一样，而是有高有低。随机误差的产生难以找出确定的原因，似乎没有规律性，但是当测量次数足够多时，从整体看随机误差是服从统计分布规律的，因此可以用数理统计的方法来处理。

除了系统误差和随机误差外，在分析过程中往往会遇到由于过失产生异常数据的情况，有人把它叫做过失误差。多数教材认为，由于疏忽或差错引起的过失是一种错误，不能称为过失误差，如操作过程中有沉淀的溅失或沾污；试样溶解或转移时不完全或损失；称样时试样洒落在容器外；读错刻度；记录和计算错误；不按操作规程加错试剂等。也有教材把时有发生的诸如仪器失灵、试剂被污染、试样的意外损失等过失称之过失误差。无论过失是否可以称之为一种误差，由于凡是过失都将产生异常数据，因此，一旦发生过失只能重做实验，这种数据绝不能纳入平均值的计算中。

1.2　定量分析结果的表示方法

1.2.1　待测组分的化学表示形式

分析结果通常以待测组分实际存在形式的含量表示。例如，测得试样中氮的含量以后，根据实际情况，以 NH_3，NO_3^-，N_2O_5，NO_2^- 或 N_2O_3 等形式的含量表示分析结果。

如果待测组分的实际存在形式不清楚，则分析结果最好以氧化物或元素形式的含量表示。例如，在矿石分析中，各种元素的含量常以其氧化物形式（如 K_2O，Na_2O，CaO，MgO，FeO，Fe_2O_3，SO_3，P_2O_5 和 SiO_2 等）的含量表示；在金属材料和有机分析中，常以元素形式（如 Fe，Cu，Mo，W 和 C，H，O，N，S 等）的含量表示。

在工业分析中，有时还用所需要的组分的含量表示分析结果。例如，分析铁矿石的目的是为了寻找炼铁的原料，这时就以金属铁的含量来表示分析结果。

电解质溶液的分析结果，常以所存在离子的含量表示，如以 K^+，Na^+，Ca^{2+}，Mg^{2+}，SO_4^{2-}，Cl^- 等的含量或浓度表示。

1.2.2　待测组分含量的表示方法

(1) 固体试样

固体试样中待测组分含量，通常以质量分数表示，试样中含待测物质 B 的质量以 m_B 表示，试样的质量以 m_s 表示，它们的比称为物质 B 的质量分数，以符号 w_B 表示，即：

$$w_B = \frac{m_B}{m_s} \times 100\% \qquad (1-7)$$

一般地，m_B 与 m_s 的单位应当一致，其国际单位制（ISO）规定为 g，但当待测组分含量非常低时，m_B 与 m_s 的单位可以不同，此时 w_B 的量纲就不为 1，而其单位则可采用 $\mu g \cdot g^{-1}$（或 10^{-6}），$ng \cdot g^{-1}$（或 10^{-9}）和 $pg \cdot g^{-1}$（或 10^{-12}）等来表示。

（2）液体试样

液体试样中待测组分的含量可用下列方式来表示。

① 物质的量浓度：表示待测组分的物质的量除以试液的体积，常用单位 $mol \cdot L^{-1}$。

② 质量摩尔浓度：表示待测组分的物质的量除以溶剂的质量，常用单位 $mol \cdot kg^{-1}$。

③ 质量分数：表示待测组分的质量除以试液的质量，量纲为 1。

④ 体积分数：表示待测组分的体积除以试液的体积，量纲为 1。

⑤ 摩尔分数：表示待测组分的物质的量除以试液的物质的量，量纲为 1。

⑥ 质量浓度：表示待测组分的质量除以试液的体积，常用 $mg \cdot L^{-1}$，$\mu g \cdot L^{-1}$，或 $\mu g \cdot mL^{-1}$，$ng \cdot mL^{-1}$，$pg \cdot mL^{-1}$ 等表示。

（3）气体试样

气体试样中的常量或微量组分的含量，通常以体积分数或质量浓度表示。

1.3　有效数字及其运算规则

定量分析中，分析结果不仅需要表达试样中待测组分的含量，同时还应反映测量的准确程度。因此，在实验数据的记录和结果的计算中，保留几位数字不是随意的，需要根据测量仪器、分析方法的准确度来确定。

1.3.1　有效数字

有效数字就是指在分析工作中实际上能测量到的数字。它不仅表示数值的大小，同时反映测量仪器的精密程度。例如，用万分之一的分析天平称量某一试样的质量，称量值为 1.3456g，这 5 位数字中，前 4 位数字都是很准确的，第 5 位数字是由标尺的最小分刻度间估计出来的，是近似的。这第 5 位数字称为可疑数字，但它并不是臆造的，所以记录数据时应保留它，这 5 位数字都是有效数字。对于可疑数字，除非特别说明，通常可理解为它可能有 ±1 个单位的误差。

在实际分析工作中，有效数字保留的位数，应当根据分析方法和仪器准确度来决定。确定有效数字位数时，应遵循以下几条原则。

① 一个测量值只保留一位不确定的数字。例如用万分之一的分析天平称取试样时应记录到克的万分位，如 1.2032g；用普通滴定管滴定时消耗标准溶液的体积应记录到毫升的百分位，如 6.78mL。

② 数字 0~9 都是有效数字，当 0 只是作为确定小数点位置时不是有效数字。例如，6.0080 是五位有效数字，0.0095 则是两位有效数字。

③ 不能因为变换单位而改变有效数字的位数。例如，0.0146g 是三位有效数字，用毫克（mg）表示时应为 14.6mg，用微克（μg）表示时则应写成 $1.46 \times 10^4 \mu g$，但不能写成 $14600\mu g$，因为在分析化学中，以 "0" 结尾的正整数，有效数字的位数视为不确定。14600 这个数据不能反映数字 "6" 是可疑值，有效数字的位数比较模糊而不确定。

④ 在分析化学计算中，常遇到倍数、分数关系。这些数据都是自然数而不是测量所得到的，因此它们的有效数字位数可以认为没有限制。

⑤ 在分析化学中还经常遇到 pH，pM 和 pK 等对数值，其有效数字位数取决于小数部分（尾数）数字的位数，因整数部分（首数）只代表该数的方次。例如，pH=11.28，换算为 H^+ 浓度时，应为 $[H^+]=5.2×10^{-11}$ mol·L^{-1}，有效数字的位数是两位，不是四位。

1.3.2 数字的修约规则

为了适应生产和科技工作的需要，我国已经正式颁布了国家标准 GB 8170-87《数值修约规则》，通常称为"四舍六入五留双"法则。这一法则的具体运用如下。

① 在拟舍弃的数字中，若左边的第一个数字小于 5（不包括 5）时，则舍去。例如，欲将 14.2432 修约成三位，则从第四位开始的"432"就是拟舍弃的数字，其左边的第 1 个数字是"4"，小于 5，应舍去，所以修约后应为 14.2。

② 在拟舍弃的数字中，若左边的第一个数字大于 5（不包括 5）时，则进一。例如，欲将 26.4843 修约为三位，则"843"就是拟舍弃的数字，其左边的第一个数字 8 大于 5，应进一，所以修约后应为 26.5。

③ 在拟舍弃的数字中，若左边的第一个数字等于 5，其右边的数字并非全部为零时，进一。例如 1.0501 修约为两位应是 1.1。

④ 在拟舍弃的数字中，若左边的第一个数字等于 5，其右边的数字皆为零时，所拟保留的末位数字若为奇数则进一，若为偶数（包括"0"），则不进。例如，把下面的数字修约为三位有效数字

0.147500→0.148   12.25→12.2   12.35→12.4
1225.0→1.22×10^3 1235.0→1.24×10^3

⑤ 拟舍去的数字，若为两位以上数字时，不得连续进行多次修约。例如，需将 215.4546 修约成三位，应一次修约为 215。若 215.4546-215.455-215.46-215.5-216，则是不正确的。

试将下列数据修约为四位有效数字：

0.53472→0.5347   3.2458→3.246
21.4051→21.41   124.159→124.2
250.650→250.6   31.3350→31.34

1.3.3 计算规则

在分析结果的计算中，每个测量值的误差都要传递到结果里面，因此必须遵守以下的运算规则。

① 加减法　在加减运算时，应以绝对误差最大（小数点后位数最少）的数为依据，即计算结果小数点后的位数以参加运算的各数据中小数点后位数最少的数为标准。例如18.3+55.236-3.04=70.5，而不是 70.496。

② 乘除法　在乘除运算时，应以相对误差最大（有效数字位数最少）的数为依据，即计算结果有效数字的位数应以参加运算的各数据中有效数字位数最少的数为标准。例如 0.2463×13.2×0.64÷1.00=2.1。

③ 乘方、开方和对数　在乘方、开方和对数运算中，运算结果的有效数字的位数应与原数的位数相同。例如 $\sqrt{1.6×10^{-5}}=4.0×10^{-3}$。

在乘除运算中，若某一数据中第一位有效数字≥8，其有效数字的位数要多算一位。例如 8.42，9.00 均按四位有效数字处理。例如 9.84×0.2000=1.968，而不是 1.97。

在上面的运算中若对数字先修约再进行计算，既可使计算简单，又不会降低数据的准确度。计算的中间过程中，相关数据的有效数字位数应该多保留一位，得到最终结果后，按照修约规则进行处理，最后得到合理的计算结果，这点很重要。

【例 1-2】 计算 1.0121+28.64+2.05442

解：先把 1.0121、2.05442 修约为 1.012、2.054，计算结果，然后再修约为小数点后两位。

$$1.0121+28.64+2.05442=31.71$$

若把 1.0121、2.05442 修约为 1.01、2.05，则计算结果会成为 31.70。

1.4 分析结果的数据处理

分析工作者应该清楚地报告可靠的结果，避免报告任何不确定的数据。面对诸如如何更好地表达分析结果，使其既能显示出测量的精密度，又能表达出结果的准确度；如何对测量的异常值或离群值有根据地进行取舍；如何比较不同工作者、不同实验室间的结果以及用不同实验方法得到的结果等一系列问题。这就需要用数理统计的方法加以解决，通过统计方法来处理实验数据能更准确地表达分析结果，能给出更多的信息。因此，近年来，分析化学中愈来愈广泛地采用统计学方法来处理各种分析数据。

在统计学中，将所研究对象的某特性值的全体称为总体（或母体）。从总体中随机抽取的一组测量值，称为样本（或子样）。样本中所含测量值的数目，称为样本的容量。例如，对某批矿石中的磷含量进行分析，经取样、破碎、缩分后，得到一定数量（例如 350g）的试样供分析用。这就是分析试样，是供分析用的总体。如果我们从中称取 10 份试样进行平行分析，得到 10 个分析结果，则这一组分析结果就是该矿石分析试样总体中的一个随机样本，样本容量为 10。

1.4.1 随机误差的正态分布

前面已指出，随机误差是由某些难以控制且无法避免的偶然因素造成的，它的大小、正负都不定，具有随机性。尽管单个随机误差的出现极无规律，但进行多次重复测定，会发现随机误差是服从一定的统计规律的，因此可以用数理统计的方法研究随机误差的分布规律。首先讨论测量值的频数分布。

（1）频数分布

在相同的实验条件下对某一合金中镍的质量分数（%）进行重复测定，得到 90 个测定值如下：

```
1.60  1.67  1.67  1.64  1.58  1.64  1.67  1.62  1.57  1.60
1.59  1.64  1.74  1.65  1.64  1.61  1.65  1.69  1.64  1.63
1.65  1.70  1.63  1.62  1.70  1.65  1.68  1.66  1.69  1.70
1.70  1.63  1.67  1.70  1.70  1.63  1.57  1.59  1.62  1.60
1.53  1.56  1.58  1.60  1.58  1.59  1.61  1.62  1.55  1.52
1.49  1.56  1.57  1.61  1.61  1.61  1.50  1.53  1.53  1.59
1.66  1.63  1.54  1.66  1.64  1.64  1.64  1.62  1.62  1.65
1.60  1.63  1.62  1.61  1.65  1.61  1.63  1.62  1.54  1.61
1.60  1.64  1.65  1.59  1.58  1.59  1.60  1.67  1.68  1.69
```

由于测量过程中随机误差的影响，这些数据参差不齐，有高有低，为了研究它们分布的规律性，我们按照统计学的方法对它们进行考察。

通常视样本容量的大小将所有的数据分为若干组，但应保证各组有一定的容量，也应保证有一定的组数。本例分为 9 组。再将全部数据由小到大排列成序，找出其中的最大值和最小值，算出极差 R，$R=1.74-1.49=0.25$。由极差除以组数可计算出组距，即每组中最大值与最小值之差，此例中组距为：0.25÷9=0.03。为了避免数据的"骑墙"现象发生，分组时各组界的数值比测量值多取一位数字。频数是指每组中测量值出现的次数，频数与数据总数之比为相对频数或者称为频率。将各组数值范围、频数和相对频数列入表 1-2 中，据此绘出相对频数直方图，如图 1-2 所示。

表 1-2 频率分布表

分组/%	频数	频率（相对频数）	分组/%	频数	频率（相对频数）
1.485~1.515	2	0.022	1.635~1.665	20	0.222
1.515~1.545	6	0.067	1.665~1.695	10	0.111
1.545~1.575	6	0.067	1.695~1.725	6	0.067
1.575~1.605	17	0.189	1.725~1.755	1	0.011
1.605~1.635	22	0.244	Σ	90	1.0

观察图 1-2，会发现它有三个特点。

① 离散性 全部数据是分散的、各异的，具有波动性，但这种波动是在平均值 99.6% 周围波动，或比平均值稍大些，或比平均值稍小些。离散特性应该用偏差来表示，最好的表示方法当然是标准偏差 s，它更能反映出大的偏差，也即离散程度。当测量次数为无限多次时，其标准偏差称为总体标准偏差（population standard deviation），用符号 σ 来表示，计算公式为

$$\sigma = \sqrt{\frac{\sum(x_i-\mu)^2}{n}} \tag{1-8}$$

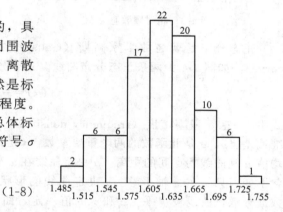

图 1-2 频数分布直方图

式中的 μ 为总体平均值，将在下面予以解释。

② 集中趋势 各数据虽然是分散的、随机出现的，但当数据多到一定程度时就会发现它们存在一定的规律，即它们有向某个中心值集中的趋势，这个中心值通常是算术平均值。当数据无限多时将无限多次测定的平均值称为总体平均值（population mean），用符号 μ 表示，则

$$\mu = \lim_{n\to\infty} \frac{1}{n} \sum_{i=1}^n x_i \tag{1-9}$$

在确认消除系统误差的前提下总体平均值就是真值 x_T。此时总体平均偏差（overall average deviation）δ 为：

$$\delta = \frac{\sum_{i=1}^n |x_i - \mu|}{n} \tag{1-10}$$

用统计学方法可以证明，当测定次数非常多（大于 20）时，总体标准偏差与总体平均偏差有下列关系：

$$\delta = 0.7979\sigma \approx 0.80\sigma \tag{1-11}$$

③ 远离平均值的数据很少。

(2) 正态分布

如果测量数据越多，分组越细，相对频数直方图的多边形就将趋于一条峰状的平滑曲线，如图 1-3，即正态分布（normal distribution）曲线，测定值及其随机误差大多数是服从正态分布规律的。

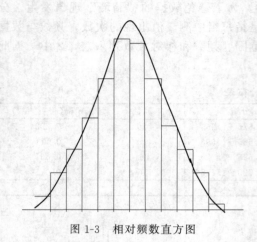
图 1-3　相对频数直方图

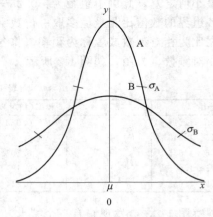
图 1-4　正态分布曲线（μ 相同，σ 不同）

正态分布是著名数学家高斯（Gauss）首先提出的，故又称为高斯曲线（Gaussian-curve），如图 1-4 为两条正态分布曲线。正态分布的概率密度函数式是：

$$y = f(x) = \frac{1}{\sigma\sqrt{2\pi}} e^{-\frac{(x-\mu)^2}{2\sigma^2}} \tag{1-12}$$

式中，y 表示概率密度（frequency density）；x 表示测量值；μ 是总体平均值；σ 为总体标准偏差。μ、σ 是此函数的两个重要参数，σ 是正态分布曲线最高点的横坐标值，它为总体平均值 μ 到曲线拐点间的距离。μ 决定曲线在 x 轴的位置，例如 μ 相同，σ 不同时，曲线的形状不变，只是在 x 轴平移。σ 决定曲线的形状，σ 小，数据的精密度好，曲线瘦高；σ 大，数据分散，曲线较扁平。μ 和 σ 的值一定，曲线的形状和位置就固定了，正态分布就确定了，这种正态分布曲线以 $N(\mu, \sigma^2)$ 表示。$x-\mu$ 表示随机误差，若以 $x-\mu$ 作横坐标，则曲线最高点对应的横坐标为零，这时曲线成为随机误差的正态分布曲线。

由式（1-12）式及图 1-4 可得以下结论。

① $x=\mu$ 时，y 值最大。此即分布曲线的最高点。说明误差为零的测量值出现的概率最大。同时也可以看出，大多数测量值集中在算术平均值附近。

② 曲线以通过 $x=\mu$ 这一点的垂直线为对称轴。这表明绝对值相等的正、负误差出现的概率相等。

③ 当 x 趋向于 $-\infty$ 或 $+\infty$ 时，曲线以 x 轴为渐近线，说明小误差出现的概率大，大误差出现的概率小。

如何计算某区间变量出现的概率，也即如何计算某取值范围的误差出现的概率呢？我们先从数学的角度来考察正态分布密度函数。正态分布曲线和横坐标之间所夹的总面积，就是概率密度函数在 $(-\infty, +\infty)$ 区间的积分值，代表了具有各种大小偏差的测量值出现的概率总和，其值为 1，即概率为：

$$P(-\infty, +\infty) = \frac{1}{\sigma\sqrt{2\pi}} \int_{-\infty}^{+\infty} e^{-(x-\mu)^2/(2\sigma^2)} dx = 1 \tag{1-13}$$

由于式（1-13）的积分计算同 μ 和 σ 有关，计算相当麻烦，为此，在数学上经过一个变量转换。令

$$u = \frac{x-\mu}{\sigma} \tag{1-14}$$

代入式（1-13）得到

$$y = f(x) = \frac{1}{\sigma\sqrt{2\pi}} e^{-\frac{u^2}{2}}$$

由式（1-14）

$$du = \frac{dx}{\sigma}, dx = \sigma du$$

$$f(x)dx = \frac{1}{\sqrt{2\pi}} e^{-\frac{u^2}{2}} du = \phi(x)du$$

故

$$y = \phi(u) = \frac{1}{\sqrt{2\pi}} e^{\frac{u^2}{2}} \tag{1-15}$$

这样，曲线的横坐标就变为 u，纵坐标为概率密度，用 u 和概率密度表示的正态分布曲线称为标准正态分布曲线（图 1-5），用符号 $N(0,1)$ 表示。这样，曲线的形状与 σ 大小无关，即不论原来正态分布曲线是瘦高的还是扁平的，经过这样的变换后都得到相同的一条标准正态分布曲线。标准正态分布曲线较正态分布曲线应用起来更方便些。

标准正态分布曲线与横坐标由 $-\infty$ 到 $+\infty$ 之间所夹面积即为正态分布密度函数在区间 $(-\infty, +\infty)$ 的积分值，代表了所有数据出现的概率总和，其值应为正，即概率 P 为：

$$P = \int_{-\infty}^{+\infty} \phi(u)du = \frac{1}{\sqrt{2\pi}} \int_{-\infty}^{+\infty} e^{-\frac{u^2}{2}} du \tag{1-16}$$

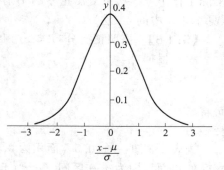

图 1-5　标准正态分布曲线

为使用方便，可将不同 u 值对应的积分值（面积）做成表，称为正态分布概率积分表或简称 u 表。由 u 值即可查得面积（积分值），也即某一区间的测量值或某一范围随机误差出现的概率。

由于积分上下限不同，表的形式有很多种，为了区别起见，一般在表头绘有示意图，用阴影部分指示面积，所以在查表时一定要仔细看，不要查错。本书采用的正态分布概率积分表如表 1-3 所示。

表 1-3　正态分布概率积分表

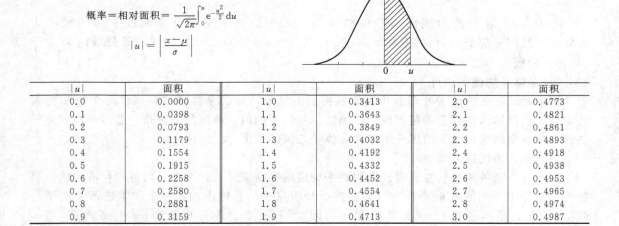

$\|u\|$	面积	$\|u\|$	面积	$\|u\|$	面积
0.0	0.0000	1.0	0.3413	2.0	0.4773
0.1	0.0398	1.1	0.3643	2.1	0.4821
0.2	0.0793	1.2	0.3849	2.2	0.4861
0.3	0.1179	1.3	0.4032	2.3	0.4893
0.4	0.1554	1.4	0.4192	2.4	0.4918
0.5	0.1915	1.5	0.4332	2.5	0.4938
0.6	0.2258	1.6	0.4452	2.6	0.4953
0.7	0.2580	1.7	0.4554	2.7	0.4965
0.8	0.2881	1.8	0.4641	2.8	0.4974
0.9	0.3159	1.9	0.4713	3.0	0.4987

随机误差出现的区间 （以 σ 为单位）	测量值出现的区间	概率
$u=\pm 1.0$	$x=\mu\pm 1\sigma$	68.3%
$u=\pm 1.96$	$x=\mu\pm 1.96\sigma$	95.0%
$u=\pm 2.0$	$x=\mu\pm 2\sigma$	95.5%
$u=\pm 2.58$	$x=\mu\pm 2.58\sigma$	99.0%
$u=\pm 3.0$	$x=\mu\pm 3\sigma$	99.70%

由此可见，在一组测量值中，随机误差超过 $\pm 1\sigma$ 的测量值出现的概率为 31.7%，随机误差超过 $\pm 2\sigma$ 的测量值出现的概率为 5%，随机误差超过 $\pm 3\sigma$ 的测量值出现的概率很小，仅为 0.3%。也就是说，在多次重复测量中，出现特别大的误差的概率是很小的。所以，在实际工作中，多次重复测量中的个别数据的误差的绝对值大于 3σ，则这个极端值可以舍去（见 1.4.4 中的 $4\bar{d}$ 法）。

【例 1-3】 按照正态分布求 x 在区间（$\mu-0.5\sigma$，$\mu+1.5\sigma$）出现的概率。

解： 根据

$$u=\frac{x-\mu}{\sigma}$$

可将 $\mu-0.5\sigma\leqslant x\leqslant\mu+1.5\sigma$

变换为 $-0.5\leqslant u\leqslant 1.5$

查表 1-3 知：$u=0.5$，面积为 0.1915；$u=1.5$，面积为 0.4332。那么在 $-0.5\leqslant u\leqslant 1.5$ 区间的总面积即为 x 在区间（$\mu-0.5\sigma$，$\mu+1.5\sigma$）出现的概率，其值为：

$$P=0.1915+0.4332=0.6247$$

所以 x 在区间（$\mu-0.5\sigma$，$\mu+1.5\sigma$）出现的概率为 62.47%。

【例 1-4】 已知某试样中 Cu 质量分数的真值为 14.48%，$\sigma=0.10\%$，又已知测量时没有系统误差，求分析结果落在 $(14.48\pm 0.10)\%$ 范围内的概率。

解： $|u|=\dfrac{|x-\mu|}{\sigma}=\dfrac{|x-14.48\%|}{0.10\%}=\dfrac{0.10\%}{0.10\%}=1.0$

查表 1-3 求得概率为 $2\times 0.3413=0.6826=68.26\%$

【例 1-5】 例 1-4 中，求分析结果大于 14.70% 的概率。

解： 本例只讨论分析结果大于 14.70% 的分布情况，属于单边问题。

$$|u|=\frac{|x-\mu|}{\sigma}=\frac{14.70\%-14.48\%}{0.10\%}=\frac{0.22\%}{0.10\%}=2.2$$

查表 1-3，求得此时阴影部分的概率为 0.4861。整个正态分布曲线右侧的概率为 0.5000，故阴影部分以外的概率为 $0.5000-0.4861=0.0139=1.39\%$，即分析结果大于 14.70% 的概率为 1.39%。

1.4.2 总体平均值的估计

用数理统计的方法来处理分析测定所得到的结果，目的是将这些结果作一个科学的表达，使人们能够认识到它的精密度、准确度、可信度如何。最好的方法是对总体平均值进行估计，在一定的置信度下给出一个包含总体平均值的范围。

（1）平均值的标准偏差

用统计方法处理分析数据时经常用到平均值的标准偏差。什么是平均值的标准偏差？当我们从总体中分别抽出 m 个样本（通常进行分析只是从总体中抽出一个样本进行 n 次平行测定），每个样本各进行 n 次平行测定。因为有 m 个样本，也就有 m 个平均值，$\bar{x}_1$，

$\bar{x}_2, \cdots, \bar{x}_m$。显然，与上述任一样本中的各单次测定值相比，这些平均值之间的波动性更小，即平均值的精密度比单次测定值的精密度更高。那么由 m 个样本计算所得的平均值 $\bar{x}$ 来估计总体平均值比只用一个样本（做 n 次测定）求得的平均值要更好。

数理统计学可以证明：用 m 个样本，每个样本作 n 次测量的平均值的标准偏差 $s_{\bar{x}}$ 与单次测量结果的标准偏差 s 的关系为：

$$s_{\bar{x}} = \frac{s}{\sqrt{n}} \tag{1-17a}$$

对于无限次测量值，则为：

$$\sigma_{\bar{x}} = \frac{\sigma}{\sqrt{n}} \tag{1-17b}$$

由此可见，由 $\bar{x}_1$，$\bar{x}_2$，$\cdots$，$\bar{x}_m$ 计算得到的平均值的标准偏差（standard deviation of mean）$s_{\bar{x}}$ 与测定次数的平方根成反比，当测量次数增加时，平均值的标准偏差减小。这说明平均值的精密度随着测定次数的增加而提高（图 1-6）。

由图 1-6 可见，开始时随着测量次数 n 的增加，$s_{\bar{x}}$ 的相对值（$s_{\bar{x}}/s$）迅速减小；当 $n>5$ 时，$s_{\bar{x}}$ 的相对值减小的趋势就较慢了；$n>10$ 时，$s_{\bar{x}}$ 的相对值的减小已经很小了。也就是说，过多地增加测定次数，所费劳力、时间与所获精密度的提高相比较，是很不合算的。在分析化学实际工作中，一般平行测定 3～4 次即可，要求较高时，可测定 5～9 次。

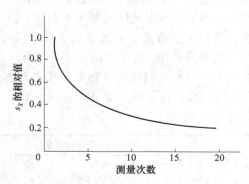

图 1-6　平均值的标准偏差与测量次数的关系

与式（1-17a）相似，平均值的平均偏差 $\delta_{\bar{x}}$（或 $\bar{d}_x$）与单次测量的平均偏差 δ（或 $\bar{d}$）之间，也有下列关系存在：

$$\delta_{\bar{x}} = \frac{\delta}{\sqrt{n}} \tag{1-18a}$$

$$\bar{d}_x = \frac{\bar{d}}{\sqrt{n}} \tag{1-18b}$$

不过平均值的平均偏差很少用。

（2）少量实验数据的统计处理

无限次测量数据的随机误差的分布规律是符合正态分布的，而在实际分析工作中，测量次数都是有限的，其随机误差的分布将不服从正态分布。如何以统计学的方法处理有限次测量数据，使其能合理地推断总体的特征？这是下面要讨论的问题。

当测量数据不多时，无法求得总体平均值 μ 和总体标准偏差 σ，只能用样本的标准偏差 s 来估计测量数据的分散情况。用 s 代替 σ，必然引起正态分布的偏离，从而引起误差。为了得到同样的置信度（面积），必须用一个新的因子代替 u，这个因子是由英国统计学家兼化学家 Gosset 用笔名 Student 提出来的，称为置信因子 t，定义为：

$$t = \frac{\bar{x} - \mu}{s_{\bar{x}}} \tag{1-19}$$

以 t 为统计量的分布称为 t 分布。t 分布可说明当 n 不大（$n<20$）时随机误差的分布规律性。t 分布曲线的纵坐标仍为概率密度，但横坐标则为统计量 t。图 1-7 为 t 分布曲线。

由图 1-7 可见，t 分布曲线与正态分布曲线相似，只是 t 分布曲线随自由度（degree of

freedom，f，$f=n-1$）而改变。在 $f<10$ 时，与正态分布曲线差别较大；在 $f>20$ 时，与正态分布曲线很近似；当 $f\to\infty$ 时，t 分布就趋近于正态分布。

t 分布曲线与正态分布曲线相同之处是，曲线下面一定区间内的积分面积，就是该区间内随机误差出现的概率。不同的是，对于正态分布曲线，只要 u 值一定，相应的概率也一定；但对于 t 分布曲线，当 t 值一定时，由于 f 值的不同，相应曲线所包括的面积也不同，即 t 分布中的区间概率不仅随 t 值而改

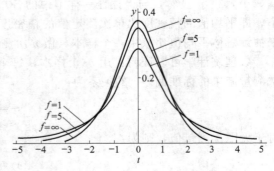

图 1-7　t 分布曲线（$f=1,5,\infty$）

变，还与 f 值有关。不同 f 值及概率所对应的 t 值已由统计学家计算出来。表 1-4 列出了最常用的部分 t 值。表中置信度用 P 表示，它表示在某一 t 值时，测定值落在（$\mu\pm ts$）范围内的概率。显然，测定值落在此范围之外的概率为（$1-P$），称为显著性水准，用 α 表示。由于 t 值与置信度及自由度有关，一般表示为 $t_{\alpha,f}$。

表 1-4　$t_{\alpha,f}$ 值表（双边）

f	置信度，显著性水准			f	置信度，显著性水准		
	$P=0.90$ $\alpha=0.10$	$P=0.95$ $\alpha=0.05$	$P=0.99$ $\alpha=0.01$		$P=0.90$ $\alpha=0.10$	$P=0.95$ $\alpha=0.05$	$P=0.99$ $\alpha=0.01$
1	6.31	12.71	63.66	7	1.90	2.36	3.50
2	2.92	4.30	9.92	8	1.86	2.31	3.36
3	2.35	3.18	5.84	9	1.83	2.26	3.25
4	2.13	2.78	4.60	10	1.81	2.23	3.17
5	2.02	2.57	4.03	20	1.72	2.09	2.84
6	1.94	2.45	3.71	∞	1.64	1.96	2.58

例如，$t_{0.05,10}$ 表示置信度为 95%，自由度为 10 时的 t 值；$t_{0.01,5}$ 表示置信度为 99%，自由度为 5 时的 t 值。

在相同的置信度下，f 小时，t 值较大。理论上，只有当 $f\to\infty$ 时，各置信度对应的 t 值才与相应的 u 值一致。但由表 1-4 可以看出，当 $f=20$ 时，t 值与 u 值已经很接近了。

1.4.3　平均值的置信区间

由 1.4.1 可知，当用单次测量结果（x）来估计总体平均值 μ 的范围，则 μ 被包括在区间（$x\pm1\sigma$）范围内的概率为 68.3%，在区间（$x\pm1.64\sigma$）范围内的概率为 90%，在区间（$x\pm1.96\sigma$）范围内的概率为 95%……它的数学表达式为：

$$\mu=x\pm u\sigma \tag{1-20}$$

不同置信度的 u 值可查表得到。

若以样本平均值来估计总体平均值可能存在的区间，可用下式表示：

$$\mu=\bar{x}\pm\frac{u\sigma}{\sqrt{n}} \tag{1-21}$$

对于少量测量数据，必须根据 t 分布进行统计处理，按 t 的定义式可得出：

$$\mu=\bar{x}\pm t_{\alpha,f}\frac{s}{\sqrt{n}} \tag{1-22}$$

上式表示在某一置信度下，以平均值 $\bar{x}$ 为中心，包括总体平均值 μ 在内的可靠性范围，称为平均值的置信区间。对于置信区间的概念必须正确理解，如 $\mu=47.50\%\pm0.10\%$（置信

度为95%），应当理解为在 $\mu=47.50\% \pm 0.10\%$ 的区间内包括总体平均值 μ 的概率为95%。μ 是个客观存在的恒定值，没有随机性，谈不上什么概率问题，不能说 μ 落在某一区间的概率是多少。

【例 1-6】 测定某铜基催化剂中铜含量的四次测定结果分别为 38.53%，38.48%，38.57%，38.42%，计算置信度为 90%，95%，99% 时，总体平均值 μ 的置信区间。

解： $\bar{x} = \frac{1}{n}\sum_{i=1}^{n} x_i = \frac{38.53\% + 38.48\% + 38.57\% + 38.42\%}{4} = 38.50\%$

$$s = \sqrt{\frac{\sum_{i=1}^{n}(x_i - \bar{x})^2}{n-1}} = 0.06\%$$

置信度 90% 时，$t_{0.10,3} = 2.35$

$$\mu = \bar{x} \pm t_{\alpha,f}\frac{s}{\sqrt{n}} = (38.50 \pm 0.07)\%$$

置信度 95% 时，$t_{0.05,3} = 3.18$

$$\mu = \bar{x} \pm t_{\alpha,f}\frac{s}{\sqrt{n}} = (38.50 \pm 0.10)\%$$

置信度 99% 时，$t_{0.01,3} = 5.84$

$$\mu = \bar{x} \pm t_{\alpha,f}\frac{s}{\sqrt{n}} = (38.50 \pm 0.18)\%$$

从本例可以看出，置信度越低，同一体系的置信区间就越窄；置信度越高，同一体系的置信区间就越宽，即所估计的区间包括真值的可能性也就越大。在实际工作中，置信度不能定得过高或过低。若置信度过高会使置信区间过宽，往往这种判断就失去意义了；置信度定得太低，其判断可靠性就不能保证了。因此置信度的高低应定得合适，要使置信区间的宽度足够窄，而置信度又足够高。在分析化学中，一般将置信度定在 95% 或 90%。

1.4.4 异常值的取舍

在对同一试样进行多次平行测定所得数据中，往往会有个别数据与其他数据相差较大，这一数据称为异常值或可疑值。如果确定这是由于过失造成的，则可以舍去不用，否则不能随意舍弃或保留，应该用统计检验的方法，确定该异常值与其他数据是否来源于同一总体，以决定取舍。统计学中对异常值的取舍有几种方法，下面作以简单介绍。

（1）$4\bar{d}$ 法

根据正态分布规律，偏差超过 3σ 的测量值的概率小于 0.3%，故这一测量值通常可以舍去。而 $\delta = 0.80\sigma$，$3\sigma \approx 4\delta$，即偏差超过 4δ 的个别测量值可以舍去。

对于少量实验数据，可以用 s 代替 σ，用 $\bar{d}$ 代替 δ，故可粗略地认为，偏差大于 $4\bar{d}$ 的个别测量值可以舍去。采用 $4\bar{d}$ 法判断异常值取舍时，首先应求出除异常值外的其余数据的平均值 $\bar{x}$ 和平均偏差 $\bar{d}$，然后将异常值与平均值进行比较，如绝对差值大于 $4\bar{d}$，则将异常值舍去，否则保留。

【例 1-7】 测定某合金中铝的含量（$\mu g \cdot g^{-1}$），4 次测定结果分别为 2.25，2.27，2.31，2.40。

试问 2.40 这个数据是否应保留？

解： 首先求出除 2.40 外的其余数据的平均值 $\bar{x}$ 和平均偏差 $\bar{d}$ 为：

$$\bar{x} = 2.28, \bar{d} = 0.023$$

异常值与平均值之差的绝对值为：

$$|2.40-2.28|=0.12>4\overline{d}(0.092)$$

故 2.40 这一数据应舍去。

采用 $4\overline{d}$ 法判断异常值取舍虽然存在较大误差，但该法比较简单，不必查表，至今仍为人们所采用。当 $4\overline{d}$ 法与其他检验方法判断的结果发生矛盾时，应以其他方法为准。

(2) Q 检验法

首先将一组数据按由小到大按顺序排列为：

$$x_1, x_2, \cdots, x_{n-1}, x_n$$

设 x_n 为异常值，则统计量 Q 为

$$Q=\frac{x_n-x_{n-1}}{x_n-x_1} \tag{1-23a}$$

若设 x_1 为异常值，则

$$Q=\frac{x_2-x_1}{x_n-x_1} \tag{1-23b}$$

式中分母为整组数据的极差，分子为异常值与其相邻的一个数值的差值。Q 值越大，说明 x_n 离群越远。Q 称为"舍弃商"。统计学家已计算出不同置信度时的 Q 值（表 1-5），当计算所得 Q 值大于表中的 Q 值时，则异常值应舍去，反之则保留。

表 1-5 Q 值表

测定次数,n		3	4	5	6	7	8	9	10
置信度	90%($Q_{0.90}$)	0.94	0.76	0.64	0.56	0.51	0.47	0.44	0.41
	96%($Q_{0.96}$)	0.98	0.85	0.73	0.64	0.59	0.54	0.51	0.48
	99%($Q_{0.99}$)	0.99	0.93	0.82	0.74	0.68	0.63	0.60	0.57

【例 1-8】 例 1-7 中的实验数据，用 Q 检验法判断时，2.40 这个数据应保留否（置信度 90%）？

解：

$$Q=\frac{2.40-2.31}{2.40-2.25}=0.60$$

已知 $n=4$，查表 1-5，$Q_{0.90}=0.76$，$Q<Q_{0.90}=0.76$，故 2.40 这个数据应予保留。

此法符合数理统计原理，但只适用于一组数据中有一个异常值的判断。如果一组数据中有两个以上的异常值，可用下面的方法来检验。

(3) 格鲁布斯（Grubbs）法

首先将测量值由小到大按顺序排列为：

$$x_1, x_2, \cdots, x_{n-1}, x_n$$

其中 x_1 或 x_n 可能是异常值。

并求出平均值 $\overline{x}$ 和标准偏差 s，再根据统计量 T 进行判断。设 x_1 为异常值，则

$$T=\frac{\overline{x}-x_1}{s} \tag{1-24a}$$

若 x_n 为异常值，则

$$T=\frac{x_n-\overline{x}}{s} \tag{1-24b}$$

将计算所得 T 值与表 1-6 中查得的 $T_{\alpha,n}$（对应于某一置信度）相比较。若 $T>T_{\alpha,n}$，则应舍去异常值，否则保留。

表 1-6 $T_{\alpha,n}$ 值表

n	显著性水准 α			n	显著性水准 α		
	0.05	0.025	0.01		0.05	0.025	0.01
3	1.15	1.15	1.15	10	2.18	2.29	2.41
4	1.46	1.48	1.49	11	2.23	2.36	2.48
5	1.67	1.71	1.75	12	2.29	2.41	2.55
6	1.82	1.89	1.94	13	2.33	2.46	2.61
7	1.94	2.02	2.10	14	2.37	2.51	2.63
8	2.03	2.13	2.22	15	2.41	2.55	2.71
9	2.11	2.21	2.32	20	2.56	2.71	2.88

【例 1-9】 例 1-7 中的实验数据，用格鲁布斯法判断时，2.40 这个数据应保留否（置信度 95%）？

解：$\bar{x}=2.31$，$s=0.066$

$$T=\frac{x_n-\bar{x}}{s}=\frac{2.40-2.31}{0.066}=1.36$$

查表 1-6，$T_{0.05,4}=1.46$，$T<T_{0.05,4}$ 故 2.40 这个数据应保留。此结论与前一例中用 $4\bar{d}$ 法判断所得结论不同。在这种情况下，一般取格鲁布斯法的结论，因这种方法的可靠性较高。

格鲁布斯法最大的优点是在判断异常值的过程中，引入了正态分布中的两个最重要的样本参数——平均值 $\bar{x}$ 和标准偏差 s，故方法的准确性较好。此方法的缺点是需要计算 $\bar{x}$ 和 s，步骤稍麻烦。

如果 2 个异常值在同一侧，应先检验内侧的数据，若内侧的数据应舍弃，则外侧的数据自然也应该弃去；若分布在两侧，就应该分别先后检验是否该弃去。如果有一个数据决定弃去，再检验另一个数据时，测定次数应减一次，同时应选择 99% 的置信度。

三种方法对同一组中的异常值取舍可能得出不同的结论。这是由于 $4\bar{d}$ 法在数理统计上是不够严格的，这种方法把异常值首先排除在外，然后进行检验，容易把原来属于有效的数据也舍弃掉，所以此法有一定局限性。Q 检验法符合数理统计原理，但只适用于一组数据中有一个异常值的判断。而格鲁布斯法，将正态分布中的两个重要参数 $\bar{x}$ 和 s 引进，方法准确度较好，因此，三种方法以格鲁布斯法为准。

1.4.5 显著性检验

在分析工作中，常常会遇到这样一些问题，如对标准试样或纯物质进行测定时，所得到的平均值与标准值的比较问题；不同分析人员、不同实验室和采用不同分析方法对同一试样进行分析时，两组分析结果的平均值之间的比较问题；革新、改造生产工艺后的产品分析指标与原指标的比较问题等。由于测量都有误差存在，数据之间存在差异是毫无疑问的。这种差异是由随机误差引起的，还是由系统误差引起的？这类问题在统计学中属于"假设检验"。如果分析结果之间存在"显著性差异"就认为它们之间有明显的系统误差；否则就认为没有系统误差，纯属随机误差引起的，认为是正常的。在分析化学中常用的显著性检验方法是 t 检验法和 F 检验法。

(1) t 检验法

① 平均值与标准值的比较　为了检查分析数据是否存在较大的系统误差，可对标准试样进行若干次分析，然后利用 t 检验法比较测定结果的平均值与标准试样的标准值之间是否存在显著性差异。

进行 t 检验时，首先按下式计算出 t 值：

$$\mu = \bar{x} \pm t_{\alpha,f} \frac{s}{\sqrt{n}}$$

$$t = \frac{|\bar{x} - \mu|}{s}\sqrt{n} \tag{1-25}$$

再根据置信度和自由度由 t 值表（表1-4）查出相应的 $t_{\alpha,f}$ 值。若算出的 $t > t_{\alpha,f}$，则认为 $\bar{x}$ 与 μ 之间存在着显著性差异，说明该分析方法存在系统误差；否则可认为 $\bar{x}$ 与 μ 之间的差异是由随机误差引起的正常差异，并非显著性差异。在分析化学中，通常以 95% 的置信度为检验标准，即显著性水准为 5%。

【例 1-10】 提出一种方法测定铜锌铝催化剂中锌的质量分数，9 次测定结果为 14.74%，14.77%，14.77%，14.77%，14.81%，14.82%，14.73%，14.86%，14.81%。已知催化剂中锌含量的标准值（以理论值代）为 14.77%。试问采用新方法后，是否引起系统误差（置信度 95%）？

解： $n = 9$, $f = 9 - 1 = 8$

$$\bar{x} = 14.79\%, s = 0.042\%$$

$$t = \frac{|\bar{x} - \mu|}{s}\sqrt{n} = \frac{|14.79\% - 14.77\%|}{0.042\%} \times \sqrt{9} = 1.43$$

查表 1-4，$P = 0.95$，$f = 8$ 时，$t_{0.05, 8} = 2.31$。因 $t < t_{0.05, 8}$，故 $\bar{x}$ 与 μ 之间不存在显著性差异，即提出的测定铜锌铝催化剂中锌的方法，没有引起明显的系统误差。

② 两组平均值的比较 不同分析人员、不同实验室或同一分析人员采用不同方法分析同一试样，所得到的平均值经常是不完全相等的。要从这两组数据的平均值来判断它们之间是否存在显著性差异，亦可采用 t 检验法。

设两组分析数据的测定次数、标准偏差及平均值分别为 n_1, s_1, $\bar{x}_1$ 和 n_2, s_2, $\bar{x}_2$，因为这种情况下两个平均值都是实验值，这时需要先用下面介绍的检验法检验两组精密度 s_1 和 s_2 之间有无显著性差异，如证明它们之间无显著性差异，则可认为 $s_1 \approx s_2$，于是再用 t 检验法检验两组平均值有无显著性差异。

用 t 检验法检验两组平均值有无显著性差异时，首先要计算合并标准偏差：

$$s = \sqrt{\frac{\text{偏差平方和}}{\text{总自由度}}} = \sqrt{\frac{\sum(x_{1i} - \bar{x}_1)^2 + \sum(x_{2i} - \bar{x}_2)^2}{(n_1 - 1) + (n_2 - 1)}} \tag{1-26a}$$

或

$$s = \sqrt{\frac{s_1^2(n_1 - 1) + s_2^2(n_2 - 1)}{n_1 + n_2 - 2}} \tag{1-26b}$$

然后计算出 t 值

$$t = \frac{|\bar{x}_1 - \bar{x}_2|}{s}\sqrt{\frac{n_1 n_2}{n_1 + n_2}} \tag{1-27}$$

在一定置信度时，查表 1-4 得 $t_{\alpha,f}$（总自由度 $f = n_1 + n_2 - 2$），若 $t < t_{\alpha,f}$，说明两组数据的平均值不存在显著性差异，可以认为两个平均值属于同一总体，即 $\mu_1 = \mu_2$；若 $t > t_{\alpha,f}$ 时，则存在显著性差异，说明两个平均值不属于同一总体，两组平均值之间存在着系统误差。

(2) F 检验法

F 检验法是通过比较两组数据的方差 s^2，以确定它们的精密度是否有显著性差异的方法。统计量 F 的定义为：两组数据的方差的比值，分子为大的方差，分母为小的方差，即

$$F = \frac{s_{\text{大}}^2}{s_{\text{小}}^2} \tag{1-28}$$

将计算所得 F 值与表 1-7 所列 F 值进行比较。在一定的置信度及自由度时，若 F 值大于表值，则认为这两组数据的精密度之间存在显著性差异（置信度 95%），否则不存在显著性差异。表中列出的 F 值是单边值，引用时应加以注意。

表 1-7 置信度 95% 时的 F 值（单边）

$f_{小}$＼$f_{大}$	2	3	4	5	6	7	8	9	10	∞
2	19.00	19.16	19.25	19.30	19.33	19.36	19.37	19.38	19.39	19.50
3	9.55	9.28	9.12	9.01	8.94	8.88	8.84	8.81	8.78	8.53
4	6.94	6.59	6.39	6.26	6.16	6.09	6.04	6.00	5.96	5.63
5	5.79	5.41	5.19	5.05	4.95	4.88	4.82	4.78	4.74	4.36
6	5.14	4.76	4.53	4.39	4.28	4.21	4.15	4.10	4.06	3.67
7	4.74	4.35	4.12	3.97	3.87	3.79	3.73	3.68	3.63	3.23
8	4.46	4.07	3.84	3.69	3.58	3.50	3.44	3.39	3.34	2.93
9	4.26	3.86	3.63	3.48	3.37	3.29	3.23	3.18	3.13	2.71
10	4.10	3.71	3.48	3.33	3.22	3.14	3.07	3.02	2.97	2.54
∞	3.00	2.60	2.37	2.21	2.10	2.01	1.94	1.88	1.83	1.00

注：$f_{大}$ 是大方差数据的自由度；$f_{小}$ 是小方差数据的自由度。

由于表 1-7 所列 F 值是单边值，所以可以直接用于单侧检验，即检验某组数据的精密度是否大于、等于（或小于、等于）另一组数据的精密度时，此时置信度为 95%（显著性水平为 0.05）。而进行双侧检验时，如判断两组数据的精密度是否存在显著性差异时，即一组数据的精密度可能优于、等于，也可能不如另一组数据的精密度时，显著性水平为单侧检验时的两倍，即 0.10。因此，此时的置信度 $P=1-0.10=0.90$，即 90%。

【例 1-11】 在吸光光度分析中，用一台旧仪器测定溶液的吸光度 6 次，得标准偏差 $s_1=0.055$；再用一台性能稍好的新仪器测定 4 次，得标准偏差 $s_2=0.022$。试问新仪器的精密度是否显著地优于旧仪器的精密度？

解：在本例中，已知新仪器的性能较好，它的精密度不会比旧仪器的差，因此，这属于单边检验问题。

已知 $n_1=6$，$s_1=0.055$
$n_2=4$，$s_2=0.022$

$$s_{大}^2=0.055^2=0.0030 \qquad s_{小}^2=0.022^2=0.00048$$

$$F=\frac{s_{大}^2}{s_{小}^2}=\frac{0.0030}{0.00048}=6.25$$

查表 1-7，$f_{大}=6-1=5$，$f_{小}=4-1=3$，$F_{表}=9.01$，$F<F_{表}$，故有 95% 的把握认为两种仪器的精密度之间不存在统计学上的显著性差异，即不能做出新仪器显著地优于旧仪器的结论。

【例 1-12】 在不同温度下对某试样进行分析，所得结果如下（%）。
10℃：96.5，95.8，97.1，96.0；
37℃：94.2，93.0，95.0，93.0，94.5。
对于 $\alpha=0.05$，试比较两组测量结果是否有显著性差异？

解：两组数据中没有可疑值，有
$$\bar{x}_1=96.4\%，s_1=0.58\%；\bar{x}_2=93.9\%，s_2=0.9\%$$

（1）先进行 F 检验。

$$F=\frac{s_{大}^2}{s_{小}^2}=\frac{0.009^2}{0.0058^2}=2.4$$

查表得，$F_{0.05,4,3}=9.12$

$F_{计}<F_{0.05,4,3}$，两组数据精密度差异无显著性。

(2) 再进行 t 检验。合并标准偏差：

$$s=\sqrt{\frac{\sum(x_{1i}-\overline{x}_1)^2+\sum(x_{2i}-\overline{x}_2)^2}{(n_1-1)+(n_2-1)}}=0.78\%$$

$$t=\frac{|\overline{x}_1-\overline{x}_2|}{s}\sqrt{\frac{n_1 n_2}{n_1+n_2}}=\frac{|96.4\%-93.9\%|}{0.78\%}\times\sqrt{\frac{4\times 5}{4+5}}=4.78$$

查表得，$t_{0.05,7}=2.36$

$t_{计}>t_{0.05,7}$，故两组测量结果有显著性差异。

【例 1-13】 采用两种不同的方法分析某种试样，用第一种方法分析 10 次，得标准偏差 $s_1=0.21\%$；用第二种方法分析 8 次，得标准偏差 $s_2=0.60\%$。试判断两种分析方法的精密度之间是否存在显著性差异？

解： 在本例中，不论是第一种方法的精密度显著地优于或劣于第二种方法的精密度，都认为它们之间有显著性差异，因此，这属于双边检验问题

已知 $n_1=11$，$s_1=0.21\%$；$n_2=9$，$s_2=0.60\%$

$$s_{大}^2=0.60\%^2 \qquad s_{小}^2=0.21\%^2$$

$$F=\frac{s_{大}^2}{s_{小}^2}=\frac{0.60\%^2}{0.21\%^2}=8.2$$

查表 1-7，$f_{大}=8-1=7$，$f_{小}=10-1=9$，$F_{表}=3.29$，$F>F_{表}$，故有 90% 的把握认为两种方法的精密度之间存在显著性差异。

1.4.6 回归分析法（选学）

在分析化学中，特别是在仪器分析中，经常使用标准曲线法（也称校正曲线法或工作曲线法）来获得未知溶液的浓度。以吸光光度法为例，标准溶液的浓度 c 与吸光度 A 之间的关系，在一定范围内，可以用直线方程描述，这就是常用的比尔定律。但是由于测量仪器本身的精密度及测量条件的微小变化，即使同一浓度的溶液，两次测量结果也不完全一致。因而各测量点对于以比尔定律为基础所建立的直线，往往会有一定的偏离，这就需要用数理统计的方法找到一条最接近于各测量点的直线，它对所有测量点来说误差是最小的，因此这条直线是最佳的标准曲线。如何得到这一条直线，如何估计直线上各点的精密度以及数据间的相关关系？较好的方法是对数据进行回归分析。最简单的单一组分测定的线性校正模式可用一元线性回归。在本部分内容中，主要讨论一元线性回归。

(1) 一元线性回归方程及回归直线

回归直线可用如下方程表示：

$$y=a+bx$$

式中，a 为直线的截距；b 为直线的斜率。

设作标准曲线时取 n 个实验点 (x_1, y_1)，(x_2, y_2)，…，(x_n, y_n)

则每个实验点与回归直线的误差可用

$$Q_i=[y_i-(a+bx_i)]^2 \tag{1-29a}$$

来定量描述。回归直线与所有实验点的总误差即为

$$Q=\sum_{i=1}^{n}Q_i=\sum_{i=1}^{n}[y_i-(a+bx_i)]^2 \tag{1-29b}$$

要使所确定的回归方程和回归直线最接近实验点的真实分布状态，则 Q 必然要取极小值。在分析校正时，可取不同的 x_i 值测量 y_i，用最小二乘法估计 a 与 b 值。欲使 Q 值达到

极小值,需对式(1-29b)分别求 a 和 b 的偏微商,使 a,b 满足下列方程:

$$\frac{\partial Q}{\partial a} = -2\sum_{i=1}^{n}(y_i - a - bx_i) = 0$$

$$\frac{\partial Q}{\partial b} = -2\sum_{i=1}^{n}x_i(y_i - a - bx_i) = 0$$

$$i = 1, 2, \cdots, n$$

上两式求解可得:

$$a = \frac{\sum_{i=1}^{n}y_i - b\sum_{i=1}^{n}x_i}{n} = \overline{y} - b\overline{x} \tag{1-30}$$

$$b = \frac{\sum_{i=1}^{n}(x_i - \overline{x})(y_i - \overline{y})}{\sum_{i=1}^{n}(x_i - \overline{x})^2} = \overline{y} - b\overline{x} \tag{1-31}$$

式中,$\overline{x}$,$\overline{y}$ 分别为 x 和 y 的平均值,当直线的截距 a 和斜率 b 确定之后,一元线性回归方程(regression equation)及回归直线就确定了。

【例 1-14】 用吸光光度法测定磷铵中 SiO_2 的含量,吸光度与 SiO_2 的含量间有下列关系:

SiO_2 的质量 $m/\mu g$	0	0.02	0.04	0.06	0.08	0.10	0.12	未知样
吸光度 A	0.032	0.135	0.187	0.268	0.359	0.435	0.511	0.250

试列出标准曲线的回归方程并计算未知样中 SiO_2 的含量。

解:此组数据中,组分浓度为零时,吸光度不为零,这可能是在试剂中含有少量 SiO_2,或者含有其他在该测量波长下有吸光的物质。

设 SiO_2 含量值为 x,吸光度值为 y,先按式(1-30)及式(1-31)计算回归系数 a,b 值。$n = 7$。

$$\overline{x} = 0.06, \overline{y} = 0.275, \sum_{i=1}^{7}(x_i - \overline{x})(y_i - \overline{y}) = 0.0442$$

$$\sum_{i=1}^{7}(x_i - \overline{x})^2 = 0.0112$$

故

$$b = \frac{\sum_{i=1}^{7}(x_i - \overline{x})(y_i - \overline{y})}{\sum_{i=1}^{7}(x_i - \overline{x})^2} = \frac{0.0442}{0.0112} = 3.95$$

$$a = \overline{y} - b\overline{x} = 0.2753 - 3.95 \times 0.06 = 0.038$$

该标准曲线的回归方程为

$$y = 0.038 + 3.95x$$

未知试样的吸光度为 $y = 0.250$
故试样中 SiO_2 的含量为

$$x = \frac{0.250 - 0.038}{3.95} = 0.054 \mu g$$

(2)相关系数

在实际工作中,当两个变量间并不是严格的线性关系,数据的偏离较严重时,这时虽然也可以求得一条回归直线，但这条回归直线是否有意义，可用相关系数（correlation coefficient，r）来检验。

相关系数的定义式为：

$$r = b\sqrt{\frac{\sum_{i=1}^{n}(x_i - \overline{x})^2}{\sum(y_i - \overline{y})^2}} = \frac{\sum_{i=1}^{n}(x_i - \overline{x})(y_i - \overline{y})}{\sqrt{\sum_{i=1}^{n}(x_i - \overline{x})^2 \sum_{i=1}^{n}(y_i - \overline{y})^2}} \tag{1-32}$$

相关系数的物理意义如下。

① 当两个变量之间存在完全的线性关系，所有的 y_i 值都在回归线上时，$r=1$。
② 当两个变量 y 与 x 之间完全不存在线性关系，$r=0$。
③ 当 r 值在 0 至 1 之间时，表示两变量 y 与 x 之间存在相关关系。r 值愈接近 1，线性关系愈好。但是，以相关系数判断线性关系的好与不好时，还应考虑测量的次数及置信水平。表 1-8 列出了不同置信水平及自由度时的相关系数。若计算出的相关系数大于表上相应的数值，则表示两变量间是显著相关的，所求的回归直线有意义；反之，则无意义。

表 1-8 检验相关系数的临界值表

$f=n-2$	置 信 度			
	90%	95%	99%	99.9%
1	0.988	0.997	0.9998	0.999999
2	0.900	0.950	0.990	0.999
3	0.805	0.878	0.959	0.991
4	0.729	0.811	0.917	0.974
5	0.669	0.755	0.875	0.951
6	0.622	0.707	0.834	0.925
7	0.582	0.665	0.798	0.898
8	0.549	0.632	0.765	0.872
9	0.521	0.602	0.735	0.847
10	0.497	0.576	0.708	0.823

【例 1-15】 求例 1-14 中标准曲线回归方程的相关系数，并判断该曲线线性关系如何（置信度 99%）？

解：按式（1-32）

$$r = b\sqrt{\frac{\sum_{i=1}^{n}(x_i - \overline{x})^2}{\sum(y_i - \overline{y})^2}} = \frac{\sum_{i=1}^{n}(x_i - \overline{x})(y_i - \overline{y})}{\sqrt{\sum_{i=1}^{n}(x_i - \overline{x})^2 \sum_{i=1}^{n}(y_i - \overline{y})^2}} = 3.95 \times \sqrt{\frac{0.0112}{0.175}} = 0.9993$$

查表 1-8，$r_{99\%, f} = 0.875 < r_{计算}$。

因此，该标准曲线具有很好的线性关系。

1.4.7 误差的传递

在定量分析中，分析结果是通过各测量值按一定的公式运算得到的。该结果也称为间接测量值。既然每个测量值都有各自的误差，因此各测量值的误差将要传递到分析结果中去，影响分析结果的准确度。那么如何由这些测量值的误差来估算分析结果的误差？这就需要研究运算过程中误差传递规律。误差传递（propagation of error）的规律依系统误差和随机误差有所不同，还与运算的方法有关，下面分别加以说明。

设测量值为 A，B，C。

其绝对误差为 E_A, E_B, E_C, 相对误差为 $\dfrac{E_A}{A}$, $\dfrac{E_B}{B}$, $\dfrac{E_C}{C}$, 标准偏差为 s_A, s_B, s_C。

计算结果用 R 表示, R 的绝对误差为 E_R, 相对误差为 $\dfrac{E_R}{R}$, 标准偏差为 s_R。

(1) 系统误差的传递公式

① 加减法　若分析结果的计算公式为：

$$R = A + B - C$$

则

$$E_R = E_A + E_B - E_C \tag{1-33a}$$

即在加减法运算中，分析结果的绝对系统误差等于各测量值的绝对系统误差的代数和。如果有关项有系数，例如

$$R = A + mB - C$$

则为

$$E_R = E_A + mE_B - E_C \tag{1-33b}$$

② 乘除法　若分析结果的计算公式为：

$$R = \dfrac{AB}{C}$$

则得到

$$\dfrac{E_R}{R} = \dfrac{E_A}{A} + \dfrac{E_B}{B} - \dfrac{E_C}{C} \tag{1-34a}$$

如果计算公式带有系数，如

$$R = m\dfrac{AB}{C}$$

同样可得到

$$\dfrac{E_R}{R} = \dfrac{E_A}{A} + \dfrac{E_B}{B} - \dfrac{E_C}{C} \tag{1-34b}$$

即在乘除运算中，分析结果的相对系统误差等于各测量值相对系统误差的代数和。

③ 指数关系　若分析结果 R 与测量值 A 的关系为：

$$R = mA^n$$

其误差传递关系为

$$\dfrac{E_R}{R} = n\dfrac{E_A}{A} \tag{1-35}$$

即分析结果的相对系统误差为测量值的相对系统误差的指数倍。

④ 对数关系　若分析结果 R 与测量值 A 有下列关系：

$$R = m\lg A$$

其误差传递关系式为

$$E_R = 0.434m\dfrac{E_A}{A} \tag{1-36}$$

(2) 随机误差的传递

随机误差用标准偏差 s 来表示最好，因此均以标准偏差来传递。

① 加减法　若分析结果的计算公式为：

$$R = A + B - C$$

则

$$s_R^2 = s_A^2 + s_B^2 + s_C^2 \tag{1-37a}$$

即在加减运算中,不论是相加还是相减,分析结果的标准偏差的平方(称方差)都等于各测量值的标准偏差平方和。

对于一般情况

$$R = aA + bB - cC$$

应为

$$s_R^2 = a^2 s_A^2 + b^2 s_B^2 + c^2 s_C^2 \tag{1-37b}$$

② 乘除法 若分析结果的计算公式为:

$$R = \frac{AB}{C}$$

则

$$\left(\frac{s_R}{R}\right)^2 = \left(\frac{s_A}{A}\right)^2 + \left(\frac{s_B}{B}\right)^2 + \left(\frac{s_C}{C}\right)^2 \tag{1-38}$$

即在乘除运算中,不论是相乘还是相除,分析结果的相对标准偏差的平方等于各测量值的相对标准偏差的平方之和。

若有关项有系数,例如

$$R = m\frac{AB}{C}$$

其误差传递公式与式(1-38)相同。

③ 指数关系 若关系式为:

$$R = mA^n$$

可得到

$$\left(\frac{s_R}{R}\right)^2 = n^2 \left(\frac{s_A}{A}\right)^2 \text{ 或 } \frac{s_R}{R} = n\frac{s_A}{A} \tag{1-39}$$

④ 对数关系 若关系式为:

$$R = m\lg A$$

可得到

$$s_R = 0.434m\frac{s_A}{A} \tag{1-40}$$

【例 1-16】 设天平称量时的标准偏差 $s = 0.10\text{mg}$,求称量试样时的标准偏差 s_m。

解:称取试样时,无论是用差减法称量,还是将试样置于适当的称样器皿中进行称量,都需要称量两次,读取两次平衡点(包括零点)。试样质量 m 是两次称量所得质量 m_1 与 m_2 之差值,即

$$m = m_1 - m_2 \text{ 或 } m = m_2 - m_1$$

读取称量 m_1 和 m_2 时平衡点的偏差,都要反映到 m 中去。因此,根据式(1-37a),求得

$$s_m = \sqrt{s_1^2 + s_2^2} = \sqrt{2s^2} = 0.14\text{mg}$$

【例 1-17】 用 $0.1000\text{mol} \cdot \text{L}^{-1}$ (c_2) HCl 标准溶液标定 25.00mL (V_1) NaOH 溶液的浓度,耗去 HCl20.00mL (V_2),已知用移液管量取溶液时的标准偏差为 $s_1 = 0.02\text{mL}$,每次读取滴定管读数时的标准偏差为 $s_2 = 0.01\text{mL}$,假设 HCl 溶液的浓度是准确的,计算 NaOH 溶液的浓度。

解:首先计算 NaOH 溶液的浓度 (c_1)

$$c_1 = \frac{c_2 V_2}{V_1} = \frac{0.1000 \text{mol} \cdot \text{L}^{-1} \times 20.00 \text{mL}}{25.00 \text{mL}} = 0.08000 \text{mol} \cdot \text{L}^{-1}$$

V_1 及 V_2 的偏差对 c_1 浓度的影响，以随机误差的乘除法运算方式传递，且滴定管有两次读数误差。

移液管体积 V_1 的标准偏差

$$s_{V_1} = s_1 = 0.02$$

滴定管体积 V_2 的标准偏差

$$s_{V_2}^2 = s_2^2 + s_2^2 = 0.01^2 + 0.01^2 = 0.0002$$

以上两项标准偏差传递至计算结果 c_1 的标准偏差 s_{c_1} 为

$$\frac{s_{c_1}^2}{c_1^2} = \frac{s_{V_1}^2}{V_1^2} + \frac{s_{V_2}^2}{V_2^2} = \frac{0.02^2}{25.00^2} + \frac{0.0002^2}{20.00^2} = 1.1 \times 10^{-6}$$

$$s_{c_1}^2 = c_1^2 \times 1.1 \times 10^{-6} = 0.08000^2 \times 1.1 \times 10^{-6} = 7.0 \times 10^{-9}$$

$$s_{c_1} = 8.4 \times 10^{-5}$$

则

$$c_1 = (0.08000 \pm 8.4 \times 10^{-5}) \text{mol} \cdot \text{L}^{-1}$$

1.5 提高分析结果准确度的方法

根据上述有关误差的讨论可知，在分析测定过程中，误差的产生是不可避免的。为减少分析过程中的误差，可以从以下几个方面来考虑。

(1) 选择合适的分析方法

选择合适的分析方法在实际分析工作中是十分重要的。各种分析方法在准确度和灵敏度两方面各有侧重，互不相同。一般地，化学分析法中的滴定分析法和重量分析法的相对误差较小，准确度高，但灵敏度较低，适于常量组分（含量在1%以上）的分析；而仪器分析法的相对误差较大，准确度较低，但灵敏度高，适于微、痕量组分（含量在1%以下）的分析。例如用滴定法测得某试样中铁的质量分数为35.46%，若方法的相对误差为±0.2%，则铁的质量分数范围是35.39%~35.53%。这一试样如果用直接比色法进行测定，由于方法的相对误差约±2%，测得铁的质量分数范围将在34.8%~36.2%之间，显然化学分析法测定结果相当准确，而仪器分析法的结果不能令人满意。反之，若对铁含量为0.45%的标样进行测定，因化学分析法灵敏度低，难以检测。若采用灵敏度高的分光光度法，因方法的相对误差为±2%，则分析结果的绝对误差为±0.02×0.45%=±0.009%，对于低含量的铁的测定，这样大小的误差是允许的。因此，选择分析方法时要考虑试样中待测组分的相对含量。

此外，还要考虑试样的组成情况，选择的方法要尽量使共存组分干扰少，或者能采取措施消除干扰以保证一定的准确度。在这样的前提下再考虑操作简单、测定速度快的分析方法。当然，所用试剂是否易得，价格是否便宜等也应给予考虑。

(2) 减小测量误差

在定量分析中，测量数据主要是通过各种分析仪器获得的。由于各种分析仪器自身都存在测量误差，因此对某些测量对象的量进行合理地选取，则会减少测量误差，提高分析结果的准确度。例如，一般分析天平的一次称量误差为±0.0001g，无论直接称量还是间接称量，都要读两次平衡点，则两次称量可能引起的最大可能误差为±0.0002g。为了使称量的相对误差小于0.1%，根据绝对误差和相对误差之间的关系，所称取的试样质量须满足下列条件：
$$试样质量 \geq \frac{0.0002\text{g}}{0.1\%} = 0.2\text{g}$$

可见试样质量必须等于或大于 0.2g，才能保证称量误差在 0.1% 以内。

在滴定分析中，滴定管读数有 $\pm 0.01\text{mL}$ 误差，在一次滴定中，需要读数两次，可能造成的最大误差为 $\pm 0.02\text{mL}$，为使测量体积的相对误差小于 0.1%，消耗滴定剂体积必须在 20mL 以上，最好使体积在 25mL 左右，以减小相对误差。

应该指出，不同分析方法的测量误差不同，对分析结果准确度的要求也不尽相同，应根据具体情况，来控制各测量步骤的误差，使测量的准确度与分析方法的准确度相适应。例如，在微量组分的比色法测定中，因一般允许较大的相对误差，故对于各测量步骤的准确度，就不必要求像重量法和滴定法那样高。今假定用比色法测定铁，设方法的相对误差为 $\pm 2\%$，则在称取 0.5g 试样时，试样的称量误差小于 $0.5 \times 2\% = 0.01\text{g}$ 就行了，没有必要称准至 $\pm 0.0001\text{g}$。但是，为了使称量误差可以忽略不计，最好将称量的准确度提高约一个数量级。在本例中，宜称准至 $\pm 0.001\text{g}$ 左右。

【例 1-18】 以 $K_2Cr_2O_7$ 为基准物质，采用析出 I_2 的方式标定 $0.020\text{mol} \cdot L^{-1} Na_2S_2O_3$ 溶液的浓度。若要求称量误差 $\leq \pm 0.2\%$，应称取 $K_2Cr_2O_7$ 多少克？

解：
$$Cr_2O_7^{2-} + 6I^- + 14H^+ = 2Cr^{3+} + 3I_2 + 7H_2O$$
$$I_2 + 2S_2O_3^{2-} = 2I^- + S_4O_6^{2-}$$

则
$$6n(K_2Cr_2O_7) = n(Na_2S_2O_3)$$

在滴定分析中，消耗滴定剂的体积一般控制在 $20 \sim 40\text{mL}$ 范围内，现按 $V_{Na_2S_2O_3} = 30\text{mL}$ 进行计算

$$m_{K_2Cr_2O_7} = n(K_2Cr_2O_7)M(K_2Cr_2O_7)$$
$$= \frac{1}{6}c(Na_2S_2O_3)V_{Na_2S_2O_3}M(K_2Cr_2O_7)$$
$$= \frac{1}{6} \times 0.020 \times 30 \times 10^{-3} \times 294.18$$
$$= 0.03(\text{g})$$

万分之一的分析天平在称量时的最大误差为 $\pm 0.0002\text{g}$，故称量的最大相对误差为

$$E_R = \frac{\pm 0.0002}{0.03} \times 100\% = \pm 0.7\%$$

为使称量误差在 $\pm 0.1\%$ 以内，可称取 10 倍量的 $K_2Cr_2O_7$ 即 0.3g 左右，溶解并定容于 250mL 容量瓶中，然后用 25mL 移液管移取三份进行标定。

(3) 消除或减小测定过程中的系统误差

① 对照试验　对照试验是检查分析过程中有无系统误差最常用的方法。可采用三种方法。

a. 尽量选用其组成与试样相近的标准试样来作测定，将测定结果与标准值比较，用显著性检验方法确定有无系统误差。由于标准试样的种类有限，所以有时也用有可靠结果的试样或自己制备的"人工合成试样"来代替标准试样进行对照试验。

b. 采用标准方法或公认的经典方法和所选方法同时测定某一试样，由测定结果作统计检验；有时也采取不同分析人员、不同实验室用同一方法对同一试样进行对照试验，将所得结果加以比较，也可获得操作误差、试剂药品、环境的影响。

c. 采用加入法作对照试验，即称取等量试样两份，在一份试样中加入已知量的欲测组分，平行进行此两份试样的测定，由加入被测组分的量是否定量回收判断有无系统误差。这

种方法在对试样组成情况不清楚,上述两种方法难以检查出系统误差的存在时适用。对回收率的要求主要根据待测组分的含量而异,对常量组分回收率要高,一般为 99% 以上,对微量组分回收率可要求在 90%～110%。

② 作空白试验,消除由于试剂、蒸馏水及器皿引入的杂质所造成的系统误差。即在不加试样的情况下,按照试样分析步骤和条件进行分析试验,所得结果称为空白值,从试样测定结果中扣除此空白值。当空白值较大时,应找出原因,加以消除。如对试剂、水、器皿进一步提纯、处理或更换。在微量分析时空白试验是必不可少的。

③ 校准仪器以消除仪器不准所引起的系统误差。如对砝码、移液管、容量瓶与滴定管等,在要求精确的分析中,必须对这些计量仪器进行校准,并在计算结果时采用校正值。

④ 引用其他分析方法作校正。例如重量法测定 SiO_2 时,滤液中的硅可用光度法测定,然后加到重量法结果中去。

(4) 减少随机误差

如前所述增加平行测定次数可以减少随机误差,因此,在消除系统误差的情况下,增加平行测定次数,可以提高准确度。在一般化学分析工作中平行测定 3～5 次,如果没有异常情况发生,基本上可以得到比较准确的分析结果。

本 章 小 结

本章讲述了误差及其产生的原因,分析结果的表示方法,有效数字及其运算规则,分析数据处理以及提高分析结果准确度的方法。

1. 基本概念

(1) 系统误差与随机误差

① 系统误差:由某些确定因素引起的误差。系统误差包括方法误差、仪器误差、试剂误差及操作误差。系统误差以固定的大小和方向出现,并具有重复性。针对系统误差产生的原因,采用校准仪器、对照试验、空白试验等方法可减小或消除系统误差。

② 随机误差:由分析过程中各种不稳定因素引起的误差。随机误差没有固定的方向,正负、大小变化不定。随机误差符合正态分布规律,有限次数的测定数据符合 t 分布规律。采用增加平行测定次数的方法可减小随机误差。

(2) 准确度与精密度

① 准确度:表示测定值与真值一致的程度。用绝对误差和相对误差来表示。评价准确度的方法有:用标准物质评价准确度,测定加标回收率,与标准方法对照评价准确度。

② 精密度:表示平行测定结果的分散程度。用偏差、相对偏差、标准偏差和相对标准偏差来表示。

精密度反映分析方法或测定系统存在的随机误差的大小。准确度是反映分析方法或测定系统存在的系统误差和随机误差的综合指标。精密度是保证准确度的先决条件,只有在消除了系统误差的情况下,精密度高的分析结果,其准确度才可能高。

(3) 有效数字及其运算规则　有效数字:分析过程中实际能测到的数字。有效数字中包括一位可疑数字。有效数字的修约和运算应按照相应的规则进行。

(4) 可疑值的取舍　当一组平行测定值中出现离群值时,应对其进行统计学检验,以决定其取舍。最常用的方法有 Q 检验法和 Grubbs 检验法。Q 检验法计算 Q 值,Grubbs 检验法计算 T 值。将计算的 Q 值或 T 值与查表得到的 Q 值或 T 值进行比较,若计算值大于查表值,则可疑值应该舍弃,否则予以保留。

(5) 平均值的置信区间　根据样本测量结果的平均值来估计总体平均值所在的范围。

(6) 分析数据的显著性检验　显著性检验是用统计方法推断测定数据间的差异是由随机误差引起的，还是因为存在系统误差？如果分析数据之间存在明显的系统误差，就认为它们之间有显著性差异；否则就认为没有显著性差异。常用的显著性检验方法有 t 检验和 F 检验。

2. 基本公式

(1) 准确度

绝对误差：$E_A = x - x_T$

相对误差：$E_R = \dfrac{E_A}{x_T} \times 100\% = \dfrac{x - x_T}{x_T} \times 100\%$

(2) 精密度

偏差　　　　　　　　　　　$d_i = x_i - \bar{x}$

平均偏差　　　　　　$\bar{d} = \dfrac{|d_1| + |d_2| + \cdots + |d_i|}{n}$

相对平均偏差　　　　　$\bar{d}_R = \dfrac{\bar{d}}{\bar{x}} \times 100\%$

总体标准偏差　　　　$\sigma = \sqrt{\dfrac{\sum(x_i - \mu)^2}{n}} \quad (n \to \infty)$

样本标准偏差　　　　$s = \sqrt{\dfrac{d_1^2 + d_2^2 + \cdots + d_i^2}{n-1}}$

相对标准偏差　　　　　$\mathrm{CV} = \dfrac{s}{\bar{x}} \times 100\%$

(3) 异常值的取舍

① Q 检验法：　　　　　$Q_{算} = \dfrac{|x_{异常} - x_{相近}|}{x_n - x_1}$

② Grubbs 检验法：　　　$T_{算} = \dfrac{|x_{异常} - \bar{x}|}{s}$

(4) 平均值的置信区间

$$\mu = \bar{x} \pm t_{\alpha, f} \dfrac{s}{\sqrt{n}}$$

(5) 分析数据的显著性检验

① 测量平均值与标准值之间的显著性检验

$$t = \dfrac{|\bar{x} - \mu|}{s} \sqrt{n}$$

对于给定的显著性水平 α，如果计算的 t 值小于查表值，表示测量平均值与标准值之间无显著性差异。

② 两组测量平均值之间的显著性检验　先用 F 检验法比较两组数据的精密度，即

$$F = \dfrac{s_{大}^2}{s_{小}^2}$$

对于给定的显著性水平 α，如果计算的 F 值小于查表值 F_α，表明两组数据的精密度无显著性差异，可进一步进行 t 检验，即

$$t = \dfrac{|\bar{x}_1 - \bar{x}_2|}{s} \sqrt{\dfrac{n_1 n_2}{n_1 + n_2}}$$

其中 s 为合并标准偏差：$s = \sqrt{\dfrac{s_1^2(n_1 - 1) + s_2^2(n_2 - 1)}{n_1 + n_2 - 2}}$

如果计算的 t 值小于查表值 t_α，表示两组测量平均值之间无显著性差异。

思考题与习题

1. 准确度和精密度有何区别与联系？
2. 下列情况各引起什么误差？如是系统误差，应如何消除？
   (1) 天平零点稍有变动；
   (2) 过滤时出现透滤现象没有及时发现；
   (3) 读取滴定管读数时，最后一位估计不准；
   (4) 标准试样保存不当，失去部分结晶水；
   (5) 移液管转移溶液之后残留量稍有不同；
   (6) 试剂中含有微量待测组分；
   (7) 重量法测定 SiO_2 时，试样中硅酸沉淀不完全；
   (8) 砝码腐蚀；
   (9) 用 NaOH 滴定 HAc，选酚酞为指示剂确定终点颜色时稍有出入。
3. 下列数据的有效数字位数各是多少？
   0.0010，2.026，pH=1.36，3.0×10^{-5}，1000，104.40，$pK_a=12.36$
4. 某分析天平的称量误差为 ± 0.1mg，如果称取试样 0.0500g，相对误差是多少？如称样为 1.0000g，相对误差又是多少？这些结果说明什么问题？
5. 某人以示差分光光度法测定某药物中主成分含量时，称取此药物 0.0409g，最后计算其主成分含量为 98.06%，此结果是否合理？为什么？
6. u 分布曲线和 t 分布曲线有何不同？
7. 测定 $BaCl_2$ 试样中 Ba 的质量分数，四次测定的置信度 90% 时平均值的置信区间为 $(65.28\pm 0.09)\%$，对此应做如何理解？
8. 说明双边检验与单边检验的区别，什么情况用前者或后者？
9. 有限次测量结果的随机误差遵循何种分布？当测量次数无限多时，随机误差趋向于何种分布？其规律是什么？
10. 实验课中两位同学，对同一样品进行分析，得到两组分析结果，考察两组结果的精密度是否存在显著性差异，应采用何种检验方法？
11. 某学生测得一样品中氯的百分含量分别为：21.64%，21.62%，21.66%，21.54%，21.58%，21.56%（真值为 21.42%）。试计算该学生测定结果的平均值、绝对误差、相对误差、相对平均偏差、标准偏差和变异系数。

(21.60%，0.18%，0.84%，0.18%，0.047%，0.22%)

12. 测定某试样的含氮量，六次平行测定的结果为 20.48%，20.55%，20.58%，20.60%，20.53%，20.50%。
    (1) 计算这组数据的平均值、中位数、极差、平均偏差、标准偏差和相对标准偏差；
    (2) 若此试样是标准试样，含氮量为 20.45%，计算测定结果的绝对误差和相对误差。

(20.54%，20.54%，0.12%，0.04%，0.05%，0.2%；0.09%，0.4%)

13. 根据有效数字运算规则，计算下列算式：
    (1) $21.374+2.468+1.64-0.1356$
    (2) $2.8\times 0.2467\times 17.45\times 1.97582$
    (3) $\dfrac{50.00\times (15.60-6.26)\times 0.1021}{1.000\times 1000}$
    (4) $[H^+]=0.0010$ mol·L^{-1}，求 pH

(25.34；24；0.04768；3.00)

14. 多次称量一个质量为 1.0000g 的物体，若标准偏差为 0.4mg，那么称得值为 1.0000~1.0008g 的概率为多少？

(47.73%)

15. 按正态分布 x 落在区间 $(\mu-1.0\sigma, \mu+0.5\sigma)$ 的概率是多少？

(62.47%)

16. 要使在置信度为 95% 时平均值的置信区间不超过 $\pm s$，问至少应平行测定几次？

(7)

17. 若采用已经确定标准偏差 (σ) 为 0.041% 的分析氯化物的方法，重复三次测定某含氯试样，测得结果的平均值为 23.46%，计算：
    (1) 90% 置信水平时，平均值的置信区间；
    (2) 95% 置信水平时，平均值的置信区间。

(23.46%±0.04%；23.46%±0.05%)

18. 对某样品的碳含量进行了 9 次平行测定，测定结果的平均值为 60.15 mg·L^{-1}，标准偏差 $s=0.072$。求置信度分别为 90% 和 95% 时，测定结果的置信区间为多大？

[(60.15±0.04) mg·L^{-1}, (60.15±0.06) mg·L^{-1}]

19. 在测定钢铁中铬的含量时，得到以下测定结果：2.12%，2.15%，2.11%，2.16% 和 2.12%，试计算置信度为 95% 时平均值的置信区间。

(2.13%±0.02%)

20. 测定某罐头食品中 Sn 的含量，6 个平行样的测定结果为 862，868，890，866，864，865（单位为 ng·L^{-1}），对于置信水平 90%，试用 Q 检验判断 890 ng·L^{-1} 这个数据是否可以舍弃？

(应舍弃)

21. 某人测定矿石中 Fe 的质量分数为：12.53%，12.51%，12.55%。用 Q 值检验法做第 4 次分析时，不被舍弃的最高和最低值是多少？

(12.67%，12.39%)

22. 用原子吸收法测定大米中的铜，得以下数据：1.50，1.52，1.48，1.54，1.56，1.49，2.53，2.64（单位为 $\mu g \cdot g^{-1}$），对于置信水平 95%，试用 Grubbs 检验来判断最后一个结果是否应该舍弃？给出平均值的置信区间。

[应舍弃，(1.52±0.03) $\mu g \cdot g^{-1}$]

23. 某学生标定 HCl 溶液浓度，得下列数据：0.2011，0.2010，0.2012，0.2013，0.2016（单位为 mol·L^{-1}），请用 Q 检验法检查是否有可疑值应舍去？并计算置信度为 95% 时平均值的置信区间。

[没有，(0.2012±0.0003) mol·L^{-1}]

24. 已知铁矿试样的 $w_{Fe}=54.46\%$，某人测定 4 次的平均值为 54.26%，标准偏差 $s=0.15\%$。问置信度 95% 时，分析结果是否存在系统误差？

(不存在)

25. 用两种不同方法测定合金中钼的质量分数，所得结果如下

    方法 1　　　　　方法 2
    $\bar{x}_1=1.24\%$　　$\bar{x}_2=1.33\%$
    $s_1=0.021\%$　　$s_2=0.017\%$
    $n_1=3$　　　　$n_2=4$

试问两种方法之间是否存在显著性差异（置信度 90%）？

(存在)

26. 用两种不同分析方法对矿石中铁的质量分数进行分析，得到两组数据如下：

	$\bar{x}$	s	n
方法 1	15.34%	0.10%	11
方法 2	15.43%	0.12%	11

(1) 置信度为 90% 时，两组数据的标准偏差是否存在显著性差异？
(2) 在置信度分别为 90%，95% 及 99% 时，两组分析结果的平均值是否存在显著性差异？

(不存在；存在，不存在，不存在)

27. 用 Karl Fisher 法与色谱法测定同一冰醋酸样品中的微量水分，试用统计检验的方法评价色谱法能否用于微量水分含量的测定（95%置信度）。
    Karl Fisher 法：0.757%　0.737%　0.745%　0.740%　0.748%　0.750%
    色谱法：　　　　0.749%　0.733%　0.746%　0.754%　0.748%　0.750%

    （能）

28. 已知一组荧光物质的标准含量，测得其荧光相对强度的数据如下：
    含量 $x/\mu g$　　　0.0　2.0　4.0　6.0　8.0　10.0　12.0
    荧光相对强度 y　　2.1　5.0　9.0　12.6　17.3　21.0　24.7
    (1) 列出一元线性回归方程；
    (2) 求出相关系数并评价 y 与 x 间的相关关系。

    （$y=1.52+1.93x$；$r=0.9989$）

29. 用巯基乙酸法进行亚铁离子的分光光度法测定，在波长 605nm 下，测定试样溶液的吸光度值，所得数据如下：
    x（Fe 含量）/mg　　0.20　　0.40　　0.60　　0.80　　1.00　　未知样
    y（吸光度）　　　　0.077　0.126　0.176　0.230　0.280　0.205
    (1) 列出一元线性回归方程；
    (2) 求出未知液中含 Fe 量；
    (3) 求出相关系数。

    （$y=0.255x+0.025$；0.71mg；$r=0.9998$）

第 2 章 滴定分析法概论

滴定分析法是化学分析法中重要方法之一。在化学溶液理论基础上，依据化学反应类型，滴定分析法可分为酸碱滴定法、络合滴定法、氧化还原滴定法及沉淀滴定法，它们的基本原理将分别在第 3、第 4、第 5、第 6 章中讨论。本章主要讨论滴定分析法的一般问题。

2.1 滴定分析法简介

2.1.1 滴定分析法的过程和方法特点

滴定分析法又称为容量分析法，是将一种已知准确浓度的试剂即标准溶液（standard solution）滴加到被测物质的溶液中（或者将被测物质的溶液滴加到标准溶液中），直到所加的试剂与被测物质按化学计量关系定量反应完为止，然后根据试剂溶液的浓度和用量，计算被测物质的含量。

通常将已知准确浓度的试剂溶液称为"滴定剂"，把滴定剂从滴定管滴加到被测物质溶液中的过程叫"滴定"，加入的标准溶液与被测物质恰好定量反应完全时，反应即到达了"化学计量点"（stoichiometric point，简称计量点，以 sp 表示），一般依据指示剂的变色来确定化学计量点，在滴定中指示剂改变颜色的那一点称为"滴定终点"（end point，简称终点，以 ep 表示）。滴定终点与化学计量点不一定恰好吻合，由此造成的分析误差称为"终点误差"（以 E_{ep} 表示），有时也叫"滴定误差"。

滴定分析法是一种被广泛采用的常量分析方法。这种方法可适用于多种化学反应，对无机物和有机物（特别是官能团）的测定，都是非常重要的。滴定分析法所需的仪器设备比较简单，成本较低，测定的准确度较高，一般情况下，其相对误差在 0.1% 以下；并具有操作简便、快速等优点。因此，它在生产实践和科学研究中具有很大的实用价值。

2.1.2 滴定分析法对滴定反应的要求

适合滴定分析法的化学反应，应该具备以下几个条件。

① 反应必须具有确定的化学计量关系，即反应按一定的反应方程式进行。这是定量计算的基础。

② 反应必须定量地进行。

③ 必须具有较快的反应速率。对于反应速率较慢的反应，有时可加热或加入催化剂来加速反应的进行。

④ 必须有适当简便的方法确定滴定终点。

2.1.3 滴定方式

（1）直接滴定法（direct titration）

直接滴定法即用标准溶液直接滴定待测物质。凡能完全满足 2.1.2 要求的化学反应，都可用直接滴定法。直接滴定法是滴定分析中最常用和最基本的滴定方法。但是，有些反应不能完全符合上述要求，因而不能采用直接滴定法。遇到这种情况时，可采用下述几种方法进行滴定。

（2）返滴定法（back titration）

当试液中待测物质与滴定剂反应很慢（如 Al^{3+} 与 EDTA 的反应），或者用滴定剂直接滴定固体试样（如用 HCl 溶液滴定固体 $CaCO_3$）时，反应不能立即完成，故不能用直接滴定法进行滴定。此时可先准确地加入过量标准溶液，使与试液中的待测物质或固体试样进行反应，待反应完成后，再用另一种标准溶液滴定剩余的标准溶液，这种滴定方法称为返滴定法。对于上述 Al^{3+} 的滴定，在加入过量 EDTA 标准溶液后，剩余的 EDTA 可用标准 Zn^{2+} 或 Cu^{2+} 溶液返滴定；对于固体 $CaCO_3$ 的滴定，在加入过量 HCl 标准溶液并完全反应后，剩余的 HCl 可用标准 NaOH 溶液返滴定。

有时采用返滴定法是由于某些反应没有合适的指示剂。如在酸性溶液中用 $AgNO_3$ 滴定 Cl^-，缺乏合适的指示剂，此时可先加过量 $AgNO_3$ 标准溶液，再以三价铁盐作指示剂，用 NH_4SCN 标准溶液返滴过量的 Ag^+，出现 $[Fe(SCN)]^{2+}$ 淡红色即为终点。

(3) 置换滴定法（replacement titration）

当待测组分所参与的反应不按一定反应式进行或伴有副反应时，不能采用直接滴定法。可先用适当试剂与待测组分反应，使其定量地置换为另一种物质，再用标准溶液滴定这种物质，这种滴定方法称为置换滴定法。例如，$Na_2S_2O_3$ 不能用来直接滴定 $K_2Cr_2O_7$ 及其他氧化剂，因为在酸性溶液中这些强氧化剂将 $S_2O_3^{2-}$ 氧化为 $S_4O_6^{2-}$ 及 SO_4^{2-} 等的混合物，反应没有定量关系。但是，$Na_2S_2O_3$ 却是一种很好的滴定 I_2 的滴定剂，如果在 $K_2Cr_2O_7$ 的酸性溶液中加入过量 KI，使 $K_2Cr_2O_7$ 还原并产生一定量 I_2，即可用 $Na_2S_2O_3$ 进行滴定。这种滴定方法常用于以 $K_2Cr_2O_7$ 标定 $Na_2S_2O_3$ 标准溶液的浓度。

(4) 间接滴定法（indirect titration）

不能与滴定剂直接起反应的物质，有时可以通过另外的化学反应，以滴定法间接进行测定。例如将 Ca^{2+} 沉淀为 CaC_2O_4 后，用 H_2SO_4 溶解，再用 $KMnO_4$ 标准溶液滴定与 Ca^{2+} 结合的 $C_2O_4^{2-}$，从而间接测定 Ca^{2+}。

由于返滴定法、置换滴定法、间接滴定法的应用，大大扩展了滴定分析的应用范围。

2.2 标准溶液浓度的表示方法

2.2.1 物质的量的浓度

标准溶液的浓度通常用物质的量浓度表示。

物质 B 的物质的量浓度，是指单位体积溶液中所含溶质 B 的物质的量，用符号 c_B 表示。

$$c_B = n_B / V \tag{2-1}$$

式中，n_B 表示溶液中溶质 B 的物质的量，其单位为 mol 或 mmol；V 为溶液的体积，常用的体积单位为 L（升）或 mL。浓度 c_B 的常用单位为 $mol \cdot L^{-1}$。

例如，每升溶液中含 0.2mol HCl，其浓度表示为 $c_{HCl} = 0.2 mol \cdot L^{-1}$，或记为 $c(HCl) = 0.2 mol \cdot L^{-1}$。又如：$c_{Na_2CO_3} = 0.1 mol \cdot L^{-1}$，即为每升溶液中含 Na_2CO_3 0.1mol。

由于物质的量 n_B 的数值取决于基本单元的选择，因此，表示物质的量浓度时，必须指明基本单元。如上述 Na_2CO_3 溶液的浓度，由于选择不同的基本单元，其摩尔质量就不同，浓度亦不相同：

$$c(Na_2CO_3) = 0.1 mol \cdot L^{-1}$$

$$c\left(\frac{1}{2}Na_2CO_3\right) = 0.2 mol \cdot L^{-1}$$

由此得出：

$$c(Na_2CO_3) = \frac{1}{2}c\left(\frac{1}{2}Na_2CO_3\right)$$

其通式为：

$$c\left(\frac{b}{a}B\right)=\frac{a}{b}c(B) \tag{2-2}$$

2.2.2 滴定度

在生产单位的例行分析中，为了方便计算，常用滴定度表示标准溶液的浓度。滴定度是指每毫升滴定剂溶液相当于被测物质的质量（克或毫克），常用 $T_{A/B}$ 表示。其中，A 表示被测物质，B 表示滴定剂。例如，若每毫升 $K_2Cr_2O_7$ 标准溶液恰好能与 $0.005000 g Fe^{2+}$ 反应，则可表示为 $T_{Fe/K_2Cr_2O_7}=0.005000 g \cdot mL^{-1}$。也就是说，如果在滴定中消耗该 $K_2Cr_2O_7$ 标准溶液 20.00mL，则被滴定溶液中铁的质量为：

$$m_{Fe}=0.005000 g \cdot mL^{-1} \times 20.00 mL = 0.1000 g$$

滴定度和浓度之间互算

$$c_{(\frac{1}{a}B)}=\frac{T_{A/B} \times 1000 mL}{M_{(\frac{1}{b}A)} \times 1.000 L} \tag{2-3}$$

2.3 标准溶液的配制和浓度的标定

2.3.1 基准物质

滴定分析中待测物质的量是通过标准溶液物质的量来衡量的，因此正确配制标准溶液在滴定分析中具有重要作用。能用于直接配制或标定标准溶液准确浓度的物质称为基准物质。

基准物质应符合下列要求：

① 试剂的组成与化学式完全相符，若含结晶水，如 $H_2C_2O_4 \cdot 2H_2O$，$Na_2B_4O_7 \cdot 10H_2O$ 等，其结晶水的含量均应符合化学式；

② 试剂的纯度足够高（质量分数在99.9%以上）；

③ 性质稳定，不易与空气中的 O_2 及 CO_2 反应，亦不吸收空气中的水分；

④ 试剂参加滴定反应时，应按反应式定量进行，没有副反应。

常用的基准物质有纯金属和纯化合物。如 Ag，Cu，Zn，Cd，Fe，Si，Ge，Al，Co，Ni 和 NaCl，$K_2Cr_2O_7$，Na_2CO_3，$H_2C_2O_4 \cdot 2H_2O$，邻苯二甲酸氢钾，硼砂，As_2O_3，$CaCO_3$ 等。它们的质量分数一般在99.9%以上，甚至可达99.99%以上。

应当注意，有些超纯试剂和光谱纯试剂的纯度很高，但这只说明其中杂质的含量很低而已，并不表明它的主要成分的质量分数在99.9%以上，有时候因为其中含有不定组成的水分和气体杂质，以及试剂本身的组成不固定等原因，使主要成分的质量分数达不到99.9%，这时就不能用作基准物质了。因此，不可随意认定基准物质。

几种常用的基准物质的干燥条件和应用列于附录表1中。

2.3.2 标准溶液的配制

配制标准溶液的方法有直接法和标定法两种。

（1）直接法

准确称取一定量基准物质，溶解后配成一定体积的溶液，根据物质质量和溶液体积，即可计算出该标准溶液的准确浓度。例如，称取 2.655g 基准物 Na_2CO_3，用稍许蒸馏水溶解后，置于 250.0mL 容量瓶中，用蒸馏水稀释至刻度，摇匀，即得 $0.1000 mol \cdot L^{-1} Na_2CO_3$ 标准溶液。

（2）标定法

有很多物质不能直接用来配制标准溶液，但可将其先配制成一种近似于所需浓度的溶液，然后用基准物质（或已经用基准物质标定过的标准溶液）来标定它的准确浓度。例如，欲配制 $0.1\text{mol} \cdot \text{L}^{-1}$ HCl 标准溶液，先用浓 HCl 稀释配制成浓度大约是 $0.1\text{mol} \cdot \text{L}^{-1}$ 的稀溶液，然后称取一定量的基准物质如无水 Na_2CO_3 进行标定，或者用已知准确浓度的 NaOH 标准溶液进行标定，这样便可求得 HCl 标准溶液的准确浓度。

在实际工作中，有时选用与被分析试样组成相似的"标准试样"来标定标准溶液，以消除共存元素的影响。

2.4 滴定分析中的计算

2.4.1 滴定分析计算的依据和常用的公式

滴定分析法中涉及一系列的计算问题，如标准溶液的配制和标定，滴定剂和待测定物质之间的计量关系以及分析结果的计算等。分别讨论如下。

在直接滴定法中，设滴定剂 A（标准溶液）与被测物质 B 有下列化学反应：

$$a\text{A} + b\text{B} = c\text{C} + d\text{D}$$

式中，C 和 D 表示反应产物。被测物的物质的量 n_B 和滴定剂的物质的量 n_A 之间的关系，可以通过下面两种方法获得。

（1）滴定反应中以 A 分子和 B 分子为基本单元

由化学反应方程式可知，被测物 B 的物质的量 n_B 和滴定剂 A 的物质的量 n_A 之间存在如下关系：

$$n_B = \frac{b}{a} n_A \text{ 或 } n_A = \frac{a}{b} n_B \tag{2-4}$$

例如，在酸性条件下，用基准物 $Na_2C_2O_4$ 标定 $KMnO_4$ 溶液时，发生如下化学反应：

$$2MnO_4^- + 5C_2O_4^{2-} + 16H^+ = 2Mn^{2+} + 10CO_2 + 8H_2O$$

则可得出

$$n_{KMnO_4} = \frac{2}{5} n_{Na_2C_2O_4}$$

（2）滴定反应中以 $\frac{1}{b}$ A 分子和 $\frac{1}{a}$ B 分子为基本单元

显然，若以 $\frac{1}{b}$ A 分子和 $\frac{1}{a}$ B 分子为基本单元，由化学反应方程式可得出如下关系：

$$n\left(\frac{1}{a}B\right) = n\left(\frac{1}{b}A\right) \tag{2-5}$$

例如，上例中，根据反应式，选择 $KMnO_4$ 的基本单元为 $\frac{1}{5} KMnO_4$，$H_2C_2O_4$ 的基本单元为 $\frac{1}{2} H_2C_2O_4$，由等物质的量规则可得：

$$n\left(\frac{1}{5} KMnO_4\right) = n\left(\frac{1}{2} H_2C_2O_4\right)$$

上述两种方法没有本质上的区别，都是依据化学反应中物质的量的计量关系进行的，只不过选择的物质的量的基本单元不同而已。第二种方法，常被称之为等物质的量规则，其含义是：在化学反应中，选择合适的基本单元，各物质的物质的量相等。由于其具有 1:1 简单的计量关系，已被我国国家标准采纳，因此，本教材提倡按照等物质的量规则进行计算。

2.4.2 标准溶液的配制、稀释与增浓

设基准物质 B 的摩尔质量为 M_B ($g \cdot mol^{-1}$)，质量为 m_B (g)，则物质 B 的物质的量

n_B (mol) 为：

$$n_B = \frac{m_B}{M_B} \tag{2-6}$$

若将其配制成体积为 V_B（L）的标准溶液，它的物质的量浓度 c_B（mol·L^{-1}）为

$$c_B = \frac{n_B}{V_B} = \frac{m_B}{V_B M_B} \tag{2-7a}$$

亦可表示为

$$m_B = c_B V_B M_B \tag{2-7b}$$

【例 2-1】 准确称取基准物质 Na_2CO_3 5.300g，溶解后定量转移至 500.0mL 容量瓶中。问此 Na_2CO_3 溶液的浓度 $c_{Na_2CO_3}$ 为多少？

解：按式（2-7a）计算

$$c_B = \frac{n_B}{V_B} = \frac{m_B}{V_B M_B} = \frac{5.300g}{0.5000L \times 105.99g \cdot mol^{-1}}$$
$$= 0.1000 mol \cdot L^{-1}$$

【例 2-2】 欲配制 0.02000 mol·L^{-1} 的 $K_2Cr_2O_7$ 标准溶液 250.0mL，问应称取基准物质 $K_2Cr_2O_7$ 多少克？

解：$m_B = c_B V_B M_B$
$$= 0.02000 mol \cdot L^{-1} \times 0.2500L \times 294.2g \cdot mol^{-1}$$
$$= 1.471g$$

由于准确称取 1.471g 基准物质是不容易的，常采取称量 1.471g 左右的准确试样，然后溶解并定容于 250.0mL 容量瓶中，再计算出 $K_2Cr_2O_7$ 溶液的实际准确浓度。

在实际工作中，我们常常会遇到已配制好的标准溶液的浓度高于所需标准溶液的浓度。这种情况下，就要将高浓度溶液进行稀释，方能满足测定工作需要。稀释（或增浓）前后溶质的物质的量应保持相等，即

$$c_{前} V_{前} = c_{后} V_{后} \tag{2-8}$$

【例 2-3】 有 0.1054 mol·L^{-1} HCl 标准溶液 500.0mL，欲使其浓度恰好为 0.1000 mol·L^{-1} 问需加水多少毫升？

解：设应加水的体积为 V（L），根据溶液稀释前后其溶质的物质的量相等的原则

$$0.1054 \times 0.5000 = (0.5000 + V) \times 0.1000$$

则

$$V = \frac{(0.1054 - 0.1000) \times 0.5000}{0.1000} = 0.02700(L) = 27.00mL$$

2.4.3 标定溶液浓度的有关计算

设以浓度为 c_A（mol·L^{-1}）的标准溶液滴定体积 V_B（L）的物质 B 的溶液。若在化学计量点时，用去标准溶液的体积为 V_A（L），则滴定剂（标准溶液）和物质 B 的物质的量分别为：

$$n\left(\frac{1}{a}B\right) = n\left(\frac{1}{b}A\right)$$

则

$$c\left(\frac{1}{a}B\right) = \frac{n\left(\frac{1}{a}B\right)}{V_B} = \frac{n\left(\frac{1}{b}A\right)}{V_B} = \frac{c\left(\frac{1}{b}A\right)V_A}{V_B} \tag{2-9a}$$

若用基准物质 A 标定标准溶液 B 的浓度时，待标溶液 B 的浓度为：

$$c\left(\frac{1}{a}B\right)=\frac{n\left(\frac{1}{a}B\right)}{V_B}=\frac{n\left(\frac{1}{b}A\right)}{V_B}=\frac{m_A}{V_B M\left(\frac{1}{b}A\right)} \qquad (2\text{-}9b)$$

【例 2-4】 用移液管准确量取 25.00mL HCl 待标定溶液置于锥形瓶中,以浓度 $c_{Na_2CO_3}=0.05004\,mol\cdot L^{-1}$ 标准溶液滴至甲基橙为橙色时消耗该标准溶液 24.20mL。求 HCl 溶液的浓度。

解: 滴定反应式为

$$Na_2CO_3+2HCl = 2NaCl+H_2O+CO_2$$

$$n(HCl)=n\left(\frac{1}{2}Na_2CO_3\right)=2n_{Na_2CO_3}$$

$$c(HCl)=\frac{2c_{Na_2CO_3}V_{Na_2CO_3}}{V_{HCl}}=\frac{2\times 0.05004\times 0.2420}{0.2500}=0.09688\,(mol\cdot L^{-1})$$

2.4.4 物质的量的浓度与滴定度之间的换算

【例 2-5】 计算 $0.02000\,mol\cdot L^{-1}\,K_2Cr_2O_7$ 溶液对 Fe 和 Fe_2O_3 及 Fe_3O_4 的滴定度。

解: $K_2Cr_2O_7$ 法测定铁样时,首先将铁物种处理为 Fe^{2+},然后在酸性条件下发生如下反应:

$$6Fe^{2+}+Cr_2O_7^{2-}+14H^+ = 6Fe^{3+}+2Cr^{3+}+7H_2O$$

$$n\left(\frac{1}{6}K_2Cr_2O_7\right)=n(Fe)$$

$$T_{Fe/K_2Cr_2O_7}=\frac{c\left(\frac{1}{6}K_2Cr_2O_7\right)\times 1.000\times 10^{-3}L\cdot M(Fe)}{1.000mL}$$

$$=\frac{6\times 0.02000\,mol\cdot L^{-1}\times 1.000\times 10^{-3}L\times 55.85g\cdot mol^{-1}}{1.000mL}$$

$$=0.006702g\cdot mL^{-1}$$

$$T_{Fe_2O_3/K_2Cr_2O_7}=\frac{c\left(\frac{1}{6}K_2Cr_2O_7\right)\times 1.000\times 10^{-3}L\cdot M\left(\frac{1}{2}Fe_2O_3\right)}{1.000mL}$$

$$=\frac{6\times 0.02000\,mol\cdot L^{-1}\times 1.000\times 10^{-3}L\times 159.69g\cdot mol^{-1}}{2\times 1.000mL}$$

$$=0.009581g\cdot mL^{-1}$$

$$T_{Fe_3O_4/K_2Cr_2O_7}=\frac{c\left(\frac{1}{6}K_2Cr_2O_7\right)\times 1.000\times 10^{-3}L\cdot M\left(\frac{1}{3}Fe_3O_4\right)}{1.000mL}$$

$$=\frac{6\times 0.02000\,mol\cdot L^{-1}\times 1.000\times 10^{-3}L\times 231.5g\cdot mol^{-1}}{3\times 1mL}$$

$$=0.009260g\cdot mL^{-1}$$

2.4.5 被测物质的质量分数的计算

设试样的质量为 m_s(g),测得其中待测组分 B 的质量为 m_B(g),则待测组分在试样中的质量分数 w_B 为

$$w_B=\frac{m_B}{m_s}\times 100\% \qquad (2\text{-}10)$$

将式(2-7b)代入上式,得到

$$w_B = \frac{m_B}{m_s} \times 100\% = \frac{c\left(\frac{1}{a}B\right)V_B M\left(\frac{1}{a}B\right)}{m_s} \times 100\% = \frac{c\left(\frac{1}{b}A\right)V_B M\left(\frac{1}{a}B\right)}{m_s} \times 100\% \quad (2-11)$$

在进行滴定分析计算时应注意,通常试样的质量 m_s 以 g 为单位,滴定体积 V_A 一般以 mL 为单位,而浓度 c_A 的单位为 mol·L^{-1},因此必须注意式(2-10)中有关数据的单位的正确表述。

【例 2-6】 称取铁矿石试样 0.5006g,将其溶解,使全部铁还原为亚铁离子,用 0.01492mol·L^{-1} K$_2$Cr$_2$O$_7$ 标准溶液滴定至化学计量点时,用去 K$_2$Cr$_2$O$_7$ 标准溶液 33.95mL。求试样中 Fe 和 Fe$_2$O$_3$ 的质量分数。

解:依照上例中的反应方程式可知

$$n\left(\frac{1}{6}K_2Cr_2O_7\right) = n(Fe)$$

$$w_{Fe} = \frac{c\left(\frac{1}{6}K_2Cr_2O_7\right)V_{K_2Cr_2O_7} M(Fe)}{m_s} \times 100\%$$

$$= \frac{6 \times 0.01492\text{mol·L}^{-1} \times 0.03395\text{L} \times 55.85\text{g·mol}^{-1}}{0.5006\text{g}} \times 100\%$$

$$= 33.91\%$$

若以 Fe$_2$O$_3$ 形式计算质量分数,由于每个 Fe$_2$O$_3$ 分子中有两个 Fe 原子,对同一试样存在如下关系式

$$n_{\frac{1}{2}Fe_2O_3} = n_{Fe}$$

$$w_{Fe_2O_3} = \frac{c\left(\frac{1}{6}K_2Cr_2O_7\right)V_{K_2Cr_2O_7} M\left(\frac{1}{2}Fe_2O_3\right)}{m_s} \times 100\%$$

$$= \frac{6 \times 0.01492\text{mol·L}^{-1} \times 0.03395\text{L} \times 159.7\text{g·mol}^{-1}}{2 \times 0.5006\text{g}} \times 100\%$$

$$= 48.48\%$$

【例 2-7】 称取含铝试样 0.2018g,溶解后加入 0.02012mol·L^{-1} EDTA 标准溶液 35.00mL,控制条件使 Al^{3+} 与 EDTA 络合完全。然后以 0.02002mol·L^{-1} Zn^{2+} 标准溶液返滴定,消耗 Zn^{2+} 溶液 8.10mL,计算试样中 Al$_2$O$_3$ 的质量分数。

解:EDTA(H$_2$Y^{2-}) 与 Al^{3+} 及 Zn^{2+} 的反应式为

$$H_2Y^{2-} + Al^{3+} \rightleftharpoons AlY^- + 2H^+, \quad H_2Y^{2-} + Zn^{2+} \rightleftharpoons ZnY^{2-} + 2H^+$$

$$n_{\frac{1}{2}Al_2O_3} = n_{Zn} = n_{EDTA}$$

$$w_{Al_2O_3} = \frac{(c_{EDTA}V_{EDTA} - c_{Zn^{2+}}V_{Zn^{2+}})M\left(\frac{1}{2}Al_2O_3\right)}{m_s} \times 100\%$$

$$= \frac{(0.02012 \times 0.03500 - 0.02002 \times 0.00810) \times 50.98}{0.2018} \times 100\%$$

$$= 13.69\%$$

本 章 小 结

本章主要讲述了滴定分析法的基本术语、特点、要求、分类以及滴定分析中的相关计算。

1. 滴定分析法的基本术语、特点、要求及分类

(1) 基本术语：滴定与标定、化学计量点（等当点）与滴定终点、标准溶液与基准物质、标准溶液浓度与滴定度。

(2) 特点：快速准确，操作简便，设备仪器简单。

(3) 要求：化学反应定量、迅速完成，且有适宜的指示剂或其他简便可靠的方法确定终点。

(4) 分类：按化学反应类型分有酸碱滴定法、沉淀滴定法、络合滴定法和氧化-还原滴定法。

按溶剂类型分有水溶液滴定法和非水滴定法。

按滴定方式分有直接滴定法、返滴定法、置换滴定法和间接滴定法。

2. 滴定分析中的有关计算

(1) 滴定分析中常用的量和单位

量的名称（符号）	量的单位（符号）	相互关系
体积(V)	升(L)、毫升(mL)	
质量(m)	克(g)	$m=nM=cVM$
摩尔质量(M)	克每摩尔($g \cdot mol^{-1}$)	$M=m/n$
物质的量(n_B)	摩尔(mol)	$n=m/M=cV$
物质的量浓度(c_B)	摩尔每升($mol \cdot L^{-1}$)	
滴定度($T_{T/A}$)	克每毫升($g \cdot mL^{-1}$)	
物质A的百分含量	无量纲	m_A/m_s（m_s为称取试样量）

(2) 滴定分析中的常见计算 对于任一滴定反应：aA（滴定剂）$+bB$（待测物质）$\longrightarrow P$（生成物），可归纳出计算方程式如下表所示。

计算项	计算方程式
标准溶液的浓度	直接配制法：$c_B = \dfrac{n_B}{V_B} = \dfrac{m}{V_B M_B}$ 标定法：$c\left(\dfrac{1}{a}B\right) = \dfrac{n\left(\dfrac{1}{b}A\right)}{V_B} = \dfrac{m_A/M\left(\dfrac{1}{b}A\right)}{V_B}$
被测物质（基准物质）称量范围估算	$m_B = c_B V_B M_B$
被测物质A的百分含量	直接滴定法： $w_B = \dfrac{m_B}{m_s} \times 100\% = \dfrac{c\left(\dfrac{1}{a}B\right)V_B M\left(\dfrac{1}{a}B\right)}{m_s} \times 100\% = \dfrac{c\left(\dfrac{1}{b}A\right)V_B M\left(\dfrac{1}{b}A\right)}{m_s} \times 100\%$ 滴定度： $c\left(\dfrac{1}{a}B\right) = \dfrac{T_{A/B} \times 1000\text{mL}}{M\left(\dfrac{1}{b}A\right) \times 1.000\text{L}}$

思考题与习题

1. 什么叫滴定分析？它的主要方法有哪些？
2. 基准物质应具备哪些条件？
3. 什么叫标准溶液？如何配制标准溶液？
4. 标定 NaOH 溶液浓度时，邻苯二甲酸氢钾（$KHC_8H_4O_4$，$M=204.23 g \cdot mol^{-1}$）和二水合草酸（$H_2C_2O_4 \cdot 2H_2O$，$M=126.07 g \cdot mol^{-1}$）都可以作为基准物。你认为选择哪一种更好？为什么？
5. 基准物 Na_2CO_3 和 $Na_2B_4O_7 \cdot 10H_2O$ 都可用于标定 HCl 溶液的浓度。你认为选择哪一种更好？为什么？
6. 用 Na_2CO_3 标定 HCl 溶液时，下列情况会对 HCl 的浓度产生何种影响（偏高、偏低或没有影响）？

(1) 滴定时速度太快，附在滴定管壁的 HCl 来不及流下来就读取滴定体积；

(2) 称取 Na_2CO_3 时，实际质量为 0.1936g，记录时误记为 0.1934g；

(3) 在将 HCl 标准溶液倒入滴定管之前，没有用标准溶液润洗滴定管；

(4) 锥瓶中的 Na_2CO_3 溶解时，多加了 50mL 蒸馏水；

(5) 滴定管旋塞漏出 HCl 溶液；

(6) 称取 Na_2CO_3 时，少量 Na_2CO_3 撒在天平盘上。

7. 若将 $H_2C_2O_4 \cdot 2H_2O$ 基准物质不密封，长期置于放有干燥剂的干燥器中，用它标定 NaOH 溶液的浓度时，结果是偏高、偏低还是无影响？

8. 称取经干燥处理的 Na_2CO_3 基准物 1.0790g，溶于蒸馏水后，定量转移至 100.0mL 容量瓶中，定容，摇匀。计算 Na_2CO_3 溶液的浓度。

($0.1018 mol \cdot L^{-1}$)

9. 有 $0.0982 mol \cdot L^{-1}$ 的 HCl 溶液 480mL，现欲使其浓度增至 $0.1000 mol \cdot L^{-1}$。问应加入 $0.5000 mol \cdot L^{-1}$ 的 HCl 溶液多少毫升？

(2.16mL)

10. 称取基准物 Na_2CO_3 0.1294g 标定所配制的 HCl 溶液的浓度，标定时用去 HCl 22.40mL，求 HCl 溶液的准确浓度。

($0.1090 mol \cdot L^{-1}$)

11. 选用邻苯二甲酸氢钾（$KHC_8H_4O_4$）为基准物，标定 $0.2 mol \cdot L^{-1}$ NaOH 溶液时，为减小标定误差，需消耗该 NaOH 溶液 25～30mL。问应称取基准试剂邻苯二甲酸氢钾（$KHC_8H_4O_4$）多少克？如果改用 $H_2C_2O_4 \cdot 2H_2O$ 作基准物质，又应称取多少克？

(1.0～1.2g, 0.3～0.4g)

12. 标定 $0.02 mol \cdot L^{-1}$ 的 $KMnO_4$ 溶液时，若要使 $H_2C_2O_4 \cdot 2H_2O$ 和 $KMnO_4$ 两种溶液消耗的体积相近。问应配制多大浓度的 $H_2C_2O_4 \cdot 2H_2O$ 溶液？

($0.05 mol \cdot L^{-1}$)

13. 用标记为 $0.1000 mol \cdot L^{-1}$ HCl 标准溶液标定 NaOH 溶液，测得其浓度为 $0.1018 mol \cdot L^{-1}$。若 HCl 溶液真实浓度为 $0.0999 mol \cdot L^{-1}$，滴定过程中其他误差忽略不计，求 NaOH 溶液的真实浓度。

($0.1017 mol \cdot L^{-1}$)

14. 称取干燥后的 As_2O_3 基准物 0.2108g，若在标定 $KMnO_4$ 溶液的浓度时，恰好消耗 35.46mL $KMnO_4$ 溶液。求该 $KMnO_4$ 溶液的浓度。

$$5AsO_3^{3-} + 2MnO_4^- + 6H^+ = 2Mn^{2+} + 5AsO_4^{3-} + 3H_2O$$

($0.02404 mol \cdot L^{-1}$)

15. 在 250.0mL 溶液中，含有 $4.60g K_4Fe(CN)_6$。计算该溶液的浓度及在以下反应中对 Zn^{2+} 的滴定度。

$$3Zn^{2+} + 2[Fe(CN)_6]^{4-} + 2K^+ = K_2Zn_3[Fe(CN)_6]_2$$

($0.0500 mol \cdot L^{-1}$, $0.00490 g \cdot mL^{-1}$)

16. 含 $K_2Cr_2O_7$ 的标准溶液，其浓度为 $4.998 g \cdot L^{-1}$。求其物质的量的浓度以及对 Fe_3O_4 的滴定度。

($0.01699 mol \cdot L^{-1}$, $7.867 mg \cdot mL^{-1}$)

17. 已知 $KMnO_4$ 溶液对 $CaCO_3$ 的滴定度为 $T_{CaCO_3/KMnO_4} = 0.005018 g \cdot L^{-1}$，求此 $KMnO_4$ 溶液的浓度及它对铁的滴定度。

($0.02005 mol \cdot L^{-1}$, $0.005600 g \cdot L^{-1}$)

18. 某含 S 有机试样 0.4719g，在氧气中燃烧，使 S 氧化为 SO_2，用预中和过的 H_2O_2 将 SO_2 吸收，全部转化为 H_2SO_4，消耗 28.20mL $0.1080 mol \cdot L^{-1}$ KOH 标准溶液。求试样中 S 的质量分数。

(10.35%)

19. 称取 $0.2500g CaCO_3$ 待测试样（不含干扰测定的组分），加入 25.00mL $0.2600 mol \cdot L^{-1}$ HCl 溶解，煮沸除去 CO_2，用 $0.2450 mol \cdot L^{-1}$ NaOH 溶液滴至终点，消耗该 NaOH 溶液 6.50mL。计算试样中 $CaCO_3$ 的质量分数。

(98.24%)

20. 现有 $CuSO_4 \cdot 5H_2O$ 纯试剂一瓶，若不含其他杂质，但有部分失水变为 $CuSO_4 \cdot 4H_2O$，测定其中 Cu 含量后，全部按 $CuSO_4 \cdot 5H_2O$ 计算，得质量分数为 100.86%。试计算试剂中 $CuSO_4 \cdot 4H_2O$ 的质量分数。

(11.06%)

21. 将 0.2619g 不纯的 Sb_2S_3 置于氧气流中灼烧，产生的 SO_2 通入 $FeCl_3$ 溶液中，使 Fe^{3+} 还原至 Fe^{2+}，然后用 $0.02010 mol \cdot L^{-1}$ $KMnO_4$ 标准溶液滴定 Fe^{2+}，消耗 $KMnO_4$ 溶液 30.28mL。计算试样中 Sb_2S_3 和 Sb 的质量分数。

(65.78%, 23.58%)

22. 称取大理石试样 0.2103g，经酸溶解并调节酸度后，加入过量 $Na_2C_2O_4$ 溶液，使 Ca^{2+} 沉淀为 CaC_2O_4。过滤、洗净，将沉淀溶于稀 H_2SO_4 中。溶解后的溶液用浓度为 $c\left(\frac{1}{5}KMnO_4\right) = 0.2016 mol \cdot L^{-1}$ $KMnO_4$ 标准溶液滴定，消耗 25.30mL，计算大理石中 CaO 的质量分数。

(68.01%)

23. 某含 Cr（Ⅲ）的药物试样 2.6280g，经处理后用 5.00mL $0.01023 mol \cdot L^{-1}$ EDTA 滴定分析。剩余的 EDTA 需 1.42mL $0.01320 mol \cdot L^{-1}$ Zn^{2+} 标准溶液返滴定至终点。求此药物试样中 Cr（Ⅲ）的质量分数。

(0.064%)

24. 一定量过量的 Ni^{2+} 与 CN^- 反应生成 $Ni(CN)_4^{2-}$，过量的 Ni^{2+} 以 EDTA 标准溶液滴定，$Ni(CN)_4^{2-}$ 不发生反应。取 12.70mL 含 CN^- 的试液，加入 25.00mL 含过量 Ni^{2+} 的标准溶液以形成 $Ni(CN)_4^{2-}$，过量的 Ni^{2+} 需与 10.10mL $0.0130 mol \cdot L^{-1}$ EDTA 完全反应。已知 39.30mL $0.0130 mol \cdot L^{-1}$ EDTA 与上述 Ni^{2+} 标准溶液 30.00mL 完全反应。计算含 CN^- 试液中 CN^- 的物质的量浓度。

($0.0926 mol \cdot L^{-1}$)

第 3 章 酸碱滴定法

酸碱滴定法（acid-base titration）是以酸碱反应为基础的滴定分析方法，该方法简便、快速，是应用最广泛的滴定分析方法之一。

3.1 酸碱平衡的理论基础

化学学科发展过程中，曾出现过多种酸碱理论，其中重要的有：阿伦尼乌斯（Arrhenius）的酸碱电离理论、布朗斯台德（Brønsted）和劳莱（Lowrey）的酸碱质子理论及路易斯（Lewis）的酸碱电子理论等。为便于将水溶液和非水溶液中的酸碱平衡统一起来，本章以酸碱质子理论为基础处理有关平衡问题。

3.1.1 酸碱质子理论

（1）酸碱的定义

布朗斯台德和劳莱1923年提出了酸碱质子理论（theory of acid-base proton）。凡是能给出质子（H^+）的物质是酸（acid）；凡是能接受质子（H^+）的物质是碱（base）。酸与碱的关系可用下式表示之：

$$HA(酸) \rightleftharpoons H^+ + A^-(碱)$$

例如：

$$HAc \rightleftharpoons H^+ + Ac^-$$

上式中的 HAc 是酸，它给出质子后，转化成的 Ac^- 对于质子具有一定的亲和力，能接受质子，因而 Ac^- 是一种碱。这种因一个质子的得失而相互转变的每一对酸碱称为共轭酸碱对（conjugate acid-base pair）。关于共轭酸碱对还可再举数例如下：

$$HCl \rightleftharpoons H^+ + Cl^-$$
$$HClO_4 \rightleftharpoons H^+ + ClO_4^-$$
$$HSO_4^- \rightleftharpoons H^+ + SO_4^{2-}$$
$$NH_4^+ \rightleftharpoons H^+ + NH_3$$
$$H_2PO_4^- \rightleftharpoons H^+ + HPO_4^{2-}$$
$$HPO_4^{2-} \rightleftharpoons H^+ + PO_4^{3-}$$
$$^+H_3N-R-NH_3^+ \rightleftharpoons H^+ + {^+H_3N-R-NH_2}$$

上述各共轭酸碱对的质子得失反应，称为酸碱半反应。

按照酸碱质子理论，酸、碱可以是阳离子、阴离子，也可以是中性分子。同一种物质，在某一条件下可能是酸，在另一条件下可能是碱，这主要取决于它们对质子的亲和力的相对大小。例如，HPO_4^{2-} 在 $H_2PO_4^-$-HPO_4^{2-} 体系中表现为碱，而在 HPO_4^{2-}-PO_4^{3-} 体系中却表现为酸。这种既可以给出质子，又可以接受质子的物质，称为两性物质（amphiprotic species）。

（2）酸碱反应的实质

就像氧化还原反应中的半电池反应不能单独存在一样，酸碱半反应也不能单独存在。质子的得或失分别代表了一个酸碱半反应，相应的两个酸碱半反应共同组成酸碱反应的全过程。所以酸碱反应的实质是在两对共轭酸碱对之间的质子转移反应，因此酸碱反应是由两个酸碱半反应组成。

强酸 HCl 在水溶液中解离时，作为溶剂的 H_2O 就是接受质子的碱，它们的反应可表示如下：

$$HCl \rightleftharpoons H^+ + Cl^-$$
$$\text{酸}_1 \qquad\qquad \text{碱}_1$$

$$H_2O + H^+ \rightleftharpoons H_3O^+$$
$$\text{碱}_2 \qquad\qquad \text{酸}_2$$

$$HCl + H_2O \rightleftharpoons H_3O^+ + Cl^-$$
$$\text{酸}_1 \quad \text{碱}_2 \qquad \text{酸}_2 \quad \text{碱}_1$$

两对共轭酸碱对 HCl 与 Cl^-、H_3O^+ 与 H_2O 相互作用而达到平衡，这和两个半电池反应相互结合成氧化还原反应类似。

为了书写方便，通常将水合质子 H_3O^+ 简写为 H^+，上述反应式简化为：

$$HCl \rightleftharpoons H^+ + Cl^-$$

但它代表的仍是一个完整的酸碱反应。

弱酸的水解也是在两对共轭酸碱对之间的质子转移反应，如 NH_4^+ 的水解：

$$NH_4^+ \rightleftharpoons H^+ + NH_3$$
$$\text{酸}_1 \qquad\qquad \text{碱}_1$$

$$H_2O + H^+ \rightleftharpoons H_3O^+$$
$$\text{碱}_2 \qquad\qquad \text{酸}_2$$

$$NH_4^+ + H_2O \rightleftharpoons H_3O^+ + NH_3$$
$$\text{酸}_1 \quad \text{碱}_2 \qquad \text{酸}_2 \quad \text{碱}_1$$

也是两对共轭酸碱对 NH_4^+ 与 NH_3、H_3O^+ 与 H_2O 相互作用而达到平衡，在这个平衡中作为溶剂的水起了碱的作用。

同样，碱在水溶液中的水解也是在两对共轭酸碱对之间的质子转移反应，如 Ac^- 的水解：

$$Ac^- + H^+ \rightleftharpoons HAc$$
$$\text{碱}_2 \qquad\qquad \text{酸}_2$$

$$H_2O \rightleftharpoons H^+ + OH^-$$
$$\text{酸}_1 \qquad\qquad \text{碱}_1$$

$$H_2O + Ac^- \rightleftharpoons HAc + OH^-$$
$$\text{酸}_1 \quad \text{碱}_2 \qquad \text{酸}_2 \quad \text{碱}_1$$

也是两对共轭酸碱对相互作用而达到平衡，在这个平衡中作为溶剂的水起了酸的作用，水是一种两性溶剂。

由于水是两性物质，一个水分子可以从另一个水分子中夺取质子而形成 H_3O^+ 和 OH^-，即：

$$H_2O + H_2O \rightleftharpoons H_3O^+ + OH^-$$

参与上述酸碱反应的两对共轭酸碱对是 H_3O^+ 与 H_2O、H_2O 与 OH^-。

发生在溶剂水分子之间的质子转移作用称为水的质子自递反应,其平衡常数称为水的质子自递常数,用 K_w 表示:

$$K_w = [H^+][OH^-] = 1.0 \times 10^{-14} \quad (25℃)$$

酸和碱的中和反应也是一种质子的转移过程,如 HCl 与 NH_3 的反应:

$$HCl + H_2O \Longleftrightarrow H_3O^+ + Cl^-$$
$$NH_3 + H_3O^+ \Longleftrightarrow NH_4^+ + H_2O$$
$$\overline{HCl + NH_3 \Longleftrightarrow NH_4^+ + Cl^-}$$
$$\text{酸}_1 \quad \text{碱}_2 \quad \text{酸}_2 \quad \text{碱}_1$$

在上述反应中,质子的转移是通过溶剂化质子 H_3O^+ 作为媒介完成的。

3.1.2 酸碱解离平衡

根据酸碱质子理论,当酸或碱加入溶剂后,就发生质子的转移过程,并产生相应的共轭碱或共轭酸。例如,在水溶液中,一元弱酸 HAc 发生的解离反应为

$$HAc + H_2O \Longleftrightarrow Ac^- + H_3O^+$$

反应的平衡常数称酸的解离常数,用 K_a 表示,

$$K_a = \frac{[H^+][Ac^-]}{[HAc]}$$

HAc 的共轭碱 Ac^- 在水溶液中的解离反应为:

$$Ac^- + H_2O \Longleftrightarrow HAc + OH^-$$

反应的平衡常数称碱的解离常数,用 K_b 表示。

$$K_b = \frac{[HAc][OH^-]}{[Ac^-]}$$

式中的 $K_a(K_b)$ 值可由书后附录表 2 中查得。

显然,一元共轭酸碱对的 K_a 和 K_b 有如下关系

$$K_a K_b = [H^+][OH^-] = K_w = 1.0 \times 10^{-14} \quad (25℃) \tag{3-1}$$

酸碱的强弱取决于物质给出质子或接受质子能力的强弱。给出质子的能力愈强,酸性就愈强;反之就愈弱。同样,接受质子的能力愈强,碱性就愈强;反之就愈弱。通常情况下,可以用酸碱的解离常数 K_a 和 K_b 的大小定量地说明它们的强弱程度。

在共轭酸碱对中,如果酸越易给出质子,酸性越强,则其共轭碱对质子的亲和力就越弱,就越不容易接受质子,其碱性就越弱。例如 $HClO_4$、HCl 是强酸,它们在水溶液中给出质子的能力很强,$K_a \gg 1$,但它们相应的共轭碱几乎没有能力从 H_2O 中得到质子转化为共轭酸,K_b 小到无法测出,这些共轭碱都是极弱的碱。反之,酸越弱,给出质子的能力也越弱,则其共轭碱就越容易接受质子,因而碱性也就越强。例如,NH_4^+、HS^- 等都是弱酸,它的共轭碱 NH_3 是较强的碱,S^{2-} 则是强碱。

由上述可知,K_a 和 K_b 可表示物质给出和接受质子(H^+)能力的大小,K_a 越大,物质给出质子的能力越强,酸性越强,其共轭碱的碱性则越弱;K_b 越大,物质接受质子的能力越强,碱性越强,其共轭酸的酸性则越弱。

对于多元酸,它们在水溶液中的解离是分级进行的,存在多个共轭酸碱对,这些共轭酸碱对的 K_a 和 K_b 之间也有一定的对应关系。例如,三元酸 H_3PO_4 在水溶液中的三级解离反应如下:

$$H_3PO_4 + H_2O \xrightleftharpoons{K_{a_1}} H_2PO_4^- + H_3O^+$$

$$H_2PO_4^- + H_2O \stackrel{K_{a_2}}{\rightleftharpoons} HPO_4^{2-} + H_3O^+$$

$$HPO_4^{2-} + H_2O \stackrel{K_{a_3}}{\rightleftharpoons} PO_4^{3-} + H_3O^+$$

三元碱 PO_4^{3-} 在水溶液中的三级解离反应如下：

$$PO_4^{3-} + H_2O \stackrel{K_{b_1}}{\rightleftharpoons} HPO_4^{2-} + OH^-$$

$$HPO_4^{2-} + H_2O \stackrel{K_{b_2}}{\rightleftharpoons} H_2PO_4^- + OH^-$$

$$H_2PO_4^- + H_2O \stackrel{K_{b_3}}{\rightleftharpoons} H_3PO_4 + OH^-$$

则

$$K_{a_1}K_{b_3} = K_{a_2}K_{b_2} = K_{a_3}K_{b_1} = [H^+][OH^-] = K_w$$

【例 3-1】 比较下列物质的碱性强弱 NH_3、Na_2CO_3、$NaHCO_3$、Na_2S。

解：已知 NH_3 的 $K_b = 1.8 \times 10^{-5}$，H_2S 的 $K_{a_1} = 5.7 \times 10^{-8}$，$K_{a_2} = 1.2 \times 10^{-15}$，$H_2CO_3$ 的 $K_{a_1} = 4.2 \times 10^{-7}$，$K_{a_2} = 5.6 \times 10^{-11}$

Na_2CO_3 的碱性由 K_{b_1} 来衡量：$K_{b_1} = \dfrac{K_w}{K_{a_2}} = \dfrac{1.0 \times 10^{-14}}{5.6 \times 10^{-11}} = 1.8 \times 10^{-4}$

$NaHCO_3$ 的碱性由 K_{b_2} 来衡量：$K_{b_2} = \dfrac{K_w}{K_{a_1}} = \dfrac{1.0 \times 10^{-14}}{4.2 \times 10^{-7}} = 2.4 \times 10^{-8}$

Na_2S 的碱性由 K_{b_1} 来衡量：$K_{b_1} = \dfrac{K_w}{K_{a_2}} = \dfrac{1.0 \times 10^{-14}}{1.2 \times 10^{-15}} = 8.3$

所以碱性由强到弱为：$Na_2S > Na_2CO_3 > NH_3 > NaHCO_3$。

3.2 水溶液中弱酸（碱）各种型体的分布

在弱酸（碱）的平衡体系中，一种物质可能以多种型体存在。当酸碱解离反应达到平衡状态时，溶液中溶质的各种存在型体的浓度，称为平衡浓度（equilibrium concentration），用符号 [ ] 表示，单位为 $mol \cdot L^{-1}$。单位体积的溶液中所含溶质的物质的量，称为分析浓度（analytical concentration），又称标签浓度、总浓度、物质的量浓度，用符号 c 表示，单位为 $mol \cdot L^{-1}$。显然溶液中溶质各种存在型体的平衡浓度之和等于分析浓度。某一型体的平衡浓度占分析浓度的分数，称为该型体的分布分数（distribution coefficient），以 δ_i 表示，并以下标 i 说明它所属的型体。在酸碱平衡体系中，当溶液的 pH 发生变化时，平衡随之移动，以致酸碱存在型体的分布情况也跟着变化。分布分数 δ 与溶液 pH 间的关系曲线称为分布曲线（distribution curve）。讨论分布曲线可以帮助我们深入理解酸碱滴定的过程、终点误差以及分步滴定的可能性，而且也有利于了解络合滴定与沉淀反应条件的选择原则。现对一元弱酸和多元弱酸的分布分数的计算及分布曲线讨论如下。

3.2.1 一元弱酸

以醋酸 HAc 为例，设分析浓度为 $c(mol \cdot L^{-1})$，它在溶液中以 HAc 和 Ac^- 两种型体存在，它们的平衡浓度分别为 [HAc] 和 $[Ac^-]$，则 $c = [HAc] + [Ac^-]$，根据分布分数的定义、物料平衡和 K_a 的表达式，可得：

$$\delta_{HAc} = \frac{[HAc]}{c} = \frac{[HAc]}{[HAc]+[Ac^-]} = \frac{1}{1+K_a/[H^+]} = \frac{[H^+]}{[H^+]+K_a} \tag{3-2a}$$

同理可得，

$$\delta_{Ac^-} = \frac{[Ac^-]}{c} = \frac{K_a}{[H^+] + K_a} \qquad (3\text{-}2b)$$

显然，各组分的分布分数之和等于 1，即：

$$\delta_{HAc} + \delta_{Ac^-} = 1$$

如果将不同的 pH 值代入式（3-2a）、式（3-2b），便可求得不同 pH 值下 δ_{HAc}、δ_{Ac^-}，以 pH 值为横坐标，各种存在型体的分布分数为纵坐标，便可得到如图 3-1 所示的分布曲线。

由图 3-1 可见，随着溶液的 pH 增大 δ_{HAc} 逐渐减小，而 δ_{Ac^-} 则逐渐增大。在两条曲线的交点处，即 $\delta_{HAc} = \delta_{Ac^-} = 0.5$ 时，溶液的 $pH = pK_a$（4.74），显然此时有 $[HAc] = [Ac^-]$，溶液中 HAc 和 Ac^- 两种型体各占 50%。当 $pH < pK_a$ 时，溶液 HAc 为主要存在型体；反之，当 $pH > pK_a$ 时，Ac^- 为主要存在型体。在 $pH \approx pK_a - 2$ 时，δ_{HAc} 趋近于 1，δ_{Ac^-} 接近于零；而当 $pH \approx pK_a + 2$ 时，δ_{Ac^-} 趋近于 1。因此，可以通过控制溶液的酸碱度得到所需要的型体。

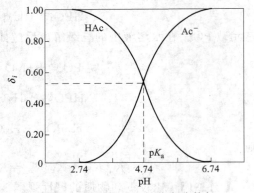

图 3-1　HAc 和 Ac^- 的分布分数与溶液 pH 的关系曲线

以上的讨论结果，可以推广到其他一元弱酸。由式（3-2a）和式（3-2b）可知，在平衡状态下，一元弱酸各型体的分布分数与 K_a 和 H^+ 浓度有关，而与分析浓度无关。对于某一元弱酸，分布分数是 pH 的函数。

【例 3-2】　计算：（1）pH = 3.00 时，$0.10 \text{mol} \cdot L^{-1}$ HAc 溶液中各型体的分布分数和平衡浓度。（2）pH = 3.00 时，$0.050 \text{mol} \cdot L^{-1}$ NaAc 溶液中各型体的分布分数和平衡浓度。计算结果说明了什么？

解： 已知 HAc 的 $K_a = 1.8 \times 10^{-5}$

(1) $\qquad [H^+] = 1.0 \times 10^{-3} \text{mol} \cdot L^{-1}$，$c = 0.10 \text{mol} \cdot L^{-1}$

$$\delta_{HAc} = \frac{[H^+]}{[H^+] + K_a} = \frac{1.0 \times 10^{-3}}{1.0 \times 10^{-3} + 1.8 \times 10^{-5}} = 0.98$$

$$\delta_{Ac^-} = \frac{K_a}{[H^+] + K_a} = \frac{1.8 \times 10^{-5}}{1.0 \times 10^{-3} + 1.8 \times 10^{-5}} = 0.02$$

$$[HAc] = \delta_{HAc} c = 0.98 \times 0.10 = 9.8 \times 10^{-2} \text{mol} \cdot L^{-1}$$

$$[Ac^-] = \delta_{Ac^-} c = 0.02 \times 0.10 = 2.0 \times 10^{-3} \text{mol} \cdot L^{-1}$$

(2) $\qquad [H^+] = 1.0 \times 10^{-3} \text{mol} \cdot L^{-1}$，$c = 0.050 \text{mol} \cdot L^{-1}$

$$\delta_{NaAc} = \frac{[H^+]}{[H^+] + K_a} = \frac{1.0 \times 10^{-3}}{1.0 \times 10^{-3} + 1.8 \times 10^{-5}} = 0.98$$

$$\delta_{Ac^-} = 1.00 - \delta_{HAc} = 1.00 - 0.98 = 0.02$$

$$[HAc] = \delta_{HAc} c = 0.98 \times 0.050 = 4.9 \times 10^{-2} \text{mol} \cdot L^{-1}$$

$$[Ac^-] = \delta_{Ac^-} c = 0.02 \times 0.050 = 1.0 \times 10^{-3} \text{mol} \cdot L^{-1}$$

计算结果说明，不论起始组分是什么，只要酸度相同，相应型体的分布分数就相等，但各型体的平衡浓度还与分析浓度有关。

3.2.2　多元酸

以二元弱酸 $H_2C_2O_4$ 为例，设分析浓度为 $c(\text{mol} \cdot L^{-1})$，草酸在溶液中平衡型体有 $H_2C_2O_4$、$HC_2O_4^-$ 和 $C_2O_4^{2-}$ 三种。根据物料平衡、分布系数的定义以及 K_{a_1} 和 K_{a_2} 的表达式，可得：

$$\delta_{H_2C_2O_4} = \frac{[H_2C_2O_4]}{c} = \frac{[H_2C_2O_4]}{[H_2C_2O_4]+[HC_2O_4^-]+[C_2O_4^{2-}]}$$

$$= \frac{1}{1+\frac{[HC_2O_4^-]}{[H_2C_2O_4]}+\frac{[C_2O_4^{2-}]}{[H_2C_2O_4]}} = \frac{1}{1+\frac{K_{a_1}}{[H^+]}+\frac{K_{a_1}K_{a_2}}{[H^+]^2}}$$

整理得:
$$\delta_{H_2C_2O_4} = \frac{[H^+]^2}{[H^+]^2+[H^+]K_{a_1}+K_{a_1}K_{a_2}} \tag{3-3a}$$

同理可得:
$$\delta_{HC_2O_4^-} = \frac{[H^+]K_{a_1}}{[H^+]^2+[H^+]K_{a_1}+K_{a_1}K_{a_2}} \tag{3-3b}$$

$$\delta_{C_2O_4^{2-}} = \frac{K_{a_1}K_{a_2}}{[H^+]^2+[H^+]K_{a_1}+K_{a_1}K_{a_2}} \tag{3-3c}$$

若以 δ 对 pH 作图，则可得图 3-2 所示的分布曲线。由图可见，当 $pH < pK_{a_1}$ 时，溶液中 $H_2C_2O_4$ 为主要的存在型体；当 $pK_{a_1} < pH < pK_{a_2}$ 时，溶液中 $HC_2O_4^-$ 为主要存在型体；当 $pH > pK_{a_2}$ 时，溶液中 $C_2O_4^{2-}$ 为主要存在型体。曲线有三个交点，分别为：$pH = pK_{a_1}$，此时 $\delta_{H_2C_2O_4} = \delta_{HC_2O_4^-}$；$pH = pK_{a_2}$，此时 $\delta_{HC_2O_4^-} = \delta_{C_2O_4^{2-}}$；$pH = \frac{1}{2}(pK_{a_1}+pK_{a_2})$，此时 $\delta_{H_2C_2O_4} = \delta_{C_2O_4^{2-}}$。

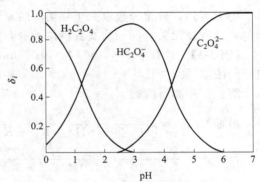

图 3-2　$H_2C_2O_4$ 各型体的分布分数与溶液 pH 的关系曲线

由于草酸的 $pK_{a_1} = 1.22$，$pK_{a_2} = 4.19$，比较接近，因此在 $HC_2O_4^-$ 的优势区内，各种型体的存在情况比较复杂。计算表明，在 pH = 2.2～3.2 时，明显出现三种型体同时存在的状况，而在 pH = 2.71 时，虽然 $HC_2O_4^-$ 的分布分数达到最大 (0.938)，但 $\delta_{H_2C_2O_4}$ 和 $\delta_{C_2O_4^{2-}}$ 数值也各占 0.031。

如果是三元弱酸，例如 H_3PO_4，情况更要复杂一些，但可采用同样的方法处理，得到

$$\delta_{H_3PO_4} = \frac{[H_3PO_4]}{c} = \frac{[H^+]^3}{[H^+]^3+[H^+]^2K_{a_1}+[H^+]K_{a_1}K_{a_2}+K_{a_1}K_{a_2}K_{a_3}} \tag{3-4a}$$

$$\delta_{H_2PO_4^-} = \frac{[H_2PO_4^-]}{c} = \frac{[H^+]^2K_{a_1}}{[H^+]^3+[H^+]^2K_{a_1}+[H^+]K_{a_1}K_{a_2}+K_{a_1}K_{a_2}K_{a_3}} \tag{3-4b}$$

$$\delta_{HPO_4^{2-}} = \frac{[HPO_4^{2-}]}{c} = \frac{[H^+]K_{a_1}K_{a_2}}{[H^+]^3+[H^+]^2K_{a_1}+[H^+]K_{a_1}K_{a_2}+K_{a_1}K_{a_2}K_{a_3}} \tag{3-4c}$$

$$\delta_{PO_4^{3-}} = \frac{[PO_4^{3-}]}{c} = \frac{K_{a_1}K_{a_2}K_{a_3}}{[H^+]^3+[H^+]^2K_{a_1}+[H^+]K_{a_1}K_{a_2}+K_{a_1}K_{a_2}K_{a_3}} \tag{3-4d}$$

多弱元酸 H_nA 的溶液中存在着 $n+1$ 种可能的型体，同理可得各型体的分布分数为：

$$\delta_{H_nA} = \frac{[H^+]^n}{[H^+]^n+[H^+]^{n-1}K_{a_1}+[H^+]^{n-2}K_{a_1}K_{a_2}+\cdots+K_{a_1}K_{a_2}K_{a_3}\cdots K_{a_n}} \tag{3-5a}$$

$$\delta_{H_{n-1}A^-} = \frac{[H^+]^{n-1}K_{a_1}}{[H^+]^n+[H^+]^{n-1}K_{a_1}+[H^+]^{n-2}K_{a_1}K_{a_2}+\cdots+K_{a_1}K_{a_2}K_{a_3}\cdots K_{a_n}} \tag{3-5b}$$

⋯

$$\delta_{A^{n-}} = \frac{K_{a_1}K_{a_2}K_{a_3}\cdots K_{a_n}}{[H^+]^n+[H^+]^{n-1}K_{a_1}+[H^+]^{n-2}K_{a_1}K_{a_2}+\cdots+K_{a_1}K_{a_2}K_{a_3}\cdots K_{a_n}} \tag{3-5c}$$

$$\sum \delta_i = 1$$

对于多元弱碱 A^{n-} 的分布分数，按类似的方法处理，可得：

$$\delta_{A^{n-}} = \frac{[OH^-]^n}{[OH^-]^n + [OH^-]^{n-1}K_{b_1} + [OH^-]^{n-2}K_{b_1}K_{b_2} + \cdots + K_{b_1}K_{b_2}K_{b_3}\cdots K_{b_n}} \quad (3\text{-}6a)$$

$$\cdots \cdots$$

$$\delta_{H_{n-1}A^-} = \frac{[OH^-]K_{b_1}K_{b_2}K_{b_3}\cdots K_{b_{n-1}}}{[OH^-]^n + [OH^-]^{n-1}K_{b_1} + [OH^-]^{n-2}K_{b_1}K_{b_2} + \cdots + K_{b_1}K_{b_2}K_{b_3}\cdots K_{b_n}} \quad (3\text{-}6b)$$

$$\cdots \cdots$$

$$\delta_{H_nA} = \frac{K_{b_1}K_{b_2}K_{b_3}\cdots K_{b_n}}{[OH^-]^n + [OH^-]^{n-1}K_{b_1} + [OH^-]^{n-2}K_{b_1}K_{b_2} + \cdots + K_{b_1}K_{b_2}K_{b_3}\cdots K_{b_n}} \quad (3\text{-}6c)$$

$$\sum \delta_i = 1$$

由上可知，分布分数取决于物质的酸碱强度（K_a 或 K_b）和溶液的酸度（H^+ 的浓度），而与其总浓度无关，同一物质各型体的分布分数之和为 1。

【例 3-3】 计算 pH=4.00 时，0.050mol·L^{-1} 酒石酸（以 H_2A 表示）溶液中酒石酸根离子的浓度 $[A^{2-}]$。

解：已知酒石酸的 $K_{a_1} = 9.1 \times 10^{-4}$，$K_{a_2} = 4.3 \times 10^{-5}$，$c = 0.050$ mol·L^{-1}

根据 $\delta_{A^{2-}} = \dfrac{K_{a_1}K_{a_2}}{[H^+]^2 + [H^+]K_{a_1} + K_{a_1}K_{a_2}}$

得：$\delta_{A^{2-}} = \dfrac{9.1 \times 10^{-4} \times 4.3 \times 10^{-5}}{1.0 \times 10^{-8} + 1.0 \times 10^{-4} \times 9.1 \times 10^{-4} + 9.1 \times 10^{-4} \times 4.3 \times 10^{-5}} = 0.28$

所以，$[A^{2-}] = c\delta_{A^{2-}} = 0.050 \times 0.28 = 0.014$ mol·L^{-1}

【例 3-4】 在某一 pH 值下，H_nA 溶液中主要存在的型体是什么？可用哪几种方法判断。

解：可用以下三种方法判断。

（1）计算各型体的分布分数，并比较。

（2）pH 与 pK_a 比较。若 $pH < pK_{a_1}$，则主要存在的型体是 H_nA；若 $pH > pK_{a_n}$，则主要存在的型体是 A^{n-}；若 $pK_{a_1} < pH < pK_{a_2}$，则主要存在的型体是 $H_{n-1}A^-$；若 $pH = pK_{a_1}$，则主要存在的型体是 H_nA 和 $H_{n-1}A^-$，其他情况依次类推。

（3）计算 $[H^+]^n + [H^+]^{n-1}K_{a_1} + [H^+]^{n-2}K_{a_1}K_{a_2} + \cdots + K_{a_1}K_{a_2}K_{a_3}\cdots K_{a_n}$ 中的各项，并比较，各项分别表示对应型体 H_nA、$H_{n-1}A^-$、$H_{n-2}A^{2-}$、$\cdots$、A^{n-} 的平衡浓度的相对大小。

3.3 酸碱溶液氢离子浓度的计算

溶液中氢离子浓度的计算，以酸碱解离常数、分布分数的基本关系式处理，常会遇到一些困难。若能结合物料平衡、电荷平衡、质子平衡等关系，则处理起来就容易得多。下面分别介绍这几种平衡。

3.3.1 物料平衡、电荷平衡和质子平衡

（1）物料平衡

物料平衡是指在平衡状态时，某溶质的分析浓度等于其各有关存在型体的平衡浓度之和，其数学表达式称为物料平衡方程（material balance equation），用 MBE 表示。

即 $c = \sum [\text{型体}]$

【例3-5】 写出 $c(\text{mol·L}^{-1})$ Na_2HPO_4 溶液的 MBE。

解：MBE 为：$[\text{Na}^+]=2c$

$$[\text{H}_3\text{PO}_4]+[\text{H}_2\text{PO}_4^-]+[\text{HPO}_4^{2-}]+[\text{PO}_4^{3-}]=c$$

(2) 电荷平衡

电荷平衡是指在平衡状态时，溶液中所有阳离子所带正电荷的量等于所有阴离子所带负电荷的量。考虑溶液中各种离子的平衡浓度和电荷数，列出的数学表达式称为电荷平衡方程 (charge balance equation)，用 CBE 表示。

即　　$\sum[\text{阳离子}]\times\text{电荷数}=\sum[\text{阴离子}]\times\text{电荷数}$

【例3-6】 写出 $c(\text{mol·L}^{-1})$ Na_2HPO_4 溶液的 CBE。

解：溶液中有如下解离平衡。

$$\text{Na}_2\text{HPO}_4 =\!=\!= 2\text{Na}^+ + \text{HPO}_4^{2-}$$
$$\text{HPO}_4^{2-} + \text{H}_2\text{O} =\!=\!= \text{H}_2\text{PO}_4^- + \text{OH}^-$$
$$\text{H}_2\text{PO}_4^- + \text{H}_2\text{O} =\!=\!= \text{H}_3\text{PO}_4 + \text{OH}^-$$
$$\text{HPO}_4^{2-} =\!=\!= \text{PO}_4^{3-} + \text{H}^+$$
$$\text{H}_2\text{O} =\!=\!= \text{OH}^- + \text{H}^+$$

其 CBE 为：$[\text{Na}^+]+[\text{H}^+]=[\text{OH}^-]+[\text{H}_2\text{PO}_4^-]+2[\text{HPO}_4^{2-}]+3[\text{PO}_4^{3-}]$

应该注意，某离子平衡浓度前面的系数就等于它所带电荷数的绝对值。如 PO_4^{3-} 带三个负电荷，列电荷平衡方程时在 $[\text{PO}_4^{3-}]$ 前面的系数为 3，以保证各离子浓度所代表的电荷量的单位相同。由上例可知，中性分子不包含在电荷平衡方程中。

(3) 质子平衡

质子平衡是指当酸碱反应达到平衡时，酸失去质子的量等于碱接受质子的量。根据酸失去质子后的产物浓度和其失去的质子数与碱得到质子后的产物浓度和其得到的质子数，列出的数学表达式称为质子平衡方程 (proton balance equation)，又称质子条件式，用 PBE 表示。

即　　$\sum[\text{失 H}^+ \text{的产物}]\times\text{失 H}^+\text{的个数}=\sum[\text{得 H}^+ \text{的产物}]\times\text{得 H}^+\text{的个数}$

列质子条件式的步骤如下。

首先，选择质子参考水准。当酸碱反应达到平衡后，选择溶液中大量存在并且参与质子转移的起始酸碱组分和溶剂作为质子参考水准，又称零水准。

注意：当共轭酸碱对都为起始组分时，只能选择其中一种型体作为质子参考水准。

其次，绘出得失质子示意图。根据质子参考水准，写出得失质子的产物，并确定相应的得失质子数，据此绘出得失质子示意图。

最后，写出 PBE。根据得失质子的量相等的原则，将所有得质子的产物分别用平衡浓度乘以得到的质子数相加后写在等式的一边，将所有失质子的产物分别用平衡浓度乘以失去的质子数相加后写在等式的另一边，即得 PBE。

【例3-7】 写出 HAc 溶液的 PBE。PBE 式说明了什么？

解：因为 HAc 是起始酸，H_2O 是溶剂，并且它们都参与了质子转移反应，所以选它们作为质子参考水准，溶液中得失质子的示意图如下：

得质子产物　质子参考水准　失质子产物

$$\text{HAc} \xrightarrow{-\text{H}^+} \text{Ac}^-$$

$$\text{H}_3\text{O}^+ \xleftarrow{+\text{H}^+} \text{H}_2\text{O} \xrightarrow{-\text{H}^+} \text{OH}^-$$

与质子参考水准 HAc、H_2O 比较，Ac^- 是 HAc 失去 1mol 质子后的产物；H_3O^+ 和 OH^-

分别是 H_2O 得到或失去 1mol 质子后的产物。将得质子产物写在等式的左边，失质子产物写在等式的右边，根据得失质子的量相等的原则，PBE 为：

$$[H^+]=[Ac^-]+[OH^-]$$

PBE 式说明了溶液中的 H^+ 浓度来自于两部分，一部分为 HAc 的解离，其浓度等于 $[Ac^-]$，另一部分来自 H_2O 的解离，其浓度等于 $[OH^-]$。

【例 3-8】 写出 $NaNH_4HPO_4$ 溶液的 PBE。

解： 因为 NH_4^+、HPO_4^{2-} 是溶液中大量存在并且参与质子转移的起始酸组分，H_2O 是溶剂，所以选它们作为质子参考水准。溶液中得失质子的示意图如下：

得质子产物　质子参考水准　失质子产物

$$NH_4^+ \xrightarrow{-H^+} NH_3$$

$$H_2PO_4^- \xleftarrow{+H^+} \left.\begin{matrix}\\ \\\end{matrix}\right\} HPO_4^{2-} \xrightarrow{-H^+} PO_4^{3-}$$
$$H_3PO_4 \xleftarrow{+2H^+}$$

$$H_3O^+ \xleftarrow{+H^+} H_2O \xrightarrow{-H^+} OH^-$$

与质子参考水准 NH_4^+、HPO_4^{2-}、H_2O 比较，NH_3 是 NH_4^+ 失去 1mol 质子后的产物；$H_2PO_4^-$、H_3PO_4 分别是 HPO_4^{2-} 得到 1mol 和 2mol 质子后的产物（故 $[H_3PO_4]$ 项前面的系数为 2），而 PO_4^{3-} 是 HPO_4^{2-} 失去 1mol 质子后的产物；H_3O^+ 和 OH^- 分别是 H_2O 得到或失去 1mol 质子后的产物。根据得失质子的量相等的原则，PBE 为：

$$[H^+]+[H_2PO_4^-]+2[H_3PO_4]=[NH_3]+[PO_4^{3-}]+[OH^-]$$

【例 3-9】 写出 $c(mol \cdot L^{-1})$ NaOH 溶液的 PBE。

解： 因为 NaOH 是起始的碱，H_2O 是溶剂，并且它们参与了质子转移反应，所以选它们作为质子参考水准，溶液中得失质子的示意图如下：

得质子产物　质子参考水准　失质子产物

$$Na^+ \xleftarrow{+H^+} NaOH$$

$$H_3O^+ \xleftarrow{+H^+} H_2O \xrightarrow{-H^+} OH^-$$

PBE 为：

$$[Na^+]+[H^+]=[OH^-]$$

因为 $[Na^+]=c$，PBE 也可写为：$c+[H^+]=[OH^-]$

【例 3-10】 写出浓度为 $c_a(mol \cdot L^{-1})$ 的 HAc 和浓度为 $c_b(mol \cdot L^{-1})$ 的 NaAc 溶液的 PBE。

解： H_2O 是溶剂，起始的酸碱组分为 HAc、Ac^-，而它们为共轭酸碱对，所以可选 HAc 和 H_2O 或者是 Ac^- 和 H_2O 作为质子参考水准。

当选 HAc 和 H_2O 作为质子参考水准时，溶液中得失质子示意图为

得质子产物　质子参考水准　失质子产物的浓度

$$HAc \xrightarrow{-H^+} [Ac^-]-c_b$$

$$H_3O^+ \xleftarrow{+H^+} H_2O \xrightarrow{-H^+} [OH^-]$$

说明：溶液中 Ac^- 的浓度来源于两部分，一部分是 NaAc 的解离，其浓度等于 c_b，另一部分来源于 HAc 的解离，其浓度等于 $[Ac^-]-c_b$。

PBE 为
$$[H^+]=[Ac^-]-c_b+[OH^-]$$
当选 Ac^- 和 H_2O 作为质子参考水准时，溶液中得失质子示意图为

得质子产物的浓度　　质子参考水准　　失质子产物

$$[HAc]-c_a \xleftarrow{+H^+} Ac^-$$
$$[H_3O^+] \xleftarrow{+H^+} H_2O \xrightarrow{-H^+} OH^-$$

说明：溶液中 HAc 的浓度来源于两部分，一部分是原始的 HAc，其浓度等于 c_a，另一部分来源于 Ac^- 的水解，其浓度等于 $[HAc]-c_a$。

PBE 为：
$$[HAc]-c_a+[H^+]=[OH^-]$$

这两个质子条件式的形式不同，但实际上是一样的，因为 $[HAc]+[Ac^-]=c_a+c_b$。

在计算各类酸碱溶液中氢离子的浓度时，上述三种平衡方程都是处理溶液中酸碱平衡的依据，特别是质子条件式，反映了酸碱平衡体系中得失质子的量的关系。因此计算溶液中氢离子浓度的一般步骤是：①首先写出 PBE；②将各组分用 $[H^+]$ 或 $[OH^-]$、K_a 或 K_b、起始组分的分析浓度或平衡浓度代替，便可得出计算 $[H^+]$ 的精确式；③在运算过程中，根据具体情况进行合理的近似处理，便可得到计算 $[H^+]$ 的近似式和最简式。下面分别讨论各种酸碱溶液中 H^+ 浓度的计算。

3.3.2 一元强酸（碱）溶液 H^+ 浓度的计算

以 $c(\text{mol} \cdot L^{-1})$ HCl 溶液为例，其 PBE 为
$$[H^+]=[Cl^-]+[OH^-]$$

上式表明溶液中的 $[H^+]$ 来源于 HCl 和水的解离，HCl 解离的 H^+ 浓度等于 $[Cl^-]$，水解离的 H^+ 浓度等于 $[OH^-]$。

将 $[Cl^-]=c$，$[OH^-]=\dfrac{K_w}{[H^+]}$ 代入上式，并整理可得：

$$[H^+]^2-c[H^+]-K_w=0$$

解之得：
$$[H^+]=\frac{c+\sqrt{c^2+4K_w}}{2} \tag{3-7}$$

这是计算强酸溶液中 $[H^+]$ 的精确式。

当 $c \geq 10^{-6} \text{mol} \cdot L^{-1}$ 时，水解离的那部分氢离子可忽略不计，故得近似式，$[H^+]=c$。

当 $c \leq 10^{-8} \text{mol} \cdot L^{-1}$ 时，酸解离的那部分氢离子可忽略不计，故得近似式，$[H^+]=\sqrt{K_w}$。

所以式（3-7）的适用条件是 $10^{-8} \text{mol} \cdot L < c < 10^{-6} \text{mol} \cdot L^{-1}$。

对于一元强碱，如 $c(\text{mol} \cdot L^{-1})$ NaOH 溶液，其 $[OH^-]$ 的计算式为

$c \geq 10^{-6} \text{mol} \cdot L^{-1}$ 时，$[OH^-]=c$

$c \leq 10^{-8} \text{mol} \cdot L^{-1}$ 时，$[OH^-]=\sqrt{K_w}$

$10^{-8} \text{mol} \cdot L^{-1} < c < 10^{-6} \text{mol} \cdot L^{-1}$ 时，

$$[OH^-]=\frac{c+\sqrt{c^2+4K_w}}{2} \tag{3-8}$$

3.3.3 一元弱酸（碱）溶液 H^+ 浓度的计算

(1) 一元弱酸溶液

设一元弱酸 HA 的浓度为 $c(\text{mol} \cdot L^{-1})$，解离常数为 K_a，其 PBE 为
$$[H^+]=[A^-]+[OH^-]$$

上式表明溶液中的 [H^+] 来源于 HA 和水的解离，HA 解离的 H^+ 浓度等于 [A^-]，水解离的 H^+ 浓度等于 [OH^-]。

将 [A^-]=$c\times\dfrac{K_a}{[H^+]+K_a}$，[$OH^-$]=$\dfrac{K_w}{[H^+]}$ 代入 PBE 式，并整理，可得

$$[H^+]^3+K_a[H^+]^2-(cK_a+K_w)[H^+]-K_aK_w=0$$

上式为计算一元弱酸溶液中 [H^+] 的精确式。显然数学处理相当麻烦，实际工作中也没有必要。为了简化计算，首先将 PBE 简化。

将 [A^-]=$\dfrac{K_a[HA]}{[H^+]}$，[OH^-]=$\dfrac{K_w}{[H^+]}$ 代入 PBE 中，并整理，可得

$$[H^+]=\sqrt{[HA]K_a+K_w} \tag{3-9}$$

式 (3-9) 也是计算一元弱酸溶液中 [H^+] 的精确式。

① 若式 (3-9) 中 [HA]$K_a \geqslant 10K_w$，则 K_w 项可忽略，即水解可忽略，此时计算结果的相对误差在 ±5% 内。考虑到弱酸解离度一般不大，为方便起见，常以 [HA]$K_a \approx cK_a \geqslant 10K_w$ 来进行判断。所以，当 $cK_a \geqslant 10K_w$ 时，忽略 K_w，式 (3-9) 简化为

$$[H^+]=\sqrt{[HA]K_a} \tag{3-10}$$

将 [HA]=$c\times\dfrac{[H^+]}{[H^+]+K_a}$ 代入上式，并整理，可得

$$[H^+]^2+K_a[H^+]-cK_a=0$$

解之得：

$$[H^+]=\dfrac{-K_a+\sqrt{K_a^2+4cK_a}}{2} \tag{3-11}$$

式 (3-11) 是计算一元弱酸溶液中 [H^+] 的第一近似式。

② 在忽略水解的同时，若弱酸已解离的部分 [A^-] 相对于分析浓度 c 较小，即 [A^-]<$\dfrac{1}{20}c$，若允许有 5% 误差，满足 $\dfrac{c}{K_a} \geqslant 100$ 时，就可以忽略因解离对弱酸浓度的影响，有 [HA]≈c，式 (3-10) 可简化为

$$[H^+]=\sqrt{cK_a} \tag{3-12}$$

式 (3-12) 是计算一元弱酸溶液中 [H^+] 的最简式。

③ 当 $cK_a<10K_w$，$\dfrac{c}{K_a} \geqslant 100$ 时，说明水解不能忽略，可忽略弱酸解离对弱酸浓度的影响，有 [HA]≈c，式 (3-9) 简化为：

$$[H^+]=\sqrt{cK_a+K_w} \tag{3-13}$$

式 (3-13) 是计算一元弱酸溶液中 [H^+] 的第二近似式。

(2) 一元弱碱溶液

对于一元弱碱 B 溶液，其 PEB 为

$$[HB]^++[H^+]=[OH^-]$$

用处理一元弱酸类似的方法，对 c(mol·L^{-1}) 的弱碱 B，解离常数为 K_b，其 [OH^-] 的计算精确式为

$$[OH^-]=\sqrt{[B]K_b+K_w} \tag{3-14}$$

① 当 $cK_b \geqslant 10K_w$，$\dfrac{c}{K_b}<100$ 时，第一近似式为

$$[OH^-]=\dfrac{-K_b+\sqrt{K_b^2+4cK_b}}{2} \tag{3-15}$$

② 当 $cK_b < 10K_w$，$\dfrac{c}{K_b} \geqslant 100$ 时，第二近似式为

$$[OH^-] = \sqrt{cK_b + K_w} \tag{3-16}$$

③ 当 $cK_b \geqslant 10K_w$，$\dfrac{c}{K_b} \geqslant 100$ 时，最简式为

$$[OH^-] = \sqrt{cK_b} \tag{3-17}$$

3.3.4 多元弱酸（碱）溶液 H⁺ 浓度的计算

（1）二元弱酸溶液

设二元弱酸 H_2A 的浓度为 c（mol·L⁻¹），一级、二级解离常数分别为 K_{a_1}、K_{a_2}，其 PBE 为

$$[H^+] = [HA^-] + 2[A^{2-}] + [OH^-]$$

上式说明，溶液中的 $[H^+]$ 来源于 H_2A 的一级、二级和水的解离。

将 $[HA^-] = c \times \dfrac{[H^+]K_{a_1}}{[H^+]^2 + [H^+]K_{a_1} + K_{a_1}K_{a_2}}$

$[A^{2-}] = c \times \dfrac{K_{a_1}K_{a_2}}{[H^+]^2 + [H^+]K_{a_1} + K_{a_1}K_{a_2}}$

$[OH^-] = \dfrac{K_w}{[H^+]}$

代入 PBE 式后，整理得：

$[H^+]^4 + K_{a_1}[H^+]^3 + (K_{a_1}K_{a_2} - cK_{a_1} - K_w)[H^+]^2 - (K_{a_1}K_w + 2cK_{a_1}K_{a_2})[H^+] - K_{a_1}K_{a_2}K_w = 0$

上式为计算二元弱酸 $[H^+]$ 的精确式。显然用此式计算，数学处理极其复杂，因此根据实际情况，对其进行处理。二元弱酸的解离是分步的，以第一级解离为主，在什么情况下可忽略第二级解离呢？下面讨论忽略 H_2A 的第二级解离的条件。

根据解离平衡常数 $K_{a_2} = \dfrac{[A^{2-}][H^+]}{[HA^-]}$，可得：$\dfrac{2[A^{2-}]}{[HA^-]} = \dfrac{2K_{a_2}}{[H^+]}$

用 $\sqrt{cK_{a_1}}$ 近似代替 $[H^+]$，则上式变为

$$\dfrac{2[A^{2-}]}{[HA^-]} = \dfrac{2K_{a_2}}{[H^+]} \approx \dfrac{2K_{a_2}}{\sqrt{cK_{a_1}}}$$

如果 $\dfrac{2[A^{2-}]}{[HA^-]} < 5\%$，则表明第二级解离的作用小于第一级解离的 5%，可将第二级解离忽略。此时，上式变为：$\dfrac{2K_{a_2}}{\sqrt{cK_{a_1}}} < 5\%$，可得：$\sqrt{cK_{a_1}} > 40K_{a_2}$，这便是将二元弱酸按一元酸近似处理的条件。

将一元弱酸 $[H^+]$ 计算式中的 K_a 换为 K_{a_1}，便得二元弱酸 $[H^+]$ 的计算式。

① 当 $\sqrt{cK_{a_1}} > 40K_{a_2}$、$cK_{a_1} \geqslant 10K_w$、$\dfrac{c}{K_{a_1}} < 100$ 时，第一近似式为

$$[H^+] = \dfrac{-K_{a_1} + \sqrt{K_{a_1}^2 + 4cK_{a_1}}}{2} \tag{3-18}$$

② 当 $\sqrt{cK_{a_1}} > 40K_{a_2}$、$cK_{a_1} < 10K_w$、$\dfrac{c}{K_{a_1}} \geqslant 100$ 时，第二近似式为

$$[H^+] = \sqrt{cK_{a_1} + K_w} \tag{3-19}$$

③ 当 $\sqrt{cK_{a_1}} > 40K_{a_2}$、$cK_{a_1} \geqslant 10K_w$、$\dfrac{c}{K_{a_1}} \geqslant 100$ 时，最简式为

$$[H^+] = \sqrt{cK_{a_1}} \tag{3-20}$$

④ 当 $\sqrt{cK_{a_1}} < 40K_{a_2}$ 时，第二级解离就不能忽略，质子条件式将变为高次方程，不便求解，在这种情况下，要定量计算溶液中的 H^+ 浓度，可采用逐步逼近法（又称迭代法）求解。

（2）多元弱碱溶液

对于多元弱碱溶液中 $[OH^-]$ 的计算，可仿照多元弱酸溶液的处理方式，便可得到相应的计算公式，只要将多元弱酸公式中的 $[H^+]$ 用 $[OH^-]$ 代替、K_a 换为 K_b 即可。忽略二元弱碱的第二级解离的条件是 $\sqrt{cK_{b_1}} > 40K_{b_2}$。

一般来讲，只要多元弱酸或弱碱的浓度不是太稀，就可以按照一元弱酸或弱碱处理。

3.3.5 两性物质溶液 H^+ 浓度的计算

两性物质在溶液中既起酸的作用，又起碱的作用。较重要的两性物质有：多元弱酸的酸式盐（如 $NaHCO_3$、NaH_2PO_4、Na_2HPO_4）、弱酸弱碱盐（如 NH_4Ac）、氨基酸（如 H_2NCH_2COOH）等。本书仅讨论两性物质作为酸与作为碱时，其浓度比为 1:1 的两性物质溶液 H^+ 浓度的计算。

以 $c(mol \cdot L^{-1})$ NaHA 为例，溶液中存在如下解离平衡

$$HA^- \rightleftharpoons H^+ + A^{2-} \qquad K_{a_2} = \dfrac{[H^+][A^{2-}]}{[HA^-]}$$

$$HA^- + H_2O \rightleftharpoons H_2A + OH^- \qquad K_{b_2} = \dfrac{[H_2A][OH^-]}{[HA^-]}$$

$$H_2O \rightleftharpoons H^+ + OH^- \qquad K_w = [H^+][OH^-]$$

其 PBE 为

$$[H^+] + [H_2A] = [A^{2-}] + [OH^-]$$

用 K_{a_1}、K_{a_2}、K_w、起始组分 HA^- 及 H^+ 代替上式各项，可得

$$[H^+] + \dfrac{[H^+][HA^-]}{K_{a_1}} = \dfrac{[HA^-]K_{a_2}}{[H^+]} + \dfrac{K_w}{[H^+]}$$

整理后得

$$[H^+] = \sqrt{\dfrac{K_{a_1}([HA^-]K_{a_2} + K_w)}{[HA^-] + K_{a_1}}} \tag{3-21}$$

上式是计算两性物质溶液中 $[H^+]$ 的精确式。

一般情况下，HA^- 的酸式解离和碱式解离的趋势都较小，即 K_{a_2}、K_{b_2} 都很小，因此溶液中的 HA^- 消耗甚少，所以 $[HA^-] \approx c$，上式简化为：

$$[H^+] = \sqrt{\dfrac{K_{a_1}(cK_{a_2} + K_w)}{c + K_{a_1}}} \tag{3-22}$$

若允许有 $\pm 5\%$ 的相对误差，在 $cK_{a_2} \geqslant 10K_w$ 时，HA^- 的酸式解离提供的 H^+ 比水解提供的 H^+ 浓度大得多，可忽略上式中的 K_w 项，得近似计算式：

$$[H^+] = \sqrt{\dfrac{cK_{a_1}K_{a_2}}{c + K_{a_1}}} \tag{3-23}$$

若 $c \geqslant 10K_{a_1}$，则上式中的 $c + K_{a_1} \approx c$，得最简计算式：

$$[H^+] = \sqrt{K_{a_1}K_{a_2}} \tag{3-24}$$

若 $cK_{a_2} < 10K_w$、$c \geq 10K_{a_1}$，则式（3-22）变为以下近似式：

$$[H^+] = \sqrt{\frac{K_{a_1}(cK_{a_2}+K_w)}{c}} \tag{3-25}$$

在上述公式中，K_{a_1} 是两性物质作为碱时，其共轭酸的解离常数，K_{a_2} 是两性物质作为酸时的解离常数。所以 $c(mol \cdot L^{-1})$ Na_2HPO_4、NH_4Ac、H_2NCH_2COOH 溶液 H^+ 浓度的计算式分别如下。

Na_2HPO_4：

$$[H^+] = \sqrt{\frac{K_{a_2}(cK_{a_3}+K_w)}{c+K_{a_2}}} \tag{3-26}$$

NH_4Ac：

$$[H^+] = \sqrt{\frac{K_{a(HAc)}(cK_{a(NH_4^+)}+K_w)}{c+K_{a(HAc)}}} \tag{3-27}$$

H_2NCH_2COOH 同 $NaHA$：

$$[H^+] = \sqrt{\frac{K_{a_1}(cK_{a_2}+K_w)}{c+K_{a_1}}} \tag{3-28}$$

近似处理同上。

3.3.6 强酸与弱酸的混合溶液中 H^+ 浓度的计算

浓度为 $c_1(mol \cdot L^{-1})$ 的强酸 HCl 与浓度为 $c_2(mol \cdot L^{-1})$ 的弱酸 HA（解离常数为 K_a）的混合溶液，其 PBE 为

$$[H^+] = c_1 + [A^-] + [OH^-]$$

由于溶液呈酸性，故忽略水的解离，将上式简化为

$$[H^+] \approx c_1 + [A^-]$$

即

$$[H^+] = c_1 + \frac{c_2 K_a}{[H^+] + K_a}$$

整理后得近似式

$$[H^+] = \frac{(c_1 - K_a) + \sqrt{(c_1 - K_a)^2 + 4(c_1 + c_2)K_a}}{2} \tag{3-29}$$

同理 $c_1(mol \cdot L^{-1})$ 强碱与 $c_2(mol \cdot L^{-1})$ 弱碱混合溶液

$$[OH^-] = \frac{(c_1 - K_b) + \sqrt{(c_1 - K_b)^2 + 4(c_1 + c_2)K_b}}{2} \tag{3-30}$$

【例 3-11】 计算下列溶液的 pH 值。

(1) $1.0 \times 10^{-7} mol \cdot L^{-1}$ HCl
(2) $0.10 mol \cdot L^{-1}$ NH_4Cl
(3) $1.0 \times 10^{-4} mol \cdot L^{-1}$ HCN
(4) $1.0 \times 10^{-4} mol \cdot L^{-1}$ NaCN
(5) $0.10 mol \cdot L^{-1}$ Na_2CO_3
(6) $1.0 \times 10^{-2} mol \cdot L^{-1}$ Na_2HPO_4
(7) $0.1 mol \cdot L^{-1}$ NH_4CN
(8) $0.10 mol \cdot L^{-1}$ H_2SO_4
(9) $0.10 mol \cdot L^{-1}$ 氨基乙酸（H_2NCH_2COOH）
(10) $20.00 mL 0.1000 mol \cdot L^{-1}$ NaA（$K_b = 1.0 \times 10^{-7}$）溶液中，加入等浓度的 HCl 溶液 20.02 mL。

计算溶液中的 pH 值的步骤：首先判断是什么溶液？其次根据浓度和有关常数判断使用哪个公式？最后代入公式计算。若溶液是没介绍过的，则根据质子条件式计算。

解： (1) 因为 $10^{-6} mol \cdot L^{-1} > c > 10^{-8} mol \cdot L^{-1}$，所以采用精确式计算，即

$$[H^+] = \frac{c + \sqrt{c^2 + 4K_w}}{2}$$

$$= \frac{1.0 \times 10^{-7} + \sqrt{(1.0 \times 10^{-7})^2 + 4 \times 10^{-14}}}{2} mol \cdot L^{-1}$$

$$= 1.6 \times 10^{-7} \text{mol} \cdot \text{L}^{-1}$$
$$\text{pH} = 6.79$$

(2) NH_4^+ 为一元弱酸，其 $c = 0.10 \text{mol} \cdot \text{L}^{-1}$，已知 NH_3 的 $K_b = 1.8 \times 10^{-5}$，故 NH_4^+ 的

$$K_a = \frac{K_w}{K_b} = \frac{1.0 \times 10^{-14}}{1.8 \times 10^{-5}} = 5.6 \times 10^{-10}$$

因为 $cK_a > 10K_w$，$\frac{c}{K_a} > 100$，所以采用最简式计算，即

$$[H^+] = \sqrt{cK_a}$$
$$= \sqrt{0.10 \times 5.6 \times 10^{-10}} \text{mol} \cdot \text{L}^{-1}$$
$$= 7.5 \times 10^{-6} \text{mol} \cdot \text{L}^{-1}$$
$$\text{pH} = 5.13$$

(3) 已知 HCN 的 $c = 1.0 \times 10^{-4} \text{mol} \cdot \text{L}^{-1}$，$K_a = 6.2 \times 10^{-10}$，

因为 $cK_a < 10K_w$，$\frac{c}{K_a} > 100$，所以采用近似式计算，即

$$[H^+] = \sqrt{cK_a + K_w}$$
$$= \sqrt{1.0 \times 10^{-4} \times 6.2 \times 10^{-10} + 1.0 \times 10^{-14}} \text{mol} \cdot \text{L}^{-1}$$
$$= 2.68 \times 10^{-7} \text{mol} \cdot \text{L}^{-1}$$
$$\text{pH} = 6.57$$

(4) CN^- 为一元弱碱，其 $c = 1.0 \times 10^{-4} \text{mol} \cdot \text{L}^{-1}$，已知 HCN 的 $K_a = 6.2 \times 10^{-10}$ 故 CN^- 的 $K_b = \frac{K_w}{K_a} = \frac{1.0 \times 10^{-14}}{6.2 \times 10^{-10}} = 1.6 \times 10^{-5}$

因为 $cK_{b_1} > 10K_w$，$\frac{c}{K_{b_1}} < 100$，所以采用近似式计算，即

$$[OH^-] = \frac{-K_b + \sqrt{K_b^2 + 4cK_b}}{2}$$
$$= \frac{-1.6 \times 10^{-5} + \sqrt{(1.6 \times 10^{-5})^2 + 4 \times 1.0 \times 10^{-4} \times 1.6 \times 10^{-5}}}{2} \text{mol} \cdot \text{L}^{-1}$$
$$= 3.3 \times 10^{-5} \text{mol} \cdot \text{L}^{-1}$$
$$\text{pOH} = 4.48 \quad \text{pH} = 14.00 - 4.48 = 9.52$$

(5) CO_3^{2-} 是二元弱碱，其 $c = 0.10 \text{mol} \cdot \text{L}^{-1}$，已知 H_2CO_3 的 $K_{a_1} = 4.2 \times 10^{-7}$，$K_{a_2} = 5.6 \times 10^{-11}$

故 CO_3^{2-} 的 $K_{b_1} = \frac{K_w}{K_{a_2}} = \frac{1.0 \times 10^{-14}}{5.6 \times 10^{-11}} = 1.8 \times 10^{-4}$，$K_{b_2} = \frac{K_w}{K_{a_1}} = \frac{1.0 \times 10^{-14}}{4.2 \times 10^{-7}} = 2.38 \times 10^{-8}$

因为 $\sqrt{cK_{b_1}} > 40K_{b_2}$，$cK_{b_1} > 10K_w$，$\frac{c}{K_{b_1}} > 100$，所以采用最简式计算，即

$$[OH^-] = \sqrt{cK_{b_1}}$$
$$= \sqrt{0.10 \times 1.8 \times 10^{-4}}$$
$$= 4.2 \times 10^{-3} \text{mol} \cdot \text{L}^{-1}$$
$$\text{pOH} = 2.38$$
$$\text{pH} = 14.00 - 2.38 = 11.62$$

(6) HPO_4^{2-} 是两性物质，其 $c = 0.01 \text{mol} \cdot \text{L}^{-1}$。$H_3PO_4$ 的 $K_{a_1} = 7.6 \times 10^{-3}$，$K_{a_2} = 6.3 \times 10^{-8}$，$K_{a_3} = 4.4 \times 10^{-13}$

因为 $cK_{a_3} < 10K_w$，$c > 10K_{a_2}$，所以用下式计算

$$[H^+] = \sqrt{\frac{K_{a_2}(cK_{a_3}+K_w)}{c}}$$

$$= \sqrt{\frac{6.3 \times 10^{-8} \times (4.4 \times 10^{-13} \times 1.0 \times 10^{-2} + 1.0 \times 10^{-14})}{1.0 \times 10^{-2}}} \text{mol} \cdot L^{-1}$$

$$= 3.0 \times 10^{-10} \text{mol} \cdot L^{-1}$$

$$pH = 9.52$$

(7) NH_4CN 为两性溶液，其 $c = 0.1 \text{mol} \cdot L^{-1}$，$K_{a(NH_4^+)} = 10^{-9.26}$，$K_{a(HCN)} = 10^{-9.14}$

因为 $cK_{a(NH_4^+)} > 10K_w$，$c > 10K_{a(HCN)}$，所以可采用最简式计算，即

$$[H^+] = \sqrt{K_{a(HCN)} K_{a(NH_4^+)}}$$

$$= \sqrt{10^{-9.14} \times 10^{-9.26}}$$

$$= 10^{-9.20} \text{mol} \cdot L^{-1}$$

$$pH = 9.20$$

(8) H_2SO_4 是二元强酸，已知 H_2SO_4 $K_{a_2} = 1.0 \times 10^{-2}$，$c(\text{mol} \cdot L^{-1})$ H_2SO_4 的 PBE 为

$$[H^+] = [OH^-] + c + [SO_4^{2-}]$$

溶液为酸性，忽略 $[OH^-]$ 项，将 $[SO_4^{2-}] = c \times \dfrac{K_{a_2}}{[H^+] + K_{a_2}}$ 代入，得

$$[H^+] = (K_{a_2} - c)[H^+] - 2cK_{a_2} = 0$$

解之得：$[H^+] = \dfrac{(c - K_{a_2}) + \sqrt{(c - K_{a_2})^2 + 8cK_{a_2}}}{2}$

所以 $0.10 \text{mol} \cdot L^{-1}$ H_2SO_4 溶液

$$[H^+] = \frac{0.09 + \sqrt{0.09^2 + 8 \times 0.10 \times 1.0 \times 10^{-2}}}{2} \text{mol} \cdot L^{-1} = 0.11 \text{mol} \cdot L^{-1}$$

$$pH = 0.96$$

(9) H_2NCH_2COOH 是两性物质，其 $c = 0.10 \text{mol} \cdot L^{-1}$

已知 $^+H_3N-CH_2-COOH$ 的 $K_{a_1} = 4.5 \times 10^{-3}$，$K_{a_2} = 2.5 \times 10^{-10}$

因为 $cK_{a_2} > 10K_w$，$c > 10K_{a_1}$，所以可采用最简式计算，即

$$[H^+] = \sqrt{K_{a_1} K_{a_2}}$$

$$= \sqrt{4.5 \times 10^{-3} \times 2.5 \times 10^{-10}}$$

$$= 1.1 \times 10^{-6} \text{mol} \cdot L^{-1}$$

$$pH = 5.97$$

(10) 反应平衡后，溶液的组成为强酸 HCl 和弱酸 HA 的混合液，浓度分别为：

$$c_1 = c_{HCl} = \frac{20.02 - 20.00}{40.02} \times 0.1000 \text{mol} \cdot L^{-1} = 5.0 \times 10^{-5} \text{mol} \cdot L^{-1}$$

$$c_2 = c_{HA} = \frac{20.00 \times 0.1000}{40.02} \text{mol} \cdot L^{-1} = 0.04998 \text{mol} \cdot L^{-1}$$

$$K_a = \frac{K_w}{K_b} = \frac{1.0 \times 10^{-14}}{1.0 \times 10^{-7}} = 1.0 \times 10^{-7}$$

根据 $[H^+] = \dfrac{(c_1 - K_a) + \sqrt{(c_1 - K_a)^2 + 4(c_1 + c_2)K_a}}{2}$

得：

$$[H^+]=\frac{(5.0\times10^{-5}-1.0\times10^{-7})+\sqrt{(5.0\times10^{-5}-1.0\times10^{-7})^2+4\times(5.0\times10^{-5}+0.04998)\times1.0\times10^{-7}}}{2}$$

$=1.0\times10^{-4.00}\,\text{mol}\cdot\text{L}^{-1}$

pH=4.00

3.4 酸碱缓冲溶液

缓冲溶液（buffer solution）是一种对溶液的酸碱度起稳定作用的溶液。如果向溶液中加入少量的酸或碱、或溶液中的化学反应产生了少量的酸或碱、或将溶液加以稀释，都能使溶液的酸度基本保持不变。

根据缓冲溶液的作用，可分为两类：一类是一般酸碱缓冲溶液，其作用是用于控制溶液的酸度，它们是由一定浓度的共轭酸碱对、或者由浓度较大的强酸（pH<2）或强碱（pH>12）组成。常用共轭酸碱对所组成的缓冲溶液列于表3-1中。另一类是标准缓冲溶液，其作用是测量溶液pH时的标准参照溶液，它们是由规定浓度的某些逐级离解常数相差较小的两性物质（如邻苯二甲酸氢钾）、或由共轭酸碱对（如$H_2PO_4^-$-HPO_4^{2-}）所组成。表3-2列出了最为常用的标准缓冲溶液，它们的pH值是经过准确实验测得的，它们已被国际纯粹与应用化学联合会（IUPAC）规定为测量溶液pH时的标准参照溶液。

表 3-1　常用缓冲溶液

缓冲溶液	酸	共轭碱	pK_a
氨基乙酸-HCl	$^+NH_3CH_2COOH$	$^+NH_3CH_2COO^-$	2.35(pK_{a_1})
一氯乙酸-NaOH	$CH_2ClCOOH$	CH_2ClCOO^-	2.86
邻苯二甲酸氢钾-HCl	苯环-COOH,COOH	苯环-COO$^-$,COOH	2.95(pK_{a_1})
甲酸-NaOH	HCOOH	HCOO$^-$	3.76
HAc-NaAc	HAc	Ac$^-$	4.74
六亚甲基四胺-HCl	$(CH_2)_6N_4H^+$	$(CH_2)_6N_4$	5.15
NaH_2PO_4-Na_2HPO_4	$H_2PO_4^-$	HPO_4^{2-}	7.20(pK_{a_2})
三乙醇胺-HCl	$^+HN(CH_2CH_2OH)_3$	$N(CH_2CH_2OH)_3$	7.76
Tris[①]-HCl	$^+NH_3C(CH_2OH)_3$	$NH_2C(CH_2OH)_3$	8.21
$Na_2B_4O_7$-HCl	H_3BO_3	$H_2BO_3^-$	9.24(pK_{a_1})
$Na_2B_4O_7$-NaOH	H_3BO_3	$H_2BO_3^-$	9.24(pK_{a_1})
NH_3-NH_4Cl	NH_4^+	NH_3	9.26
乙醇胺-HCl	$^+NH_3CH_2CH_2OH$	$NH_2CH_2CH_2OH$	9.50
氨基乙酸-NaOH	$^+NH_3CH_2COO^-$	$NH_2CH_2COO^-$	9.60(pK_{a_2})
$NaHCO_3$-Na_2CO_3	HCO_3^-	CO_3^{2-}	10.25(pK_{a_2})

① Tris——三（羟甲基）氨基甲烷。

表 3-2　标准 pH 缓冲溶液

pH 标准溶液	pH标准值（25℃）	pH 标准溶液	pH标准值（25℃）
饱和酒石酸氢钾（0.034mol·L^{-1}）	3.56	0.025mol·L^{-1} KH_2PO_4-0.025mol·L^{-1} $NaHPO_4$	6.86
0.050mol·L^{-1}邻苯二甲酸氢钾	4.01	0.010mol·L^{-1}硼砂	9.18

3.4.1 缓冲溶液 pH 值的计算

主要讨论由共轭酸碱对组成的一般缓冲溶液 pH 的计算。以一元弱酸 c_{HA}(mol·L^{-1}) HA 及其共轭碱 c_{A^-}(mol·L^{-1}) NaA 组成的缓冲溶液为例。该溶液的 MBE 和 CBE 分别如下。

$$\text{MBE}: [Na^+] = c_{A^-} \tag{1}$$

$$[HA] + [A^-] = c_{HA} + c_{A^-} \tag{2}$$

$$\text{CBE}: [Na^+] + [H^+] = [A^-] + [OH^-] \tag{3}$$

将式（1）代入式（3）得

$$[A^-] = c_{A^-} + [H^+] - [OH^-] \tag{4}$$

将式（4）代入式（2）得

$$[HA] = c_{HA} - [H^+] + [OH^-] \tag{5}$$

由 $K_a = \dfrac{[H^+][A^-]}{[HA]}$，得

$$[H^+] = K_a \frac{c_{HA} - [H^+] + [OH^-]}{c_{A^-} + [H^+] - [OH^-]} \tag{3-31}$$

这是计算弱酸及其共轭碱组成的缓冲溶液中 [H$^+$] 的精确式。

① 当溶液的 pH≤6 时，[H$^+$]≫[OH$^-$]，一般可忽略 [OH$^-$]，式（3-31）变为

$$[H^+] = K_a \frac{c_{HA} - [H^+]}{c_{A^-} + [H^+]} \tag{3-32}$$

若 $c_{HA} \gg [H^+]$，$c_{A^-} \gg [H^+]$，则上式简化为

$$[H^+] = K_a \frac{c_{HA}}{c_{A^-}} \quad \text{即}：pH = pK_a + \lg \frac{c_{A^-}}{c_{HA}} \tag{3-33}$$

② 当 pH≥8 时，[OH$^-$]≫[H$^+$]，一般可忽略 [H$^+$]，式（3-31）变为

$$[H^+] = K_a \frac{c_{HA} + [OH^-]}{c_{A^-} - [OH^-]} \tag{3-34}$$

若 $c_{HA} \gg [OH^-]$，$c_{A^-} \gg [OH^-]$，则上式也简化为

$$[H^+] = K_a \frac{c_{HA}}{c_{A^-}} \quad \text{即}： \quad pH = pK_a + \lg \frac{c_{A^-}}{c_{HA}}$$

式（3-32）、式（3-34）是计算弱酸及其共轭碱组成的缓冲溶液中 [H$^+$] 的近似式，式（3-33）是最简式。作为一般控制酸度的缓冲溶液，其共轭酸碱对的浓度都较大，对计算结果也不要求十分准确，所以通常可采用最简式计算。

【例 3-12】 计算 0.10mol·L^{-1} NH$_4$Cl-0.20mol·L^{-1} NH$_3$ 缓冲溶液的 pH。

解：已知 NH$_3$ 的 $K_b = 1.8 \times 10^{-5}$，NH$_4^+$ 的 $K_a = \dfrac{K_w}{K_b} = \dfrac{1.0 \times 10^{-14}}{1.8 \times 10^{-5}} = 5.6 \times 10^{-10}$，

由于 c_{NH_3}、$c_{NH_4^+}$ 均较大，故用最简式计算，

$$pH = pK_a + \lg \frac{c_{NH_3}}{c_{NH_4^+}} = 9.26 + \lg \frac{0.20}{0.10} = 9.56$$

【例 3-13】 20.0g 六亚甲基四胺加 12mol·L^{-1} HCl 溶液 4.0mL，最后配制成 100mL 溶液，其 pH 为多少？

解：已知 (CH$_2$)$_6$N$_4$ 的 $M = 140.19$g·mol^{-1}，$K_b = 1.4 \times 10^{-9}$

所以 (CH$_2$)$_6$N$_4$H$^+$ 的 $K_a = \dfrac{K_w}{K_b} = \dfrac{1.0 \times 10^{-14}}{1.4 \times 10^{-9}} = 7.1 \times 10^{-6}$

有关反应为：(CH$_2$)$_6$N$_4$ + HCl == (CH$_2$)$_6$N$_4$H$^+$ + Cl$^-$

$$n_{HCl} = (cV)_{HCl} = 12 \times 4.0 = 48 \text{mmol}$$

$$n_{(CH_2)_6N_4} = \frac{m}{M} = \frac{20.0}{140.19} = 0.143 \text{mol} = 143 \text{mmol}$$

因为 $n_{HCl} < n_{(CH_2)_6N_4}$，所以溶液的组成为 $(CH_2)_6N_4$ 和 $(CH_2)_6N_4H^+$ 的混合液，浓度分别为：

$$c_{(CH_2)_6N_4} = \frac{143-48}{100} = 0.95 \text{mol} \cdot L^{-1}, c_{(CH_2)_6N_4H^+} = \frac{48}{100} = 0.48 \text{mol} \cdot L^{-1}$$

浓度都较大，故用最简式计算：

$$pH = pK_a + \lg \frac{c_{(CH_2)_6N_4}}{c_{(CH_2)_6N_4H^+}}$$

$$= 5.15 + \lg \frac{0.95}{0.48}$$

$$= 5.45$$

3.4.2 缓冲容量与缓冲范围

一切缓冲溶液的缓冲能力都是有限的，当加入强酸（或强碱）的量太多，或稀释的太大时，其溶液的酸度将改变很大，缓冲溶液将失去其缓冲作用。缓冲溶液的缓冲能力大小常用缓冲容量（buffer capacity）（又称缓冲指数）来衡量，用 β 表示。其定义为：使 1L 缓冲溶液的 pH 值增大 dpH 单位时，所需强碱的量 db(mol)，或是使 1L 缓冲溶液的 pH 值减小 dpH 单位时，所需强酸的量 da(mol)。因此，缓冲容量的数学表达式为：

$$\beta = \frac{db}{dpH} = -\frac{da}{dpH}$$

由于酸的增加使 pH 降低，为保持 β 为正，故在 da/dpH 前加负号。显然，β 越大，表明溶液的缓冲能力越大。可以证明，以一元弱酸 c_{HA}(mol·L^{-1}) HA 及其共轭碱 c_{A^-}(mol·L^{-1}) NaA 组成的缓冲溶液的缓冲容量 β 为：

$$\beta = 2.3c\delta_{HA}\delta_{A^-} = 2.3c\delta_{HA}(1-\delta_{HA}) \qquad (3-35)$$

其中，c 为共轭酸碱对组分的总浓度，即 $c = c_{HA} + c_{A^-}$。

由此可知，对于共轭酸碱对缓冲体系，影响其缓冲容量的因素是：缓冲组分的比值和总浓度。总浓度 c 越大，缓冲容量 β 越大；缓冲组分的浓度比越接近于 1:1，缓冲容量 β 越大；当 $pH = pK_a$ 时，即 $c_{HA} : c_{A^-} = 1:1$，$\delta_{HA} = \delta_{A^-} = 0.5$ 时，缓冲容量 β 最大，$\beta_{max} = 0.575c$。

根据式（3-35），当 $[HA]/[A^-]$ 为 10/1（或 1/10）时，$\beta = 0.19c \approx \frac{1}{3}\beta_{max}$。若 $[HA]/[A^-]$ 进一步大于 10/1（或小于 1/10），缓冲容量会更小，溶液的缓冲能力逐渐消失。可见，缓冲溶液的有效缓冲范围的 pH 约为 $pK_a \pm 1$。即缓冲溶液的有效缓冲 pH 范围 $pK_a \pm 1$，称之为缓冲范围。图 3-3 中实线是 0.10mol·L^{-1} HAc-Ac^- 缓冲溶液在不同 pH 时的缓冲容量，虚线表示强酸（pH<3）和强碱（pH>11）溶液的缓冲容量（即 $\beta_{H^+} = 2.30[H^+]$，$\beta_{OH^-} = 2.30[OH^-]$）。曲线的极大点就是醋酸缓冲溶液的最大缓冲容量 $\beta_{max} = 0.0575$。

3.4.3 常用缓冲溶液的选择与配制

化学中用于控制溶液酸度的缓冲溶液的种类

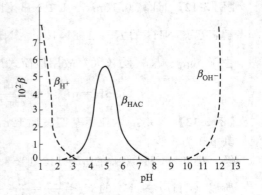

图 3-3 0.10mol·L^{-1} HAc-Ac^- 溶液在不同 pH 时的缓冲容量

非常多，根据实际情况，选用不同的缓冲溶液。选择缓冲溶液的原则是：①缓冲溶液对测量过程应没有干扰；②所需控制的 pH 应在缓冲范围之内，如果缓冲溶液是由共轭酸碱对组成的，则 pK_a 应尽量与所需控制的 pH 相等或相接近；③缓冲溶液应有足够大的缓冲容量，通常缓冲组分的浓度在 $0.01 \sim 1 \text{mol} \cdot \text{L}^{-1}$ 之间；④缓冲物质应廉价易得，避免污染。

只有一个 K_a 起作用的简单缓冲体系，其缓冲范围窄，如 HAc-NaAc。在实际工作中，有时需要 pH 缓冲范围宽的缓冲溶液，这时可采用多元弱酸和弱碱组成的缓冲体系。在这样的体系中，因其中存在 pK_a 不同的共轭酸碱对，所以它们能在较宽的 pH 范围内起缓冲作用。如柠檬酸（$pK_{a_1}=3.13$，$pK_{a_2}=4.76$，$pK_{a_3}=6.40$）和磷酸氢二钠（H_3PO_4 的 $pK_{a_1}=2.12$，$pK_{a_2}=7.20$，$pK_{a_3}=12.36$）两种溶液按不同比例混合，可得到 pH 为 2～8 的一系列缓冲溶液。

缓冲溶液的配制方法是：根据理论计算，进行配制；或查阅相关手册上的配方，进行配制。书后附录表 3 为常用缓冲溶液的配制。

【例 3-14】 在含有 Pb^{2+} 的溶液中，需控制溶液的酸度为 pH=5 左右。问应选择什么缓冲体系？

解：见表 3-1，pH=5 左右时，可选用 HAc-NaAc 或 $(CH_2)_6N_4H^+$-$(CH_2)_6N_4$，但 Ac^- 与 Pb^{2+} 可形成络合物 $Pb(Ac)_4^{2-}$，所以选 $(CH_2)_6N_4H^+$-$(CH_2)_6N_4$。

【例 3-15】 怎样配制 1.0L pH=10.00，$\beta=0.20$ 的 NH_3-NH_4Cl 缓冲溶液？

解：已知 NH_4^+ 的 $K_a=5.6\times10^{-10}$

pH=10.00 时，

$$\delta_{NH_4^+}=\frac{[H^+]}{[H^+]+K_a}=\frac{1.0\times10^{-10}}{1.0\times10^{-10}+5.6\times10^{-10}}=0.15$$

$\delta_{NH_3}=1-\delta_{NH_4^+}=1-0.15=0.85$

根据 $\beta=2.3c\delta_{HA}\delta_{A^-}$

得 $c=\dfrac{\beta}{2.3\delta_{NH_4^+}\delta_{NH_3}}$

则 $c=\dfrac{0.20}{2.3\times0.15\times0.85}=0.68\text{mol}\cdot\text{L}^{-1}$

因此配制 1.0 L 该缓冲溶液需要

NH_4Cl：$0.68\text{mol}\cdot\text{L}^{-1}\times1.0\text{L}\times0.15=0.1\text{mol}$，约 5.4g；

NH_3：$0.68\text{mol}\cdot\text{L}^{-1}\times1.0\text{L}\times0.85=0.58\text{mol}$，38mL 含 NH_3 为 29% 的溶液。

3.5 酸碱指示剂

3.5.1 酸碱指示剂的作用原理

酸碱指示剂（acid-base indicator）一般是弱的有机酸或有机碱，它的酸式和共轭碱式结构不同，且颜色明显不同。当溶液的 pH 改变时，指示剂失去质子由酸式转变为碱式，或得到质子由碱式转变为酸式，溶液的颜色发生变化而指示滴定终点。

甲基橙（methyl orange，MO）在溶液中存在下述平衡：

$$(H_3C)_2N-\!\!\!\!-\!\!\!\!\bigcirc\!\!\!\!-\!\!\!\!-N\!\!=\!\!N-\!\!\!\!-\!\!\!\!\bigcirc\!\!\!\!-\!\!\!\!-SO_3^- \xrightleftharpoons[OH^-]{H^+} (H_3C)_2\overset{+}{N}\!\!=\!\!\!\!\bigcirc\!\!\!\!=\!\!N-\!\!NH-\!\!\!\!\bigcirc\!\!\!\!-\!\!\!\!-SO_3^-$$

碱型，黄色(偶氮式)   酸型，红色(醌式)

由平衡关系可以看出，当溶液酸度增大时，平衡向右移动，甲基橙主要以红色醌式存在，溶液呈红色；降低酸度，平衡向左移动，甲基橙主要以黄色偶氮式存在，溶液呈黄色。

酚酞（phenolphthalein，PP）在酸性溶液中以各种无色形式存在，在碱性溶液中转化为醌式而显红色，在足够浓的强碱溶液中，进一步转化为无色的羧酸盐式。

常用的酸碱指示剂见表3-3。由表可知指示剂以酸式或碱式型体存在时，并不表明此时溶液一定呈酸性或碱性。

表3-3 常用的酸碱指示剂

指示剂	变色范围 pH	颜色 酸色	颜色 碱色	pK_{HIn}	浓 度
百里酚蓝（第一次变色）	1.2～2.8	红	黄	1.6	0.1%（20%乙醇溶液）
甲基黄	2.9～4.0	红	黄	3.3	0.1%（90%乙醇溶液）
甲基橙	3.1～4.4	红	黄	3.4	0.05%水溶液
溴酚蓝	3.1～4.6	黄	紫	4.1	0.1%（20%乙醇溶液），或指示剂钠盐的水溶液
溴甲酚绿	3.8～5.4	黄	蓝	4.9	0.1%水溶液，每100mg指示剂加0.05mol·L^{-1}NaOH 2.9mL
甲基红	4.4～6.2	红	黄	5.2	0.1%（60%乙醇溶液），或指示剂钠盐的水溶液
溴百里酚蓝	6.0～7.6	黄	蓝	7.3	0.1%（20%乙醇溶液），或指示剂钠盐的水溶液
中性红	6.8～8.0	红	黄橙	7.4	0.1%（60%乙醇溶液）
酚红	6.7～8.4	黄	红	8.0	0.1%（60%乙醇溶液），或指示剂钠盐的水溶液
酚酞	8.0～9.6	无	红	9.1	0.1%（90%乙醇溶液）
百里酚蓝（第二次变色）	8.0～9.6	黄	蓝	8.9	0.1%（20%乙醇溶液）
百里酚酞	9.4～10.6	无	蓝	10.0	0.1%（90%乙醇溶液）

3.5.2 指示剂变色的pH范围

以HIn表示指示剂的酸式色形式，以In$^-$表示指示剂的碱式色形式，它们在溶液中的平衡关系为：

$$HIn \rightleftharpoons H^+ + In^-$$

指示剂HIn的解离常数为K_a，$K_a = \dfrac{[H^+][In^-]}{[HIn]}$，即：$\dfrac{[In^-]}{[HIn]} = \dfrac{K_a}{[H^+]}$

对于某指示剂，在一定条件下K_a是一常数，所以$\dfrac{[In^-]}{[HIn]}$比值随H$^+$的变化而改变。溶液的颜色由$\dfrac{[In^-]}{[HIn]}$的比值来决定，因此酸度也决定了溶液的颜色。一般认为，当$\dfrac{[In^-]}{[HIn]} \geqslant 10$时，看到的应是碱式In$^-$的颜色，此时，pH$\geqslant pK_a+1$；当$\dfrac{[In^-]}{[HIn]} \leqslant \dfrac{1}{10}$时，看到的应是酸式HIn的颜色，此时，pH$\leqslant pK_a-1$。因此，当溶液的pH由$pK_a-1$变化到$pK_a+1$时，就能明显地观察到指示剂由酸式色变化为碱式色，反之亦然。所以，pH=$pK_a\pm1$被看作是指示剂变色的pH范围，简称指示剂的理论变色范围。但指示剂的实际变色范围（指从一色调改变至另一色调）不是根据pK_a计算出来的，而是由人眼观察确定的。由于人眼对各种颜色的敏感程度不同，加上两种颜色相互掩盖，影响观察，所以指示剂的实际变色范围与理论变色范围不完全一致。此外，不同人的观察结果也不尽相同。如甲基橙的变色范围有人报道为3.1～4.4，也有人报道为3.2～4.5或2.9～4.2。表3-3列出了常用的酸碱指示剂及其变色范围。大多数指示剂的变色范围为1.6～1.8pH单位。

当$\dfrac{[In^-]}{[HIn]} = 1$时，pH=$pK_a$，此pH值称为指示剂的理论变色点。在计算中常将其作为滴定终点，实际变色点与理论变色点有一定的差异。

需要说明，在实际滴定过程中，并不要求指示剂由酸式色完全转变为碱式色或者由碱式色完全转变为酸式色，而只需在指示剂的变色范围内找到明显的变色点，即可据此指示滴定终点。如甲基橙在其变色过程中，当pH＝4时，呈明显的橙色，容易分辨出来，所以通常将它作为甲基橙的实际变色点，并用来指示滴定终点。

3.5.3 影响指示剂变色范围的因素

（1）指示剂的用量

对于双色指示剂如甲基橙，溶液颜色决定于$[In^-]/[HIn]$的比值，与指示剂的用量无关，但指示剂的用量最好要适量。因为指示剂的用量过少，颜色太浅，变色不明显；指示剂的用量过多，颜色太深，变色也不明显，而且指示剂本身也会消耗一些滴定剂，带来误差。

对于单色指示剂，指示剂的用量对它的变色点有较大的影响。如酚酞的酸式色是无色，碱式色是红色。设人眼能观察到红色时，碱式酚酞$[In^-]$的最低浓度为a，设酚酞的分析浓度为c，则变色时：

$$a=\frac{cK_a}{[H^+]+K_a}$$

若酚酞的分析浓度c增大，由于a不变，则溶液中的$[H^+]$增大，即酚酞指示剂将在较低的pH变色。例如，在50～100mL溶液中加入0.1％酚酞指示剂2～3滴，pH≈9时，溶液出现微红色；在同样条件下，加入10～15滴，则在pH≈8时，溶液出现微红色。因此，用单色指示剂指示滴定终点时，要严格控制指示剂的用量，否则单色指示剂变色范围的宽度会发生变化。

（2）滴定程序

由于深色较浅色明显，所以当溶液由浅色变为深色时，肉眼容易辨认出来，其变色范围的宽度会变窄。例如，以甲基橙为指示剂，用碱滴定酸时，终点颜色的变化是由橙红变黄，它就不及用酸滴定碱时终点颜色的变化由黄变橙红明显。所以用甲基橙为指示剂时，滴定的次序通常是用酸滴定碱。同样，用碱滴定酸时，一般采用酚酞为指示剂，因为终点由无色变为红色比较敏锐。

（3）温度

指示剂的变色范围与指示剂的解离常数有关，而温度的变化会引起指示剂的解离常数和水的质子自递常数发生变化，因而温度改变，指示剂的变色范围也随之改变。例如，甲基橙在18℃下的变色范围是3.1～4.4，在100℃时为2.5～3.7。因此，一般滴定在室温下进行，若有必要加热，也必须溶液冷却后再滴定。

（4）溶剂

指示剂在不同的溶剂中，其解离常数不同，因而变色范围也不同。如甲基橙在水中pK_a是3.4，而在甲醇中为3.8。

（5）中性电解质

由于中性电解质的存在增大了溶液的离子强度，使得指示剂的解离常数发生改变，从而影响指示剂的变色范围。另外，某些盐类具有吸收不同波长光波的性质，也会改变指示剂颜色的深度和色调。因此滴定中不宜有大量中性盐存在。

3.5.4 混合指示剂

前面介绍的指示剂都是单一指示剂，其变色范围都较宽，且变色不敏锐。在酸碱滴定中，有时需要将滴定终点限制在很窄的pH范围内，以达到一定准确度，采用单一指示剂就满足不了要求，这时可采用混合指示剂。

混合指示剂是利用颜色之间的互补作用,使变色范围变窄,颜色变化敏锐。混合指示剂有两类:一类是由两种或两种以上的指示剂按一定的比例混合而成。例如溴甲酚绿(pH=3.8~5.4,黄色→蓝色)和甲基红(pH=4.4~6.2,红色→黄色),按3:1混合后,由于共同作用的结果,使溶液在pH<4.0时,显橙红色(酒红),pH>6.2时,显绿色,而在pH≈5.1时,溴甲酚绿的碱式成分较多,呈绿色,甲基红的酸式成分较多,呈橙色,这两种颜色互补,产生灰色,使颜色在此时发生突变,变色十分敏锐,常用于用Na_2CO_3为基准物质标定盐酸标准溶液的浓度。

溶液酸度	溴甲酚绿	甲基红	溴甲酚绿+甲基红
pH<4.0	黄色	红色	橙红色(酒红)
pH=5.1	绿色	橙色	浅灰色
pH≥6.2	蓝色	黄色	绿色

另一类混合指示剂是在某种指示剂中加入一种惰性染料。例如由甲基橙(pH=3.1~4.4,红色→黄色)和靛蓝二磺酸钠(蓝色)组成的混合指示剂。靛蓝颜色不随pH改变而变化,只作为甲基橙变色的背景。在pH≥4.4时,混合指示剂显黄绿色,在pH≤3.1的溶液中,混合指示剂显紫色,在pH=4.1时,甲基橙呈橙色,橙与蓝色互补,显浅灰色,几乎无色,终点颜色变化非常敏锐。

溶液酸度	甲基橙	靛蓝二磺酸钠	甲基橙+靛蓝二磺酸钠
pH≥4.4	黄色	蓝色	黄绿色
pH=4.1	橙色	蓝色	浅灰色
pH≤3.1	红色	蓝色	紫色

由上可知,这类混合指示剂的变色范围仍与酸碱指示剂相同,但由于颜色的互补作用使终点颜色变化敏锐。表3-4列出了部分常用混合指示剂。

表 3-4 混合酸碱指示剂

指示剂溶液的组成	变色时 pH 值	颜色 酸色	颜色 碱色	备注
一份 0.1%甲基黄乙醇溶液 一份 0.1%亚甲基蓝乙醇溶液	3.25	蓝紫	绿	
一份 0.1%甲基橙水溶液 一份 0.25%靛蓝二磺酸水溶液	4.1	紫	黄绿	pH3.2 蓝紫色,pH3.4 绿色
三份 0.1%溴甲酚绿乙醇溶液 一份 0.2%甲基红乙醇溶液	5.1	酒红	绿	
一份 0.1%溴甲酚绿钠盐水溶液 一份 0.1%氯酚红钠盐水溶液	6.1	黄绿	蓝紫	pH5.4 蓝绿色,pH5.8 蓝色, pH6.0 蓝带紫,pH6.2 蓝紫色
一份 0.1%中性红乙醇溶液 一份 0.1%亚甲基蓝乙醇溶液	7.0	蓝紫	绿	pH7.0 紫蓝
一份 0.1%甲酚红钠盐水溶液 三份 0.1%百里酚蓝钠盐水溶液	8.3	黄	紫	pH8.2 玫瑰红, pH8.4 清晰的紫色
一份 0.1%百里酚蓝 50%乙醇溶液 三份 0.1%酚酞 50%乙醇溶液	9.0	黄	紫	从黄到绿,再到紫
两份 0.1%百里酚酞乙醇溶液 一份 0.1%茜素黄乙醇溶液	10.2	黄	紫	

3.6 酸碱滴定基本原理

在酸碱滴定中,为了使反应完全,结果准确,滴定剂用强酸或强碱,如 HCl 和 NaOH

等，滴定剂的浓度要求与被测物相当。要正确地选择指示剂确定终点，必须了解滴定过程中 pH 的变化规律。以下分别讨论各类酸碱的滴定。

3.6.1 用强碱（酸）滴定强酸（碱）

（1）滴定反应

强碱滴定强酸或强酸滴定强碱的滴定反应为：

$$H^+ + OH^- \rightleftharpoons H_2O$$

此滴定反应的平衡常数称为滴定常数，用 K_t 表示。

$$K_t = \frac{1}{[H^+][OH^-]} = \frac{1}{K_w} = 1.0 \times 10^{14} (25℃)$$

（2）滴定过程中 pH 的计算

以 $0.1000 \text{mol} \cdot \text{L}^{-1}$ NaOH 滴定 20.00mL（V_0） $0.1000 \text{mol} \cdot \text{L}^{-1}$ HCl 溶液，设滴定过程中加入 NaOH 的体积为 V(mL)。整个滴定过程中 pH 的计算，可按以下四个阶段来考虑。滴定分数是指被滴定物反应进行的程度，用 f 表示。

$$f = 已滴定被测物的量(\text{mol})/被测物的总量(\text{mol})$$

对于强碱滴定强酸

$$f = \frac{(cV)_{NaOH}}{(cV_0)_{HCl}}$$

① 滴定前 $f = 0\%$，$V = 0$mL，溶液的组成为 HCl 和 H_2O，溶液的 pH 由 c_{HCl} 决定，即：

$$[H^+] = c_{HCl} = 0.1000 \text{mol} \cdot \text{L}^{-1}, \text{pH} = 1.00$$

② 滴定开始至化学计量点前 $0\% < f < 100\%$，$0 < V < V_0$，溶液的组成为剩余的 HCl、NaCl 和 H_2O，所以溶液的 pH 由剩余的 HCl 浓度决定。

$$[H^+] = c_{余HCl} = \frac{(V_0 - V)c_{HCl}}{V_0 + V} \quad 或 \quad [H^+] = c_{余HCl} = \frac{c_{HCl}V_0(1-f)}{V_0 + V}$$

当加入 NaOH 10.00mL 时，$f = 50\%$，上式可变为：$[H^+] = c_{余HCl} = \frac{1}{3}c_{HCl}$

$$[H^+] = \frac{1}{3} \times 0.1000 = 0.033 \text{mol} \cdot \text{L}^{-1}, \text{pH} = 1.48$$

当加入 NaOH 19.98mL 时，$f = 99.9\%$（$E_r = -0.1\%$），

$$[H^+] = \frac{c_{HCl}V_0(1 - 99.9\%)}{V_0 + V} \approx \frac{1}{2}c_{HCl} \times 0.1\% = c_{sp} \times 0.1\%$$

c_{sp} 是按化学计量点体积计算时被滴定物 HCl 的分析浓度。

所以在滴定剂不足 0.1%，即相对误差为 -0.1% 时，

$$[H^+] = c_{sp} \times 0.1\% \tag{3-36}$$

$$[H^+] = 5.0 \times 10^{-5} \text{mol} \cdot \text{L}^{-1}, \text{pH} = 4.30$$

③ 化学计量点（stoichiometric point, sp）时 $f = 100\%$，$V = 20.00$mL，溶液的组成为 NaCl 和 H_2O，溶液呈中性，H^+ 来自水的解离，$[H^+] = [OH^-] = \sqrt{K_w}$，$\text{pH}_{sp} = 7.00$。

④ 化学计量点后 $f > 100\%$，$V > V_0$，溶液的组成为 NaCl、H_2O 和过量的 NaOH，所以溶液的 pH 由过量 NaOH 浓度决定。

$$[OH^-] = c_{过量NaOH} = \frac{(V - V_0)c_{NaOH}}{V_0 + V} \quad 或 \quad [OH^-] = c_{过量NaOH} = \frac{c_{HCl}V_0(f - 1)}{V_0 + V}$$

当加入 NaOH 20.02mL 时，$f = 100.1\%$（$E_r = +0.1\%$），可得：

$$[OH^-] = \frac{c_{HCl}V_0(100.1\% - 1)}{V_0 + V} \approx \frac{1}{2}c_{HCl} \times 0.1\% = c_{sp} \times 0.1\%$$

所以在滴定剂过量 0.1%，即相对误差为 +0.1% 时，

$$[OH^-] \approx c_{sp} \times 0.1\% \tag{3-37}$$

此时，$[OH^-] = 5.0 \times 10^{-5}$ mol·L^{-1}，pOH = 4.30，pH = 14.00 − pOH = 14.00 − 4.30 = 9.70。

如上逐一计算，将结果列于表 3-5 中。

表 3-5　0.1000mol·L^{-1} NaOH 滴定 20.00mL 0.1000mol·L^{-1} HCl 溶液的 pH

加入 NaOH 体积/mL	滴定分数 f/%	剩余 HCl 体积/mL	过量 NaOH 体积/mL	pH
0.00	0.00	20.00		1.00
10.00	50.00	10.00		1.48
18.00	90.00	2.00		2.28
19.80	99.00	0.20		3.30
19.96	99.80	0.04		4.00
19.98	99.90	0.02		4.30
20.00	100.0	0.00	0.00	7.00
20.02	100.1		0.02	9.70
20.04	100.2		0.04	10.00
20.20	101.0		0.20	10.70
22.00	110.0		2.00	11.70
40.00	200.0		20.00	12.50

（3）滴定曲线

以加入滴定剂的体积或滴定分数为横坐标，以 pH 为纵坐标作图，所得 pH-V（或 pH-f）曲线称为滴定曲线。图 3-4 的实线为 NaOH 滴定 HCl 的滴定曲线。

由表 3-5 和图 3-4 可以看出，从滴定开始到加入 19.80mL NaOH 溶液，溶液的 pH 仅改变了 1.3 个单位；再加入 1.98mL NaOH 溶液，pH 改变了 2 个单位，变化速度加快了；再滴入 0.02mL NaOH 溶液，正好是化学计量点，此时 pH 迅速增至 7.0，pH 就改变了 2.7 个单位，变化速度更快了；再滴入 0.02 mL NaOH 溶液，pH 增至 9.7，pH 也是改变了 2.7 个单位；此后过量 NaOH 溶液所引进的 pH 变化又越来越小。造成 pH 变化快慢不同的原

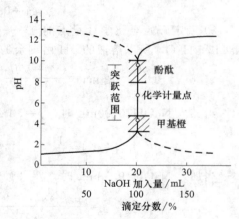

图 3-4　0.1000mol·L^{-1} NaOH 滴定 20.00mL 0.1000mol·L^{-1} HCl 的滴定曲线

因是：滴定开始时，溶液中强酸 HCl 的浓度大，溶液的缓冲能力大，pH 变化慢；接近化学计量点时，溶液中 HCl 的浓度很小，溶液的缓冲能力明显减弱，pH 变化就快；化学计量点附近±0.1% 的 pH 变化最快，所以形成了突跃，造成此时 pH 变化最快的原因是，化学计量点−0.1% 时 HCl 浓度极小，强酸的缓冲能力已失去，化学计量点＋0.1% 时 NaOH 也浓度极小，强碱的缓冲能力还没形成；化学计量点后强碱 NaOH 逐渐发挥其缓冲作用。

（4）突跃范围

由上分析可知，加入 NaOH 溶液从 19.98mL（f=99.9%，滴定剂不足 0.1%）到 20.02mL（f=100.1%，滴定剂过量 0.1%），只加入约 1 滴 NaOH，溶液的 pH 由 4.30 增大到 9.70，变化近 5.40 个 pH 单位，在滴定曲线上出现了近于垂直的一段。把被滴定液

pH值的急剧变化,称为滴定突跃。把化学计量点前后±0.1%[即$f=(1\pm 0.1)\%$]的pH变化范围称为pH突跃范围,简称突跃范围。由式(3-36)、式(3-37)及图3-5可知,影响突跃范围的因素是被测物的浓度,浓度越大,突跃范围也越大。如$1mol \cdot L^{-1}$ NaOH滴定$1mol \cdot L^{-1}$ HCl溶液,其突跃范围为pH3.3~10.7。为了保证有一定大小的突跃范围,在酸碱滴定中,被滴定物的浓度一般在$10^{-3} \sim 1mol \cdot L^{-1}$之间为宜。

(5) 指示剂的选择

选择指示剂的依据是滴定突跃范围。选择指示剂的原则是凡在突跃范围以内变色的指示剂都可用。这样可保证其滴定的终点误差在±0.1%之内,可满足

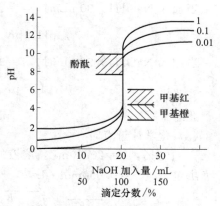

图3-5 浓度对滴定突跃的影响
(NaOH滴定HCl,$c_{NaOH}=c_{HCl}$)

一般分析的要求。上例中,突跃范围为pH4.30~9.70,根据表3-3可选用的指示剂有:甲基橙(pH3.1~4.4)、溴酚蓝(pH3.0~4.6)、溴甲酚绿(pH3.8~5.4)、甲基红(pH4.4~6.2)、溴百里酚蓝(pH6.0~7.6)、中性红(pH6.8~8.0)、百里酚蓝(pH8.0~9.6)、酚酞(pH8.0~9.6)等。

若以$0.1000mol \cdot L^{-1}$ HCl滴定20mL$0.1000mol \cdot L^{-1}$ NaOH溶液,滴定曲线(见图3-4的虚线)与上述曲线互相对称,溶液pH的变化从大到小;滴定突跃由pH9.70降到pH4.30,可选用的指示剂同上,但甲基橙不能用。如果一定要用甲基橙作指示剂,只应滴至橙色(pH=4.0),若滴至红色(pH=3.1),将产生+0.2%以上的误差。

3.6.2 用强碱(酸)滴定一元弱酸(碱)

一元弱酸(HA)、弱碱(B)的滴定反应分别为:

$$OH^- + HA \Longrightarrow A^- + H_2O \qquad 滴定常数 K_t = \frac{K_a}{K_w}$$

$$H^+ + B \Longrightarrow HB^+ \qquad 滴定常数 K_t = \frac{K_b}{K_w}$$

以$0.1000mol \cdot L^{-1}$ NaOH滴定20.00mL(V_0) $c=0.1000mol \cdot L^{-1}$ HAc为例,讨论强碱滴定弱酸的情况。设滴定过程中加入NaOH的体积为V(mL)。

(1) 滴定前

$f=0\%$,$V=0mL$,溶液的组成为HAc和H_2O,所以溶液的pH由HAc的浓度决定,即:

$$[H^+] = \sqrt{cK_a} = \sqrt{0.1000 \times 1.8 \times 10^{-5}} = 1.3 \times 10^{-3} mol \cdot L^{-1}$$
$$pH = 2.89$$

(2) 滴定开始至化学计量点前

$0\% < f < 100\%$,$0 < V < V_0$,溶液的组成为未反应的HAc、生成的NaAc和H_2O,所以溶液的pH由HAc-Ac^-组成的缓冲体系决定。

$$pH = pK_a + \lg \frac{c_{Ac^-}}{c_{HAc}}$$

因为
$$c_{Ac^-} = \frac{cf}{V_0 + V}, c_{HAc} = \frac{c(1-f)}{V_0 + V}$$

所以
$$pH = pK_a + \lg \frac{f}{1-f}$$

当加入 NaOH 10.00mL 时，$f=50\%$，

$$pH = pK_a + \lg\frac{50\%}{1-50\%} = pK_a = 4.74$$

当加入 NaOH 19.98mL 时，$f=99.9\%$ ($E_r = -0.1\%$)，

$$pH = pK_a + \lg\frac{99.9\%}{1-99.9\%} = pK_a + 3 \tag{3-38}$$

此时 $pH = 4.74 + 3 = 7.74$

(3) 化学计量点时

$f=100\%$，$V=20.00$mL，溶液的组成为 NaAc 和 H_2O，溶液的 pH 由一元弱碱 Ac^- 的浓度决定，$c_{Ac^-} = 0.050$ mol·L^{-1}，所以

$$[OH^-] = \sqrt{c_{Ac^-} K_b} = \sqrt{c_{Ac^-} \frac{K_w}{K_a}} = \sqrt{0.050 \times \frac{1.0 \times 10^{-14}}{1.8 \times 10^{-5}}} = 5.3 \times 10^{-6} \text{mol·L}^{-1}$$

$$pOH = 5.28, pH = 8.72$$

(4) 化学计量点后

$f>100\%$，$V>V_0$，溶液的组成为 NaAc、H_2O 和过量的 NaOH，由于过量 NaOH 的存在，抑制了 Ac^- 的水解，故此时溶液的 pH 主要由过量的 NaOH 浓度决定，与强碱滴定强酸相同。

$$[OH^-] = c_{过量NaOH} = \frac{(V-V_0)c_{NaOH}}{V_0+V} \quad 或 \quad [OH^-] = c_{过量NaOH} = \frac{cV_0(f-1)}{V_0+V}$$

当加入 NaOH 20.02mL 时，$f=100.1\%$ ($E_r = +0.1\%$)，可得：

$$[OH^-] = \frac{cV_0(100.1\%-1)}{V_0+V} \approx \frac{1}{2}c \times 0.1\% = c_{sp} \times 0.1\% \tag{3-39}$$

c_{sp} 是按化学计量点体积计算时被滴定物 HAc 的分析浓度。

此时，$[OH^-] = 5.0 \times 10^{-5}$ mol·L^{-1}，$pOH = 4.30$，$pH = 9.70$。

表 3-6　0.1000mol·L^{-1} NaOH 滴定 20.00mL 0.1000mol·L^{-1} HAc 溶液的 pH

加入 NaOH 体积/mL	滴定分数 $f/\%$	剩余 HAc 体积/mL	过量 NaOH 体积/mL	pH
0.00	0.00	20.00		2.87
10.00	50.00	10.00		4.74
18.00	90.00	2.00		5.70
19.80	99.00	0.20		6.73
19.98	99.90	0.02		7.74
20.00	100.00	0.00	0.00	8.72
20.02	100.1		0.02	9.70
20.20	101.0		0.20	10.70
22.00	110.0		2.00	11.70
40.00	200.0		20.00	12.50

如上逐一计算，将结果列于表 3-6 中，并根据计算结果绘制滴定曲线，得图 3-6 中的实线。图 3-6 中的虚线为强碱滴定盐酸的前半部分。两曲线比较可以看出，由于 HAc 是弱酸，在溶液中只是部分解离，滴定开始前溶液中 $[H^+]$ 就较低，所以 pH 较 NaOH 滴定 HCl 时高；滴定开始后，曲线的坡度比滴定 HCl 更倾斜，即 pH 较快地升高，这是由于中和生成的 Ac^- 与 HAc 组成了缓冲体系，但这时生成的 Ac^- 很少，$[Ac^-]:[HAc]$ 远离 1:1，溶液的缓冲能力很小，所以 pH 值增大较快，曲线更倾斜；但随着 NaOH 不断加入，生成的

Ac⁻渐多，[Ac⁻]∶[HAc]逐渐接近1∶1，溶液的缓冲能力增大，于是pH值增大较慢，曲线较平坦；接近化学计量点时，生成的Ac⁻很多，剩余的HAc很少，[Ac⁻]∶[HAc]又远离1∶1，溶液的缓冲能力明显减弱，所以pH值的增大变快，曲线又更倾斜；到达化学计量点时，在其附近出现一个较为短小的滴定突跃，其pH为7.74～9.70，处于碱性范围，这是由于化学计量点时溶液的组成是NaAc，它是弱碱，所以溶液呈碱性；化学计量点后，溶液pH的变化规律与强碱滴定HCl基本相同。

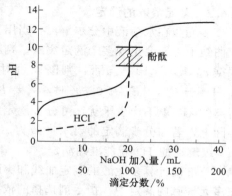

图 3-6　NaOH 滴定 HAc 的滴定曲线
($c_{NaOH}=c_{HA}=0.1000 mol·L^{-1}$)

pH突跃范围为7.74～9.70，可选用的指示剂有：溴百里酚蓝、中性红、百里酚蓝、酚酞等。

由式(3-38)和图3-7可知，弱酸越强，K_a越大，pK_a就越小，突跃的起点就越低，突跃范围就越大；由式(3-39)和图3-8可知，弱酸的浓度越大，c_{sp}也越大，此时[OH⁻]越大，pH也越大，突跃的终点就越高，突跃范围就越大。因此影响强碱滴定一元弱酸突跃范围的因素是弱酸的浓度和强度(K_a)。

若弱酸的解离常数太小或浓度很低，达到一定限度时，就不能准确滴定了。如果用指示剂检测终点，即使指示剂的变色点与化学计量点一致，但由于人眼判断至少有±0.2pH单位的不确定性。因此，要保证滴定的准确度，突跃范围就不能太小。若以ΔpH=±0.2作为借助指示剂判断终点的极限，要使滴定终点误差在±0.1%之内，则突跃范围应大于0.4pH，就要求$c_{sp}K_a \geq 10^{-8}$（可由3.6.6中的终点误差公式计算得到），这是目视直接准确滴定一元弱酸的条件。c_{sp}是按化学计量点体积计算时被滴定物质的分析浓度。

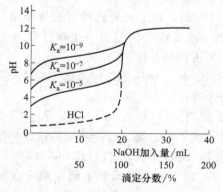

图 3-7　滴定突跃与 K_a 的关系曲线
($c_{NaOH}=c_{酸}=0.1000 mol·L^{-1}$)

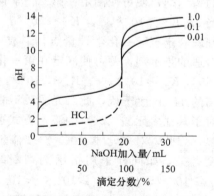

图 3-8　HA 的浓度对滴定突跃的影响
($c_{NaOH}=c_{HA}$)

强酸滴定弱碱，如0.1000mol·L⁻¹HCl滴定20.00mL 0.1000mol·L⁻¹NH₃，滴定曲线与上述相似，但pH的变化方向相反。由于反应的产物是NH_4^+，故化学计量点时溶液呈酸性(pH=5.28)。$f=99.9\%$ ($E_r=-0.1\%$)时，$pH=pK_a-3$，$f=100.1\%$ ($E_r=+0.1\%$)时，$[H^+]=c_{sp}\times 0.1\%$。突跃范围为pH 6.3～4.3，指示剂可选溴甲酚绿、甲基红等。影响强酸滴定一元弱碱突跃范围的因素是弱碱的浓度和强度(K_b)。只有$c_{sp}K_b \geq 10^{-8}$才能直接准确滴定。

3.6.3 多元酸碱的滴定

多元酸在水溶液中分步解离,当用强碱滴定时,其酸碱反应也是分步进行的,因此在滴定曲线上可能会出现多个滴定突跃。判断多元酸有几个突跃,是否能准确分步滴定,通常先根据 $c_{sp_i}K_{a_i} \geqslant 10^{-8}$ 与否,判断能否对第 i 级解离的 H^+ 进行准确滴定;然后当要求为 $\Delta pH = \pm 0.2$,$|E_t| \leqslant 0.3\%$ 时,只要 $K_{a_i}/K_{a_{i+1}} \geqslant 10^5$,第 $i+1$ 级解离的 H^+ 对滴定第 i 级解离的 H^+ 就不产生干扰,可分步滴定第 i 级解离的 H^+,否则产生干扰,不能分步滴定。实际上,若与分步滴定的要求一致为 $\Delta pH = \pm 0.2$,$|E_t| \leqslant 0.3\%$ 时,只要 $c_{sp_i}K_{a_i} \geqslant 10^{-9}$,第 i 级解离的 H^+ 就能准确滴定。

要准确计算多元酸的滴定曲线和突跃范围,涉及比较复杂的数学处理,这里不予介绍。在多元酸碱的滴定中,指示剂选择的依据是相应化学计量点的 pH_{sp_i},选择原则是使指示剂终点的 pH_{ep} 值与相应化学计量点的 pH_{sp_i} 尽可能接近。

下面以 NaOH 标准溶液滴定 c(mol·L^{-1})的二元弱酸 H_2A 为例,讨论当要求 $\Delta pH = \pm 0.2$,$|E_t| \leqslant 0.3\%$ 时,滴定的可行性,能形成几个 pH 突跃及指示剂的选择。

当 $c_{sp_1}K_{a_1} \geqslant 10^{-8}$,$c_{sp_2}K_{a_2} \geqslant 10^{-8}$,$K_{a_1}/K_{a_2} \geqslant 10^5$ 时,此二元弱酸分步解离的两个 H^+ 均可被准确滴定,且可被分步滴定,即 H_2A 第一级解离的 H^+ 被 NaOH 滴定完全反应后,第二级解离的 H^+ 才开始与 NaOH 反应,第二级解离的 H^+ 对滴定第一级解离的 H^+ 不产生干扰。所以可形成两个明显的 pH 突跃。依据第一、二化学计量点的 pH,若能选择到合适的指示剂,便可以确定两个滴定终点。

当 $c_{sp_1}K_{a_1} \geqslant 10^{-8}$,$c_{sp_2}K_{a_2} \geqslant 10^{-8}$,$K_{a_1}/K_{a_2} < 10^5$ 时,此二元弱酸分步解离的两个 H^+ 均可被准确滴定,但不能够分步滴定,即 H_2A 第一级解离的 H^+ 尚未被 NaOH 滴定反应完全,第二级解离的 H^+ 已开始与 NaOH 反应。所以这种情况,只能按二元酸一次被完全滴定(滴总量),在第二化学计量点附近形成一个 pH 突跃。依据第二化学计量点的 pH,选择合适的指示剂,便可使滴定在第二化学计量点附近准确结束。

当 $c_{sp_1}K_{a_1} \geqslant 10^{-8}$,$c_{sp_2}K_{a_2} < 10^{-8}$,$K_{a_1}/K_{a_2} \geqslant 10^5$ 时,此二元弱酸可以被分步滴定,但只能准确滴定至第一化学计量点,形成一个明显的 pH 突跃。依据第一化学计量点的 pH,选择合适的指示剂,便可使滴定在第一化学计量点附近准确结束。

当 $c_{sp_1}K_{a_1} \geqslant 10^{-8}$,$c_{sp_2}K_{a_2} < 10^{-8}$,$K_{a_1}/K_{a_2} < 10^5$ 时,说明第二解离的 H^+ 对滴定第一级解离的 H^+ 产生干扰,此二元弱酸不能被准确分步滴定。

对于其他多元酸(碱)的滴定方式可按上述步骤类推,但 $K_{a_1}/K_{a_2}(K_{b_1}/K_{b_2}) \geqslant 10^5$ 的并不多,因此,对多元酸(碱)分步滴定的准确度不能要求过高。分步滴定的条件与滴定的准确度有关,如同样采用指示剂判断终点,当要求 $\Delta pH = \pm 0.2$,$|E_t| \leqslant 1\%$ 时,只要 $c_{sp_1}K_{a_1} \geqslant 10^{-10}$、$K_{a_1}/K_{a_2} \geqslant 10^4$($c \geqslant 10^{-3}$ mol·L^{-1})时,就能准确分步滴定第一级解离的 H^+,第二级解离的 H^+ 不干扰,其他类推。

【例 3-16】 用 0.10 mol·L^{-1} NaOH 标准溶液滴定 0.10 mol·L^{-1} H_3PO_4,能否直接分步准确滴定?可形成几个突跃?分别选用什么指示剂?(H_3PO_4 的 $K_{a_1} = 7.6 \times 10^{-3}$,$K_{a_2} = 6.3 \times 10^{-8}$,$K_{a_3} = 4.4 \times 10^{-13}$)

解:因有 $c_{sp_1}K_{a_1} > 10^{-8}$,$c_{sp_2}K_{a_2} = \dfrac{0.1000}{3} \times 6.3 \times 10^{-8} = 0.21 \times 10^{-8}$,$c_{sp_1}K_{a_3} < 10^{-8}$,且 $K_{a_1}/K_{a_2} = 10^{5.1}$,$K_{a_2}/K_{a_3} = 10^{5.2}$,因此当要求为 $\Delta pH = \pm 0.2$,$|E_t| \leqslant 0.3\%$ 时,H_3PO_4 第一级和第二级解离的 H^+ 均可直接分步准确滴定,形成两个突跃,而第三级解离的 H^+ 不能直接准确滴定。

通过计算化学计量点的 pH 值来选择指示剂。

第一化学计量点时，H_3PO_4 被滴定成 $H_2PO_4^-$，其浓度 $c=0.050 \text{mol} \cdot \text{L}^{-1}$。

由于 $cK_{a_2} > 10K_w$，$c < 10K_{a_1}$，所以，

$$[H^+] = \sqrt{\frac{cK_{a_1}K_{a_2}}{c+K_{a_1}}} = \sqrt{\frac{0.050 \times 7.6 \times 10^{-3} \times 6.3 \times 10^{-8}}{0.050 + 7.6 \times 10^{-3}}} = 2.0 \times 10^{-5} \text{mol} \cdot \text{L}^{-1}$$

$$pH = 4.70$$

可选甲基橙做指示剂，终点由红色变为黄色（pH=4.4），滴定结果的误差约为 -0.5%。选溴酚蓝做指示剂，终点由黄色变为紫色（pH=4.6），滴定结果的误差约为 -0.13%。

第二化学计量点时，$H_2PO_4^-$ 被进一步滴定成 HPO_4^{2-}，其浓度 $c=0.033 \text{mol} \cdot \text{L}^{-1}$。

因为 $cK_{a_3} < 10K_w$，$c > 10K_{a_2}$，所以

$$[H^+] = \sqrt{\frac{K_{a_2}(cK_{a_3}+K_w)}{c}} = \sqrt{\frac{6.3 \times 10^{-8} \times (0.033 \times 4.4 \times 10^{-13} + 1.0 \times 10^{-14})}{0.033}}$$
$$= 2.2 \times 10^{-10} \text{mol} \cdot \text{L}^{-1}$$

$$pH = 9.66$$

选酚酞做指示剂，终点由无色变为红色（pH=9.6），滴定结果有负误差。也可选百里酚蓝（8.0～9.6）做指示剂，或采用酚酞与百里酚酞混合指示剂（无色～紫色 9.6）。NaOH 滴定 H_3PO_4 的滴定曲线见图 3-9。

多元碱的滴定与多元酸的滴定相类似，有关多元酸分步滴定的结论也适用于强酸滴定多元碱的情况，只是需将 K_a 换成 K_b 即可。

【例 3-17】 用 $0.1000 \text{mol} \cdot \text{L}^{-1}$ HCl 标准溶液，滴定 $0.1000 \text{mol} \cdot \text{L}^{-1}$ Na_2CO_3 时，能否直接分步准确滴定？可形成几个突跃？分别选用什么指示剂？（H_2CO_3 的 $K_{a_1} = 4.2 \times 10^{-7}$，$K_{a_2} = 5.6 \times 10^{-11}$）

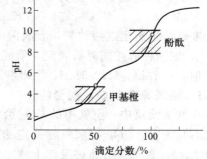

图 3-9 NaOH 滴定 H_3PO_4 的滴定曲线
（$c_{NaOH} = c_{H_3PO_4} = 0.1000 \text{mol} \cdot \text{L}^{-1}$）

解：CO_3^{2-} 的 $K_{b_1} = \dfrac{K_w}{K_{a_2}} = 1.8 \times 10^{-4}$，$K_{b_2} = \dfrac{K_w}{K_{a_1}} = 2.4 \times 10^{-8}$

因为 $c_{sp_1}K_{b_1} > 10^{-10}$，$c_{sp_2}K_{b_2} = \dfrac{0.1000}{3} \times 2.4 \times 10^{-8} = 8.0 \times 10^{-10} > 10^{-10}$

所以，当要求 $|E_t| \leqslant 1\%$ 时，能直接分步准确滴定，可形成两个突跃，但第二个突跃不很明显。

第一化学计量点时，产物为 HCO_3^-，浓度 $c = 0.050 \text{mol} \cdot \text{L}^{-1}$

由于 $cK_{a_2} > 10K_w$，$c > 10K_{a_1}$

所以，$[H^+] = \sqrt{K_{a_1}K_{a_2}} = \sqrt{4.2 \times 10^{-7} \times 5.6 \times 10^{-11}} = 4.8 \times 10^{-9} \text{mol} \cdot \text{L}^{-1}$

$$pH_{sp} = 8.32$$

选用酚酞（pH 变色范围 8.0～9.6）作指示剂，终点由红色变为微红，所以终点颜色较难判断，误差可能大于 1%。用甲酚红与百里酚蓝（pH 变色范围 8.2～8.4）混合指示剂，变色点的 pH 为 8.3，终点由紫色变为灰色，用同浓度的 $NaHCO_3$ 溶液作为参比，误差可减小到 0.5%。

第二化学计量点时，溶液已成为 H_2CO_3 的饱和溶液，$c_{H_2CO_3} \approx 0.040 \text{mol} \cdot L^{-1}$
因为，$\sqrt{cK_{a_1}} > 40K_{a_2}$，$cK_{a_1} > 10K_w$，$c/K_{a_1} > 100$，所以
$$[H^+] = \sqrt{cK_{a_1}} = \sqrt{0.040 \times 4.2 \times 10^{-7}} = 1.3 \times 10^{-4} \text{mol} \cdot L^{-1}$$
$$pH = 3.89$$

可选用甲基橙作指示剂，终点由黄色变为橙色。也可选用甲基红作指示剂，终点由黄色变为红色。HCl 滴定 Na_2CO_3 的滴定曲线见图 3-10。

碳酸钠是标定盐酸的基准物质，为了提高滴定的准确度，防止终点提前出现，当滴定到指示剂甲基红变为红色或甲基橙刚变为橙色时，暂时中断滴定，将溶液加热煮沸除去 CO_2，这时溶液又呈黄色，待冷却后，继续滴定至甲基红刚变为红色或甲基橙刚变为橙色。溶液 pH 的变化如图 3-10 虚线所示。重复此操作直至加热后颜色不变为止。

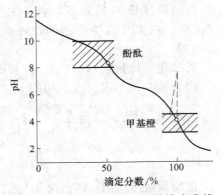

图 3-10 HCl 滴定 Na_2CO_3 的滴定曲线

3.6.4 混合酸碱的滴定

混合酸碱滴定的情况与多元酸碱相似。例如用强碱滴定 c_1（$\text{mol} \cdot L^{-1}$）HA 和 c_2（$\text{mol} \cdot L^{-1}$）HB 的混合溶液，解离常数分别为 K_a 和 K_a'，且 $K_a > K_a'$。若 $c_1K_a \geq 10^{-8}$，$c_2K_a' \geq 10^{-8}$，$c_1K_a/(c_2K_a') \geq 10^5$，就能准确分别滴定这两种酸，形成两个突跃。若 $c_1K_a \geq 10^{-8}$，$c_2K_a' \geq 10^{-8}$，$c_1K_a/(c_2K_a') < 10^5$，则两种弱酸同时被滴定，形成一个突跃。若其中的 HA 为强酸、HB 弱酸，当 $K_a' < 10^{-4}$ 时，则在滴定 HA 时 HB 不影响。

3.6.5 酸碱滴定中 CO_2 的影响

在酸碱滴定中，空气中的 CO_2 会参与反应，引起误差。CO_2 参加酸碱反应的途径主要有以下几方面。CO_2 在水中有一定的溶解度，所以配制溶液所用的蒸馏水中常溶有 CO_2；市售 NaOH 试剂（分析纯及以上纯度）中常含有 1‰~2‰ 的 Na_2CO_3；配制的 NaOH 溶液易吸收空气中的 CO_2；在滴定过程中，随着溶液酸度的减小，溶液会不断吸收 CO_2。所以 CO_2 是导致酸碱滴定误差的一个重要来源。由此引起误差的大小，主要是与终点时溶液的 pH 有关，也与滴定体系有关。若滴定终点时，吸收的 CO_2 仍以原来的形式 CO_2 或 H_2CO_3 存在，则说明 CO_2 没有参加反应，无影响；若以 HCO_3^-、H_2CO_3 存在，说明 CO_2 参加了反应，对测定结果有影响。表 3-7 是 H_2CO_3、HCO_3^- 和 CO_3^{2-} 在不同 pH 值时的分布分数。

表 3-7 不同 pH 值时的 $\delta_{H_2CO_3}$、$\delta_{HCO_3^-}$、$\delta_{CO_3^{2-}}$

pH	3	4	5	6	7	8	9	10	11	12	13
$\delta_{H_2CO_3}$	1.000	0.996	0.960	0.704	0.192	0.023	0.002	0.000	0.000	0.000	0.000
$\delta_{HCO_3^-}$	0.000	0.004	0.040	0.296	0.808	0.971	0.945	0.636	0.149	0.017	0.002
$\delta_{CO_3^{2-}}$	0.000	0.000	0.000	0.000	0.000	0.006	0.053	0.364	0.851	0.983	0.998

由表 3-7 可知，只有在 pH≤3 的情况下体系中 HCO_3^- 和 CO_3^{2-} 不存在，而 pH>3 的情况下体系中或少或多都存在有 HCO_3^- 和 CO_3^{2-}，随着 pH 的增大，HCO_3^- 和 CO_3^{2-} 存在的量也增多，CO_2 对滴定结果的影响也增大。当用甲基橙为指示剂时，由于终点的 pH 为 4 左右，由表 3-7 可知 CO_2 主要以 H_2CO_3 形式存在，基本没有与碱反应。因此选择在酸性范围内变色的指示剂，是消除 CO_2 对酸碱滴定影响的有效措施。

但是化学计量点呈碱性时，就不能选择在酸性范围内变色的指示剂。如邻苯二甲酸氢钾

和草酸是标定 NaOH 溶液浓度常用的基准试剂，由于在标定反应的计量点时溶液呈碱性，故用酚酞指示终点，终点时 pH 约为 9，此时 NaOH 溶液中吸收的 CO_2 以 HCO_3^- 形式存在。当用此 NaOH 溶液滴定某酸，如果用甲基红或甲基橙作指示剂，终点时碱液中吸收的 CO_2 以 H_2CO_3 形式存在为主，必然会引起误差；如果用酚酞作指示剂，终点时 NaOH 溶液中吸收的 CO_2 也是以 HCO_3^- 形式存在，误差基本可消除。因此标定和测定采用相同的指示剂，并在相同的条件下进行，可减小或消除 CO_2 对酸碱滴定的影响。

另外，CO_2 还会影响某些指示剂终点颜色的稳定性。如用强碱滴定酸，酚酞为指示剂，终点时，显微红色，放置片刻后微红色褪去。这是因为溶液吸收了空气中的 CO_2，使溶液的 pH 降低，故微红色褪去。所以，用强碱滴定酸时，滴定至酚酞指示剂使溶液呈微红色，0.5min 内不褪色，即可认为到达终点。

由上讨论可知，减小 CO_2 影响的措施有：①配制溶液时，用刚煮沸除去 CO_2 的蒸馏水；②配制不含 CO_3^{2-} 的 NaOH 溶液，具体配制方法见实验书；③适当加快滴定速度，可减少溶液吸收 CO_2 的量；④选择指示剂时，尽可能用酸性范围内变色的指示剂，如甲基橙；⑤标定和测定用相同的指示剂，并在相同的条件下进行。

3.6.6 终点误差 E_t

在滴定分析中，滴定终点（ep）与化学计量点（sp）不一致而产生的误差称终点误差（end point error），又称滴定误差（titration error），常用百分数表示。滴定终点通常利用指示剂来确定，是指示剂的实际变色点，若没说明，则按指示剂的理论变色点计算。其数学表达式为：

$$E_t = \frac{\text{被测物未滴定的量或被测物被滴定过量的量(mol)}}{\text{被测物的物质的量(mol)}} \times 100\%$$

若被测物未被完全滴定，则取负值，否则取正值。滴定剂与被测物之间的反应为 1:1，其数学表达式也可表示为：

$$E_t = \frac{\text{滴定剂不足或过量的物质的量}}{\text{被测物的物质的量}} \times 100\%$$

滴定剂不足量时取负值，过量时取正值。

下面主要讨论一元酸碱的终点误差。

(1) 强碱（酸）滴定强酸（碱）

以浓度为 c(mol·L^{-1}) 的 NaOH 滴定浓度为 c_0(mol·L^{-1}) V_0(mL) 的 HCl 溶液，滴定终点时，消耗 NaOH 溶液的体积为 V(mL)。则由终点误差的数学表达式可得：

$$E_t = \frac{cV - c_0V_0}{c_0V_0} \times 100\% \tag{1}$$

在滴定终点时，溶液的总体积为 $V_0 + V$，由物料平衡可得：

$$\frac{cV}{V_0 + V} = [Na^+]_{ep} \tag{2}$$

$$\frac{c_0V_0}{V_0 + V} = [Cl^-]_{ep} \tag{3}$$

令

$$\frac{c_0V_0}{V_0 + V} = c_{HCl,ep} \tag{4}$$

$c_{HCl,ep}$ 是按终点体积计算时被测物 HCl 的分析浓度。

将式 (1) 的分子、分母同除以 $V_0 + V$，并将式 (2)、式 (3)、式 (4) 代入式 (1) 中得：

$$E_t = \frac{[Na^+]_{ep} - [Cl^-]_{ep}}{c_{HCl,ep}} \times 100\% \tag{5}$$

由电荷平衡可得

$$[Na^+]_{ep} + [H^+]_{ep} = [Cl^-]_{ep} + [OH^-]_{ep}$$

$$[Na^+]_{ep} - [Cl^-]_{ep} = [OH^-]_{ep} - [H^+]_{ep} \qquad (6)$$

将式（6）代入式（5），得

$$E_t = \frac{[OH^-]_{ep} - [H^+]_{ep}}{c_{HCl,ep}} \times 100\% \qquad (3\text{-}40)$$

因为终点与化学计量点很接近，所以，$c_{HCl,ep} \approx c_{HCl,sp}$（$c_{HCl,sp}$ 是按化学计量点体积计算时被测物 HCl 的分析浓度）。故

$$E_t = \frac{[OH^-]_{ep} - [H^+]_{ep}}{c_{HCl,sp}} \times 100\% \qquad (3\text{-}41)$$

式（3-41）是强碱滴定强酸时，终点误差的计算式。由此式可知，当被测组分的浓度越大时，误差越小。但该式没有反映滴定常数对误差的影响，为此进行如下推导。

若终点与化学计量点 pH 的误差为 ΔpH，即

$$\Delta pH = pH_{ep} - pH_{sp} = -\lg[H^+]_{ep} - (-\lg[H^+]_{sp}) = -\lg\frac{[H^+]_{ep}}{[H^+]_{sp}}$$

则

$$[H^+]_{ep} = [H^+]_{sp} \times 10^{-\Delta pH} \qquad (7)$$

$$[OH^-]_{ep} = \frac{K_w}{[H^+]_{ep}} = \frac{K_w}{[H^+]_{sp} \times 10^{-\Delta pH}} = [OH^-]_{sp} \times 10^{\Delta pH} \qquad (8)$$

而强碱滴定强酸化学计量点时

$$[H^+]_{sp} = [OH^-]_{sp} = \sqrt{K_w} = \sqrt{\frac{1}{K_t}} \qquad (9)$$

将式（7）、式（8）和式（9）代入式（3-41）可得

$$E_t = \frac{\sqrt{K_w}(10^{\Delta pH} - 10^{-\Delta pH})}{c_{HCl,sp}} \times 100\% = \frac{10^{\Delta pH} - 10^{-\Delta pH}}{c_{HCl,sp}\sqrt{K_t}} \times 100\% \qquad (3\text{-}42)$$

这就是强碱滴定强酸的林邦（Ringbom）终点误差公式。由此式可知，终点误差既与被测物的浓度 $c_{HCl,sp}$、滴定反应常数 K_t 有关，还与 ΔpH 有关。$c_{HCl,sp}$ 越大、K_t 越大，终点误差越小；ΔpH 越小，即终点离化学计量点越近，终点误差就越小。

同样可得强酸滴定强碱的终点误差计算式：

$$E_t = \frac{[H^+]_{ep} - [OH^-]_{ep}}{c_{NaOH,sp}} \times 100\% \qquad (3\text{-}43)$$

$$E_t = \frac{10^{-\Delta pH} - 10^{\Delta pH}}{c_{NaOH,sp}\sqrt{K_t}} \times 100\% \qquad (3\text{-}44)$$

$c_{NaOH,sp}$ 是按化学计量点体积计算时被测物 NaOH 的分析浓度。

【例 3-18】 用 $0.1000\ mol \cdot L^{-1}$ NaOH 滴定 $0.1000\ mol \cdot L^{-1}$ HCl，酚酞作指示剂，计算滴定误差是多少？

解：解法一：化学计量点时，$c_{HCl,sp} = 0.05000\ mol \cdot L^{-1}$

查表得，酚酞的 $pK_a = 9.10$，即 $[H^+]_{ep} = 10^{-9.1}$，所以 $[OH^-]_{ep} = 10^{-4.9}$

代入 $E_t = \dfrac{[OH^-]_{ep} - [H^+]_{ep}}{c_{HCl,sp}} \times 100\%$ 中，可得：

$$E_t = \frac{10^{-4.9} - 10^{-9.1}}{0.05000} \times 100\% = 0.025\%$$

解法二：化学计量点时，$pH_{sp} = 7.00$，$c_{HCl,sp} = 0.05000\ mol \cdot L^{-1}$

查表得，酚酞的 $pK_a = 9.10$，即 $pH_{ep} = 9.10$

$$\Delta \text{pH} = \text{pH}_{ep} - \text{pH}_{sp} = 9.10 - 7.00 = 2.10$$

代入 $E_t = \dfrac{10^{\Delta \text{pH}} - 10^{-\Delta \text{pH}}}{c_{\text{HCl,sp}} \sqrt{K_t}} \times 100\%$ 中，可得：

$$E_t = \dfrac{10^{2.10} - 10^{-2.10}}{0.05000 \times \sqrt{10^{14}}} \times 100\% = 0.025\%$$

(2) 强碱（酸）滴定一元弱酸（碱）

以浓度为 $c(\text{mol} \cdot \text{L}^{-1})$ 的 NaOH 滴定浓度为 $c_0 (\text{mol} \cdot \text{L}^{-1})$ $V_0 (\text{mL})$ 的 HA 溶液，滴定终点时，消耗 NaOH 溶液的体积为 $V(\text{mL})$。则由终点误差的数学表达式可得：

$$E_t = \dfrac{cV - c_0 V_0}{c_0 V_0} \times 100\% \tag{10}$$

在滴定终点时，溶液的总体积为 $V_0 + V$，由物料平衡可得：

$$\dfrac{cV}{V_0 + V} = [\text{Na}^+]_{ep} \tag{11}$$

$$\dfrac{c_0 V_0}{V_0 + V} = [\text{A}^-]_{ep} + [\text{HA}]_{ep} \tag{12}$$

令

$$\dfrac{c_0 V_0}{V_0 + V} = c_{\text{HA,ep}} \tag{13}$$

$c_{\text{HA,ep}}$ 是按终点体积计算时被测物 HA 的分析浓度。

将式（10）的分子、分母同除以 $V_0 + V$，并将式（11）、式（12）、式（13）代入式（10）中得：

$$E_t = \dfrac{[\text{Na}^+]_{ep} - [\text{A}^-]_{ep} - [\text{HA}]_{ep}}{c_{\text{HA,ep}}} \times 100\% \tag{14}$$

由电荷平衡可得

$$[\text{Na}^+]_{ep} + [\text{H}^+]_{ep} = [\text{A}^-]_{ep} + [\text{OH}^-]_{ep}$$

$$[\text{Na}^+]_{ep} - [\text{A}^-]_{ep} = [\text{OH}^-]_{ep} - [\text{H}^+]_{ep} \tag{15}$$

将式（15）代入式（14）得

$$E_t = \dfrac{[\text{OH}^-]_{ep} - [\text{H}^+]_{ep} - [\text{HA}]_{ep}}{c_{\text{HA,ep}}} \times 100\% \tag{3-45}$$

因为终点与化学计量点很接近，所以，$c_{\text{HA,ep}} \approx c_{\text{HA,sp}}$（$c_{\text{HA,sp}}$ 是按化学计量点体积计算时被测物 HA 的分析浓度），又 $\delta_{\text{HA,ep}} = \dfrac{[\text{HA}]_{ep}}{c_{\text{HA,ep}}}$，故

$$E_t = \left(\dfrac{[\text{OH}^-]_{ep} - [\text{H}^+]_{ep}}{c_{\text{HA,sp}}} - \delta_{\text{HA,ep}} \right) \times 100\% \tag{3-46}$$

由于强碱滴定弱酸化学计量点溶液呈碱性，上式中 $[\text{H}^+]_{ep}$ 可略去，简化为

$$E_t = \left(\dfrac{[\text{OH}^-]_{ep}}{c_{\text{HA,sp}}} - \delta_{\text{HA,ep}} \right) \times 100\% \tag{3-47}$$

将上式转化处理，可得林邦（Ringbom）终点误差公式：

$$E_t = \dfrac{10^{\Delta \text{pH}} - 10^{-\Delta \text{pH}}}{\sqrt{c_{\text{HA,sp}} \dfrac{K_a}{K_w}}} \times 100\% = \dfrac{10^{\Delta \text{pH}} - 10^{-\Delta \text{pH}}}{\sqrt{c_{\text{HA,sp}} K_t}} \times 100\% \tag{3-48}$$

式（3-46）～式（3-48）是强碱滴定一元弱酸的终点误差计算式。

同样可得强酸滴定一元弱碱 B 的终点误差计算式：

$$E_t = \left(\dfrac{[\text{H}^+]_{ep} - [\text{OH}^-]_{ep}}{c_{\text{B,sp}}} - \delta_{\text{B,ep}} \right) \times 100\% \tag{3-49}$$

$$E_t = \left(\frac{[H^+]_{ep}}{c_{B,sp}} - \delta_{B,ep}\right) \times 100\% \tag{3-50}$$

$$E_t = \frac{10^{-\Delta pH} - 10^{\Delta pH}}{\sqrt{c_{B,sp}\frac{K_b}{K_w}}} \times 100\% = \frac{10^{-\Delta pH} - 10^{\Delta pH}}{\sqrt{c_{B,sp}K_t}} \times 100\% \tag{3-51}$$

【例 3-19】 用 $0.1000\text{mol} \cdot \text{L}^{-1}$ NaOH 滴定 $0.1000\text{mol} \cdot \text{L}^{-1}$ HAc 时，计算滴定至 pH=9.20 时的终点误差？HAc 的 $pK_a=10^{-4.74}$。

解：化学计量点时，组成为 NaAc

Ac^- 的 $K_b = \frac{K_w}{K_a} = \frac{10^{-14.00}}{10^{-4.74}} = 10^{-9.26}$，$c_{Ac^-} = 0.05000 \text{mol} \cdot \text{L}^{-1}$

$[OH^-] = \sqrt{c_{Ac^-} K_b} = \sqrt{0.05000 \times 10^{-9.26}} = 5.24 \times 10^{-6} \text{mol} \cdot \text{L}^{-1}$

$pOH_{sp} = 5.28$，$pH_{sp} = 8.72$

由题可知：$pH_{ep} = 9.20$，$c_{HAc,sp} = 0.05000 \text{mol} \cdot \text{L}^{-1}$，$K_t = \frac{K_a}{K_w} = \frac{10^{-4.74}}{10^{-14.00}} = 10^{9.26}$

所以 $\Delta pH = pH_{ep} - pH_{sp} = 9.20 - 8.72 = 0.48$

$$E_t = \frac{10^{\Delta pH} - 10^{-\Delta pH}}{\sqrt{cK_t}} \times 100\% = \frac{10^{0.48} - 10^{-0.48}}{\sqrt{0.05000 \times 10^{9.26}}} \times 100\% = 0.03\%$$

3.7 酸碱滴定法的应用示例

酸碱滴定法在实际中应用广泛，工业中的许多原料、中间产品及其成品等可以采用酸碱滴定法测定其有关成分的含量。下面列举几个实例，简要叙述酸碱滴定法在某些方面的应用。

3.7.1 食用醋中总酸度的测定

食醋中的主要成分是醋酸，此外还含有少量的其他弱酸如乳酸等。醋酸的 $K_a = 1.8 \times 10^{-5}$，乳酸的 $K_a = 1.4 \times 10^{-4}$，用 NaOH 标准溶液滴定食醋，所得结果为食醋的总酸度，通常用含量较多的 HAc 来表示。滴定反应如下：

$$NaOH + HAc \Longrightarrow NaAc + H_2O$$

达到化学计量点时溶液显碱性，化学计量点的 pH 值约为 8.7，可用酚酞作指示剂，滴定终点时由无色变为微红色。

3.7.2 混合碱的分析

混合碱的组分主要有：NaOH、Na_2CO_3、$NaHCO_3$，由于 NaOH 与 $NaHCO_3$ 不可能共存，因此混合碱的组成或者为三种组分中任一种，或者为 NaOH 与 Na_2CO_3 的混合物，或者为 Na_2CO_3 与 $NaHCO_3$ 的混合物。现分别讨论两种组分的混合物中各含量的测定方法。

(1) 烧碱中 NaOH 和 Na_2CO_3 含量的测定

氢氧化钠俗称烧碱，在生产和贮藏过程中，由于吸收空气中的 CO_2 而部分生成 Na_2CO_3，因此经常要对烧碱进行 NaOH 和 Na_2CO_3 含量的测定。常用的方法有以下两种。

① 双指示剂法 准确称取一定量烧碱试样 m_s (g)，溶解后，加入酚酞指示剂，溶液呈红色，用 $c(\text{mol} \cdot \text{L}^{-1})$ HCl 标准溶液滴定至红色刚消失为第一终点，记下用去 HCl 的体积 V_1 (mL)，这时 NaOH 全部被中和，而 Na_2CO_3 仅被中和到 $NaHCO_3$。向溶液中加入甲基橙，溶液呈黄色，继续用 HCl 滴定至橙红色为第二终点（为了使终点变化明显，在终点前可暂停滴定，加热除去 CO_2），记下又用去 HCl 的体积 V_2 (mL)，V_2 是 HCl 滴定生成的

NaHCO₃ 所消耗的体积，显然 $V_1 > V_2$。有关反应如下：

第一终点
$$NaOH + HCl = NaCl + H_2O$$
$$Na_2CO_3 + HCl = NaCl + NaHCO_3$$

第一终点到第二终点
$$NaHCO_3 + HCl = NaCl + H_2CO_3$$

由计量关系可知，Na_2CO_3 被中和至 $NaHCO_3$ 与 $NaHCO_3$ 被中和至 H_2CO_3 所消耗 HCl 的量是相等的，所以 $n_{NaOH} = c(V_1 - V_2) \times 10^{-3}$，$n_{Na_2CO_3} = cV_2 \times 10^{-3}$

$$w_{NaOH} = \frac{c(V_1 - V_2) \times 10^{-3} M_{NaOH}}{m_s} \times 100\%$$

$$w_{Na_2CO_3} = \frac{cV_2 \times 10^{-3} M_{Na_2CO_3}}{m_s} \times 100\%$$

双指示剂法的优点是操作简便，缺点是误差较大，约有 1%，因为在第一终点时酚酞变色不明显。若要求测定结果准确度较高，则改用氯化钡法。

② 氯化钡法 准确称取一定量烧碱试样 m_s(g)，溶解后转移到容量瓶中，并稀释定容，假设所用容量瓶为 250mL，移取两份相同体积的试液，设为 25.00mL，分别作如下测定。

一份试液用甲基橙作指示剂，以 c(mol·L⁻¹) HCl 标准溶液滴定至溶液由黄色变为橙红色，溶液中的 NaOH 与 Na_2CO_3 完全被中和，所消耗 HCl 标准溶液的体积记为 V_1(mL)。有关反应如下：

$$NaOH + HCl = NaCl + H_2O$$
$$Na_2CO_3 + 2HCl = 2NaCl + CO_2 \uparrow + H_2O$$

另一份试液中先加入稍过量的 $BaCl_2$，使 Na_2CO_3 完全转化成 $BaCO_3$ 沉淀，试液中只存在 NaOH。在沉淀存在的情况下，用酚酞作指示剂，以 c(mol·L⁻¹) HCl 标准溶液滴定至红色刚消失，此时溶液中的 NaOH 完全被中和，所消耗 HCl 标准溶液的体积记为 V_2(mL)。

显然，$n_{NaOH} = cV_2 \times 10^{-3}$，$n_{Na_2CO_3} = \frac{1}{2}c(V_1 - V_2) \times 10^{-3}$，因此

$$w_{NaOH} = \frac{cV_2 \times 10^{-3} M_{NaOH}}{\frac{1}{10}m_s} \times 100\%$$

$$w_{Na_2CO_3} = \frac{\frac{1}{2}c(V_1 - V_2) \times 10^{-3} M_{Na_2CO_3}}{\frac{1}{10}m_s} \times 100\%$$

(2) 纯碱中 Na_2CO_3 和 $NaHCO_3$ 含量的测定

Na_2CO_3 俗称纯碱、苏打，在空气中能吸收二氧化碳和水，部分生成 $NaHCO_3$。Na_2CO_3 和 $NaHCO_3$ 含量的测定，也可采用上面的两种方法。

① 双指示剂法 双指示剂法测定时，具体操作步骤同上，显然 $V_1 < V_2$。有关反应如下。

第一终点：$\quad Na_2CO_3 + HCl = NaCl + NaHCO_3$

第一终点到第二终点：$NaHCO_3 + HCl = NaCl + H_2CO_3$

由此可知，$n_{Na_2CO_3} = cV_1 \times 10^{-3}$，$n_{NaHCO_3} = c(V_2 - V_1) \times 10^{-3}$，所以

$$w_{Na_2CO_3} = \frac{cV_1 \times 10^{-3} M_{Na_2CO_3}}{m_s} \times 100\%$$

$$w_{NaHCO_3} = \frac{c(V_2-V_1) \times 10^{-3} M_{NaHCO_3}}{m_s} \times 100\%$$

② 氯化钡法 用氯化钡法测定时，步骤与前稍有不同。准确称取一定量纯碱试样 m_s（g），溶解后转移到容量瓶中，并稀释定容，假设所用容量瓶为 250 mL，移取两份相同体积的试液，设为 25.00 mL，分别作如下测定。

一份试液加入过量的 c_1（mol·L^{-1}）V_1（mL）NaOH 标准溶液，将试液中的 $NaHCO_3$ 全部转化成 Na_2CO_3，然后再加入稍过量的 $BaCl_2$ 溶液，使溶液中的 CO_3^{2-} 全部沉淀为 $BaCO_3$。同样在沉淀存在的情况下，以酚酞为指示剂，用 c_2（mol·L^{-1}）HCl 标准溶液滴定过量的 NaOH 溶液。当溶液的红色刚消失时，为滴定终点，所消耗 HCl 标准溶液的体积记为 V_2（mL）。

显然，使溶液中 $NaHCO_3$ 转化成 Na_2CO_3 所消耗 NaOH 的量即为溶液中 $NaHCO_3$ 的量，即 $n_{NaHCO_3} = (c_1V_1 - c_2V_2) \times 10^{-3}$，因此

$$w_{NaHCO_3} = \frac{(c_1V_1 - c_2V_2) \times 10^{-3} M_{NaHCO_3}}{\frac{1}{10}m_s} \times 100\%$$

另一份试液，以甲基橙作指示剂，用 c_2（mol·L^{-1}）HCl 标准溶液滴定至溶液由黄变为橙红色，溶液中的 Na_2CO_3 与 $NaHCO_3$ 全被滴定到 $CO_2\uparrow + H_2O$，所消耗 HCl 标准溶液的体积记为 V_3（mL）。显然，$n_{Na_2CO_3} = [c_2V_3 - (c_1V_1 - c_2V_2)] \times 10^{-3} \times \frac{1}{2}$，因此

$$w_{Na_2CO_3} = \frac{[c_2V_3 - (c_1V_1 - c_2V_2)] \times 10^{-3} \times \frac{1}{2} M_{Na_2CO_3}}{\frac{1}{10}m_s} \times 100\%$$

当混合碱的组成不清楚时，可用双指示剂法进行定性分析，如下所示：

V_1 和 V_2 的变化	试样组成（以活性离子表示）	V_1 和 V_2 的变化	试样组成（以活性离子表示）
$V_1 \neq 0, V_2 = 0$	OH^-	$V_1 > V_2 > 0$	$OH^- + CO_3^{2-}$
$V_1 = 0, V_2 \neq 0$	HCO_3^-	$V_2 > V_1 > 0$	$CO_3^{2-} + HCO_3^-$
$V_1 = V_2 \neq 0$	CO_3^{2-}		

3.7.3 铵盐中氮的测定

NH_4Cl、$(NH_4)_2SO_4$ 是常见的铵盐，要测定其中氮的含量，由于 NH_4^+ 的 $K_a = 5.6 \times 10^{-10}$，所以不能直接用碱标准溶液滴定，但可用其他的方法测定，常用的方法有蒸馏法与甲醛法。

(1) 蒸馏法

准确称取 m_s（g）铵盐试样于蒸馏瓶中，加适量水溶解，然后加入过量的浓 NaOH，并加热，使 NH_4^+ 以 NH_3 的形式蒸馏出来，用过量的 H_3BO_3 溶液吸收，生成等量的较强碱 $H_2BO_3^-$（$K_b = 1.7 \times 10^{-5}$），最后以甲基红（因为终点产物是 H_3BO_3 和 NH_4^+ 的混合弱酸，pH≈5）为指示剂用 c（mol·L^{-1}）HCl 标准溶液滴定 H_3BO_3 吸收液至由黄色变为红色，消耗 V（mL）HCl 标准溶液。也可用混合指示剂甲基红和溴甲酚绿为指示剂，滴定至溶液灰色时为终点。H_3BO_3 的酸性极弱，它可以吸收 NH_3 但不影响滴定，不必定量加入。有关反应如下：

$$NH_4^+ + OH^- \xrightarrow{\triangle} NH_3\uparrow + H_2O$$
$$NH_3 + H_3BO_3 \Longrightarrow NH_4^+ + H_2BO_3^-$$

$$H^+ + H_2BO_3^- \rightleftharpoons H_3BO_3$$

显然，$n_N = n_{HCl}$，所以

$$w_N = \frac{cV \times 10^{-3} M_N}{m_s} \times 100\%$$

也可以用 HCl 或 H_2SO_4 标准溶液吸收，过量的酸以 NaOH 标准溶液返滴定，以甲基红或甲基橙为指示剂。

(2) 甲醛法

甲醛与铵盐作用，生成 H^+ 和质子化的六亚甲基四胺（$K_a = 7.1 \times 10^{-6}$），以酚酞作指示剂，用 c（mol·L^{-1}）NaOH 标准溶液滴定至微红色，消耗 V（mL）NaOH 标准溶液。相关反应如下：

$$4NH_4^+ + 6HCHO \rightleftharpoons (CH_2)_6N_4H^+ + 3H^+ + 6H_2O$$
$$(CH_2)_6N_4H^+ + 3H^+ + 4OH^- \rightleftharpoons (CH_2)_6N_4 + 4H_2O$$

显然，$n_N = n_{NaOH}$，所以

$$w_N = \frac{cV \times 10^{-3} M_N}{m_s} \times 100\%$$

3.7.4 有机化合物中氮含量的测定——凯氏（Kjeldahl）定氮法

土壤、肥料、生物碱、面粉、饲料等有机物质中氮含量的测定，常采用凯氏定氮法。凯氏定氮法的步骤是：首先于有机试样中加入浓硫酸和硫酸钾溶液，在硫酸铜或其他催化剂存在下进行煮沸，此过程称为"消化"。在消化过程中有机物质中碳、氢转化为 CO_2 和 H_2O，所含的氮定量转化为 NH_4^+：

$$C_mH_nN \xrightarrow{H_2SO_4, K_2SO_4, CuSO_4} CO_2\uparrow + H_2O + NH_4^+$$

然后再按上述蒸馏法进行测定。

凯氏定氮法适用于蛋白质、胺类、酰胺类及尿素等有机化合物中氮的测定，对于含硝基、亚硝基或偶氮基等有机化合物，煮沸消化之前必须用还原剂处理，再按上述方法进行，使氮定量转化为 NH_4^+。常用的还原剂有亚铁盐、硫代硫酸盐和葡萄糖等。

许多不同蛋白质中氮的含量基本相同，约为 16%。因此，在蛋白质中将氮的质量换算为蛋白质的质量的换算因数约为 6.25。若蛋白质的大部分为白蛋白，则换算因数为 6.27。

3.7.5 极弱酸（碱）的测定

对于一些极弱的酸（碱），有时可利用化学反应使其转化为比较强的酸（碱），再进行滴定，将此称为强化法。例如：利用生成稳定的络合物可以使弱酸强化。硼酸的酸性太弱（$pK_a = 9.24$），不能用强碱直接滴定。但加入多元醇（如甘露醇或甘油），使之与硼酸反应，生成一种络合酸——甘油硼酸：

$$2\begin{array}{c} H \\ | \\ R-C-OH \\ | \\ R-C-OH \\ | \\ H \end{array} + H_3BO_3 \rightleftharpoons \left[\begin{array}{c} H \quad\quad H \\ | \quad\quad | \\ R-C-O \quad O-C-R \\ \quad\quad \diagdown \; / \\ \quad\quad B \\ \quad\quad \diagup \; \diagdown \\ R-C-O \quad O-C-R \\ | \quad\quad | \\ H \quad\quad H \end{array}\right]^- H^+ + 3H_2O$$

此络合酸的酸性较强，其 $pK_a = 4.26$，可用 NaOH 标准溶液直接滴定。

利用沉淀反应也可使弱酸强化。H_3PO_4 的 $pK_{a_3} = 12.36$，只能按二元酸被分步滴定。如果加入钙盐，由于生成 $Ca_3(PO_4)_2$ 沉淀，便可继续对 HPO_4^{2-} 准确滴定。

利用氧化反应也可使弱酸强化。用碘、过氧化氢或溴水，可使 H_2SO_3 氧化为 H_2SO_4 后，再用标准碱溶液滴定。

利用离子交换剂与溶液中离子的交换作用，也可以实现某些极弱酸（碱）甚至中性盐的测定。如，将 NH_4Cl 溶液流过氢式强酸性阳离子交换树脂后，交换出 HCl，可用 NaOH 标准溶液准确滴定。将中性盐 KNO_3 溶液流过季铵基强碱性阴离子交换树脂后，交换出 KOH，可用 HCl 标准溶液准确滴定。此外，还可在浓盐体系或非水介质中，对极弱酸（碱）进行滴定。

3.7.6 酸碱滴定法测定磷

将 m_s（g）含磷试样用 HNO_3 和 H_2SO_4 处理后，使磷转化为 H_3PO_4，然后在 HNO_3 介质中加入钼酸铵，反应生成黄色的磷钼酸铵沉淀，化学反应式为：

$$PO_4^{3-} + 12MoO_4^{2-} + 2NH_4^+ + 25H^+ \rightleftharpoons (NH_4)_2HPMo_{12}O_{40} \cdot H_2O \downarrow + 11H_2O$$

沉淀经过滤后，用水洗涤，然后将其溶于一定量过量的 c_1（$mol \cdot L^{-1}$）V_1（mL）NaOH 标准溶液中，溶解反应式为：

$$(NH_4)_2HPMo_{12}O_{40} \cdot H_2O + 27OH^- \rightleftharpoons PO_4^{3-} + 12MoO_4^{2-} + 2NH_3 + 16H_2O$$

过量的 NaOH 用 c_2（$mol \cdot L^{-1}$）HNO_3 标准溶液返滴定至酚酞刚好褪色为终点（$pH \approx 8$），消耗 HNO_3 V_2（mL），这时有下列三个反应发生：

$$OH^-（过量的 NaOH）+ H^+ \rightleftharpoons H_2O$$

$$PO_4^{3-} + H^+ \rightleftharpoons HPO_4^{2-}$$

$$NH_3 + H^+ \rightleftharpoons NH_4^+$$

由上述几步反应，可以看出溶解 1mol $(NH_4)_2HPMo_{12}O_{40} \cdot H_2O$ 沉淀，消耗 27mol NaOH。用 HNO_3 返滴定至 $pH \approx 8$ 时，沉淀溶解后所产生的 PO_4^{3-} 和 NH_3 又转变为原来的形式 HPO_4^{2-} 和 NH_4^+，共需要消耗 3mol HNO_3，所以 1mol 磷钼酸铵沉淀实际只消耗 27−3=24mol NaOH，因此，磷与 NaOH 的化学计量比为 1:24。据此可求得试样中磷的含量为：

$$w_P = \frac{(c_1V_1 - c_2V_2) \times 10^{-3} \times \frac{1}{24}M_P}{m_s} \times 100\%$$

由于磷的化学计量比很小，本方法可用于微量磷的测定。

3.7.7 氟硅酸钾容量法测定硅酸盐中 SiO_2 含量

硅酸盐试样中 SiO_2 含量的测定，在实验室中过去都是采用重量法，虽然测定结果比较准确，但耗时太长。因此，目前生产上的例行分析多采用氟硅酸钾容量法。

试样用 KOH 熔融，将 SiO_2 转化为可溶性的硅酸盐，如 K_2SiO_3，然后使其在过量 KF 和 KCl（降低沉淀的溶解度）存在的强酸溶液中生成难溶的氟硅酸钾，反应如下：

$$K_2SiO_3 + 6HF \rightleftharpoons K_2SiF_6 \downarrow + 3H_2O$$

注意 HF 有剧毒，必须在通风橱中操作。沉淀过滤，并用氯化钾-乙醇溶液洗涤后，放入原烧杯中，然后再加入氯化钾-乙醇溶液，以 NaOH 中和游离酸至酚酞变红，再加入沸水，使氟硅酸钾水解而释放出 HF，其反应如下：

$$K_2SiF_6 + 3H_2O \rightleftharpoons 2KF + H_2SiO_3 + 4HF$$

用 NaOH 标准溶液滴定释放出的 HF。由反应式可知，1mol K_2SiF_6 释放出 4mol HF，即需消耗 4mol NaOH，所以 SiO_2 与 NaOH 的化学计量比为 1:4，据此可求得试样中 SiO_2 的含量为：

$$w_{SiO_2} = \frac{(cV)_{NaOH} \times 10^{-3} \times \frac{1}{4}M_{SiO_2}}{m_s} \times 100\%$$

由于有 HF 存在，故实验必须在塑料器皿中进行。

3.8 非水溶液中的酸碱滴定

酸碱滴定一般在水溶液中进行。但水作为介质有一定的局限性：第一，许多弱酸弱碱的 cK_a 或 cK_b 小于 10^{-8}，不能用目视法直接准确滴定；第二，一些有机酸或有机碱在水中溶解度很小，使滴定难以进行；第三，多元酸或多元碱，混合酸或混合碱的 K_a 或 K_b 相接近，不能分步或分别准确滴定。采用非水溶剂作为介质，这些问题就可得到解决，从而扩大酸碱滴定的应用范围。这种在非水溶剂中进行的滴定分析方法称为非水滴定法（nonaqueous titration）。非水滴定法可以用于酸碱滴定、络合滴定、氧化还原滴定和沉淀滴定等。非水酸碱滴定在有机分析中应用广泛，这里主要介绍非水溶液中的酸碱滴定。

3.8.1 非水滴定中的溶剂

3.8.1.1 溶剂的分类

在研究非水溶液酸碱滴定中，通常根据溶剂的酸碱性，定性地将溶剂分为两大类：质子溶剂和非质子溶剂。

（1）质子溶剂

能给出质子和接受质子的溶剂，称为质子溶剂。这类溶剂分子之间有质子自递反应。在这类溶剂中，规定水为中性溶剂。根据接受质子能力的大小，质子溶剂可分为中性溶剂、酸性溶剂、碱性溶剂三类。

① 中性溶剂　这类溶剂的酸碱性与水相近，即它们给出和接受质子的能力相当。属于这类溶剂的主要是醇类，如甲醇、丙醇、乙二醇等。

② 酸性溶剂　这类溶剂给出质子的能力比水强，接受质子的能力比水弱，即酸性比水强，碱性比水弱。如甲酸、醋酸、丙酸、硫酸等。

③ 碱性溶剂　这类溶剂接受质子的能力比水强，给出质子的能力比水弱，即碱性比水强，酸性比水弱。如乙二胺、乙醇胺、丁胺等。

（2）非质子溶剂

没有给出质子能力的溶剂，称为非质子溶剂，又称非释质子性溶剂。这类溶剂分子之间没有质子自递反应。根据其与溶质的相互作用关系可分为：偶极亲质子溶剂和惰性溶剂。

① 偶极亲质子溶剂　又称非质子亲质子性溶剂，溶剂分子中无转移性质子，但具有较弱的接受质子倾向和程度不同的形成氢键的能力。如酰胺类、酮类、腈类、二甲亚砜、吡啶等。

② 惰性溶剂　溶剂分子中无转移性质子和接受质子的倾向，也无形成氢键的能力。如苯、二氧六环、四氯化碳等。在惰性溶剂中，质子转移反应直接发生在被滴定物与滴定剂之间。

3.8.1.2 溶剂的性质

物质酸碱的强度，不但与物质的本质有关，也与溶剂的性质有关。溶剂的性质包括溶剂的离解性、溶剂的介电常数、溶剂的酸碱性、溶剂的拉平效应和区分效应。本节主要介绍拉平效应和区分效应。

在水中，$HClO_4$、H_2SO_4、HCl 和 HNO_3 的稀溶液都是强酸，无法区别其酸的强度。这是因为水的碱性相对较强，这些强酸的质子将定量全部转移给溶剂 H_2O，生成溶剂化质子即水合质子 H_3O^+：

$$HClO_4 + H_2O \longrightarrow ClO_4^- + H_3O^+$$

$$H_2SO_4 + H_2O \longrightarrow HSO_4^- + H_3O^+$$
$$HCl + H_2O \longrightarrow Cl^- + H_3O^+$$
$$HNO_3 + H_2O \longrightarrow NO_3^- + H_3O^+$$

在水中最强酸的存在形式是水合质子 H_3O^+，更强的酸都被拉平到 H_3O^+ 的水平，这种将不同强度的酸拉平到溶剂化质子水平的效应称为拉平效应（leveling effect）。具有拉平效应的溶剂称为拉平性溶剂。水就是 $HClO_4$、H_2SO_4、HCl 和 HNO_3 的拉平性溶剂。

同理，在水溶液中最强碱的存在形式是溶剂阴离子 OH^-，更强的碱（如 O^{2-}、NH_2^- 等）都被拉平到溶剂阴离子 OH^- 水平。所以，通过溶剂的作用，使不同强度的酸（或碱）拉平到同等强度的效应称为拉平效应。

如果在冰醋酸介质中，由于 HAc 的碱性比水弱，这四种强酸就不能将其质子全部转移给溶剂 HAc，并且在转移的程度上也产生了差别：

$$HClO_4 + HAc \rightleftharpoons ClO_4^- + H_2Ac^+ \qquad pK_a = 5.8$$
$$H_2SO_4 + HAc \rightleftharpoons HSO_4^- + H_2Ac^+ \qquad pK_a = 8.2$$
$$HCl + HAc \rightleftharpoons Cl^- + H_2Ac^+ \qquad pK_a = 8.8$$
$$HNO_3 + HAc \rightleftharpoons NO_3^- + H_2Ac^+ \qquad pK_a = 9.4$$

由解离常数 K_a 可知，从上到下，质子转移程度依次减弱，这四种酸的强度顺序为：

$$HClO_4 > H_2SO_4 > HCl > HNO_3$$

这种能区分酸（或碱）的强弱的效应称为区分效应（differentiating effect），又称分辨效应。具有区分效应的溶剂称为区分性溶剂。冰醋酸就是 $HClO_4$、H_2SO_4、HCl 和 HNO_3 的区分性溶剂。

溶剂的拉平效应和区分效应与溶质和溶剂的相对酸碱强度有关。例如，水是上述四种酸的拉平性溶剂，但它却是这四种酸和醋酸的区分性溶剂，因为醋酸在水中部分解离，显示较弱的酸性。冰醋酸是上述四种酸的区分性溶剂，但它却是 NH_3、$NaOH$ 的拉平性溶剂。

一般来讲，酸性溶剂对酸具有区分效应，对碱具有拉平效应；碱性溶剂对碱具有区分效应，对酸具有拉平效应。

在非水滴定中，利用溶剂的拉平效应，可以测定各种酸（或碱）的总浓度；利用溶剂的区分效应，可以分别测定各种酸（或碱）的含量。

3.8.2 非水滴定条件的选择

（1）溶剂的选择

溶剂的酸碱性直接影响滴定反应的完全程度，所以，在非水滴定中选择溶剂时首先要考虑溶剂的酸碱性。当滴定弱酸 HB 时，若溶剂为 SH，通常用溶剂阴离子 S^- 作为滴定剂，其滴定反应是：

$$HB + S^- \rightleftharpoons SH + B^-$$

上述滴定反应的平衡常数 K_t 越大，滴定反应进行得就越完全。溶剂 SH 的酸性越弱（比 HB 很弱），上述滴定反应向右进行的程度就越大，K_t 就越大。采用碱性溶剂或偶极亲质子溶剂可以达到此目的。

同理，滴定弱碱时，通常用溶剂化质子 SH_2^+ 作为滴定剂，所用溶剂 SH 的碱性越弱越好，常用酸性溶剂或惰性溶剂。

选择溶剂时还应考虑：溶剂应能溶解试样及滴定产物，当其无法被一种溶剂溶解时，需采用混合溶剂；溶剂纯度应较高，若有水，应除去；溶剂黏度应小，挥发性低，易于回收，价廉，安全。

（2）滴定剂的选择

在非水介质中滴定弱碱时，常采用高氯酸的冰醋酸溶液为滴定剂。这是因为高氯酸在冰醋酸中有较强的酸性，且绝大多数有机碱的高氯酸盐易溶于有机溶剂。高氯酸标准溶液的浓度用邻苯二甲酸氢钾作为基准物质进行标定，以甲基紫或结晶紫为指示剂。其标定反应为：

$$\text{邻-COOK,COOH} + HClO_4 \longrightarrow \text{邻-COOH,COOH} + KClO_4$$

在非水介质中滴定弱酸时，最常用的滴定剂是甲醇钠的苯-甲醇溶液。甲醇钠由金属钠与甲醇反应制得：

$$2CH_3OH + 2Na \longrightarrow 2CH_3ONa + H_2\uparrow$$

氢氧化四丁基铵的甲醇-甲苯溶液也是常用的滴定剂。

常用苯甲酸作基准物质标定这些标准碱溶液的浓度，如标定甲醇钠标准溶液的标定反应为：

$$CH_3ONa + C_6H_5COOH \Longrightarrow CH_3OH + C_6H_5COO^- + Na^+$$

以百里酚蓝为指示剂。

（3）滴定终点的检测

常用电位法和指示剂法来检测终点。电位法是以玻璃电极或锑电极为指示电极，饱和甘汞电极为参比电极，通过绘制滴定曲线来确定终点。详细内容在电位分析法一章讨论。

在非水滴定中，指示剂的选择是通过实验方法确定的，即在电位滴定的同时，观察指示剂的颜色变化，选取与电位滴定终点相符的指示剂。常用的指示剂见表3-8。

表3-8 非水滴定中常用的指示剂

溶 剂	指 示 剂
酸性溶剂（冰醋酸）	甲基紫，结晶紫，中性红等
碱性溶剂（乙二胺，二甲基甲酰胺等）	百里酚蓝，偶氮紫，邻硝基苯胺，对羟基偶氮紫等
惰性溶剂（氯仿，四氯化碳，苯，甲苯等）	甲基红等

3.8.3 非水溶液中酸碱滴定应用示例

在非水滴定中，由于采用了不同性质的非水溶剂，使弱酸或弱碱的强度增大，也使滴定反应的完全程度增大，满足了直接滴定的条件，因而非水滴定扩大了酸碱滴定的应用范围。下面介绍几个实例。

（1）醋酸钠含量的测定

水为溶剂时，Ac^-的$pK_b = 9.24$；甲醇为溶剂时，Ac^-的$pK_b = 7.4$。所以，以甲醇为介质能直接准确滴定。准确称取无水醋酸钠试样，加甲醇溶解，以百里酚蓝为指示剂，用HCl标准溶液滴定至溶液由黄色变为橙色，即为终点。根据消耗HCl标准溶液的量，计算试样中醋酸钠的含量。

（2）水杨酸钠含量的测定

水杨酸钠是一种抗风湿病药物，可溶于水，但碱性太弱，不能在水中用强酸直接准确滴定。用冰醋酸为溶剂时，水杨酸根的碱性增大，可用高氯酸标准溶液直接准确滴定。准确称取水杨酸钠试样，加冰醋酸溶解，以结晶紫为指示剂，用高氯酸标准溶液滴定至蓝绿色为终

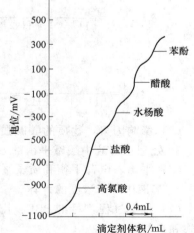

图3-11 五种混合酸的区分滴定曲线

点。根据消耗高氯酸标准溶液的量，计算试样中水杨酸钠的含量。

(3) 磺胺异噁唑含量的测定

磺胺异噁唑是治疗全身感染的短效磺胺药。准确称取磺胺异噁唑试样，加二甲基甲酰胺溶解，以偶氮紫为指示剂，用甲醇钠标准溶液滴定至蓝色为终点。根据消耗甲醇钠标准溶液的量，计算磺胺异噁唑的含量。

(4) 混合酸的分步滴定

高氯酸、盐酸、水杨酸、醋酸、苯酚混合酸，在甲基异丁基酮介质中，用氢氧化四丁基铵滴定，其滴定曲线如图 3-11。

从图中可以看出，最强的酸高氯酸和极弱的苯酚，都能明显地被分步滴定。

本 章 小 结

本章讲述了酸碱平衡和酸碱滴定法原理。

1. 酸碱质子理论

本章在处理有关酸碱平衡问题时，是以酸碱质子理论为基础。

(1) 酸、碱、两性物质的判断是计算 $[H^+]$ 的基础。酸：给出质子（H^+）的物质是酸；碱：接受质子（H^+）的物质是碱；两性物质：既能给出质子又能接受质子的物质是两性物质。

(2) 酸碱强度的判断：K_a 越大，物质的酸性就越强，其共轭碱的碱性越弱；K_b 越大，物质的碱性就越强，其共轭酸的酸性就越弱。

(3) 共轭酸碱对 K_a 与 K_b 的关系为：$K_{a_1} K_{b_n} = K_{a_2} K_{b_{n-1}} = \cdots = K_{a_n} K_{b_1} = K_w$

2. 分布分数

对于多元弱酸 $H_n A$ 或多元弱碱 A^{n-}

(1) 定义式

$$\delta_i = \frac{[i]}{c}$$

(2) 计算式

$$\delta_{H_n A} = \frac{[H^+]^n}{[H^+]^n + [H^+]^{n-1} K_{a_1} + [H^+]^{n-2} K_{a_1} K_{a_2} + \cdots + K_{a_1} K_{a_2} K_{a_3} \cdots K_{a_n}}$$

$$\delta_{H_{n-1} A^-} = \frac{[H^+]^{n-1} K_{a_1}}{[H^+]^n + [H^+]^{n-1} K_{a_1} + [H^+]^{n-2} K_{a_1} K_{a_2} + \cdots + K_{a_1} K_{a_2} K_{a_3} \cdots K_{a_n}}$$

$$\cdots$$

$$\delta_{A^{n-}} = \frac{K_{a_1} K_{a_2} K_{a_3} \cdots K_{a_n}}{[H^+]^n + [H^+]^{n-1} K_{a_1} + [H^+]^{n-2} K_{a_1} K_{a_2} + \cdots + K_{a_1} K_{a_2} K_{a_3} \cdots K_{a_n}}$$

(3) 影响因素：物质的酸碱强度（K_a、K_b）和溶液的酸度。

3. 处理水溶液中酸碱平衡的方法

物料平衡、电荷平衡和质子平衡的定义及其平衡方程式的书写。

4. 溶液中 H^+ 浓度的计算

(1) 推导过程：写出 PBE；用 c、K_a 或 K_b 代替，便可得精确式；合理处理，便可得近似式和最简式。

(2) 计算式

溶液	使用条件	公 式	备注
一元强酸	$10^{-8}\,\text{mol}\cdot\text{L}^{-1}<c<10^{-6}\,\text{mol}\cdot\text{L}^{-1}$	$[\text{H}^+]=\dfrac{c+\sqrt{c^2+4K_w}}{2}$	精确式
	$c\geqslant 10^{-6}\,\text{mol}\cdot\text{L}^{-1}$	$[\text{H}^+]=c$	近似式
	$c\leqslant 10^{-8}\,\text{mol}\cdot\text{L}^{-1}$	$[\text{H}^+]=\sqrt{K_w}$	近似式
一元弱酸	$cK_a<10K_w$ $c/K_a<100$	$[\text{H}^+]=\sqrt{[\text{HA}]K_a+K_w}$	精确式
	$cK_a\geqslant 10K_w$ $c/K_a<100$	$[\text{H}^+]=\dfrac{-K_a+\sqrt{K_a^2+4cK_a}}{2}$	近似式
	$cK_a<10K_w$ $c/K_a\geqslant 100$	$[\text{H}^+]=\sqrt{cK_a+K_w}$	近似式
	$cK_a\geqslant 10K_w$ $c/K_a\geqslant 100$	$[\text{H}^+]=\sqrt{cK_a}$	最简式
多元弱酸	$\sqrt{cK_{a_1}}>40K_{a_2}$	忽略第二级解离,将二元弱酸按一元酸近似处理。公式同上	
两性物质溶液 NaHA	HA$^-$的酸式解离和碱式解离的趋势都较小时	$[\text{H}^+]=\sqrt{\dfrac{K_{a_1}(cK_{a_2}+K_w)}{c+K_{a_1}}}$ K_{a_1}:两性物质作为碱时,其共轭酸的解离常数 K_{a_2}:两性物质作为酸时的解离常数	
	$cK_{a_2}\geqslant 10K_w$ $c\geqslant 10K_{a_1}$	$[\text{H}^+]=\sqrt{K_{a_1}K_{a_2}}$ $\text{pH}=\dfrac{1}{2}(pK_{a_1}+pK_{a_2})$	最简式
	$cK_{a_2}\geqslant 10K_w$ $c<10K_{a_1}$	$[\text{H}^+]=\sqrt{\dfrac{cK_{a_1}K_{a_2}}{c+K_{a_1}}}$	近似式
	$cK_{a_2}<10K_w$ $c\geqslant 10K_{a_1}$	$[\text{H}^+]=\sqrt{\dfrac{K_{a_1}(cK_{a_2}+K_w)}{c}}$	近似式
$c_1(\text{mol}\cdot\text{L}^{-1})$ 强酸与 $(c_2\,\text{mol}\cdot\text{L}^{-1})$ HA 弱酸混合溶液	忽略水的解离	$[\text{H}^+]=\dfrac{(c_1-K_a)+\sqrt{(c_1-K_a)^2+4(c_1+c_2)K_a}}{2}$	近似式
缓冲溶液	c_{HA}和c_{A^-}较大	$\text{pH}=pK_a+\lg\dfrac{c_{\text{A}^-}}{c_{\text{HA}}}$	最简式
	c_{HA}和c_{A^-}较小	$\text{pH}\leqslant 6$ 时,$[\text{H}^+]=K_a\dfrac{c_{\text{HA}}-[\text{H}^+]}{c_{\text{A}^-}+[\text{H}^+]}$ $\text{pH}\geqslant 8$ 时,$[\text{H}^+]=K_a\dfrac{c_{\text{HA}}+[\text{OH}^-]}{c_{\text{A}^-}-[\text{OH}^-]}$	近似式

强碱、弱碱、多元弱碱与对应的强酸、弱酸、多元弱酸相仿。

5. 酸碱缓冲溶液

分类、作用及组成;缓冲容量的定义及影响因素、缓冲范围;缓冲溶液的选择原则及配制方法;常用的缓冲溶液。

6. 酸碱指示剂

变色原理；变色范围和变色点；影响指示剂变色范围的因素；混合指示剂的变色原理及优点；常用的酸碱指示剂。

7. 酸碱滴定基本原理

(1) 滴定常数 K_t 越大，反应进行得越完全，滴定突跃越大。

(2) 强酸（碱）与一元弱酸（碱）的滴定

① 滴定过程 pH 的计算，主要是 pH_{sp} 和滴定突跃范围 pH 的计算。

② 选择指示剂的原则：在突跃范围内变色的指示剂。

③ 影响滴定突跃大小的因素：强酸（碱）与浓度 c 有关；一元弱酸（碱）与 c 和 K_a（K_b）有关。

④ 直接准确滴定一元弱酸（碱）的条件：$\Delta pH = \pm 0.2$，$|E_t| \leqslant 0.1\%$ 时，$c_{sp}K_a$（K_b）$\geqslant 10^{-8}$。

⑤ 终点误差的计算。

(3) 多元酸（碱）分步滴定的可行性判据：$\Delta pH = \pm 0.2$，$|E_t| \leqslant 0.3\%$ 时，$c_{sp_i}K_{a_i} \geqslant 10^{-9}$，$K_{a_1}/K_{a_2} \geqslant 10^5$；相应 pH_{sp_i} 的计算；指示剂的选择是使 pH_{ep} 与 pH_{sp_i} 尽可能接近。

(4) 不同类型滴定曲线的区别及原因。

(5) 酸碱滴定法的应用：测定的原理、步骤及结果计算。

8. 非水溶液中的酸碱滴定

溶剂的分类及特征；区分效应和拉平效应；区分性溶剂和拉平性溶剂；非水滴定条件的选择及应用。

思考题与习题

1. 现有下列物质，试回答下列问题：(1) 哪些是酸？哪些是碱？哪些是两性物质？(2) 写出它们的共轭酸或共轭碱。(3) 找出共轭酸碱对。(4) 将酸按由强到弱的顺序排列。(5) 将碱按由弱到强的顺序排列。
H_2O，NH_4^+，HPO_4^{2-}，$(CH_2)_6N_4H^+$，OH^-，CO_3^{2-}，C_6H_5OH，S^{2-}，$^+NH_3CH_2COOH$，$C_6H_5NH_3^+$，HS^-，$^+NH_3CH_2COO^-$，H_2CO_3，HCO_3^-，NH_3，$(CH_2)_6N_4$，$H_2PO_4^-$。

2. 已知琥珀酸 $(CH_2COOH)_2$（以 H_2A 表示）的 $pK_{a_1} = 4.19$，$pK_{a_2} = 5.57$。试计算在 pH = 4.88 和 5.0 时 H_2A、HA^- 和 A^{2-} 的分布分数。若该酸的总浓度为 $0.010\, mol \cdot L^{-1}$，求 pH = 4.88 时三种形式的平衡浓度。

3. 用 HCl 中和 Na_2CO_3 溶液，分别至 pH = 10.50 和 pH = 6.00 时，溶液中各有哪些型体？其中主要型体是什么？当中和至 pH < 4.00 时，主要型体是什么？

4. 写出下列物质在水溶液中的质子条件。
H_2SO_4，$(NH_4)_2HPO_4$，NH_4HCO_3，$NH_4H_2PO_4$，Na_2CO_3，NH_4Ac

5. 计算下列各溶液的 pH。
   (1) $2.0 \times 10^{-7}\, mol \cdot L^{-1}$ HCl
   (2) $0.10\, mol \cdot L^{-1}$ $(CH_2)_6N_4$
   (3) $0.10\, mol \cdot L^{-1}$ Na_2S
   (4) $0.025\, mol \cdot L^{-1}$ HCOOH
   (5) $0.10\, mol \cdot L^{-1}$ $^+NH_3CH_2COOH$
   (6) $0.10\, mol \cdot L^{-1}$ NH_4NO_3
   (7) $0.10\, mol \cdot L^{-1}$ NH_4Ac
   (8) $0.010\, mol \cdot L^{-1}$ KHP
   (9) $0.10\, mol \cdot L^{-1}$ NaH_2PO_4
   (10) $0.050\, mol \cdot L^{-1}$ NaAc

6. 要配制 pH 为 3.5 左右的缓冲溶液，应选下列何种酸及其共轭碱？
HAc，一氯乙酸，二氯乙酸，苯酚，邻苯二钾酸，甲酸

7. 需要 pH = 4.1 的缓冲溶液，分别以 HAc + NaAc 和苯甲酸（HB）+ 苯甲酸钠（NaB）配制，试求 $[Ac^-]/[HAc]$ 和 $[B^-]/[HB]$，若两种缓冲溶液的酸的浓度都为 $0.1\, mol \cdot L^{-1}$，哪种缓冲溶液更好？为什么？

8. 某分析工作者欲配制 pH＝0.64 的缓冲溶液。称取纯三氯乙酸（CCl_3COOH）16.3 g，溶于水后，加入 2.0 g 固体 NaOH，溶解后以水稀至 1 L。试问：
  (1) 实际上所配缓冲溶液的 pH 为多少？
  (2) 若要配制 pH＝0.64 的三氯乙酸缓冲溶液，需在加水稀释之前，加入多少摩尔强酸或强碱？
9. 什么是缓冲容量？影响缓冲容量的因素有哪些？一般缓冲溶液的缓冲范围是什么？
10. 什么是指示剂的变色范围？影响其变色范围的因素有哪些？为什么指示剂的实际变色范围与理论变色范围不同？举例说明。
11. 混合指示剂的作用原理是什么？其优点是什么？有哪几类？
12. 什么是 pH 突跃范围？在发生滴定突跃时，所加滴定剂一般为几点？影响一元弱酸弱碱突跃范围的因素有哪些？
13. 酸碱滴定中指示剂选择的原则是什么？
14. 下列各种弱酸、弱碱，能否用酸碱滴定法直接测定？如果可以，应选用哪种指示剂？为什么？
  (1) NH_2OH (2) 苯甲酸 (3) 吡啶 (4) $NH_2OH \cdot HCl$
  (5) $(CH_2)_6N_4$ (6) 苯甲酸钠 (7) 苯酚 (8) 苯酚钠（C_6H_5ONa）
15. 为什么 HCl 标准溶液可直接滴定硼砂，而不能直接滴定醋酸钠？
16. 用 NaOH 溶液滴定下列各种多元酸时，能否分步滴定？会出现几个滴定突跃？分别应采用何种指示剂指示终点？
  H_2SO_4，H_3AsO_4，$H_2C_2O_4$，H_2CO_3，H_3PO_4，$^+NH_3CH_2COOH$
17. 下列酸碱混合溶液，用强碱或强酸滴定时，能否分别滴定？在滴定曲线上会出现几个突跃？分别选择什么指示剂？
  (1) 苯甲酸＋HCl (2) $CH_2ClCOOH + HCl$ (3) $NaOH + CH_3NH_2$
  (4) $H_2SO_4 + H_3PO_4$ (5) $NH_2OH + (CH_2)_6N_4$ (6) $H_3BO_3 + HCl$
18. 判断下列情况对测定结果的影响：
  (1) 用混有少量的邻苯二甲酸的邻苯二甲酸氢钾标定 NaOH 溶液的浓度；
  (2) 用吸收了 CO_2 的 NaOH 标准溶液滴定 H_3PO_4 至第一计量点；继续滴定至第二计量点时，对测定结果各如何影响？
19. 在酸碱滴定中，CO_2 通过哪些途径参加了酸碱反应？如何减小 CO_2 的影响？
20. 有一可能含有 NaOH、Na_2CO_3 或 $NaHCO_3$ 或二者混合物的碱液，用 HCl 溶液滴定，以酚酞为指示剂时，消耗 HCl 体积为 V_1；再加入甲基橙作指示剂，继续用 HCl 滴定至终点时，又消耗 HCl 体积为 V_2，当出现下列情况时，溶液各由哪些物质组成？
  (1) $V_1 > 0$，$V_2 = 0$； (2) $V_2 > V_1$，$V_1 > 0$； (3) $V_1 = V_2$；
  (4) $V_1 = 0$，$V_2 > 0$； (5) $V_1 > V_2$，$V_2 > 0$。
21. 简述甲醛法测定铵盐的基本原理，要求写出反应式、滴定剂、指示剂、化学计量比及计算式等。
22. 通常将溶剂分为哪几类？各有什么特征？
23. 什么是质子溶剂？它分为哪几类？
24. 什么是非质子溶剂？它分为哪几类？
25. 什么是拉平效应？什么是区分效应？
26. 在什么溶剂中 NaOH、氨水、甲胺、吡啶的强度可以区分开？在什么溶剂中它们的强度区分不开？
27. 指出下列溶剂为哪种溶剂？
  (1) 冰醋酸； (2) 水； (3) 乙二胺； (4) 氯仿； (5) 苯； (6) 乙醚；
  (7) 异丙醇； (8) 丙酮； (9) 二氧六环； (10) 甲基异丁酮。
28. 今欲测定下列混合物中各组分的含量，试拟出测定方案（包括主要步骤、标准溶液、指示剂和计算式）。
  (1) $NaOH + Na_3PO_4$； (2) $HCl + NH_4Cl$； (3) $H_3BO_3 + Na_2B_4O_7$；
  (4) $H_2SO_4 + H_3PO_4$； (5) $HCl + H_3BO_3$； (6) $NaH_2PO_4 + Na_2HPO_4$。
29. 计算用 $0.0100 mol \cdot L^{-1}$ NaOH 溶液滴定 20.00 mL $0.01000 mol \cdot L^{-1}$ HNO_3 溶液时，(1) 计量点的

pH；(2) 计量点前后±0.1%相对误差时溶液的 pH；(3) 选择哪种指示剂？

(7.00, 5.30～8.70)

30. 计算用 0.1000mol·L^{-1} NaOH 溶液滴定 20.00mL 0.1000mol·L^{-1} HCOOH 溶液时，(1) 计量点的 pH；(2) 计量点前后±0.1%相对误差时溶液的 pH；(3) 选择哪种指示剂？

31. 某弱酸 HA 的 $pK_a = 9.21$，现有其共轭碱 NaA 溶液 20.00mL，浓度为 0.10mol·L^{-1}，计算用 0.1000mol·L^{-1} HCl 溶液滴定时，(1) 计量点的 pH；(2) 计量点前后±0.1%相对误差时溶液的 pH；(3) 选择哪种指示剂？

(5.26, 6.21～4.30)

32. 今用 NaOH 滴定一元弱酸 HA 试样，为中和此 HA 试样，共需 40.0mL NaOH 溶液，在加入 8.0mL 碱后，被滴定试样的 pH 为 5.14。试计算 HA 的解离常数 K_a。

33. 某一元弱酸 HB 试样 1.250g，加水 50.00mL 使其溶解，然后用 0.09000mol·L^{-1} NaOH 标准溶液滴定至化学计量点，用去 41.20mL。在滴定过程中发现，当加入 8.24mL NaOH 溶液时，溶液的 pH 为 4.30。求 (1) HB 的相对分子质量；(2) HB 的 K_a；(3) 化学计量点的 pH；(4) 应选用什么指示剂？

(337.1, 1.25×10^{-5}, 8.76)

34. 二元弱酸 H$_2$B 在 pH=1.05 时，$\delta_{H_2B} = \delta_{HB^-}$；pH=6.50 时，$\delta_{HB^-} = \delta_{B^{2-}}$。
    (1) 求 H$_2$B 的 K_{a_1} 和 K_{a_2}；
    (2) 能否以 0.1000mol·L^{-1} NaOH 分步滴定 0.10mol·L^{-1} 的 H$_2$B；
    (3) 计算计量点时溶液的 pH；
    (4) 选择适宜的指示剂。

($K_{a_1} = 3.16 \times 10^{-2}$, $K_{a_2} = 3.16 \times 10^{-7}$; $pH_{sp_1} = 4.11$, $pH_{sp_2} = 9.51$)

35. 0.2556g 某纯有机二元酸，加适量水溶解，加入 0.1515mol·L^{-1} NaOH 40.00mL，又用 0.2250mol·L^{-1} HCl 8.00mL 返滴定，此时有机酸完全被中和，计算有机酸的相对分子质量。

(120)

36. 用 0.1000mol·L^{-1} HCl 溶液滴定 0.1000mol·L^{-1} NaOH 溶液，以甲基红（$pH_{ep}=5.5$）为指示剂，计算终点误差。

(0.006%)

37. 计算用 0.1000mol·L^{-1} NaOH 滴定 0.1000mol·L^{-1} HCl 在 pH=4.00 时的终点误差？

(-0.02%)

38. 用 0.1000mol·L^{-1} NaOH 滴定同浓度的一元弱酸 HA（$pK_a=7.00$），计算化学计量点的 pH，若以酚酞为指示剂（$pH_{ep}=9.0$），计算终点误差。

(9.85, -1.0%)

39. 用 0.1000mol·L^{-1} HCl 滴定同浓度的 CH$_3$NH$_2$ 溶液，计算化学计量点的 pH；若选甲基橙为指示剂（$pH_{ep}=4.0$），计算终点误差。

(5.96, 0.2%)

40. 用酸碱滴定法测定工业硫酸的含量，称取硫酸试样 1.9618g，溶解，转移至 250mL 的容量瓶中，并稀释至刻线，移取 25.00mL 该溶液，以甲基橙为指示剂，用浓度为 0.1212mol·L^{-1} 的 NaOH 标准溶液滴定，到终点时消耗 NaOH 溶液 27.70mL，试计算该工业硫酸的质量分数。

(83.93%)

41. 现有 0.2000g 某一仅含 Na$_2$CO$_3$ 和 NaHCO$_3$ 的试样，用 0.1000mol·L^{-1} HCl 标准溶液滴定至甲基橙终点时，需 HCl 溶液 24.25mL，试计算 Na$_2$CO$_3$ 和 NaHCO$_3$ 的质量分数。

(3.18%, 96.82%)

42. 现有某试样 0.2528 g，以酚酞作指示剂，用 0.0998mol·L^{-1} HCl 标准溶液滴定，需 HCl 溶液 14.34mL；以甲基橙作指示剂，需 HCl 溶液 35.68mL。试问该试样由 NaOH、Na$_2$CO$_3$ 和 NaHCO$_3$ 中的哪些组分组成？其质量分数各是多少？

(Na$_2$CO$_3$ 和 NaHCO$_3$; 60.00%, 23.22%)

43. 粗铵盐 1.000g，加入过量 NaOH 溶液并加热，逸出的氨吸收于 50.00mL 0.2500mol·L^{-1} H$_2$SO$_4$ 中，

过量的酸用 0.5000mol·L^{-1} NaOH 回滴，用去碱 1.56mL。计算试样中 NH$_3$ 的质量分数。

(41.25%)

44. 称取 0.2500 g 食品试样，采用凯氏定氮法测定含氮量，用过量的 H$_3$BO$_3$ 溶液吸收蒸馏出来的 NH$_3$。以 0.1000mol·L^{-1} HCl 溶液滴定至终点，消耗 21.20mL，计算食品中蛋白质的含量。

(74.24%)

45. 测定硅酸盐中 SiO$_2$ 的含量，称取试样 5.000 g，用 HF 溶解处理后，用 4.0726mol·L^{-1} NaOH 标准溶液滴定，到终点时消耗 NaOH 溶液 28.42mL，试计算该硅酸盐中 SiO$_2$ 的质量分数。

(34.77%)

第 4 章 络合滴定法

络合滴定法是以络合反应为基础的滴定分析方法。络合反应也是路易斯酸碱反应（金属离子是路易斯酸，可接受路易斯碱所提供的未成键电子对而形成化学键），所以络合滴定法与酸碱滴定法有许多相似之处。络合反应在分析化学中应用非常广泛，除用作滴定反应外，还常用于显色反应、萃取反应、沉淀反应及掩蔽反应等。因此，基于络合反应的广泛性和络合滴定的选择性的有关理论，是分析化学的重要内容之一。

络合滴定反应所涉及的平衡关系比较复杂，为了定量处理各种因素对络合平衡的影响，引入了副反应系数（重点是酸效应系数、络合效应系数和共存离子效应系数）及条件稳定常数等概念，进一步阐明络合滴定原理，为熟练地处理络合平衡和络合滴定的有关问题打下基础。这种方法也广泛地应用于涉及复杂平衡的其他体系。

4.1 概述

络合反应很多，但能用于络合滴定分析的络合反应并不多，必须具备下列条件：
① 反应必须完全，即生成的络合物要相当稳定；
② 反应能定量地进行，即在一定条件下络合比必须固定；
③ 反应速度要快；
④ 要有适当的方法指示滴定终点；
⑤ 滴定过程中生成的络合物最好是可溶的。

大多数的无机络合反应不符合上述条件，能用于络合滴定的并不多，20 世纪 40 年代，陆续发现了许多有机络合剂，特别是乙二胺四乙酸这一类的氨羧络合剂用于络合滴定后，络合滴定才得到了迅速的发展，成为应用最广泛的化学滴定分析方法之一。

4.1.1 络合滴定中的络合剂

络合滴定中常用的滴定剂即络合剂（complexing agent）有两类，一类是无机络合剂，另一类是有机络合剂。

(1) 无机络合剂

一般无机络合剂很少用于滴定分析，这是因为：第一，这类络合剂和金属离子形成的络合物不够稳定，不能符合滴定反应的要求；第二，在络合过程中有逐级络合现象，而且各级络合物的稳定常数相差较小，故溶液中常常同时存在多种形式的络合离子（简称络离子），使滴定过程中突跃不明显，终点难以判断，而且也无恒定的化学计量关系。因此，无机络合剂通常用作掩蔽剂、辅助络合剂和显色剂等。目前，用于滴定分析的无机络合剂只有以 CN^- 为络合剂的氰量法和以 Hg^{2+} 为中心离子的汞量法。

① 汞量法主要用于滴定 Cl^- 和 SCN^- 等，通常以 $Hg(NO_3)_2$ 或 $Hg(ClO_4)_2$ 溶液作滴定剂，二苯氨基脲作指示剂，滴定反应为：

$$Hg^{2+} + 2Cl^- \Longrightarrow HgCl_2$$
$$Hg^{2+} + 2SCN^- \Longrightarrow Hg(SCN)_2$$

生成的 $HgCl_2$ 或 $Hg(SCN)_2$ 是解离度很小的络合物，称为拟盐或假盐。过量的汞盐与指示剂形成蓝紫色的螯合物以指示终点的到达。

② 氰量法主要用于滴定 Ag^+，Ni^{2+} 等，以 KCN 溶液作滴定剂，滴定反应为
$$Ag^+ + 2CN^- \rightleftharpoons Ag(CN)_2^-$$
$$Ni^{2+} + 4CN^- \rightleftharpoons Ni(CN)_4^{2-}$$

若要滴定 CN^-，可以 $AgNO_3$ 溶液为滴定剂，当滴定达化学计量点时，稍过量的 Ag^+ 与 $Ag(CN)_2^-$ 结合成 AgCN 沉淀，使溶液变浑而指示滴定终点。
$$Ag^+ + Ag(CN)_2^- \rightleftharpoons 2AgCN\downarrow$$
或加 KI 作指示剂，使生成带黄色的 AgI 沉淀，更好观察。

（2）有机络合剂

大多数有机络合剂与金属离子的络合反应不存在上述缺陷，如许多有机络合剂常含有两个或两个以上的配位原子，称之为多齿（基）配体，能与金属离子形成具有环状结构的螯合物，螯合物稳定性很强，因此络合反应的完全程度会很高，并且可以控制一定的条件，使其络合比固定。故络合滴定中常用有机络合剂，其中最常用的是氨羧类络合剂。

氨羧络合剂是一类以氨基二乙酸 $[-N(CH_2COOH)_2]$ 为基体的有机络合剂，或称螯合剂 (chelant)，这类络合剂中含有络合能力很强的氨氮—N—和羧氧—COO—两种配位原子，前者易与 Co、Ni、Zn、Cu、Hg 等金属离子络合，后者则几乎能与所有高价金属离子结合。它们能与多种金属离子作用形成稳定的可溶性络合物。目前研究过的氨羧络合剂有几十种，比较重要的有以下几种。

乙二胺四乙酸，简称 EDTA：

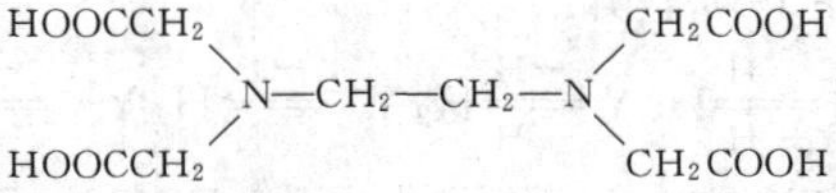

环己烷二胺四乙酸，简称 CyDTA：

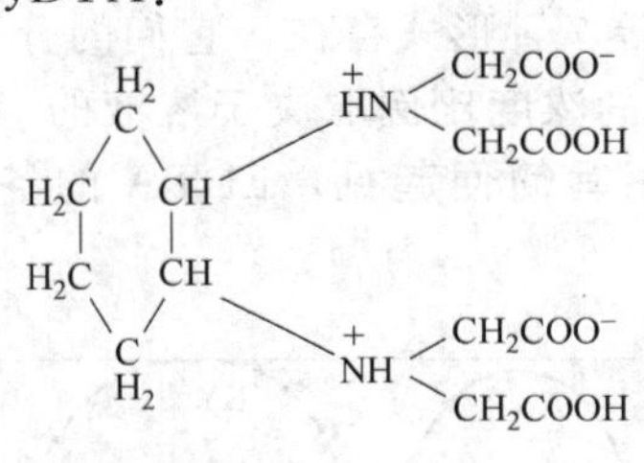

乙二醇二乙醚二胺四乙酸，简称 EGTA：

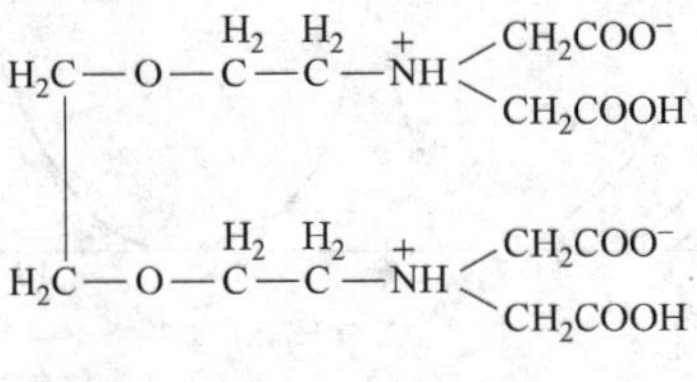

乙二胺四丙酸，简称 EDTP：

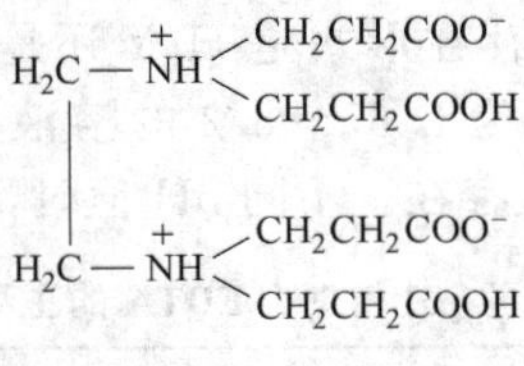

在这些络合剂中应用最为广泛的是 EDTA，它可以直接滴定或间接滴定几十种金属离子。本章主要讨论以 EDTA 为络合剂，滴定金属离子的络合滴定法。

4.1.2 乙二胺四乙酸及其二钠盐

乙二胺四乙酸 (ethylene diamine tetraacetic acid) 简称 EDTA 或 EDTA 酸，它是个多元酸，习惯上用 H_4Y 表示。EDTA 酸在水中的溶解度很小（22℃时，每100mL水仅能溶解0.02g），故通常把它制成二钠盐，简称 EDTA 二钠盐，用 $Na_2H_2Y \cdot 2H_2O$ 表示，一般也简称 EDTA。EDTA 二钠盐的溶解度较大（在22℃时，每100mL水可溶解11.1g），其饱和水溶液的浓度约为 $0.3 mol \cdot L^{-1}$，溶液的 pH 约为4.5。乙二胺四乙酸可以制成结晶固体，在水溶液中，两个羧酸基上的 H 可转移至 N 原子上，形成双偶极离子：

$$\text{HOOC-CH}_2 \underset{H}{\overset{+}{N}}-CH_2-CH_2-\underset{H}{\overset{+}{N}} \text{CH}_2-\text{COO}^-$$
$$^-\text{OOC-CH}_2 \qquad\qquad\qquad \text{CH}_2-\text{COOH}$$

当 H_4Y 溶解于水时，如果溶液的酸度很高，它的两个羧基可再接受 H^+，形成 H_6Y^{2+}，这样，EDTA 就相当于六元酸（EDTA 本身是四元酸）。有六级解离平衡：

$$H_6Y^{2+} \rightleftharpoons H^+ + H_5Y^+ \qquad K_{a_1} = 1.3 \times 10^{-1} = 10^{-0.9}$$
$$H_5Y^+ \rightleftharpoons H^+ + H_4Y \qquad K_{a_2} = 2.5 \times 10^{-2} = 10^{-1.6}$$
$$H_4Y \rightleftharpoons H^+ + H_3Y^- \qquad K_{a_3} = 1.0 \times 10^{-2} = 10^{-2.0}$$
$$H_3Y^- \rightleftharpoons H^+ + H_2Y^{2-} \qquad K_{a_4} = 2.14 \times 10^{-3} = 10^{-2.67}$$
$$H_2Y^{2-} \rightleftharpoons H^+ + HY^{3-} \qquad K_{a_5} = 6.92 \times 10^{-7} = 10^{-6.16}$$
$$HY^{3-} \rightleftharpoons H^+ + Y^{4-} \qquad K_{a_6} = 5.50 \times 10^{-11} = 10^{-10.26}$$

联系六级解离关系，存在下列平衡：

$$H_6Y^{2+} \underset{+H}{\overset{-H}{\rightleftharpoons}} H_5Y^+ \underset{+H}{\overset{-H}{\rightleftharpoons}} H_4Y \underset{+H}{\overset{-H}{\rightleftharpoons}} H_3Y^- \underset{+H}{\overset{-H}{\rightleftharpoons}} H_2Y^{2-} \underset{+H}{\overset{-H}{\rightleftharpoons}} HY^{3-} \underset{+H}{\overset{-H}{\rightleftharpoons}} Y^{4-} \qquad (4-1)$$

由于分布电离，在水溶液中，已质子化了的 EDTA 可以 H_6Y^{2+}，H_5Y^+，H_4Y，H_3Y^-，H_2Y^{2-}，HY^{3-} 和 Y^{4-} 等 7 种形式存在，它们的分布分数与 pH 有关。从图 4-1 可以看出，EDTA 各种存在型体间的浓度比例取决于溶液的 pH。表 4-1 是不同 pH 值时，溶液中 EDTA 主要存在形式，为书写简便起见，EDTA 的各种存在形式均略去其电荷，用 H_6Y，H_5Y，…，Y 表示。

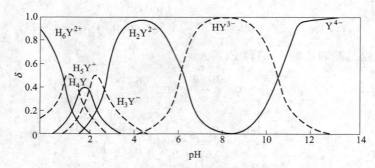

图 4-1 EDTA 各种存在型体的分布图

可以看出，不论 EDTA 的原始存在形式是 H_4Y 还是 Na_2H_2Y，在 pH<1 的强酸性溶液中，主要以 H_6Y 形式存在；在 pH 为 2.67~6.2 的溶液中，主要 H_2Y 形式存在；在 pH>10.26 的碱性溶液中，主要以 Y 形式存在。不同 pH 值时，EDTA 的主要存在型体见表 4-1。

表 4-1 不同 pH 值时，EDTA 的主要存在形式

pH	<1	1~1.6	1.6~2.0	2.0~2.7	2.7~6.2	6.2~10.3	>10.3
主要存在形式	H_6Y	H_5Y	H_4Y	H_3Y	H_2Y	HY	Y

在这七种存在型体中,只有 Y^{4-} 能与金属离子直接络合,由图 4-1 和表 4-1 可知,溶液的酸度越低,即 pH 越高,Y^{4-} 的浓度越大,EDTA 的络合能力越强。

4.1.3 金属离子与 EDTA 形成的络合物

在 EDTA 分子结构中,具有六个可与金属离子形成配位键的原子(两个氨基氮和四个羧基氧),它们都有孤对电子,能与绝大多数的金属离子形成络合物。金属离子与 EDTA 所形成的络合物有以下特点。

① 具有多个五元环(这种具有环状结构的络合物称为螯合物),例如,EDTA 与 Co^{3+} 的络合物结构如图 4-2 所示,这种螯合物十分稳定。

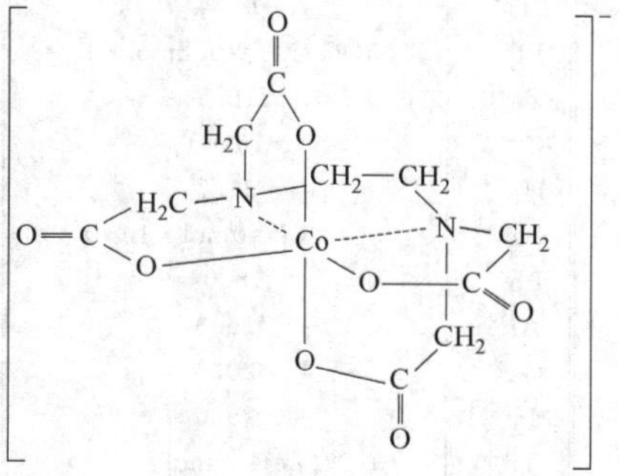

图 4-2 CoY^{2-} 络合物的立体结构

② 大多数络合物的络合比是 1∶1,如:MY^{2-}、MY^-、MY。只有少数高价金属离子如 MoO_2、ZrO_2 与 EDTA 形成 2∶1 的络合物。

③ 络合物均易溶于水。

④ EDTA 与无色金属离子形成的络合物无色,与有色金属离子形成颜色更深的络合物。如表 4-2。

表 4-2 有色 EDTA 螯合物

螯合物	颜色	螯合物	颜色
NiY^{2-}	蓝绿色	MnY^{2-}	紫红色
CuY^{2-}	深蓝色	FeY^-	黄色
CoY^-	紫红色	CrY^-	深紫色
$Cr(OH)Y^{2-}$	蓝色(pH>10)	$Fe(OH)Y^{2-}$	褐色(pH≈6)

4.2 络合物在溶液中的离解平衡

4.2.1 络合物的稳定常数

(1) 络合平衡常数

络合平衡常数常用稳定常数(形成常数)表示。

例如,金属离子与 EDTA 的络合反应,$M^{n+} + Y^{4-} \rightleftharpoons MY^{4-n}$,略去电荷,可简写成:$M + Y \rightleftharpoons MY$,其稳定常数为:$K_{MY} = \dfrac{[MY]}{[M][Y]}$。

部分金属离子与 EDTA 络合物的 $\lg K_{MY}$ 值列于表 4-3。

表 4-3 部分金属离子-EDTA 络合物的 $\lg K_{MY}$

离子	$\lg K$	离子	$\lg K$	离子	$\lg K$
Li^+	2.79	Cr^{3+}	23.4	Ce^{3+}	15.98
Na^+	1.66	Mn^{3+}	25.3	Pr^{3+}	16.40
K^+	0.8	Fe^{3+}	25.1	Nd^{3+}	16.61
Be^{2+}	9.2	Co^{3+}	41.4	Pm^{3+}	17
Mg^{2+}	8.79	Zr^{4+}	29.5	Sm^{3+}	17.14
Ca^{2+}	10.59	Hf^{4+}	29.5($I=0.2\text{mol}\cdot\text{L}^{-1}$)	Eu^{3+}	17.35
Sr^{2+}	8.73	VO^{2+}	18.5	Gd^{3+}	17.37
Ba^{2+}	7.86	VO_2^+	15.55	Tb^{3+}	17.93
Ra^{2+}	7.1	Ag^+	7.32	Dy^{3+}	18.30
Sc^{3+}	23.1	Ti^+	6.54	Ho^{3+}	18.62
Y^{3+}	18.09	Pb^{2+}	18.5(25℃, $I=0.2\text{mol}\cdot\text{L}^{-1}$)	Er^{3+}	18.85
La^{3+}	15.50	Zn^{2+}	16.5	Tm^{3+}	19.32
V^{2+}	12.7	Cd^{2+}	16.45	Yb^{3+}	19.51
Cr^{2+}	13.6	Hg^{2+}	21.7	Lu^{3+}	19.83
Mn^{2+}	13.87	Sn^{2+}	18.3($I=0\text{mol}\cdot\text{L}^{-1}$)	Am^{3+}	17.8(25℃)
Fe^{2+}	14.3	Pb^{2+}	18.04	Cm^{3+}	18.1(25℃)
Co^{2+}	16.32	Al^{3+}	16.3	Bk^{3+}	18.5(25℃)
Ni^{2+}	18.62	Ga^{3+}	20.3	Cf^{3+}	18.7(25℃)
Cu^{2+}	18.80	In^{3+}	25.0	Th^{4+}	23.2
Ti^{3+}	21.3(25℃)	Tl^{3+}	37.8($I=1.0\text{mol}\cdot\text{L}^{-1}$)	U^{4+}	25.8
V^{3+}	26.0	Bi^{3+}	27.8	Np^{4+}	24.6(25℃, $I=1.0\text{mol}\cdot\text{L}^{-1}$)

由表 4-3 可见，稳定常数具有以下规律：金属离子与 EDTA 络合物的稳定性随金属离子的不同而差别较大。碱金属离子的络合物最不稳定，$\lg K_{MY}$ 在 2～3；碱土金属离子的络合物，$\lg K_{MY}$ 在 8～11；二价及过渡金属离子、稀土元素及 Al^{3+} 的络合物，$\lg K_{MY}$ 在 15～19；三价、四价金属离子和 Hg^{2+} 的络合物，$\lg K_{MY}>20$。这些络合物稳定性的差别，主要决定于金属离子本身的离子电荷数、离子半径和电子层结构。一般离子电荷数越高，离子半径越大，电子层结构越复杂，络合物的稳定常数就越大。这些都是金属离子自身性质对络合物稳定性的影响。此外，外界条件如溶液的温度、酸度和其他配体的存在等变化也会影响络合物的稳定性。

(2) 累积稳定常数

金属离子还能与其他络合剂 L 形成 ML_n 型络合物，而 ML_n 型络合物是逐级形成的，其逐级形成反应及相应的逐级稳定常数如下：

$$M+L \rightleftharpoons ML \qquad K_1=\frac{[ML]}{[M][L]}$$

$$ML+L \rightleftharpoons ML_2 \qquad K_2=\frac{[ML_2]}{[ML][L]}$$

$$\vdots$$

$$ML_{n-1}+L \rightleftharpoons ML_n \qquad K_n=\frac{[ML_n]}{[ML_{n-1}][L]}$$

在许多络合平衡的计算中，经常用到 K_1, K_2, $\cdots$, K_n 等数值，这就是逐级累积稳定常数 (overall or cumulative stability constants)，用 β_n 表示。

第一级累积稳定常数　$\beta_1=K_1$

第二级累积稳定常数　$\beta_2=K_1K_2$

……

第 n 级累积稳定常数　$\beta_n=K_1K_2\cdots K_n$　　即

$$\beta_n = \prod_{i=1}^{n} K_i \tag{4-2}$$

$$\lg\beta_n = \sum_{i=1}^{n} \lg K_i \tag{4-3}$$

最后一级累积稳定常数 β_n 又称为总稳定常数。

4.2.2 溶液中各级络合物型体的分布

在处理酸碱平衡时，经常要考虑酸度对酸碱各种存在形式的分布的影响。同样，在络合平衡中，也须考虑配体浓度对络合物各级存在型体分布的影响。

在溶液中设金属 M 离子的总浓度为 c_M，当 M 与配体 L 发生逐级络合反应达到平衡时，溶液中游离络合剂的平衡浓度为 $[L]$，根据物料平衡关系式有：

$$M + L \rightleftharpoons ML$$
$$ML + L \rightleftharpoons ML_2$$
$$\vdots$$
$$ML_{n-1} + L \rightleftharpoons ML_n$$

$$\begin{aligned}
c_M &= [M] + [ML] + [ML_2] + \cdots + [ML_n] \\
&= [M] + \beta_1[M][L] + \beta_2[M][L]^2 + \cdots + \beta_n[M][L]^n \\
&= [M](1 + \beta_1[L] + \beta_2[L]^2 + \cdots + \beta_n[L]^n) \\
&= [M]\left(1 + \sum_{i=1}^{n} \beta_i[L]^n\right)
\end{aligned} \tag{4-4}$$

按分布分数 δ 的定义，得

$$\delta_0 = \delta_M = \frac{[M]}{c_M} = \frac{1}{1 + \sum_{1}^{n} \beta_i[L]^i}$$

$$\delta_1 = \delta_{ML} = \frac{[ML]}{c_M} = \frac{\beta_1[L]}{1 + \sum_{1}^{n} \beta_i[L]^i} = \delta_0 \beta_1[L]$$

$$\vdots$$

$$\delta_n = \delta_{ML_n} = \frac{[ML_n]}{c_M} = \frac{\beta_n[L]^n}{1 + \sum_{1}^{n} \beta_i[L]^i} = \delta_0 \beta_n[L]^n \tag{4-5}$$

由此可见，δ_i 的大小与络合物本身的性质及 $[L]$ 的大小有关，与 c_M 无关。对于某络合物，其 β_i 是一定的。因此，δ_i 仅是 $[L]$ 的函数。如果 c_M 和 $[L]$ 已知，那么 M 离子各型体的平衡浓度均可由下式求得。

$$[ML_i] = \delta_i c_M \tag{4-6}$$

【例 4-1】 在铜氨溶液中，当氨的平衡浓度为 $1.00 \times 10^{-3} \text{mol} \cdot \text{L}^{-1}$ 时，计算：

$$\delta_{Cu^{2+}}, \delta_{Cu(NH_3)^{2+}}, \cdots, \delta_{Cu(NH_3)_5^{2+}}。$$

解：已知铜氨络离子的 $\lg\beta_1 \sim \lg\beta_5$ 分别为 4.31，7.98，11.02，13.32，12.86。

$$\begin{aligned}
1 + \sum_{i=1}^{5} \beta_i[L] &= 1 + 10^{4.31} \times 10^{-3.00} + 10^{7.98} \times 10^{-3.00 \times 2} + 10^{11.02} \times 10^{-3.00 \times 3} \\
&\quad + 10^{13.32} \times 10^{-3.00 \times 4} + 10^{12.86} \times 10^{-3.00 \times 5} \\
&= 1 + 20.4 + 95.5 + 105 + 20.9 + 0.0072 \\
&= 242.8
\end{aligned}$$

$$\delta_0 = \delta_{Cu^{2+}} = \frac{1}{242.8} = 0.41\%$$

$$\delta_1 = \delta_{Cu(NH_3)^{2+}} = \frac{20.4}{242.8} = 8.40\%$$

$$\delta_2 = \delta_{Cu(NH_3)_2^{2+}} = \frac{95.5}{242.8} = 39.3\%$$

$$\delta_3 = \delta_{Cu(NH_3)_3^{2+}} = \frac{105}{242.8} = 43.2\%$$

$$\delta_4 = \delta_{Cu(NH_3)_4^{2+}} = \frac{20.9}{242.8} = 8.6\%$$

$$\delta_5 = \delta_{Cu(NH_3)_5^{2+}} = \frac{0.0072}{242.8} = 0.003\%$$

4.2.3 平均配位数

平均配位数 $\bar{n}$ 表示金属离子络合物配体的平均数。设金属离子的总浓度为 c_M，配体的总浓度为 c_L，配体的平衡浓度为 $[L]$，则

$$\bar{n} = \frac{c_L - [L]}{c_M} \tag{4-7}$$

$\bar{n}$ 又称为生成函数。

将 c_L 和 c_M 的物料平衡方程式代入上式，得到

$$\begin{aligned}\bar{n} &= \frac{([L]+[ML]+2[ML_2]+\cdots+n[ML_n])-[L]}{[M]+[ML]+[ML_2]+\cdots+[ML_n]} \\ &= \frac{[ML]+2[ML_2]+\cdots+n[ML_n]}{[M]+[ML]+[ML_2]+\cdots+[ML_n]} \\ &= \frac{\beta_1[M][L]+2\beta_2[M][L]^2+\cdots+n\beta_n[M][L]^n}{[M]+\beta_1[M][L]+\beta_2[M][L]^2+\cdots+\beta_n[M][L]^n} \\ &= \frac{\sum_{i=1}^{n} i\beta_i[L]^i}{1+\sum_{i=1}^{n}\beta_i[L]^i}\end{aligned} \tag{4-8}$$

【**例 4-2**】 计算 $[Cl^-] = 10^{-3.20}\,mol \cdot L^{-1}$ 和 $10^{-4.20}\,mol \cdot L^{-1}$ 时，汞（Ⅱ）氯络离子的 $\bar{n}$ 值。

解：已知汞（Ⅱ）氯络离子的 $\lg\beta_1 \sim \lg\beta_4$ 分别为 6.74，13.22，14.07，15.07。

$$\begin{aligned}\bar{n} &= \frac{\sum_{i=1}^{4} i\beta_i[Cl]^i}{1+\sum_{i=1}^{4}\beta_i[Cl]^i} \\ &= \frac{10^{6.74} \times 10^{-3.20} + 2 \times 10^{13.22} \times 10^{-3.20 \times 2} + 3 \times 10^{14.07} \times 10^{-3.20 \times 3} + 4 \times 10^{15.07} \times 10^{-3.20 \times 4}}{1 + 10^{6.74} \times 10^{-3.20} + 10^{13.22} \times 10^{-3.20 \times 2} + 10^{14.07} \times 10^{-3.20 \times 3} + 10^{15.07} \times 10^{-3.20 \times 4}} \\ &= 2.004 \approx 2.0\end{aligned}$$

同样可计算出当 $[Cl^-] = 10^{-4.20}\,mol \cdot L^{-1}$ 时，$\bar{n} = 1.996 \approx 2.0$

4.3 副反应系数和条件稳定常数

络合反应能否进行完全，是其能否用于滴定分析的首要条件。但是，络合滴定中所涉及

的化学平衡关系是比较复杂的。待测离子 M 与滴定剂 Y 络合，生成 MY，此为滴定反应，也即主反应。反应物 M、Y 及反应产物 MY 都可能同溶液中其他组分发生反应，使 MY 络合物的稳定性受到影响。因此将主反应以外的其他反应都称为副反应。一般溶液中还可能存在的各种副反应如下式所示：

$$
\begin{array}{ccccccc}
\text{被测金属离子} & & \text{滴定剂} & & & & \\
M & + & Y & \rightleftharpoons & MY & & \text{主反应} \\
OH^- \updownarrow \quad L \updownarrow & & H^+ \updownarrow \quad N \updownarrow & & H^+ \updownarrow \quad OH^- \updownarrow & & \\
M(OH) \quad ML \quad HY & & NY \quad MHY \quad M(OH)Y & & \text{副反应} \\
\vdots \qquad \vdots & & \vdots \qquad \text{共存离子效应} & & & & \\
M(OH)_n \quad ML_n \quad H_6Y & & & & & & \\
\text{水解效应} \quad \text{络合效应} \quad \text{酸效应} & & & & & &
\end{array}
$$

式中，L 为辅助络合剂，N 为干扰离子。

根据化学平衡移动原理，金属离子 M 或 EDTA（Y）发生副反应，不利于主反应的进行。反应产物 MY 发生的副反应，称为混合络合效应，有利于主反应的进行，但这些混合络合物大多不太稳定，其影响可以忽略不计。M、Y 及 MY 的各种副反应进行的程度，对主反应影响的大小，可由相应的副反应系数 α 来衡量。以下将几种主要的副反应及其副反应系数分别进行讨论。

4.3.1 副反应和副反应系数

(1) 络合剂 Y 的副反应及副反应系数

① EDTA 的酸效应和酸效应系数 由第一节讨论知，EDTA 是一种多元酸，其各种型体在水溶液中的分布情况受酸度的影响较大，仅当 pH＞10.26 时，EDTA 才主要以 Y（Y^{4-}）型体存在。在 M 与 Y 进行络合反应时，如有 H^+ 存在，就会与 Y 逐级结合而被质子化。酸度越大，Y 和 H^+ 的质子化反应程度越大，其平衡浓度 [Y] 将逐渐减小，故使主反应受到影响。这种由于 H^+ 存在使 EDTA 参加主反应能力下降的现象，称为酸效应。其影响程度的大小用酸效应系数 $\alpha_{Y(H)}$ 来度量。

$\alpha_{Y(H)}$ 表示未与金属离子 M 络合（未参加主反应）的 EDTA 的总浓度 [Y'] 与游离 Y 的平衡浓度 [Y] 的比值。

$$\alpha_{Y(H)} = \frac{[Y']}{[Y]} = \frac{[Y]+[HY]+[H_2Y]+[H_3Y]+[H_4Y]+[H_5Y]+[H_6Y]}{[Y]}$$
$$= \frac{1}{\delta_Y} \tag{4-9a}$$

式中，δ_Y 为 Y（Y^{4-}）型体的分布分数，在副反应中它与 $\alpha_{Y(H)}$ 互为倒数关系。由 EDTA 的离解平衡关系可得：

$$\alpha_{Y(H)} = \frac{1}{\delta_Y} = \frac{[H^+]^6 + K_{a_1}[H^+]^5 + K_{a_1}K_{a_2}[H^+]^4 + \cdots + K_{a_1}K_{a_2}\cdots K_{a_6}}{K_{a_1}K_{a_2}K_{a_3}\cdots K_{a_6}}$$
$$= \frac{[H^+]^6}{K_{a_1}K_{a_2}K_{a_3}\cdots K_{a_6}} + \frac{[H^+]^5}{K_{a_2}K_{a_3}\cdots K_{a_6}} + \frac{[H^+]^4}{K_{a_3}K_{a_4}\cdots K_{a_6}} + \frac{[H^+]^3}{K_{a_4}K_{a_5}K_{a_6}} + \frac{[H^+]^2}{K_{a_5}K_{a_6}} + \frac{[H^+]}{K_{a_6}} + 1$$
$$= 1 + \beta_1^H[H^+] + \beta_2^H[H^+]^2 + \cdots + \beta_6^H[H^+]^6 \tag{4-9b}$$

由式（4-9b）可知，EDTA 的酸效应系数 $\alpha_{Y(H)}$ 仅是溶液中 [H^+] 的函数。酸度越高，$\alpha_{Y(H)}$ 越大，EDTA 的酸效应越严重，[Y] 越小，其参加主反应的能力亦越低。$\alpha_{Y(H)}$ 最小值等于 1，表明此时 Y 没有发生酸效应，即 EDTA 全部以 Y^{4-} 型体存在，这种情况仅在 pH＞12 时才有可能。由于绝大多数络合滴定是在 pH＜12 的酸度下进行，因此 EDTA 的酸效应是影响络合滴定最经常、最主要的因素之一，在实用中应注意控制其大小。

【例 4-3】 计算 pH=5.00 时，EDTA 的酸效应系数 $\alpha_{Y(H)}$。

解： 查得 EDTA 的各级酸的离解常数 $K_{a_1} \sim K_{a_6}$ 分别是 $10^{-0.9}$，$10^{-1.6}$，$10^{-2.0}$，$10^{-2.67}$，$10^{-6.16}$，$10^{-10.26}$。酸的各级稳定常数 $K_1^H \sim K_6^H$ 则分别是 $10^{10.26}$，$10^{6.16}$，$10^{2.67}$，$10^{2.0}$，$10^{1.6}$，$10^{0.9}$。故各级累积稳定常数 $\beta_1^H \sim \beta_6^H$ 分别为 $10^{10.26}$，$10^{16.42}$，$10^{19.09}$，$10^{21.40}$，$10^{23.0}$，$10^{23.9}$。

$$\begin{aligned}\alpha_{Y(H)} &= 1+\beta_1^H[H^+]+\beta_2^H[H^+]^2+\cdots+\beta_6^H[H^+]^6 \\ &= 1+10^{10.26}\times 10^{-5.0}+10^{16.42}\times 10^{-10.0}+10^{19.09}\times 10^{-15.0}+10^{21.40} \\ &\quad \times 10^{-5.0\times 4}+10^{23.0}\times 10^{-5.0\times 5}+10^{23.9}\times 10^{-5.0\times 6} \\ &= 1+10^{5.26}+10^{6.42}+10^{4.09}+10^{1.40}+10^{-2.0}+10^{-6.1} \\ &= 10^{6.45}\end{aligned}$$

【例 4-4】 计算 pH=2.00 时，EDTA 的酸效应系数及其对数值。

解： $\begin{aligned}\alpha_{Y(H)} &= 1+\beta_1^H[H^+]+\beta_2^H[H^+]^2+\cdots+\beta_6^H[H^+]^6 \\ &= 1+10^{10.26}\times 10^{-2.00}+10^{10.26+6.16}\times 10^{-4.00}+10^{10.26+6.16+2.67} \\ &\quad \times 10^{-6.00}+10^{10.26+6.16+2.67+2.0}\times 10^{-8.00} \\ &\quad +10^{10.26+6.16+2.67+2.0+1.6}\times 10^{-10.00} \\ &\quad +10^{10.26+6.16+2.67+2.0+1.6+0.9}\times 10^{-12.00} \\ &= 10^{13.52}\end{aligned}$

$$\lg\alpha_Y = 13.52$$

由于 α 值的变化范围很大，取其对数值使用较为方便，EDTA 在不同 pH 的 $\lg\alpha_{Y(H)}$ 见表 4-4。

表 4-4　EDTA 的酸效应系数 $\lg\alpha_{Y(H)}$

pH	$\lg\alpha_{Y(H)}$	pH	$\lg\alpha_{Y(H)}$	pH	$\lg\alpha_{Y(H)}$
0.0	21.18	3.4	9.71	6.8	3.55
0.4	19.59	3.8	8.86	7.0	3.32
0.8	18.01	4.0	8.04	7.5	2.78
1.0	17.20	4.4	7.64	8.0	2.26
1.4	15.68	4.8	6.84	8.5	1.77
1.8	14.21	5.0	6.45	9.0	1.29
2.0	13.52	5.4	5.69	9.5	0.83
2.4	12.24	5.8	4.98	10.0	0.45
2.8	11.13	6.0	4.65	11.0	0.07
3.0	10.63	6.4	4.06	12.0	0.00

在分析工作中，常将 EDTA 在不同 pH 时的 $\lg\alpha_{Y(H)}$ 值绘成 pH-$\lg\alpha_{Y(H)}$ 关系曲线，如图 4-3 所示。称为 EDTA 的酸效应曲线。

② 共存离子效应，除了金属离子 M 与络合剂 Y 反应外，共存离子 N 也能与络合剂 Y 反应，则这一反应可看作 Y 的一种副反应。它能降低 Y 的平衡浓度，共存离子 N 引起的副反应称为共存离子效应。共存离子效应的副反应系数称为共存离子效应系数，用 $\alpha_{Y(N)}$ 表示。

$$\alpha_{Y(N)} = \frac{[Y']}{[Y]} = \frac{[NY]+[Y]}{[Y]} = 1+K_{NY}[N] \tag{4-10}$$

式中，$[Y']$ 是 NY 的平衡浓度与 Y 的平衡浓度之和；K_{NY} 为 NY 的稳定常数；$[N]$ 为游离 N 离子的平衡浓度。

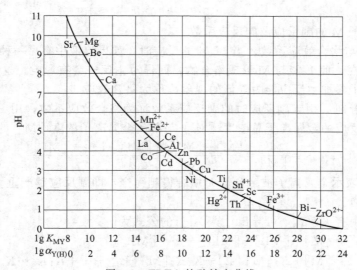

图 4-3　EDTA 的酸效应曲线
（金属离子浓度为 0.1 mol·L^{-1}，$E_t = \pm 0.1\%$）

若有多种共存离子 N_1，N_2，N_3，…，N_n，存在，则

$$\alpha_{Y(N)} = \frac{[Y']}{[Y]} = \frac{[Y]+[N_1Y]+[N_2Y]+\cdots+[N_nY]}{[Y]}$$
$$= 1 + K_{N_1Y}[N_1] + K_{N_2Y}[N_2] + \cdots + K_{N_nY}[N_n]$$
$$= \alpha_{Y(N_1)} + \alpha_{Y(N_2)} + \cdots + \alpha_{Y(N_n)} - (n-1) \tag{4-11}$$

当有多种共存离子存在时，$\alpha_{Y(N)}$ 往往只取其中一种或少数几种影响较大的共存离子副反应系数之和，而其他次要项可忽略不计。

③ Y 的总副反应系数 α_Y　当体系中既有共存离子 N，又有酸效应时，Y 的总副反应系数为

$$\alpha_Y = \alpha_{Y(H)} + \alpha_{Y(N)} - 1 \tag{4-12}$$

【例 4-5】　在 pH=5.0 的溶液中，含有浓度均为 0.010 mol·L^{-1} 的 EDTA，Zn^{2+} 及 Ca^{2+}，计算 $\alpha_{Y(Ca)}$ 和 α_Y。

解：已知 $K_{CaY}=10^{10.69}$，pH=6.0 时，$\alpha_{Y(H)}=10^{6.45}$

$$\alpha_{Y(Ca)} = 1 + K_{CaY}[Ca]$$
$$= 1 + 10^{10.69} \times 0.010$$
$$= 10^{8.69}$$
$$\alpha_Y = \alpha_{Y(H)} + \alpha_{Y(Ca)} - 1$$
$$= 10^{6.45} + 10^{8.69} - 1$$
$$\approx 10^{8.69}$$

【例 4-6】　在 pH=2 的溶液中，含有浓度均为 0.010 mol·L^{-1} 的 EDTA，Fe^{3+} 及 Ca^{2+}，计算 $\alpha_{Y(Ca)}$ 和 α_Y。

解：已知 $K_{CaY}=10^{10.69}$，pH=2 时，$\alpha_{Y(H)}=10^{13.52}$

$$\alpha_{Y(Ca)} = 1 + K_{CaY}[Ca]$$
$$= 1 + 10^{10.69} \times 0.010$$
$$= 10^{8.69}$$
$$\alpha_Y = \alpha_{Y(H)} + \alpha_{Y(Ca)} - 1$$

$$= 10^{13.52} + 10^{8.69} - 1 \approx 10^{13.52}$$

(2) 金属离子 M 的副反应及副反应系数

① 络合效应与络合效应系数。当 M 与 Y 反应时，如果溶液中有另一种能与金属离子反应的络合剂 L 存在，而 L 能与 M 形成络合物，同样对主反应会有影响。这种由于其他络合剂存在使金属离子参加主反应能力降低的现象，称为络合效应。

由于其他络合剂 L 引起副反应时的副反应系数称为络合效应系数，用 $\alpha_{M(L)}$ 表示。$\alpha_{M(L)}$ 表示没有参加主反应的金属离子总浓度 [M′] 与游离金属离子浓度 [M] 的比值。

$$\alpha_{M(L)} = \frac{[M']}{[M]} = \frac{[M] + [ML] + [ML_2] + \cdots + [ML_n]}{[M]} \tag{4-13}$$

$\alpha_{M(L)}$ 越大，表示金属离子被络合剂 L 络合得越完全，即副反应越严重。如果 M 没有副反应，则 $\alpha_{M(L)} = 1$。

根据络合平衡有关系式，可导出计算 $\alpha_{M(L)}$ 的公式为

$$[M'] = [M] + [ML] + [ML_2] + \cdots + [ML_n]$$
$$= [M] + K_1[M][L] + K_1K_2[M][L]^2 + \cdots + K_1K_2 \cdots K_n[M][L]^n$$
$$= [M]\{1 + K_1[L] + K_1K_2[L]^2 + \cdots + K_1K_2 \cdots K_n[L]^n\}$$

代入式 (4-13) 中，得到

$$\alpha_{M(L)} = 1 + K_1[L] + K_1K_2[L]^2 + \cdots + K_1K_2 \cdots K_n[L]^n$$
$$\text{或 } \alpha_{M(L)} = 1 + \beta_1[L] + \beta_2[L]^2 + \cdots + \beta_n[L]^n \tag{4-14}$$

【例 4-7】 在 $0.10 \text{mol} \cdot L^{-1}$ 的 AlF_6^{3-} 溶液中，游离 F^- 的浓度为 $0.010 \text{mol} \cdot L^{-1}$，求溶液中游离的 Al^{3+} 浓度，并指出溶液中络合物的主要存在形式。

解：已知 AlF_6^{3-} 的 $\lg\beta_1 = 6.15$，$\lg\beta_2 = 11.15$，$\lg\beta_3 = 15.00$，$\lg\beta_4 = 17.75$，$\lg\beta_5 = 19.36$，$\lg\beta_6 = 19.84$，故得到

$$\alpha_{Al(F)} = 1 + 10^{6.15} \times 0.010 + 10^{11.15} \times (0.010)^2 + 10^{15.00} \times (0.010)^3 + 10^{17.75} \times (0.010)^4$$
$$+ 10^{19.36} \times (0.010)^5 + 10^{19.84} \times (0.010)^6$$
$$= 1 + 1.4 \times 10^4 + 1.4 \times 10^7 + 1.0 \times 10^9 + 5.6 \times 10^9 + 2.3 \times 10^9 + 6.9 \times 10^7$$
$$= 8.9 \times 10^9$$

故 $[Al^{3+}] = \dfrac{0.10}{8.9 \times 10^9} = 1.1 \times 10^{-11} \text{mol} \cdot L^{-1}$

比较上式中右边各项数值，可知络合物的主要存在形式是 AlF_4^-，AlF_5^{2-}，AlF_3。

② 金属离子的总副反应系数 α_M。若溶液中有两种络合剂 L 和 A 同时与金属离子 M 发生副反应，则其影响可用 M 的总副反应系数 α_M 表示。

$$\alpha_M = \frac{[M']}{[M]} = \frac{[M] + [ML] + \cdots + [ML_n]}{[M]} + \frac{[M] + [MA] + \cdots + [MA_n]}{[M]} - \frac{[M]}{[M]}$$
$$= \alpha_{M(L)} + \alpha_{M(A)} - 1$$

同理，若溶液中有多种络合剂 L_1, L_2, L_3, $\cdots$, L_n 同时与金属离子 M 发生副反应，则 M 的总副反应系数 α_M 为

$$\alpha_M = \alpha_{M(L_1)} + \alpha_{M(L_2)} + \cdots + \alpha_{M(L_n)} - (n-1) \tag{4-15}$$

一般说来，在有多种络合剂共存的情况下，只有一种或少数几种络合剂的副反应是主要的，由此来决定总副反应系数。而其他次要项可忽略不计。

【例 4-8】 在 $0.010 \text{mol} \cdot L^{-1}$ 锌氨溶液中，当游离氨的浓度为 $0.10 \text{mol} \cdot L^{-1}$（pH = 10.0）时，计算锌离子的总副反应系数 α_{Zn}，已知 pH = 10.0 时，$\alpha_{Zn(OH)} = 10^{2.4}$。

解：已知 $Zn(NH_3)_4^{2+}$ 的 $\lg\beta_1 \sim \lg\beta_4$ 分别为 2.37，4.81，7.31，9.46。

故 $\alpha_{Zn(NH_3)} = 1 + \beta_1[NH_3] + \beta_2[NH_3]^2 + \beta_3[NH_3]^3 + \beta_4[NH_3]^4$
$= 1 + 10^{2.37} \times 0.10 + 10^{4.81} \times 0.10^2 + 10^{7.31} \times 0.10^3 + 10^{9.46} \times 0.10^4$
$= 10^{5.49}$

$\alpha_{Zn} = \alpha_{Zn(NH_3)} + \alpha_{Zn(OH)} - 1 = 10^{5.49} + 10^{2.4} - 1$
$= 10^{5.49}$

计算结果表明，在上述情况下，$\alpha_{Zn(OH)}$ 可忽略。

【例 4-9】 若例 4-8 改为 pH=12.0，游离氨的浓度仍为 0.10 mol·L^{-1} 时，α_{Zn} 又为多大？

解： 已知 $Zn(OH)_4^{2-}$ 的 $\lg\beta_1 \sim \lg\beta_4$ 分别为 4.4，10.1，14.2，15.5。

$$[OH^-] = 1 \times 10^{-2.0} \text{ mol·L}^{-1}$$

$\alpha_{Zn(OH)} = 1 + \beta_1[OH^-] + \beta_2[OH^-]^2 + \beta_3[OH^-]^3 + \beta_4[OH^-]^4$
$= 1 + 10^{4.4} \times 10^{-2.0} + 10^{10.1} \times (10^{-2.0})^2 + 10^{14.2} \times (10^{-2.0})^3 + 10^{15.5} \times (10^{-2.0})^4$
$= 10^{8.3}$

由例 4-8 可知 $\alpha_{Zn(NH_3)} = 10^{5.49}$

$\alpha_{Zn} = \alpha_{Zn(NH_3)} + \alpha_{Zn(OH)} - 1$
$= 10^{5.49} + 10^{8.3} - 1$
$= 10^{8.3}$

由此可见，在该条件下，$\alpha_{Zn(NH_3)}$ 可略去不计。

(3) 络合物 MY 的副反应及副反应系数 α_{MY}

在较高酸度下，M 除了能与 EDTA 生成 MY 外，尚能与 EDTA 生成酸式络合物 MHY。酸式络合物的形成，使 EDTA 对 M 的总络合能力增强一些，故这种副反应对主反应有利。

在较低酸度下，金属离子还能与 EDTA 生成碱式络合物 M(OH)Y。碱式络合物的形成，也是加强 EDTA 对 M 的络合能力。

$$\alpha_{MY(H)} = \frac{[MY']}{[MY]} = \frac{[MY]+[MHY]}{[MY]} = 1 + K_{MHY}^H[H^+] \tag{4-16}$$

同理

$$\alpha_{MY(OH)} = \frac{[MY']}{[MY]} = \frac{[MY]+[M(OH)Y]}{[MY]} = 1 + K_{M(OH)Y}^{OH}[OH^-] \tag{4-17}$$

由于酸式、碱式络合物一般不太稳定，所以在多数计算中忽略不计。

4.3.2 条件稳定常数

没有任何副反应时，络合物的稳定常数为 $K_{MY} = \dfrac{[MY]}{[M][Y]}$，即 K_{MY} 是描述在没有任何副反应时，络合反应进行的程度，我们称它为绝对稳定常数。如果有副反应发生，将受到 M、Y 及 MY 的副反应的影响。设未参加主反应的 M 总浓度为 [M']，Y 的总浓度为 [Y']，生成的 MY、MHY 和 M(OH)Y 的总浓度为 ([MY]')，当达到平衡时，可以得到以 [M']、[Y'] 及 ([MY]') 表示的络合物的稳定常数。

$$K'_{MY} = \frac{[(MY)']}{[M'][Y']} \tag{4-18}$$

根据副反应系数的讨论中，可得

$$[Y'] = \alpha_Y[Y], \quad [M'] = \alpha_M[M], \quad [(MY)'] = \alpha_{MY}[MY]$$

将这些关系代入式（4-18）中，得条件稳定常数的表达式

$$K'_{MY} = \frac{[(MY)']}{[M'][Y']} = \frac{\alpha_{MY}[MY]}{\alpha_M[M]\alpha_Y[Y]} = K_{MY}\frac{\alpha_{MY}}{\alpha_M\alpha_Y}$$

也即 $\lg K'_{MY} = \lg K_{MY} - \lg \alpha_M - \lg \alpha_Y + \alpha_{MY}$ (4-19)

在一定条件下（如溶液浓度和试剂浓度一定时），K'_{MY} 是个常数，为强调它是随条件而变的，称之为条件稳定常数（conditional stability constant），也有书称之为表观稳定常数或有效稳定常数。条件稳定常数的大小，说明络合物（MY）在一定条件下的实际稳定程度，也是判断能否准确滴定的重要依据。

在许多情况下，MHY 和 MY(OH) 可以忽略，故

$$\lg K'_{MY} = \lg K_{MY} - \lg \alpha_M - \lg \alpha_Y \tag{4-20}$$

【例 4-10】 计算在 pH=5.00 的 0.10mol·L^{-1} AlY 溶液中，游离 F$^-$ 浓度为 0.10mol·L^{-1} 时 AlY 的条件稳定常数。

解：pH=5.00 时，$\lg \alpha_{Y(H)} = 6.45$

根据例 4-7 的计算可知，$\alpha_{Al(F)} = 8.9 \times 10^9$，$\lg \alpha_{Al(F)} = 9.95$

$$\lg K'_{AlY} = 16.3 - 6.45 - 9.95 = -0.1$$

条件稳定常数如此之小，说明此时 AlY 络合物已被氟化物破坏。

EDTA 能与许多金属离子生成稳定的络合物，它们的 K_{MY} 一般都很大，有的甚至高达 10～20 次方以上，但在实际的化学反应中，不可避免地会发生各种副反应，因而条件稳定常数要减小许多。

4.3.3 金属离子缓冲溶液

金属离子缓冲溶液是由金属络合物（ML）和过量的络合剂（L）所组成，具有控制金属离子浓度的作用，它与弱酸（HA）及其共轭碱（A）组成的控制溶液 pH 的酸碱缓冲溶液的原理相似。

$$H^+ + A^- \rightleftharpoons HA \qquad pH = pK_a + \lg\frac{[A]}{[HA]}$$

$$M + L \rightleftharpoons ML \qquad pM = pK_{ML} + \lg\frac{[L]}{[ML]} \tag{4-21}$$

在含有大量的络合物 ML 和大量络合剂 L 的溶液中，若加入金属离子 M，则大量存在的络合剂 L 将与之络合从而抑止 pM 的降低。若加入能与 M 作用的其他络合剂时，溶液中大量存在的络合物 ML 将离解出 M 以阻止 pM 增大。显然，当过量络合剂与络合物浓度相等时，缓冲能力最大。

4.4 络合滴定基本原理

4.4.1 络合滴定曲线

前面已讨论过酸碱滴定的滴定曲线为 pH-V 曲线。现在我们来讨论络合滴定中的滴定曲线，即 pM-V 曲线。

在络合滴定中被滴定的是金属离子，随着络合滴定剂的加入，金属离子浓度不断被络合，其浓度不断减小，即 pM 不断升高。与酸碱滴定情况相似，在化学计算点附近，溶液中 pM 发生急剧变化。产生 pM 滴定突跃，以 EDTA 体积为横坐标，以 pM 纵坐标作图，得 pM-V 的关系曲线称之为络合滴定曲线。由此可见，讨论滴定过程中金属离子浓度的变化规

律,即滴定曲线及影响 pM 突跃的因素是极其重要的。

络合滴定与酸碱滴定相似,可视 M 为酸,Y 为碱,与一元酸碱滴定类似。但是,M 有络合效应和水解效应,Y 有酸效应和共存离子效应,所以络合滴定要比酸碱滴定复杂。酸碱滴定中,酸的 K_a 或碱的 K_b 是不变的,而络合滴定中 MY 的 K_{MY} 是随滴定体系中反应条件变化的。欲使滴定过程中 K'_{MY} 基本不变,通常要加入酸碱缓冲溶液。

设金属离子 M 的初始浓度为 c_M,体积为 V_M,用等浓度的滴定剂 Y 滴定,滴入的体积为 V_Y,则滴定分数

$$\alpha = \frac{V_Y}{V_M}$$

由物料平衡方程式得

$$\text{MBE} \qquad [M] + [MY] = c_M \qquad (1)$$

$$[Y] + [MY] = c_Y = \alpha c_M \qquad (2)$$

$$K_{MY} = \frac{[MY]}{[M][Y]} \qquad (3)$$

由式(1)及式(2)得

$$[MY] = c_M - [M] = \alpha c_M - [Y] \qquad (4)$$

$$[Y] = \alpha c_M - c_M + [M] \qquad (5)$$

将式(4)、式(5)代入式(3)得

$$K_{MY} = \frac{c_M - [M]}{[M](\alpha c_M - c_M + [M])} = K_t$$

展开

$$c_M - [M] = K_t[M]^2 - K_t[M]c_M + K_t[M]\alpha c_M$$

$$K_t[M]^2 + [K_t c_M(\alpha - 1) + 1][M] - c_M = 0 \qquad (4\text{-}22)$$

此即络合滴定曲线方程。

在化学计量点时,$\alpha = 1.00$,式(4-22)可简化为

$$K_{MY}[M]_{sp}^2 + [M]_{sp} - c_M^{sp} = 0$$

$$[M]_{sp} = \frac{-1 \pm \sqrt{1^2 + 4K_{MY}c_M^{sp}}}{2K_{MY}}$$

一般络合滴定要求 $K_{MY} \geq 10^8$,若 $c_M = 10^{-2}\,\text{mol} \cdot \text{L}^{-1}$,即 $K_{MY}c_M^{sp} \geq 10^6$。由于 $4K_{MY}c_M^{sp} \gg 1$,$\sqrt{4K_{MY}c_M^{sp}} \gg 1$,因此

$$[M]_{sp} \approx \frac{\sqrt{4K_{MY}c_M^{sp}}}{2K_{MY}} = \sqrt{\frac{c_M^{sp}}{K_{MY}}} \qquad (4\text{-}23a)$$

若 c_M^{sp} 为化学计量点时浓度,对式(4-23a)取负对数,得到

$$pM_{sp} = \frac{1}{2}(\lg K_{MY} + pc_M^{sp}) \qquad (4\text{-}23b)$$

当已知 K_{MY},c_M 和 α 值,或已知 K_{MY},c_M,V_M 和 V_Y 时,便可求得 [M]。以 pM 对 V_Y(或对 α)作图,即得到滴定曲线。若 M,Y 或 MY 有副反应,式(4-22)中的 K_{MY} 用 K'_{MY} 取代,[M] 应为 [M'];而滴定曲线图上的纵坐标为 pM',横坐标分别为 V_Y(或 α)。

设金属离子的初始浓度为 $0.010\,\text{mol} \cdot \text{L}^{-1}$ 的溶液 20mL,用 $0.010\,\text{mol} \cdot \text{L}^{-1}$ EDTA 滴定,若 $\lg K'_{MY}$ 分别是 2,4,6,8,10,12,14,应用式(4-22)计算出相应的滴定曲线,如图 4-4 所示。当 $\lg K'_{MY} = 10$,c_M 分别是 $10^{-1} \sim 10^{-4} \cdot \text{mol} \cdot \text{L}^{-1}$,分别用等浓度的 EDTA 滴定,所得的滴定曲线如图 4-5 所示。

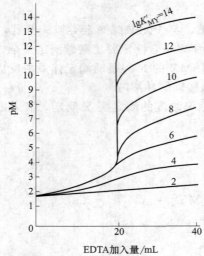

图 4-4　pH=12 时，用 0.01mol·L^{-1}
EDTA 滴定不同 lgK'_{MY} 值
0.01mol·L^{-1} M 离子的滴定曲线

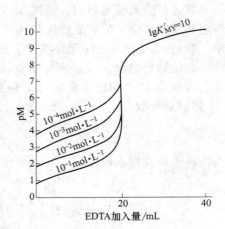

图 4-5　pH=12，lgK'_{MY}=10，
用 EDTA 滴定不同浓度 M
离子的滴定曲线

4.4.2　影响滴定 pM′ 突跃的主要因素

由图 4-4，图 4-5 可知，在络合滴定中，络合物的条件稳定常数和被滴定金属离子的浓度是影响滴定突跃的主要因素。

（1）金属离子浓度对 pM′ 突跃大小的影响

由图 4-5 可以看出，c_M 越大，滴定曲线的起点就越低，pM′ 突跃就越大；反之，pM′ 突跃就越小。

（2）K'_{MY} 对 pM′ 突跃大小的影响

由图 4-4 可知，K'_{MY} 值的大小，是影响 pM′ 突跃的重要因素之一，而 K'_{MY} 值取决于 K_{MY}，c_M 和 $\alpha_{Y(H)}$ 的值。因而可得以下结论。

① K_{MY} 值越大，K'_{MY} 值相应增大，pM′ 突跃也大，反之就小。

② 滴定体系的酸度越大，pH 越小，$\alpha_{Y(H)}$ 值越大，K'_{MY} 值越小，引起滴定曲线尾部平台下降，使 pM′ 突跃变小。

③ 缓冲溶液及其他辅助络合剂的络合作用，当缓冲剂对 M 有络合效应（如在 pH=10 的氨性缓冲液中，用 EDTA 滴定 Zn^{2+} 时，NH_3 对 Zn^{2+} 有络合效应），或为了防止 M 的水解，加入辅助络合剂阻止水解沉淀的析出时，OH^- 和所加入的辅助络合剂对 M 就有络合效应。缓冲剂或辅助络合剂浓度越大，$\alpha_{M(L)}$ 值越大，K'_{MY} 值越小，使 pM′ 突跃变小。

讨论络合滴定的滴定曲线，计算化学计量点的 pM_{sp} 和 pM'_{sp} 值是很重要的，是选择指示剂和计算终点误差的主要依据。

【例 4-11】　计算在 pH=10 的氨性缓冲溶液中，$[NH_3]$ 为 0.20mol·L^{-1}，以 2.0×10^{-2}mol·L^{-1} EDTA 溶液滴定 2.0×10^{-2}mol·L^{-1} Cu^{2+}，计算化学计量点时的 pCu′。如被滴定的是 2.0×10^{-2}mol·L^{-1} Mg^{2+}，化学计量点时的 pMg′ 又为多少？

解： 化学计量点时，c_{Cu}^{sp}=1.0×10^{-2}mol·L^{-1}，$[NH_3]_{sp}$=0.10mol·L^{-1}

$\alpha_{Cu(NH_3)} = 1+\beta_1[NH_3]+\beta_2[NH_3]^2+\beta_3[NH_3]^3+\beta_4[NH_3]^4+\beta_5[NH_3]^5$

$= 1+10^{4.31}\times 0.10+10^{7.98}\times 0.10^2+10^{11.02}\times 0.10^3+10^{13.32}\times 0.10^4+10^{12.86}\times 0.10^5$

$= 1.8\times 10^9$

$= 10^{9.36}$

pH=10 时，$\alpha_{Cu(OH)}=10^{1.7}=10^{9.3}$，所以 $\alpha_{Cu(OH)}$ 可忽略。又在 pH=10 时，$\lg\alpha_{Y(H)}=0.45$，故

$$\lg K'_{CuY}=\lg K_{CuY}-\lg\alpha_{Y(H)}-\lg\alpha_{Cu(NH_3)}$$
$$=18.80-0.45-9.36=8.99$$

$$pCu'=\frac{1}{2}(pc_{Cu}^{sp}+\lg K'_{CuY})$$
$$=\frac{1}{2}\times(2.00+8.99)=5.50$$

滴定 Mg^{2+} 时，由于 Mg^{2+} 不形成氨络合物，形成氢氧基络合物的倾向亦很小，故 $\lg\alpha_{Mg}=0$

因此

$$\lg K'_{MgY}=\lg\alpha_{MY}-\lg\alpha_{Y(H)}$$
$$=8.7-0.45=8.25$$

$$pMg'=\frac{1}{2}(pc_{Mg}^{sp}+\lg K'_{MgY})$$
$$=\frac{1}{2}\times(2.00+8.25)=5.13$$

计算结果表明，尽管 K_{CuY} 与 K_{Mg} 相差颇大，但在氨性缓冲溶液中，由于 Cu^{2+} 的副反应，使 K'_{CuY} 与 K'_{Mg} 相差很小，化学计量点时的 pM′ 也很接近。因此，如果溶液中有 Cu^{2+} 和 Mg^{2+} 共存，将同时被 EDTA 滴定，得到 Cu^{2+} 和 Mg^{2+} 的含量。

4.5 终点误差和准确滴定的条件

在滴定分析中，若滴定终点与化学计量点不相吻合，就会产生滴定误差（titration error），这种误差称为终点误差（end point error）。一般以百分数表示。

4.5.1 终点误差

络合滴定中，以 EDTA 滴定 M 金属离子溶液，终点时，消耗 EDTA 溶液的体积过量或不足，产生的误差，即终点误差（E_t）

$$E_t=\frac{n_Y-n_M}{n_M}=\frac{[Y']_{ep}-[M']_{ep}}{c_M^{sp}}\times100\% \tag{4-24}$$

设滴定终点与化学计量点的 pM′ 之差为 ΔpM′，pY′ 之差为 ΔpY′，即

$$\Delta pM'=pM'_{ep}-pM'_{sp} \qquad [M']_{ep}=[M']_{sp}\times10^{-\Delta pM'} \tag{1}$$

$$\Delta pY'=pY'_{ep}-pY'_{sp} \qquad [Y']_{ep}=[Y']_{sp}\times10^{-\Delta pY'} \tag{2}$$

因为化学计量点时 K'_{MY} 与终点时的 K'_{MY} 非常接近，

且
$$[MY]_{sp}\approx[MY]_{ep}$$

则
$$\frac{[MY]_{sp}}{[M']_{sp}[Y']_{sp}}=\frac{[MY]_{ep}}{[M']_{ep}[Y']_{ep}}$$

$$\frac{[M']_{ep}}{[M']_{sp}}=\frac{[Y']_{sp}}{[Y']_{ep}} \tag{3}$$

将式（3）取负对数，得到

$$pM'_{ep}-pM'_{sp}=pY'_{sp}-pY'_{ep}$$
$$\Delta pM'=-\Delta pY' \tag{4}$$

而化学计量点时

$$[M']_{sp}=[Y']_{sp}=\sqrt{\frac{c_M^{sp}}{K'_{MY}}} \tag{5}$$

又因为终点在化学计量点附近,所以 $c_M^{sp} \approx c_M^{ep}$,将式(1)~式(5)代入式(4-24)中,整理后得到

$$E_t = \frac{10^{\Delta pM} - 10^{-\Delta pM}}{\sqrt{K'_{MY} c_M^{sp}}} \times 100\% \tag{4-25}$$

式(4-25)就是林邦(Ringbom)终点误差公式。由此式可知,终点误差既与 $K'_{MY} c_M^{sp}$ 有关,还与 $\Delta pM'$ 有关, K'_{MY} 越大,被测离子在化学计量点时的分析浓度越大,终点误差越小。$\Delta pM'$ 越小,即终点离化学计量点越近,终点误差就越小。

为了使计算简便,设 $A=|10^{\Delta pM}-10^{-\Delta pM}|$,并将由其计算出的一些 A 值列入附录表 10 中。由已知的 ΔpM,就可以从表中查出相应的 A 值;反之亦可由 A 值计算 ΔpM。如果金属离子存在副反应,则用 $\Delta pM'$ 进行有关计算。

【例 4-12】 在 pH=10 的氨性缓冲溶液中,以铬黑 T(EBT)为指示剂,用 0.020mol·L^{-1} EDTA 溶液滴定 0.020mol·L^{-1} Ca^{2+},计算终点误差。如滴定的是 0.020mol·L^{-1} Mg^{2+} 溶液,终点误差为多少?

解: pH=10 时,$\lg\alpha_{Y(H)}=0.45$

$$\lg K'_{CaY} = \lg K_{CaY} - \lg\alpha_{Y(H)}$$
$$=10.69-0.45$$
$$=10.24$$

$$[Ca^{2+}]_{sp}=\sqrt{\frac{c_{Ca^{2+}}^{sp}}{K'_{CaY}}}=\sqrt{\frac{0.020}{2}{10^{10.24}}}=10^{-6.12} \text{ mol·L}^{-1}$$

$$pCa_{sp}=6.1$$

EBT 的 $pK_{a_1}=6.3$,$pK_{a_2}=11.6$,故 pH=10 时,

$$\alpha_{EBT(H)}=1+\frac{[H^+]}{K_{a_2}}+\frac{[H^+]^2}{K_{a_1}K_{a_2}}$$
$$=1+10^{11.6}\times 10^{-10}+10^{11.6}\times 10^{6.3}\times(10^{-10})^2$$
$$=40$$

$$\lg\alpha_{EBT(H)}=1.6$$

已知 $\lg K_{Ca-EBT}=5.4$,$\lg K'_{Ca-EBT}=\lg K_{Ca-EBT}-\lg\alpha_{EBT(H)}=5.4-1.6=3.8$

即
$$pCa_{ep}=\lg K'_{Ca-EBT}=3.8$$
$$\Delta pCa=pCa_{ep}-pCa_{sp}=3.8-6.1=-2.3$$
$$E_t=\frac{10^{-2.3}-10^{2.3}}{\sqrt{10^{-2}\times 10^{10.24}}}\times 100\%=-1.5\%$$

如果滴定的是 Mg^{2+},则 $\lg K'_{MY}=\lg K_{MY}-\lg\alpha_{Y(H)}=8.7-0.45=8.25$

$$[Mg^{2+}]_{sp}=\sqrt{\frac{c_{Mg}^{sp}}{K'_{Mg}}}=\sqrt{\frac{10^{-2}}{10^{8.25}}}=10^{-5.1} \text{ mol·L}^{-1}$$

$$pMg_{sp}=5.1$$

已知 $\lg K_{MY-EBT}=7.0$,故

$$\lg K'_{MY-EBT}=\lg K_{MY-EBT}-\lg\alpha_{EBT(H)}=7.0-1.6=5.4$$
$$pMg_{ep}=5.4$$
$$\Delta pMg=pMg_{ep}-pMg_{sp}=5.4-5.1=0.3$$

故 $$E_t = \frac{10^{0.3} - 10^{-0.3}}{\sqrt{10^{-2} \times 10^{8.25}}} \times 100\% = 0.11\%$$

计算结果表明，采用铬黑T作指示剂时，尽管CaY较MgY稳定，但终点误差较大。所以指示剂指示终点时，需要考虑指示剂的酸效应等引起终点与化学计量点的偏离。否则，会引起一定的误差。

4.5.2 直接准确滴定金属离子的条件

（1）准确滴定单一金属离子的条件

在络合滴定中，通常采用金属离子指示剂指示滴定终点，由于人眼判断颜色的局限性，即使指示剂的变色点与计量点完全一致，仍可能造成 $\pm 0.2 \sim \pm 0.5 \text{pM}'$ 单位的不确定性。设 $\Delta \text{pM}' = \pm 0.2$，用等浓度的EDTA滴定初始浓度为 $0.020 \text{mol} \cdot \text{L}^{-1}$ 的金属离子M，若要求终点误差 $E_t \leqslant |\pm 0.1\%|$，代入公式

$$E_t = \frac{10^{\Delta \text{pM}} - 10^{-\Delta \text{pM}}}{\sqrt{K'_{MY} c_M^{sp}}} \times 100\%$$

得 $$c_M^{sp} K'_{MY} > \left(\frac{10^{0.2} - 10^{-0.2}}{0.001}\right)^2$$

即 $$c_M^{sp} K'_{MY} \geqslant 10^6 \text{ 或 } \lg(c_M^{sp} K'_{MY}) \geqslant 6$$
$$\lg K'_{MY} \geqslant 8 \tag{4-26}$$

当 $E_t \leqslant \pm 0.3\%$，$\lg K'_{MY} \geqslant 7$。
$E_t \leqslant 1\%$，$\lg K'_{MY} \geqslant 6$。

$\lg(c_M^{sp} K'_{MY}) \geqslant 6$ 作为判断能否准确滴定的判别式。条件不同 $\lg K'_{MY}$ 不同。若采用光度滴定或电位滴定等仪器分析方法检测终点，可使 $\Delta \text{pM}'$ 的不确定性减小，误差相应减小，$\lg K'_{MY}$ 值的要求亦随之而改变。一般络合滴定用目视法确定终点。目测终点 ΔpM 通常为 $\pm (0.2 \sim 0.5)$，即 ΔpM 至少有 ± 0.2。若允许误差为 $\pm 0.1\%$，则 $\lg(c_M K'_{MY})$ 必须大于或等于6。因此通常将 $\lg(c_M K'_{MY}) \geqslant 6$ 作为判断金属离子能否被直接准确滴定的条件。

【例4-13】用 $0.02 \text{mol} \cdot \text{L}^{-1}$ EDTA滴定 $0.020 \text{mol} \cdot \text{L}^{-1}$ 的 Pb^{2+} 溶液，若要求 $\Delta \text{pPb}' = 0.2$，$E_t = 0.1\%$，计算滴定 Pb^{2+} 的最高酸度。

解： $\Delta \text{pM} = 0.2$，$E_t = 0.1\%$，判别式 $\lg(c K'_{MY}) \geqslant 6$ 适用

当计量点时 $c_{Pb}^{sp} = \frac{0.02}{2} = 0.01 \text{mol} \cdot \text{L}^{-1}$，$\lg K'_{PbY} \geqslant 8$

$$\lg \alpha_{Y(H)} = \lg K_{PbY} - \lg K'_{PbY} = 18.04 - 8 = 10.04$$

查表4-4得 $pH \approx 3.2$，所以 $pH \geqslant 3.2$ 为滴定 Pb^{2+} 最高酸度。

络合滴定中，了解各种金属离子滴定的最高允许酸度，很有意义。前面已经讨论过，c_M，E_t 及 ΔpM 不同时，最高允许酸度也不同。如设 $c_M = 2 \times 10^{-2} \text{mol} \cdot \text{L}^{-1}$，$\Delta \text{pM}$ 为 ± 0.2，E_t 为 $\pm 0.1\%$，可以计算出各种金属离子滴定时的最高允许酸度。将部分金属离子滴定时的最低允许pH直接标在EDTA的酸效应曲线图4-3上，可供参考。

（2）分别滴定多种金属离子的条件

若溶液中含有M、N两种金属离子，且 $K_{MY} > K_{NY}$，在化学计量点的分析浓度分别为 c_M^{sp} 和 c_N^{sp}。此情况下，准确地滴定M而要求N不干扰的条件可由林邦误差公式得到。

设 $\Delta \text{pM}' = 0.2$，$E_t \leqslant 0.3\%$ 时，$\lg(K'_{MY} c_M^{sp}) \geqslant 5$。

如果金属离子M无副反应，那么

$$\lg(K'_{MY} c_M^{sp}) = \lg(K_{MY} c_M^{sp}) - \lg \alpha_Y = \lg(K_{MY} c_M^{sp}) - \lg(\alpha_{Y(H)} + \alpha_{Y(N)} - 1) \tag{1}$$

所以，能否准确地选择性地滴定M，而N不干扰的关键，是 $\lg(\alpha_{Y(H)} + \alpha_{Y(N)} - 1)$ 项。

若 $\alpha_{Y(H)} \ll \alpha_{Y(N)}$，干扰最严重。若 $\alpha_{Y(H)} \ll \alpha_{Y(N)}$，即 $\lg(\alpha_{Y(H)} + \alpha_{Y(N)} - 1) \approx \lg\alpha_{Y(N)}$，若能将 N 不干扰 M 滴定的极限条件求出来，就可在不加掩蔽剂或不分离 N 的情况下，而准确地滴定 M。

$$\text{当 } \alpha_{Y(H)} \ll \alpha_{Y(N)} \text{ 时}, \alpha_Y \approx \alpha_{Y(N)} = 1 + K_{NY}c_N^{sp} \approx K_{NY}c_N^{sp} \tag{2}$$

将式（2）代入式（1）得

$$\lg(K'_{MY}c_M^{sp}) = \lg(K_{MY}c_M^{sp}) - \lg(K_{NY}c_N^{sp}) \geqslant 5$$

或

$$\Delta\lg(Kc) \geqslant 5 \tag{4-27}$$

式（4-27）就是络合滴定的分别滴定判别式，它表示滴定体系满足此条件时，只要有合适的指示 M 离子终点的方法，那么在 M 离子的适宜酸度范围内，都可准确滴定 M，而 N 离子不干扰，终点误差 $E_t \leqslant 0.3\%$（$\Delta pM = \pm 0.2$）。

如果有副反应存在，则分别滴定的判别式以条件稳定常数来表示，式（4-27）变为

$$\Delta\lg(K'c) \geqslant 5$$

若要求误差在 0.1% 以内，需 $\Delta\lg(K'c) \geqslant 6$。

4.5.3 单一金属离子滴定中酸度的选择与控制

（1）最高酸度的选择

最高酸度的控制是为了保证达到准确滴定的 $K'(MY)$，由林邦误差公式可知，当 c_M^{sp}，$\Delta pM'$ 一定时，终点误差 E_t 仅取决于 K'_{MY} 值的大小，否则就会超过规定的允许误差。假设金属离子没有副反应，K'_{MY} 值仅取决于 $\alpha_{Y(H)}$，即仅由酸度决定，则可求出滴定的最高酸度。

$$\lg K'_{MY} = \lg K_{MY} - \lg\alpha_{Y(H)}$$

$$\lg\alpha_{Y(H)} = \lg K_{MY} - \lg K'_{MY} \tag{4-28}$$

求出 $\lg\alpha_{Y(H)}$ 值所对应的酸度，称为"最高酸度"。当超过此酸度时，$\alpha_{Y(H)}$ 值变大，K'_{MY} 值变小，E_t 增大。

（2）最低酸度的选择

若酸度过低，金属离子形成 $M(OH)_n$ 沉淀。在没有辅助剂存在时，金属离子由于水解效应析出沉淀，不仅影响络合反应的进行，而且影响络合反应的计量关系。因此，在络合滴定时，求水解酸度也是必要的。可直接由 $M(OH)_n$ 沉淀的溶度积求水解酸度，此酸度为"最低酸度"。

【例 4-14】 用 2×10^{-2} mol·L^{-1} EDTA 滴定 2×10^{-2} mol·L^{-1} Fe^{3+} 溶液，若要求 $\Delta pM' = \pm 0.2$，$E_t \leqslant 0.1\%$，计算适宜的酸度范围。

解： $\lg K_{FeY}c_{Fe^{3+}}^{sp} \geqslant 6$，$\lg K_{FeY} \geqslant 8$

$$\lg\alpha_{Y(H)} = \lg K_{FeY} - \lg K'_{FeY} = 25.1 - 8 = 17.1$$

查表 4-4，得到 pH ≈ 1.2（最高酸度）

$$K_{sp}[Fe(OH)_3] = 4 \times 10^{-38} = 10^{-37.4}$$

$$[OH^-] = \sqrt[3]{\frac{K_{sp}}{c_{Fe^{3+}}}} = \sqrt[3]{\frac{10^{-37.4}}{2 \times 10^{-2}}} = 10^{-11.9} \text{ mol·L}^{-1}$$

（此处，$c_{Fe^{3+}}$ 为初始浓度，因为滴定开始已生成 Fe(OH)$_3$ 沉淀，会影响滴定，故不用 $c_{Fe^{3+}}^{sp}$）

$$pH = 14.0 - 11.9 = 2.1\text{（水解酸度）}$$

故滴定 Fe^{3+} 的适宜酸度范围为 pH = 1.2～2.1。

【例 4-15】 用 0.02 mol·L^{-1} EFTA 滴定 0.02 mol·L^{-1} 的 Zn^{2+} 溶液，求 $\Delta pM = 0.2$，$E_t \approx \pm 0.3\%$，滴定 Zn^{2+} 的适宜酸度范围。

解： $\Delta pM = 0.2$，$E_t \approx \pm 0.3\%$ 时，$\lg K'_{ZnY}c_{Zn^{2+}}^{sp} \geqslant 5$

已知 $c_{Zn^{2+}}^{sp} = \dfrac{0.020}{2} = 0.01 \text{mol} \cdot \text{L}^{-1}$,故 $\lg K'_{ZnY} \geqslant 7$

$$\lg \alpha_{Y(H)} = \lg K_{ZnY} - \lg K'_{ZnY} = 16.5 - 7 = 9.5$$

查表 4-4 得 pH≈3.5（最高酸度）

已知 $K_{sp}[Zn(OH)_2] = 10^{-15.3}$

$$[OH^-] = \sqrt{\dfrac{K_{sp}}{c_{Zn^{2+}}}} = \sqrt{\dfrac{10^{-15.3}}{0.020}} \text{mol} \cdot \text{L}^{-1} = 10^{-6.8} \text{mol} \cdot \text{L}^{-1}$$

pH = 14 − 6.8 = 7.2

故滴定 Zn^{2+} 的适宜酸度范围为 pH = 3.5～7.2。

应该指出：在计算过程中，往往忽略了离子强度、羟基络合物的生成及辅助络合剂的加入等外界因素的影响。按 K_{sp} 计算得到的最低酸度，有时与实际情况会有出入。

4.6 金属指示剂

络合滴定的终点检测方法很多，有指示剂法和各种仪器方法。本节讨论的是最常用的方法——利用金属指示剂判断滴定终点。

4.6.1 金属指示剂的作用原理

金属指示剂是一种有机染料（也是一种络合剂），能与待滴定金属离子反应，形成一种与指示剂自身颜色不同的络合物，从而指示滴定的终点。这种络合剂（显色剂）称为金属离子指示剂。现以铬黑 T（以 In 表示）为例，说明金属指示剂的作用原理。

铬黑 T 能与金属离子（Ca^{2+}、Mg^{2+}、Zn^{2+} 等）形成比较稳定的红色络合物，当 pH = 8～10 时，铬黑 T 本身呈蓝色。

$$In + M \Longrightarrow MIn$$
蓝色　　　　红色

滴定时，在含上述金属离子的溶液中加入少量的铬黑 T，这时有少量 MIn 生成，溶液呈现红色。随着 EDTA 的加入，游离的金属离子和 EDTA 络合形成 MY，等到游离的金属离子大部分络合后，继续滴入 EDTA 时，由于络合物 MY 的条件稳定常数大于络合物 MIn 的条件稳定常数，因此稍过量的 EDTA 将夺取 MIn 中的 M，使指示剂游离出来，红色溶液突然转变为蓝色，指示滴定终点的到达。

$$MIn + Y \Longrightarrow MY + In$$
红色　　　　　　蓝色

许多金属指示剂不仅具有络合体的性质，而且在不同的 pH 范围内，指示剂本身会呈现不同的颜色。例如，铬黑 T 指示剂就是一种三元弱酸，它本身能随溶液 pH 的变化而呈现不同的颜色，pH<6 时，呈红色；pH = 8～11 时，呈蓝色；pH>12 时，呈橙色。显然，在 pH<6 或者 pH>12 时，游离铬黑 T 的颜色与络合物 MIn 的颜色没有显著区别，只有在 pH 为 8～11 的酸度条件下进行滴定，到终点时才会发生由红色到蓝色的颜色突变。因此选用金属指示剂，必须注意这一点。从上述铬黑 T 的例子中可以看到，金属指示剂必须具备下列几个条件。

① 在滴定的 pH 范围内，指示剂本身的颜色与它和金属离子形成络合物的颜色应有显著区别。

② 显色反应灵敏、迅速，且有良好的可逆性。

③ 指示剂与金属离子形成的络合物 MIn 的稳定性要适当，且应小于络合物 MY 的稳定

性。如果 MIn 的稳定性太低，就会使终点提前，如果稳定性太高，就会使终点拖后，而且还有可能使 EDTA 不能夺取 MIn 中的 M，得不到终点。通常具体要求是 $\lg K'_{MIn} \geqslant 5$，$\lg K'_{MY} - \lg K'_{MIn} > 2$。这样在滴定至化学计量点时，指示剂才能被 EDTA 置换出来，发生颜色突变。

④ 与金属离子形成的络合物易溶于水。如果生成胶体溶液或沉淀，指示剂与 EDTA 的置换作用缓慢以致终点拖后。

⑤ 指示剂应稳定，便于贮藏和使用。

4.6.2 金属指示剂的变色点 pM 值

与酸碱滴定曲线相类似，在化学计量点附近，被滴定金属离子的 pM 产生"突跃"。因此要求指示剂能在此突跃区间内发生颜色变化，并且指示剂变色的 pM_{ep} 应尽量与化学计量点的 pM_{sp} 一致，以减小终点误差。

设被滴定金属离子 M 与指示剂形成有色络合物 MIn，它在溶液中有下列解离平衡

$$MIn \Longrightarrow M + In$$

$$K_{MIn} = \frac{[MIn]}{[M][In]}$$

$$K'_{MIn} = \frac{[MIn]}{[M][In']}$$

$$[M] = \frac{[MIn]}{K'_{MIn}[In']}$$

考虑到指示剂的酸效应，得到

$$pM = \lg K'_{MIn} + \lg \frac{[In']}{[MIn]}$$

当达到指示剂的变色点时，$[MIn] = [In']$，故此时

$$\lg K'_{MIn} = pM \tag{4-29}$$

可见指示剂变色点的 pM 等于有色络合物的 $\lg K'_{MIn}$。

络合滴定中所用的指示剂一般为有机弱酸，存在着酸效应。它与金属离子 M 所形成的有色络合物的条件稳定常数 K'_{MIn} 将随 pH 的变化而变化；指示剂变色点的 pM_{ep} 也随 pH 的变化而变化。因此，金属离子指示剂不可能像酸碱指示剂那样，有一个确定的变色点。在选择络合指示剂时，必须考虑体系的酸度，使 pM_{ep} 与 pM_{sp} 尽量一致，变色点的 pM_{ep} 至少应在化学计量点附近的 pM 突跃范围内，否则误差太大。如果 M 也有副反应，则应使 pM'_{ep} 与 pM'_{sp} 尽量一致。

虽然选择指示剂可以通过指示剂的有关常数进行理论计算，但是金属离子指示剂所形成络合物的有关常数不齐全，有时无法计算。所以在实际工作中多数采用实验方法来选择指示剂，即先试验其终点时颜色变化的敏锐程度，然后检查滴定结果是否准确，这样就可确定该指示剂是否符合要求。

4.6.3 金属指示剂在使用中存在的问题

(1) 指示剂的封闭现象

有的指示剂能与某些金属离子生成极稳定的络合物 MIn，比络合物 MY 更稳定，以至于到达化学计量点时滴入过量 EDTA，指示剂也不能释放出来，溶液颜色不变化，这叫指示剂的封闭现象。遇到这种情况，可加入适当的掩蔽剂来消除某些离子的干扰。例如，用铬黑 T 作指示剂，在 pH=10，用 EDTA 滴定 Ca^{2+}、Mg^{2+} 时，Fe^{3+}、Al^{3+}、Ni^{2+} 和 Co^{2+} 对铬黑 T 有封闭作用，这时，可加入少量三乙醇胺（掩蔽 Fe^{3+}、Al^{3+}）和 KCN（掩蔽 Ni^{2+} 和 Co^{2+}）以消除干扰。

(2) 指示剂的僵化现象

有些指示剂与金属离子的络合物 MIn 在水中溶解度很小，Y 与 MIn 的置换缓慢，终点拖长，颜色变化不明显，这种现象称为指示剂僵化。遇到这种情况，可加入适当的有机溶剂或加热，以增大其溶解度。例如，用 PAN 作指示剂时，PAN 及 M-PAN 在水中的溶解度都比较小，此时可加入少量的甲醇或乙醇，也可将溶液适当加热以增大其溶解度，加快置换速度，使僵化现象得以消除。

(3) 指示剂的氧化变质现象

金属指示剂大多数是具有许多双键的有色化合物，易被日光、氧化剂、空气所分解；有些指示剂在水溶液中不稳定，日久会变质。如铬黑 T、钙指示剂的水溶液均易氧化变质，所以常配成固体混合物或加入具有还原性的物质来配成溶液，如加入盐酸羟胺等还原剂。

4.6.4 常用的金属指示剂简介

见表 4-5。

(1) 铬黑 T（EBT，eriochromeblack T）

$$H_2In^- (红色) \rightleftharpoons H^+ + HIn^{2-} (蓝色) \quad pK_{a_2}=6.30$$
$$HIn^{2-} (蓝色) \rightleftharpoons H^+ + In^{3-} (橙色) \quad pK_{a_3}=11.60$$

它与金属离子形成的络合物为酒红色，使用范围：pH 为 8～10，通常使用 pH=9 的氨性缓冲溶液。

(2) 二甲酚橙（xylenol orange，XO）

$$H_3In^{4-} (黄色) \rightleftharpoons H^+ + H_2In^{5-} (红色) \quad pK_{a_5}=6.3$$

它与金属离子形成的络合物为红紫色，Ni^{2+}、Fe^{3+} 和 Al^{3+} 封闭作用。使用范围：pH<6 的酸性溶液。

(3) PAN [pyridine azo (2-hydroxyl) naphthol]

$$H_2In^+ \longrightarrow HIn \rightleftharpoons H^+ + In^-$$
黄色　　　黄色　　　淡红色
$$pK_{a_1}=1.9 \quad pK_{a_2}=12.2$$

它与金属离子形成的络合物为红色，Ni^{2+} 封闭作用，使用范围：pH1.9～12.2。

表 4-5 常用的金属指示剂

指示剂	适用的 pH 范围	颜色变化 In	颜色变化 MIn	直接滴定的离子	配制方法	注意事项
铬黑 T 简称（EBT）	8～10	蓝	红	pH=10, Mg^{2+}, Zn^{2+}, Cd^{2+}, Pb^{2+}, Mn^{2+}, 稀土元素离子	1:100NaCl(固体)	Fe^{3+}、Al^{3+}、Cu^{2+}、Ni^{2+} 等对 EBT 有封闭作用
酸性铬蓝 K	8～13	蓝	红	pH=10, Mg^{2+}, Zn^{2+}, Mn^{2+}; pH=13, Ca^{2+}	1:100NaCl(固体)	
二甲酚橙 (XO)	<6	亮黄	红	pH<1, ZrO^{2+}; pH=1～2, Bi^{3+}; pH=2.5～3.5, Th^{4+}; pH=5～6, Tl^{3+}、Pb^{2+}、Zn^{2+}、Cd^{2+}、Hg^{2+}，稀土元素离子	0.5%水溶液	Fe^{3+}、Al^{3+}、Ti^{4+}、Ni^{2+} 等对 XO 有封闭作用
磺基水杨酸 (ssal)	1.5～2.5	无色	紫红	Fe^{3+}	5%水溶液	ssal 本身无色，FeY^- 呈黄色
钙指示剂 (NN)	12～13	蓝	红	Ca^{2+}	1:100NaCl(固体)	Fe^{3+}、Al^{3+}、Ti^{4+}、Ni^{2+}、Co^{2+}、Mn^{2+}、Cu^{2+} 等对 NN 有封闭作用
PAN	2～12	黄	紫红	pH=2～3, Bi^{3+}、Th^{4+}、Mg^{2+}; pH=4～5, Cu^{2+}、Zn^{2+}、Cd^{2+}、Pb^{2+}、Ni^{2+}	0.1%乙醇溶液	MIn 在水中溶解度小，为防止 PAN 僵化，滴定时需加热

(4) 钙指示剂

$$H_2In^- \longrightarrow HIn^{2-} \Longleftrightarrow In^{3-} + H^+$$

    酒红色 蓝色 酒红色

    $pK_{a_1} = 7.4$ $pK_{a_2} = 13.5$

它与金属离子形成的络合物为红色，Ca^{2+}、Fe^{3+} 和 Al^{3+} 封闭作用，使用范围：pH8～11。

  除表 4-5 所列指示剂外，还有一种 Cu-PAN 指示剂，它是 CuY 与少量 PAN 的混合溶液，呈绿色。用此指示剂可滴定许多金属离子，一些与 PAN 络合不够稳定或不显色的离子，可以用此指示剂进行滴定。例如，在 pH=10 时，用此指示剂，以 EDTA 滴定 Ca^{2+}，其变色过程是：最初，溶液中 Ca^{2+} 浓度较高，它能夺取 CuY 中的 Y，形成 CaY，游离出来的 Cu^{2+} 与 PAN 络合而显紫红色，其反应式可表示如下：

$$CuY\text{-}PAN + Ca \Longleftrightarrow CaY + Cu\text{-}PAN$$

    绿   无色 无色   紫红

用 EDTA 滴定时，EDTA 先与 Ca^{2+} 络合，当 EDTA 把 Ca^{2+} 全部络合后，多余的 EDTA 就会夺取 Cu-PAN 中的 Cu，使 PAN 游离出来，即又生成 CuY 及 PAN，溶液由紫红色变为绿色，即到达终点。

$$Cu\text{-}PAN + Y \Longleftrightarrow CuY\text{-}PAN$$

Cu-PAN 指示剂可在很宽的 pH 范围（pH=2～12）内使用，Ni^{2+} 对它有封闭作用。另外，使用此指示剂时，不能同时使用能与 Cu^{2+} 形成更加稳定的络合物掩蔽剂。

4.7 提高络合滴定选择性的方法

  实际工作中，经常遇到的情况是多种金属离子共存于同一溶液中，而 EDTA 与很多金属离子生成稳定的络合物。因此，提高络合滴定选择性是极为重要的。

4.7.1 控制酸度进行混合离子的选择滴定

  当滴定金属离子 M 时，如果满足 $\lg(c_M K'_{MY}) \geqslant 6$，就可以准确滴定，误差$\leqslant \pm 0.1\%$。但当溶液中有 M 和 N 两种金属离子共存时，现要滴定 M 离子，如 N 在 M 的上方（酸效应曲线上），干扰情况与两者的 K' 值和浓度 c 有关。若要求滴定误差在 $\pm 0.3\%$ 以内，只要满足

$$\lg(c_M K'_{MY}) - \lg(c_N K'_{NY}) \geqslant 5$$

即可〔若要求误差在 $\pm 0.1\%$ 以内，需 $\Delta \lg(cK') \geqslant 6$〕。

  因此在混合离子 M 和 N 的溶液中，要准确滴定 M，要求 N 不干扰，必须同时满足下列两个条件

$$\lg(c_M K'_{MY}) \geqslant 6$$
$$\lg(c_N K'_{NY}) \leqslant 1$$

至于 N 离子能否被准确滴定，只需看 $\lg(c_N K'_{NY})$ 是否大于等于 6。

  具体做法是：利用酸效应曲线，可以找出滴定 M 所允许的最高酸度（或最低 pH 值）；然后根据 $\lg(c_N K'_{NY}) \leqslant 1$ 计算，查酸效应系数表（或酸效应曲线图）得出 N 不干扰 M 滴定的最低酸度（或最高 pH 值），从而确定出滴定 M 的 pH 范围。但要注意不能使 M 离子水解。

  此法只适用于干扰离子在被测离子上方（酸效应曲线上），且 $\Delta \lg(cK') \geqslant 5$ 的情况。

  【例 4-16】 当溶液中 Bi^{3+}、Pb^{2+} 浓度皆为 $10^{-2} \, mol \cdot L^{-1}$ 时，要选择滴定 Bi^{3+}，要求 Pb^{2+} 不干扰，溶液的 pH 值应控制在什么范围？

解：可知 $\lg K_{BiY} = 27.94$，$\lg K_{PbY} = 18.04$，$\Delta \lg K = 9.90 \geqslant 5$，故可选滴定 Bi^{3+}，从酸效应曲线上可以直接查到滴定 Bi^{3+} 所允许的最高酸度即最低 pH 值约为 0.7，若要求 Pb^{2+} 完全不与 EDTA 络合，必须满足条件

$$\lg(c_{Pb^{2+}} K'_{PbY}) \leqslant 1$$

因为 $c_{Pb^{2+}} = 10^{-2} \text{mol} \cdot L^{-1}$，即要求

$$\lg K'_{PbY} \leqslant 3$$

又因为 $\lg K'_{PbY} = \lg K_{PbY} - \lg \alpha_{Y(H)}$，则要求

$$\lg K_{PbY} - \lg \alpha_{Y(H)} \geqslant 3$$

也即

$$\lg \alpha_{Y(H)} \geqslant \lg K_{PbY} - 3$$

$$\lg \alpha_{Y(H)} \geqslant 18.04 - 3 = 15.04$$

查酸效应系数表或酸效应曲线图得 pH≤1.6，也就是说在 pH≤1.6 时，Pb^{2+} 完全不与 EDTA 络合。所以在 Pb^{2+} 存在下滴定 Bi^{3+} 的酸度范围为 pH=0.7~1.6。实际测定中一般控制溶液酸度 pH=1。

4.7.2 使用掩蔽剂提高络合滴定的选择性

若干扰离子 N 在被测离子 M 的上方，但不能满足 $\Delta\lg(cK) \geqslant 5$ 的条件或 N 在 M 的下方，则在滴定 M 的过程中，N 将同时被滴定而发生干扰。要克服或消除这种干扰，提高滴定的选择性，必须采取其他措施，如采用掩蔽方法、预先分离的方法，或者改用其他滴定剂来达到这个目的。

当 $\Delta\lg(cK) < 5$，滴定 M 时，N 必然产生干扰。因此，要设法降低 $K_{NY} c_N^{sp}$ 值，一般有三种途径。

① 降低 N 离子的游离浓度，使

$$\lg(K_{MY} c_M^{sp}) - \lg(K_{NY} [N]) \geqslant 5$$

可采用络合掩蔽和沉淀掩蔽两种方法法。

② 应用氧化剂或还原剂改变 N 离子的价态，降低其与 Y 形成络合物的稳定性或使其不与 Y 络合，达到选择滴定 M 的目的，称为氧化还原掩蔽法。

③ 选择其他的氨羧络合剂或多胺类螯合剂 X 作滴定剂，使

$$\lg(K_{MY} c_M^{sp}) - \lg(K_{NY} c_N^{sp}) \geqslant 5$$

达到选择滴定 M 的目的。

(1) 络合掩蔽法

若溶液中有 M，N 两种离子共存，如果 $\Delta\lg(cK) < 5$，则在选择滴定 M 时，N 就有干扰。加入络合掩蔽剂 (masking agent) L 后，使 N 与 L 形成稳定的络合物，降低溶液中 N 的游离浓度。此时

$$\alpha_{Y(N)} = 1 + K_{NY}[N] = 1 + K_{NY} \frac{c_N^{sp}}{\alpha_{N(L)}}$$

即 $K_{NY} c_N^{sp}$ 值降低了 $\alpha_{N(L)}$ 倍，可使 $\Delta\lg(cK) \geqslant 5$，达到选择滴定 M 的目的。

具体实施的方法如下。

① 先加络合掩蔽剂，再用 EDTA 滴定 M。

例如，溶液中含有 Al^{3+}，Zn^{2+}，则先在酸性溶液中加入过量 Al^{3+} 的络合掩蔽剂，如 F^-，再调至 pH5~6，使 Al^{3+} 生成 AlF_6^{3-} 后，再用 EDTA 准确滴定 Zn^{2+}，Al^{3+} 不干扰。

② 先加络合掩蔽剂 L，使 N 生成 NL 后，用 EDTA 准确滴定 M，再用 X 破坏 NL，从 NL 中将 N 释放出来，以 EDTA 再准确滴定 N。由于 X 起了消除掩蔽剂的作用，故称 X 为解蔽剂 (demasking agent)。

例如，测定铜合金中的铅、锌时，可在氨性试液中用 KCN 掩蔽 Cu^{2+}，Zn^{2+}，以铬黑T为指示剂，用 EDTA 滴定 Pb^{2+}。于滴定 Pb^{2+} 后的溶液中加入甲醛（也可以用三氯乙醛），则 $Zn(CN)_4^{2-}$ 被解蔽而释放出 Zn^{2+}，然后用 EDTA 滴定释放出来的 Zn^{2+}。

$$4HCHO + Zn(CN)_4^{2-} + 4H_2O \Longrightarrow Zn^{2+} + 4H_2\overset{OH}{C} - CN (羟基乙腈) + 4OH^-$$

$Cu(CN)_2^-$ 比较稳定，不易解蔽。在实际工作中，要注意甲醛用量、加入速度和溶液的温度，否则 $Cu(CN)_2^-$ 部分被解蔽，使 Zn^{2+} 的测定结果偏高。

③ 先以 EDTA 直接滴定或返滴定测出 M，N 的总量，再加络合掩蔽剂 L，L 与 NY 中的 N 络合。

$$NY + L \Longrightarrow NL + Y$$

释放出 Y，再以金属离子标准溶液滴定 Y，测定 N 的含量。

例如，在有多种金属离子的 EDTA 络合物溶液中，加入苦杏仁酸 $C_6H_5CHOHCOOH$，从 SnY（或 TiY）中夺取金属离子，释放出定量的 EDTA，然后用标准锌离子溶液滴定释放出来的 EDTA，即可求得 Sn^{4+}［或 Ti（Ⅳ）］的含量。

又如当 Al^{3+}，Ti（Ⅳ）共存时，首先用 EDTA 将其络合，使生成 AlY 和 TiY。加入 NH_4F（或 NaF），则两者的 EDTA 都释放出来，如此可测得 Al，Ti 总量。另取一份溶液，加入苦杏仁酸，则只能释放出 TiY 中的 EDTA，这样可测得 Ti 量，由 Al，Ti 总量中减去 Ti 量，即可求得 Al 量。

一些常见的络合掩蔽剂见表 4-6。

表 4-6 一些常见的络合掩蔽剂

名 称	pH 范围	被掩蔽离子	备 注
氯化钾	>8	Co^{2+}，Ni^{2+}，Cu^{2+}，Zn^{2+}，Hg^{2+}，Cd^{2+}，Ag^+ 及铂系元素	
氟化铵	4～6	Al^{3+}，Ti^{4+}，Sn^{4+}，Zn^{2+}，W(Ⅵ)等	NH_4F 比 NaF 好，加入后变化不大
	10	Al^{3+}，Mn^{2+}，Ca^{2+}，Sr^{2+}，Ba^{2+} 及稀土元素	
邻菲啰啉	5～6	Co^{2+}，Ni^{2+}，Cu^{2+}，Zn^{2+}，Mn^{2+}，Cd^{2+}	
三乙醇胺(TEA)	10	Al^{3+}，Sn^{4+}，Ti^{4+}，Fe^{3+}	与 KCN 并用，可提高掩蔽效果
	11～12	Al^{3+}，Fe^{3+} 及少数 Mn^{2+}	
二巯基丙醇	10	Hg^{2+}，Cd^{2+}，Zn^{2+}，Bi^{2+}，Pb^{2+}，Ag^+，Sn^{4+}，As^{3+} 及少数 Cu^{2+}，Co^{2+}，Ni^{2+}，Fe^{3+}	
硫脲		Cu^{2+}，Hg^{2+}，Tl^+	
铜试剂(DDTC)	10	能与 Cu^{2+}，Hg^{2+}，Pb^{2+}，Cd^{2+}，Bi^{3+} 生成沉淀,其中 Cu-DDTC 为褐色，Bi-DDTC 为黄色，故其存在量应分别小于 $2mg \cdot L^{-1}$ 和 $5mg \cdot L^{-1}$	
酒石酸	1.5～2	Sb^{3+}，Sn(Ⅳ)	在抗坏血酸存在下
	5.5	Fe^{3+}，Al^{3+}，Sn(Ⅳ)，Ca^{2+}	
	6～7.5	Mg^{2+}，Cu^{2+}，Fe^{3+}，Al^{3+}，Mo^{4+}	

采用络合掩蔽剂时需注意以下几点。

① 掩蔽剂不与待测离子络合，即使形成络合物，其稳定性也应远小于待测离子与 EDTA 络合物的稳定性。

② 干扰离子与掩蔽剂形成的络合物应远比与 EDTA 形成的络合物稳定，而且形成的络合物应为无色或浅色，不影响终点的判断。

③ 使用掩蔽剂时应注意适用的 pH 值范围，例如在 pH＝8～10 时测定 Zn^{2+}，用铬黑T作指示剂，则用 NH_4F 可掩蔽 Al^{3+}；但在测定含有 Ca^{2+}，Mg^{2+} 和 Al^{3+} 溶液中的 Ca^{2+}，

Mg^{2+} 总量时，于 pH=10 滴定，因为 F^- 与被测物 Ca^{2+} 将生成 CaF_2 沉淀，故不能用氟化物来掩蔽 Al^{3+}，此外，选用掩蔽剂还要注意它的性质和加入时的 pH 条件。例如：KCN 是剧毒物，只允许在碱性溶液中使用。

【例 4-17】 溶液中含有 27mg Al^{3+} 和 65.4 mg Zn^{2+}，用 0.02mol·L^{-1} EDTA 滴定，能否选择滴定 Zn^{2+}？若加入 1g NH_4F，调节溶液的 pH 为 5.5，以二甲酚橙作指示剂，用 0.010mol·L^{-1} EDTA 滴定 Zn^{2+}，能否准确滴定？终点误差为多少（假定终点总体积为100mL）？

解：化学计量点时
$$c_{Al^{3+}}^{sp} = \frac{0.027g}{27g \cdot mol^{-1}} \times \frac{1000mL \cdot L^{-1}}{100mL} = 0.010 mol \cdot L^{-1}$$

$$c_{Zn^{2+}}^{sp} = \frac{0.0654g}{65.4g \cdot mol^{-1}} \times \frac{1000mL \cdot L^{-1}}{100mL} = 0.010 mol \cdot L^{-1}$$

$$\lg(K_{ZnY} c_{Zn^{2+}}^{sp}) - \lg(K_{AlY} c_{Al^{3+}}^{sp}) = (16.5-2.0)-(16.3-2.0) = 0.2 \ll 5$$

故不能选择滴定 Zn^{2+}。

加入 1g 的 NH_4F 后，$c_F^{sp} = \frac{1g}{37g \cdot mol^{-1}} \times \frac{1000mL \cdot L^{-1}}{100mL} = 0.27 mol \cdot L^{-1}$。

已知 AlF_6^{3-} 的 $\lg\beta_1 \sim \lg\beta_6$ 分别为 6.13，11.15，15.00，17.76，19.32，19.84，$\lg\beta_5$ 与 $\lg\beta_6$ 之差值仅为 0.52，说明要形成 AlF_6^{3-} 时 F^- 的游离浓度要大，所以先假设 AlF_5^{2-} 为主要形式，则 $[F^-]_{sp} = 0.27 - 5 \times 0.01 = 0.22 mol \cdot L^{-1}$。

当 pH=5.5 时
$$\alpha_{F(H)} = 1 + \frac{[H^+]}{K_a} = 1 + \frac{10^{-5.5}}{10^{-3.18}} \approx 1$$

即不存在酸效应，故
$$\alpha_{Al(F)} = 1 + \beta_1[F] + \beta_2[F]^2 + \cdots + \beta_6[F]^6$$
$$= 1 + 10^{6.13} \times 0.22 + 10^{11.15} \times 0.22^2 + 10^{15.00} \times 0.22^3 + 10^{17.76} \times 0.22^4$$
$$\quad + 10^{19.32} \times 0.22^5 + 10^{19.84} \times 0.22^6$$
$$= 1 + 10^{5.46} + 10^{9.83} + 10^{13.03} + 10^{15.13} + 10^{16.03} + 10^{15.89}$$
$$= 10^{16.30}$$

计算表明，AlF_5^{2-} 为主要存在形式。
$$\alpha_{Y(Al)} = 1 + K_{AlY} \frac{c_{Al}^{sp}}{\alpha_{Al(F)}} = 1 + 10^{16.3} \times \frac{0.01}{10^{16.30}} = 1.01 \approx 1$$

由此可见，$\lg\alpha_{Y(Al)} \approx 0$，所以只考虑 EDTA 的酸效应。当 pH=5.5 时，$\alpha_Y = \alpha_{Y(H)} = 10^{5.51}$，则

$$\lg K'_{ZnY} = \lg K_{ZnY} - \lg\alpha_{Y(H)} = 16.5 - 5.51 = 11.0$$

$$[Zn^{2+}]_{sp} = \sqrt{\frac{c_{Zn^{2+}}^{sp}}{K'_{ZnY}}} = \sqrt{\frac{0.010}{10^{-5.50}}} = 10^{-6.50} mol \cdot L^{-1}$$

$$pZn_{sp} = 6.50$$

已知二甲酚橙在 pH=5.5 时，$\lg K'_{ZnIn} = 5.7$

故 $\Delta pZn = \lg K'_{ZnIn} - pZn_{sp} = 5.7 - 6.50 = -0.8$

$$E_t = \frac{10^{-0.8} - 10^{0.8}}{\sqrt{10^{11.0} \times 10^{-2}}} \times 100\% = -0.02\%$$

说明加入 1g NH_4F 完全可以掩蔽 Al^{3+}，选择滴定 Zn^{2+}。

(2) 沉淀掩蔽法

于溶液中加入一种沉淀剂，使其中的干扰离子浓度降低，在不分离沉淀的情况下直接进行滴定，这种消除干扰的方法称为沉淀掩蔽法。例如，在强碱溶液中用 EDTA 滴定 Ca^{2+} 时，强碱与 Mg^{2+} 形成 $Mg(OH)_2$ 沉淀而不干扰 Ca^{2+} 的滴定，此时 OH^- 就是 Mg^{2+} 的沉淀掩蔽剂。

沉淀掩蔽法不是一种理想的掩蔽方法，它常存在下列缺点。

① 某些沉淀反应进行不完全，有时掩蔽效率不高。

② 发生沉淀反应时，通常伴随共沉淀现象，影响滴定的准确度。当沉淀能吸附金属离子指示剂时，会影响终点观察。

③ 某些沉淀颜色很深，或体积庞大，妨碍终点观察。

在络合滴定中，采用沉淀掩蔽法的实例如表 4-7 所示。

（3）氧化还原掩蔽法

当某种价态的共存离子对滴定有干扰时，利用氧化还原反应改变干扰离子的价态以消除干扰的方法，称为氧化还原掩蔽法。

表 4-7 络合滴定中常用的沉淀掩蔽法示例

名　称	被掩蔽的离子	待测定的离子	pH 范围	指示剂
NH_4F	Mg^{2+},Ca^{2+},Sr^{2+},Ba^{2+},$Ti(\mathrm{IV})$,Al^{3+} 及稀土元素离子	Zn^{2+} Cd^{2+},Mn^{2+} 有还原剂存在下 Cu^{2+},Co^{2+},Ni^{2+}	10 10	铬黑 T 紫脲酸铵
K_2CrO_4	Ba^{2+}	Sr^{2+}	10	Mg-EDTA 铬黑 T
Na_2S 或铜试剂	Bi^{3+},Cd^{2+},Cu^{2+},Hg^{2+},Pb^{2+} 等	Mg^{2+},Ca^{2+}	10	铬黑 T
H_2SO_4	Pb^{2+}	Bi^{3+}	1	二甲酚橙
$K_4[Fe(CN)_6]$	微量 Zn^{2+}	Pb^{2+}	5～6	二甲酚橙

例如，$\lg K_{Fe(III)Y}=25.1$，$\lg K_{Fe(II)Y}=14.33$，根据这个特性，在 Fe^{3+} 与一些 $\lg K_{MY}$ 与其相近的离子如 ZrO^{2+}、Bi^{3+}、Th^{4+}、Sc^{3+}、In^{3+}、Sn^{4+}、Hg^{2+} 等共存时，可将溶液中的 Fe^{3+} 还原为 Fe^{2+}，增大 $\Delta\lg K$ 值，达到选择滴定上述离子的目的。

有的氧化还原掩蔽剂既有还原性，又能与干扰离子生成络合物。例如，$Na_2S_2O_3$ 可将 Cu^{2+} 还原为 Cu^+，并与 Cu^+ 络合。

$$2Cu^{2+}+2S_2O_3^{2-}\Longrightarrow 2Cu^++S_4O_6^{2-}$$

$$Cu^++2S_2O_3^{2-}\Longrightarrow Cu(S_2O_3)_3^{3-}$$

有些离子的高价状态对 EDTA 滴定不发生干扰。例如，Cr^{3+} 对络合滴定有干扰，但 CrO_4^{2-}、$Cr_2O_7^{2-}$ 对滴定没有干扰，故将 Cr^{3+} 氧化为 $Cr_2O_7^{2-}$ 后，即可消除其干扰。

4.7.3 选用其他络合剂

氨羧络合剂的种类很多，除 EDTA 外，其他许多氨羧络合剂也能与金属离子生成稳定的络合物，但其稳定性与 EDTA 络合物的稳定性有时差别较大，故选用这些氨羧络合剂作滴定剂，有可能提高滴定某些金属离子的选择性。

下面介绍几种滴定剂。

（1）EGTA（乙二醇二乙醚二胺四乙酸）

EGTA 和 EDTA 与 Mg^{2+}、Ca^{2+}、Sr^{2+}、Ba^{2+} 螯合物的 $\lg K$ 值比较如下。

	Mg^{2+}	Ca^{2+}	Sr^{2+}	Ba^{2+}
$\lg K_{M\text{-EGTA}}$	5.21	10.97	8.50	8.41
$\lg K_{M\text{-EDTA}}$	8.7	10.69	8.73	7.86

可以看出，如果要在大量 Mg^{2+} 存在下滴定 Ba^{2+} 或 Ca^{2+}，采用 EDTA 则 Mg^{2+} 的干扰严重，如用 EGTA，Mg^{2+} 的干扰就较小。

（2）EDTP（乙二胺四丙酸）

$$\begin{array}{c} \text{CH}_2\text{—N}^+\text{H} \begin{array}{c} \text{CH}_2\text{—CH}_2\text{—COO}^- \\ \text{CH}_2\text{—CH}_2\text{—COOH} \end{array} \\ | \\ \text{CH}_2\text{—N}^+\text{H} \begin{array}{c} \text{CH}_2\text{—CH}_2\text{—COOH} \\ \text{CH}_2\text{—CH}_2\text{—COO}^- \end{array} \end{array}$$

EDTP 与金属离子形成的螯合物，其稳定性较相应的 EDTA 螯合物差，但 Cu-EDTP 螯合物却有相当高的稳定性。

	Cu^{2+}	Zn^{2+}	Cd^{2+}	Mn^{2+}	Mg^{2+}
$\lg K_{M\text{-EDTP}}$	15.4	7.8	6.0	4.7	1.8
$\lg K_{M\text{-EDTA}}$	18.80	16.50	16.46	13.87	8.7

因此，控制一定的 pH，用 EDTP 滴定 Cu^{2+} 时，Zn^{2+}、Cd^{2+}、Mn^{2+}、Mg^{2+} 都不干扰。

（3）三亚乙基四胺

三亚乙基四胺简称 Trien，是一种不含羧基的多胺类螯合剂。

$$\begin{array}{c} \text{CH}_2\text{—NH—CH}_2\text{—CH}_2\text{—NH}_2 \\ | \\ \text{CH}_2\text{—NH—CH}_2\text{—CH}_2\text{—NH}_2 \end{array}$$

三亚乙基四胺与 Cu^{2+}、Ni^{2+}、Co^{2+}、Zn^{2+}、Cd^{2+}、Hg^{2+} 等生成稳定的络合物，而与 Ca^{2+}、Mg^{2+}、Mn^{2+}、Fe^{3+}、Al^{3+}、Pb^{2+} 等则不生成稳定的络合物。

三亚乙基四胺与 Mn^{2+}、Pb^{2+}、Ni^{2+} 形成的络合物的稳定性与 EDTA 络合物的稳定性比较如下。

	Mn^{2+}	Pb^{2+}	Ni^{2+}
$\lg K_{M\text{-Trien}}$	4.9	10.4	14.0
$\lg K_{M\text{-EDTA}}$	18.80	16.50	16.46

有 Mn^{2+}、Pb^{2+} 存在时，如用 EDTA 滴定 Ni^{2+}，则它们的干扰很大，若改用三亚乙基四胺滴定，则 Mn^{2+} 的干扰很小，Pb^{2+} 也容易掩蔽。

4.8 络合滴定方式及其应用

在络合滴定中，采用不同的滴定方式，不仅可以扩大络合滴定的应用范围，而且可以提高络合滴定的选择性。

4.8.1 直接滴定法

直接滴定法是络合滴定中的基本方法。这种方法是将试样处理成溶液后，调节至所需要的酸度，加入必要的其他试剂和指示剂，直接用 EDTA 标准溶液滴定。

采用直接滴定法时，必须符合下列条件：

① 被测离子的浓度 c_M 及其 EDTA 络合物的条件稳定常数 K'_{MY} 应满足 $\lg(c_M K'_{MY}) \geqslant 6$ 的要求，至少应在 5 以上；

② 络合速率应该很快；

③ 应有变色敏锐的指示剂，且没有封闭现象；

④ 在选用的滴定条件下，被测离子不发生水解和沉淀反应。

金属离子的水解、沉淀反应是容易防止的。例如，在 pH≈10 时滴定 Pb^{2+}，可先在酸性试液中加入酒石酸盐，将 Pb^{2+} 络合，再调节溶液的 pH 为 10 左右，然后进行滴定。这样就防止了 Pb^{2+} 的水解。在这里，酒石酸盐是辅助络合剂。

若不符合上述条件，可采用下述其他滴定方式。

4.8.2 返滴定法

返滴定法是在试液中先加入已知量过量的 EDTA 标准溶液，然后用另一种金属盐类的标准溶液滴定过量的 EDTA，根据两种标准溶液的浓度和用量，即可求得被测物质的含量。

返滴定剂所生成的络合物应有足够的稳定性，但不宜超过被测离子络合物的稳定性太多，否则在滴定过程中，返滴定剂会置换出被测离子，引起误差，而且终点不敏锐。

返滴定法主要用于下列情况。

① 采用直接滴定法时，缺乏符合要求的指示剂，或者被测离子对指示剂有封闭作用。

② 被测离子与 EDTA 的络合速率很慢。

③ 被测离子发生水解等副反应，影响测定。

例如，Al^{3+} 的滴定，由于存在：① Al^{3+} 对二甲酚橙等指示剂有封闭作用；② Al^{3+} 与 EDTA 络合缓慢，需要加过量 EDTA 并加热煮沸，络合反应才比较完全；③ 在酸度不高时，Al^{3+} 水解生成一系列多核氢氧基络合物，如 $[Al_2(H_2O)_6(OH)_3]^{3+}$，$[Al_3(H_2O)_6(OH)_6]^{3+}$ 等，即使将酸度提高至 EDTA 滴定 Al^{3+} 的最高酸度（pH≈4.1），仍不能避免多核络合物的形成。铝的多核络合物与 EDTA 反应缓慢，络合比不恒定，故对滴定不利等问题，不宜采用直接滴定法。

为了避免发生上述问题，可采用返滴定法。为此，可先加入一定量过量的 EDTA 标准溶液，在 pH≈3.5 时，煮沸溶液。由于此时酸度较大（pH<4.1），故不至于形成多核氢氧基络合物；又因 EDTA 过量较多，故能使 Al^{3+} 与 EDTA 络合完全。络合完全后，调节溶液 pH 至 5～6（此时 AlY 稳定，也不会重新水解析出多核络合物），加入二甲酚橙，即可顺利地用 Zn^{2+} 标准溶液进行返滴定。

4.8.3 置换滴定法

利用置换反应，置换出等物质的量的另一金属离子，或置换出 EDTA，然后滴定，这就是置换滴定法。置换滴定法的方式灵活多样。

(1) 置换出金属离子

被测离子 M 与 EDTA 反应不完全或所形成的络合物不稳定，可让 M 置换出另一络合物（如 NL）中等物质的量的 N，用 EDTA 滴定 N，即可求得 M 的含量。

$$M + NL \Longrightarrow ML + N$$

例如，Ag^+ 与 EDTA 的络合物不稳定，不能用 EDTA 直接滴定，但将 Ag^+ 加入到 $Ni(CN)_4^{2-}$ 溶液中，则

$$2Ag^+ + Ni(CN)_4^{2-} \Longrightarrow 2Ag(CN)_2^- + Ni^{2+}$$

在 pH=10 的氨性溶液中，以紫脲酸铵作指示剂，用 EDTA 滴定置换出来的 Ni^{2+}，即可求得 Ag^+ 的含量。

(2) 置换出 EDTA

将被测离子 M 与干扰离子全部用 EDTA 络合，加入选择性高的络合剂 L 以夺取 M，并释放出 EDTA。

$$MY + L \rightleftharpoons ML + Y$$

反应后，释放出与 M 等物质的量的 EDTA，用金属盐类标准溶液滴定释放出来的 EDTA，即可测得 M 的含量。

例如，测定锡合金中的 Sn 时，可于试液中加入过量的 EDTA，将可能存在的 Pb^{2+}，Zn^{2+}，Cd^{2+}，Bi^{3+} 等与 Sn(Ⅳ) 一起络合。用 Zn^{2+} 标准溶液滴定过量的 EDTA。加入 NH_4F，选择性地将 SnY 中的 EDTA 释放出来，再用 Zn^{2+} 标准溶液滴定释放出来的 EDTA，即可求得 Sn(Ⅳ) 的含量。

置换滴定法是提高络合滴定选择性的途径之一。

此外，利用置换滴定法的原理，可以改善指示剂指示滴定终点的敏锐性，以解决没有满意的指示剂的问题。例如，铬黑 T 与 Mg^{2+} 显色很灵敏，但与 Ca^{2+} 显色的灵敏度较差，为此，在 pH=10 的溶液中用 EDTA 滴定 Ca^{2+} 时，常于溶液中先加入少量 MgY，此时发生下列置换反应

$$MgY + Ca^{2+} \rightleftharpoons CaY + Mg^{2+}$$

置换出来的 Mg^{2+} 与铬黑 T 显很深的红色。滴定时，EDTA 先与 Ca^{2+} 络合，当达到滴定终点时，EDTA 夺取 Mg-铬黑 T 络合物中的 Mg^{2+}，形成 MgY，游离出指示剂，显蓝色，颜色变化很明显。在这里，滴定前加入的 MgY 和最后生成的 MgY 的物质的量是相等的，故加入的 MgY 不影响滴定结果。

用 CuY-PAN 作指示剂时，也是利用置换滴定法原理。例如，用 EDTA 络合滴定法测定与 Cu^{2+} 和 Zn^{2+} 共存的 Al^{3+} 的含量，以 PAN 为指示剂，测定的相对误差在 0.1% 以内。测定过程如下：

$$\begin{matrix} Zn^{2+} \\ Cu^{2+} \\ Al^{3+} \end{matrix} \xrightarrow[pH \approx 3, \triangle]{EDTA(过量, V_1)} \begin{matrix} ZnY \\ CuY \\ AlY \\ Y \end{matrix} \xrightarrow[pH=5\sim 6, \triangle]{六亚甲基四胺\ PAN} \begin{matrix} ZnY \\ CuY \\ AlY \\ PAN \end{matrix} + Y \xrightarrow{Cu^{2+} 溶液滴定}{V_2}$$

$$\begin{matrix} ZnY \\ CuY \\ AlY \\ Cu\text{-}PAN \end{matrix} \xrightarrow[\triangle 沸]{NH_4F(1g)} \begin{matrix} ZnY \\ CuY \\ AlF_6^{3-} \\ PAN \end{matrix} + Y \xrightarrow{Cu^{2+} 溶液滴定}{V_3} \begin{matrix} ZnY \\ CuY \\ AlF_6^{3-} \\ Cu\text{-}PAN \end{matrix}$$

络合物稳定常数的对数值 $\lg K$ 的数据如下：

CuY 18.8　　ZnY 16.5　　AlY 16.1　　AlF_6^{3-} 19.7　　Cu-PAN 16

这其中，并不需要确知 V_1 的量，过量即可；若 V_2 过量了，可加入少量 EDTA，继续以 Cu^{2+} 标准溶液滴定过量的 Y，准确进入第四状态，加入氟化铵释放 AlY 中的 Y，继续以 Cu^{2+} 标准溶液滴定 Y，可测出 Al 的含量。

4.8.4 间接滴定法

有些金属阳离子和非金属阴离子不与 EDTA 络合或生成的络合物不稳定，这时可以采用间接滴定法。此法是加入过量的、能与 EDTA 形成稳定络合物的金属离子作沉淀剂，以沉淀待测离子，过量沉淀剂用 EDTA 滴定；或将沉淀分离、溶解后，再用 EDTA 滴定其中的金属离子。例如测定 PO_4^{3-}，可加一定量过量的 $Bi(NO_3)_3$，使之生成 $BiPO_4$ 沉淀，再用 EDTA 滴定剩余的 Bi^{3+}。测定 Na^+ 时，将 Na^+ 沉淀为醋酸铀酰锌钠 $NaOAc \cdot Zn(OAc)_2 \cdot$

$3UO_2(OAc)_2 \cdot 9H_2O$，分离沉淀，溶解后，用 EDTA 滴定 Zn^{2+}，从而求得 Na^+ 含量。又如测定 SO_4^{2-} 时，可在 pH＝1 以过量 Ba^{2+} 沉淀 SO_4^{2-}，产生 $BaSO_4$ 沉淀，在 pH＝10 时以一定量且过量的 EDTA 处理（煮沸）而形成 Ba-EDTA，过量的 EDTA 采用 Mg^{2+} 标准溶液返滴定。而对于 CO_3^{2-}、CrO_4^{2-}、S^{2-} 和 SO_4^{2-} 等也可采用一定量且过量的金属离子标准溶液与其形成沉淀，过滤和洗涤沉淀，在滤液中的过量金属离子以 EDTA 标准溶液滴定。

间接滴定法操作较繁，引入误差的机会也较多，不是一种理想的分析方法。

4.8.5 络合滴定结果的计算

在直接滴定法中，由于 EDTA 通常与各种价态的金属离子以 1∶1 络合，因此结果的计算比较简单，以被测物的质量分数表示为

$$w = \frac{cVM}{m_s} \times 100\% \tag{4-30}$$

式中，c 和 V 分别为 EDTA 的浓度和滴定时用去 EDTA 的体积，代入数值计算时，应注意相关数据的单位要合理，例如将体积化为升（L），M 为被测物质的摩尔质量，$g \cdot mol^{-1}$；m_s 为试样的质量，g。

采用其他滴定方式时，也应根据待测物与滴定剂等的相应的计量关系进行计算。

【**例 4-18**】 称取含硫的试样 0.3000g，将试样处理成溶液后，加入 20.00mL 0.05000mol·L^{-1} $BaCl_2$ 溶液，加热产生 $BaSO_4$ 沉淀，再以 0.02500mol·L^{-1} EDTA 标准溶液滴定剩余的 Ba^{2+}，用去 24.86 mL，求试样中硫的质量分数。

解：这是一典型的返滴定示例。试样中 S 的质量分数可表示为

$$w_S = \frac{[(cV)_{BaCl_2} - (cV)_{EDTA}]M_S}{m_s \times 1000} \times 100\%$$

$$= \frac{(0.05000 mol \cdot L^{-1} \times 20.00 mL - 0.02500 mol \cdot L^{-1} \times 24.86 mL) \times 32.06 g \cdot mol^{-1}}{0.3000 g \times 1000}$$

$$= 4.04\%$$

【**例 4-19**】 分析铜锌镁的合金，称取 0.5000g 试样，处理成溶液后定容至 100mL，移取 25.00mL，调至 pH＝6，以 PAN 为指示剂，用 0.05000mol·L^{-1} EDTA 溶液滴定 Cu^{2+} 和 Zn^{2+}，用去了 37.3mL。另取一份 25.00mL 试样溶液，用 KCN 以掩蔽 Cu^{2+} 和 Zn^{2+}，用同浓度的 EDTA 溶液滴定 Mg^{2+}，用去 4.10mL。然后再加甲醛以解蔽 Zn^{2+}，用同浓度的 EDTA 溶液滴定，用去 13.40mL。计算试样中铜、锌、镁的质量分数。

解：依题意，可分别计算如下

$$w_{Mg} = \frac{0.05000 mol \cdot L^{-1} \times 4.10 mL \times 24.31 g \cdot mol^{-1}}{0.5000 g \times \frac{1}{4} \times 1000} \times 100\% = 3.99\%$$

$$w_{Zn} = \frac{0.05000 mol \cdot L^{-1} \times 13.40 mL \times 65.38 g \cdot mol^{-1}}{0.5000 g \times \frac{1}{4} \times 1000} \times 100\% = 35.04\%$$

$$w_{Cu} = \frac{0.05000 mol \cdot L^{-1} \times (37.30 - 13.40) mL \times 63.55 g \cdot mol^{-1}}{0.5000 g \times \frac{1}{4} \times 1000} \times 100\% = 60.75\%$$

本 章 小 结

本章讲述了络合平衡和络合滴定法的原理。

络合滴定法是以络合反应为依据的容量分析法，又称配位滴定法。基于络合反应的广泛性和络合滴定的选择性的有关理论和实践知识，是分析化学的重要内容之一。所谓的络合滴

定法，主要是指 EDTA 滴定法。

1. 概述

(1) 常见的络合剂：无机络合剂，有机络合剂和螯合剂。

(2) 乙二胺四乙酸，其结构式

$$\text{HOOC—CH}_2\text{}\overset{+}{\underset{H}{N}}\text{—CH}_2\text{—CH}_2\text{—}\overset{+}{\underset{H}{N}}\text{CH}_2\text{—COO}^-$$
$$^-\text{OOC—CH}_2\text{CH}_2\text{—COOH}$$

(3) EDTA 形成的络合物，有以下特点：

①具有多个五元环；②大多数络合物的络合比是 1∶1；③络合物均易溶于水；④EDTA 与无色金属离子形成的络合物无色，与有色金属离子形成颜色更深的络合物。

2. 络合物在溶液中的解离平衡

(1) 络合物的稳定常数

① 稳定常数　$M+Y \rightleftharpoons MY$　　$K_{MY}=\dfrac{[MY]}{[M][Y]}$

② 累积稳定常数　　$\beta_n = \prod\limits_{i=1}^{n} K_{稳 i}$，$\lg\beta = \sum\limits_{i=1}^{n} \lg K_{稳 i}$

(2) 平均配位数

$$\bar{n} = \dfrac{c_L - [L]}{c_M}$$

3. 副反应系数和条件稳定常数

(1) 副反应系数

① EDTA 的酸效应与酸效应系数：由于 H^+ 存在使配位体参加主反应能力降低的现象，称为酸效应。H^+ 引起副反应时的副反应系数称为酸效应系数，通常用 $\alpha_{Y(H)}$ 表示。

$$\alpha_{Y(H)} = \dfrac{[Y']}{[Y]}$$
$$= 1 + \beta_1^H[H^+] + \beta_2^H[H^+]^2 + \cdots + \beta_n^H[H^+]^n$$

当 pH>12 时，$[Y] \approx [Y']$，$\alpha_{Y(H)} \approx 1$

当 pH<12 时，$[Y] < [Y']$，$\alpha_{Y(H)} > 1$

② 共存离子效应：共存离子 N 引起的副反应称为共存离子效应。共存离子效应的副反应系数称为共存离子效应系数，用 $\alpha_{Y(N)}$ 表示。

$$\alpha_{Y(N)} = 1 + K_{NY}[N]$$

③ 总副反应系数：α_Y。当体系中既有共存离子 N，又有酸效应时，Y 的总副反应系数为

$$\alpha_Y = \alpha_{Y(H)} + \alpha_{Y(N)} - 1$$

④ 金属离子 M 的副反应及副反应系数

$$\alpha_{M(L)} = 1 + \beta_1[L] + \beta_2[L]^2 + \cdots + \beta_n[L]^n$$

$\alpha_{M(L)}$ 越大，表示金属离子被络合剂 L 络合得越完全，即副反应越严重。如果 M 没有副反应，则 $\alpha_{M(L)} = 1$。

(2) 条件稳定常数

$$M + Y \rightleftharpoons MY$$

$$K'_{MY} = \dfrac{[MY']}{[M'][Y']} = \dfrac{\alpha_{MY}[MY]}{\alpha_M[M]\alpha_Y[Y]} = K_{MY}\dfrac{\alpha_{MY}}{\alpha_M\alpha_Y}$$

适用于任何 pH 时，判断络合物的稳定性，其值取决于 $\lg K_{MY}$ 和 $\lg\alpha_M$、$\lg\alpha_Y$ 三个因素。

三者之间的关系： $\lg K'_{MY} = \lg K_{MY} - \lg\alpha_M - \lg\alpha_Y + \alpha_{MY}$

（3）金属离子缓冲溶液：它与弱酸（HA）及其共轭碱（A）组成的控制溶液 pH 的酸碱缓冲溶液的原理相似。

$$H^+ + A^- \rightleftharpoons HA, \quad pH = pK_a + \lg\frac{[A]}{[HA]}, \quad M + L \rightleftharpoons ML, \quad pM = pK(ML) + \lg\frac{[L]}{[ML]}$$

能维持该金属离子的浓度在一定范围。

4. 络合滴定的基本原理

（1）络合滴定曲线：以 EDTA 体积为横坐标，以 pM 为纵坐标作图，得 pM-V 的关系曲线称之为络合滴定曲线。络合滴定的滴定曲线，主要是为了选择适当的滴定条件，其次是为选择指示剂提供一个大概的范围。

（2）影响因素

① 滴定的金属离子浓度越大，滴定突跃就越大。

② 络合物的条件稳定常数越大，滴定突跃越大。由 $\lg K'_{MY} = \lg K_{MY} - \lg\alpha_{Y(H)} - \lg\alpha_{M(L)}$ 可知，络合物的绝对稳定常数越大，其条件稳定常数 $\lg K'_{MY}$ 越大，滴定突跃也越大；滴定体系的酸度越低即 pH 越高，$\lg\alpha_{Y(H)}$ 越小，$\lg K'_{MY}$ 越大，突跃越大。

5. 终点误差和准确滴定的条件

（1）林邦（Ringbom）终点误差公式

$$E_t = \frac{10^{\Delta pM} - 10^{-\Delta pM}}{\sqrt{K'_{MY} c_M^{sp}}} \times 100\%$$

终点误差与 $K'_{MY} c_M^{sp}$ 有关，K'_{MY} 越大，被测离子在化学计量点时的分析浓度越大，终点误差越小。$\Delta pM'$ 越小，即终点离化学计量点越近，终点误差就越小。

（2）直接准确滴定单一金属离子的条件

① 准确滴定单一金属离子的条件即：$c_M^{sp} K'_{MY} \geqslant 10^6$ 或 $\lg(c_M^{sp} K'_{MY}) \geqslant 6$ 是单独准确滴定 M 离子的条件，由此导出酸度条件：$\lg\alpha_{Y(H)} \geqslant \lg K_{MY} - 8$。利用这个关系式，能够计算出滴定任一金属离子的最高允许酸度（或最低 pH），从而绘制出酸效应曲线。

③ 分别滴定多种金属离子的条件 设 $\Delta pM' = 0.2$，$E_t \leqslant 0.3\%$ 时

$$\lg(K'_{MY} c_M^{sp}) \geqslant 5$$

$$\lg(K'_{MY} c_M^{sp}) = \lg(K_{MY} c_M^{sp}) - \lg(K_{NY} c_N^{sp}) \geqslant 5 \quad 或 \quad \Delta\lg(Kc) \geqslant 5$$

（3）单一金属离子滴定中酸度的选择与控制

① 最高酸度的确定，由 $\lg\alpha_{Y(H)} \geqslant \lg K_{MY} - 8$ 式得出的 $\lg\alpha_{Y(H)}$ 值，能够从酸效应系数表查出滴定任一金属离子的最高允许酸度（或最低 pH），称为"最高酸度"。也可从酸效应曲线查出滴定任一金属离子的最高允许酸度。

② 最低酸度的计算，在络合滴定时，求水解酸度也是必要的。可直接由 $M(OH)_n$ 沉淀的溶度积求水解酸度，此酸度为"最低酸度"。

6. 金属指示剂

金属指示剂是一种有机染料（也是一种络合剂），与待滴定金属离子反应，形成一种与指示剂自身颜色不同的络合物，从而指示滴定的终点。

必须具备下列几个条件。

（1）在滴定的 pH 范围内，指示剂本身的颜色与它和金属离子形成络合物的颜色应有显著区别。

（2）显色反应灵敏、迅速，且有良好的可逆性。

（3）指示剂与金属离子形成的络合物 MIn 的稳定性要适当，具体要求是 $\lg K'_{MIn} \geqslant 5$，

$\lg K'_{MY} - \lg K'_{MIn} \geq 2$。

(4) 与金属离子形成的络合物易溶于水。

(5) 指示剂应稳定，便于贮藏和使用。

7. 提高络合滴定选择性的方法

EDTA 络合作用的广泛性与所要求的选择性之间存在着矛盾。解决这一矛盾的方法有两个：一是当同时满足 $\lg(c_M K'_{MY}) \geq 6$ 和 $\lg(c_N K'_{NY}) \leq 1$ 的两个条件时，利用控制酸度的方法，这样就可以准确滴定 M，不受 N 的干扰。至于 N 离子能否被准确滴定，只需看 $\lg c_N K'_{NY}$ 是否大于等于 6。二是当 $\lg(K_{MY} c_M^{sp}) - \lg(K_{NY} c_N^{sp}) < 5$ 时，需利用掩蔽的方法来消除干扰。

8. 络合滴定方式及其应用

被测离子与 EDTA 的反应符合络合滴定的要求时，可采用直接滴定。但在下列任何一种情况下，不宜直接滴定。

(1) 被测离子（如 PO_4^{3-}，SO_4^{2-}）不与 EDTA 形成络合物或被测离子（如 Ni）与 EDTA 形成络合物不稳定。

(2) 被测离子（如 Ba^{2+}，Sr^{2+}）虽然与 EDTA 形成稳定络合物，但缺乏符合要求的指示剂。

(3) 被测离子（如 Al^{3+}，Cr^{3+}）与 EDTA 络合速率缓，且容易水解或有封闭现象。

对于上述第（1）种情况，可以采用间接滴定法；对于第（2）种情况，一般采用置换滴定；对于第（3）种情况，通常采用返滴定。

思考题与习题

1. 在不同资料上查得 Cu(Ⅱ) 络合物的常数，试按总稳定常数 ($\lg K_{稳}$) 从大到小排列起来。

Cu-柠檬酸	$K_{不稳} = 6.3 \times 10^{-15}$
Cu-乙酰丙酮	$\beta_1 = 1.86 \times 10^8$，$\beta_2 = 2.19 \times 10^{16}$
Cu-乙二胺	逐级稳定常数为：$K_1 = 4.7 \times 10^{10}$，$K_2 = 2.1 \times 10^9$
Cu-磺基水杨酸	$\lg \beta_2 = 16.45$
Cu-酒石酸	$\lg K_1 = 3.2$，$\lg K_2 = 1.9$，$\lg K_3 = 0.33$，$\lg K_4 = 1.73$
Cu-EDTA	$\lg K_{稳} = 18.80$
Cu-EDTP	$pK_{不稳} = 15.4$

   (乙二胺 > EDTA > 磺基水杨酸 > 乙酰丙酮 > EDTP > 柠檬酸 > 酒石酸)

2. Ca^{2+} 与 PAN 不显色，但在 pH10~12 时，加入适量的 CuY，却可用 PAN 作滴定 Ca^{2+} 的指示剂。简述其原理。

3. 在 pH=9.26 的氨性缓冲液中，除氨络合物外的缓冲剂总浓度为 0.20 mol·L^{-1}，游离 $C_2O_4^{2-}$ 浓度为 0.10 mol·L^{-1}。计算 Cu^{2+} 的 α_{Cu}。已知：Cu(Ⅱ)-$C_2O_4^{2-}$ 络合物的 $\lg \beta_1 = 4.5$，$\lg \beta_2 = 8.9$；Cu(Ⅱ)-OH$^-$ 络合物的 $\lg \beta_2 = 6.0$。

   (2.3×10^9 或 $10^{9.36}$)

4. 已知 $M(NH_3)_n^{2+}$ 的 $\lg \beta_1 \sim \lg \beta_4$ 为 2.0, 5.0, 7.0, 10.0，$M(OH)_n^{2-}$ 的 $\lg \beta_1 \sim \lg \beta_4$ 为 4.0, 8.0, 14.0, 15.0。在浓度为 0.10 mol·L^{-1} 的 M^{2+} 溶液中，滴加氨水至溶液中的游离 NH_3 浓度为 0.010 mol·L^{-1}，pH=9.0。试问溶液中的主要存在形式是哪一种？浓度为多大？若将 M^{2+} 溶液用 NaOH 和氨水调节至 pH≈13.0 且游离氨浓度为 0.010 mol·L^{-1}，则上述溶液中的主要存在形式是什么？浓度又为多少？

   [$M(NH_3)_4^{2+}$，8.2×10^{-2} mol·L^{-1}，$M(OH)_4^{2-}$，5.0×10^{-2} mol·L^{-1}]

5. 实验测得 0.10 mol·L^{-1} Ag(H$_2$NCH$_2$CH$_2$NH$_2$)$_2^+$ 溶液中的乙二胺游离浓度为 0.10 mol·L^{-1}，计算溶液中 $c_{乙二胺}$ 和 $\delta_{Ag(H_2NCH_2NH_2)^+}$。Ag$^+$ 与乙二胺络合物的 $\lg \beta_1 = 4.7$，$\lg \beta_2 = 7.7$。

   (0.20 mol·L^{-1}, 0.091)

6. 浓度均为 $0.0100\text{mol} \cdot \text{L}^{-1}$ 的 Zn^{2+}，Cd^{2+} 混合溶液，加入过量 KI，使终点时游离 I^- 浓度为 $1\text{mol} \cdot \text{L}^{-1}$，在 pH=5.0 时，以二甲酚橙作指示剂，用等浓度的 EDTA 滴定其中的 Zn^{2+}，计算终点误差。

(−0.22%)

7. 欲要求 $E \leqslant \pm 0.2\%$，实验检测终点时，$\Delta pM=0.38$，用 $2.00 \times 10^{-2} \text{mol} \cdot \text{L}^{-1}$ EDTA 滴定等浓度 Bi^{3+}，最低允许的 pH 为多少？若检测终点时，$\Delta pM=1.0$，则最低允许的 pH 又为多少？

(0.64, 0.90)

8. 在 pH=5.0 的缓冲溶液中，用 $0.0020 \text{mol} \cdot \text{L}^{-1}$ EDTA 滴定 $0.0020 \text{mol} \cdot \text{L}^{-1} Pb^{2+}$，以二甲酚橙作指示剂，在下述情况下，终点误差各是多少？
   a. 使用 HAc-NaAc 缓冲溶液，终点时，缓冲剂总浓度为 $0.31 \text{mol} \cdot \text{L}^{-1}$；
   b. 使用六亚甲基四胺缓冲溶液（不与 Pb^{2+} 络合）。已知：$Pd(Ac)_2$ 的 $\beta_1=10^{1.9}$，$\beta_2=10^{3.8}$，pH=5.0 时，$\lg K'_{PbIn}=7.0$，HAc 的 $K_a=10^{-4.74}$。

(0.25%, −0.007%)

9. 在 pH=10.00 的氨性缓冲溶液中含有 $0.020 \text{mol} \cdot \text{L}^{-1} Cu^{2+}$，若以 PAN 作指示剂，用 $0.020 \text{mol} \cdot \text{L}^{-1}$ EDTA 滴定至终点，计算终点误差（终点时，游离氨为 $0.10 \text{mol} \cdot \text{L}^{-1}$，$pCu_{ep}=13.8$）。

(−0.34%)

10. 用 $0.020 \text{mol} \cdot \text{L}^{-1}$ EDTA 滴定浓度为 $0.020 \text{mol} \cdot \text{L}^{-1} La^{3+}$ 和 $0.050 \text{mol} \cdot \text{L}^{-1} Mg^{2+}$ 混合溶液中 La^{3+}，设 $\Delta pLa'=0.2pM$ 单位，欲要求 $E_t \leqslant 0.3\%$ 时，则适宜酸度范围为多少？若指示剂不与 Mg^{2+} 显色，则适宜酸度范围又为多少？若二甲酚橙作指示剂，$\alpha_{Y(H)} = 0.1\alpha_{Y(Mg)}$ 时，滴定 La^{3+} 的终点误差为多少？已知 $\lg K'_{LaIn}$ 在 pH=4.5，5.0，5.5，6.0 时分别为 4.0，4.5，5.0，5.6，Mg^{2+} 与二甲酚橙不显色，$K_{sp}=10^{-18.8}$。

(pH4.0~5.2, pH4.0~8.3, −0.2%)

11. 测定水泥中 Al^{3+} 时，因为含有 Fe^{3+}，所以先在 pH=3.5 条件下加入过量 EDTA，加热煮沸，再以 PAN 为指示剂，用硫酸铜标准溶液返滴定过量的 EDTA。然后调节 pH=4.5，加入 NH_4F，继续用硫酸铜标准溶液滴至终点。若终点时，$[F^-]$ 为 $0.10 \text{mol} \cdot \text{L}^{-1}$，$[CuY]$ 为 $0.010 \text{mol} \cdot \text{L}^{-1}$。计算 FeY 有百分之几转化为 FeF_3？试问用此法测 Al^{3+} 时要注意什么问题？（pH=4.5 时，$\lg K'_{CuIn}=8.3$）

(0.029%)

12. 取 100mL 水样，以铬黑 T 为指示剂，在 pH=10 时用 $0.08832 \text{mol} \cdot \text{L}^{-1}$ 的 EDTA 滴定至终点，消耗 EDTA 12.85mL，计算水的总硬度。另取 100mL 水样，用 NaOH 调节溶液 pH=12.5，加入钙指示剂，用上述 EDTA 标准溶液滴定至终点，消耗 EDTA 溶液 11.25mL，试分别求出水样中 Ca^{2+}、Mg^{2+} 的含量（以 CaO $mg \cdot L^{-1}$ 和 MgO $mg \cdot L^{-1}$ 表示）。

($636.5 mg \cdot L^{-1}$, $557.2 mg \cdot L^{-1}$, MgO$56.96 mg \cdot L^{-1}$)

13. 称取含 Fe_2O_3 和 Al_2O_3 的试样 0.2015g，溶解后，在 pH=2 时以磺基水杨酸为指示剂，加热至 50℃ 左右，以 $0.02010 \text{mol} \cdot \text{L}^{-1}$ EDTA 溶液滴定至红色消失，消耗 15.20mL。然后加入上述 EDTA 标准溶液 25.00mL，加热煮沸，调节 pH=4.5，以 PAN 为指示剂，趁热用 $0.02110 \text{mol} \cdot \text{L}^{-1} Cu^{2+}$ 溶液 8.15mL 返滴定至终点。计算试样中 Fe_2O_3 和 Al_2O_3 的含量。

(12.11%, 8.36%)

14. 测定铅锡合金中 Pb，Sn 含量时，称取试样 0.2000g，用 HCl 溶解后，准确加入 50.00 mL $0.03000 \text{mol} \cdot \text{L}^{-1}$ EDTA 及 50 mL 水，加热煮沸 2 min，冷后，用六亚甲基四胺将溶液调至 pH=5.5，加入少量 1,10-邻二氮菲，以二甲酚橙作指示剂，用 $0.03000 \text{mol} \cdot \text{L}^{-1} Pb^{2+}$ 标准溶液滴定，用去 3.00 mL。然后加入足量 NH_4F，加热至 40℃ 左右，再用上述 Pb^{2+} 标准溶液滴定，用去 35.00mL。计算试样中 Pb 和 Sn 的质量分数。

(37.30%, 62.32%)

15. 测定锆英石中 ZrO_2，Fe_2O_3 含量时，称取 1.000g 试样，以适当的熔样方法制成 200.0 mL 试样溶液。移取 50.00 mL 试液，调至 pH=0.8，加入盐酸羟胺还原 Fe^{3+}，以二甲酚橙为指示剂，用 $1.000 \times 10^{-2} \text{mol} \cdot \text{L}^{-1}$ EDTA 滴定，用去 10.00 mL。加入浓硝酸，加热，使 Fe^{2+} 被氧化成 Fe^{3+}，将溶液调至 pH≈1.5，以磺基水杨酸作指示剂，用上述 EDTA 溶液滴定，用去 20.00 mL。计算试样中 ZrO_2 和

Fe_2O_3 的质量分数。

(4.9%, 6.4%)

16. 称取苯巴比妥钠（$C_{12}H_{11}N_2O_3Na$，$M=254.2\text{g}\cdot\text{mol}^{-1}$）试样 0.2014g，于稀碱溶液中加热（60℃），使之溶解，冷却，以乙酸酸化后转移于 250 mL 容量瓶中，加入 25.00mL 0.03000mol·L^{-1} $Hg(ClO_4)_2$ 标准溶液，稀至刻度，放置待下述反应完毕：

$$Hg^{2+} + 2C_{12}H_{11}N_2O_3^- = Hg(C_{12}H_{11}N_2O_3)_2 \downarrow$$

过滤弃去沉淀，滤液用烧杯承接。移取 25.00 mL 滤液，加入 10mol·L^{-1} MgY 溶液，释放出的 Mg^{2+}，在 pH=10 时以 EBT 为指示剂，用 0.01000mol·L^{-1} EDTA 滴定至终点，消耗 3.60mL。计算试样中苯巴比妥钠的质量分数。

(98.40%)

17. 称取含 Bi、Pb、Cd 的合金试样 2.420g，用 HNO_3 溶解并定容至 250mL。移取 50.00mL 试液于 250mL 锥形瓶中，调节 pH=1，以二甲酚橙为指示剂，用 0.02479mol·L^{-1} EDTA 滴定，消耗 25.67mL；然后用六亚甲基四胺缓冲溶液将 pH 调至 5，再以上述 EDTA 滴定，消耗 EDTA 24.76mL；加入邻二氮菲，置换出 EDTA 络合物中的 Cd^{2+}，用 0.02174mol·L^{-1} $Pb(NO_3)_2$ 标准溶液滴定游离 EDTA，消耗 6.76 mL。计算此合金试样中 Bi，Pb，Cd 的质量分数。

(27.84%, 19.99%, 3.41%)

第 5 章 氧化还原滴定法

氧化还原滴定法（redox titration）是以氧化还原反应为基础的滴定分析方法。它的应用十分广泛，可以直接或间接地测定多种无机物和有机物。例如，用重铬酸钾法测定铁，可配制成 $K_2Cr_2O_7$ 标准溶液，以二苯胺磺酸钠为指示剂，用 $K_2Cr_2O_7$ 标准溶液滴定溶液中的 Fe^{2+}，其反应为

$$Cr_2O_7^{2-} + 6Fe^{2+} + 14H^+ \Longleftrightarrow 2Cr^{3+} + 6Fe^{3+} + 7H_2O$$

在氧化还原反应中，还原剂给出电子转化成它的共轭氧化态，氧化剂则接受电子转化成它的共轭还原态。这类基于电子转移的反应机理比较复杂，有些反应的完全程度很高但反应速率比较慢，还有一些反应因伴有副反应而没有确定的化学计量关系。因此，在讨论氧化还原滴定时，除了从平衡的观点判断反应的可行性外，还应考虑反应机理、反应速率及反应介质等问题，即必须选择适当的条件，使反应满足滴定分析要求。

氧化还原滴定法在滴定中使用多种氧化（还原）滴定剂，根据滴定剂的不同分为高锰酸钾法、重铬酸钾法、碘量法、溴酸钾法、铈量法等多种典型滴定方法，各种方法都有其特点和应用范围，本章主要介绍几种氧化还原滴定法的基本原理和应用。

5.1 氧化还原平衡

5.1.1 条件电极电位

氧化还原电对常粗略地分为可逆电对和不可逆电对，可逆电对是指其电极反应在电流反向流动时会改变为原反应的逆向反应，这样的电对可在反应的任一瞬间迅速建立起氧化还原平衡，所具有的实际电位遵从能斯特方程式。例如，若以 Ox 表示物质的氧化态，以 Red 表示物质的还原态，对于可逆电对

$$Ox + ne^- \Longleftrightarrow Red$$

$$E_{Ox/Red} = E_{Ox/Red}^{\ominus} + \frac{0.059}{n} \lg \frac{a_{Ox}}{a_{Red}} \tag{5-1}$$

式中，a_{Ox} 表示氧化态的活度；a_{Red} 表示还原态的活度。$E_{Ox/Red}^{\ominus}$ 是电对的标准电位（25℃），它仅随温度变化。常见电对的标准电极电位值参见本书后附录表 12。

从式 (5-1) 可看出，氧化还原电对的实际电极电位主要决定于各种条件下电对的氧化态和还原态的活度。如果是不可逆电对，电极电位的计算值和实验测得值之间会出现较大的差异。不过，对于不可逆电对如 MnO_4^-/Mn^{2+}、$Cr_2O_7^{2-}/Cr^{3+}$、SO_4^{2-}/SO_3^{2-} 等，用能斯特方程式的计算结果对反应进行初步判断，仍然具有一定的意义。

应用能斯特公式时，应考虑以下两个因素：离子强度的影响和氧化态或还原态存在形式的改变。由于通常使用的是溶液的浓度而不是活度，当溶液离子强度较大时，用浓度代替活度进行计算，将引起较大的误差。而酸度的变化、沉淀与络合物的形成等副反应，也都会使电位发生很大变化。如 Ce^{4+}/Ce^{3+}，其 $E_{Ce^{4+}/Ce^{3+}}^{\ominus} = 1.61V$，而在 $1 mol \cdot L^{-1}$ HCl、$0.5 mol \cdot L^{-1}$ H_2SO_4、$1 mol \cdot L^{-1}$ HNO_3 和 $1 mol \cdot L^{-1}$ $HClO_4$ 溶液中，当 $c_{Ce^{4+}} = c_{Ce^{3+}} = 1 mol \cdot L^{-1}$ 时，实际测得的电极电位分别为 1.28V、1.44V、1.61V 和 1.70V。

如果考虑浓度与活度的不同，引入相应的活度系数 γ，考虑到副反应的发生，引入相应

的副反应系数 α 则

$$E_{Ox/Red} = E^{\ominus}_{Ox/Red} + \frac{0.059}{n} \lg \frac{\gamma_{Ox} c_{Ox} \alpha_{Red}}{\gamma_{Red} c_{Red} \alpha_{Ox}}$$

$$= E^{\ominus}_{Ox/Red} + \frac{0.059}{n} \lg \frac{\gamma_{Ox} \alpha_{Red}}{\gamma_{Red} \alpha_{Ox}} + \frac{0.059}{n} \lg \frac{c_{Ox}}{c_{Red}} \tag{5-2}$$

在温度为25℃,电对的氧化态和还原态的浓度均为$1 mol \cdot L^{-1}$时,式(5-2)可写为

$$E_{Ox/Red} = E^{\ominus}_{Ox/Red} + \frac{0.059}{n} \lg \frac{\gamma_{Ox} \alpha_{Red}}{\gamma_{Red} \alpha_{Ox}} \tag{5-3}$$

上式中离子的活度系数 γ 及副反应系数 α 在一定条件下是一固定值,因而式(5-3)数值应为一常数,今以 $E^{\ominus\prime}$ 来表示

$$E_{Ox/Red} = E^{\ominus\prime}_{Ox/Red} + \frac{0.059}{n} \lg \frac{c_{Ox}}{c_{Red}} \tag{5-4}$$

式中, $E^{\ominus\prime}$ 称为条件电极电位,它是在特定条件下,氧化态和还原态的分析浓度均为$1 mol \cdot L^{-1}$时的实际电极电位。条件电极电位和标准电极电位的关系类似于条件稳定常数和稳定常数的关系。它反映了离子强度与各种副反应影响的总结果,在一定条件下为常数。故在电极电位的计算中,应尽可能地采用式(5-4),这样进行氧化还原平衡处理既方便又准确,计算结果比较接近实际情况。本书附录表13列出了一些氧化还原电对的条件电极电位。但是,实际的反应条件很复杂,目前测得的条件电极电位有限,不能满足实际工作的需要。因此,在缺乏相同条件下的条件电极电位时,可采用条件相近的条件电极电位数据。对于没有相应条件电极电位数据的氧化还原电对,则采用标准电极电位。

5.1.2 外界条件对电极电位的影响

(1) 离子强度的影响

离子强度较大时,活度系数远小于1,活度与浓度的大小差异较大,计算电极电位时若用浓度代替浓度,其结果与实际情况有差异。但由于各种副反应对电位的影响远比离子强度的影响大,同时,离子强度的影响又难以校正。因此,一般都忽略离子强度的影响。

(2) 生成沉淀的影响

在氧化还原反应中,常利用沉淀反应使电对的氧化态或还原态的浓度发生变化,从而改变电对的电极电位,控制反应进行的方向和程度。

当加入一种可与电对的氧化态或还原态生成沉淀的沉淀剂时,电对的电极电位就会发生改变。氧化态生成沉淀时会使电对的电极电位降低,而还原态生成沉淀时则会使电对的电极电位升高。因此当改变各电对离子的浓度时,氧化还原反应的方向有可能改变。

例如碘化物还原 Cu^{2+} 的反应式及半反应的电极电位为

$$2Cu^{2+} + 4I^- \Longrightarrow 2CuI\downarrow + I_2$$

$E^{\ominus}_{Cu^{2+}/Cu^+} = +0.159V$, $E^{\ominus}_{I_2/I^-} = +0.545V$,仅从两电对的标准电位看,$Cu^{2+}$不能氧化$I^-$。但是,由于生成$CuI\downarrow$,$Cu^{2+}$可以把$I^-$氧化成$I_2$。

【例 5-1】 计算KI浓度为$1 mol \cdot L^{-1}$时,Cu^{2+}/Cu^+电对的电极电位(忽略离子强度的影响)。

解:已知 $E^{\ominus}_{Cu^{2+}/Cu^+} = +0.159V$, $K_{sp(CuI)} = 1.1 \times 10^{-12}$,根据式(5-1)得

$$E_{Cu^{2+}/Cu^+} = E^{\ominus}_{Cu^{2+}/Cu^+} + 0.059 \lg \frac{[Cu^{2+}]}{[Cu^+]}$$

$$= E^{\ominus}_{Cu^{2+}/Cu^+} + 0.059 \lg \frac{[Cu^{2+}][I^-]}{K_{sp(CuI)}}$$

$$= E^{\ominus}_{Cu^{2+}/Cu^+} + 0.059 \lg \frac{[I^-]}{K_{sp(CuI)}} + 0.059 \lg [Cu^{2+}]$$

若 Cu^{2+} 未发生副反应，则 $[Cu^{2+}] = c_{Cu^{2+}}$，令 $[Cu^{2+}] = [2I^-] = 1 mol \cdot L^{-1}$，故

$$E^{\ominus'}_{Cu^{2+}/Cu^+} = E^{\ominus}_{Cu^{2+}/Cu^+} + 0.059 \lg \frac{[I^-]}{K_{sp(CuI)}}$$
$$= 0.159 - 0.059 \times \lg(1.1 \times 10^{-12})$$
$$= 0.86 V$$

此时 $E^{\ominus'}_{Cu^{2+}/Cu^+} > E^{\ominus}_{I_2/I^-}$，因此 Cu^{2+} 能够氧化 I^-。

(3) 形成络合物的影响

溶液中若有能与氧化型或还原型生成络合物的络合剂存在时，也能改变电对的电位，从而影响氧化还原反应进行的方向。

例如，Fe^{3+} 可以将 I^- 氧化成 I_2。当有氟化物存在时，Fe^{3+} 与 F^- 形成了 $[FeF]^{2+}$、$[FeF_2]^+$、$\cdots$、$[FeF_6]^{3-}$ 等一系列的络合物，使 $[Fe^{3+}]$ 的浓度大大降低，电对 Fe^{3+}/Fe^{2+} 的电位值降低，Fe^{3+} 的氧化能力变弱而不能将 I^- 氧化。用碘量法测铜时，就是利用这个办法来消除 Fe^{3+} 对 Cu^{2+} 的干扰。

【例 5-2】 计算 $pH = 3.0$，NaF 浓度为 $0.2 mol \cdot L^{-1}$ 时，Fe^{3+}/Fe^{2+} 电对的条件电极电位。在此条件下，用碘量法测 Cu^{2+} 时，Fe^{3+} 是否干扰测定？若 $pH = 1.0$，情况又如何？（已知 Fe^{3+} 氟络合物的 $\lg\beta_1 \sim \lg\beta_3$ 分别为 5.2，9.2，11.9，Fe^{2+} 基本不与 F^- 络合，$\lg K^H_{HF} = 3.1$，$E^{\ominus}_{Fe^{3+}/Fe^{2+}} = 0.77V$，$E^{\ominus}_{I_2/I^-} = 0.54V$）

解：$E_{Fe^{3+}/Fe^{2+}} = E^{\ominus}_{Fe^{3+}/Fe^{2+}} + 0.059 \lg \frac{[Fe^{3+}]}{[Fe^{2+}]}$

$$= E^{\ominus}_{Fe^{3+}/Fe^{2+}} - 0.059 \lg \alpha_{Fe^{3+}} + 0.059 \lg \frac{c_{Fe^{3+}}}{c_{Fe^{2+}}}$$

$$E^{\ominus'}_{Fe^{3+}/Fe^{2+}} = E^{\ominus}_{Fe^{3+}/Fe^{2+}} - 0.059 \lg \alpha_{Fe^{3+}}$$

若 $pH = 3.0$ 时

$$\alpha_{F(H)} = 1 + K^H_{HF}[H^+] = 1 + 10^{-3.0+3.1} = 10^{0.4}$$

$$[F^-] = \frac{0.2}{10^{0.4}} = 10^{-1.1}$$

$$\alpha_{Fe^{3+}(F)} = 1 + \beta_1[F^-] + \beta_2[F^-]^2 + \beta_3[F^-]^3$$
$$= 1 + 10^{-1.1+5.2} + 10^{-2.2+9.2} + 10^{-3.3+11.9}$$
$$= 10^{8.6} \gg 10^{0.4}$$

故 $E^{\ominus'}_{Fe^{3+}/Fe^{2+}} = 0.77 - 0.059 \times \lg 10^{8.6} = 0.26 V$

此时 $E^{\ominus'}_{I_2/I^-} > E^{\ominus'}_{Fe^{3+}/Fe^{2+}}$，$Fe^{3+}$ 不能氧化 I^-，不干扰碘量法测 Cu^{2+}。

若 $pH = 1.0$ 时，同理可求得 $\alpha_{Fe^{3+}(F)} = 10^{3.8}$，$E^{\ominus'}_{Fe^{3+}/Fe^{2+}} = 0.55$

此时 $E^{\ominus'}_{Fe^{3+}/Fe^{2+}} > E^{\ominus}_{I_2/I^-}$，$Fe^{3+}$ 将氧化 I^-，干扰碘量法测 Cu^{2+}。

(4) 溶液酸度的影响

有些氧化剂必须在酸性溶液中才能发生作用，而且酸度越大其氧化能力往往越强。许多有 H^+ 或 OH^- 参加的氧化还原反应，酸度直接影响电对的电位；有些氧化剂或还原剂是弱酸，溶液的酸度影响它们在溶液中的存在形式，因此，当溶液酸度发生变化时，电位也发生变化，就可能改变反应进行的方向。

【例 5-3】 碘量法中的反应

$$H_3AsO_4 + 2I^- + 2H^+ \rightleftharpoons HAsO_2 + 2H_2O + I_2$$

已知 $E^{\ominus}_{H_3AsO_4/HAsO_2} = +0.559V$，$E^{\ominus}_{I_2/I^-} = +0.545V$，$H_3AsO_4$ 的 $pK_{a_1} \sim pK_{a_3}$ 分别为

2.2、7.0、11.5，$HAsO_2$ 的 pK_a 为 9.2。计算 pH=8.0 时的 $NaHCO_3$ 溶液中 H_3AsO_4/$HAsO_2$ 电对的条件电极电位，并判断反应进行的方向（忽略离子强度的影响）。

解：I_2/I^- 电对的电极电位在 pH≤8.0 时几乎与酸度无关，而 H_3AsO_4/$HAsO_2$ 电对的电极电位则受酸度的影响较大。

从标准电极电位看 $E^\ominus_{H_3AsO_4/HAsO_2} > E^\ominus_{I_2/I^-}$，在酸性溶液中，上述反应向右进行，$H_3AsO_4$ 氧化 I^- 为 I_2。如果加入 $NaHCO_3$ 使溶液的 pH=8.0，则 H_3AsO_4/$HAsO_2$ 电对的条件电极电位将受酸度的影响发生变化。

在酸性条件下，H_3AsO_4/$HAsO_2$ 电对的半反应为

$$H_3AsO_4 + 2H^+ + 2e^- \Longrightarrow HAsO_2 + 2H_2O$$

$$E_{H_3AsO_4/HAsO_2} = E^\ominus_{H_3AsO_4/HAsO_2} + \frac{0.059}{2}\lg\frac{[H_3AsO_4][H^+]^2}{[HAsO_2]}$$

若考虑副反应，由于不同 pH 时 H_3AsO_4-$HAsO_2$ 体系中各形式的分布是不同的，它们的平衡浓度在总浓度一定时，由其分布系数所决定：

$$[H_3AsO_4] = c_{H_3AsO_4}\delta_{H_3AsO_4}$$
$$[HAsO_2] = c_{HAsO_2}\delta_{HAsO_2}$$

$$E_{H_3AsO_4/HAsO_2} = E^\ominus_{H_3AsO_4/HAsO_2} + \frac{0.059}{2}\lg\frac{\delta_{H_3AsO_4}[H^+]^2}{\delta_{HAsO_2}} + \frac{0.059}{2}\lg\frac{c_{H_3AsO_4}}{c_{HAsO_2}}$$

条件电极电位

$$E^{\ominus\prime}_{H_3AsO_4/HAsO_2} = E^\ominus_{H_3AsO_4/HAsO_2} + \frac{0.059}{2}\lg\frac{\delta_{H_3AsO_4}[H^+]^2}{\delta_{HAsO_2}}$$

由于 $HAsO_2$ 是很弱的酸，当 pH=8.0 时，它主要以 $HAsO_2$ 形式存在，$\delta_{HAsO_2} \approx 1$。

$$\delta_{H_3AsO_4} = \frac{[H^+]^3}{[H^+]^3 + [H^+]^2 K_{a_1} + [H^+] K_{a_1} K_{a_2} + K_{a_1} K_{a_2} K_{a_3}}$$
$$= \frac{10^{-24}}{10^{-24} + 10^{(-16-2.2)} + 10^{(-8-2.2-7.0)} + 10^{(-2.2-7.0-11.5)}}$$
$$= 10^{-6.8}$$

将此值代入上式，得

$$E^{\ominus\prime}_{H_3AsO_4/HAsO_2} = 0.56 + \frac{0.059}{2} \times \lg 10^{(-6.8-16)}$$
$$= -0.113 \text{V}$$

以上计算说明，酸度减小，H_3AsO_4/$HAsO_2$ 电对的条件电极电位变小，致使 $E^\ominus_{I_2/I^-} > E^{\ominus\prime}_{H_3AsO_4/HAsO_2}$，因此 I_2 可氧化 $HAsO_2$ 为 H_3AsO_4。此时上述氧化还原反应的方向发生了改变。但应注意，这种反应方向的改变，仅限于标准电极电位相差很小的两电对间才能发生。

5.1.3 氧化还原平衡常数

氧化还原反应进行的程度可用其平衡常数 K 来衡量，平衡常数 K 值可以用有关电对标准电极电位求得，其大小由氧化剂和还原剂两电对的电极电位之差决定。若考虑到副应的影响，引入条件电极电位，求得的则是条件平衡常数 K'，它更能客观地说明在特定条件下氧化还原反应实际进行的程度。两电对的标准电极电位或条件电极电位差值越大，K 或 K' 值也就越大，反应进行得越完全。

设氧化还原反应为

$$n_2 Ox_1 + n_1 Red_2 \Longrightarrow n_2 Red_1 + n_1 Ox_2$$

氧化剂和还原剂两个电对的半反应分别为

$$Ox_1 + n_1 e^- \rightleftharpoons Red_1 \qquad E_1 = E_1^{\ominus'} + \frac{0.059}{n_1} \lg \frac{c_{Ox_1}}{c_{Red_1}}$$

$$Ox_2 + n_2 e^- \rightleftharpoons Red_2 \qquad E_2 = E_2^{\ominus'} + \frac{0.059}{n_2} \lg \frac{c_{Ox_2}}{c_{Red_2}}$$

当反应达平衡时，$E_1 = E_2$，即

$$E_1^{\ominus'} + \frac{0.059}{n_1} \lg \frac{c_{Ox_1}}{c_{Red_1}} = E_2^{\ominus'} + \frac{0.059}{n_2} \lg \frac{c_{Ox_2}}{c_{Red_2}}$$

设两电对电子转移数 n_1 与 n_2 的最小公倍数为 n
整理得

$$\lg \frac{c_{R_1}^{n_2} c_{O_2}^{n_1}}{c_{O_1}^{n_2} c_{R_2}^{n_1}} = \lg K' = \frac{(E_1^{\ominus'} - E_2^{\ominus'})n}{0.059} \tag{5-5}$$

由上式可知条件平衡常数 K' 值的大小是由氧化剂和还原剂两个电对的条件电极电位之差和转移的电子数决定的。

5.1.4 化学计量点时反应进行的程度

在滴定分析中，要求化学反应进行的完全程度达 99.9% 以上。对于氧化还原反应

$$n_2 Ox_1 + n_1 Red_2 \rightleftharpoons n_2 Red_1 + n_1 Ox_2$$

当 $n_1 = n_2 = 1$ 时，要使其反应完全程度达 99.9% 以上，即要求

$$\frac{c_{Red_1}}{c_{Ox_1}} \geqslant 10^3, \frac{c_{Ox_2}}{c_{Red_2}} \geqslant 10^3$$

则须

$$\lg K' = \lg \frac{c_{R_1} c_{O_2}}{c_{O_1} c_{R_2}} \geqslant 6$$

由式（5-5）计算可得 $E_1^{\ominus'} - E_2^{\ominus'} = \frac{0.059}{n} \lg K' \geqslant 0.059 \times 6 = 0.35V$

若 $n_1 = n_2 = 2$ 时，要求反应的完全程度达 99.9% 以上，对 $\lg K'$ 要求不变，为

$$\lg K' \geqslant 6$$

此时要求 $E_1^{\ominus'} - E_2^{\ominus'} = \frac{0.059}{n} \lg K' \geqslant \frac{0.059}{2} \times 6 = 0.18V$

因此，一般认为两电对的条件电位差若大于 0.4V，反应就能进行完全，这样的反应才能用于滴定分析。但要注意，两电对的条件电位相差很大，仅仅说明该氧化还原反应有进行完全的可能性，并不能说明该反应能够迅速完成，也不一定能够定量反应。

【例 5-4】 (1) 计算 $1 mol \cdot L^{-1} H_2SO_4$ 溶液中下述反应的条件平衡常数。

$$Ce^{4+} + Fe^{2+} \rightleftharpoons Ce^{3+} + Fe^{3+}$$

(2) 计算 $0.5 mol \cdot L^{-1} H_2SO_4$ 溶液中下述反应的条件平衡常数。

$$2Fe^{3+} + 3I^- \rightleftharpoons 2Fe^{2+} + I_3^-$$

解：(1) 已知 $E_{Fe^{3+}/Fe^{2+}}^{\ominus'} = 0.68V$，$E_{Ce^{4+}/Ce^{3+}}^{\ominus'} = 1.44V$
据式（5-5）得

$$\lg K' = \frac{(E_{Ce^{4+}/Ce^{3+}}^{\ominus'} - E_{Fe^{3+}/Fe^{2+}}^{\ominus'}) n_1 n_2}{0.059}$$

$$= \frac{(1.44 - 0.68) \times 1 \times 1}{0.059}$$

$$= 12.9$$

$$K' = 10^{12.9} = 8 \times 10^{12}$$

计算结果说明条件平衡常数 K' 值很大，此反应进行得很完全。

（2）已知 $E^{\ominus}_{Fe^{3+}/Fe^{2+}} = 0.68V$，$E^{\ominus}_{I_3^-/I^-} = 0.55V$

同样，据式（5-5）得

$$\lg K' = \frac{(E^{\ominus'}_{Fe^{3+}/Fe^{2+}} - E^{\ominus'}_{I_3^-/I^-})n}{0.059}$$

$$= \frac{(0.68 - 0.55) \times 2}{0.059}$$

$$= 4.4$$

$$K' = 2.5 \times 10^4$$

计算结果说明在此条件下的条件平衡常数 K' 值不够大，此反应进行得不完全。

5.2 氧化还原反应的速率

不同的氧化还原反应，其反应速率会有很大的差别，有的反应速率较快，有的则较慢；有的反应从理论上看可以进行，但由于反应太慢我们可以认为氧化剂和还原剂之间并没有反应。因此，对于氧化还原反应，不能单独从平衡的观点来考虑反应的可能性，还应从反应速率来考虑反应的现实性。

例如，水溶液中的溶解氧

$$O_2 + 4H^+ + 4e^- \rlap{=}{=} 2H_2O \qquad E^{\ominus} = 1.23V$$

$$Sn^{4+} + 2e^- \rlap{=}{=} Sn^{2+} \qquad E^{\ominus} = 0.154V$$

从标准电极电位看，水溶液中的溶解氧完全可以把 Sn^{2+} 氧化为 Sn^{4+}，但实际上 Sn^{2+} 在水溶液中有一定的稳定性，说明它们之间的氧化还原反应速度是非常缓慢的，以至于我们认为它们之间没有发生氧化还原反应。反应速率缓慢的原因是由于电子在转移过程中受到了来自溶剂分子、各种配体、静电的排斥等各方面的阻力，此外由于价态改变而引起电子层结构、化学键性质和物质组成的变化也会阻碍电子的转移，故部分氧化还原反应速率较慢。

影响反应速率的因素很多，除了参加氧化还原反应电对本身的性质外，还有反应时外界的条件，如反应物的浓度、反应体系的温度、反应体系中是否有催化剂等。

（1）反应物浓度对反应速率的影响

根据质量作用定律，反应速率与反应物浓度的乘积成正比。许多氧化还原反应是分步进行的，整个反应的速度由最慢的一步所决定，因此不能根据总的氧化还原反应方程式来判断反应物浓度对速率的影响程度。但一般说来，反应物浓度越大，反应速率越快。例如，$K_2Cr_2O_7$ 在酸性溶液中与 KI 的反应

$$Cr_2O_7^{2-} + 6I^- + 14H^+ \rlap{=}{=} 2Cr^{3+} + 3I_2 + 7H_2O$$

此反应速率较慢，通常采用增大 I^- 的浓度和提高溶液酸度来加快反应速率，实验证明，在 $[H^+]$ 约达 $0.4 mol \cdot L^{-1}$ 时，KI 过量约 5 倍，放置 5min，反应即可进行完全。

（2）温度对反应速率的影响

对大多数反应来说，升高溶液的温度可以加快反应速率。这是由于溶液温度升高，可以增加反应物之间的碰撞概率，更重要的是增加了活化分子或活化离子的数目，所以反应速率提高了。通常溶液的温度每升高 10℃，反应速率约增大 2～3 倍。例如在酸性溶液中 MnO_4^- 和 $C_2O_4^{2-}$ 的反应

$$2MnO_4^- + 5C_2O_4^{2-} + 16H^+ = 2Mn^{2+} + 10CO_2\uparrow + 8H_2O$$

在常温下反应速率相当缓慢。如果将溶液加热至 75～85℃，反应速率就大大加快了。

用提高温度来加快反应速率的方法并非适用于所有情况。对上面介绍的 $K_2Cr_2O_7$ 与 KI 的反应，I_2 为易挥发的物质，加热溶液会引起 I_2 挥发而损失。又如，草酸溶液加热温度过高或时间过长，草酸将分解而引起误差，因此 MnO_4^- 和 $C_2O_4^{2-}$ 的反应，温度应控制在 75～85℃ 为宜；有些还原性物质（如 Sn^{2+}、Fe^{2+}）很容易被空气中的氧所氧化。加热溶液会促进它们的氧化，从而引起误差。在这种情况下，只有采用别的办法来加快反应速率。

（3）催化剂对反应速率的影响

催化剂可分为正催化剂和负催化剂，正催化剂加快反应速率，负催化剂（又叫阻化剂）减慢反应速率，通常所说的催化剂是指正催化剂。用催化剂是加快反应速率的有效方法。

催化反应的历程非常复杂。在催化反应中，由于催化剂的存在，可能新产生了一些不稳定的中间价态的离子、自由基或活泼的中间络合物，从而改变了原来的氧化还原反应历程，或者降低了原来进行反应时所需的活化能，使反应速率发生变化。如前面提到在酸性溶液中 $KMnO_4$ 与 $Na_2C_2O_4$ 的反应，如果加入少许 Mn^{2+}，反应就能很快进行。若不加 Mn^{2+}，即使将溶液的温度升高，在滴定的最初阶段仍然很慢，随着反应进行，不断地产生 Mn^{2+}，反应将越来越快。这种由反应产物起催化作用的现象称为自动催化作用，这种反应称为自动催化反应。自动催化反应有一个特点，就是开始时的反应速率比较慢，随着生成物逐渐增多，反应速率逐渐加快；经过一最高点后，随着反应物浓度的减小，生成物浓度的增加，反应速率逐渐降低。

在分析化学中，还经常用到负催化剂。例如，加入多元醇可以减慢 $SnCl_2$ 与溶液中的氧起作用；加入 AsO_3^{2-} 可以防止 SO_3^{2-} 与溶液中的氧起作用等。

（4）诱导反应

有些氧化还原反应，在一般情况下进行得非常缓慢，或实际上并不发生，可是在另一反应的存在下，却能被加速进行，这种现象称为诱导作用。例如在酸性溶液中 $KMnO_4$ 氧化 Cl^- 的反应通常进行得非常缓慢，几乎不发生，但当溶液中同时存在 Fe^{2+} 时，$KMnO_4$ 与 Fe^{2+} 的反应加速了 $KMnO_4$ 氧化 Cl^- 的反应。像这种由于一种氧化还原反应的进行而促使另一种氧化还原反应加速进行的现象，称为诱导反应。

$$5Fe^{2+} + MnO_4^- + 8H^+ = 5Fe^{3+} + Mn^{2+} + 4H_2O \text{(诱导反应)}$$
$$10Cl^- + 2MnO_4^- + 16H^+ = 5Cl_2\uparrow + 2Mn^{2+} + 8H_2O \text{(受诱反应)}$$

其中 MnO_4^- 称为作用体，Fe^{2+} 称为诱导体，Cl^- 称为受诱体。

诱导反应与催化反应不同，在催化反应中，催化剂并不消耗；而在诱导反应中，诱导体和受诱体都参加反应，给分析结果带来误差。如在稀 HCl 中用 $KMnO_4$ 滴定 Fe^{2+} 时，会导致多消耗 $KMnO_4$ 溶液而引起误差。因此在氧化还原滴定中防止诱导反应的发生具有重要的意义。关于这一点在实际应用上非常重要。

5.3 氧化还原滴定基本原理

5.3.1 氧化还原滴定曲线

在氧化还原滴定中，随着滴定剂的加入，物质的氧化态和还原态的浓度逐渐变化，有关电对的电位也随之不断变化，这种变化可用滴定曲线来描述。若反应中两电对都是可逆的，就可以根据能斯特方程式，由两电对的条件电位值计算得到滴定曲线。若电对不可逆，其滴定曲线可通过实验方法测得。下面以一对称的氧化还原滴定反应为例进行讨论。

(1) 滴定曲线

以在 $1\text{mol}\cdot\text{L}^{-1}$ H_2SO_4 溶液中，用 $0.1000\text{mol}\cdot\text{L}^{-1}$ $Ce(SO_4)_2$ 溶液滴定 20.00mL $0.1000\text{mol}\cdot\text{L}^{-1}$ $FeSO_4$ 溶液为例。

滴定反应式 $\quad\quad\quad\quad Ce^{4+}+Fe^{2+}\xrightarrow{1\text{mol}\cdot\text{L}^{-1}H_2SO_4}Ce^{3+}+Fe^{3+}$

两个电对的条件电极电位：

$$Fe^{3+}+e^-\rightleftharpoons Fe^{2+}\quad\quad E'_{Fe^{3+}/Fe^{2+}}=0.68V$$

$$Ce^{4+}+e^-\rightleftharpoons Ce^{3+}\quad\quad E'_{Ce^{4+}/Ce^{3+}}=1.44V$$

滴定开始，体系中同时存在两个电对。在滴定过程中的任何一点，反应达到平衡时，两电对的电位均相等，可以根据任何一个电对来计算体系的电位值。在滴定的不同阶段，可选用便于计算的电对，来计算体系的电位值。

$$E=E_{Fe^{3+}/Fe^{2+}}=E'_{Fe^{3+}/Fe^{2+}}+\lg\frac{c_{Fe^{3+}}}{c_{Fe^{2+}}}$$

$$E=E_{Ce^{4+}/Ce^{3+}}=E'_{Ce^{4+}/Ce^{3+}}+\lg\frac{c_{Ce^{4+}}}{c_{Ce^{3+}}}$$

① 滴定开始至化学计量点前　在化学计量点前，由于加入的 Ce^{4+} 几乎全部被还原成 Ce^{3+}，Ce^{4+} 的浓度极小，不易直接求得，而知道了 $Ce(SO_4)_2$ 的加入量，$c_{Fe^{2+}}/c_{Fe^{3+}}$ 的比值就确定了，可采用 Fe^{3+}/Fe^{2+} 电对来计算 E 值。例如，当加入 19.98mL $Ce(SO_4)_2$，即滴定至 99.9% 时，

$$E=0.68+0.059\times\lg\frac{99.9}{0.1}=0.86V$$

② 化学计量点　化学计量点时，Ce^{4+} 和 Fe^{2+} 已定量地转变成 Ce^{3+} 和 Fe^{3+}，但是总有极少量的 Ce^{4+} 和 Fe^{2+}，其浓度不能直接知道。故不能按某一电对计算 E 值，而要由两电对的能斯特方程式联立求得。

$$E_{计}=E_{Fe^{3+}/Fe^{2+}}=E'_{Fe^{3+}/Fe^{2+}}+\lg\frac{c_{Fe^{3+}}}{c_{Fe^{2+}}}$$

$$E_{计}=E_{Ce^{4+}/Ce^{3+}}=E'_{Ce^{4+}/Ce^{3+}}+\lg\frac{c_{Ce^{4+}}}{c_{Ce^{3+}}}$$

两式相加，得

$$2E_{计}=E'_{Fe^{3+}/Fe^{2+}}+E'_{Ce^{4+}/Ce^{3+}}+\lg\left(\frac{c_{Fe^{3+}}}{c_{Fe^{2+}}}\times\frac{c_{Ce^{4+}}}{c_{Ce^{3+}}}\right)$$

在化学计量点时，$c_{Fe^{3+}}=c_{Ce^{3+}}$，$c_{Fe^{2+}}=c_{Ce^{4+}}$，故

$$\lg\frac{c_{Fe^{3+}}\,c_{Ce^{4+}}}{c_{Fe^{2+}}\,c_{Ce^{3+}}}=0$$

则

$$E_{计}=\frac{0.68+1.44}{2}=1.06V$$

③ 化学计量点后　化学计量点后，Fe^{2+} 已被定量氧化成 Fe^{3+}，极少量的 Fe^{2+} 浓度不易直接求得，而过量 Ce^{4+} 的浓度是已知的，据此可以确定 Ce^{4+}/Ce^{3+} 的比值，可利用 Ce^{4+}/Ce^{3+} 电对来计算 E 值。

如滴定剂过量 0.1% 时，$c_{Ce^{4+}}/c_{Ce^{3+}}=0.1/100=10^{-3}$

$$E = 1.44 + 0.059 \times \lg 10^{-3} = 1.26 \text{V}$$

不同滴定点 E 值的计算结果列于表 5-1 中,并绘制成曲线,如图 5-1 所示。

表 5-1　$0.1000 \text{mol} \cdot \text{L}^{-1} \text{Ce}^{4+}$ 滴定 $0.1000 \text{mol} \cdot \text{L}^{-1} \text{Fe}^{2+}$ ($1 \text{mol} \cdot \text{L}^{-1} \text{H}_2\text{SO}_4$ 溶液)时电位变化情况

$V_{\text{Ce(SO}_4)_2}/\text{mL}$	被滴定 Fe^{2+} 的百分数/%	过量 $\text{Ce(SO}_4)_2$ 的百分数/%	E/V
2.00	10		0.62
4.00	20		0.64
8.00	40		0.67
10.00	50		0.68
18.00	90		0.74
19.80	99		0.80
19.98	99.9		0.86
20.00	100.0	0.00	1.06
20.02		0.1	1.26
20.20		1.0	1.32
22.00		10.0	1.38
40.00		100.0	1.44

(2) 化学计量点与滴定突跃的讨论

从表 5-1 和图 5-1 可见,当 Fe^{2+} 被滴定的百分数为 50% 时,电位等于还原剂电对的条件电极电位;当 Ce^{4+} 标准溶液过量 100% 时,电位等于氧化剂电对的条件电极电位;滴定至化学计量点附近,被滴定的 Fe^{2+} 百分数 99.9% 至 Ce^{4+} 标准溶液过量 0.1% (滴定分数 99.9%～100.1%) 范围内,电极电位由 0.86V 变化至 1.26V,即滴定曲线的电位突跃是 0.4V,这为判断氧化还原反应滴定的可能性和选择指示剂提供了依据。由于 Ce^{4+} 滴定的 Fe^{2+} 反应中,两电对电子转移数都是 1,化学计量点的电位 (1.06V) 正好处于电位突跃范围的中点 (0.86～1.26V),整个曲线基本对称。根据上述计算可知,突跃的大小和氧化剂与还原剂两电对的条件电位 (或标准电位) 的差值有关,差值越大,滴定突跃就较长;反之,其滴定突跃就越短。

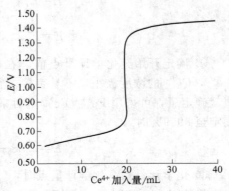

图 5-1　$0.1000 \text{mol} \cdot \text{L}^{-1} \text{Ce}^{4+}$ 滴定 $0.1000 \text{mol} \cdot \text{L}^{-1} \text{Fe}^{2+}$ 的滴定曲线 ($1 \text{mol} \cdot \text{L}^{-1} \text{H}_2\text{SO}_4$)

应该指出,由于此例中铈电对和铁电对都是可逆电对,实际电极电位符合能斯特方程的计算结果,所以计算绘制的滴定曲线与实测结果一致。但若有不可逆电对参与反应,由于不可逆电对的实际电极电位不符合能斯特方程式,故实测与理论滴定曲线是有区别的。

5.3.2　化学计量点电位的计算通式

对于电子转移数不同的、对称的氧化还原反应

$$p_2 \text{Ox}_1 + p_1 \text{Red}_2 \rightleftharpoons p_2 \text{Red}_1 + p_1 \text{Ox}_2$$

氧化剂和还原剂两个电对的半反应分别为

$$\text{Ox}_1 + n_1 \text{e}^- \rightleftharpoons \text{Red}_1 \qquad E_1 = E_1^{\ominus\prime} + \frac{0.059}{n_1} \lg \frac{c_{\text{Ox}_1}}{c_{\text{Red}_1}}$$

$$\text{Ox}_2 + n_2 \text{e}^- \rightleftharpoons \text{Red}_2 \qquad E_2 = E_2^{\ominus\prime} + \frac{0.059}{n_2} \lg \frac{c_{\text{Ox}_2}}{c_{\text{Red}_2}}$$

化学计量点时,$E_{\text{sp}} = E_1 = E_2$

代入上述两式并相加，整理得：$(n_1+n_2)E_{sp}=n_1 E_1^{\ominus'}+n_2 E_2^{\ominus'}+0.0591\lg \dfrac{c_{Ox_1}c_{Ox_2}}{c_{Red_1}c_{Red_2}}$

化学计量点时

$$\dfrac{c(Ox_1)}{c(Red_2)}=\dfrac{p_2}{p_1},\dfrac{c(Red_1)}{c(Ox_2)}=\dfrac{p_2}{p_1}$$

于是有

$$\dfrac{c_{Ox_1}c_{Ox_2}}{c_{Red_1}c_{Red_2}}=\dfrac{p_2}{p_1}\times\dfrac{p_1}{p_2}=1$$

故

$$E_{sp}=\dfrac{n_1 E_1^{\ominus'}+n_2 E_2^{\ominus'}}{n_1+n_2} \tag{5-6}$$

式（5-6）即为化学计量点电极电位的计算通式。从上面的计算公式可知，化学计量点的电位并不总是在滴定突跃的中点。当两电对的电子转移数相等时，$E_{计}$ 正好位于突跃范围的中点。若两电对的电子转移数不相等，则 $E_{计}$ 不处在突跃范围的中点，而是偏向电子转移数大的电对一方。

若电对是不可逆的，其滴定曲线可通过实验方法测得。在以电位法测得滴定曲线时，通常以滴定曲线中突跃部分的中点作为滴定终点，这与化学计量点电位不一定相等，应该加以注意。

5.3.3 氧化还原滴定终点误差

设滴定反应为氧化剂 Ox_1 滴定还原剂 Red_2，且两个电对皆为对称电对，其电子转移数均为 1，即

$$Ox_1+Red_2 \Longleftrightarrow Red_1+Ox_2$$

按终点误差公式，得

$$E_t=\dfrac{[Ox_1]_{ep}-[Red_2]_{ep}}{c_2^{sp}} \tag{1}$$

对于 Ox_1/Red_1 电对，在滴定终点与化学计量点时各有如下关系

$$E_{ep}=E_1^{\ominus'}+0.0591\lg\dfrac{[Ox_1]_{ep}}{[Red_1]_{ep}} \tag{2}$$

$$E_{sp}=E_1^{\ominus'}+0.0591\lg\dfrac{[Ox_1]_{sp}}{[Red_1]_{sp}} \tag{3}$$

当滴定终点与化学计量点接近时，$[Red_1]_{ep}\approx[Red_1]_{sp}$，整理后得：

$$\Delta E=E_{ep}-E_{sp}=0.0591\lg\dfrac{[Ox_1]_{ep}}{[Ox_1]_{sp}} \tag{4}$$

即

$$[OX_1]_{ep}=[OX_1]_{sp}10^{\frac{\Delta E}{0.059}} \tag{5}$$

同理可导出

$$[Red_2]_{ep}=[Red_2]_{sp}10^{\frac{\Delta E}{0.059}} \tag{6}$$

将式（5）、式（6）代入式（1）中，且在化学计量点时 $[OX_1]_{sp}=[Red_2]_{sp}$，故有

$$E_t=\dfrac{[Red_2]_{sp}(10^{\frac{\Delta E}{0.059}}-10^{-\frac{\Delta E}{0.059}})}{c_2^{sp}} \tag{7}$$

对于 Ox_2/Red_2 $\quad E_{sp}=E_2^{\ominus'}+0.0591\lg\dfrac{[Ox_2]_{sp}}{[Red_2]_{sp}} \tag{8}$

由式（5-6），化学计量

$$E_{sp}=\frac{n_1 E_1^{\ominus'}+n_2 E_2^{\ominus'}}{n_1+n_2}$$

在本例中

$$E_{sp}=\frac{E_1^{\ominus'}+E_2^{\ominus'}}{2}$$

代入式（8），整理得

$$\frac{[Ox_2]_{sp}}{[Red_2]_{sp}}=\frac{10^{\Delta E^{\ominus'}}}{2\times 0.059} \tag{9}$$

化学计量点时

$$c_{2,sp}=[Ox_2]_{sp}$$

将式（9）、式（10）代入式（7）得

$$E_t=\frac{10^{\frac{\Delta E}{0.059}}-10^{-\frac{\Delta E}{0.059}}}{10^{\frac{\Delta E^{\ominus'}}{2\times 0.059}}} \tag{5-7}$$

当 $n_1\neq n_2$，但两电对仍为对称电对时，其终点误差公式为

$$E_t=\frac{10^{\frac{n_1\Delta E}{0.059}}-10^{-\frac{n_2\Delta E}{0.059}}}{10^{\frac{n_1 n_2}{(n_1+n_2)0.059}\Delta E^{\ominus'}}} \tag{5-8}$$

【例 5-5】 在 $1.0\ mol\cdot L^{-1}\ H_2SO_4$ 介质中，以 $0.10\ mol\cdot L^{-1}\ Ce^{4+}$ 溶液滴定 $0.10\ mol\cdot L^{-1}\ Fe^{2+}$，若选用二苯胺磺酸钠为指示剂，计算终点误差。

解：$E_1^{\ominus'}=1.44V$，$E_2^{\ominus'}=0.68V$，$n_1=n_2$，二苯胺磺酸钠的条件电极电位 $E_{In}^{\ominus'}=0.84V$

$$E_{sp}=\frac{1.44+0.68}{2}=1.06V$$

$$E_{ep}=0.84V$$

$$\Delta E=0.84-1.06=-0.22V$$

$$\Delta E^{\ominus'}=1.44-0.68=0.76V$$

$$E_t=\frac{10^{\frac{-0.22}{0.059}}-10^{\frac{0.22}{0.059}}}{10^{\frac{0.76}{2\times 0.059}}}\times 100\%$$

$$=\frac{10^{-3.73}-10^{3.73}}{10^{6.44}}\times 100\%$$

$$=-0.19\%$$

【例 5-6】 在 $1.0\ mol\cdot L^{-1}\ HCl$ 介质中，以 $0.100\ mol\cdot L^{-1}\ Fe^{3+}$ 溶液滴定 $0.050\ mol\cdot L^{-1}\ Sn^{2+}$，若以亚甲基蓝为指示剂，计算终点误差。

解：$E_1^{\ominus'}=0.68V$，$E_2^{\ominus'}=0.14V$，$n_1=1$，$n_2=2$，亚甲基蓝的条件电极电位 $E_{In}^{\ominus'}=0.53V$

$$E_{sp}=\frac{0.68+2\times 0.14}{1+2}=0.32V$$

$$E_{ep}=0.53V$$

$$\Delta E=0.53-0.32=0.21V$$

$$\Delta E^{\ominus'}=0.68-0.14=0.54V$$

$$E_t=\frac{10^{\frac{0.21}{0.059}}-10^{-\frac{2\times 0.21}{0.059}}}{10^{\frac{1\times 2\times 0.54}{(1+2)\times 0.059}}}\times 100\%$$

$$=\frac{10^{3.56}-10^{-7.12}}{10^{6.10}}\times 100\%$$

$$=0.29\%$$

5.4 氧化还原滴定中的指示剂

在氧化还原滴定中，可以用检测电位的方法来确定滴定终点。但是，使用更方便的还是用指示剂来指示终点。用于氧化还原滴定中的指示剂有以下两大类。

5.4.1 氧化还原指示剂

氧化还原指示剂在氧化还原滴定中应用最为广泛。这类指示剂是本身具有氧化还原性质的有机试剂，其氧化态和还原态具有不同的颜色。在滴定过程中，当指示剂被氧化或被还原时，溶液颜色发生变化，从而指示滴定终点。

若以 In(Ox) 和 In(Red) 分别表示指示剂的氧化态和还原态，则指示剂的氧化还原半反应可表示为

$$In(Ox) + ne^- \rightleftharpoons In(Red)$$

设上式的反应是可逆的，则

$$E = E_{In}^{\ominus'} + \frac{0.059}{n} \lg \frac{c_{In(Ox)}}{c_{In(Red)}}$$

这里，$E_{In}^{\ominus'}$ 为指示剂在一定条件下的电极电位。显然，滴定体系电位的任何改变都将引起指示剂氧化态和还原态浓度比值的改变，从而引起溶液颜色的改变。如同酸碱指示剂在一定 pH 范围发生颜色变化一样，氧化还原指示剂在一定的电位范围内发生颜色的变化。如果指示剂两种形式的颜色强度相差不多，从理论上讲，当 $c_{In(Ox)}/c_{In(Red)}$ 的比值从 10/1 到 1/10 时，指示剂从氧化态颜色变为还原态颜色。因此，相应的指示剂变色的电位范围是

$$E_{In}^{\ominus'} \pm \frac{0.059}{n}$$

此范围称为指示剂的理论变色范围。表 5-2 列出了一些常用氧化还原指示剂颜色变化及其条件电极电位。

表 5-2 一些常用的氧化还原指示剂

指示剂	颜色变化		$E_{In}^{\ominus'}/V$
	氧化态	还原态	
四磺酸基靛蓝	蓝色	无色	0.36
亚甲基蓝	蓝色	无色	0.53
二苯胺	紫色	无色	0.73
乙氧基苯胺	黄色	红色	0.76
二苯胺磺酸钠	紫红	无色	0.85
邻二氮菲-亚铁	浅蓝	红色	1.06
硝基邻二氮菲-亚铁	浅蓝	紫红	1.25

5.4.2 其他指示剂

除了氧化还原指示剂外，还可借助于滴定剂本身的颜色或能与滴定剂或被测定物质产生特殊颜色的物质来指示滴定终点。

(1) 自身指示剂

有些滴定剂本身有很深的颜色，而滴定产物无色或颜色很浅，滴定时就无需另加指示剂，其本身的颜色变化起着指示剂的作用。例如用深紫红色的 $KMnO_4$ 溶液来滴定 $C_2O_4^{2-}$ 溶液时，反应产物 Mn^{2+}、CO_2 颜色很浅或是无色，滴定到化学计量点后，只要有稍过量的 $KMnO_4$，就能使溶液呈现出淡粉红色，指示滴定终点的到达。终点时颜色越浅，终点误差越小。

(2) 特殊指示剂

有些物质本身并不具有氧化还原性，但它能与滴定剂或被测定物质产生特殊的颜色，而且反应是可逆的，可以利用其指示滴定终点。如可溶性淀粉与 I_3^- 生成深蓝色的吸附络合物，

反应特效而且灵敏,蓝色的出现或消失即可指示滴定终点的到达。当以还原剂如 $Na_2S_2O_3$ 滴定 I_2 到达终点时,I_3^- 定量地转变为 I^-,蓝色突然褪去。例如用 I_2 标准溶液滴定强还原剂时,滴定至终点时,只要有稍过量的 I_3^-,即与淀粉作用,使溶液突然变蓝而指示终点到达。

5.4.3 指示剂的选择

滴定时,若能根据滴定剂或被测物的颜色来判断滴定终点,就不需要另加指示剂,能使用特殊指示剂的就使用特殊指示剂,只有在上述两种方法都不能用时,才选用氧化还原指示剂。所选择的氧化还原指示剂应使指示剂的颜色变化发生在滴定体系的电位突跃范围内,这样终点误差将不超出 $\pm 0.1\%$。用指示剂确定滴定终点时,指示剂的变色点与化学计量点及电位滴定的终点三者往往不一致,在实际工作中应予以考虑。

5.5 氧化还原滴定前的预处理

在氧化还原滴定中,有时样品中被测组分的价态不能被直接滴定,或样品中含有的有机物对测定有干扰,此时在滴定之前必须对样品进行预处理。常用的预处理方法有预氧化、预还原、除去有机物等。

将被测组分氧化为高价状态后,用还原剂滴定;或将被测组分还原为低价状态后,用氧化剂滴定。这种滴定前使欲测组分转变为一定价态的步骤称为预氧化或预还原。如在测定铁矿石中总铁量时,试样溶解后部分铁以三价形态存在,一般须先用 $SnCl_2$ 将 Fe^{3+} 还原成 Fe^{2+},然后才能用 $K_2Cr_2O_7$ 标准溶液滴定。预处理时所用的氧化剂或还原剂必须符合以下条件。

① 反应速率快。

② 必须将欲测组分定量地氧化或还原。

③ 反应应具有一定的选择性。例如用金属锌为预还原剂还原 Fe^{3+},由于 Zn^{2+}/Zn 的标准电极电位值较低($-0.76V$),电位比它高的金属离子都可被还原,所以用金属锌还原 Fe^{3+} 的选择性较差。若改用 $SnCl_2$ 为预还原剂,Sn^{4+}/Sn^{2+} 的标准电极电位值为 $+0.14V$,则选择性较高。

④ 过量的氧化剂或还原剂要易于除去。除去的方法有以下几种。

a. 加热分解。如 $(NH_4)_2S_2O_8$、H_2O_2 可借加热煮沸,分解而除去。

b. 过滤。如 $NaBiO_3$ 不溶于水,可借过滤除去。

c. 利用化学反应。如用 $HgCl_2$ 可除去多余 $SnCl_2$,其反应为:

$$SnCl_2 + 2HgCl_2 =\!=\!= SnCl_4 + Hg_2Cl_2\downarrow$$

生成的 Hg_2Cl_2 沉淀不被一般滴定剂氧化,不必过滤除去。

试样中存在的有机物对测定往往产生干扰,如具有氧化还原性质或络合性质的有机物会使溶液的电极电位发生变化,因此必须除去试样中的有机物。常用的方法有干法灰化和湿法灰化等。干法灰化是在高温下使有机物被空气中的氧或纯氧(氧瓶燃烧法)氧化而破坏。湿法灰化是使用氧化性酸如硝酸、硫酸或高氯酸,于它们的沸点时使有机物分解除去。把样品处理好之后,就可用选定的方法进行测定了。

一些常用的预氧化剂和预还原剂分别见表 5-3 和表 5-4。

表 5-3 预处理用的氧化剂

氧化剂	用途	使用条件	过量氧化剂除去方法
$NaBiO_3$	$Mn^{2+} \to MnO_4^-$ $Cr^{3+} \to Cr_2O_7^{2-}$ $Ce^{3+} \to Ce^{4+}$	在 HNO_3 溶液中	$NaBiO_3$ 微溶于水,过量 $NaBiO_3$ 可滤去

续表

氧化剂	用途	使用条件	过量氧化剂除去方法
$(NH_4)_2S_2O_8$	$Ce^{3+} \to Ce^{4+}$ $VO^{2+} \to VO_3^-$ $Cr^{3+} \to Cr_2O_7^{2-}$	在酸性(HNO_3或H_2SO_4)介质中,有催化剂Ag^+存在	加热煮沸除去过量$S_2O_8^{2-}$
	$Mn^{2+} \to MnO_4^-$	在H_2SO_4或HNO_3介质中并存在H_3PO_4以防析出$MnO(OH)_2$沉淀	加热煮沸除去过量$S_2O_8^{2-}$
$KMnO_4$	$VO^{2+} \to VO_3^-$ $Cr^{3+} \to CrO_4^{2-}$ $Ce^{3+} \to Ce^{4+}$	冷的酸性溶液中(在Cr^{3+}存在下) 在碱性介质中 在酸性溶液中(即使存在F^-或$H_2P_2O_7^{2-}$也可选择性地氧化)	加入$NaNO_2$除去过量$KMnO_4$。但为防止NO_2^-同时还原VO_3^-、$Cr_2O_7^{2-}$,可先加入尿素,然后再小心滴加$NaNO_2$溶液至MnO_4^-红色正好褪去
H_2O_2	$Cr^{3+} \to CrO_4^{2-}$ $Co^{2+} \to Co^{3+}$ $Mn(II) \to Mn(IV)$	$2mol \cdot L^{-1} NaOH$ 在$NaHCO_3$溶液中 在碱性介质中	在碱性溶液中加热煮沸(少量Ni^{2+}或I^-作催化剂可加速H_2O_2分解)
$HClO_4$	$Cr^{3+} \to Cr_2O_7^{2-}$ $VO^{2+} \to VO_3^-$ $I^- \to IO_3^-$	$HClO_4$必须浓热	放冷且冲稀即失去氧化性,煮沸除去所生成Cl_2 浓热的$HClO_4$与有机物将爆炸,若试样含有机物,必须先用HNO_3破坏有机物,再用$HClO_4$处理
KIO_4	$Mn^{2+} \to MnO_4^-$	在酸性介质中加热	加入Hg^{2+}与过量KIO_4作用生成$Hg(IO_4)_2$沉淀,滤去
Cl_2, Br_2	$I^- \to IO_4^-$	酸性或中性	煮沸或通空气流

表 5-4 预处理用的还原剂

还原剂	用途	使用条件	过量还原剂除去方法
$SnCl_2$	$Fe^{3+} \to Fe^{2+}$ $Mo(VI) \to Mo(V)$ $As(V) \to As(III)$ $U(VI) \to U(IV)$	HCl溶液 $FeCl_3$催化	快速加入过量$HgCl_2$氧化,或用$K_2Cr_2O_7$氧化除去
SO_2	$Fe^{3+} \to Fe^{2+}$ $AsO_4^{3-} \to AsO_3^{3-}$ $Sb(V) \to Sb(III)$ $V(V) \to V(IV)$ $Cu^{2+} \to Cu^+$	H_2SO_4溶液 SCN^-催化 在SCN^-存在下	煮沸或通CO_2气流
$TiCl_3$	$Fe^{3+} \to Fe^{2+}$	酸性溶液中	水稀释,少量Ti^{2+}被水中O_2氧化(可加Cu^{2+}催化)
联氨	$As(V) \to As(III)$ $Sb(V) \to Sb(III)$		浓H_2SO_4中煮沸
Al	$Sn(IV) \to Sn(II)$ $Ti(IV) \to Ti(III)$	在HCl溶液中	
锌汞齐还原柱	$Fe^{3+} \to Fe^{2+}$ $Ce^{4+} \to Ce^{3+}$ $Ti(IV) \to Ti(III)$ $V(V) \to V(II)$ $Cr^{3+} \to Cr^{2+}$	酸性溶液	过滤或加酸溶解

5.6 常见的氧化还原滴定法及其应用

根据所用滴定剂的不同,氧化还原滴定方法可分为多种方法,如高锰酸钾法、重铬酸钾法、碘量法、溴酸钾法、铈量法等。由于还原剂易被空气氧化而改变浓度,因此,氧化滴定剂远比还原滴定剂用得多。多种强度不同的氧化剂为选择性滴定提供了有利条件。各种方法都有其特点和适用范围，可根据实际情况选择使用。

5.6.1 高锰酸钾法

(1) 概述

高锰酸钾是一种强氧化剂，它的氧化能力和还原产物都与溶液的酸度有关。在强酸性溶液中，$KMnO_4$ 可被还原为 Mn^{2+}，其半反应式和标准电极电位如下：

$$MnO_4^- + 8H^+ + 5e^- \rightleftharpoons Mn^{2+} + 4H_2O \qquad E^\ominus = 1.51V$$

在中性、弱酸性或中等强度的碱性溶液中，$KMnO_4$ 被还原为 MnO_2：

$$MnO_4^- + 2H_2O + 3e^- \rightleftharpoons MnO_2 + 4OH^- \qquad E^\ominus = 0.59V$$

在强碱性溶液中，MnO_4^- 被还原为 MnO_4^{2-}：

$$MnO_4^- + e^- \rightleftharpoons MnO_4^{2-} \qquad E^\ominus = 0.56V$$

由于 $KMnO_4$ 在强酸性溶液中氧化能力最强，同时生成无色的 Mn^{2+}，便于滴定终点的观察，因此一般都在强酸性条件下使用。酸化时通常采用硫酸，不宜用 HCl 和 HNO_3，因为 HCl 具有还原性，HNO_3 具有氧化性，对反应都有干扰。由于 $KMnO_4$ 和有机物的反应在强碱性（pH>12）条件下比在酸性条件下速度更快，所以用 $KMnO_4$ 法测定有机物时，大都在强碱性溶液中进行。

用 $KMnO_4$ 作滴定剂，可以直接滴定许多种还原性物质，如 Fe^{2+}、As^{3+}、Sb^{3+}、H_2O_2、$C_2O_4^{2-}$、NO_2^- 等；也可用返滴定法滴定一些氧化性物质，如 MnO_2、PbO_2、$Cr_2O_7^{2-}$、ClO_3^- 等；还可以间接测定一些不具有氧化还原性的物质，如通过 $KMnO_4$ 与 $C_2O_4^{2-}$ 的反应测 Ca^{2+}、Th^{4+} 等。

$KMnO_4$ 溶液呈深紫红色，浓度约 $2 \times 10^{-6} mol \cdot L^{-1}$（100mL 水中半滴 $0.02 mol \cdot L^{-1}$ $KMnO_4$）就能显浅粉红色，所以用它滴定无色或浅色溶液时，说明终点已到，一般不需另加指示剂。

高锰酸钾法的主要缺点是试剂含有少量杂质，其氧化能力强，可以和空气和水中的很多还原性物质作用。因此，其标准溶液不够稳定，测定时干扰也比较严重。

(2) 高锰酸钾标准溶液

市售的高锰酸钾常含有少量的杂质如 MnO_2、硫酸盐、硝酸盐等，故其标准溶液采用间接法配制。由于蒸馏水中常含有微量的还原性杂质，能与高锰酸钾反应生成 $MnO(OH)_2$、MnO_2、$MnO(OH)_2$，又能进一步促进 $KMnO_4$ 的分解。此外，光和热也能促进 $KMnO_4$ 的分解。因此在配制 $KMnO_4$ 溶液时，需称取稍多于理论量的 $KMnO_4$ 固体，溶于一定体积的蒸馏水中，加热煮沸并保持微沸约 1h，放置 2～3 天，使溶液中存在的还原性杂质完全氧化，或配好后在室温下放置 2～3 周，过滤后贮存在磨口棕色瓶中，置于暗处。稀的 $KMnO_4$ 溶液更不稳定，应在临用前加以稀释，并同时进行标定与测定。

标定 $KMnO_4$ 溶液的基准物质很多，有 $Na_2C_2O_4$、$H_2C_2O_4 \cdot 2H_2O$、$(NH_4)_2Fe(SO_4)_2 \cdot 6H_2O$ 及纯铁丝等，其中最常用的是 $Na_2C_2O_4$，它易于提纯，性质稳定。

在酸性溶液中 $KMnO_4$ 和 $Na_2C_2O_4$ 的反应如下：

$$2MnO_4^- + 5C_2O_4^{2-} + 16H^+ \rightleftharpoons 2Mn^{2+} + 10CO_2 + 8H_2O$$

为了使反应定量且较快地进行，必须注意以下几个反应条件。

① 酸度　此反应需要足够的酸度，酸度不够时，容易生成 MnO_2 沉淀，使反应不按以上化学计量关系进行；酸度太高则会使 $H_2C_2O_4$ 缓慢分解，一般滴定开始时以硫酸浓度在 0.5～1 $mol \cdot L^{-1}$ 之间为宜。

② 温度　室温下此反应速度较慢，应控制滴定温度在 75℃ 左右。温度低于 60℃，反应

速率太慢，温度高于 90℃，$H_2C_2O_4$ 会部分分解，使标定得到的溶液浓度偏高。

$$H_2C_2O_4 \longrightarrow CO\uparrow + CO_2\uparrow + H_2O$$

③ 滴定速度　控制滴定速度和反应速率相适宜，滴定开始时反应速率很慢，滴定速度不宜太快，一定要等前一滴 $KMnO_4$ 的红色完全褪去后再滴入下一滴，否则加入的 $KMnO_4$ 来不及和 $C_2O_4^{2-}$ 反应，就在热的酸性溶液中分解，导致测定结果偏低。但随着滴定的进行，溶液中反应产物的浓度不断增大，反应速率明显加快，即自动催化作用。此时滴定的速度也可相应加快。

④ 催化剂　此反应为自动催化反应，也可在滴定前加入少量 $MnSO_4$ 作为催化剂。

⑤ 指示剂　$KMnO_4$ 自身可作为滴定时的指示剂，但使用浓度低至 $0.002\mathrm{mol \cdot L^{-1}}$ $KMnO_4$ 溶液作为滴定剂时，应使用氧化还原指示剂来确定终点。

⑥ 滴定终点的正确判断　应以溶液呈淡粉红色半分钟不褪为终点。若时间过长，空气中还原性气体或尘埃等均能使 $KMnO_4$ 分解而褪色。

标定好的 $KMnO_4$ 溶液应贮存在棕色瓶中，避免光和热，若发现有 $MnO(OH)_2$ 沉淀析出，应过滤和重新标定。

(3) 应用示例

① H_2O_2 的测定　过氧化氢在酸性溶液中能定量地还原 MnO_4^-，因此可用 $KMnO_4$ 标准溶液在酸性条件下直接滴定 H_2O_2 溶液。其反应式为：

$$5H_2O_2 + 2MnO_4^- + 6H^+ =\!= 2Mn^{2+} + 5O_2\uparrow + 8H_2O$$

反应在室温下于 H_2SO_4 介质中进行滴定，开始时反应较慢，随着 Mn^{2+} 生成，反应加速，也可以先加入少量 Mn^{2+} 作催化剂。但是，H_2O_2 中若含有机物也会消耗 $KMnO_4$，致使分析结果偏高。遇此情况应采用碘法或铈量法进行测定。许多还原性物质，如 $FeSO_4$、$As(\mathrm{III})$、$Sb(\mathrm{III})$、$H_2C_2O_4$、Sn^{2+} 和 NO_2^- 等，都可以采用 $KMnO_4$ 直接滴定法测定。

② 钙的测定　高锰酸钾法测定钙，是在一定条件下使 Ca^{2+} 与 $C_2O_4^{2-}$ 完全反应生成草酸钙沉淀，经过滤洗涤后，将 CaC_2O_4 沉淀溶于热的稀 H_2SO_4 溶液中，最后用 $KMnO_4$ 标准溶液滴定生成的 $H_2C_2O_4$，根据消耗 $KMnO_4$ 的量间接求得钙的含量。反应式如下：

$$Ca^{2+} + C_2O_4^{2-} =\!= CaC_2O_4\downarrow$$

$$CaC_2O_4\downarrow + 2H^+ =\!= Ca^{2+} + H_2C_2O_4$$

$$5H_2C_2O_4 + 2MnO_4^- + 6H^+ =\!= 2Mn^{2+} + 10CO_2\uparrow + 8H_2O$$

为了获得颗粒较大的 CaC_2O_4 沉淀，便于过滤洗涤，必须采取相应的措施：在酸性试液中先加入过量 $(NH_4)_2C_2O_4$，然后用稀氨水慢慢中和至甲基橙指示剂显黄色，以使沉淀缓慢生成。沉淀经陈化（把沉淀连同母液一起放置一段时间）后过滤洗涤，洗去沉淀表面吸附的 $C_2O_4^{2-}$。必须注意，高锰酸钾法测定钙，控制试液的酸度至关重要。如果是在中性或弱碱性试液中进行沉淀反应，就有部分 $Ca(OH)_2$ 或碱式草酸钙生成，造成测定结果偏低。为了减少沉淀溶解损失，应用尽可能少的冷水洗涤沉淀。

Ba^{2+}、Zn^{2+}、Cd^{2+}、Th^{4+} 等也能与 $C_2O_4^{2-}$ 定量地生成草酸盐沉淀，因此，都可用高锰酸钾法间接测定。

③ 软锰矿中 MnO_2 的测定　软锰矿的氧化能力一般用 MnO_2 的含量来表示，通常用返滴定法测定软锰矿中 MnO_2 含量。具体做法是在磨细的矿样中加入一定量过量的 $Na_2C_2O_4$，加 H_2SO_4 并适当加热，当样品中无黑色颗粒存在时，表示试样分解完全。用 $KMnO_4$ 标准溶液趁热返滴定剩余的草酸。其反应式为：

$$MnO_2 + C_2O_4^{2-} + 4H^+ = Mn^{2+} + 2CO_2\uparrow + 2H_2O$$

$$5C_2O_4^{2-} + 2MnO_4^- + 16H^+ = 2Mn^{2+} + 10CO_2\uparrow + 8H_2O$$

由 $Na_2C_2O_4$ 的加入量、$KMnO_4$ 溶液的浓度和体积,即可求出 MnO_2 的含量。

④ 某些有机物的测定 在强碱性溶液中,$KMnO_4$ 与某些有机物反应后,还原为绿色的 MnO_4^{2-}。利用这一反应,可用 $KMnO_4$ 测定某些有机物。

例如,将甘油、甲酸或甲醇等加入到一定量过量的碱性 $KMnO_4$ 标准溶液中

$$C_3H_8O_3 + 14MnO_4^- + 20OH^- = 3CO_3^{2-} + 14MnO_4^{2-} + 14H_2O$$

$$HCOO^- + 2MnO_4^- + 3OH^- = CO_3^{2-} + 2MnO_4^{2-} + 2H_2O$$

$$CH_3OH + 6MnO_4^- + 8OH^- = CO_3^{2-} + 6MnO_4^{2-} + 6H_2O$$

待反应完毕后,将溶液酸化,此时 MnO_4^{2-} 发生歧化反应

$$3MnO_4^{2-} + 4H^+ = 2MnO_4^- + MnO_2 + 2H_2O$$

准确加入一定量过量 $FeSO_4$ 标准溶液,将所有高价锰离子全部还原为 Mn^{2+},再用 $KMnO_4$ 标准溶液滴定过量的 $FeSO_4$,由两次加入 $KMnO_4$ 标准溶液的量及 $FeSO_4$ 的量计算有机物的量。

此法还可用于甘醇酸、酒石酸、柠檬酸、苯酚、葡萄糖、水杨酸等的测定。

5.6.2 重铬酸钾法

(1) 概述

$K_2Cr_2O_7$ 是一种强氧化剂,它只能在酸性条件下应用,其半反应式和标准电极电位为:

$$Cr_2O_7^{2-} + 14H^+ + 6e^- = 2Cr^{3+} + 7H_2O \qquad E^\ominus = 1.33V$$

虽然 $K_2Cr_2O_7$ 在酸性溶液中的氧化能力不如 $KMnO_4$ 强,应用范围不如 $KMnO_4$ 法广泛,但 $K_2Cr_2O_7$ 法与 $KMnO_4$ 法相比具有许多优点:

① $K_2Cr_2O_7$ 易于提纯,干燥后可作为基准物质,因而可用直接法配制 $K_2Cr_2O_7$ 标准溶液;

② $K_2Cr_2O_7$ 溶液稳定,可长期保存在密闭容器中,其浓度不变;

③ 用 $K_2Cr_2O_7$ 滴定时,可在盐酸溶液中进行,不受 Cl^- 还原作用的影响。

$K_2Cr_2O_7$ 的还原产物 Cr^{3+} 呈绿色,需用氧化还原指示剂确定滴定终点。

(2) 应用示例

① 铁矿石中全铁量的测定 重铬酸钾法是测定铁矿石中全铁量的经典方法。其方法是:试样(铁矿石)一般用热浓 HCl 溶解,用 $SnCl_2$ 趁热把 Fe^{3+} 还原为 Fe^{2+},冷却后用 $HgCl_2$ 氧化过量的 $SnCl_2$,再用水稀释并加入 H_2SO_4-H_3PO_4 混合酸,以二苯胺磺酸钠为指示剂,立即用 $K_2Cr_2O_7$ 标准溶液滴定至溶液由浅绿色(Fe^{2+})变为紫红色,即为滴定终点,其主要反应式如下:

$$2FeCl_4^- + SnCl_4^{2-} + 2Cl^- = 2FeCl_4^{2-} + SnCl_6^{2-}$$

$$SnCl_6^{2-} + 2HgCl_2 = SnCl_6^{2-} + Hg_2Cl_2\downarrow(白色)$$

$$6Fe^{2+} + Cr_2O_7^{2-} + 14H^+ = 6Fe^{3+} + 2Cr^{3+} + 7H_2O$$

加入 H_3PO_4 的目的在于生成了无色的 $Fe(HPO_4)$,消除 Fe^{3+}(黄色)的影响,同时降低了溶液中 Fe^{3+} 的浓度,从而降低了 Fe^{3+}/Fe^{2+} 电对的电极电位,增大了化学计量点的电位突跃,使二苯胺磺酸钠指示剂变色的电位范围较好地落在滴定的电位突跃范围内,避免指示剂引起的终点误差。

此法简便、快速而准确,生产上广泛采用。但因预还原用的汞盐有毒,引起环境污染,近年来出现了一些无汞测铁法。以 $SnCl_2$-$TiCl_3$ 联合还原剂为例,试样分解后,先用 $SnCl_2$

还原大部分的 Fe^{3+} 为 Fe^{2+}，再以钨酸钠为指示剂用 $TiCl_3$ 还原剩余的 Fe^{3+}，稍过量的 $TiCl_3$ 将 W（Ⅵ）还原为蓝色的 W（Ⅴ）。出现钨蓝表示 Fe^{3+} 已被全部还原。然后用水稀释溶液，并在 Cu^{2+} 催化下，利用空气或滴加 $K_2Cr_2O_7$ 至钨蓝蓝色褪去，同时，稍过量的 Ti^{3+} 也被氧化而消除。其后的步骤与上相同。

② 化学需氧量的测定　在一定条件下，一定体积的废水试样（有机物）被强氧化剂氧化的还原性物质的量，但表示为氧化这些还原性物质所需消耗的 O_2 的量（以 $mg·L^{-1}$ 计），称为化学需氧量，又称化学耗氧量，简称 COD（chemical oxygen demand），它是衡量水体被还原性物质污染的主要指标之一，目前已成为环境监测分析的重要项目。

COD 的测定通常采用高锰酸钾法或重铬酸钾法。高锰酸钾法适合于地表水、饮用水和生活污水；而重铬酸钾法则适合于工业废水 COD 的测定。后者的具体步骤是，在酸性溶液中以硫酸银为催化剂，加入过量 $K_2Cr_2O_7$ 标准溶液，加热煮沸，待将废水中有机物质和其他还原性物质完全被氧化后，过量的 $K_2Cr_2O_7$ 以邻二氮菲-Fe（Ⅱ）为指示剂，用硫酸亚铁铵标准溶液回滴，从而计算出废水试样中还原性物质所消耗的 $K_2Cr_2O_7$ 量，即可换算出水试样的化学需氧量。

5.6.3　碘量法
5.6.3.1　概述

碘量法是基于 I_2 的氧化性和 I^- 的还原性进行测定的分析方法。由于固体 I_2 在水中的溶解度很且易挥发，通常将 I_2 溶解在 KI 溶液中（I_2 易溶于 KI 溶液），此时它以 I_3^- 形式存在溶液中：

$$I_2 + I^- \rightleftharpoons I_3^-$$

为方便和明确化学计量关系，一般仍简写为 I_2，其半反应为：

$$I_2 + 2e^- \rightleftharpoons 2I^- \qquad E^{\ominus} = 0.545V$$

由电对的电极电位数值可知，I_2 是一种较弱的氧化剂，可与较强的还原剂作用；而 I^- 则是中等强度的还原剂，能与许多氧化剂作用，因此，碘法测定可用直接和间接两种方式进行。碘量法采用淀粉为指示剂，其灵敏度甚高，I_2 浓度为 $1×10^{-5}mol·L^{-1}$ 时即显蓝色。当溶液呈现蓝色（直接碘量法）或蓝色消失（间接碘量法）即为终点。

综上所述，碘量法测定对象广泛，既可测定氧化剂，又可测定还原剂，I_2/I^- 电对可逆性好，副反应少；与很多氧化还原法不同，碘量法不仅可在酸性中，而且可在中性或弱碱性介质中滴定；同时又有此法通用的指示剂淀粉，因此，碘量法是一个应用十分广泛的滴定方法。

碘量法中两个主要误差来源是 I_2 的挥发与 I^- 被空气氧化。

为防止 I_2 挥发减小误差，可以采用以下措施：

① 加入过量（一般比理论用量大 2~3 倍）KI 使之形成溶解离较大的 I_3^- 络离子，此外，过量的 I^- 还可以提高淀粉指示剂的灵敏度；

② 溶液温度勿过高，反应在室温下进行；

③ 析出碘的反应最好在带塞的碘瓶中进行，滴定时勿剧烈摇动；

为防止被空气中的氧氧化，应采取以下措施：

① 避光，最好在暗处进行反应，滴定时亦应避免阳光直射；I_3^- 溶液应保存在棕色瓶中，因光照能催化空气氧化 I^-；

② Cu^{2+}、NO_2^- 等杂质催化空气氧化 I^-，酸度越高反应越快，因此，应将析出 I_2 的反应瓶置于暗处并事先除去以上杂质，必须在高酸度下进行的反应，滴定前最好稀释一下；

③ 间接碘量法中，析出 I_2 的反应完成后立即进行滴定。

采取以上措施后碘量法是可以得到很准确的结果的。

(1) 直接碘法

电极电位比 $E^{\ominus}_{I_2/I^-}$ 小的还原性物质，如 $S_2O_3^{2-}$、As(Ⅲ)、SO_3^{2-}、Sn^{2+}、维生素 C 等强还原剂，可以直接用 I_2 标准溶液滴定，这就是直接碘法（或碘滴定法）。

例如，SO_2 用水吸收后，可用标准溶液直接滴定，其反应式为：

$$I_2 + SO_2 + 2H_2O = 2I^- + SO_4^{2-} + 4H^+$$

应当注意，直接碘法不能在碱性溶液中进行，当溶液的 pH>8 时，部分 I_2 要发生歧化反应而带来误差，反应式如下：

$$3I_2 + 6OH^- = IO_3^- + 5I^- + 3H_2O$$

在酸性溶液中也只有少数还原能力强而不受浓度影响的物质才能发生定量反应，又由于碘的标准电极电位不高，所以直接碘法不如间接碘法应用广泛。

(2) 间接碘法

电极电位比 $E^{\ominus}_{I_2/I^-}$ 大的氧化性物质，如 MnO_4^-、$Cr_2O_7^{2-}$、H_2O_2、Cu^{2+}、Fe^{3+} 等在一定条件下用 I^- 还原，定量地析出 I_2，然后用 $Na_2S_2O_3$ 标准溶液滴定析出的 I_2，从而间接地测定这些氧化性物质的量。这就是间接碘量法（或称滴定碘法）。其反应式如下：

$$2Cu^{2+} + 4I^- = 2CuI\downarrow + I_2$$

$$I_2 + 2S_2O_3^{2-} = 2I^- + 2S_4O_6^{2-}$$

应用间接碘法时，还要注意以下两个条件。

① I_2 和 $S_2O_3^{2-}$ 之间的反应必须在中性或弱酸性溶液中进行，如果在碱性溶液中，I_2 和 $S_2O_3^{2-}$ 会发生歧化反应和如下副反应：

$$4I_2 + S_2O_3^{2-} + 10OH^- = 2SO_4^{2-} + 8I^- + 5H_2O$$

若在强酸性溶液中，$Na_2S_2O_3$ 会发生分解，其反应为：

$$S_2O_3^{2-} + 2H^+ = SO_2\uparrow + S\downarrow + H_2O$$

② 一般要在滴定接近终点前才加入淀粉指示剂。若加入太早，则大量的 I_2 与淀粉结合生成蓝色物质，这一部分 I_2 就不易与 $Na_2S_2O_3$ 溶液反应，将给滴定带来误差。

5.6.3.2 标准溶液的配制和标定

碘量法中常使用的有 $Na_2S_2O_3$ 和 I_2 两种标准溶液，下面分别介绍它们的配制和标定方法。

(1) $Na_2S_2O_3$ 标准溶液的配制与标定

结晶的 $Na_2S_2O_3 \cdot 5H_2O$ 容易风化，并含有少量杂质，因此不能直接称量配制标准溶液，而且配好的 $Na_2S_2O_3$ 标准溶液也不稳定，易分解，其浓度发生变化的主要原因如下。

① 溶于水中的 CO_2 使溶液呈弱酸性，而 $Na_2S_2O_3$ 在酸性溶液中会缓慢分解：

$$Na_2S_2O_3 + CO_2 + H_2O = NaHSO_3 + NaHCO_3 + S\downarrow$$

② 微生物的作用，水中存在的微生物会消耗 $Na_2S_2O_3$ 中的硫，使它变成 Na_2SO_3，这是 $Na_2S_2O_3$ 浓度变化的主要原因。

$$Na_2S_2O_3 \xrightarrow{\text{微生物}} Na_2SO_3 + S\downarrow$$

③ 空气的氧化作用

$$2Na_2S_2O_3 + O_2 = 2Na_2SO_4 + 2S\downarrow$$

此反应速率较慢，但水中少量 Cu^{2+} 或 Fe^{3+} 等杂质会加速此反应。

因此，配制 $Na_2S_2O_3$ 溶液时，应当用新煮沸并冷却的蒸馏水，其目的在于除去水中溶解的 CO_2 和 O_2 并杀死细菌；加入少量 Na_2CO_3，使溶液呈弱碱性，以抑制细菌生长；溶液贮于棕色瓶并置于暗处，以防止光照分解。经过一段时间后应重新标定溶液，如发现溶液变浑表示有硫析出，应过滤后再标定或弃去重配。

标定 $Na_2S_2O_3$ 可用 $K_2Cr_2O_7$、KIO_3 等基准物，都采用间接碘法进行标定（想一想，为什么？）。以 $K_2Cr_2O_7$ 为例，它在酸性溶液中与 KI 的反应为

$$Cr_2O_7^{2-} + 6I^- + 14H^+ = 2Cr^{3+} + 3I_2 + 7H_2O$$

析出的 I_2 以淀粉为指示剂，用 $Na_2S_2O_3$ 标准溶液滴定。

$Cr_2O_7^{2-}$ 与 I^- 反应较慢。为加速反应，须加入过量的 KI 并提高酸度。然而酸度过高又加速空气氧化 I^-，一般控制酸度为 $0.4 mol \cdot L^{-1}$ 左右，并在暗处放置 5min，以使反应完成。用 $Na_2S_2O_3$ 溶液滴定前，应先用蒸馏水稀释。一是降低酸度可减少空气中 O_2 对 I^- 的氧化，二是使 Cr^{3+} 的绿色减弱，便于观察滴定终点。但若滴定至溶液从蓝色转变为无色后，又很快出现蓝色，这表明 $K_2Cr_2O_7$ 与 KI 的反应还不完全，应重新标定。

如果滴定到终点后，经过几分钟，溶液才出现蓝色，这是由于空气中的 O_2 氧化 I^- 所引起的，不影响标定的结果。

(2) I_2 溶液的配制和标定

由于 I_2 挥发性强，准确称量有一定困难，所以一般是用市售的碘与过量 KI 共置于研钵中加少量水研磨，待溶解后再稀释到一定体积，配制成近似浓度的溶液，然后再进行标定。I_2 溶液应贮存于棕色瓶中，避免与橡皮接触，并防止日光照射、受热等。

碘溶液可用已标定好的 $Na_2S_2O_3$ 标准溶液标定，也可用 As_2O_3 基准物质标定，As_2O_3 难溶于水，可用 NaOH 溶解

$$As_2O_3 + 6OH^- = 2AsO_3^{3-} + 3H_2O$$
$$AsO_3^{3-} + I_2 + H_2O = AsO_4^{3-} + 2I^- + 2H^+$$

反应应在微碱性溶液中（加 $NaHCO_3$ 调节 $pH \approx 8$）进行。

5.6.3.3 碘量法应用示例

(1) 维生素 C（药片）的测定

维生素 C 又称为抗坏血酸，其分子式为 $C_6H_8O_6$，简称 VC，它是预防和治疗坏血病及促进身体健康的药品，也是分析中常用的掩蔽剂。易溶于水，呈酸性，在空气中易被氧化变黄。由于维生素 C 分子中的烯二醇基具有还原性，所以它能被 I_2 定量地氧化成二酮基，其反应为：

$$\begin{array}{c}HO-C=C-OH\\|\quad\quad\quad|\\O=C\quad\quad CH-CH_2\\\quad\searrow O\nearrow\quad |\quad |\\\quad\quad\quad\quad OH\,OH\end{array} + I_2 = \begin{array}{c}O=C-C=O\\|\quad\quad\quad|\\O=C\quad\quad CH-CH_2\\\quad\searrow O\nearrow\quad |\quad |\\\quad\quad\quad\quad OH\,OH\end{array} + 2H^+ + 2I^-$$

测定方法：准确称取含维生素 C（药片）的试样，溶解在新煮沸且冷却的蒸馏水中，用 HAc 酸化，以防止水中溶解氧或空气中氧将维生素 C 氧化，加入淀粉指示剂，迅速用 I_2 标准溶液滴定至终点（呈现稳定的蓝色）。

必须注意，维生素 C 的还原性很强，在空气中易被氧化，在碱性介质中更容易被氧化，所以在实验操作上不但要熟练，而且在酸化后应立即滴定。由于蒸馏水中含有溶解氧，必须事先煮沸去除。如果有能被 I_2 直接氧化的物质存在，则对本测定有干扰。

(2) 葡萄糖含量的测定

葡萄糖分子中所含的醛基能在碱性条件下用过量的 I_2 氧化成羧基，反应过程为

$$I_2 + 2OH^- = OI^- + I^- + H_2O$$
$$CH_2OH(CHOH)_4CHO + OI^- + OH^- = CH_2OH(CHOH)_4COO^- + I^- + H_2O$$

剩余的 OI^- 在碱性溶液中歧化成 IO_3^- 和 I^-

$$3OI^- \Longrightarrow IO_3^- + 2I^-$$

溶液经酸化后又析出 I_2

$$IO_3^- + 5I^- + 6H^+ \Longrightarrow 3I_2 + 3H_2O$$

最后以 $Na_2S_2O_3$ 标准溶液滴定析出的 I_2。

在这一系列的反应中，1mol 葡萄糖与 1mol NaOI 作用，而 1mol I_2 产生 1mol NaOI，因此 1mol 葡萄糖与 1mol I_2 相当。

（3）辉锑矿中锑的测定

辉锑矿的主要组成是 Sb_2S_3，测定辉锑矿中锑的含量时，先将矿样用 HCl+KCl 加热分解，加入酒石酸制成 $SbCl_3$ 溶液。然后在 $NaHCO_3$ 存在下，以淀粉为指示剂，用 I_2 标准溶液滴定。其反应为：

$$Sb_2S_3 + 6HCl \Longrightarrow 2SbCl_3 + 3H_2S\uparrow$$
$$SbCl_3 + 6NaHCO_3 \Longrightarrow Na_3SbO_3 + 6CO_2\uparrow + 3NaCl + 3H_2O$$
$$Na_3SbO_3 + 2NaHCO_3 + I_2 \Longrightarrow Na_3SbO_4 + 2NaI + 2CO_2\uparrow + H_2O$$

在溶解矿样过程中，加入适量 KCl 是为防止 $SbCl_3$ 因加热而挥发。固体酒石酸（$H_2C_4H_4O_6$）的作用是使 $SbCl_3$ 生成不易水解的络合物 $H(SbO)C_4H_4O_6$，该络合物能与 I_2 标准溶液定量反应。若滴定至终点后，淀粉蓝色很快褪去，可能是所加的 $NaHCO_3$ 量不足，或锑的化合物有少量成为沉淀，与过剩的 I_2 反应所致。遇此情况，实验应重做。

（4）硫化钠总还原能力的测定

在弱酸性溶液中，I_2 能氧化 H_2S

$$H_2S + I_2 \Longrightarrow S\downarrow + 2H^+ + 2I^-$$

这是用直接碘量法测定硫化物。为了防止 S^{2-} 在酸性条件下生成 H_2S 而损失，在测定时应用移液管加硫化钠试液于过量酸性碘溶液中，反应完毕后，再用 $Na_2S_2O_3$ 标准溶液回滴多余的碘。硫化钠中常含有 Na_2SO_3 及 $Na_2S_2O_3$ 等还原性物质，它们也与 I_2 作用，因此测定结果实际上是硫化钠的总还原能力。

其他能与酸作用生成 H_2S 的试样（例如某些含硫的矿石，石油和废水中的硫化物，钢铁中的硫，以及有机物中的硫等，都可使其转化为 H_2S），可用镉盐或锌盐的氨溶液吸收它们与酸反应时生成的 H_2S，然后用碘量法测定其中的含硫量。

（5）卡尔费休法测定微量水分

卡尔费休（Karl Fischer）法的基本原理是利用 I_2 氧化 SO_2 时，需要定量的 H_2O。

$$I_2 + SO_2 + 2H_2O \Longrightarrow 2HI + H_2SO_4$$

利用此反应，可以测定很多有机物或无机物中的 H_2O。但上述反应是可逆的，要使反应向右进行，需要加入适当的碱性物质以中和反应后生成的酸，采用吡啶可满足此要求：

$$C_5H_5N \cdot I_2 + C_5H_5N \cdot SO_2 + C_5H_5N + H_2O \longrightarrow 2C_5H_5N \cdot HI + C_5H_5NSO_3$$

但反应的硫酸吡啶很不稳定，能与水发生副反应，消耗一部分水而干扰测定，可加入甲醇避免发生副反应

$$C_5H_5NSO_3 + CH_3OH \longrightarrow C_5H_5NHOSO_2 \cdot OCH_3$$

通过上面的讨论可知，滴定时的标准溶液是含有 I_2、SO_2、C_5H_5N 及 CH_3OH 的混合溶液，称为费休试剂。费休试剂具有 I_2 的棕色，与 H_2O 反应时棕色立即褪去。当溶液中出现棕色时，即到达滴定终点。费休法属于非水滴定法，所有容器都需干燥。

5.6.4 其他方法

（1）溴酸钾法

溴酸钾是一种强氧化剂，容易提纯，在180℃烘干后，就可以直接称量制成 $KBrO_3$ 标准溶液。$KBrO_3$ 溶液的浓度也可以用间接碘法进行标定。一定量的 $KBrO_3$ 在酸性溶液中与过量的 KI 反应而析出：

$$BrO_3^- + 6I^- + 6H^+ \rightleftharpoons Br^- + 3I_2 + 3H_2O$$

然后用 $Na_2S_2O_3$ 标准溶液进行滴定。

在酸性溶液中，溴酸钾标准溶液可以直接滴定一些还原性物质，如 As^{3+}、Sb^{3+}、Sn^{2+} 等。其半反应式为

$$BrO_3^- + 6H^+ + 6e^- \rightleftharpoons Br^- + 3H_2O \qquad E^\ominus_{BrO_3^-/Br^-} = 1.44V$$

以甲基橙或甲基红的钠盐水溶液为指示剂，当滴定到达化学计量点之后，稍微过量的 $KBrO_3$ 与 Br^- 作用生成 Br_2，指示剂被氧化，溶液由红色变为无色，指示滴定终点到达。在滴定过程中应尽量避免滴定剂的局部过浓，导致滴定终点过早出现。再者，甲基橙或甲基红在反应中由于指示剂结构被破坏而褪色，必须再滴加少量指示剂进行检验，如果新加入少量指示剂也立即褪色，这说明真正到达滴定终点，如果颜色不褪就应该小心地继续滴定至终点。

溴酸钾法主要用于测定有机物质。在 $KBrO_3$ 的标准溶液中，加入过量的 KBr 并将溶液酸化，这时发生如下反应：

$$BrO_3^- + 5Br^- + 6H^+ \rightleftharpoons 3Br_2 + 3H_2O$$

生成的溴能与一些有机化合物发生取代反应和加成反应。举例如下。

① 取代反应测定苯酚含量　在苯酚的酸性溶液中，加入一定量且过量的 $KBrO_3$-KBr 标准溶液，使苯酚与过量的 Br_2 反应后，用 KI 还原剩余的 Br_2，析出 I_2。

$$C_6H_5OH + 3Br_2 \rightleftharpoons C_6H_2Br_3OH + 3H^+ + 3Br^-$$

$$Br_2 + 2I^- \rightleftharpoons 2Br^- + I_2$$

然后用 $Na_2S_2O_3$ 标准溶液进行滴定。

苯酚是煤焦油的主要成分之一，是许多高分子材料、医药、农药以及合成染料等的主要原料，也广泛地用于杀菌消毒等，但另一方面苯酚的生产和应用对环境造成污染，所以苯酚是经常需要监测的项目之一。苯酚在水中溶解度小，通常可将试样与 NaOH 作用，生成易溶于水的苯酚钠。

② 加成反应测定丙烯磺酸钠含量　在酸性介质中，在 $HgSO_4$ 催化作用下，加入一定量且过量的 $KBrO_3$-KBr 标准溶液，其加成反应为：

$$CH_3CH=CHSO_3Na + Br_2 \rightleftharpoons CH_3-CHBr-CHBr-SO_3Na$$

上述反应完成后，先加入 NaCl 与 Hg^{2+} 结合，然后加入 KI 与剩余的 Br_2 作用，所析出的 I_2 用 $Na_2S_2O_3$ 标准溶液滴定。

（2）铈量法

硫酸铈 $Ce(SO_4)_2$ 在酸性溶液中是一种强氧化剂，其半反应式为：

$$Ce^{4+} + e^- \rightleftharpoons Ce^{3+} \qquad E^{\ominus}_{Ce^{4+}/Ce^{3+}} = 1.61V$$

Ce^{4+}/Ce^{3+} 电对的电极电位与酸性介质的种类和浓度有关。由于 Ce^{4+} 在 $HClO_4$ 中不形成络合物，所以在 $HClO_4$ 介质中，Ce^{4+}/Ce^{3+} 的电极电位最高，应用也较多。

$Ce(SO_4)_2$ 标准溶液可用纯的硫酸铈铵 $Ce(SO_4)_2 \cdot 2(NH_4)_2SO_4 \cdot 2H_2O$ 或硝酸铈铵 $Ce(NO_3)_4 \cdot 2NH_4NO_3$ 直接称量配制。但是 Ce^{4+} 极易水解，配制 Ce^{4+} 溶液时必须加酸，滴定也必须在强酸溶液中进行，一般用邻二氮菲亚铁作指示剂。

$Ce(SO_4)_2$ 的氧化性与 $KMnO_4$ 差不多，凡是 $KMnO_4$ 能测定的物质几乎都能用铈量法测定。铈量法具有如下优点：$Ce(SO_4)_2$ 标准溶液很稳定，可以在 HCl 介质中进行滴定，且反应简单，副反应少。但铈盐价格较贵，实际应用不太多。

5.7 氧化还原滴定结果的计算

【例 5-7】 称取基准物质 $Na_2C_2O_4$ 0.1500g 溶解在强酸性溶液中，然后用配好的 $KMnO_4$ 标准溶液滴定，到达终点时用去 20.00mL，计算 $KMnO_4$ 溶液的浓度。

解：滴定反应为

$$2MnO_4^- + 5C_2O_4^{2-} + 16H^+ \rightleftharpoons 2Mn^{2+} + 10CO_2 + 8H_2O$$

高锰酸钾和草酸钠的基本单元分别为 $\frac{1}{5}KMnO_4$、$\frac{1}{2}Na_2C_2O_4$，据等物质的量规则有

$$c\left(\frac{1}{5}KMnO_4\right)V_{KMnO_4} = \frac{m_{Na_2C_2O_4}}{M\left(\frac{1}{2}Na_2C_2O_4\right)}$$

$$c\left(\frac{1}{5}KMnO_4\right) = \frac{0.1500}{67.00 \times 20.00 \times 10^{-3}}$$

$$= 0.1119 \text{mol} \cdot L^{-1}$$

【例 5-8】 石灰石试样 0.5000g，溶于稀酸中，将 Ca^{2+} 沉淀为 CaC_2O_4，经过滤洗涤后将沉淀溶于稀酸中，用 $c\left(\frac{1}{5}KMnO_4\right) = 0.1920 \text{mol} \cdot L^{-1}$ 的 $KMnO_4$ 溶液滴定，消耗 35.94mL。计算石灰石中 CaO 的含量。

解：测定中的主要反应如下

$$Ca^{2+} + C_2O_4^{2-} \rightleftharpoons CaC_2O_4 \downarrow$$

$$CaC_2O_4 + 2H^+ \rightleftharpoons Ca^{2+} + H_2C_2O_4$$

$$5H_2C_2O_4 + 2MnO_4^- + 6H^+ \rightleftharpoons 2Mn^{2+} + 10CO_2 \uparrow + 8H_2O$$

氧化钙的基本单元为 $\frac{1}{2}CaO$，据等物质的量规则

$$n\left(\frac{1}{5}KMnO_4\right) = n\left(\frac{1}{2}CaO\right)$$

$$w_{CaO} = \frac{0.1920 \times 35.94 \times 10^{-3} \times 28.04}{0.5000} \times 100\%$$

$$= 38.70\%$$

【例 5-9】 软锰矿样品 0.5864g，用 0.7000g 的 $H_2C_2O_4 \cdot 2H_2O$ 处理后，过量的草酸用 $c\left(\frac{1}{5}KMnO_4\right) = 0.1062 \text{mol} \cdot L^{-1}$ 的 $KMnO_4$ 溶液滴定，消耗 21.56mL。计算样品中 MnO_2 含量。

解：滴定的主要反应为
$$MnO_2 + C_2O_4^{2-} + 4H^+ \rightleftharpoons Mn^{2+} + 2H_2O + 2CO_2\uparrow$$
$$2MnO_4^- + 5C_2O_4^{2-} + 16H^+ \rightleftharpoons 2Mn^{2+} + 8H_2O + 10CO_2\uparrow$$

MnO_2 的基本单元为 $\frac{1}{2}MnO_2$

根据等物质的量规则 $n\left(\frac{1}{5}KMnO_4\right) + n\left(\frac{1}{2}MnO_2\right) = n\left(\frac{1}{2}H_2C_2O_4 \cdot 2H_2O\right)$

$$w(MnO_2) = \frac{\left(\frac{0.7000}{63.04} - 0.1062 \times 21.56 \times 10^{-3}\right) \times 43.47}{0.5864}$$
$$= 65.34\%$$

【例 5-10】 铁矿试样 0.5000g 溶解后，在酸性溶液中用 H_2O_2 将 Cr^{3+} 氧化为 $Cr_2O_7^{2-}$，加入 50.00mL $c(FeSO_4) = 0.1103$ mol·L^{-1} 的 $FeSO_4$ 溶液，剩余的 $FeSO_4$ 用 $c\left(\frac{1}{6}K_2Cr_2O_7\right) = 0.1066$ mol·L^{-1} 的 $K_2Cr_2O_7$ 溶液滴定，消耗 15.05mL。计算铬铁矿中铬的含量。

解：滴定的主要反应为
$$Cr_2O_7^{2-} + Fe^{2+} + 14H^+ \rightleftharpoons 2Cr^{3+} + Fe^{3+} + 7H_2O$$

铬的基本单元为 $\frac{1}{3}Cr$

根据等物质的量规则 $n\left(\frac{1}{3}Cr\right) + n\left(\frac{1}{6}K_2Cr_2O_7\right) = n(FeSO_4)$

$$w(Cr) = \frac{(0.1103 \times 50.00 \times 10^{-3} - 0.1066 \times 15.05 \times 10^{-3}) \times 43.47}{0.5000} \times 100\%$$
$$= 34.00\%$$

【例 5-11】 用间接碘量法测定含铜样品，称取试样 0.4000g，溶解在酸性溶液中。加入 KI 后用 0.1000mol·L^{-1} $Na_2S_2O_3$ 溶液滴定析出的 I_2，用去 20.00mL。求样品中铜的含量。

解：滴定反应为
$$2Cu^{2+} + 4I^- \rightleftharpoons 2CuI\downarrow + I_2$$
$$2S_2O_3^{2-} + I_2 \rightleftharpoons S_4O_6^{2-} + 2I^-$$

铜的基本单元为 Cu，据等物质的量规则有
$$n(Cu) = n(Na_2S_2O_3)$$
$$w_{Cu} = \frac{0.1000 \times 20.00 \times 10^{-3} \times 63.55}{0.4000} \times 100\%$$
$$= 31.78\%$$

【例 5-12】 以 KIO_3 为基准物采用间接碘量法标定 0.1mol·L^{-1} 溶液的浓度。若滴定时欲消耗 $Na_2S_2O_3$ 溶液的体积控制在 25mL 左右，问应称取 KIO_3 多少克？

解：滴定反应为
$$IO_3^- + 5I^- + 6H^+ \rightleftharpoons 3I_2 + 3H_2O$$
$$2S_2O_3^{2-} + I_2 \rightleftharpoons S_4O_6^{2-} + 2I^-$$

KIO_3 的基本单元为 $\frac{1}{6}KIO_3$，据等物质的量规则有

$$n\left(\frac{1}{6}KIO_3\right) = n\left(\frac{1}{2}I_2\right) = n(Na_2S_2O_3)$$

$$m_{KIO_3} = n\left(\frac{1}{6}KIO_3\right)M\left(\frac{1}{6}KIO_3\right)$$
$$= c(Na_2S_2O_3)V_{Na_2S_2O_3}M\left(\frac{1}{6}KIO_3\right)$$
$$= 0.1 \times 25 \times 10^{-3} \times \frac{1}{6} \times 214$$
$$= 0.09g$$

【例 5-13】 称取苯酚试样 0.4123g，用水溶于 250mL 容量瓶中。移取 25.00mL 试液于碘量瓶中，加入 $KBrO_3$-KBr 溶液 25.00mL。然后加入 HCl 溶液，待反应完全后，加入过量的 KI，用 $c(Na_2S_2O_3)=0.1024 mol \cdot L^{-1}$ 的 $Na_2S_2O_3$ 溶液滴定析出的 I_2，消耗 20.84mL。另取 25.00mL $KBrO_3$-KBr 溶液作空白试验，消耗 $Na_2S_2O_3$ 溶液 40.90mL，计算试样中苯酚的含量。

解：主要反应为
$$BrO_3^- + 5Br^- + 6H^+ \Longrightarrow 3Br_2 + 3H_2O$$
$$3Br_2 + C_6H_5OH \Longrightarrow C_6H_2Br_3OH + 3HBr$$
$$Br_2 + I^- \Longrightarrow I_2 + Br^-$$
$$2S_2O_3^{2-} + I_2 \Longrightarrow S_4O_6^{2-} + 2I^-$$

苯酚的基本单元为 $\frac{1}{6}C_6H_5OH$

$$w(C_6H_5OH) = \frac{(40.90-20.84) \times 0.1024 \times 15.68 \times 10^{-3}}{0.4123 \times \frac{25}{250}} \times 100\%$$
$$= 78.12\%$$

本 章 小 结

本章主要讲述了氧化还原平衡、氧化还原反应速率、氧化还原滴定基本原理、氧化还原滴定前的预处理以及常见的氧化还原滴定方法。

1. 条件电极电位与电极电位的联系与区别。
2. 氧化还原滴定反应应具备的条件

(1) 反应进行完全，符合计量关系，无副反应。

反应进行是否完全，可由氧化还原反应平衡常数来判断。平衡常数可由条件电极电位或标准电极电位来计算。当两电对的条件电极电位差值≥0.4V 时，反应可以进行完全。

(2) 反应必须以足够的速度进行。

对于速度较慢的反应，应根据反应物和生成物的性质采取增加反应物的浓度、提高温度或使用催化剂等方法来加速反应进行。

综合上述两点，反应平衡常数值取决于两个电对的电位之差，其差值越大，反应进行得越完全。但是，对于氧化还原反应，还需要考虑反应进行的速度。如果平衡常数很大，而反应速度却非常慢，这样的反应就不能直接应用于滴定分析。

(3) 有合适的指示剂或由其他方法确定滴定终点。

除自身指示剂（$KMnO_4$）和专属指示剂（淀粉）外，在选用氧化还原指示剂时，要求指示剂变色时的电位应落在滴定突跃范围内或尽量接近滴定体系的化学计量点。

3. 高锰酸钾法、重铬酸钾法、硫酸高铈法

$KMnO_4$ 是强氧化剂。利用其在酸性溶液中的氧化作用，可以直接测定许多还原性物

质，也可以利用返滴定法测定一些氧化性物质，还可以利用间接滴定法测定一些非氧化还原性物质。

$KMnO_4$ 法的特点是利用自身作指示剂，终点明显。但 $KMnO_4$ 标准滴定溶液的配制和标定手续较繁，溶液不够稳定。要注意贮存和定期标定。

与 $KMnO_4$ 法相类似的利用强氧化剂作滴定剂的还有 $K_2Cr_2O_7$ 法和 $Ce(SO_4)_2$ 法。

$K_2Cr_2O_7$ 法的优点是，$K_2Cr_2O_7$ 也是强氧化剂，可制成基准物直接配制标准溶液，溶液很稳定，长期保存浓度不变。但是，$K_2Cr_2O_7$ 毒性较大。除用于铁含量测定外，工业废水中 COD 的测定多用此法。

$Ce(SO_4)_2$ 易提纯且稳定，可直接配制标准溶液。$Ce(SO_4)_2$ 的氧化能力介于 $KMnO_4$ 与 $K_2Cr_2O_7$ 之间，毒性小。能用 $KMnO_4$ 法测定的物质一般都可用 $Ce(SO_4)_2$ 法测定，故此法优于 $KMnO_4$ 法和 $K_2Cr_2O_7$ 法。

4. 碘量法

碘量法是利用 I_2 的氧化性和 I^- 的还原性进行滴定的分析方法，一般采用淀粉指示剂指示终点。

直接碘法（碘滴定法）是利用 I_2 标准溶液直接滴定一些较强还原性物质；间接碘法（滴定碘法）可测定许多具有氧化性的物质，还可以间接测定能与氧化性物质形成沉淀的组分。

在配制 I_2 和 $Na_2S_2O_3$ 标准溶液时，要注意 I_2 和 $Na_2S_2O_3$ 的性质和保存方法。在标定和使用 I_2 与 $Na_2S_2O_3$ 溶液时，要注意反应条件，如溶液的酸度，I_2 的挥发以及空气中氧气对 I^- 的氧化作用等。

5. 溴酸钾法

主要是间接溴酸钾法，用于测定有机物。此法是利用一定量的 $KBrO_3$ 标准溶液和过量的 KBr 溶液反应，在酸性介质中产生一定量的 Br_2 与待测物发生加成或取代反应，剩余的 Br_2 用 KI 还原，析出的 I_2 用 $Na_2S_2O_3$ 标准溶液滴定。因此，溴酸钾法常与滴定碘法配合使用。

思考题与习题

1. 用氧化还原电位关系解释下列问题：
   (1) 为什么 $K_2Cr_2O_7$ 与 KI 在中性溶液中不作用？但在酸性溶液中却定量地析出 I_2？
   (2) Fe^{3+} 能氧化 I^- 析出 I_2，但 F^- 的加入将使 Fe^{3+} 不能氧化 I^-，为什么？
   (3) 为什么溶液的酸度增大时，I^- 被溶解于水中的 O_2 氧化也更容易？
2. 什么是条件电极电位？为什么要采用条件电极电位概念？
3. 为什么标准电极电位或条件电极电位不是在任何时候都可以用于预示氧化还原滴定是否能够进行？
4. 如何判断滴定至化学计量点时反应的完全程度？是否平衡常数大的氧化还原反应都能用于氧化还原滴定中？为什么？
5. 诱导反应与催化反应有何区别？
6. 分别用 $Ce(SO_4)_2$、$KMnO_4$、$K_2Cr_2O_7$ 标准溶液滴定 Fe^{2+} 时（设 $[H^+]=1mol\cdot L^{-1}$），各化学计量点的 E 值应该如何计算？
7. 为什么以 $Na_2S_2O_3$ 溶液滴定 I_2 时应该在酸性条件下进行？而用 I_2 溶液滴定 $Na_2S_2O_3$ 时却不能在酸性条件下进行？
8. 碘量法的主要误差来源有哪些？在实际工作中如何才能将误差降至最小？
9. $KMnO_4$ 标准溶液和 $Na_2S_2O_3$ 标准溶液在配制时都需将水煮沸，请比较二者在操作上的不同，并解释其原因。

10. 哪些因素影响氧化还原滴定的突跃范围的大小？如何确定化学计量点时的电极电位？

11. 在 1mol·L^{-1} HCl 溶液中用 Fe^{2+} 溶液滴定 Sn^{2+} 时，计算
    (1) 此氧化还原反应的平衡常数及化学计量点时反应进行的程度；
    (2) 滴定的电位突跃范围。在此滴定中应选用什么指示剂？用所选指示剂时滴定终点是否和化学计量点一致？

    (2.0×10^{18}; $0.23 \sim 0.50$V; $E_{eq} = 0.32$V)

12. 在酸性溶液中用高锰酸钾法测定 Fe^{2+} 时，KMnO$_4$ 溶液的浓度是 0.2484mol·L^{-1}，求用 (1) Fe; (2) Fe$_2$O$_3$; (3) FeSO$_4$·7H$_2$O 表示的滴定度。

    (0.006937g·mL^{-1}; 0.009917g·mL^{-1}; 0.03453g·mL^{-1})

13. 称取软锰矿 0.3216g、分析纯 Na$_2$C$_2$O$_4$ 0.3685g，共置于同一烧杯中，加 H$_2$SO$_4$ 并加热，待反应完全后，用 0.02400mol·L^{-1} KMnO$_4$ 溶液滴定剩余的 Na$_2$C$_2$O$_4$，消耗 KMnO$_4$ 溶液 11.26mL。计算软锰矿中 MnO$_2$ 的质量分数。

    (56.09%)

14. 今有 PbO-PbO$_2$ 混合物。现称取试样 1.2340g，加入 20.00mL 0.2500mol·L^{-1} 草酸溶液将 PbO$_2$ 还原为 Pb^{2+}，然后用氨中和，这时 Pb^{2+} 以 PbC$_2$O$_4$ 形式沉淀，过滤后，滤液酸化后用 0.04000mol·L^{-1} KMnO$_4$ 滴定，消耗溶液 10.00mL；沉淀溶解于酸中，用相同浓度的 KMnO$_4$ 滴定，消耗 30.00mL。计算试样中 PbO 和 PbO$_2$ 的质量分数。

    (36.17%; 19.38%)

15. 硅酸盐试样 1.000g，用称量法测定铁和铝，得 Fe$_2$O$_3$ 和 Al$_2$O$_3$ 质量为 0.5000g。将此混合物溶于酸，并使 Fe^{3+} 还原为 Fe^{2+}，用 0.02000mol·L^{-1} KMnO$_4$ 溶液 25.00mL 滴定至终点。计算试样中 FeO 和 Al$_2$O$_3$ 的含量。

    (17.96%; 30.04%)

16. 以 500mL 容量瓶配制 0.05000mol·L^{-1} K$_2$Cr$_2$O$_7$ 标准溶液，应称取 K$_2$Cr$_2$O$_7$ 基准物多少克？

    (1.2258g)

17. 以 K$_2$Cr$_2$O$_7$ 标准溶液滴定 0.4000g 褐铁矿中的铁，若消耗 K$_2$Cr$_2$O$_7$ 标准滴定溶液的体积 (mL) 与样品中 Fe$_2$O$_3$ 的含量相等。问 K$_2$Cr$_2$O$_7$ 标准滴定溶液对铁的滴定度是多少？

    (0.002798g·mL^{-1})

18. 称取基准物 KIO$_3$ 0.3600g，溶解后于 100mL 容量瓶中稀释至刻度。吸取 25.00mL，加入 H$_2$SO$_4$ 和 KI，析出的 I$_2$ 以 Na$_2$S$_2$O$_3$ 标准滴定溶液滴定，消耗 25.00mL。此 Na$_2$S$_2$O$_3$ 溶液 25.00mL 需消耗 24.84mL I$_2$ 溶液。计算 Na$_2$S$_2$O$_3$ 溶液及 I$_2$ 溶液的浓度，Na$_2$S$_2$O$_3$ 对 Cu 的滴定度。

    (0.1009mol·L^{-1}; 0.05080mol·L^{-1}; 0.006412g·mL^{-1})

19. 标定 KBrO$_3$-KBr 溶液，吸取 25.00mL，于酸性条件下与 KI 作用析出 I$_2$，消耗 c(Na$_2$S$_2$O$_3$) $= 0.1060$mol·L^{-1} 的 Na$_2$S$_2$O$_3$ 溶液 24.94mL。计算 KBrO$_3$-KBr 溶液的浓度及其对苯酚的滴定度。

    (0.1057mol·L^{-1}; 0.001658g·mL^{-1})

20. 丙酮试样 0.1000g，放入盛有 NaOH 溶液的碘量瓶中，振荡，加入 $c\left(\dfrac{1}{2}I_2\right) = 0.1000$mol·L^{-1} 的 I$_2$ 溶液 50.00mL，盖好放置一定时间。用 H$_2$SO$_4$ 调节至微酸性，立即用 c(Na$_2$S$_2$O$_3$) $= 0.1000$mol·L^{-1} Na$_2$S$_2$O$_3$ 溶液滴定，消耗 10.00mL。计算试样中丙酮的含量。

    $$CH_3COCH_3 + 3I_2 + 4NaOH \longrightarrow CH_3COONa + 3NaI + CHI_3 + 3H_2O$$

    (38.72%)

21. 用一定体积 (mL) 的 KMnO$_4$ 溶液恰能氧化一定质量的 KHC$_2$O$_4$·H$_2$C$_2$O$_4$·2H$_2$O。如用 0.2000mol·L^{-1} NaOH 中和同样质量的 KHC$_2$O$_4$·H$_2$C$_2$O$_4$·2H$_2$O，所需 NaOH 的体积恰为 KMnO$_4$ 的一半，试计算 KMnO$_4$ 溶液的浓度。

    (0.02666mol·L^{-1})

22. 称取含有苯酚的试样 0.5000g，溶解后加入 0.1000mol·L^{-1} KBrO$_3$ 溶液（其中含有过量 KBr）25.00mL，并加 HCl 酸化，放置。待反应完全后，加入 KI，滴定析出的 I$_2$ 消耗了 0.1003mol·L^{-1}

$Na_2S_2O_3$ 溶液 29.91mL。计算试样中苯酚的质量分数。

(37.64%)

23. 盐酸羟胺（$NH_2OH \cdot HCl$）可用溴酸钾法和碘量法测定。量取 20.00mL $KBrO_3$ 溶液与 KI 反应，析出的 I_2 用 $0.1020mol \cdot L^{-1}$ $Na_2S_2O_3$ 溶液滴定，需用 19.61mL。1mL $KBrO_3$ 溶液相当于多少毫克的 $NH_2OH \cdot HCl$？

(1.158mg)

24. 称取含 KI 的试样 1.000g，溶于水。加 10mL $0.0500mol \cdot L^{-1}$ KIO_3 溶液处理，反应后煮沸驱尽所生成的 I_2，冷却后，加入过量 KI 溶液与剩余的 KIO_3 反应。析出的 I_2 需用 21.14mL $0.1008mol \cdot L^{-1}$ $Na_2S_2O_3$ 溶液滴定。计算试样中 KI 的质量分数。

(12.02%)

25. 将 1.0000 钢样中的铬氧化成 $Cr_2O_7^{2-}$，加 25.00mL $0.1000mol \cdot L^{-1}$ $FeSO_4$ 标准溶液，然后用 $0.01800mol \cdot L^{-1}$ $KMnO_4$ 标准溶液 7.00mL 回滴剩余的 $FeSO_4$ 溶液，计算钢样中的铬的质量分数。

(3.24%)

26. 20.00mL 市售 H_2O_2（密度 $1.010g \cdot mL^{-1}$）需用 36.82mL $0.02400mol \cdot L^{-1}$ $KMnO_4$ 溶液滴定，计算试液中 H_2O_2 的质量分数。

(0.744%)

27. 称取含有 As_2O_3 与 As_2O_5 的试样 1.500g，处理含 AsO_3^{3-} 和 AsO_4^{3-} 的溶液。将溶液调节为弱碱性，以 $0.05000mol \cdot L^{-1}$ 碘溶液滴定至终点，消耗 30.00mL。将此溶液用盐酸调节至酸性并加入过量 KI 溶液，释放出的 I_2 再用 $0.3000mol \cdot L^{-1}$ $Na_2S_2O_3$ 溶液滴定至终点，消耗 30.00mL。计算试样中 As_2O_3 与 As_2O_5 的质量分数。

提示：弱碱性时滴定三价砷，反应如下

$$H_3AsO_3 + I_2 + H_2O = H_3AsO_4 + 2I^- + 2H^+$$

在酸性介质中，反应如下

$$H_3AsO_4 + 2I^- + 2H^+ = H_3AsO_3 + I_2 + H_2O$$

(9.89%；22.98%)

第 6 章 沉淀滴定法

6.1 概述

沉淀滴定法（precipitation titration）是以沉淀反应为基础的一种滴定分析方法。虽然能形成沉淀的反应很多，但并不是所有的沉淀反应都可以用于滴定分析。用于沉淀滴定法的沉淀反应必须符合下列条件：

① 沉淀反应必须迅速、定量，不易形成过饱和溶液；
② 生成的沉淀组成恒定，溶解度小，在沉淀过程中不易发生共沉淀现象；
③ 能够用适当的指示剂或其他方法确定滴定的终点。

由于上述条件的限制，能用于滴定分析的沉淀反应并不多，目前主要使用生成难溶性银盐的沉淀反应：

$$Ag^+ + X^- \Longrightarrow AgX\downarrow$$

这里 X^- 可以是 Cl^-、Br^-、I^-、CN^- 和 SCN^- 等离子。以这类反应为基础的沉淀滴定法称为银量法（argentimetry）。银量法主要用于测定 Cl^-、Br^-、I^-、CN^-、SCN^- 和 Ag^+ 等离子，也可以测定经处理后能定量地产生这些离子的有机物。

沉淀滴定法中，还有利用其他反应的方法。例如，$K_4[Fe(CN)_6]$ 与 Zn^{2+}，$[NaB(C_6H_5)_4]$ 与 K^+ 形成的沉淀反应：

$$2K_4Fe(CN)_6 + 3Zn^{2+} \Longrightarrow K_2Zn_3[Fe(CN)_6]_2\downarrow + 6K^+$$

$$NaB(C_6H_5)_6 + K^+ \Longrightarrow KB(C_6H_5)_4\downarrow + Na^+$$

都可用于滴定分析法。本章着重讨论银量法。

银量法可分为直接法和间接法。直接法是用硝酸银标准溶液直接滴定被沉淀的物质，如 Cl^-、Br^- 等。间接法是在待测试液中加入一定过量的 $AgNO_3$ 标准溶液，再用 NH_4SCN 标准溶液来返滴定剩余的 $AgNO_3$。

银量法根据确定终点所用的指示剂不同，按其创立者命名，分为莫尔（Mohr）法、佛尔哈德（Volhard）法和法扬司（Fajans）法三种类型。

6.2 确定终点的方法

6.2.1 莫尔法

（1）原理

用 K_2CrO_4 作指示剂的银量法称为莫尔法。主要用于以 $AgNO_3$ 标准溶液直接滴定 Cl^- 或 Br^- 等离子。判断终点的依据是 AgCl（或 AgBr）与 Ag_2CrO_4 溶解度和颜色的显著差异。

以测定 Cl^- 为例，在中性或弱碱性溶液中，由于 AgCl 的溶解度小于 Ag_2CrO_4，根据分步沉淀的原理，先生成白色的 AgCl 沉淀。当 Cl^- 被定量沉淀后，稍过量的 Ag^+ 就会与 CrO_4^{2-} 反应，产生砖红色的 Ag_2CrO_4 沉淀而指示滴定终点。

滴定反应和指示反应分别为：

$$Ag^+ + Cl^- \Longrightarrow AgCl\downarrow(白色) \qquad K_{sp} = 1.8 \times 10^{-10}$$

$$2Ag^+ + CrO_4^{2-} \rightleftharpoons Ag_2CrO_4(砖红色)\downarrow \qquad K_{sp} = 2.0 \times 10^{-12}$$

莫尔法中影响滴定准确度的两个主要因素是指示剂的用量和溶液的酸度。

(2) 滴定条件

① 指示剂的用量 指示剂 K_2CrO_4 的用量对终点的指示有很大影响。CrO_4^{2-} 浓度过高或过低会使 Ag_2CrO_4 沉淀的析出过早或滞后,影响滴定的准确度。因此,指示剂 CrO_4^{2-} 的浓度必须合适。

据溶度积原理,可计算出化学计量点时 $[Ag^+] = 1.25 \times 10^{-5}$ mol·L^{-1},若希望在化学计量点时析出 Ag_2CrO_4 沉淀,则此时溶液中 CrO_4^{2-} 的浓度应为

$$[CrO_4^{2-}] = \frac{K_{sp(Ag_2CrO_4)}}{K_{sp(AgCl)}} = \frac{2.0 \times 10^{-12}}{1.8 \times 10^{-10}} = 1.1 \times 10^{-2} (mol \cdot L^{-1})$$

由于 K_2CrO_4 本身呈黄色,如此高浓度的 CrO_4^{2-} 黄色较深,会影响砖红色沉淀出现的判断。因此,指示剂的浓度应当略低一点为宜。但溶液中 CrO_4^{2-} 降低后,要使 Ag_2CrO_4 沉淀析出,必须多加一些 $AgNO_3$ 标准溶液,使得滴定剂过量,终点滞后。因此,CrO_4^{2-} 的浓度也不能过低。实验与计算结果均可证明,当 CrO_4^{2-} 的浓度为 5×10^{-3} mol·L^{-1} 左右时,可以获得终点误差小于0.1%的测定结果,准确度是令人满意的。但如果溶液较稀,例如用 0.01000mol·L^{-1} $AgNO_3$ 溶液滴定 0.01000mol·L^{-1} KCl 溶液,则终点误差可达 0.6% 左右,就会影响分析结果的准确度。在这种情况下,通常需要以指示剂的空白值对测定结果进行校正。

② 溶液的酸度 滴定应在中性或弱碱性(6.5~10.5)条件下进行。Ag_2CrO_4 易溶于酸,若酸度太高,CrO_4^{2-} 会与 H^+ 反应生成 $HCrO_4^-$ 进而转化成 $Cr_2O_7^{2-}$,降低了 CrO_4^{2-} 浓度,影响 Ag_2CrO_4 沉淀的生成。

$$2H^+ + 2CrO_4^{2-} \rightleftharpoons 2HCrO_4^- \rightleftharpoons Cr_2O_7^{2-} + H_2O$$

若溶液碱性太强,Ag_2CrO_4 又将转化成 Ag_2O 沉淀,故适宜的酸度范围为 pH = 6.5~10.5。若试液中含有铵盐,由于 pH 值较大时会有部分 NH_3 生成,它会与 Ag^+ 生成 $Ag(NH_3)^+$ 或 $Ag(NH_3)_2^+$ 等络合离子,影响测定结果。实验结果表明,当 NH_4^+ 浓度小于 0.05mol·L^{-1} 时,控制溶液的 pH 在 6.5~7.2 范围内滴定,可得到满意的结果。若 NH_4^+ 浓度大于 0.15mol·L^{-1} 时,仅通过控制酸度已不能消除其影响,须在滴定之前对试样进行预处理将溶液中大量铵盐除去。若试液为酸性或强碱性,可用酚酞作指示剂,以稀氢氧化钠溶液或稀硫酸溶液调节至酚酞的红色刚好褪去,也可用碳酸氢钠、碳酸钙或硼酸钠等预先中和,然后再滴定。

③ 滴定时应剧烈摇动。由于 AgCl 或 AgBr 沉淀易吸附 Cl^- 或 Br^- 使终点提前。因此,滴定时应剧烈摇动,能使被吸附的及时释放出来,以减小测定误差。AgI 和 AgSCN 沉淀吸附 I^-、SCN^- 的能力更强,所以莫尔法不适用于测定 I^- 和 SCN^-。

④ 预先分离干扰离子。能与 Ag^+ 生成沉淀的 PO_4^{3-}、AsO_4^{3-}、CO_3^{2-}、S^{2-}、$C_2O_4^{2-}$ 等阴离子,能与 CrO_4^{2-} 生成沉淀的 Ba^{2+}、Pb^{2+} 等阳离子,大量 Cu^{2+}、Co^{2+}、Ni^{2+} 等有色离子,以及在中性或弱碱性条件下易水解的 Fe^{3+}、Al^{3+}、Bi^{3+}、Sn(Ⅳ) 等,对测定均有干扰,应预先将其分离。

(3) 应用范围

莫尔法主要用于以 $AgNO_3$ 标准溶液直接滴定 Cl^-、Br^-、CN^- 的反应,而不适用于测定 I^- 和 SCN^-,也不能用 NaCl 标准溶液直接测定 Ag^+。这是因为在 Ag^+ 试液中加入 K_2CrO_4 指示剂,将立即生成大量的 Ag_2CrO_4 沉淀,而且沉淀转变为 AgCl 沉淀的速率很慢,使测定无法进行。则必须采用返滴定法,即先加入一定量且过量的 NaCl 标准溶液,用

AgNO$_3$ 标准溶液返滴定剩余的 Cl$^-$。

6.2.2 佛尔哈德法

6.2.2.1 原理

以铁铵矾 NH$_4$Fe(SO$_4$)$_2$ 为指示剂，在酸性（硝酸）条件下，用 KSCN 或 NH$_4$SCN 标准溶液滴定待测物的方法称为佛尔哈德法。本法可分为直接滴定法和返滴定法。

(1) 直接滴定法

在含有 Ag$^+$ 的硝酸溶液中加入铁铵矾指示剂，用 NH$_4$SCN 或 KSCN 标准溶液直接滴定 Ag$^+$，溶液中首先析出白色的 AgSCN 沉淀，当 Ag$^+$ 定量沉淀后，过量的 SCN$^-$ 与 Fe^{3+} 生成红色络合物指示终点。滴定反应和指示反应分别为：

$$Ag^+ + SCN^- \rightleftharpoons AgSCN\downarrow（白色），K_{sp}=1.0\times10^{-12}$$
$$Fe^{3+} + SCN^- \rightleftharpoons FeSCN^{2+}（红色），K=138$$

终点出现的早晚，与 Fe^{3+} 的浓度有关。实验证明，为了能观察到终点的红色，FeSCN^{2+} 的最低浓度为 6.0×10^{-6} mol·L^{-1}，实用中 Fe^{3+} 的浓度一般采用 0.015mol·L^{-1}，可以观察到明显的终点。

(2) 返滴定法

此法常用于测定卤化物和硫氰酸盐。在酸性（硝酸）条件下，首先于试液中加入一定量过量的 AgNO$_3$ 标准溶液，使卤离子或硫氰酸根离子与之反应，完全生成相应的银盐沉淀，再加入铁铵矾指示剂，用 NH$_4$SCN 或 KSCN 标准溶液返滴定剩余的 AgNO$_3$。

$$Ag^+（过量）+ X^- \rightleftharpoons AgX\downarrow$$
$$Ag^+（剩余）+ SCN^- \rightleftharpoons AgSCN\downarrow（白色）$$
$$Fe^{3+} + SCN^- \rightleftharpoons FeSCN^{2+}（红色）$$

由于 AgSCN 的溶解度小于 AgCl 的溶解度，所以在返滴定临近化学计量点时，易引起 SCN$^-$ 与 AgCl 之间的缓慢沉淀转化反应，溶液中出现红色之后，剧烈摇动红色又逐渐消失，使终点难以确定。

$$AgCl + SCN^- \rightleftharpoons AgSCN + Cl^-$$

上述情况的发生通常可采用以下措施予以避免。

① 在加入 AgNO$_3$ 溶液后将试液煮沸，使 AgCl 沉淀凝聚之后，滤去沉淀并用稀 HNO$_3$ 充分洗涤沉淀，再对滤液进行滴定。

② 在形成 AgCl 沉淀之后加入少量有机溶剂（硝基苯、苯、四氯化碳、甘油等），剧烈摇动后使 AgCl 沉淀表面覆盖一层有机溶剂而与外部溶液隔开，以防止沉淀转化反应的发生。

③ 提高 Fe^{3+} 的浓度以减小终点时 SCN$^-$ 的浓度，从而减小误差。Swift 等人的实验证明，当控制溶液的 Fe^{3+} 浓度为 0.2mol·L^{-1} 时，滴定误差小于 0.1%。

比较溶度积常数可知，用本法测定 Br$^-$ 和 I$^-$、SCN$^-$ 时，不会发生上述沉淀转化反应。但在测定 I$^-$ 时，应先加 AgNO$_3$，再加指示剂，以避免 I$^-$ 对 Fe^{3+} 的还原作用。

6.2.2.2 滴定条件

① Fe^{3+} 在碱性条件下易水解生成棕色沉淀影响终点观察，因此溶液的酸度一般控制在 0.1～1mol·L^{-1}；

② 用直接滴定法滴定时，由于 AgSCN 沉淀要吸附溶液中的 Ag$^+$，使终点提前，所以在滴定过程中需剧烈摇动使被吸附的 Ag$^+$ 释出以减小误差；用返滴定法滴定 Cl$^-$ 时，应轻轻摇动，以避免 AgCl 沉淀发生转化；

③ 某些强氧化剂、氮的低价氧化物、铜盐及汞盐能与 SCN$^-$ 反应而干扰测定，必须预先除去。

6.2.2.3 应用范围

佛尔哈德法的最大优点是滴定可以在酸性条件下进行,一般酸度大于 $0.3\text{mol}\cdot\text{L}^{-1}$。在此酸度下,许多酸根离子如 PO_4^{3-}、AsO_4^{3-}、CO_3^{2-}、S^{2-}、$C_2O_4^{2-}$ 等都不干扰滴定,因而方法的选择性高。佛尔哈德法可直接滴定 Ag^+;采用返滴定法可测定 Cl^-、Br^-、I^-、SCN^-、PO_4^{3-} 和 AsO_4^{3-} 等离子。有机卤化物中的卤素也可采用佛尔哈德返滴定法进行测定。

6.2.3 法扬司法

(1) 原理

采用吸附指示剂确定终点的银量法称为法扬司法。吸附指示剂是一类有机化合物,当它被沉淀表面吸附后,会因结构的改变引起颜色变化,从而指示滴定终点。

例如,用 $AgNO_3$ 作标准溶液测定 Cl^- 含量时,可用荧光黄作指示剂。荧光黄是一种有机弱酸,可用 HFIn 表示,在溶液中存在如下解离平衡:

$$\text{HFIn} \rightleftharpoons \text{FIn}^- (\text{黄绿色}) + \text{H}^+ \qquad pK_a = 7$$

解离反应的产物荧光黄阴离子 FIn^-,呈黄绿色。在化学计量点之前,溶液中存在过量 Cl^-,AgCl 沉淀胶体微粒吸附带有 Cl^- 而带有负电荷,不吸附指示剂阴离子,溶液呈黄绿色;而在化学计量点后,稍过量的 $AgNO_3$ 标准溶液即可使 AgCl 沉淀胶体微粒吸附 Ag^+ 而带正电荷,这时带正电荷的胶体微粒吸附 FIn^-,并发生分子结构的变化,出现由黄绿色变为淡红的颜色变化,指示终点到达。终点的变色反应为:

$$\text{AgCl}\cdot\text{Ag}^+ + \text{FIn}^- \rightleftharpoons \text{AgCl}\cdot\text{Ag}^+\cdot\text{FIn}^- (\text{粉红色})$$

如果用 NaCl 标准溶液滴定 Ag^+,则颜色的变化正好相反。

吸附剂可分为两类:一类是酸性染料,如荧光黄及其衍生物,它们是有机弱酸,解离出指示剂阴离子;另一类是碱性染料,如甲基紫、罗丹明 6G 等,解离出指示剂阳离子。几种常见的指示剂列于表 6-1 中。

表 6-1 常用的吸附指示剂

指示剂名称	待测离子	滴定剂	适用的 pH 范围
荧光黄	Cl^-、Br^-、I^-、SCN^-	Ag^+	7~10
二氯荧光黄	Cl^-、Br^-、I^-、SCN^-	Ag^+	4~6
曙红	Br^-、I^-、SCN^-	Ag^+	2~10
甲基紫	SO_4^{2-}、Ag^+	Ba^{2+}、Cl^-	酸性溶液
溴酚蓝	Cl^-、SCN^-	Ag^+	2~3
罗丹明 6G	Ag^+	Br^-	稀 HNO_3

(2) 滴定条件

① 由于吸附指示剂的颜色变化发生在沉淀微粒表面上,因此,应尽可能使沉淀呈胶体状态,以增大沉淀的表面积。例如,在滴定前可将溶液稀释,并加入糊精、淀粉等高分子化合物保护胶体,防止 AgCl 沉淀凝聚。

② 各种吸附指示剂的特性差别很大,对滴定条件,特别是酸度的要求有所不同,适用的 pH 范围也不相同。如荧光黄为有机弱酸,pK_a 约为 7。pH 太低时以 HFIn 形式存在就不会被沉淀颗粒吸附,无法指示终点。所以用荧光黄作指示剂时,溶液的 pH 应为 7~10。另外,pK_a 较小的指示剂,可以在 pH 较低的溶液中指示终点。

③ 卤化银沉淀对光敏感,遇光易分解析出金属银,使沉淀很快转变为灰黑色,影响终点观察,因此在滴定过程中应避免强光照射。

④ 胶体微粒对指示剂离子的吸附能力应略小于对待测离子的吸附能力,否则指示剂将在化学计量点前变色,但如果吸附能力太差,终点时变色也不敏锐。卤化银对卤离子和几种

常见吸附指示剂吸附能力的次序如下：

$$I^- > SCN^- > Br^- > 曙红 > Cl^- > 荧光黄$$

⑤ 溶液中被滴定离子的浓度不能太低，因为浓度太低时，沉淀很少，观察终点比较困难。如用荧光黄作指示剂，用 $AgNO_3$ 溶液滴定 Cl^- 时，Cl^- 浓度要求在 $0.005 mol \cdot L^{-1}$ 以上。但 Br^-、I^-、SCN^- 等的灵敏度稍高，浓度低至 $0.001 mol \cdot L^{-1}$ 仍可准确滴定。

（3）应用范围

法扬司法可用于 Cl^-、Br^-、I^-、SCN^-、SO_4^{2-} 和 Ag^+ 等离子的测定。

6.3 沉淀滴定法应用示例

6.3.1 可溶性氯化物中氯的测定

可溶性氯化物中氯的测定一般采用莫尔法。若试样中含有 PO_4^{3-}、AsO_4^{3-}、S^{2-} 等能与 Ag^+ 生成沉淀的阴离子时，则必须在酸性条件下用佛尔哈德法进行测定。

6.3.2 银合金中银的测定

银合金用 HNO_3 溶解：

$$Ag + NO_3^- + 2H^+ \Longrightarrow Ag^+ + NO_2 \uparrow + H_2O$$

煮沸除去氮的低价氧化物，以免发生下述副反应：

$$HNO_2 + SCN^- + H^+ \Longrightarrow NOSCN（红色）+ H_2O$$

于制得的溶液中加入铁铵矾指示剂，再用 NH_4SCN 标准溶液进行滴定。

6.3.3 有机卤化物中卤素的测定

有机卤化物多为共价化合物，不能直接进行滴定，必须经过适当的预处理使其转变为卤离子后再用银量法测定。

由于有机卤化物中卤素的结合方式不同，预处理的方法也不同。脂肪族卤化物或卤素原子结合在芳环侧链上的类脂肪族化合物，例如溴米那、六六六和对硝基-2-溴代苯乙酮等，其卤素原子都比较活泼，可将试样与 NaOH-乙醇溶液加热回流水解，使有机卤化物转化为卤离子。

$$R-X + NaOH \xrightarrow{\triangle} R-OH + NaX$$

溶液冷却后加硝酸酸化，再用佛尔哈德法测定。结合在苯环上的有机卤比较稳定，需采用熔融法或氧化法预处理后才能使有机卤化物转化为卤离子。

本 章 小 结

本章讲述了有关沉淀滴定法的基本原理。

莫尔法、佛尔哈德法和法扬司法的测定原理、应用比较如下：

项目	莫尔法	佛尔哈德法	法扬司法
指示剂	K_2CrO_4	Fe^{3+}	吸附指示剂
滴定剂	$AgNO_3$	SCN^-	Cl^- 或 $AgNO_3$
滴定反应	$Ag^+ + Cl^- \Longrightarrow AgCl \downarrow$	$SCN^- + Ag^+ \Longrightarrow AgSCN \downarrow$	$Cl^- + Ag^+ \Longrightarrow AgCl \downarrow$
指示反应	$2Ag^+ + CrO_4^{2-} \Longrightarrow$ $Ag_2CrO_4 \downarrow$（砖红色）	$SCN^- + Fe^{3+} \Longrightarrow FeSCN^{2+}$（红色）	$AgCl \cdot Ag^+ + FIn^- \Longrightarrow$ $AgCl \cdot Ag^+ \cdot FIn^-$（粉红色）
酸度	$pH = 6.5 \sim 10.5$	$0.1 \sim 1 mol \cdot L^{-1}$ HNO_3 介质	与指示剂的 K_a 大小有关，使其以 FIn^- 型体存在
测定对象	Cl^-、Br^-、CN^-	直接滴定法测 Ag^+；返滴定法测 Cl^-、Br^-、I^-、SCN^-、PO_4^{3-}、和 AsO_4^{3-} 等	Cl^-、Br^-、SCN^-、SO_4^{2-} 和 Ag^+ 等

第 6 章 沉淀滴定法

思考题与习题

1. 什么叫沉淀滴定法？沉淀滴定法所用的沉淀反应必须具备哪些条件？
2. 试讨论莫尔法的局限性。
3. 欲用莫尔法测定 Ag^+，其滴定方式与测定 Cl^- 有何不同？为什么？
4. 用佛尔哈德法测定 Cl^-、Br^-、I^- 时的条件是否一致，为什么？
5. 为了使终点颜色变化明显，使用吸附指示剂应注意哪些问题？
6. 用银量法测定下列试样中 Cl^- 含量时，选用哪种指示剂指示终点较为合理？
   (1) $BaCl_2$ (2) $NaCl + Na_3PO_4$ (3) $FeCl_2$ (4) $NaCl_2 + H_2SO_4$
7. 用银量法测定试样中 Cl^- 或 SCN^- 含量时，用哪种方法滴定较合适？为什么？
8. 在含有等浓度的 Cl^- 和 I^- 的溶液中，逐滴加入 $AgNO_3$ 溶液，哪一种离子先沉淀？第二种离子开始沉淀时，I^- 与 Cl^- 的浓度比为多少？

   (4.7×10^{-7})

9. 锥形瓶中有 100mL 0.0300mol·L^{-1} KCl 溶液，加入 0.3400g 固体硝酸银。求此时溶液中的 pCl 及 pAg。

   (2.0; 7.7)

10. 将 30.00mL $AgNO_3$ 溶液作用于 0.1357g NaCl，过量的银离子需用 2.50mL NH_4SCN 溶液滴定至终点。预先知道滴定 20.00mL $AgNO_3$ 溶液需要 19.85mL NH_4SCN 溶液。试计算
    (1) $AgNO_3$ 溶液的浓度；(2) NH_4SCN 溶液的浓度。

    (0.08449mol·L^{-1}；0.08513mol·L^{-1})

11. 取某含 Cl^- 废水样 100mL，加入 20.00mL 0.1120mol·L^{-1} $AgNO_3$ 溶液，用 0.1160mol·L^{-1} NH_4SCN 溶液滴定过量的 $AgNO_3$ 溶液，用去 10.00mL，求该水样中 Cl^- 的含量（mg·L^{-1} 表示）。

    (382.9mg·L^{-1})

12. 将 0.1159mol·L^{-1} $AgNO_3$ 溶液 50.00mL 加入含有氯化物试样 0.2546g 的溶液中，需用 20.16mL 0.1033mol·L^{-1} NH_4SCN 溶液滴定过量的 $AgNO_3$。计算试样中氯的质量分数。

    (49.53%)

13. 称取一定量的约含 52% NaCl 和 44% KCl 的试样。将试样溶于水后，加入 0.1128mol·L^{-1} $AgNO_3$ 溶液 30.00mL。过量的 $AgNO_3$ 需用 10.00mL 标准 NH_4SCN 溶液滴定。已知 1.00mL NH_4SCN 相当于 1.15mL $AgNO_3$。应称取试样多少克？

    (0.14g)

14. 在某一不含其他成分的 AgCl 与 AgBr 混合物中，$m_{Cl} : m_{Br} = 1 : 2$，试求混合物中 Ag 的质量分数。

    (66.70%)

15. 称取含有 NaCl 和 NaBr 的试样 0.6280g，溶解后用 $AgNO_3$ 溶液处理，得到干燥的 AgCl 和 AgBr 沉淀 0.5064g。另称取相同质量的试样 1 份，用 0.1050mol·L^{-1} $AgNO_3$ 溶液滴定至终点，消耗 28.34mL。计算试样中 NaCl 和 NaBr 的质量分数。

    (10.96%；29.46%)

16. 通过计算说明，用 Na_2CO_3 将 BaC_2O_4 转化为 $BaCO_3$ 时的条件。
17. 某溶液含有 Pb^{2+} 和 Ba^{2+}，其浓度分别为 0.01mol·L^{-1} 和 0.1mol·L^{-1}。当加入 K_2CrO_4 试剂时，哪种离子先沉淀？当第一种离子沉淀完全（浓度降至 10^{-5}mol·L^{-1}）时，第二种离子已被沉淀百分之几？

    (Pb^{2+} 先沉淀；96%)

18. 某溶液含有 Ba^{2+} 和 Sr^{2+} 两种离子，其浓度均为 0.01mol·L^{-1}，为了使 $BaCrO_4$ 沉淀完全（浓度降至 10^{-5}mol·L^{-1}），而 $SrCrO_4$ 不产生沉淀，CrO_4^{2-} 应保持多大的浓度范围？

    ($10^{-4.93} \sim 10^{-2.65}$mol·$L^{-1}$)

19. 欲使 1.0×10^{-4}mol·L^{-1} Pb^{2+} 在通入 H_2S 时，不生成 PbS 沉淀，溶液中 H^+ 浓度应为多大？

    ($[H^+] \geqslant 1.92$mol·L^{-1})

20. 欲使 0.1mol·L^{-1} Zn^{2+} 在通入 H_2S 时不产生 ZnS 沉淀，溶液中的酸度应保持多大？

($[H^+]=0.21 mol \cdot L^{-1}$)

21. 用计算说明为什么 0.97g（0.01mol）ZnS 能溶于稀酸中而 0.95g（0.01mol）CuS 则不能？
[提示：从酸效应的影响方面进行计算。$K_{a_1}(H_2S)=1.3\times10^{-7}$, $K_{a_2}(H_2S)=7.1\times10^{-15}$, $K_{sp}(ZnS)=2\times10^{-24}$, $K_{sp}(CuS)=6\times10^{-38}$]

22. 某溶液含有 Mg^{2+}、Zn^{2+}、Cd^{2+} 三种离子，浓度均为 $0.01mol \cdot L^{-1}$，向其中加入固体 NaAc 使其浓度为 $1mol \cdot L^{-1}$。在此条件下哪种离子沉淀？哪种离子不沉淀？

(Zn^{2+}、Cd^{2+} 产生沉淀；Mg^{2+} 不产生沉淀)

23. 某溶液含有 $0.1mol \cdot L^{-1}$ NH_3 和 $0.1mol \cdot L^{-1}$ NH_4Cl，往此液中加入镁盐使其浓度为 $0.01mol \cdot L^{-1}$。在此条件下能否生成 $Mg(OH)_2$ 沉淀？

(不生成 $Mg(OH)_2$ 沉淀)

24. 在含有 Al^{3+}、Mg^{2+} 各为 $0.1mol \cdot L^{-1}$ 的溶液中，要使 $Al(OH)_3$ 沉淀完全，而 $Mg(OH)_2$ 不沉淀，溶液的 pH 应控制在什么范围内？

(pH 为 4.7～9.1)

25. 称取含硫的纯有机化合物 1.0000g。首先用 Na_2O_2 熔融，使其中的硫定量转化为 Na_2SO_4，然后溶解于水，用 $BaCl_2$ 溶液处理，定量转化为 $BaSO_4$ 1.0890g。计算：(1) 有机化合物中硫的质量分数；(2) 若有机化合物的摩尔质量为 $214.33g \cdot mol^{-1}$，求该有机化合物中硫原子个数。

(14.96%；1)

26. 称取含砷农药 0.2045g 溶于 HNO_3，转化为 H_3AsO_4，调至中性，沉淀为 Ag_3AsO_4，沉淀经过滤洗涤后溶于 HNO_3，以 Fe^{3+} 为指示剂滴定，消耗 $0.1523mol \cdot L^{-1}$ NH_4SCN 标准溶液 26.85mL，计算农药中 As_2O_3 质量分数。

(65.89%)

第 7 章 重量分析法

7.1 重量分析法概述

7.1.1 重量分析法的分类和特点

重量分析法（gravimetry）是一种最古老的分析方法，它是通过称量物质的质量或质量的变化来确定被测组分含量的定量分析方法。在重量分析中，一般先用适当的方法将试样中的待测组分与其他组分分离，并转化为稳定的称量形式，然后用分析天平称量后按照一定的计算方法确定该组分的含量。重量分析的过程实质上包括分离和称量两个过程，在这两个过程中，分离是至关重要的一步，因此人们常常根据分离方法的不同，将重量分析法分为沉淀法、汽化法、提取法和电解法等。

（1）沉淀法

沉淀法是重量分析法中的主要方法。是利用沉淀反应使被测组分以微溶化合物的形式沉淀下来，然后将沉淀过滤、洗涤并经烘干或灼烧后使之转化为组成一定的称量形式，最后称量，并计算待测组分的含量。例如，测定试样中的 Ba^{2+} 时，可以在制备好的试液中加入过量稀 H_2SO_4，使其定量生成难溶的 $BaSO_4$ 沉淀，经过滤、洗涤、烘干、灼烧后，称量 $BaSO_4$ 沉淀的质量，从而计算出试样中 Ba^{2+} 的含量。

（2）汽化法

一般是利用加热或其他方法使待测组分从试样中挥发逸出，然后根据试样质量前后的变化来计算待测组分的含量。如测定试样中的吸湿水或结晶水时，可将试样烘干至恒重，试样减少的质量，即为所含水分的质量。或者用适当的吸收剂将挥发性物质全部吸收，根据吸收剂质量的增加来计算该组分的含量。有时也可以将加热后逸出的组分，用某种吸收剂将其全部吸收，然后根据吸收剂质量的增加来计算该组分的含量，如有机物化合物中碳的测定。

（3）提取法

利用被测组分与其他组分在互不相溶的两种溶剂中分配比的不同，加入某种提取剂使被测组分从原来的溶剂定量转入提取剂中而与其他组分分离，然后除去提取剂，称量干燥提取物的质量后，计算被测组分的含量。

（4）电解法

利用电解原理，使待测金属离子以纯金属或金属氧化物的形式在电极上沉积析出，然后称量以求得被测组分的含量。例如：将 Cu^{2+} 以单质形式沉积在阴极上测定 Cu^{2+}，将 Pb^{2+} 以 PbO 的形式沉积在阳极上测定 Pb^{2+} 等。

重量分析法可以直接通过分析天平称量而获得分析结果，不需要与标准试样或基准物质进行比较（其他如库仑分析法、同位素稀释质谱法也不需要），因此准确度较高；对于常量组分的测定，往往能够得到比较准确的分析结果，相对误差只有 0.1%～0.2%。但其手续烦琐费时，且难以测定微量和痕量组分，目前已逐渐被其他方法所代替。不过，对于某些常量元素如硅、硫、钨以及水分、灰分和挥发物等含量的精确测定仍在采用重量法。在校对其他方法的准确度时也常采用重量分析法作为标准。如煤中硫含量的测定，通常用重量分析法进行仲裁分析。

重量分析法中以沉淀法应用最广,因此本章将重点讨论沉淀重量法。

7.1.2 重量分析法对沉淀形式和称量形式的要求

沉淀重量法的一般测定过程如下:首先在一定条件下,往试液中加入适当的沉淀剂使被测组分沉淀出来,所得的沉淀称为沉淀形式(precipitation form)。然后沉淀经过滤、洗涤、烘干或灼烧后转化为称量形式(weighing form)。沉淀形式和称量形式可能相同,也可能不同。例如,利用 $BaSO_4$ 重量法测定 Ba^{2+} 时,沉淀形式和称量形式均为 $BaSO_4$;而利用沉淀剂 $(NH_4)_2HPO_4$ 测定 Mg^{2+} 时,沉淀形式是 $MgNH_4PO_4 \cdot 6H_2O$,而灼烧后转化为 $Mg_2P_2O_7$ 的称量形式。

由沉淀重量法的整个过程可以看出,其测定误差主要来自于沉淀的溶解损失、沾污和称量。为了保证沉淀重量法有足够的准确度且便于操作,沉淀重量法对沉淀形式和称量形式各有一定的要求。

(1) 对沉淀形式的要求

① 沉淀在母液和洗涤液中的溶解度必须很小,以保证被测组分沉淀完全。一般要求沉淀的溶解损失不超过天平的称量误差,即小于 0.2mg。

② 沉淀应易于过滤和洗涤。为此在沉淀反应中应注意控制条件,以便得到粗大颗粒的晶形沉淀。若只能得到无定形沉淀,也应注意掌握好沉淀条件,如选择合适的沉淀剂等,使所得沉淀易于过滤和洗涤。

③ 沉淀的纯度必须要高,应避免体系中其他元素和组分引起的干扰。

④ 沉淀形式应易于转化为称量形式。

(2) 对称量形式的要求

① 称量形式必须具有确定的化学组成,这是计算分析结果的依据。

② 称量形式必须十分稳定,不易受空气中水分、CO_2 和 O_2 等的影响。

③ 称量形式应具有尽可能大的摩尔质量,被测组分在其中的含量应尽量小。这样不仅可以减小对沉淀的称量误差,而且也减小了因沉淀被损失或被沾污对测定的结果的影响。

例如测定铝时,称量形式可以是 Al_2O_3 或 8-羟基喹啉铝 $(C_9H_6NO)_3Al$。如果两种称量形式的沉淀在操作过程中都损失了 1mg,则以 Al_2O_3 为称量形式时铝的损失量为

$$\frac{2M_{Al}}{M_{Al_2O_3}}(m_{损}) = \frac{2 \times 26.98 \text{g} \cdot \text{mol}^{-1}}{101.96 \text{g} \cdot \text{mol}^{-1}} \times 1\text{mg} = 0.5\text{mg}$$

而以 8-羟基喹啉铝为称量形式时其损失量则为

$$\frac{M_{Al}}{M_{(C_9H_6NO)_3Al}}(m_{损}) = \frac{26.98 \text{g} \cdot \text{mol}^{-1}}{459.44 \text{g} \cdot \text{mol}^{-1}} \times 1\text{mg} = 0.06\text{mg}$$

故选择适当的沉淀剂以得到有较大摩尔质量的称量形式,可以有效地减小测定误差。另外,还可以减小称量误差。如,分析天平的称量误差为 ± 0.0001g,由 0.1000g 的 Al^{3+} 可获得 Al_2O_3 的质量为

$$\frac{M_{Al_2O_3}}{2M_{Al}}(m_{损}) = \frac{101.96 \text{g} \cdot \text{mol}^{-1}}{2 \times 26.98 \text{g} \cdot \text{mol}^{-1}} \times 0.1000\text{g} = 0.1890\text{g}$$

由称量 Al_2O_3 所产生的相对误差为

$$E_r = \frac{\pm 0.0001}{0.1890} \times 100\% \approx \pm 0.05\%$$

同样,由 0.1000g 的 Al^{3+} 可获得 8-羟基喹啉铝的质量为

$$\frac{M_{(C_9H_6NO)_3Al}}{M_{Al}}(m_{损}) = \frac{459.44 \text{g} \cdot \text{mol}^{-1}}{26.98 \text{g} \cdot \text{mol}^{-1}} \times 0.1000\text{g} = 1.7029\text{g}$$

由称量 8-羟基喹啉铝所产生的相对误差为

$$E_r = \frac{\pm 0.0001}{1.7029} \times 100\% \approx \pm 0.006\%$$

由此可见，选择合适（包括纯净）的沉淀剂十分重要。另外，沉淀剂应有较高的选择性，且在灼烧时过量的部分易于挥发除去，以保证沉淀的纯度。许多有机沉淀剂的选择性较好，而且组成固定，易于分离和洗涤，称量形式的摩尔质量也大，从而提高了分析灵敏度，减小了分析误差，因此在沉淀重量法中，有机沉淀剂的应用日益广泛。

当沉淀剂确定之后，需要控制适宜的条件，以便使沉淀反应尽可能完全，并得到纯净、具有良好结构的、易于过滤和洗涤的沉淀。这些问题将在本章随后几节重点进行讨论。

7.2 沉淀的溶解度及其影响因素

利用沉淀反应进行重量分析时，要求沉淀反应尽可能进行得完全。沉淀反应是否完全，可根据其溶解度的大小来衡量。通常在重量分析中要求被测组分的沉淀溶解损失量不超过 0.1mg，即小于分析天平称量时允许的读数误差。但很多沉淀反应都不能达到这一要求。例如，$MgNH_4PO_4$ 的溶解度为 $0.0086g \cdot L^{-1}$，假如溶液和洗涤液的体积是 500mL，则沉淀因溶解而引起的损失为 0.0043g，显然已远远地超过了分析天平的称量误差。因此，在重量分析中，必须了解沉淀的溶解度及影响因素，控制好沉淀的条件，使沉淀趋于完全，减少因沉淀溶解而引起的损失。

7.2.1 溶解度、溶度积和条件溶度积

(1) 溶解度和固有溶解度

当水中存在 1∶1 型难溶化合物 MA 时，MA 将有部分溶解，当其达到饱和状态时，有下列平衡关系

$$MA_{(固)} \xrightleftharpoons{K_1} MA_{(水)} \xrightleftharpoons{K_2} M^+ + A^-$$

上式表明，固体 MA 的溶解部分以 M^+、A^- 离子状态和尚未解离的 $MA_{(水)}$ 两种状态存在。其中 $MA_{(水)}$ 可以是分子状态，也可以是 M^+A^- 离子对化合物。例如，AgCl 溶解在水中：

$$AgCl_{(固)} \rightleftharpoons AgCl_{(水)} \rightleftharpoons Ag^+ + Cl^-$$

$$CaSO_{4(固)} \rightleftharpoons Ca^{2+} \cdot SO_4^{2-} \rightleftharpoons Ca^{2+} + SO_4^{2-}$$

根据 $MA_{(固)}$ 和 $MA_{(水)}$ 之间的沉淀平衡可得

$$s_0 = \frac{a_{MA(水)}}{a_{MA(固)}}$$

通常认为纯固体活度等于 1，而溶液中中性分子的活度系数 $\gamma \approx 1$，则

$$a_{MA(水)} = [MA]_{(水)} = s_0 \tag{7-1}$$

此式表明在一定温度下，溶液中分子状态（或离子对化合物状态）$MA_{(水)}$ 的浓度为一常数 s_0，s_0 称为该物质的固有溶解度或分子溶解度。由于溶解度是指在平衡状态下所溶解的 $MA_{(固)}$ 的总浓度，因此，若溶液中不存在其他平衡关系时，则固体 $MA_{(固)}$ 的溶解度 s 应为固有溶解度 s_0 和构晶离子 M^+、或 A^- 的浓度之和，即

$$s = s_0 + [M^+] = s_0 + [A^-] \tag{7-2}$$

不同物质的固有溶解度相差很大。比如 $HgCl_2$ 在 25℃ 时，在水中的总溶解度（实际溶解度）为 $0.25 mol \cdot L^{-1}$，而按其溶度积计算，其溶解度仅为 $1.7 \times 10^{-5} mol \cdot L^{-1}$。这说明 $HgCl_2$ 的溶解部分主要以分子型体存在，只有很少一部分继续解离，即它的固有溶解度较

大，计算其溶解度时必须加以考虑。但有些化合物却具有较小的固有溶解度，例如，AgCl、AgBr、AgI 和 AgIO$_3$ 的固有溶解度比较小，仅占总溶解度的 $0.1\%\sim1\%$，一般可忽略其影响，即近似可认为

$$s=[M^+]=[A^-]$$

当固有溶解度和构晶离子的浓度均已知时，即可利用式（7-2）计算难溶物质的溶解度。但是构晶离子的浓度常常是不知道的，因此需通过活度积常数或溶度积常数计算而求得。

（2）活度积和溶度积

微溶化合物 MA 的溶解度 s 可通过活度积或溶度积计算。

根据沉淀 MA 在水溶液中的平衡关系，可推导出难溶化合物的活度积、溶度积和溶解度之间的关系如下

$$\frac{a_{M^+} a_{A^-}}{a_{MA(水)}}=K$$

由式（7-1）得

$$a_{M^+} a_{A^-}=Ks_0=K_{ap} \tag{7-3}$$

式中，K_{ap} 称为该难溶化合物的活度积常数，简称活度积，它仅与温度有关。常见难溶化合物的活度积列入书后附录表 14 中。直接采用活度积 K_{ap} 进行计算时，得到的是以构晶离子的活度表示的溶解度。这只有在离子强度较小的溶液中，当有关离子的活度系数均近似为 1 时才比较符合实际，例如计算沉淀在纯水中的溶解度。当溶液中电解质的浓度较大，需要考虑离子强度的影响时，则应采用浓度来表示沉淀的溶解度。考虑了活度与浓度之间的关系后可以得出：

$$a_{M^+} a_{A^-}=\gamma_{M^+}[M^+]\gamma_{A^-}[A^-]=K_{ap}$$

则

$$[M^+][A^-]=\frac{K_{ap}}{\gamma_{M^+}\gamma_{A^-}}=K_{sp} \tag{7-4}$$

式中，K_{sp} 称为溶度积常数，简称溶度积。它与温度和溶液中的离子强度有关。常用的溶度积常数 K_{sp} 值（$I=0.1\,\mathrm{mol\cdot kg^{-1}}$）可在分析化学手册上查到。对于 1：1 型沉淀 MA，在仅考虑离子强度的影响时，其溶解度 s 与 K_{ap} 或 K_{sp} 的关系如下：

$$s=[M^+]=[A^-]=\sqrt{K_{sp}}=\sqrt{\frac{K_{ap}}{\gamma_{M^+}\gamma_{A^-}}} \tag{7-5}$$

由于难溶化合物的溶解度较小，故通常忽略离子强度的影响，不加区别地将 K_{ap} 代替 K_{sp} 使用，仅在考虑离子强度的影响时才予以区分。

对于其他类型的沉淀，如 $M_m A_n$ 型，计算溶解度的公式可推导如下

$$M_m A_n \Longrightarrow mM^{n+}+nA^{m-}$$

设 $M_m A_n$ 的溶解度为 s，则溶液中 M^{n+} 的总浓度为 ms，A^{m-} 的总浓度为 ns。

$$K_{sp}=[M^{n+}]^m[A^{m-}]^n=(ms)^m(ns)^n=m^m n^n s^{m+n}$$

因此

$$s=\sqrt[m+n]{\frac{K_{sp}}{m^m n^n}} \tag{7-6}$$

例如 $Ca_3(PO_4)_2$ 是 3：2 型沉淀，其溶解度

$$s=\sqrt[3+2]{\frac{K_{sp}}{3^3\times 2^2}}=\sqrt[5]{\frac{K_{sp}}{108}}$$

（3）条件溶度积常数

通过上述计算得到的是构晶离子仅以游离态形式存在时的溶解度，这只有在无任何副反应发生时才适用。实际上，在沉淀平衡过程中，除了被测离子与沉淀剂形成沉淀的主反应之

外，往往还存在多种副反应，诸如水解效应、络合效应和酸效应等，可表示如下

$$MA(s) \rightleftharpoons M^+ + A^-$$

$$\begin{array}{ccc} OH^- & L & H \\ \updownarrow & \updownarrow & \updownarrow \\ MOH & ML & HA \\ \vdots & \vdots & \vdots \end{array}$$

此时，构晶离子在溶液中以多种型体存在。例如在溶液中金属离子的总浓度为 $[M']$，沉淀剂的总浓度 $[A']$

其中，$[M']=[M]+[ML]+[ML_2]+\cdots+[MOH]+[M(OH)]+\cdots$

$[A']=[A]+[HA]+[H_2A]+\cdots$

参照络合平衡的处理方式，引入相应的副反应系数 α_M 和 α_A。因 $\alpha_A=\dfrac{[A']}{[A]}$，$\alpha_M=\dfrac{[M']}{[M]}$，则有

$$K_{sp}=[M][A]=\dfrac{[M']}{\alpha_M}\times\dfrac{[A']}{\alpha_A}$$

令

$$K'_{sp}=[M'][A']=K_{sp}\alpha_M\alpha_A \tag{7-7}$$

式中，K'_{sp} 称为条件溶度积常数。表示沉淀溶解达到平衡时，组成沉淀的各种离子的所有形式总浓度的乘积。一般情况下：$\alpha_M>1$，$\alpha_A>1$，所以 $K'_{sp}>K_{sp}$，表明，由于副反应的发生使沉淀的溶解度增大。此时沉淀的实际溶解度为

$$s=[M']=[A']=\sqrt{K'_{sp}}>s_{理论}=[M]=[A]=\sqrt{K_{sp}}$$

当考虑了温度、离子强度或副反应等具体条件的影响之后，K'_{sp} 能反映出溶液中沉淀溶解平衡的实际情况，用它进行有关计算较之用溶度积 K_{sp} 更能真实地反映沉淀反应的完全程度。应当注意，对于 M_mA_n 型沉淀，其

$$K'_{sp}=K_{sp}\alpha_M^m\alpha_A^n$$

7.2.2 影响沉淀溶解度的因素

除了难溶化合物本身的性质之外，影响沉淀溶解度的因素还有很多，如同离子效应、盐效应、酸效应和络合效应。此外，温度、介质、晶体结构、沉淀颗粒的大小和结构等因素对溶解度都有一定的影响。为能在实际操作过程中正确地控制沉淀条件，以便使沉淀反应更为完全，现将各种对沉淀溶解的影响因素分别讨论如下。

(1) 同离子效应 (common ion effect)

沉淀一般为晶体，因此常把参与形成的离子称为构晶离子。当沉淀反应达到平衡时，向溶液中加入含有某一构晶离子的试剂使其浓度增加，致使沉淀平衡被打破，从而使沉淀的溶解度减小的现象，称为同离子效应。

例如以 $BaCl_2$ 为沉淀剂，使溶液中 SO_4^{2-} 以 $BaSO_4$ 的形式沉淀下来。若加入等量的沉淀剂时，Ba^{2+} 与 SO_4^{2-} 浓度相等。则 $BaSO_4$ 的溶解度

$$s=[SO_4^{2-}]=[Ba^{2+}]=\sqrt{K_{sp}}$$
$$=\sqrt{1.1\times10^{-8}}\ (mol\cdot L^{-1})$$

在 200mL 溶液中 $BaSO_4$ 的溶解损失量为

$$1.0\times10^{-5}\ mol\cdot L^{-1}\times200mL\times233.4g\cdot mol^{-1}=0.5mg$$

此值已超过分析天平的称量误差 0.1mg，即超过了重量分析法对沉淀溶解损失量的许可。但是如果加入过量的 $BaCl_2$ 沉淀剂，使沉淀后溶液中 $[Ba^{2+}]=0.010mol\cdot L^{-1}$，则溶解度为

$$s=[\text{Ba}^{2+}]=\frac{K_{sp}}{[\text{SO}_4^{2-}]}=\frac{1.1\times10^{-10}}{0.010}\text{mol}\cdot\text{L}^{-1}=1.1\times10^{-8}\text{mol}\cdot\text{L}^{-1}$$

沉淀在 200mL 溶液中的损失量为

$$1.0\times10^{-8}\text{mol}\cdot\text{L}^{-1}\times200\text{mL}\times233.4\text{g}\cdot\text{mol}^{-1}=5\times10^{-4}\text{mg}$$

显然,此时沉淀的溶解损失远小于 0.1mg(分析天平的称量误差),可认为沉淀已经完全。

由此可见,在重量分析法中利用同离子效应可以大大降低沉淀的溶解度,这是保证沉淀趋于完全的重要措施之一。但应该指出的是,沉淀剂的加入量也并非越多越好,因为这可能引起其他的副反应,反而使沉淀的溶解度增大。根据重量分析对沉淀溶解度的要求,沉淀剂一般过量 50%～100%已足够;如果在灼烧时沉淀剂不易挥发,则以过量 20%～30%为宜,以免影响沉淀的纯度。

(2) 盐效应 (salt effect)

沉淀的溶解度随着溶液中电解质浓度的增大而增大的现象,称为盐效应。

例如,在 KNO_3,$NaNO_3$ 等强电解质存在的情况下,$PbSO_4$,$AgCl$ 的溶解度比在纯水中大。产生盐效应的原因是由于强电解质浓度的增大,使溶液离子强度增大,从而使离子活度系数 γ 减小,在一定温度下,由于活度积为一常数,则根据公式

$$s=\sqrt{K_{sp}}=\sqrt{\frac{K_{ap}}{\gamma_{M^+}\gamma_{A^-}}}=[\text{M}^+]=[\text{A}^-]$$

γ 的减小,反而会引起 $[\text{M}^+]$ 和 $[\text{A}^-]$ 增大,即沉淀的溶解度增大。一般,溶液中电解质的浓度越大,其离子和沉淀构晶离子的电荷越高,盐效应的影响将越严重。

【例 7-1】 试计算 CaC_2O_4 在 $0.50\text{mol}\cdot\text{L}^{-1}$ $(NH_4)_2C_2O_4$ 溶液中和纯水中的溶解度分别为多少?

解: CaC_2O_4 在 $0.50\text{mol}\cdot\text{L}^{-1}$ $(NH_4)_2C_2O_4$ 溶液中

由于 $(NH_4)_2C_2O_4$ 的浓度较大,故要同时考虑盐效应和同离子效应对沉淀溶解度的影响。在溶液中的沉淀平衡如下

$$CaC_2O_4 \rightleftharpoons Ca^{2+} + C_2O_4^{2-}$$

该溶液的离子强度为

$$I=\frac{1}{2}\sum c_i Z_i^2 = \frac{1}{2}(c_{Ca^{2+}}\times 2^2 + c_{NH_4^+}\times 1^2 + c_{C_2O_4^{2-}}\times 2^2)$$

因为 Ca^{2+} 浓度很小,计算时可以忽略。

则有

$$I=\frac{1}{2}\sum c_i Z_i^2=\frac{1}{2}(c_{NH_4^+}\times 1^2 + c_{C_2O_4^{2-}}\times 2^2)$$

$$=\frac{1}{2}\times(0.50\text{mol}\cdot\text{L}^{-1}\times 2\times 1^2 + 0.50\text{mol}\cdot\text{L}^{-1}\times 2^2)$$

$$=1.5\text{mol}\cdot\text{L}^{-1}$$

根据戴维斯经验公式

$$\lg\gamma=-0.50Z^2\left(\frac{\sqrt{I}}{I+\sqrt{I}}-0.30I\right)$$

代入数据,计算相应的离子活度系数得

$$\gamma_{Ca^{2+}}=\gamma_{C_2O_4^{2-}}=0.63$$

设在此条件下 CaC_2O_4 的溶解度为 s,

则

$$s=[Ca^{2+}],[C_2O_4^{2+}]=s+0.50\approx 0.50\text{mol}\cdot\text{L}^{-1}$$

$$[Ca^{2+}][C_2O_4^{2+}]=K_{sp}=\frac{K_{ap}}{\gamma_{Ca^{2+}}\gamma_{C_2O_4^{2-}}}$$

$$s=\frac{K_{ap}}{\gamma_{Ca^{2+}}\gamma_{C_2O_4^{2-}}[C_2O_4^{2-}]}=\frac{10^{-8.70}}{0.63\times 0.63\times 0.50}=1.0\times 10^{-8}\text{mol}\cdot\text{L}^{-1}$$

第 7 章 重量分析法

若不考虑盐效应的影响，溶解度应为

$$s = \frac{K_{ap}}{[C_2O_4^{2-}]} = \frac{10^{-8.70}}{0.50} = 4.0 \times 10^{-9} \text{mol} \cdot \text{L}^{-1}$$

二者相比，由于盐效应的影响，CaC_2O_4 的溶解度增大了 2.5 倍。再如，$PbSO_4$ 的溶解度在不同浓度的 Na_2SO_4 溶液中的变化如表 7-1 所示。

表 7-1 $PbSO_4$ 在 Na_2SO_4 溶液中的溶解度

Na_2SO_4 的浓度/mol·L^{-1}	0	0.001	0.01	0.02	0.04	0.100	0.200
$PbSO_4$ 的溶解度/mol·L^{-1}	0.15	0.024	0.016	0.014	0.013	0.016	0.023

由表可以看出，开始 $PbSO_4$ 的溶解度随着 Na_2SO_4 浓度的增大而减小，此时同离子效应占优势。但当的浓度达到并超过 $0.04 \text{mol} \cdot \text{L}^{-1}$ 以后，$PbSO_4$ 的溶解度反而随之增大，因为此时盐效应占据了主导地位。

对于溶解度很小的沉淀，如许多水合氧化物沉淀和某些金属螯合物沉淀，盐效应的影响非常小，一般可以忽略不计。但当沉淀本身的溶解度较大，而且溶液的离子强度较高时，应考虑盐效应的影响。

(3) 酸效应 (acidic effect)

溶液的酸度对沉淀溶解度的影响，称为酸效应。产生酸效应的原因是沉淀构晶离子与溶液中 H^+ 的或 OH^- 发生了副反应：

$$\begin{array}{c} M_mA_n \rightleftharpoons mM^{n+} + nA^{m-} \\ OH^- \updownarrow \quad \quad \updownarrow H^+ \\ MOH \quad \quad HA \\ \vdots \quad \quad \quad \vdots \end{array}$$

反应结果使沉淀平衡向右移动致使沉淀的溶解度增大。

酸效应对沉淀溶解度的影响，可以用相应的副反应系数和条件溶度积 K'_{sp} 的大小来描述。

【例 7-2】 比较 CaC_2O_4 在 pH = 7.00 和 pH = 2.00 时的溶解度。已知 $K_{sp(CaC_2O_4)} = 10^{-8.70}$，$H_2C_2O_4$ 的 $pK_{a_1} = 1.22$，$pK_{a_2} = 4.19$。

$$CaC_2O_4 \rightleftharpoons Ca^{2+} + C_2O_4^{2-}$$

解：
$$\updownarrow H^+$$
$$HC_2O_4^- \rightleftharpoons H_2C_2O_4$$

设草酸钙在溶液中的溶解度为 s，则有

$$s = [Ca^{2+}] \text{ 或 } s = [(C_2O_4^{2-})'] = [C_2O_4^{2-}]\alpha_{C_2O_4^{2-}(H)}$$

即
$$s = \sqrt{[Ca^{2+}][C_2O_4^{2-}]\alpha_{C_2O_4^{2-}(H)}} = \sqrt{K_{sp}\alpha_{C_2O_4^{2-}(H)}} = \sqrt{K'_{sp}}$$

当 pH = 7.00 时，

$$\alpha_{C_2O_4^{2-}(H)} = \frac{1}{\delta_{\alpha_{C_2O_4^{2-}(H)}}} = \frac{[H^+]^2 + K_{a_1}[H^+] + K_{a_1}K_{a_2}}{K_{a_1}K_{a_2}}$$

$$= \frac{(10^{-7.00})^2 + 10^{-1.22} \times 10^{-7.00} + 10^{-1.22} \times 10^{-4.19}}{10^{-1.22} \times 10^{-4.19}}$$

$$\approx 1$$

此时并未发生副反应，故

$$s = \sqrt{K_{sp}} = 10^{-4.35} = 4.5 \times 10^{-5} (\text{mol} \cdot \text{L}^{-1})$$

当 pH=2.00 时，

$$\alpha_{C_2O_4^{2-}(H)} = \frac{1}{\delta_{\alpha_{C_2O_4^{2-}(H)}}} = \frac{[H^+]^2 + K_{a_1}[H^+] + K_{a_1}K_{a_2}}{K_{a_1}K_{a_2}}$$

$$= \frac{(10^{-2.00})^2 + 10^{-1.22} \times 10^{-2.00} + 10^{-1.22} \times 10^{-4.19}}{10^{-1.22} \times 10^{-4.19}}$$

$$= 10^{2.26}$$

$$s = \sqrt{K_{sp}\alpha_{C_2O_4^{2-}(H)}} = \sqrt{10^{-8.70} \times 10^{2.26}} = 10^{-3.22} = 6.0 \times 10^{-4} (\text{mol} \cdot \text{L}^{-1})$$

计算表明，CaC_2O_4 在 pH=2.00 时的溶解度比在 pH=7.00 时增加了 10 倍以上。

当溶液的酸度高到一定程度以后，甚至可以使沉淀完全溶解。因此，对于弱酸形成的沉淀，正确控制酸度是使其能沉淀完全的重要条件。例如 CaC_2O_4 的沉淀反应需在 pH>5.0 的溶液中进行（此时 $\alpha_{C_2O_4^{2-}(H)} \approx 1$）。

【例 7-3】 计算在 pH=3.00，$C_2O_4^{2-}$ 总浓度为 0.010 mol·L^{-1} 的溶液中 CaC_2O_4 溶解度。已知 $K_{sp(CaC_2O_4)} = 10^{-8.70}$。

解：在这种情况下，既有酸效应，又有同离子效应，因此

$$s = [Ca^{2+}], [(C_2O_4^{2-})'] = 0.01 \text{mol} \cdot L^{-1} + s \approx 0.010 \text{mol} \cdot L^{-1}$$

计算求得 pH=3.00 时，$\alpha_{C_2O_4^{2-}(H)} = 17$。因为

$$[Ca^{2+}][(C_2O_4^{2-})'] = K_{sp} = K_{sp}\alpha_{C_2O_4^{2-}(H)}$$

故

$$s = [Ca^{2+}] = \frac{K_{sp}\alpha_{C_2O_4^{2-}(H)}}{[(C_2O_4^{2-})']}$$

$$= \frac{2.0 \times 10^{-9} \times 17}{0.010} = 3.4 \times 10^{-6} (\text{mol} \cdot \text{L}^{-1})$$

可见，由于同离子效应，CaC_2O_4 的溶解度仍然很小。

由于 H_2SO_4 的第二级解离也存在着一定平衡，故硫酸盐的溶解度亦受酸度的影响（但较小）。如 $PbSO_4$ 在 0.10 mol·L^{-1} HNO_3 中的溶解度为纯水中的 3 倍，类似的还有 $MgNH_4PO_4$ 等。但另一些强酸盐沉淀如 AgCl 等，因其酸根离子在酸度改变时无明显变化，故其溶解度基本不受酸度影响。

一些极弱酸形成的盐如硫化物，即使在纯水中也会因为水解作用而使其溶解度增大。

【例 7-4】 计算 CuS 在纯水中的溶解度。(1) 不考虑 S^{2-} 的水解；(2) 考虑 S^{2-} 的水解。已知 $K_{sp(CuS)} = 6.0 \times 10^{-36}$，$H_2S$ 的 $pK_{a_1} = 7.24$，$pK_{a_2} = 14.92$。

解：(1) 设不考虑 S^{2-} 水解时 CuS 的溶解度为 s_1

$$s_1 = [Cu^{2+}] = [S^{2-}] = \sqrt{K_{sp}}$$

$$= \sqrt{6.0 \times 10^{-36}} = 2.4 \times 10^{-18} (\text{mol} \cdot \text{L}^{-1})$$

(2) 设考虑 S^{2-} 水解后，CuS 的溶解度为 s_2，水解反应为

$$S^{2-} + H_2O \rightleftharpoons HS^- + OH^-$$

$$HS^- + H_2O \rightleftharpoons H_2S + OH^-$$

因为 CuS 的溶解度很小，虽然 S^{2-} 水解严重，然而产生的 OH^- 浓度很小，不致引起溶液 pH 的改变，仍可近似认为 pH=7.00，因此

$$\alpha_{S^{2-}(H)} = \frac{1}{\delta_{\alpha_{S^{2-}(H)}}} = \frac{[H^+]^2 + K_{a_1}[H^+] + K_{a_1}K_{a_2}}{K_{a_1}K_{a_2}}$$

$$= \frac{(10^{-7.00})^2 + 10^{-7.24} \times 10^{-7.00} + 10^{-7.24} \times 10^{-14.92}}{10^{-7.24} \times 10^{-14.92}}$$

$$= 10^{8.36} = 2.3 \times 10^8$$

$$s_2 = \sqrt{K_{sp}\alpha_{S^{2-}(H)}} = \sqrt{6.0 \times 10^{-36} \times 2.3 \times 10^8} = 3.7 \times 10^{-14} (\text{mol} \cdot \text{L}^{-1})$$

$$\frac{s_1}{s_2} = \frac{3.7 \times 10^{-14}}{2.4 \times 10^{-18}} = 1.5 \times 10^4$$

可见由于水解作用使 CuS 的溶解度增大了一万多倍。

不仅弱酸盐会发生水解,一些弱碱盐中的阳离子也易发生水解。特别是高价金属离子的盐类,可因水解而生成一系列氢氧基络合物[如 $FeOH^{2+}$、$Al(OH)_2^+$ 等]或多核氢氧基络合物[如 $Fe_2(OH)_2^{4+}$、$Al_6(OH)_{15}^{3+}$ 等],使沉淀的溶解度增大。

由上述讨论可知,溶液的酸度对强酸盐沉淀的溶解度影响不大,而对弱酸盐沉淀的溶解度影响较大,形成沉淀的酸越弱,酸度的影响越显著。因此在进行沉淀时,应根据沉淀的性质适当控制溶液的酸度。

(4) 络合效应(coordination effect)

由于形成沉淀的构晶离子参与了络合反应而使沉淀的溶解度增大的现象,称为络合效应。络合效应对沉淀溶解度的影响与沉淀的溶度积、络合剂的浓度和形成络合物的稳定性有关。设有沉淀 MA 存在于络合剂 L 的溶液中,此时溶液中的平衡关系如下:

$$MA \rightleftharpoons M^+ + A^-$$
$$\Updownarrow L$$
$$ML \cdots ML_n$$

$$s = [M'] = [M]\alpha_{M(L)} \quad \text{或} \quad s = [A]$$

故 $s = \sqrt{[A][M']} = \sqrt{[A][M]\alpha_{M(L)}} = \sqrt{K_{sp}\alpha_{M(L)}} = \sqrt{K'_{sp}}$

由此可知,络合剂的浓度越大,形成的络合物越稳定,络合效应的影响就越大,沉淀的溶解度因此增大得越多。

【例 7-5】 计算 AgBr 在 $0.10 \text{mol} \cdot \text{L}^{-1} \text{NH}_3$ 溶液中的溶解度为纯水中的溶解度中的多少倍?已知 $K_{sp(AgBr)} = 5.0 \times 10^{-13}$,$Ag(NH_3)_2^+$ 的 $\beta_1 = 10^{3.32}$,$\beta_2 = 10^{7.23}$。

解:(1) 在纯水中

$$s_1 = \sqrt{K_{sp}} = \sqrt{5.0 \times 10^{-13}} = 7.1 \times 10^{-7} (\text{mol} \cdot \text{L}^{-1})$$

(2) 在 $0.10 \text{mol} \cdot \text{L}^{-1} \text{NH}_3$ 溶液中

$$s_2 = \sqrt{K'_{sp}} = \sqrt{K_{sp}\alpha_{Ag(NH_3)}}$$

由于 $K_{sp(AgBr)}$ 相当小,故忽略因络合效应对 NH_3 浓度的影响,令溶液中 $[NH_3] = 0.10 \text{mol} \cdot \text{L}^{-1}$,因此

$$\alpha_{Ag(NH_3)} = 1 + \beta_1[NH_3] + \beta_2[NH_3]^2$$
$$= 1 + 10^{3.32} \times 0.10 + 10^{7.23} \times 0.10^2$$
$$= 1.7 \times 10^5$$

$$s_2 = \sqrt{K_{sp}\alpha_{Ag(NH_3)}} = \sqrt{5.0 \times 10^{-13} \times 1.7 \times 10^5} = 2.9 \times 10^{-4} (\text{mol} \cdot \text{L}^{-1})$$

$$\frac{s_2}{s_1} = \frac{2.9 \times 10^{-4}}{7.1 \times 10^{-7}} = 4.1 \times 10^2$$

可见,NH_3 的存在使 AgBr 的溶解度大为增加。故在进行沉淀反应时,应避免能与构晶离子形成络合物的络合剂存在。

在有的沉淀反应中,沉淀剂本身就是络合剂,沉淀剂过量时,既有同离子效应,又有络

合效应，例如，Ag^+ 与 Cl^- 的反应就属于这种情况。此时溶解度是增加还是减小，则视沉淀剂的浓度而定。

设溶液中沉淀剂过量，其浓度为 $[A]$。A 不仅与 M 反应生成沉淀，还可与之生成 $MA, MA_2, \cdots, MA_n$ 等逐级络合物。故此时沉淀的溶解度为

$$s = [M] + [MA] + [MA_2] + \cdots + [MA_n] = [M']$$

$$= \frac{K'_{sp}}{[A]} = \frac{K_{sp}\alpha_{M(A)}}{[A]}$$

【例 7-6】 计算 AgCl 在 $0.10 \text{mol} \cdot L^{-1}$ 溶液中的溶解度。

已知 $K_{sp} = 10^{-9.75}$，$AgCl_4^{3-}$ 的 $\beta_1 = 10^{3.48}$，$\beta_2 = 10^{5.23}$，$\beta_3 = 10^{5.70}$，$\beta_4 = 10^{5.30}$，忽略络合效应对 Cl^- 浓度的影响。

解：$K'_{sp} = K_{sp}\alpha_{Ag(Cl)}$

$= K_{sp}(1 + \beta_1[Cl] + \beta_2[Cl]^2 + \beta_3[Cl]^3 + \beta_4[Cl]^4)$

$= 10^{-9.75} \times (1 + 10^{3.48} \times 0.10 + 10^{5.23} \times 0.10^2 + 10^{5.70} \times 0.10^3 + 10^{5.30} \times 0.10^4)$

$= 10^{-6.35}$

$$s = \frac{K'_{sp}}{[Cl^-]} = \frac{10^{-6.35}}{0.10} = 4.5 \times 10^{-6} (\text{mol} \cdot L^{-1})$$

同理，可计算出 AgCl 在不同浓度氯离子溶液中的溶解度，其结果见下表：

$[Cl^-]/\text{mol} \cdot L^{-1}$	0	0.001	0.010	0.1	1.0	2.0
$s_{AgCl}/\text{mol} \cdot L^{-1}$	1.3×10^{-5}	7.6×10^{-7}	8.7×10^{-7}	4.5×10^{-6}	1.6×10^{-4}	7.1×10^{-4}

由表可以看出，AgCl 的溶解度先随着 Cl^- 浓度的增大而减小，即同离子效应占优势；当其溶解度降低到一定程度后，又随着 Cl^- 浓度的增大而增大，即络合效应占优势。所以在进行沉淀时，必须控制沉淀剂的用量，才能达到沉淀完全的目的。

(5) 影响沉淀溶解度的其他因素

① 温度的影响　绝大多数沉淀的溶解过程一般是吸热过程，因此沉淀的溶解度一般随温度的升高而增大，但沉淀的性质不同，其影响程度也有着显著的差异。通常，对于一些在热溶液中溶解度较大的晶形沉淀如 $MgNH_4PO_4$、CaC_2O_4 等，为了避免因沉淀溶解而引起损失，应在热溶液中进行沉淀反应，再在室温下过滤和洗涤。但对于无定形沉淀如 $Fe_2O_3 \cdot nH_2O$、$Al_2O_3 \cdot nH_2O$ 等，由于它们的溶解度很小，而溶液冷却后又很难过滤和洗涤，所以应在热溶液中沉淀，趁热过滤，并用热洗涤液进行洗涤。

② 溶剂的影响　大部分无机化合物沉淀为离子型晶体，它们在有机溶剂中的溶解度比在水中小。这是由于离子在有机溶剂中的溶剂化作用较小，且有机溶剂的介电常数一般较水要低（例如，25℃时，水的介电常数为 78.5，乙醇的介电常数为 24），因此增大了离子间的吸引力，致使沉淀的溶解度降低。例如，$PbSO_4$ 在水中的溶解度为 $45 \text{mg} \cdot L^{-1}$，而在 30% 的乙醇水溶液中的溶解度仅为 $2.3 \text{mg} \cdot L^{-1}$，降低了近 20 倍。所以在进行沉淀反应时，有时可加入一些乙醇或丙酮等有机溶剂来降低沉淀的溶解度。但必须注意，对于有机沉淀剂形成的沉淀，它们在有机溶剂中的溶解度反而大于在水中溶液中的溶解度。

③ 沉淀颗粒大小的影响　当沉淀颗粒非常小时，可以发现颗粒的大小对溶解度有较明显的影响。同一种沉淀，当温度一定时，小颗粒的溶解度比大颗粒的溶解度要大。其一，这是因为在相同质量的条件下，小颗粒比大颗粒有更大的比表面积（单位质量物料所具有的总面积，单位 $m^2 \cdot g^{-1}$）和更多的角边。从微观上看，沉淀溶解平衡是在溶液与沉淀互相接触的界面上发生的。沉淀的比表面积越大，与溶液接触的机会就越多，沉淀溶解的量也就越

多。另外，处于角边位置上的离子受晶体内离子的吸引力较小，又受溶剂分子的作用，所以更易进入溶液而使沉淀的溶解度增大。例如，大颗粒的 $SrSO_4$ 沉淀，其溶解度为 $6.2×10^{-4}$ mol·L^{-1}；当晶粒直径减小至 $0.05\mu m$ 时，溶解度为 $6.7×10^{-4}$ mol·L^{-1}，增大约 8%；当晶粒直径减小至 $0.01\mu m$ 时，溶解度为 $9.3×10^{-4}$ mol·L^{-1}，增大约 50%。其二，沉淀的颗粒越小，其表面的分子比内部分子具有的能量更高；与之对应，相应溶液的浓度也必须增大，才能达到并维持沉淀溶解平衡。因此，沉淀的颗粒越小，其溶解度也越大。

对于不同的沉淀，颗粒大小对溶解度的影响程度不同。例如，$BaSO_4$，其小颗粒比大颗粒的溶解度要大得多；对于 $AgCl$ 沉淀则相差甚小，这是由沉淀的性质所决定的。

在沉淀重量法中，应尽可能获得大颗粒的沉淀，这样不仅可以减小溶解损失，且易于过滤和洗涤；同时沉淀的总表面积小，沾污亦少。

④ 沉淀结构的影响　有些沉淀在初生成时为亚稳定型结构，放置后逐渐转化为稳定型结构，由于二者的结构不同，溶解度亦各异。一般亚稳定型的溶解度较大，所以沉淀能自发地转化为稳定型。例如，初生成的 CoS 沉淀为 α 型，其 $K_{sp}=4×10^{-21}$，放置后转化为 β 型，$K_{sp}=4×10^{-25}$，又如，初生成的 HgS 为亚稳定型黑色立方体沉淀，放置后转变成稳定型红色三角形的朱砂。所以在沉淀反应完毕后，常常要放置一段时间再进行过滤。但对于溶解度很小的胶状沉淀，在放置过程中往往会吸附更多的杂质，导致沉淀不纯。对于这类沉淀，溶解损失已不是主要问题。因此当沉淀反应完毕之后，应立即进行过滤和洗涤。

上述各种影响因素，对于不同的沉淀影响亦不相同，在实际操作时，应当根据沉淀的性质进行具体考虑。

7.3　沉淀的类型和沉淀的形成过程

在重量分析中总是希望获得粗大的晶形沉淀。而生成的沉淀究竟属于哪种类型，首先取决于沉淀物质的本性，同时也与形成沉淀时的条件以及沉淀的后处理密切相关。因此，有必要了解沉淀的形成过程和沉淀条件对沉淀颗粒大小的影响，以便控制适宜的条件得到符合重量分析要求的沉淀。

7.3.1　沉淀的类型

根据物理性质的差异，沉淀可粗略地分为三类：晶形沉淀、凝乳状沉淀和无定形沉淀。

从外观来看，晶形沉淀的颗粒最大，其直径在 $0.1\sim 1\mu m$ 之间。在沉淀内部，离子按晶体结构有规则地进行排列，因而结构紧密，整个沉淀所占的体积较小，极易沉降于容器底部。晶形沉淀易于分离，且沉淀不易沾污，是重量分析法中最期望得到的沉淀形式。如 $BaSO_4$、$MgNH_4PO_4$ 等属于典型的晶形沉淀。

无定形沉淀为絮状沉淀，颗粒最小，其直径大约在 $0.02\mu m$ 以下。无定形沉淀是由许多微小沉淀颗粒疏松地聚集在一起组成的，沉淀颗粒之间杂乱无章，沉淀内含有大量的溶剂分子，因而结构疏松。整个沉淀体积庞大，很难沉降到容器底部。如 $Fe(OH)_3$ 和 $Al(OH)_3$ 等。因此也常写成 $Fe_2O_3·nH_2O$ 和 $Al_2O_3·nH_2O$。

凝乳状沉淀的颗粒大小在上述二者之间，其直径为 $0.02\sim 1\mu m$，因此其性质也介于两者之间，如 $AgCl$。

7.3.2　沉淀形成的过程及影响沉淀类型的因素

沉淀的形成是一个非常复杂的过程，目前有关这方面的理论大都是定性的解释或经验的描述。一般认为，沉淀的形成过程，包括晶核的形成（成核）和晶体的成长两个步骤，可示意如下：

$$\text{构晶离子} \xrightarrow[\text{异相成核}]{\text{均相成核}} \text{晶核} \xrightarrow{\text{成长}} \text{沉淀颗粒} \begin{cases} \xrightarrow{\text{聚集}} \text{无定形沉淀} \\ \xrightarrow{\text{定向排列}} \text{晶形沉淀} \end{cases}$$

(1) 晶核的形成过程——均相成核和异相成核

当溶液中构晶离子浓度的乘积大于该条件下沉淀的溶度积时，称为过饱和状态。此时构晶离子会因离子间的缔合作用自发地聚集而从溶液中产生晶核，这一过程称为均相成核。例如 $BaSO_4$ 的一个晶核就是由八个构晶离子即四个离子对（$Ba^{2+} \cdot SO_4^{2-}$）组成的。

当溶液混有不同数目的外来固体颗粒，如不可避免的尘埃、试剂中的不溶杂质以及黏附在容器壁上的细小颗粒等，在进行沉淀过程中，它们起着晶种的作用，诱导构晶离子聚集在其表面形成晶核，这一过程称为异相成核。因此，异相成核总是存在的。在某些情况下，溶液中甚至只有异相成核作用，此时溶液中晶核数目只取决于混入的固体微粒的数目，不再形成新的晶核。

在沉淀形成过程中，到底是均相成核起作用还是异相成核起作用，这与溶液的过饱和程度即相对过饱和度（RSS）有一定的关系。相对过饱和度的定义如下：

$$RSS = \frac{Q-s}{s}$$

式中，Q 为加入沉淀时溶质的瞬间总浓度；s 表示晶核的溶解度；$Q-s$ 为过饱和度；冯韦曼（Von Weimarn）曾用经验公式描述了沉淀生成的初速度与溶液相对过饱和度成正比的关系：

$$v = K \frac{Q-s}{s}$$

K 是与沉淀的性质、温度和介质等因素有关的常数。当溶液的相对过饱和度较小时，沉淀生成的初速度很慢，此时异相成核是主要的成核过程。由于溶液中外来固体微粒的数目是有限的，构晶离子只能在这有限的晶核上沉积长大，从而有可能得到较大的沉淀颗粒。而当溶液的相对过饱和度较大时，由于沉淀生成的初速度较快，大量构晶离子必然自发地生成新的晶核，而使均相成核作用突出起来，溶液中晶核总数也随相对过饱和度的增大而急剧增大，致使沉淀的颗粒减小。

实验证明，各种沉淀都有一个能大量自发产生晶核的相对过饱和极限值，称为临界值。图 7-1 中曲线上的两个转折点表明，过饱和溶液开始发生异相成核以及均相成核作用时，溶液的相对过饱和度各有一个极限值，分别称为临界异相过饱和比 Q^*/s 和临界均相过饱和比 Q_c/s。一种沉淀的临界值越大，该沉淀越不易均相成核，即只有在溶液的相对饱和度较大的情况下，才会出现均相成核。如果将溶液的相对过饱度 Q/s 控制在上述两个临界值之间，就

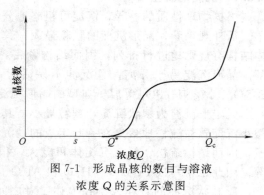

图 7-1 形成晶核的数目与溶液浓度 Q 的关系示意图

能达到减少晶核的目的。图 7-1 也表明，由于异相成核可以在较低的过饱和度下进行，故其先于均相成核。

对于不同的沉淀，采用相同的浓度条件时，将会得到不同颗粒大小甚至不同类型的沉淀。因为该临界值的大小是由沉淀物质的本性所决定的。例如 $BaSO_4$ 和 $AgCl$ 溶解度接近，但是 $BaSO_4$ 由异相成核到均相成核作用开始发生时的临界过饱和比为 1000，$AgCl$ 仅为

5.5，它们之间的差别很大。对于 AgCl 来说，很难将溶液的过饱和度控制在它的临界值以内，因此只能生成小颗粒的凝乳状沉淀；而对于 $BaSO_4$ 来说，就很容易将溶液的过饱和度控制在它的临界值以内，这样相同的沉淀条件下 $BaSO_4$ 就易于通过异相成核作用形成颗粒较大的晶形沉淀。

从成核过程来看，沉淀颗粒的大小主要取决于形成晶核数目的多少，而这又取决于成核过程是以均相成核还是异相成核为主；两者以何为主则是由临界过饱和比与相对过饱和度这两个值的相对大小而定。临界过饱和比是由沉淀物质的本性所决定且无法改变的因素；但相对过饱和度却是可以人为控制的。因此，对于临界过饱和比不是太小的物质，可以通过控制溶液的相对过饱和度而获得较大颗粒的沉淀。

（2）晶体的成长过程——定向和聚集

沉淀过程首先是晶核的形成过程。当晶核形成后，溶液中的构晶离子会不断向其表面迁移（扩散）并沉积，使晶核逐渐长大，到一定程度时就成为沉淀微粒。同时，沉淀微粒和沉淀微粒之间也有进一步聚集为更大聚集体的倾向。这种由先由离子聚集成晶核，再进一步堆积形成肉眼可见的沉淀微粒的过程称为聚集过程。在聚集的同时，构晶离子又有按一定的晶格排列而形成更大晶粒的倾向，这种定向排列的过程称为定向过程。沉淀颗粒的大小以至生成沉淀的类型，则由两个过程进行速度的相对大小决定。如果聚集速度大于定向速度，离子来不及进行有序排列就已大量聚集，在这种情况下，容易形成无定形沉淀；反之，如果定向速度大于聚集速度，则易形成晶形沉淀。

定向速度的大小主要与物质的性质有关，例如极性较强的盐类如 $BaSO_4$、CaC_2O_4 等，一般具有较大的定向速度，故常生成晶形沉淀；而氢氧化物，特别是高价金属离子的氢氧化物如 $Al(OH)_3$、$Fe(OH)_3$ 等，它们的溶解度很小，沉淀时溶液的相对过饱和度较大；又由于含有大量的水分子而阻碍着离子的定向排列，因此定向速度较小，一般易生成体积庞大、结构疏松的无定形沉淀。

聚集速度的大小则与溶液的相对过饱和度有关，相对过饱和度越大，聚集速度也越大。例如在沉淀 $BaSO_4$ 时，常在稀、热溶液中，并不断搅拌下进行沉淀，借此来减小溶液的相对过饱和度。也有时在稀 HCl 溶液中进行沉淀，利用酸效应来增大该沉淀的溶解度，以其减小相对过饱和度，从而得到颗粒较大的晶形沉淀。

综上所述，沉淀的类型不仅取决于沉淀物质的本性，也与进行沉淀的条件密切相关。为了得到重量分析所希望的粗大颗粒沉淀，通过改善沉淀的条件来控制溶液的相对过饱和度是十分重要的。

7.4 影响沉淀纯度的主要因素

待测物质的质量与相应沉淀的质量之间具有确定的计量关系，这是沉淀重量法用于分析测定的基础。因此，它不仅要求沉淀的溶解度要小，而且还要纯净，不含有杂质。但是当沉淀从溶液中析出时，常常被共存离子所沾污。因此必须了解影响沉淀纯度的各种因素，以便采取适应的措施，获得符合重量分析要求的纯净沉淀。

7.4.1 影响沉淀纯度的因素

影响沉淀纯度的主要因素有共沉淀和后沉淀两种现象，分别讨论如下。

7.4.1.1 共沉淀现象

在进行沉淀反应时，某些可溶性杂质混杂于沉淀之中与其一起沉淀下来的现象，叫做共沉淀现象。例如，以 $BaCl_2$ 为沉淀剂测定 SO_4^{2-} 时，如试液中有 Fe^{3+}，由于共沉淀现象，

使本来是可溶性的 $Fe_2(SO_4)_3$ 也被夹在 $BaSO_4$ 沉淀中，沉淀经过滤、洗涤、干燥、灼烧后混有黄棕色的 Fe_2O_3，显然，这会给分析结果带来正误差。共沉淀现象主要是由于表面吸附、吸留和生成混晶所造成的结果，是重量分析法中误差的主要来源之一。

（1）表面吸附

表面吸附是在沉淀的表面上吸附了杂质。其原因是由于在晶体表面离子电荷不完全等衡所引起的。沉淀往往是晶体（即使很小的晶粒），具有规则的晶格结构，由构晶离子在空间按照同电荷相斥、异电荷相吸的原则有规则地排列组合而成，在晶体内部处于电荷平衡状态。但位于晶体表面、边和角的构晶离子，其电荷则不完全等衡，使其携带一定量的正或负电荷。沉淀表面的电荷与溶液中带相反电荷的杂质离子之间存在着静电吸引作用，使得杂质在沉淀表面沉积下来（物理吸附）。图 7-2 是 AgCl 沉淀表面吸附杂质的示意图，即在 AgCl 沉淀表面，Ag^+ 或 Cl^- 至少有一面未被带相反电荷的离子包围。

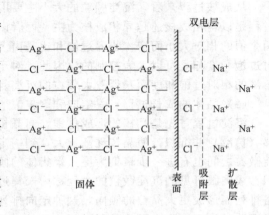

图 7-2　AgCl 晶体表面吸附作用示意图

由于静电引力的作用，使它们具有吸引带相反电荷离子的能力。如在过量的 NaCl 溶液中沉淀 AgCl，沉淀表面上 Ag^+ 较强地吸附溶液中的 Cl^-，构成吸附层。然后 Cl^- 通过静电引力，进一步吸附溶液中的 Na^+ 或 H^+ 等阳离子（Na^+ 或 H^+ 称为抗衡离子），构成扩散层。吸附层和扩散层共同组成沉淀表面的双电层，使电荷达到平衡。双电层随沉淀一起沉降，造成沉淀沾污。

从静电引力的作用来说，在溶液中任何带相反电荷的离子都同样有被吸附的可能性，但实际上表面吸附是有选择性的，其规律如下。

① 凡能与构晶离子生成溶解度或解离度最小的化合物离子，优先被吸附。例如，在用 SO_4^{2-} 沉淀 Ba^{2+} 时，若溶液中 SO_4^{2-} 过量，则 $BaSO_4$ 沉淀表面带负电荷（SO_4^{2-}）。假如溶液存在杂质离子 Ca^{2+} 和 Hg^{2+}，由于 $CaSO_4$ 的溶解度小于 $HgSO_4$，因此 Ca^{2+} 被优先吸附。若 Ba^{2+} 过量，沉淀表面多余正电荷（Ba^{2+}），当溶液中共存 Cl^- 及 NO_3^- 时，则优先吸附 NO_3^-，因 $Ba(NO_3)_2$ 的溶解度比 $BaCl_2$ 小。

② 离子的电荷数越高越容易被吸附，例如 Fe^{3+} 较易被 Fe^{2+} 吸附。杂质离子是靠静电引力吸附在沉淀表面，并不是很牢固，可被溶液中的其他离子置换。利用这一性质，可采用洗涤的方法，将吸附在沉淀表面的杂质离子除去。

③ 沉淀的总表面积愈大，吸附杂质的量愈多。例如总质量相同的沉淀，颗粒越小，其总表面越大，沉淀吸附杂质的量也就越多。无定形沉淀的颗粒很小，比表面积特别大，所以表面吸附现象格外严重。

④ 杂质离子的浓度愈大，被吸附的量也愈多。

⑤ 溶液的温度越高，杂质吸附的量越少，因为吸附过程是放热过程。

（2）吸留与包夹

在沉淀反应中，由于沉淀生成的速度过快，表面所吸附的杂质离子还未来得及离开，就被随后生成的沉淀所覆盖而包藏在沉淀内部，这种情况称之为吸留；如留在沉淀内部包藏的是母液，则称为包夹。包夹与吸留的区别在于，包夹并无选择性，包夹的杂质可能有沉淀生成后的溶液（即母液）中的各种离子、分子以及溶剂水；而吸留则因其实质上仍是一种吸附，故有一定的选择性，仍符合吸附规律。吸留、包夹与表面吸附最显著的区别在于，前者发生在沉淀内部，而后者只发生在沉淀表面。所以吸留、包夹的杂质无法用洗涤的方法除去，而只能用重结晶或陈化的方法进行纯化。

（3）生成混晶

沉淀都具有一定的晶体结构，如果杂质离子与构晶离子的半径相近，电子层的结构相同，而且所形成的晶体结构也相同时，则极易混入晶格结构中生成混晶。常见的混晶有 $BaSO_4$ 和 $PbSO_4$，$AgCl$ 和 $AgBr$，$MgNH_4PO_4 \cdot 6H_2O$ 和 $MgNH_4AsO_4 \cdot 6H_2O$ 等。也有一些杂质，如立方体的 $NaCl$ 和四面体的 Ag_2CrO_4 晶体结构不同，但也能生成混晶。这种混晶的晶形往往不完整，当其与溶液一起放置时，杂质离子将逐渐被驱出，结晶形状会慢慢变得完整，所得的沉淀也会更纯一些。

7.4.1.2 后沉淀现象

后沉淀也称继沉淀。它指的是当沉淀析出之后，在放置过程中，溶液中的某种可溶性杂质慢慢沉淀到原沉淀表面的现象。如在含有 Cu^{2+} 和 Zn^{2+} 等离子的酸性溶液中通入 H_2S 时，最初得到的 CuS 沉淀中并不夹杂有 ZnS。但当沉淀放置一段时间以后，ZnS 便会在 CuS 表面上析出。产生后沉淀的原因可能是 CuS 沉淀的吸附作用，因为 CuS 沉淀与溶液长时间接触，逐渐从溶液中吸附了 S^{2-}，使 CuS 沉淀表面 S^{2-} 浓度大大增加，当 S^{2-} 浓度与 Zn^{2+} 浓度的乘积大于 ZnS 的溶度积时，在沉淀的表面上就析出了 ZnS 沉淀。

后沉淀现象和前面提到的三种共沉淀现象是有区别的，后沉淀引入杂质的量，随着沉淀在试液中放置时间的延长而增多，而共沉淀基本不受放置时间的影响。所以避免减少后沉淀的主要办法就是缩短沉淀与母液的共置时间。

在沉淀重量法中，共沉淀或后沉淀现象对测定结果的影响，应根据具体情况进行分析。

7.4.2 提高沉淀纯度的措施

前面讨论了影响沉淀纯度的主要原因——共沉淀和后沉淀，为了提高沉淀的纯度，得到纯净的沉淀，针对上述原因应采取如下措施。

① 选择适当的分析步骤。当试液中被测组分含量较低，而杂质含量较高时，则应使被测组分首先沉淀下来。如果先分离杂质，则由于大量沉淀的生成会使少量被测组分随之共沉淀，从而引起分析结果不准确。

② 选择合适的沉淀剂。例如，在沉淀 Al^{3+} 时，可用有机沉淀剂 8-羟基喹啉，形成的沉淀由于不带电荷，可减少杂质的吸附量。

③ 降低易被吸附的杂质离子的浓度。例如沉淀 $BaSO_4$ 时，如溶液中含有易被吸附的 Fe^{3+}，可加入酒石酸、柠檬酸等，与之生成稳定的络合物，或将其预先还原成不易被吸附的 Fe^{2+}，使 Fe^{3+} 共沉淀程度大大降低。另外，Fe^{3+} 很容易发生混晶共沉淀，最好事先进行分离。

④ 选择适当的洗涤剂进行洗涤。由于吸附作用是一种可逆过程，因此洗涤可使沉淀表面吸附的杂质进入洗涤液，从而达到提高沉淀纯度的目的。当然，所选择的洗涤剂必须是在烘干或灼烧时容易挥发除去的物质。

⑤ 沉淀要及时过滤分离，以减小后沉淀。

⑥ 进行再沉淀。将沉淀过滤洗涤之后再重新溶解，使沉淀中残留的杂质进入溶液，然后第二次进行沉淀，这种操作叫做再沉淀。再沉淀对于除去吸留、包夹的杂质特别有效。

⑦ 选择适当的沉淀条件。沉淀的吸附作用与其颗粒的大小、类型、沉淀时的温度和陈化过程等都有关系，因此要获得纯净的沉淀，则应根据具体情况，选择适宜的沉淀条件。沉淀条件对沉淀纯度的影响情况见表 7-2。

表 7-2 沉淀条件对沉淀纯度的影响
（+：提高纯度；−：降低纯度；0：影响不大）

沉淀条件	混晶	表面吸附	吸留或包藏	继沉淀
稀释溶液	0	+	+	0
慢沉淀	不定	+	+	−
搅拌	0	+	+	0
陈化	不定	+	+	+
加热	不定	+	+	0
洗涤沉淀	0	+	0	0
再沉淀	+	+	+	+

7.5 沉淀条件的选择

在重量分析法中，为了获得准确可靠的分析结果，要求沉淀完全、纯净且易于过滤和洗涤。因此，对于不同类型的沉淀，应采取不同的沉淀条件。

7.5.1 晶形沉淀的沉淀条件

对于晶形沉淀来说，主要应当考虑如何获得较大的沉淀颗粒。与小颗粒沉淀相比，大颗粒沉淀有如下优点：溶解度较小因而沉淀更加完全；总表面积较小故表面吸附的杂质少，沉淀更纯净且易于过滤和洗涤。但晶形沉淀的溶解度一般都比较大，因此还应注意减小沉淀的溶解损失。

① 沉淀作用应在适当稀的溶液中进行，并加入沉淀剂的稀溶液，目的是使沉淀作用开始时，溶液的相对饱和度不致太大，产生的晶核不至于太多，没有显著的均相成核作用，这样易得到大颗粒沉淀。同时，稀溶液中杂质浓度小，共沉淀现象也会相应减少，有利于得到纯净的沉淀。但是，为了减小沉淀时的溶解损失，溶液的浓度也不宜过稀。

② 应当在不断搅拌下缓慢地滴加沉淀剂。若沉淀剂加入过快，由于来不及扩散使得两种溶液混合处沉淀剂的浓度比其他地方的浓度高，从而引起局部过浓使相对过饱和度增大，生成大量晶核，加快均相成核作用，得到的沉淀颗粒小，纯度差。因此，在不断搅拌下缓慢地滴加沉淀剂，不仅可以防止局部过浓现象，而且还可以减少由吸附引入的杂质量。

③ 沉淀作用应在热溶液中进行。溶液温度升高，会使沉淀的溶解度略有增加，这样既可以降低溶液的相对饱和度，以利于生成粗大的结晶颗粒，同时还可以减少沉淀对杂质的吸附量。为了防止沉淀在热溶液中的溶解损失，沉淀作用完毕后，应当将溶液冷却至室温，然后再进行过滤。

④ 陈化。沉淀作用完毕后，让沉淀留在母液中放置一段时间，这一过程称为陈化。在陈化过程中，由于微小晶体比粗大晶体的溶解度大，因而逐渐溶解，大晶体得以继续长大。陈化还可以使初生成的沉淀结构改变，由亚稳态晶形转变成稳态晶形，从而降低其溶解度。在上述过程中，生长得不完整的晶体可以转变得更完整一些，并驱出已被吸附的杂质，这是陈化的最主要作用。总之经过陈化后，可以得到比较完整、纯净和溶解度较小的沉淀。但是，当有混晶共沉淀作用发生时，陈化并不能显著提高沉淀的纯度。如果有后沉淀现象的发生，则反而使沉淀的纯度降低。因此是否进行陈化，应当根据沉淀的类型和性质而定。加热和搅拌可以加快陈化的进行，例如 $BaSO_4$ 沉淀在室温时需要陈化一昼夜，而在加热且搅拌时，可缩短至 1~2h，或在更短的时间即可完成。

7.5.2 无定形沉淀的沉淀条件

无定形沉淀一般溶解度很小，但其颗粒微小，结构疏松，体积庞大，不仅含水多，而且吸附杂质量多，难以过滤和洗涤，甚至容易形成胶体溶液无法沉淀下来。很难通过控制其相对过饱和度的方法来改变沉淀的性质。因此，对于无定形沉淀来说，主要考虑的是加速沉淀微粒凝聚以获得较紧密的沉淀，减少杂质的吸附并防止形成胶体溶液，便于过滤和洗涤。至于沉淀的溶解损失，可以忽略不计。因此，无定形沉淀的沉淀条件如下。

① 沉淀作用应当在较浓的溶液中进行，加入沉淀剂的速度也可以适当快一些。因为溶液浓度大，则离子的水合程度减小，得到的沉淀比较紧密。同时，可以促进沉淀微粒的凝聚，防止形成胶体溶液。但因这种条件下沉淀，吸附的杂质会增多，所以在沉淀作用完毕后，需要立刻加入大量热水冲洗母液并搅拌，使大部分被吸附在沉淀表面的杂质转移到溶液中。

② 沉淀作用应在热溶液中进行，这样可以防止生成胶体，并减少对杂质的吸附，还可以使生成的沉淀更紧密些。

③ 沉淀要在适当电解质存在下进行。电解质能中和胶体微粒的电荷，降低其水化程度，利于胶体微粒的凝聚、沉降。通常使用的电解质是可挥发的盐类如铵盐等。为防止沉淀在洗涤过程中发生胶溶现象，洗涤液中也应加入适量的电解质。通常采用易挥发的铵盐或稀的强酸作洗涤液。

④ 沉淀作用完毕后，静置数分钟，趁热过滤，不必陈化。因为这类沉淀一经放置，将会逐渐失去水分而聚集得十分紧密，不易洗涤除去已吸附的杂质，同时也会给下步操作带来困难。

⑤ 必要时进行再沉淀。无定形沉淀一般含杂质的量较多，一次沉淀很难保证纯净，如果对测定结果准确度要求较高时，应当进行再沉淀。

7.5.3 均匀沉淀法

在进行沉淀的过程中，尽管沉淀剂的加入是在不断搅拌下进行的，可是在刚加入沉淀剂的瞬间，局部过浓的现象总是难免。为了消除这种现象，可采用均匀沉淀法。均匀沉淀法是先控制一定的条件，使加入的沉淀剂（或沉淀剂前体）不立刻与被检测离子生成沉淀，而是通过一缓慢的化学反应，使沉淀剂缓慢、均匀地在溶液中产生，这样可以有效地避免沉淀剂的局部过浓现象，使沉淀在较小且稳定的相对过饱和度下缓慢、均匀析出。在这种条件下，往往能够得到大颗粒的晶形沉淀，而且吸附的杂质量少，比较纯净。

例如，测定 Ca^{2+} 时，若在中性或碱性溶液中加入沉淀剂 $(NH_4)_2C_2O_4$，产生的 CaC_2O_4 是细晶形沉淀。如果先将溶液酸化后再加入 $(NH_4)_2C_2O_4$，则溶液中的草酸根主要以 $HC_2O_4^-$ 和 $H_2C_2O_4$ 型体存在，此时无沉淀产生。混合均匀后，再加入尿素，加热至 90℃ 左右时，尿素逐渐水解，生成 NH_3：

$$CO(NH_2)_2 + H_2O \Longrightarrow CO_2 + 2NH_3$$

生成的 NH_3 均匀分布在溶液的各个部分，并不断中和溶液中的 H^+，酸度逐渐降低，$C_2O_4^{2-}$ 的浓度渐渐增大，最后均匀而缓慢地析出 CaC_2O_4 沉淀。由于沉淀过程中，溶液的相对过饱和度始终是比较小，所以得到的 CaC_2O_4 沉淀是粗大的晶形沉淀。

再如测定 Ba^{2+} 时，沉淀剂 SO_4^{2-} 可通过水解氨基酸得到

$$NH_2SO_3H + 2H_2O \Longrightarrow NH_4^+ + H_3O^+ + SO_4^{2-}$$

均匀沉淀法除了上述优点外，还有如下不足之处：①形成沉淀的反应时间较长；②沉淀容易在容器壁上沉积一层很薄的膜，增加了分离的难度，在用尿素法沉淀金属氧化物时，成膜现象特别严重；③用均匀沉淀法仍不能避免混晶共沉淀和继沉淀现象。

均匀沉淀法中的沉淀剂，如 $C_2O_4^{2-}$，PO_4^{3-} 等，可用相应的有机酯类化合物或其他化合物水解而获得（见表 7-3）。

表 7-3 某些均匀沉淀法的应用

沉淀剂	加入试剂	反应	被测离子
OH^-	尿素	$CO(NH_2)_2+2H_2O \Longrightarrow CO_2+2NH_3$	Al^{3+}, Fe^{3+}, Th 等
OH^-	六亚甲基四胺	$(CH_2)_6N_4+6H_2O \Longrightarrow 6HCHO+4NH_3$	Th
PO_4^{3-}	磷酸三甲酯	$(CH_3)_3PO_4+3H_2O \Longrightarrow 3CH_3OH+H_3PO_4$	Zr, Hf
$C_2O_4^{2-}$	草酸二甲酯	$(CH_3)_2C_2O_4+2H_2O \Longrightarrow 2CH_3OH+H_2C_2O_4$	Ca^{2+}, Th, 稀土
SO_4^{2-}	硫酸二甲酯	$(CH_3)_2SO_4+2H_2O \Longrightarrow 2CH_3OH+SO_4^{2-}+2H^+$	Ba^{2+}, Sr^{2+}, Pb^{2+}

7.6 有机沉淀剂

前节重点讨论了利用无机沉淀剂进行沉淀时的反应条件和应当注意的事项。总的看来，无机沉淀剂具有选择较差、形成的沉淀溶解度较大、吸附的杂质较多等缺点。如果生成的是无定形沉淀，不仅杂质含量大，而且不易过滤和洗涤。

与无机沉淀剂相比，有机沉淀剂有选择性高、形成沉淀的溶解度小、沉淀由于极性小而吸附杂质少、沉淀称量形式的摩尔质量较大等优点，使测量准确度能够显著提高。

但是，有机沉淀剂也存在一些缺点，如沉淀剂一般在水中的溶解度较小，容易被夹杂在沉淀中；有些沉淀的组成不恒定；有些沉淀易黏附于器壁或漂浮于溶液表面。这些缺点，还有待于今后继续研究改进，常见的有机沉淀剂有生成螯合物的沉淀剂和生成缔合物的沉淀剂两大类型。

(1) 生成螯合物的沉淀剂

能形成螯合物沉淀的有机沉淀剂，它们至少应有两种基团：一种是酸性基团，如—COOH、—OH、=NOH、—SH 和—SO_3H 等，这些基团中的 H^+ 可被金属离子置换；另一种是碱性基团，如—NH_2、=NH、≡N—、$>C=O$ 和 $>C=S$ 等，这些基团中的 N、O、S 具有未被共用的电子对，可以与金属离子形成配位键。例如在弱酸性或弱碱性溶液中 (pH=3~9)，8-羟基喹啉与 Mg^{2+} 反应，形成具有五元环结构的难溶性螯合物。由于它不带电荷，所以不易吸附其他离子，沉淀比较纯净，而且溶解度很小 ($K_{sp}=1.0\times10^{-29}$)。

又如，在氨性溶液中，丁二酮肟试剂与 Ni^{2+} 形成鲜红色的沉淀，此反应不仅应用于 Ni^{2+} 的定性鉴定，而且由于该沉淀的组成恒定，经烘干后即可直接称量，故常用于镍的重量分析法中，可获得满意的结果。此外，丁二酮肟还可以与 Pb^{2+}，Pt^{2+}，Fe^{2+} 生成沉淀。

(2) 生成缔合物的沉淀剂

阴离子和阳离子以较强的静电引力相结合而形成的化合物，叫做离子缔合物。例如某些相对分子质量较大的有机沉淀剂在水溶液中能够电离出大体积的离子，这种离子能与被测离子结合生成溶解度很小的离子缔合物沉淀。

如四苯硼酸阴离子能与 K^+ 生成缔合物沉淀：

$$K^+ + B(C_6H_5)_4^- \Longrightarrow KB(C_6H_5)_4 \downarrow$$

$KB(C_6H_5)_4$ 溶解度很小，组成恒定，烘干后即可直接称量，所以 $NaB(C_6H_5)_4$ 是测定 K^+ 较好的沉淀剂。此外，还常用苦杏仁酸在盐酸溶液中沉淀锆；铜铁试剂沉淀 Cu^{2+}、Fe^{3+}、Ti(Ⅳ)，α-亚硝基-β-萘酚沉淀 Co^{2+} 和 Pd^{2+} 等。

7.7 重量分析法结果的计算

重量分析法是一种不需要标准校正的定量方法，其定量基础是沉淀分离步骤前后被测组分主体元素的质量不变，即被测组分的主体元素在沉淀形式、称量形式和试样中的质量（或物质的量）守恒。因此，只需根据一系列相关的化学反应（如沉淀平衡反应，随后的沉淀形式到称量形式的转化反应等）的化学计量关系和称量形式的质量，就可以计算出被测组分的含量。例如，用草酸铵沉淀法测定某试样中的 Ca^{2+}，沉淀形式是 CaC_2O_4，称量形式是 CaO，若试样的质量为 m_s，CaO 的质量为 m，根据物质的量守恒，1mol Ca^{2+}（摩尔质量 40.08g·mol^{-1}）可最终得到 1molCaO（摩尔质量 56.08g·mol^{-1}），则 Ca 在试样中的质量分数

$$w_{Ca} = \frac{m \times \frac{M_{Ca^{2+}}}{M_{CaO}}}{m_s} \times 100\% = \frac{m \times \frac{40.08}{56.08}}{m_s} \times 100\%$$

因此，重量分析中，通常按下式计算被测组分 B 的质量分数 w_B

$$w_B = \frac{m_B}{m_s}$$

式中，m_B 为被测组分 B 的质量；m_s 为试样的质量。

如果最后得到的称量形式就是被测组分的形式，则将称量形式的质量 m' 直接代入上式计算即可。若沉淀的称量形式与被测组分的表示式不一致，则需先将称量形式的质量 m' 乘以换算因数（重量分析因数）F 换算成被测组分的质量 m_B 之后，再代入上式进行计算。即

$$m_B = Fm'$$
$$w_B = \frac{Fm'}{m_s}$$

换算因数 F 为待测组分的摩尔质量与称量形式的摩尔质量之比，又称为重量分析因数。根据称量形式与被测组分表示式之间的化学计量关系求得，例如化学性质十分相似的元素，要从它们的混合物中分别测出各个元素含量，往往比较困难。此时可用几种方法配合进行分析。例如，锆、铪混合氧化物中 ZrO_2 和 HfO_2 测定，可先用苦杏仁酸重量法测定 ZrO_2 和 HfO_2 的含量，再用 EDTA 络合滴定法测定它们的总物质的量，然后通过计算，分别求得 ZrO_2 及 HfO_2 的含量。

待测组分	称量形式	换算因数
Cl^-	$AgCl$	$\frac{M_{Cl^-}}{M_{AgCl}} = 0.2474$
S	$BaSO_4$	$\frac{M_S}{M_{BaSO_4}} = 0.1374$
MgO	$Mg_2P_2O_7$	$\frac{2M_{MgO}}{M_{Mg_2P_2O_7}} = 0.3622$

【例 7-7】 称取不纯的锆、铪混合氧化物 0.1000g，用苦杏仁酸重量法测定锆、铪的合量，灼烧后，得 $ZrO_2 + HfO_2$ 共 0.0994g。将沉淀溶解后，分取四分之一体积的溶液，用 EDTA 滴定，若用去 0.01000mol·L^{-1} EDTA 20.10mL。求试样中 ZrO_2 及 HfO_2 的质量分数。

解：设混合氧化物中 ZrO_2 为 x (g)，HfO_2 为 y (g)，依题意得到

$$x + y = 0.0994 \tag{1}$$

$$1.000 \times \frac{x}{123.2} + 1.000 \times \frac{y}{210.5} = 4 \times 0.01000 \times 20.10 \qquad (2)$$

联立式（1），式（2）并解之，可求得

$$m_{ZrO_2} = 0.0986 \text{g}$$
$$w_{ZrO_2} = 98.6\%$$
$$m_{HfO_2} = 0.0008 \text{g}$$
$$w_{HfO_2} = 0.8\%$$

本 章 小 结

1. 重量分析法根据分离方法的不同可分为沉淀法、汽化法和电解法三类。重量分析法可直接用分析天平称量而获得分析结果，准确度高。其缺点是操作烦琐，耗时长，不适用于微量试样和痕量组分的测定。

2. 为保证重量分析法有足够的准确度并便于操作，对沉淀形式和称量形式有一定的要求。对沉淀形式的要求有，沉淀的溶解度要小，应尽量获得颗粒粗大的晶形沉淀，沉淀的纯度要高，沉淀形式应易转化为称量形式。对称量形式的要求有，称量形式必须有确定的化学组成，且热稳定性好，称量形式的摩尔质量要大。

3. 由称量形式的质量计算被测组分的含量时，需引入换算因子 F。F 是由称量形式与被测组分的定量关系决定的。

4. 利用沉淀反应进行重量分析，要求反应进行完全，而反应是否完全，由溶解度的大小来判断。影响溶解度的因素主要有同离子效应、盐效应、酸效应和络合效应。此外，温度、溶剂、晶体结构、沉淀颗粒大小等因素对溶解度都有一定的影响。

5. 按颗粒大小的不同，可将沉淀分为晶形沉淀、凝乳状沉淀和无定形沉淀三种。沉淀的形成包括晶核形成和晶核长大两个过程，其中，晶核的形成有均相成核和异相成核两种情况。在晶核生长过程中，沉淀类型由聚集速率和定向速率的大小决定。如果聚集速率大，定向速率小，则得到非晶形沉淀。反之，得到晶形沉淀。

6. 影响沉淀纯度的原因大致可分为共沉淀和继沉淀两类。其中共沉淀包括表面吸附共沉淀、混晶、吸留和包藏。减少沉淀污染的方法主要有选择合适的适当的分析程序和沉淀条件、降低易被吸附的杂质离子浓度、选择适当的洗涤剂进行洗涤、及时进行过滤分离和再沉淀。

7. 为了获得纯净、颗粒粗大、易于过滤和洗涤的沉淀，并减少沉淀溶解损失。对于不同类型的沉淀应选择不同的沉淀条件。晶形沉淀的沉淀条件可简单概括为"稀、热、慢、搅、陈"，无定形沉淀的沉淀条件有，在较浓的热溶液中进行，在不断搅拌下较快加入沉淀剂，加入适当电解质，必要时进行再沉淀等。

8. 有机沉淀剂具有选择性好、溶解度小、沉淀吸附杂质少、沉淀摩尔质量较大等优点。根据沉淀反应的机理，可分为螯合物的沉淀剂和生成离子缔合物的沉淀剂两类。

思考题与习题

1. 解释下列现象
   (1) CaF_2 在 pH=3.0 的溶液中的溶解度较在 pH=5.0 的溶液中的溶解度大；
   (2) Ag_2CrO_4 在 $0.0010 \text{mol} \cdot L^{-1}$ $AgNO_3$ 溶液中的溶解度较在 $0.0010 \text{mol} \cdot L^{-1} K_2CrO_4$ 溶液中的溶解度小；
   (3) $BaSO_4$ 要用水洗涤，而 AgCl 沉淀要用稀 HNO_3 洗涤；

第 7 章 重量分析法

    (4) $BaSO_4$ 沉淀要陈化,而 AgCl 或 $Fe_2O_3 \cdot nH_2O$ 沉淀不要陈化;

    (5) AgCl 和 $BaSO_4$ 的 K_{sp} 值差不多,但可以控制条件得到 $BaSO_4$ 晶体沉淀,而 AgCl 只能得到无定形沉淀;

    (6) ZnS 在 HgS 沉淀表面上而不在 $BaSO_4$ 沉淀表面上继沉淀。

2. 重量分析法对沉淀形式的要求是什么?对称量形式的要求是什么?

3. 当用冷水洗涤 AgCl 沉淀时,为什么会产生胶溶现象?应当选用什么洗涤液?

4. 今有两份试液,采用 $BaSO_4$ 重量法测定 SO_4^{2-},由于沉淀剂的浓度相差 10 倍,沉淀剂浓度大的那一份沉淀在过滤时穿透了滤纸,为什么?

5. 什么叫均相成核?溶液的相对过饱和度较大时,对生成晶体的颗粒大小有何影响,为什么?

6. 计算下列换算因数。

    (1) 根据 $PbCrO_4$ 测定 Cr_2O_3;

    (2) 根据 $Mg_2P_2O_7$ 测定 $MgSO_4 \cdot 7H_2O$;

    (3) 根据 $(NH_4)_3PO_4 \cdot 12MoO_3$ 测定 $Ca_3(PO_4)_2$ 和 P_2O_5;

    (4) 根据 $(C_9H_6NO)_3Al$ 测定 Al_2O_3。

    (0.2351;2.215;0.03782;0.110)

7. 称取 CaC_2O_4 和 MgC_2O_4 纯混合试样 0.6240g,在 500℃下加热,定量转化为 $CaCO_3$ 和 $MgCO_3$ 后为 0.4830 g。

    (1) 计算试样中 CaC_2O_4 和 MgC_2O_4 的质量分数;

    (2) 若在 900℃加热该混合物,定量转化为 CaO 和 MgO 的质量为多少克?

    (76.25%;23.75%;0.2615g)

8. 在某一不含其他成分的 AgCl 与 AgBr 混合物中,m(Cl):m(Br)为 1:2,试求混合物中 Ag 的质量分数。

    (65.69%)

9. 在空气中灼烧 MnO_2,使其定量地转化为 Mn_3O_4。今有一软锰矿,其组成如下:MnO_2 约 80%,SiO_2 约 15%,H_2O 约 5%。现将试样在空气中灼烧至恒重,试计算灼烧后的试样中的 Mn 的质量分数。

    (59%)

10. 重量法测定铁,根据称量形式(Fe_2O_3)的质量测得试样中铁的质量分数为 10.11%,若灼烧过的 Fe_2O_3 中含有 3.0% 的 Fe_3O_4,求试样中铁的真实质量分数。

    (10.12%)

11. 采用硫酸钡重量法测定试样中钡的含量,灼烧时,因部分 $BaSO_4$ 还原为 BaS,致使 Ba 的测定值为标准结果的 98.0%,求称量形式 $BaSO_4$ 中 BaS 的质量分数。

    (5.40%)

12. 只含有银和铅的合金试样 0.2000g,溶于 HNO_3,加冷 HCl,得 AgCl 和 $PbCl_2$ 混合沉淀 0.2466g。用热水处理沉淀,将 $PbCl_2$ 完全溶解,剩下不溶的 AgCl 为 0.2067g。求(1)合金中 w(Ag);(2)未被冷 HCl 沉淀的 $PbCl_2$ 质量。

    (77.80%;0.0197g)

13. 假定泻盐试样为化学纯 $MgSO_4 \cdot 7H_2O$,称取 0.8000g 试样,将镁沉淀为 $MgNH_4PO_4$ 灼烧成 $Mg_2P_2O_7$,得 0.3900g;若将硫酸根沉淀为 $BaSO_4$,灼烧后得 0.8179g,试问该试样是否符合已知的化学式?原因何在?

    (不符合)

14. 欲使 1mmol AgCl 完全溶解,需 $3mol \cdot L^{-1} NH_3 \cdot H_2O$ 多少毫升(忽略体积影响)?

    (8mL)

15. 计算 $CdCO_3$ 在纯水中的溶解度(Cd^{2+} 基本不形成羟基络合物)。

    ($10^{-5.01}$ mol $\cdot L^{-1}$)

16. 由实验测得 $PbSO_4$ 在 pH=2.00 时的溶解度为 2.0×10^{-4} mol $\cdot L^{-1}$,计算 $PbSO_4$ 的 K_{sp}。

    (2.0×10^{-8})

17. 计算 CaF_2 在 $pH=1.00$，$c_F=0.10 mol \cdot L^{-1}$ 时的溶解度。

$(6.2 \times 10^{-5} mol \cdot L^{-1})$

18. 将 100mL 溶液中的 Ca^{2+} 沉淀为 $CaC_2O_4 \cdot H_2O$，达到平衡时溶液中剩下的钙不得超过 $0.80\mu g$。用 HAc-NaAc 缓冲溶液调节溶液 pH 为 4.70，此时溶液中草酸的总浓度必须达到多大？

$(1.3 \times 10^{-2} mol \cdot L^{-1})$

19. 计算 $pH=8.00$、$c(NH_3)=0.2 mol \cdot L^{-1}$ 时 $MgNH_4PO_4$ 的溶解度。

$(10^{-3.78} mol \cdot L^{-1})$

20. Ag^+ 能与 Cl^- 生成 $AgCl$、$AgCl_2^-$ 络合物，计算 $[Cl^-]=0.10 mol \cdot L^{-1}$ 时 $AgCl$ 沉淀的溶解度。

$(2.2 \times 10^{-6} mol \cdot L^{-1})$

21. 在 100mL NH_3-NH_4Cl 缓冲溶液（pH9.7，$[NH_3]=0.2 mol \cdot L^{-1}$）中，最多能溶解多少克 Ag_2S？

$(1.6 \times 10^{-10} g)$

22. 计算氢氧化铜沉淀在含有 $0.10 mol \cdot L^{-1}$ 游离 NH_3 溶液中的溶解度。

$(3.2 \times 10^{-4} mol \cdot L^{-1})$

23. 计算 ZnS 在 $0.10 mol \cdot L^{-1}$ $Na_2C_2O_4$ 溶液中的溶解度。

$(6.3 \times 10^{-6} mol \cdot L^{-1})$

24. 计算 ZnS 在 $pH=10.0$ 的氨性溶液中的溶解度，溶解达到平衡时，溶液中 $[NH_3]=0.10 mol \cdot L^{-1}$。

$(6.3 \times 10^{-7} mol \cdot L^{-1})$

25. 为了回收银，向含银废液中加入过量的食盐，蒸干得到 150g 沉淀物。经测定其中含有 3.9% NaCl 及 9.6% AgCl，现欲用 1L 氨水将沉淀中的 AgCl 全部溶解，问氨水最低浓度应为多少？

$(2.8 mol \cdot L^{-1})$

26. 将 15mmol 氯化银沉淀置于 500mL 氨水中，已知氨水平衡时的浓度为 $0.50 mol \cdot L^{-1}$，计算溶液中游离的 Ag^+ 浓度。

$(8.0 \times 10^{-9} mol \cdot L^{-1})$

27. 为了在含有 $0.010 mol \cdot L^{-1}$ $AgNO_3$ 和 $0.010 mol \cdot L^{-1}$ NaCl 的混合溶液中不生成 AgCl 沉淀，计算：(1) 混合溶液中所需游离 NH_3 的最低浓度；(2) 混合溶液中所需 NH_3 的最低总浓度。

$(0.22 mol \cdot L^{-1}; 0.24 mol \cdot L^{-1})$

第 8 章 紫外-可见分光光度分析

8.1 概述

紫外-可见分光光度法（ultraviolet-visible spectrometry，UV-Vis）是历史悠久、应用最为广泛的一种光谱分析方法。它是基于研究物质对紫外-可见光区（200～750nm）的光的吸收特征和吸收强度，对物质进行定性分析、定量分析、结构分析的一种仪器分析方法。

紫外-可见分光光度法具有以下的特点。

① 灵敏度高：一般可以测定的浓度下限约为 10^{-6} mol·L^{-1}，适用于微、痕量分析。

② 精密度和准确度高：与其他仪器分析法相比，紫外-可见分光光度法的相对误差较小，一般为 2%～5%，若使用精密仪器，误差可降至 1%～2%，完全能满足微量分析对准确度的要求。

③ 应用范围广：该法不仅可以测定绝大多数的无机离子，也能测定许多有机物；不仅可用于定量分析，还可作官能团鉴定、结构分析、相对分子质量测定、络合物组成及稳定常数、酸碱离解常数的测定等。

④ 仪器操作简便、快速、价格较低、测定方法易于推广。

8.1.1 光的基本性质

光是一种电磁波，具有波动性和粒子性。

(1) 光的波动性

波动性是指光按波动形式传播，如光的折射、衍射、偏振和干涉等现象，就明显地表现其波动性。通常用周期 T（秒，s）、波长 λ（m、cm、μm、nm 等）、频率 ν（赫兹，Hz）和波数 σ（cm^{-1}）等来描述。它们之间的关系可用下列公式表示：

$$\nu = \frac{1}{T} = \frac{c}{\lambda} \tag{8-1}$$

$$\sigma = \frac{1}{\lambda} = \frac{\nu}{c} \tag{8-2}$$

式（8-1）中，c 为光速，在真空中等于 2.9979×10^{10} cm·s^{-1}，约为 3×10^{10} cm·s^{-1}。

电磁波按照波长的长短顺序的排列可得表 8-1 的电磁波谱表。

(2) 光的粒子性

光同时具有粒子性。例如，光电效应就明显地表现出其粒子性。光是由"光微粒子"（光量子或光子）所组成的，光量子的能量与波长的关系为：

$$E = h\nu = \frac{hc}{\lambda} \tag{8-3}$$

式中，E 为光量子能量，焦耳，J；h 为普朗克常数 6.626×10^{-34} J·s。

该式表明，不同波长（或频率）的光，其能量不同，短波的能量大，长波的能量小。

表 8-1 电磁波谱表 （$1m = 10^6 \mu m = 10^9 nm = 10^{10} Å = 10^{12} pm$）

光谱名称	波长范围①	跃迁类型	辐射源	分析方法
γ射线	5～140pm	核能级	核聚变、钴60	中子活化分析,莫斯鲍尔谱法
X射线	0.1～10nm	K和L层电子	X射线管	X射线光谱法
远紫外区	10～200nm	中层电子	氢、氘、氙灯	真空紫外光度法
近紫外区	200～400nm	价电子	氢、氘、氙灯	紫外光度法
可见光	400～750nm	价电子	钨灯	比色及可见光度法
近红外线	0.75～2.5μm	分子振动	碳化硅热棒	近红外线光度法
中红外线	2.5～5.0μm	分子振动	碳化硅热棒	中红外线光度法
远红外线	5.0～1000μm	分子转动和振动	碳化硅热棒	远红外线光度法
微波	0.1～100cm	分子转动	电磁波发生器	微波光谱法
无线电波	1～1000m	电子和核自旋		核磁共振光谱法

①波长范围的划分并不是很严格的,在不同的文献资料中会有所出入。

8.1.2 物质对光的选择性吸收

(1) 物质的颜色与光吸收的关系

如果把具有不同颜色的各种物体放置在黑暗处,则什么颜色也看不见。可见物质呈现的颜色与光有密切关系。物质呈现何种颜色,与光的组成和物质本身的结构有关。

人眼能感觉到的光称为可见光,其波长范围为400～750nm。具有某一波长的光,称为单色光,由不同的波长混合而成的光称为复合光,如白光（日光、白炽电灯光等）是由各种不同颜色的光按照一定的强度比例混合而成的。如果让一束白光通过棱镜,能色散出红、橙、黄、绿、青、蓝、紫等各种颜色的光。每种颜色的光具有不同的波长范围。如果把适当颜色的两种光按照一定强度比例混合也可得到白光,这两种颜色的光称为互补色光。

不同物质对各种波长光的吸收具有选择性。当白光通过某溶液时,某些波长的光被溶液吸收,而另一些波长的光则透过,溶液的颜色由透射光的波长决定。透射光与吸收光称为互补色光,两种颜色称为互补。若物质对白光中所有颜色的光全部吸收,它就呈现黑色;若反射所有颜色的光则呈现白色;若透过所用颜色的光则为无色。如白光通过NaCl溶液时,全部透过,NaCl溶液无色透明,而$CuSO_4$溶液则吸收白光中的黄光而呈蓝色,$KMnO_4$溶液吸收绿光而呈紫红色。物质呈现颜色与吸收光颜色的互补关系如表8-2。

表 8-2 物质颜色与吸收光颜色的互补关系

物质颜色	吸收光		物质颜色	吸收光	
	颜色	波长范围/nm		颜色	波长范围/nm
黄绿	紫	400～450	紫	黄绿	560～580
黄	蓝	150～480	蓝	黄	580～600
橙	绿蓝	480～490	绿蓝	橙	600～650
红	蓝绿	490～500	蓝绿	红	650～750
紫红	绿	500～560			

(2) 物质对光产生选择性吸收的原因

当一束光照射到某物质或其溶液时,组成该物质的分子、原子或离子与光子发生碰撞,光子的能量被分子、原子所吸收,使这些粒子由最低能态（基态）跃迁到较高能态（激发态）:

$$M + h\nu \longrightarrow M^*$$
（基态）（激发态）

被激发的粒子约在10^{-8}s后又回到基态,并以热或荧光等形式释放能量。物质的分子、原子或离子具有不连续的量子化能级,如图8-1所示。仅当照射光的光子能量（$h\nu$）与被照射物质粒子的基态和激发态能量之差相当时才能发生吸收。不同的物质微粒由于结构不同而具有不同的量子化能级，其能量差也不相同。所以物质对光的吸收具有选择性。

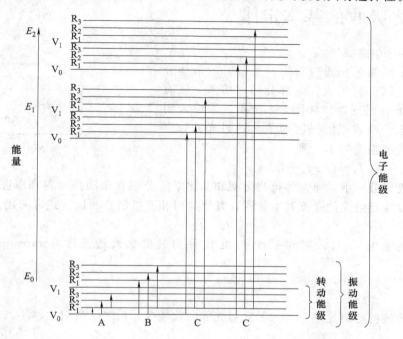

图 8-1 电磁波吸收与分子能级变化
A—转动能级跃迁（远红外区）；B—转动/振动能级跃迁（近红外区）；
C—转动/振动/电子能级跃迁（紫外、可见区）

8.1.3 吸收曲线

任何一种溶液，对不同波长的光的吸收程度都是不相等的。以不同波长的单色光依次通过一定浓度的某一溶液，测量该溶液对不同波长光的吸收程度，以波长（λ）为横坐标，相应吸光度（A）为纵坐标，可作出一条曲线，这种描述某组分吸光度 A 与波长 λ 的关系曲线称为吸收曲线或吸收光谱。吸收曲线中吸光度最大值称为最大吸收，它所对应的波长称为最大吸收波长，用 λ_{max} 表示。图 8-2 给出了 4 种不同浓度的 $KMnO_4$ 溶液的吸收曲线。由图可见，$KMnO_4$ 溶液对波长为 525nm 附近的绿色光有最大的吸收，而对紫色光和红色光则吸收很少，故 $KMnO_4$ 溶液呈紫红色。

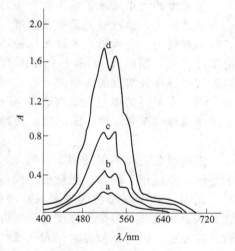

图 8-2 $KMnO_4$ 溶液的吸收曲线
（$KMnO_4$ 溶液浓度 a＜b＜c＜d）

吸收曲线的形状和最大吸收波长 λ_{max} 的位置取决于物质的分子结构，不同的物质因其分子结构不同而具有各自特征的吸收曲线，可以据此进行物质的定性分析。

不同浓度的同一物质，最大吸收波长 λ_{max} 不变，在吸收峰及附近处的吸光度随浓度增加而增大，据此可以进行定量分析。显然，若在最大吸收波长 λ_{max} 处测定吸光度，则灵敏度最高，因此常选用该物质的最大吸收波长作为测量波长。

8.2 光吸收的基本定律

8.2.1 朗伯-比尔定律

当一束平行单色光通过均匀、无散射的液体介质时，光的一部分被吸收，一部分透过溶液，还有一部分被器皿表面反射。如图 8-3 所示，假设入射光的强度为 I_o，吸收光的强度为 I_a，透过光的强度为 I_t，反射光的强度为 I_r，则

$$I_o = I_a + I_t + I_r$$

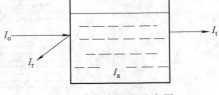

图 8-3　溶液吸光示意图

在分光光度分析中，通常将待测溶液和参比溶液分别置于同样材料和厚度的吸收池中，因而两个吸收池反射光的强度基本相同，其影响可相互抵消，所以上式可简化为

$$I_o = I_a + I_t \tag{8-4}$$

透过光的强度 I_t 与入射光强度 I_o 之比称为透射比或透光度（transmitance），用 T 表示。

$$T = \frac{I_t}{I_o} \tag{8-5}$$

显然，溶液的透射比越大，表示它对光的吸收越少；反之，透射比越小，表示溶液对光的吸收越多。

溶液对光的吸收程度用吸光度 A（absorbance）来表示，其定义为

$$A = \lg \frac{I_o}{I_t} = \lg \frac{1}{T} = -\lg T \tag{8-6}$$

吸光度的大小反映了溶液吸光能力的强弱。

实践证明，溶液对光的吸收程度，与该溶液的浓度 c、溶液液层的厚度 b 及入射光的波长等因素有关。若入射光的波长保持不变，则溶液对光的吸收程度与溶液的浓度和溶液液层的厚度有关。朗伯（Lambert）和比尔（Beer）分别于 1970 年和 1852 年研究了光的吸收与溶液液层厚度及浓度的定量关系，二者结合为朗伯-比尔定律，也称光的吸收定律，可表述为：当一束平行的单色光垂直通过某一均匀、非散射的吸光物质的溶液后，其吸光度 A 与溶液液层厚度 b 和浓度 c 成正比。其数学表达式为

$$A = Kbc \tag{8-7}$$

光的吸收定律不仅适用于可见光，也适用于红外线和紫外线；不仅适用于均匀、无散射的溶液，也适用于均匀、无散射的固体和气体，是各种吸光光度法定量分析的理论依据。

式中比例常数 K 称为吸光系数，在一定条件下它是物质的特性常数，与吸光物质的本性、入射光波长、溶剂及温度等因素有关。它的物理意义是吸光物质在单位浓度及单位厚度时的吸光度。吸光系数越大，表明该物质的吸光能力越强，测定的灵敏度越高。因此，吸光系数是定性和定量的重要依据。溶液的浓度单位不同，吸光系数 K 的单位和数值也不同，一般有两种表示方式，具体见表 8-3。

表 8-3　K 与浓度单位之间的变化关系（b 的单位是 cm）

c 的单位	K 的单位	名称	符号	定量关系
$mol \cdot L^{-1}$	$L \cdot mol^{-1} \cdot cm^{-1}$	摩尔吸收系数	ε	$\varepsilon = aM$
$g \cdot L^{-1}$	$L \cdot g^{-1} \cdot cm^{-1}$	质量吸光系数	a	M 为物质的摩尔质量

在含有多种吸光物质的溶液中，如果各种吸光物质之间没有相互作用，当某一波长的单色光通过溶液时，这时体系的总吸光度等于各吸光物质的吸光度之和，即吸光度具有加和性。这是进行多组分分光光度分析的理论基础。表达式为：

$$A_{总}=A_1+A_2+\cdots+A_n=\varepsilon_1 b_1 c_1+\varepsilon_2 b_2 c_2+\varepsilon_3 b_3 c_3+\cdots+\varepsilon_n b_n c_n$$

式中下角标指吸光物质 $1, 2, \cdots, n$。

8.2.2 引起朗伯-比尔定律偏离的因素

根据光的吸收定律，分光光度法在定量分析时，如果吸收池的厚度保持不变，固定入射光的波长、强度，以吸光度对浓度作图时，应得到一条通过原点的直线。但在实际工作中，特别是溶液浓度较高时，吸光度与浓度间的线性关系往往会发生偏离，如图 8-4 所示，这种现象称为朗伯-比尔定律的偏离现象。产生偏离的原因很多，主要有物理因素和化学因素两个方面。

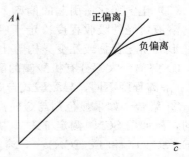

图 8-4 朗伯-比尔定律的偏离示意图

8.2.2.1 物理因素

(1) 单色光不纯所引起的偏离

严格地讲，朗伯-比尔定律只对一定波长的单色光才成立。但在实际工作中，目前用各种方法得到的入射光并非纯的单色光，而是由波长范围较窄的光带组成的复合光。由于物质对不同波长的光的吸收程度不同，因而引起对朗伯-比尔定律的偏离。为讨论方便，假设仅由波长为 λ_1 和 λ_2 组成的入射光通过浓度为 c 的溶液，溶液对两种波长的光的吸收都服从比尔定律，则有：

对波长为 λ_1 的光有

$$A_1=\lg\frac{I_{o_1}}{I_{t_1}}=\varepsilon_1 bc, \quad I_{t_1}=I_{o_1}10^{-\varepsilon_1 bc} \tag{8-8}$$

对波长为 λ_2 的光有

$$A_2=\lg\frac{I_{o_2}}{I_{t_2}}=\varepsilon_2 bc, \quad I_{t_2}=I_{o_2}10^{-\varepsilon_2 bc} \tag{8-9}$$

式中，I_{o_1}、I_{o_2} 分别为 λ_1、λ_2 的入射光强度；I_{t_1}、I_{t_2} 分别为 λ_1、λ_2 的透射光强度；ε_1、ε_2 分别为吸光物质在 λ_1、λ_2 的摩尔吸光系数。

入射光的总强度为 $I_{o_1}+I_{o_2}$，透过光的总强度为 $I_{t_1}+I_{t_2}$，溶液总吸光度 $A_{总}$ 为

$$A_{总}=\lg\frac{I_{o_总}}{I_{t_总}}=\lg\frac{I_{o_1}+I_{o_2}}{I_{t_1}+I_{t_2}}=\lg\frac{I_{o_1}+I_{o_2}}{I_{o_1}10^{-\varepsilon_1 bc}+I_{o_2}10^{-\varepsilon_2 bc}} \tag{8-10}$$

当 $\varepsilon_1=\varepsilon_2$ 时，$A_{总}=\varepsilon bc$ 成直线关系，如果 $\varepsilon_1 \neq \varepsilon_2$，则 A 与 c 不成直线关系。ε_1 和 ε_2 差别越大，A 与 c 间线性关系的偏差也越大。为克服非单色光引起的偏离，除选择较好的单色器外，从吸收曲线可以看到，在最大吸收波长 $\lambda_{\max}$ 处，A 随波长的变化有一小段平坦区，变动较小，选此波长的光进行测定，不仅可获最高灵敏度，而且可得到较好的线性关系。

(2) 非平行入射光引起的偏离

朗伯-比尔定律要求采用平行光垂直入射。若非平行入射光将导致光束的平均光程 b' 大于吸收池的厚度 b，实际测得的吸光度将大于理论值，产生正偏离。

(3) 介质不均匀性引起的偏离

朗伯-比耳定律要求吸光物质的溶液是均匀、非散射的。如果介质不均匀，呈胶体、乳浊、悬浮状态存在，则入射光除了被吸收之外，还会有一部分因散射而损失，使实测吸光度值偏高，产生正偏离。

8.2.2.2 化学因素

(1) 溶液浓度过高引起的偏离

朗伯-比尔定律的建立还要求吸光粒子是独立的，相互无作用。但当溶液浓度较高时（通常 $>0.01mol·L^{-1}$），由于吸光粒子间的平均距离减小，以致每个粒子都可以影响其邻近粒子的电荷分布，这种相互作用可使它们的吸光能力发生改变，即改变物质的摩尔吸收系数。由于相互作用的程度与浓度有关，随浓度增大，吸光度与浓度间的关系就偏离线性关系。所以朗伯-比尔定律仅适用于稀溶液。

(2) 化学变化所引起的偏离

溶液对光的吸收程度决定于吸光物质的性质和数目，溶液中的吸光物质常因解离、缔合、形成新化合物或互变异构等化学变化而改变其浓度，因而导致偏离朗伯-比尔定律。

① 解离　大部分有机酸碱的酸式、碱式对光有不同的吸收性质，溶液的酸度不同，酸（碱）解离程度不同，导致酸式与碱式的比例改变，使溶液的吸光度发生改变。

② 络合　如果显色剂与金属离子生成的是多级络合物，且各级络合物对光的吸收性质不同，例如用 SCN^- 测定 Fe^{3+}，随着 SCN^- 浓度的增大，生成颜色越来越深的高配比络合物 $Fe(SCN)_4^-$ 和 $Fe(SCN)_5^{2-}$，溶液颜色由橙黄变至血红色。对于这种情况，只有严格地控制显色剂的用量，才能得到准确的结果。

③ 缔合　例如在酸性条件下，CrO_4^{2-} 会结合生成 $Cr_2O_7^{2-}$，而它们对光的吸收有很大的不同。

在分析测定中，要控制溶液的条件，使被测组分以一种形式存在，就可以克服化学因素所引起的对朗伯-比尔定律的偏离。

8.3　比色法和吸光光度法及其仪器

8.3.1　目视比色法

用眼睛观察、比较溶液颜色深浅以确定物质含量的分析方法称为目视比色法。

常用的目视比色法采用标准系列法，这种方法是使用一套由同种材料制成、大小形状相同的平底玻璃管（亦称比色管），分别加入一系列不同量的标准溶液和待测溶液，然后在实验条件相同的情况下进行显色，再稀释至一定刻度，充分摇匀后，放置。从管上方垂直向下（有时由侧面）观察，比较待测溶液与标准溶液颜色的深浅。若待测液与某一标准溶液颜色一致，则说明两者浓度相等；若待测液颜色介于相邻两种标准溶液之间，则待测液的浓度就介于这两个标准溶液浓度之间。目视比色法的优点是仪器简单，操作简便，适用于大批试样的分析。灵敏度较高，因为是在复合光——白光下进行测定，故某些显色反应不符合朗伯-比耳定律时，仍可用该法进行测定。其主要缺点是准确度不高，如果待测液中存在第二种有色物质，就无法进行测定。另外，由于许多有色溶液颜色不稳定，标准系列不能久存，经常需在测定时临时配制，比较麻烦。

8.3.2　吸光光度法

吸光光度法是借助分光光度计测定溶液的吸光度，根据朗伯-比耳定律确定物质溶液的浓度。吸光光度法与目视比色法在原理上并不完全一样，吸光光度法是比较有色溶液对某一波长光的吸收情况，目视比色法则是比较透过光的强度。例如，测定 $KMnO_4$ 溶液中的含量时，吸光光度法测量的是 $KMnO_4$ 溶液对黄绿色光的吸收情况，目视比色法则是比较 $KMnO_4$ 溶液透过紫红色光的强度。

吸光光度法的特点是：因入射光是纯度较高的单色光，故使偏离朗伯-比耳定律的情况大为减少，标准曲线直线部分的范围更大，分析结果的准确度较高。因可任意选取某种波长的单色光，故利用吸光度的加和性，可同时测定溶液中两种或两种以上的组分。由于入射光的波长范围扩大了，许多无色物质，只要它们在紫外或红外线区域内有吸收峰，都可以用吸光光度法进行测定。

8.3.3 分光光度计的基本部件

分光光度计的种类和型号繁多，但通常由光源、单色器（分光系统）、吸收池、检测器和信号处理及显示系统五个基本部件组成，如图8-5所示。其中光源发出的复合光经单色器转变为单色光，待测的吸光物质溶液放在吸收池中，单色光通过时，一部分光被吸收，另一部分透过的光照射到检测器即光电转换器转换成电信号，再通过信号处理和显示系统显色。下面对其主要部件进行简单介绍。

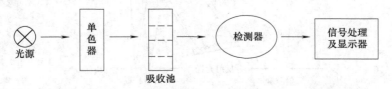

图 8-5 分光光度计结构示意图

（1）光源

光源的作用是提供足够强度和稳定的连续光谱。分光光度计中常用的光源有热辐射光源和气体放电光源两类。

热辐射光源用于可见光区，如钨丝灯和卤钨灯。钨灯可使用的范围在 320～2500nm，卤钨灯比普通钨灯的发射强度大，使用寿命长。这类光源的辐射能量与施加的外加电压有关，在可见光区，辐射的能量与工作电压 4 次方成正比。光电流与灯丝电压的 n 次方（$n>1$）成正比。因此必须严格控制灯丝电压，仪器必须配有稳压装置。

气体放电光源用于紫外线区，如氢灯和氘灯。它们可在 160～375nm 范围内产生连续光源。氘灯的灯管内充有氢的同位素氘，它是紫外线区应用最广泛的一种光源，其光谱分布与氢灯类似，但光强度比相同功率的氢灯要大 3～5 倍。

（2）单色器

单色器的作用是将光源发出的复合光分解成单色光的装置。其结构原理如图 8-6 所示，它由入射和出射狭缝、反射镜和色散元件组成，其关键部分是色散元件。常用的色散元件有棱镜和衍射光栅。

棱镜一般由玻璃或石英玻璃制成，它们的色散原理是依据不同波长的光通过棱镜时有不同的折射率而将不同波长的光分开。由于玻璃可吸收紫外线，所以玻璃棱镜只能用于 350～3200nm 的波长范围，适用于可见分光光度计。石英棱镜可使用的波长范围较宽，可从 185～4000nm，紫外-可见分光光度计采用石英棱镜作为单色器。

光栅是利用光的衍射与干涉作用制成的一种色散元件，它的优点是适用波长范围宽、色散均匀、分辨本领高、便于保存和仪器的设计制造。缺点是各级光谱会有重叠而相互干扰，需选适当的滤光片以除去其他级的光谱。

棱镜单色器由于色散率随波长变化，得到的光谱呈非均匀排列，而且传递光的效率较低。光栅单色器在整个光谱区具有良好的几乎相同的色散能力。因此，现代紫外-可见分光光度计多采用光栅单色器。

分光元件后边都附有一个出射狭缝，它是单色器的组成部分，用以截取分光后光谱中的某一狭窄段的光。狭缝愈小，出射谱带愈窄，单色光的纯度愈高，但光的强度减弱。

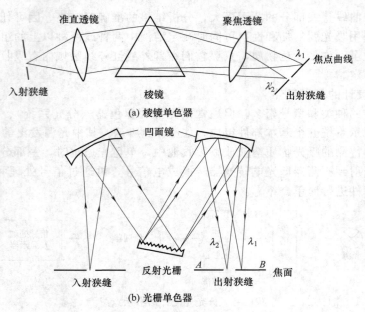

图 8-6 棱镜单色器和光栅单色器

单色器出射的光束通常混有少量与仪器所指示波长不一致的杂散光。其来源之一是光学部件表面尘埃的散射。杂散光会影响吸光度的测量，因此应该保持光学部件的清洁。

（3）吸收池

吸收池又称比色皿，是由无色透明的光学玻璃或熔融石英制成，用于盛装试液或参比溶液。玻璃吸收池只能用于可见光区，而石英池既可用于可见光区，亦可用于紫外线区。大多数仪器都配有液层厚度为 0.5cm、1cm、2cm、3cm 和 5cm 等一套长方形比色皿，可适用于不同浓度范围的试样测定。同一组吸收池的透光率相差应小于 0.5%。

为了减少入射光的反射损失和造成光程差，应注意比色皿放置的位置，使其透光面垂直于光束方向。指纹、油腻或皿器上其他沉积物都会影响其透射特性，因此应注意保持比色皿的清洁、透明，避免磨损透光面。

（4）检测器

检测器是一种光电转换元件，其作用是将透过吸收池的光信号强度转变成可测量的电信号强度。因此，检测器要求应在测量的光谱范围内具有高的灵敏度；对辐射能量的影响快、线性关系好、线性范围宽；对不同波长的辐射响应性能相同且可靠；有好的稳定性和低的噪声水平等。目前，在分光光度计中多用光电管和光电倍增管。

光电管是一个真空或充有少量惰性气体的二极管，阳极为一金属丝，阴极是金属做成的半圆筒，内侧涂有光敏物质。当光照到阴极的光敏材料时，阴极发射出电子，被阳极收集而产生光电流，形成的光电流大小取决于照射光的强度。结构如图 8-7 所示。光电管依其对光敏感的波长范围不同分为红敏和紫敏两种。红敏光电管阴极表面涂有银和氧化铯，适用波长范围为 625~1000nm；紫敏光电管是阴极表面涂有锑和铯，适用波长为 200~625nm。

光电倍增管实际上是一种加上多级倍增电极的光电管，其结构如图 8-8 所示。外壳由玻璃或石英制成，阴极表面涂上光敏物质，在阴极 C 和阳极 A 之间装有一系列次级电子发射极，即电子倍增极 D_1、D_2 等。阴极 C 和阳极 A 之间加直流高压（约 1000V），当辐射光子撞击阴极时发射光电子，该电子被电场加速并撞击第一倍增极 D_1，撞出更多的二次电子，依此不断进行，像"雪崩"一样，最后阳极收集到的电子数将是阴极发射电子的 10^5~10^6

倍。与光电管不同，光电倍增管的输出电流随外加电压的增加而增加，且极为敏感，这是因为每个倍增极获得的增益取决于加速电压。因此，光电倍增管的外加电压必须严格控制。光电倍增管灵敏度高，响应速度快，是检测微弱光最常见的光电元件，可以用较窄的单色器狭缝，从而对光谱的精细结构有较好的分辨能力。适用波长范围为160～700nm，在现代的分光光度计广泛采用光电倍增管。

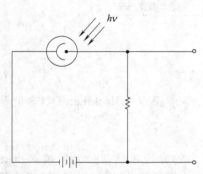

图 8-7　真空光电二极管示意图

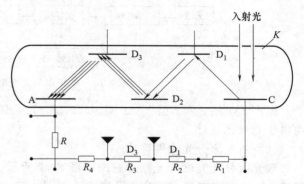

图 8-8　光电倍增管工作原理图

(5) 信号处理及显示系统

该系统的作用是放大信号并以适当的方式显示或记录下来。早期的分光光度计多采用检流计 (72 型)、微安表 (721 型)、电位计 (751 型) 等指针式系统，它有透射比 T 和吸光度 A 两种标尺，等刻度的是百分透光率 T，对数刻度的是吸光度 A，如图 8-9 所示，吸光度标尺是不均匀的。现代的分光光度计广泛采用数字电压表、函数记录仪、示波器及计算机数据处理台等进行信号处理和显示。

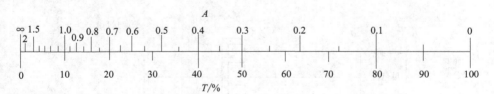

图 8-9　吸光度和透射比标尺及其关系

8.3.4　吸光度的测量原理

由上述讨论可知，分光光度计实际上测得的只是与透射光 I_t 成正比的光电流，而并不是吸光度 A。要想获得待测吸光物质的吸光度 A，一般须通过下列步骤。

① 调节检测器零点，即仪器的机械零点，在检流计面板上表现为 $T=0$ 或 $A=\infty$ 的那个端点。

② 应用不含待测组分的参比溶液调节吸光零点，即检流计面板上 $T=100\%$ 或 $A=0$ 的那一点。

③ 待测组分吸光度的测定：调节好检测器零点和吸光度零点后，就等于确定了检测器 T 标尺的两个端点，即 $T=0$ 的最小点和 $T=100\%$ 的最大点。此时把待测吸光物质推入光路，则可直接读出 A_x。

8.3.5　分光光度计的类型

分光光度计的型号很多，按其光学系统可分为单波长分光光度计和双波长分光光度计，单波长分光光度计又可分为单光束分光光度计和双光束分光光度计两类。

(1) 单光束分光光度计

单光束分光光度计的光路示意图如图 8-10 所示。经单色器分光后的一束平行光，轮流通过参比溶液和样品溶液，以进行吸光度的测定。这类仪器结构简单，价格低廉，适用于固定波长下的定量分析，一般不能作全波段光谱扫描。由于光源和检测系统的不稳定会产生误差，故要求光源和检测器具有很高的稳定性。

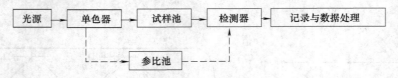

图 8-10　单光束分光光度计结构示意图

国产 751 型、752 型、721 型、722 型、724 型、英国 SP500 型以及 Backman DU-8 型等均属于此类光度计。

(2) 双光束分光光度计

双光束分光光度计光路示意图如图 8-11 所示。光源发出的光经单色器分光后被同步旋转镜 M_1 转变为交替入射参比溶液 R 和样品溶液 S 的两束光，再经同步旋转镜 M_4 交替地照射在同一检测器 PM 上，即检测器交替接收参比信号和试样信号。两信号的比值通过对数转换为试样的吸光度 A。调制器可以带动 M_1 和 M_4 同步旋转。

双光束分光光度计参比信号和试样信号的测量几乎是同时进行的，补偿了光源和检测系统的不稳定性，具有较高的测量精密度和准确度。可以不断地变更入射光波长，自动测量不同波长下试样的吸光度，实现吸收光谱的自动扫描。但是它的结构复杂，价格昂贵。

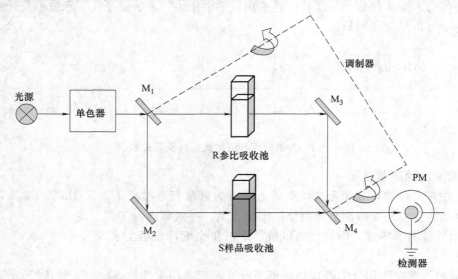

图 8-11　双光束分光光度计结构示意图

国产 710 型、730 型、740 型、日立 UV-340 型、U-4100 等属于这种类型。

(3) 双波长分光光度计

双波长分光光度计光路示意图如图 8-12 所示。与单波长分光光度计的主要区别在于采用双单色器。

从光源出发的光分成两束，分别经过两个单色器，得到两束强度相同、波长分别为 λ_1 和 λ_2 的单色光。以切光器（旋转镜）调制使 λ_1、λ_2 两单色光交替地照射到同一吸收池上，其透过光被检测器所接收,经信号处理系统处理可以直接获得溶液对 λ_1 及 λ_2 两单色光的吸光度之差值。对于多组分混合物、浑浊试样(如生物组织液)分析,以及存在背景干扰或共存组分吸收干扰的情况下,利用双波长分光光度法,往往能提高方法的灵敏度和选择性。利用双波长分光光度计,能获得导数光谱。通过光学系统转换,使双波长分光光度计能很方便地转化为单波长工作方式。如果能在 λ_1 和 λ_2 处分别记录吸光度随时间变化的曲线,还能进行化学反应动力学研究。

现代紫外-可见分光光度计大多具有双光束、双波长、微机数据处理、自动记录及扫描功能,使方法的灵敏度和选择性大大提高。

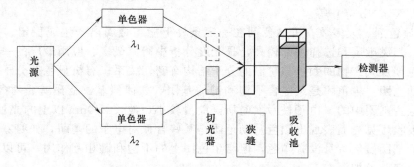

图 8-12 双波长分光光度计结构示意图

国产的 WFZ800-S 型、日本岛津的 UV-300 型等属于这种类型。

8.4 光度分析法的设计

8.4.1 显色反应

在进行吸光光度分析时,有些待测物质本身有颜色,如 $KMnO_4$、$K_2Cr_2O_7$ 等可直接进行测定。但大多数物质本身没有颜色或颜色太浅,如 PO_4^{3-}(无色)、$FeCl_3$(淡黄色),故测定时需要加入适当的试剂与待测组分反应生成有色化合物再进行测定。将待测组分转变成有色化合物的反应叫显色反应,与待测组分形成有色化合物的试剂称为显色剂。

(1) 显色反应

显色反应可分为两大类,即络合反应和氧化还原反应,而络合反应是最主要的显色反应。同一组分常可与多种显色剂反应,生成不同的有色物质,在分析时,究竟选用何种显色反应较适宜,应考虑以下因素。

① 灵敏度高。光度法一般用于微量组分或痕量组分的测定,因此,选用的显色反应要有足够的灵敏度。摩尔吸收系数 ε 的大小是显色反应灵敏度高低的重要标志,因此应当选择生成的有色物质的摩尔吸收系数 ε 较大的显色反应。一般要求生成的有色物质摩尔吸光系数 ε 应大于 10^4。

② 选择性好。选用的显色剂最好只与待测组分起显色反应,共存的其他组分不干扰或很少干扰待测组分的测定,或干扰组分易除去。

③ 有色化合物组成恒定。这样被测物质与有色化合物之间才有定量关系。如测定 Fe^{3+} 时,常用磺基水杨酸作显色剂,而不用 SCN^- 作显色剂。

④ 有色化合物化学性质稳定。这样,可以保证至少在测定过程中吸光度基本上不变,否则将影响吸光度测定的准确度及再现性。

⑤ 对比度要大。显色剂与有色化合物对光的吸收要有明显的区别,即它们之间的最大

吸收波长的差别要大，一般要求相差在60nm以上。

⑥ 显示反应的条件易于控制。若实验条件过于严格，测定结果的重现性就差。

(2) 显色剂

显色反应的选择实际上是显色剂的选择。光度分析中采用的显色剂有无机显色剂和有机显色剂两大类。见表8-4。

① 无机显色剂 无机显色剂在光度分析中应用不多，这主要是由于其与金属离子生成的络合物不够稳定，灵敏度和选择性也不高。其中性能较好的尚有使用价值的仅有硫氰酸盐（测Fe、Mo、W、Nb等）、钼酸铵（测Si、P和V等）、氨水（测Cu、Co、Ni等）和过氧化氢（测Ti、V、Nb等）等。

② 有机显色剂 大多数有机显色剂在一定条件下能与金属离子生成稳定、具有特征颜色的螯合物，其灵敏度和选择性都较高，是光度分析中研究最多、应用最广的一类显色剂。

有机显色剂及其产物的颜色与它们的分子结构有密切关系。有机显色剂分子中一般都含有生色团和助色团。生色团是某些含不饱和键的基团，如偶氮基、亚硝基、对醌基、羰基、硫羰基等。这些基团中的π电子被激发时所需能量较小，波长200nm以上的光就可以做到，故往往可以吸收可见光而表现出颜色。助色团是某些含孤对电子的基团，如氨基、羟基、卤代基等，这些基团虽然本身没有颜色，但与生色团上的不饱和键相互作用，可以影响生色团对光的吸收，使颜色加深。

因此，简单地说，某些有机化合物及其螯合物之所以表现出颜色，就在于它们具有特殊的结构。而它们的结构中含有生色团和助色团则是它们有色的基本原因。

表 8-4 常用的无机和有机显色剂

	试剂	结构式	离解常数	测定离子
无机显色剂	硫氰酸盐	SCN^-	$pK_a = 0.85$	Fe^{2+}, $Mo(V)$, $W(V)$
	钼酸盐	MoO_4^{2-}	$pK_{a_2} = 3.75$	$Si(IV)$, $P(V)$
	过氧化氢	H_2O_2	$pK_a = 11.75$	$Ti(IV)$
有机显色剂	邻二氮菲	(结构式)	$pK_a = 4.96$	Fe^{2+}
	双硫腙	(结构式)	$pK_a = 4.6$	Pb^{2+}, Hg^{2+}, Zn^{2+}, Bi^{3+} 等
	丁二酮肟	(结构式)	$pK_a = 10.54$	Ni^{2+}, Pd^{2+}
	铬天青 S(CAS)	(结构式)	$pK_{a_3} = 2.3$ $pK_{a_4} = 4.9$ $pK_{a_5} = 11.5$	Be^{2+}, Al^{3+}, Y^{3+}, Ti^{4+}, Zr^{4+}, Hf^{4+}
	茜素红 S	(结构式)	$pK_{a_2} = 5.5$ $pK_{a_3} = 11.0$	Al^{3+}, Ga^{3+}, $Zr(IV)$, $Th(IV)$, F^-, $Ti(IV)$

续表

	试剂	结构式	离解常数	测定离子
有机显色剂	偶氮肿Ⅲ	(结构式：双偶氮萘二酚二磺酸带两个AsO₃H₂基团)		UO_2^{2+}, $Hf(Ⅳ)$, Th^{4+}, $Zr(Ⅳ)$, RE^{3+}, Y^{3+}, Sc^{3+}, Ca^{3+}等
	4-(2-吡啶氮)-间苯二酚(PAR)	(吡啶-偶氮-间苯二酚结构式)	$pK_{a_1}=3.1$ $pK_{a_2}=5.6$ $pK_{a_3}=11.9$	Co^{2+}, Pb^{2+}, Ga^{3+}, $Nb(Ⅴ)$, Ni^{2+}
	1-(2-吡啶氮)-萘 PAN)	(吡啶-偶氮-萘酚结构式)	$pK_{a_1}=2.9$ $pK_{a_2}=11.2$	Co^{2+}, Ni^{2+}, Zn^{2+}, Pb^{2+}
	4-(2-噻唑偶氮)-间苯二酚(TAR)	(噻唑-偶氮-间苯二酚结构式)		Co^{2+}, Ni^{2+}, Cu^{2+}, Pb^{2+}

8.4.2 显色条件的选择

显色反应能否完全满足光度法的要求，除了与显色剂的性质有主要关系外，控制好显色反应的条件也是十分重要的，如果显色条件不合适，将会影响分析结果的准确度。

(1) 显色剂的用量

显色反应一般可用下式表示

$$M(待测离子) + R(显色剂) \Longleftrightarrow MR(有色化合物)$$

反应在一定程度上是可逆的。为了减少反应的可逆性，根据同离子效应，加入过量的显色剂是必要的，但也不能过量太多否则会引起副反应，对测定反而不利。显色剂的用量一般是通过实验来确定的，即固定待测组分的浓度且保持其他条件不变，加入不同量的显色剂，测定其吸光度，以吸光度 A 对显色剂加入量 V 作图。一般有可能出现三种情况，如图 8-13 所示。

图 8-13 (a) 的曲线是最常见的，开始随着显色剂用量的增加，吸光度不断增加，当增加到一定值时，吸光度不再增加，出现 $a \sim b$ 平坦部分，表示显色剂用量已足够，显色剂用量可以在 $a \sim b$ 间选择。

图 8-13 (b) 与图 8-13 (a) 的不同之处在于平坦部分很窄，当显色剂用量继续增加时，吸光度将下降。如 SCN^- 测定 $Mo(Ⅴ)$，通常测定的是橙红色的 $Mo(SCN)_5$，若 SCN^- 的浓度过高，则因生成浅红色的 $Mo(SCN)_6^-$ 致使吸光度降低。此时应注意控制用量在平坦部分。

图 8-13 (c) 与前两种情况完全不同，当显色剂的用量不断增大时，吸光度不断增大，这时必须特别严格控制显色剂的用量，才能得到较准确的测定结果。如 SCN^- 测定 Fe^{3+}，随着 SCN^- 浓度的增大，生成颜色愈来愈深的高配位数的络合物，溶液的颜色由橙色变至血红色，所以一般这种情况只用于定性，而不用于定量。

(2) 溶液的酸度

溶液酸度对显色反应的影响很大，这是由于溶液的酸度直接影响着金属离子和显色剂的存在形式以及有色络合物的组成和稳定性。因此，控制溶液适宜的酸度，是保证光度分析获

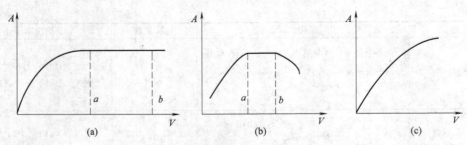

图 8-13　吸光度与显色剂加入量关系曲线

得良好结果的重要条件之一。

① 酸度对待测物存在状态的影响　大部分高价金属离子都容易水解，当溶液的酸度降低时，会产生一系列羟基络离子或多核羟基络离子，同时还发生各种类型的聚合，甚至导致沉淀的生成。显然，金属离子的水解，对于显色反应的进行是不利的，故溶液的酸度不能太低。

② 酸度对显色剂浓度和颜色的影响　光度分析中所用的大部分显色剂都是有机弱酸，显色反应进行时，首先是有机弱酸发生离解，其次才是络阴离子与金属离子络合，例如金属离子 M 与显色剂 HR 作用，生成有色络合物 MR：

$$M + HR \Longrightarrow MR + H^+$$

从反应式可以看出，溶液的酸度影响着显色剂的离解，并影响着显色反应的完全程度。当然，溶液酸度对显色剂离解程度影响的大小，也与显色剂的离解常数 K_a 有关，K_a 大时，允许的酸度可大；K_a 很小时，允许的酸度就要小些。另外，有些显色剂本身就是酸碱指示剂，当溶液酸度改变时，显色剂本身就有颜色变化。如果显色剂在某一酸度时，络合反应和指示剂反应同时发生，两种颜色同时存在，就无法进行光度测定。例如二甲酚橙在溶液的 pH>6.3 时呈红色，在 pH<6.3 时呈黄色。而二甲酚橙与金属离子的络合物却呈现红色，因此光度测定只有在 pH<6.3 的酸性溶液中可作为金属离子的显色剂。

③ 对络合物组成和颜色的影响　对于某些逐级形成络合物的显色反应，酸度不同时，生成不同络合比的络合物，其颜色也不同。例如铁与水杨酸的显色反应，当 pH<4 时，生成 1:1 的紫色络合物 $[Fe^{3+}(C_7H_4O_3)^{2-}]^+$，当 4<pH<9 时，生成 1:2 的红色络合物 $[Fe^{3+}(C_7H_4O_3)_2^{2-}]^-$，当 pH>9 时，则生成 1:3 的黄色络合物 $[Fe^{3+}(C_7H_4O_3)_3^{2-}]^{3-}$。在这种情况下，必须控制合适的酸度，才可获得好的分析结果。

在实际分析工作中，是通过实验来选择显色反应的适宜酸度的。具体做法是固定溶液中待测组分和显色剂的浓度，改变溶液（通常用缓冲溶液控制）的酸度 pH，分别测定在不同 pH 溶液的吸光度 A，绘制 A-pH 曲线，如图 8-14，从中找出最适宜的 pH 范围。

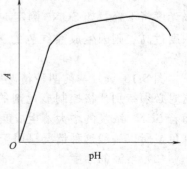

图 8-14　吸光度与溶液酸度的关系曲线

（3）显色时间

显色反应的速度有快有慢。有些显色反应几乎是瞬间即可完成，显色很快达到稳定状态，并且能保持较长时间；有些显色反应虽能迅速完成，但在放置时，有色络合物由于受到空气的氧化或光的照射等原因，很快开始褪色；有些显色反应进行缓慢，溶液颜色需经一段时间后才稳定。因此，必须经实验来确定最合适测定的时间区间。

实验方法为配制一份显色溶液，从加入显色剂起计算时间，每隔几分钟测量一次吸光度，制作吸光度-时间曲线，根据曲线来确定适宜时间。

(4) 显色温度

通常，显色反应大多在室温下完成。但有些显色反应在室温下反应很慢，需要加热到一定温度才能进行。相反，有些反应在较高温度下有色物质易分解，又需在低温下进行。显色反应最适宜的温度，同样是通过实验由吸光度-温度关系曲线图来确定的。

(5) 溶剂

有时在显色体系中加入有机溶剂，可降低有色化合物的解离度，从而提高显色反应的灵敏度。如在 $Fe(SCN)_3$ 的溶液中加入与水混溶的有机溶剂（如丙酮），由于降低了 $Fe(SCN)_3$ 的解离度而使颜色加深，提高了测定的灵敏度。此外，有机溶剂还可能提高显色反应的速率，影响有色络合物的颜色、溶解度和组成等。合适的溶剂及其用量一般亦通过实验来确定。

(6) 共存离子的干扰及消除

光度分析中，共存离子如本身有颜色，或与显色剂作用生成有色化合物，都将干扰测定。要消除共存离子的干扰，可采用下列方法。

① 控制溶液酸度　控制显色溶液的酸度，是消除干扰的简便而重要的方法。例如用二苯硫腙法测定 Hg^{2+} 时，Cu^{2+}、Zn^{2+}、Pb^{2+}、Bi^{3+}、Co^{2+}、Ni^{2+} 等均可能与显色剂发生反应，但如果在强酸条件下，这些干扰离子将不再与二苯硫腙作用，从而消除其干扰。

② 加入掩蔽剂　使用掩蔽剂消除干扰是常用的有效方法。选取的条件是掩蔽剂不与待测离子作用，掩蔽剂以及它与干扰物质形成的络合物的颜色应不干扰待测离子的测定。如用 NH_4SCN 作显色剂测定 Co^{2+} 时，Fe^{3+} 的干扰可借加入 NaF 使之生成无色 FeF_6^{3-} 而消除。测定 Mo(Ⅵ) 时可借加入 $SnCl_2$ 或抗坏血酸等将 Fe^{3+} 还原为 Fe^{2+} 而避免与 SCN^- 作用。

③ 分离干扰离子　在不能掩蔽的情况下，可采用沉淀、离子交换或溶剂萃取等分离方法除去干扰离子，详见第13章。其中尤以萃取法使用较多，并可直接在有机相中显色，称为萃取光度法。

此外，选择适当的测量波长或参比溶液也消除显色剂和某些共存离子的干扰，下面将详细介绍。

8.4.3　测量波长和吸光度范围的选择

(1) 测量波长的选择

为了使测定结果有较高的灵敏度，应选择被测物质的最大吸收波长的光作为入射光（ε 值大，灵敏度高），这称为"最大吸收原则"。选用这种波长的光进行分析，不仅灵敏度高，且能减少或消除由非单色光引起的对朗伯-比尔定律的偏离。但是，在最大吸收波长处有其他吸光物质干扰测定时，则应根据"吸收最大、干扰最小"原则选择其他大小的入射光波长。

例如丁二酮肟光度法测定钢中的镍，络合物丁二酮肟镍的最大吸收波长为470nm，但试样中的铁用酒石酸钠掩蔽后，在 470nm 处也有一定吸收，干扰镍的测定。如图 8-15 所示，为避免铁的干扰，可以选择波长 520nm 进行测定，虽然测定镍的灵敏度有所降低，但酒石酸铁不干扰镍的测定。

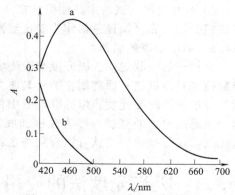

图 8-15　丁二酮肟镍 a 和酒石酸铁 b 的吸收曲线

(2) 吸光度范围的选择

光度分析法的误差除了来源于各种化学条件以外，仪器测量不准确也是导致误差的原因。任何光度计都有一定的测量误差，这些误差可能来源于光源不稳定、实验条件的偶然变动、读数不准确等。

对同一台仪器，对透射比读数的误差 ΔT 是确定值，一般仪器的 ΔT 在 0.002～0.01 之间，但在不同 T 时同样的 T 对应的 A 则不同，所以引起的 $\Delta c/c$（浓度的相对误差）就不同。由图 8-9 可以看出，吸光度越大，读数波动所引起的吸光度的误差也越大。

根据朗伯-比尔定律可以推导得到相对误差

$$E_r = \frac{\Delta c}{c} = \frac{\Delta A}{A} = \frac{\Delta T}{T\ln T} \tag{8-11}$$

当 $\Delta T = \pm 0.01$ 时，上式变为：

$$E_r = \frac{\Delta T}{T\ln T} \times 100\% = \pm \frac{1}{T\ln T}\% \tag{8-12}$$

据上式可计算不同 T 下的 $|E_r|$，作 $|E_r|$-T 曲线，如图 8-16，从图截取 $|E_r|<3.6\%$，可得透射比和吸光度的范围，即 T 在 15%～65% 之间，或使吸光度 A 在 0.2～0.8 时测量的相对误差较小。图中曲线最低点 $|E_r|=2.7\%$，即 $|E_r|$ 最小，此时 $A=0.434$，$T=36.8\%$。

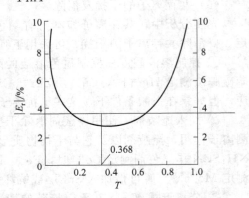

图 8-16　相对误差和透射比的关系曲线

8.4.4 参比溶液的选择

进行光度测量时，常利用参比溶液（又称空白溶液）来调节仪器，使 $T=100\%$（调零），以消除由于吸收池、溶剂及试剂对入射光的反射和吸收等带来的误差，使测得的吸光度真正反映待测溶液吸光强度。参比溶液的选择一般遵循以下原则。

① 若仅待测组分与显色剂反应产物在测定波长处有吸收，其他所加试剂均无吸收，可用纯溶剂（一般是水）作为参比溶液。

② 若显色剂或其他所加试剂在测定波长处略有吸收，而试液本身无吸收，用"试剂空白"（不加试样溶液）作为参比溶液。

③ 若待测试液在测定波长处有吸收，而显色剂等无吸收，则可用"试样空白"（不加显色剂）作为参比溶液。

④ 若显色剂、试液中其他组分在测量波长处有吸收，则可在试液中加入适当掩蔽剂将待测组分掩蔽后再加显色剂作为参比溶液。

8.4.5 标准曲线的制作

根据光的吸收定律：吸光度与吸光物质的含量成正比，这是光度法进行定量的基础，标准曲线就是根据这一原理制作的。具体方法为：在选择的实验条件下分别测量一系列不同含量的标准溶液的吸光度，以标准溶液中待测组分的含量为横坐标，吸光度为纵坐标作图，得到一条通过原点的直线，称为标准曲线或工作曲线，如图 8-17。在相同条件下测得试液的吸光度，在标准曲线上就可以查到与之相对应的被测物质的含量。

8.5　吸光光度法的应用

吸光光度法既可用于单组分的定量分析，也可用于多组分分析。此外，还能用来研究化学平衡和络合物的组成等。现将其主要应用进行简单介绍。

8.5.1 定量分析

（1）单组分定量分析方法

如果只要求测定某一样品中的一种组分，且在选定的测量波长下，其他组分没有吸收即对该组分无干扰，则这种单组分定量分析方法简单，可用下列几种方法进行定量。

① 吸光系数法（绝对法） 根据朗伯-比尔定律 $A=Kbc$，若待测组分在测定条件下的吸光系数 K 已知，则可根据测得的待测溶液的 A_x 求出待测组分的浓度或含量。通常，K（常用 ε）可以从有关手册或文献查到，这种方法也称为绝对法。

【例 8-1】 已知维生素 B_{12} 在 361nm 处的质量吸光系数为 $20.7 L \cdot g^{-1} \cdot cm^{-1}$。准确称取样品 30.0mg，加水稀释至 1000mL，在该波长下用 1.00cm 吸收池测定溶液的吸光度为 0.618，计算样品溶液中维生素 B_{12} 的质量分数。

解： 根据朗伯-比尔定律：$A=abc$，待测溶液中维生素 B_{12} 的质量浓度为

$$c = \frac{A}{ab} = \frac{0.618}{20.7 L \cdot g^{-1} \cdot cm^{-1} \times 1.00cm} = 0.0299 g \cdot L^{-1}$$

样品中维生素的质量分数为

$$w = \frac{0.0299 g \cdot L^{-1} \times 1.0 L}{30 \times 10^{-3} g} \times 100\% = 99.7\%$$

② 标准对照法（直接比较法） 若已知试样溶液的基本组成，则配制相同基体的标准溶液，要求其浓度 c_s 与待测试液浓度 c_x 接近。在相同条件下在选定波长处，分别测定吸光度 A_s、A_x。根据朗伯-比尔定律

$$A_s = kbc_s, A_x = kbc_x$$

则有

$$c_x = \frac{A_s}{A_x} c_s \tag{8-13}$$

标准对照法因只使用单个标准，引起误差的偶然因素较多，因而往往不是很可靠。

③ 标准曲线法 配制系列（5～10）浓度不同的标准溶液，在适当 λ 下，通常为 λ_{max} 下，以适当的空白溶液做参比，在相同测定条件下分别测定其吸光度 A，然后以标准溶液浓度 c 为横坐标，以相应的吸光度 A 为纵坐标，绘制 A-c 曲线，同条件下测定试样溶液吸光度 A_x，查找对应的 c_x。如图 8-17 所示。这是实际定量分析工作中常用的一种方法。

有时，还可利用专门程序来进行线性回归处理，得到直线回归方程：

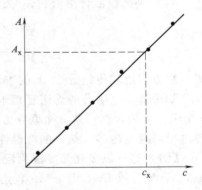

图 8-17 标准曲线法

$$A = a + bc \tag{8-14}$$

式中，c 为浓度，a、b 是回归系数，其中 a 为直线的截距，b 为直线的斜率，标准曲线的线性好坏可由回归方程的线性相关系数 r 表示，r 接近 1 说明线性好，一般要求 $r > 0.999$。

（2）多组分定量分析

如果试样中有两种或更多组分，并且在一定条件下同时为有色化合物，根据吸光度具有加和性的特点，有可能做到不经分离而测出各组分的含量。设试样所含两种组分为 a、b，经显色后首先测绘出两种纯组分的吸收光谱（吸收曲线），如果混合组分的吸收光谱相互重

叠的情况不同，测定方法也不相同，常见两种纯组分的吸收光谱有以下三种情况，如图8-18所示。

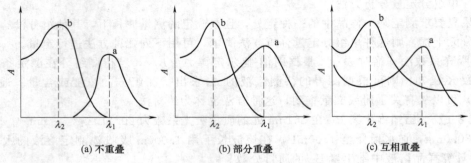

图 8-18 混合组分的吸收光谱

① **吸收光谱不重叠** 根据图 8-18 (a) 所示，两组分互不干扰，可以用单一组分的定量方法分别在 λ_1 及 λ_2 处测定 a 和 b 组分的浓度 c。

② **吸收光谱部分重叠** 比较图 8-18 (b) 中两组分的吸收光谱，表明 a 组分对 b 组分的测定有干扰，而 b 组分对 a 组分的测定无干扰。首先测定纯物质 a 和 b 分别在 λ_1 及 λ_2 处的吸光系数 $\varepsilon_{\lambda_1}^a$、$\varepsilon_{\lambda_1}^b$、$\varepsilon_{\lambda_2}^a$ 和 $\varepsilon_{\lambda_2}^b$，再单独测量混合溶液在 λ_1 处的吸光度 $A_{\lambda_1}^a$，求得组分 a 的浓度 c_a，然后在 λ_2 处测得混合组分的吸光度 $A_{\lambda_2}^{a+b}$，根据吸光度的加和性，得：

$$A_{\lambda_2}^{a+b} = A_{\lambda_2}^a + A_{\lambda_2}^b = \varepsilon_{\lambda_2}^a bc_a + \varepsilon_{\lambda_2}^b bc_b \tag{8-15}$$

即可求得 c_b。

③ **吸收光谱互相重叠** 如图 8-18 (c) 所示，两组分在 λ_1 和 λ_2 处均有吸收，即两组分的吸收光谱互相重叠。首先测定纯物质 a 和 b 分别在 λ_1 及 λ_2 处的吸光系数 $\varepsilon_{\lambda_1}^a$、$\varepsilon_{\lambda_1}^b$、$\varepsilon_{\lambda_2}^a$ 和 $\varepsilon_{\lambda_2}^b$，再分别测量混合溶液在 λ_1 及 λ_2 处的总吸光度 $A_{\lambda_1}^{a+b}$、$A_{\lambda_2}^{a+b}$，联立方程：

$$\begin{cases} A_{\lambda_1}^{a+b} = A_{\lambda_1}^a + A_{\lambda_1}^b = \varepsilon_{\lambda_1}^a bc_a + \varepsilon_{\lambda_1}^b bc_b \\ A_{\lambda_2}^{a+b} = A_{\lambda_2}^a + A_{\lambda_2}^b = \varepsilon_{\lambda_2}^a bc_a + \varepsilon_{\lambda_2}^b bc_b \end{cases} \tag{8-16}$$

则可解方程组求得组分 a、b 的浓度 c_a、c_b。

如果有 n 个组分的光谱互相干扰，可不经分离，在 n 个适当波长处进行 n 次测量，获得 n 个吸光度值，然后解 n 个联立方程以求得各组分的浓度。应该指出，这将是烦琐的数学处理过程，且 n 越多，结果的准确性越差。用计算机处理测定结果将使运算变得简单。

【例 8-2】 以吸光光度法测定某合金钢中的 Mn 和 Cr。称取 1.000g 钢样，溶解并将其中的 Cr 氧化成 $Cr_2O_7^{2-}$，Mn 氧化成 MnO_4^-，而后准确定容到 50.00mL，然后在 440nm 和 545nm 用 1.0cm 吸收池测得吸光度值分别为 0.204 和 0.860。已知在 440nm 时 Mn 和 Cr 的 $\kappa_{440}^{Mn} = 95.0 L \cdot mol^{-1} \cdot cm^{-1}$，$\kappa_{440}^{Cr} = 369.0 L \cdot mol^{-1} \cdot cm^{-1}$，545nm 时 $\kappa_{545}^{Mn} = 2.35 \times 10^3 L \cdot mol^{-1} \cdot cm^{-1}$，$\kappa_{545}^{Cr} = 11.0 L \cdot mol^{-1} \cdot cm^{-1}$。求此合金钢中 Mn, Cr 的质量分数 [已知 $A_r(Mn) = 54.94$, $A_r(Cr) = 52.00$]。

解：根据吸光度的加和性列出联立方程

$$\begin{cases} A_{440} = A_{440}^{Mn} + A_{440}^{Cr} = \kappa_{440}^{Mn} bc_{Mn} + \kappa_{440}^{Cr} bc_{Cr} \\ A_{545} = A_{545}^{Mn} + A_{545}^{Cr} = \kappa_{545}^{Mn} bc_{Mn} + \kappa_{545}^{Cr} bc_{Cr} \end{cases}$$

代入已知数据

$$\begin{cases} 0.204 = 95.0 c_{Mn} + 369.0 c_{Cr} \\ 0.860 = 2.35 \times 10^3 c_{Mn} + 11.0 c_{Cr} \end{cases}$$

解得 $c_{Mn} = 3.64 \times 10^{-4}\ \text{mol} \cdot \text{L}^{-1}$, $c_{Cr} = 4.59 \times 10^{-4}\ \text{mol} \cdot \text{L}^{-1}$

合金钢中 Mn, Cr 的质量分数为

$$w(Mn) = \frac{3.64 \times 10^{-4} \times 50 \times 10^{-3} \times 54.94}{1.000} \times 100\% = 0.10\%$$

$$w(Cr) = \frac{4.59 \times 10^{-4} \times 50 \times 10^{-3} \times 52.00 \times 2}{1.000} \times 100\% = 0.24\%$$

8.5.2 络合物组成和酸碱解离常数的测定

(1) 络合物组成的测定

应用光度法测定络合物的组成有：摩尔比法、连续变化法、斜率比法、平衡移动法等多种方法，这是仅介绍常用的前两种。

① 摩尔比法（又称饱和法） 在一定条件下，假设金属离子 M 与络合剂 R 的络合反应（略去离子电荷）为

$$M + nR \rightleftharpoons MR_n$$

若 M 和 R 均不干扰 MR_n 的吸收，为了测定络合比 n，可固定一种组分（通常是金属离子）的浓度，改变络合剂 R 的浓度，即可得到 c_R/c_M 比值不同的一系列溶液，并配制相应的试剂空白做参比液，在络合物 MR_n 的最大吸收波长处测定吸光度，并对 c_R/c_M 作图，如图 8-19。

当络合剂 R 的量较小时，金属离子 M 没有完全被络合，随着络合剂 R 量的逐渐增加，生成的络合物不断增多，吸光度上升，见图曲线 OB 阶段。当金属离子完全被络合后，络合剂 R 的量再增多，吸光度达到最大值而不再增大，见直线 CD 阶段。曲线转折点不明显是由于络合物的解离造成的。用外推法交于 E 点，由 E 点向横轴作垂线，交于横轴的一点，显然这点的比值就是络合物的络合比。这种方法简便、快速，适用于解离度小、络合比高的络合物组成的测定。

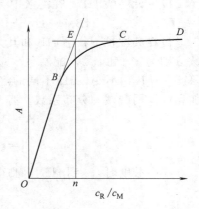

图 8-19 摩尔比法测定络合物的络合比

此外，该法还可用于测定络合物的解离度 α 和不稳定常数 $K_{不稳}$，根据化学平衡定律：

$$K_{不稳} = \frac{[M][R]^n}{[MR_n]} \tag{8-17}$$

设在转折点 E 处，离解前络合物总浓度为 c，对应络合物的吸光度为 A_0，相当于络合物完全不解离时溶液应有的吸光度，由于络合物部分解离，实测吸光度定义为 A，故络合物的解离度 α 为：

$$\alpha = \frac{A_0 - A}{A_0} \tag{8-18}$$

则有：$[MR_n] = (1-\alpha)c$、$[M] = \alpha c$、$[R] = n\alpha c$，故

$$K_{不稳} = \frac{[M][R]^n}{[MR_n]} = \frac{\alpha c (n\alpha c)^n}{(1-\alpha)c} = \frac{n^n \alpha^{1+n} c^n}{1-\alpha} \tag{8-19}$$

② 等摩尔连续变化法（又称摩尔系列法） 此法是保持溶液中 $c_M + c_R$ 为常数，连续改变 c_R/c_M 之比，配制出一系列溶液。分别测量系列溶液的吸光度 A，以 A 对 $c_M/(c_M + c_R)$ 作图，如图 8-20 所示，显然曲线折点 B 对应的 c_R/c_M 值就等于络合比 n。当 $c_M/(c_M + c_R)$

为 0.5 时，络合比为 1；当 $c_M/(c_M+c_R)$ 为 0.33 时，络合比为 2；当 $c_M/(c_M+c_R)$ 为 0.25 时，络合比为 3。

等摩尔连续变化法适用于络合比低、稳定性较高的络合物组成的测定。此外也可以用于测定络合物的解离度和不稳定常数，推导方法和结论类似摩尔比法，此处不再赘述。

(2) 酸碱解离常数的测定

分析化学中使用的指示剂或显色剂大多数是有机弱酸或弱碱，在研究某些新试剂时，均需先测定其解离常数，其测定方法有电位法和吸光光度法。由于吸光光度法的灵敏度高，故该法特别适合于测定那些溶解度较小的有机弱酸或弱碱的解离常数。下面以一元弱酸的解离常数测定为例介绍该方法的应用。

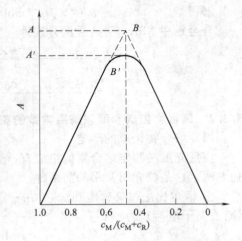

图 8-20 等摩尔连续变化法测定络合物的络合比

设一元弱酸 HB，在溶液中有如下解离平衡：
$$HB \rightleftharpoons H^+ + B^-$$

设在某波长下，酸 HB 和其共轭碱 B^- 的吸光系数分别为 ε_{HB} 和 ε_{B^-}，配制系列总浓度相同，即 $c=[HB]+[B^-]$ 不变、pH 不同的溶液，用 1cm 的吸收池测定它们的吸光度，则根据吸光度的加和性及弱酸碱的分布系数，有

$$A = A_{HB} + A_{B^-} = \varepsilon_{HB}[HB] + \varepsilon_{B^-}[B^-]$$

$$A = \varepsilon_{HB}\frac{[H^+]c}{[H^+]+K_a} + \varepsilon_{B^-}\frac{K_a c}{[H^+]+K_a} \tag{8-20}$$

在高酸度时，$c=[HB]$，测得吸光度为 A_{HB}，则 $A_{HB}=\varepsilon_{HB}[HB]=\varepsilon_{HB}c$，于是

$$\varepsilon_{HB} = \frac{A_{HB}}{c} \tag{8-21}$$

在低酸度时，$c=[B^-]$，测得吸光度为 A_{B^-}，则 $A_{B^-}=\varepsilon_{B^-}[B^-]=\varepsilon_{B^-} \cdot c$，于是

$$\varepsilon_{B^-} = \frac{A_{B^-}}{c} \tag{8-22}$$

将式 (8-21)、式 (8-22) 代入式 (8-20) 即可得

$$A = \frac{A_{HB}[H^+]}{[H^+]+K_a} + \frac{A_{B^-}K_a}{[H^+]+K_a} \tag{8-23}$$

整理，可得

$$pK_a = pH + \lg\frac{A-A_{B^-}}{A_{HB}-A} \tag{8-24}$$

此式是利用吸光光度法测定一元弱酸解离常数的基本公式，式中 A_{HB} 和 A_{B^-} 分别是弱酸完全以 HB、B^- 型体存在时溶液的吸光度，该两值是不变的，A 为某一确定 pH 时溶液的吸光度。上述各值均由实验测得。解离常数也可由图解法求得，如图 8-21，将 $\lg\frac{A_{HB}-A}{A-A_{B^-}}$ 对 pH 作图，得一

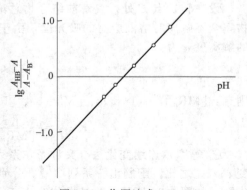

图 8-21 作图法求 pK_a

直线，其截距就等于 pK_a。

8.5.3 双波长分光光度法

（1）双波长分光光度法的基本原理

前面对双波长分光光度计已经进行了简单的介绍，可知，双波长分光光度法测定的是同一份溶液在 λ_1 及 λ_2 两单色光的吸光度差值 ΔA。

设波长为 λ_1 和 λ_2 的两束单色光的强度相等，则有：

$$A_{\lambda_1} = \varepsilon_{\lambda_1} bc + A_{b_1}, A_{\lambda_2} = \varepsilon_{\lambda_2} bc + A_{b_2}$$

式中，A_{b_1} 和 A_{b_2} 分别为背景对波长 λ_1 和 λ_2 的光波的散射和吸收，如果选择 λ_1 和 λ_2 处的 A_b 相同，即 $A_{b_1} = A_{b_2}$，则上述两式相减得：

$$\Delta A = A_{\lambda_1} - A_{\lambda_2} = (\varepsilon_{\lambda_1} - \varepsilon_{\lambda_2})bc \tag{8-25}$$

可见，ΔA 与溶液中待测组分的浓度成正比，且基本消除了样品背景的影响。这是双波长分光光度法进行定量分析的理论依据。由于仅使用一个吸收池，且用试液本身做参比液，因此消除了吸收池及参比溶液所引起的测量误差，提高了测定的准确度。又因为测定的是试液在两波长处的吸光度差值，故可提高测定的选择性和灵敏度。

（2）双波长分光光度法的应用

① 多组分混合物的测定 如图8-22所示为 a，b 两组分的吸收光谱曲线，测定组分 a 时，选 λ_1 和 λ_2 为测定波长和参比波长，b 在两个波长处的吸光度要相等，组分 a 在 λ_1 处有最大吸收，利用双波长法得 $\Delta A = A_{\lambda_1} - A_{\lambda_2} = (\varepsilon_{\lambda_1} - \varepsilon_{\lambda_2})bc_a$，即 ΔA 只与待测组分 a 的浓度成线性关系，而与组分 b 无关，从而消除 b 的干扰。

② 浑浊样品的测定 浑浊样品由于散射的原因造成背景吸收较大，但由于背景吸收随波长变化较小，因而相近两波长的背景吸收差值近似为零，即 $A_{b_1} = A_{b_2}$，故选择合适的双波长就能消除背景吸收。

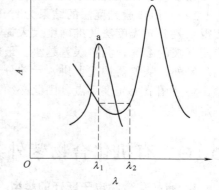

图 8-22 a、b 的吸收光谱曲线

8.5.4 示差分光光度法

（1）示差分光光度法的基本原理

普通分光光度法一般只适用于微量组分的测定，当待测组分浓度过高或过低时，测得的吸光度值常超出吸光度适宜读数范围，这时即使不偏离朗伯-比尔定律，也会引起很大的测量误差，导致准确度大为降低。采用示差分光光度法可以克服这一缺点。目前，主要有高浓度示差分光光度法、低浓度示差分光光度法和使用两个参比溶液的精密示差分光光度法。它们的基本原理相同，其中尤以高浓度示差分光光度法应用最多，故这里着重讨论这一方法。

示差分光光度法与普通分光光度法的主要区别在于，示差法不是以空白溶液作为参比溶液，而是采用比待测溶液浓度稍低的标准溶液（标准溶液与待测溶液是同一种物质的溶液）做参比溶液。假设待测溶液浓度为 c_x，参比溶液浓度为 c_s，且 $c_s < c_x$。根据朗伯-比尔定律可得

$$A_x = -\lg T_x = \varepsilon b c_x, \quad A_s = -\lg T_s = \varepsilon b c_s$$

两式相减，得到相对吸光度为

$$A_{相对} = \Delta A = A_x - A_s = \varepsilon b(c_x - c_s) = \varepsilon b \Delta c \tag{8-26}$$

由上式可知，所测得吸光度差与这两种溶液的浓度差成正比。这样便可以把以空白溶液作为参比的稀溶液的标准曲线改为 $\Delta A - \Delta c$ 的标准曲线，根据测得的 ΔA 查出相应的 Δc 值，

即可求出待测溶液的浓度 $c_x = c_s + \Delta c$，这就是示差分光光度法定量的基本原理。

(2) 示差分光光度法的误差

示差法相对于普通分光光度法提高了测量准确度的原因是扩展了读数标尺，如图 8-23 所示。若按普通光度法用试剂空白做参比溶液，则测得溶液 c_x 的透射比 $T_x = 5\%$，显然这时测量读数误差很大。采用示差吸光光度法时，如果以普通光度法测得的 $T_s = 10\%$ 的标准溶液为参比溶液，即调节其透射比为 100%，这相当于将仪器的读数标尺扩展了 10 倍。这时测得的 c_x 的透射比为 50%，此时读数落在误差较小的区域，从而提高了测定的准确度。

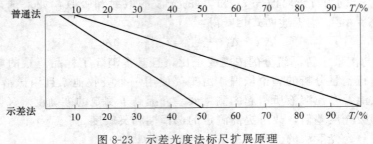

图 8-23 示差光度法标尺扩展原理

在示差分光光度法中测量的是两个溶液的浓度差 Δc，如测量误差为 $\pm x$，所得结果为 $c_x \pm \Delta c x$，而普通光度法的结果为 $c_x \pm c_x x$。因 c_x 只是稍大于 c_s，故 c_x 总是远大于 Δc。这就使得示差分光光度法的准确度大大提高。只要选择合适的参比溶液，参比溶液的浓度越接近待测试液的浓度，测量误差越小，最小误差可达 0.3%。

另外，从仪器构造上讲，示差分光光度法需要一个大发射强度的光源，才能用高浓度的参比溶液调节吸光度零点。因此必须采用专门设计的示差分光光度计，这就使它的应用受到一定限制。

8.6 有机化合物紫外-可见吸收光谱简介

8.6.1 有机化合物电子跃迁的类型

紫外-可见吸收光谱主要是由分子中价电子的能级跃迁而产生的吸收光谱。有机化合物分子中的价电子有处于 σ 轨道上的 σ 电子，处于 π 轨道上的 π 电子和未成键的仍处于原子轨道的孤对电子 n 电子（也称 p 电子）。轨道不同，电子所具有的能量亦不同。当吸收紫外线能后，这些价电子将跃迁到能级较高的 σ* 或 π* 反键轨道上。分子中这五种轨道能级的高低顺序如图 8-24 所示，$\sigma^* > \pi^* > n > \pi > \sigma$。常见的电子跃迁类型为 $\sigma \to \sigma^*$、$n \to \sigma^*$、$\pi \to \pi^*$、$n \to \pi^*$ 四种，能量高低顺序为 $\sigma \to \sigma^* > n \to \sigma^* \geqslant \pi \to \pi^* > n \to \pi^*$。

(1) $\sigma \to \sigma^*$ 跃迁

它是 σ 电子从 σ 成键轨道向 σ* 反键轨道的跃迁，这是所有存在 σ 键的有机化合物都可以发生的跃迁类型。实现 $\sigma \to \sigma^*$ 跃迁所需的能量

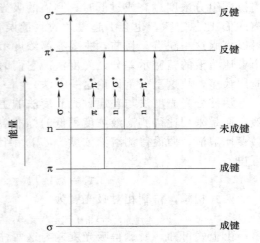

图 8-24 分子中价电子能级跃进示意图

在所有跃迁类型中最大，吸收光波长处在小于 200nm 的真空紫外区。如甲烷的 $\lambda_{max}=125nm$，乙烷的 $\lambda_{max}=135nm$，在 200nm 以上波长区没有吸收，故它们可以用作紫外-可见吸收光谱分析的溶剂。

(2) $n \rightarrow \sigma^*$ 跃迁

它是非键的 n 电子从非键轨道向 σ^* 反键轨道的跃迁。含有杂原子（如 N、O、S、P 和卤素原子）的饱和有机化合物都会发生这类跃迁。$n \rightarrow \sigma^*$ 跃迁所要的能量比 $\sigma \rightarrow \sigma^*$ 跃迁小，所以吸收的波长会长一些，λ_{max} 在 200nm 附近（150～250nm），但大多数化合物仍在小于 200nm 区域内。

(3) $\pi \rightarrow \pi^*$ 跃迁

它是 π 电子从 π 成键轨道向 π^* 反键轨道的跃迁。含有不饱和键的有机化合物，都会发生 $\pi \rightarrow \pi^*$ 跃迁。$\pi \rightarrow \pi^*$ 跃迁所需的能量比 $\sigma \rightarrow \sigma^*$ 跃迁小，一般也比 $n \rightarrow \sigma^*$ 跃迁小，所以吸收辐射的波长比较长，若无共轭，一般在 200nm 附近。若有共轭体系，波长会向长波方向移动。摩尔吸光系数较大，一般在 $10^4 \sim 10^5 L \cdot mol^{-1} \cdot cm^{-1}$ 范围内，属于强吸收。

(4) $n \rightarrow \pi^*$ 跃迁

n 电子从非键轨道向 π^* 反键轨道的跃迁。含有杂原子的不饱和键的有机化合物，如 —C=S、O=N—、—N=N— 等都可以发生这类跃迁。$n \rightarrow \pi^*$ 跃迁所需的能量最低，因此吸收辐射的波长最长，一般都在近紫外线区，甚至在可见光区。这种跃迁属于禁阻跃迁，吸收较弱，一般 $\varepsilon \leq 10^2 L \cdot mol^{-1} \cdot cm^{-1}$。

在有机化合物中，最有用的吸收光谱是基于 $\pi \rightarrow \pi^*$ 跃迁或 $n \rightarrow \pi^*$ 跃迁而产生的紫外-可见光区的光谱。

8.6.2 有机化合物的吸收带

吸收带是指吸收峰在紫外-可见光谱中的波带位置。根据有机物分子结构与取代基团的种类，一般把吸收带分为四种类型，可以从这些吸收带推测有机化合物分子结构的情况。

(1) R 吸收带

$n \rightarrow \pi^*$ 跃迁产生的吸收带，是含杂原子的不饱和基团的特征吸收。其特点是波长较长，吸收弱。如 CH_3COCH_3、CH_3COOH、CH_3NO_2 等的吸收峰都有 R 吸收带。

(2) K 吸收带

在共轭体系下，$\pi \rightarrow \pi^*$ 跃迁所产生的吸收带，称为 K 吸收带。其特点是吸收峰的波长比 R 吸收带短，属于强吸收。如巴豆醛 $CH_3CH=CH-CHO$ 的 λ_{max} 为 218nm（$\varepsilon=1.8 \times 10^4 L \cdot mol^{-1} \cdot cm^{-1}$）及 321nm（$\varepsilon=30 L \cdot mol^{-1} \cdot cm^{-1}$），前者为 K 吸收带，后者为 R 吸收带。

(3) B 吸收带

它是芳香族（包括杂芳香族）化合物的 $\pi \rightarrow \pi^*$ 跃迁产生的精细结构吸收带。是芳香族化合物的特征吸收带。苯的 B 吸收带（$\lambda_{max}=254nm$，$\varepsilon=200 L \cdot mol^{-1} \cdot cm^{-1}$）在 230～270nm 的近紫外波长范围是一宽峰，在气态或非极性溶剂中有精细结构，但在极性溶剂中精细结构消失，如图 8-25。

(4) E 吸收带

它也是由芳香族化合物的 $\pi \rightarrow \pi^*$ 跃迁产生的吸收带。也是芳香族化合物的特征吸收带，E 带分为 E_1 带（$\lambda_{max}=180nm$ 左右，$\varepsilon>10^4 L \cdot mol^{-1} \cdot cm^{-1}$）和 E_2 带（λ_{max} 为

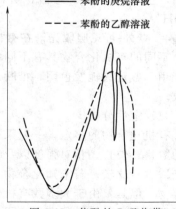

图 8-25 苯酚的 B 吸收带

200nm 左右，$\varepsilon \approx 10^4 \text{L} \cdot \text{mol}^{-1} \cdot \text{cm}^{-1}$）。

根据化合物的电子结构及各种跃迁的特点，可以判断有无紫外吸收，若有紫外吸收，还可进一步预测该化合物可能出现的吸收带类型以及波长范围。

8.6.3 影响紫外-可见吸收光谱的因素

紫外-可见吸收光谱主要取决于分子中价电子的能级跃迁，但分子的内部结构和外部环境都会对紫外-可见吸收光谱产生影响。

（1）共轭效应

共轭效应使共轭体系形成大π键，结果使各能级的能量差减小，从而跃迁所需的能量也相应减小，使吸收波长向长波方向移动，也称为红移。共轭不饱和键越多，红移越明显，同时吸收强度也随之增强。

（2）空间效应

若分子中存在空间位阻，影响了较大共轭体系的生成，即使共轭程度降低。使吸收波长向短波方向移动，也称为紫移，同时吸收强度降低。反之，若分子不存在空间位阻，可形成较大的共轭体系，则发生红移，强度增强。

（3）溶剂的影响

溶剂对紫外-可见光谱的影响较为复杂。改变溶剂的极性，会引起吸收带形状的变化。如图 8-25 所示，当溶剂的极性由非极性改变到极性时，苯酚精细结构消失，吸收带变向平滑。改变溶剂的极性，还会使吸收带的最大吸收波长发生变化。表 8-5 列出了溶剂极性对亚异丙基丙酮的 $\pi \rightarrow \pi^*$ 和 $n \rightarrow \pi^*$ 跃迁谱带的影响。

表 8-5　溶剂极性对亚异丙基丙酮的紫外吸收光谱的影响

化合物		正己烷	CHCl$_3$	CH$_3$OH	H$_2$O
$\pi \rightarrow \pi^*$	$\lambda_{\max}$/nm	230	238	237	243
$n \rightarrow \pi^*$	$\lambda_{\max}$/nm	329	315	309	305

由上表可以看出，当溶剂的极性增大时，由 $n \rightarrow \pi^*$ 跃迁产生的吸收带发生蓝移，而由 $\pi \rightarrow \pi^*$ 跃迁产生的吸收带发生红移。因此，在测定紫外-可见吸收光谱时，应注明在何种溶剂中测定。

（4）溶液 pH 的影响

当被测物质具有酸性或碱性基团时，溶液的 pH 变化对物质的光谱影响是比较明显的。原因是在不同 pH 的溶液中，分子的解离形式可能发生改变，使吸光物质的性质发生改变，从而产生不同的吸收光谱。所以，在测定这些化合物的吸收光谱时，一定要控制溶液的 pH。

8.6.4 紫外-可见吸收光谱在有机化合物中的应用

不同的有机化合物具有不同的吸收光谱，可进行简单的定性分析，但吸收光谱较简单，只能用于鉴定共轭发色团，推断未知物骨架，也可进行定量分析及测定络合物络合比和稳定常数。

（1）定性分析

有机化合物的鉴定，一般采用光谱比较法。即将未知纯化合物的吸收光谱特征，如吸收峰的数目、位置、相对强度以及吸收峰的形状（极大、极小和拐点），与已知纯化合物的吸收光谱进行比较。若未知化合物和纯已知化合物的吸收光谱非常一致，则可认为就是同一种化合物。但是，由于大多数有机化合物的紫外-可见光谱比较简单，谱带宽且缺乏精细结构，特征性不明显，而且很多生色团的吸收峰几乎不受分子中其他非吸收基团的影响，因此，仅依靠紫外光谱数据来鉴定未知化合物具有较大的局限性，必须与其他方法如红外光谱法、核磁共振波谱法等相配合，才能对未知化合物进行准确的鉴定。

(2) 结构分析

紫外吸收光谱虽然不能对一种化合物做出准确鉴定，但对化合物中官能团和共轭体系的推测与确定却是非常有效的。一般有以下规律。

① 在 220～280nm 范围内无吸收，可推断化合物不含苯环、共轭双键、醛基、酮基、溴和碘（饱和脂肪族溴化物在 220～210nm 有吸收）。

② 在 210～250nm 有强吸收，表示含有共轭双键，如在 260nm、300nm、330nm 左右有高强度吸收峰，则化合物含有 3～5 个共轭 π 键。

③ 在 270～300nm 区域内存在一个随溶剂极性增大而向短波方向移动的弱吸收带，表明有羰基存在。

④ 在约 260nm 处有具有振动精细结构的弱吸收带则说明有苯环存在。

⑤ 如化合物有许多吸收峰，甚至延伸到可见光区，则可能为多环芳烃。

(3) 同分异构体和顺反异构的确定

紫外-可见吸收光谱也可以用来做同分异构体的判别。例如，下面两种化合物：

$$CH_3-\overset{\overset{O}{\|}}{C}-CH_2-CH_2-\overset{\overset{O}{\|}}{C}-CH_3 \qquad CH_3-CH_2-\overset{\overset{O}{\|}}{C}-\overset{\overset{O}{\|}}{C}-CH_2-CH_3$$

(Ⅰ) (Ⅱ)

用化学方法只能测出它们各含有两个羰基，但二者的紫外吸收光谱却有很大差别。化合物 (Ⅰ) 在 270nm 处有最大吸收，吸收峰的位置与丙酮相同而强度差不多是丙酮的两倍。化合物 (Ⅱ) 由于两个碳氧双键共轭，吸收峰出现在 400nm 左右。

采用紫外光谱法，还可以确定一些化合物的构型和构象。一般，顺式异构体（位阻大，平面性差，不易产生共轭）的最大吸收波长比反式异构体（位阻小，平面性好，易产生共轭）的最大吸收波长小。

(4) 纯度检查

如果某化合物在紫外可见光某区域没有吸收峰，而杂质有较强吸收，则可方便地检出该化合物中的痕量杂质。例如乙醇中有无杂质苯，只要观察在 254nm 处有无苯的特征吸收即可，而乙醇在此波长处无吸收。

若主成分有吸收，而杂质也有吸收，则可在主成分的最大吸收波长处测量吸收系数，并与理论值比较来检验纯度。

本 章 小 结

本章介绍了吸光光度法的产生、定量的理论依据、分光光度计以及光度分析法的设计，并重点讨论了吸光光度法的应用，简单介绍了有机化合物的紫外-可见吸收光谱。

1. 吸光光度法的产生

光是一种电磁波，具有波粒二象性。不同的物质分子因其组成和结构不同，对不同波长的光的吸收具有选择性，从而具有各自的吸收光谱曲线（A-λ 曲线），据此可以进行物质的定性分析；同一物质含量不同对同一波长的光的吸收程度不同（A-c 曲线），据此可以进行物质的定量分析。物质对可见光的选择性吸收是物质具有不同颜色的原因。

2. 吸光光度法定量依据：$A=Kbc$。

(1) 朗伯-比尔定律　朗伯-比尔定律是光吸收的基本定律，其物理意义是一束平行的单色光垂直通过某一均匀、非散射的吸光物质的溶液后，其吸光度 A 与溶液液层厚度 b 和浓

度 c 成正比。数学表达式为 $A=Kbc$，比例系数 K 表征了分析方法的灵敏度，可用摩尔吸收系数 ε 和质量吸光系数 a 来表征。

(2) 偏离朗伯-比尔定律的因素　根据朗伯-比尔定律，A-c 曲线应为通过原点的一条直线，据此可进行定量分析。但如果某些因素影响朗伯-比尔定量成立的前提条件时，即会发生 A-c 曲线偏离直线，即对朗伯-比尔定律发生偏离，主要因素有物理因素和化学因素。

3. 分光光度计

分光光度计由光源、单色器、吸收池、检测器和信号处理及显示系统五个基本部件组成。其主要仪器类型有单光束、双光束和双波长分光光度计。

4. 光度分析法的设计

主要介绍了显色反应和测量条件的选择，并简单描述了标准曲线的绘制。

(1) 显色反应的条件选择主要有显色剂用量、酸度、显色时间、温度、溶剂、干扰的消除。

(2) 测量条件的选择主要有测量波长的选择，即"吸收最大"或"吸收最大，干扰最小"原则；吸光度范围的选择，即控制浓度测量相对误差较小范围，吸光度 A 在 $0.2\sim 0.8$ 之间，且 $A=0.434$ 时相对误差最小；参比溶液的选择。

5. 吸光光度法的应用

(1) 定量分析

① 单组分的定量分析：利用 $A=Kbc$，方法有吸光系数法、标准比较法和标准曲线法。

② 多组分的定量分析：利用吸光度具有加和性联立方程求解进行多组分的测定。

(2) 络合物的组成和酸碱解离常数的测定

① 络合物组成的测定主要有摩尔比法和等摩尔连续变化法。

② 酸碱解离常数的测定：利用公式 $pK_a=pH+\lg\dfrac{A-A_{B^-}}{A_{HB}-A}$ 求弱酸碱解离常数。

(3) 双波长分光光度法　利用待测试液在两波长处的吸光度之差与被测组分的浓度成正比对多组分混合物和浑浊样品进行分析。

(4) 示差分光光度法　用比待测溶液浓度稍低的标准溶液做参比溶液进行常量组分的分析，可以减小测量误差。

6. 有机化合物的紫外-可见吸收光谱

简单介绍了有机化合物的四种电子跃迁类型即 $\sigma\rightarrow\sigma^*$、$n\rightarrow\sigma^*$、$\pi\rightarrow\pi^*$、$n\rightarrow\pi^*$；有机化合物的四个吸收带即 R 吸收带、K 吸收带、B 吸收带和 E 吸收带；影响紫外-可见吸收光谱的因素即共轭效应、空间效应、溶剂的影响以及溶液 pH 的影响等；紫外-可见吸收光谱在有机化合物中的应用主要有定性分析、结构分析等。

思考题与习题

1. 名词解释：复合光、单色光、可见光、互补色光、吸光度、透光率、吸光系数、发色团、助色团、红移、蓝移。
2. 什么叫选择吸收？它与物质的分子结构有什么关系？
3. 摩尔吸光系数 ε 与哪些因素有关？为什么要选择用波长为 λ_{max} 单色光进行分光光度法测定？
4. 写出 Lambert-Beer 定律的数序表达式，其物理意义是什么？为什么说 Beer 定律只适用于单色光？浓度 c 与吸光度 A 线性关系发生偏离的主要因素有哪些？
5. 什么是吸收光谱？什么是标准曲线？如何绘制这两种曲线？
6. 分光光度计由哪些部件组成？各部件的作用是什么？
7. 紫外-可见分光光度计从光路分类有哪几类？各有何特点？

第8章 紫外-可见分光光度分析

8. 在吸光光度法中，影响显色反应的因素有哪些？
9. 溶液的酸度对显色反应的影响表现在哪些方面？如何选择和确定最适宜的酸度？
10. 为了提高测定结果的准确度，应该从哪些方面选择和控制光度测量的条件？
11. 测量吸光度时，应如何选择参比溶液？
12. 示差吸光度法的原理是什么？为什么能够提高测定的准确度？
13. 示差法、双波长法分别是解决普通分光光度法存在的什么问题？
14. 简述摩尔比法测定络合物络合比的原理。
15. 有机化合物常见的电子跃迁有哪几种类型？跃迁所需的能量大小顺序如何？具有什么样结构的化合物产生紫外吸收光谱？紫外吸收光谱有何特征？
16. 简述用紫外分光光度法定性鉴定未知物方法。
17. 举例说明紫外分光光度法如何检查物质纯度。
18. 有 50.00mol 含 Cd^{2+} 5.0μg 的溶液，用 10.0mol 二苯硫腙-氯仿溶液萃取（萃取率≈100%）后，在波长为 518nm 处，用 1cm 比色皿测量得 $T=44.5\%$。求吸收系数 a、摩尔吸收系数 ε 各为多少？

$(a=7.0\times10^{-2} L\cdot g^{-1}\cdot cm^{-1}, \varepsilon=8.0\times10^{4} L\cdot mol^{-1}\cdot cm^{-1})$

19. 某试液用 2.0cm 的吸收池测量时 $T=60\%$，若用 1.0cm、3.0cm 和 4.0cm 吸收池测定时，透光率各是多少？

$(T_2=77.46\%, T_3=46.48\%, T_4=36.00\%)$

20. 有一标准 Fe^{3+} 溶液，浓度为 $6\mu g\cdot mL^{-1}$，其吸光度为 0.304，而试样溶液在同一条件下测得吸光度为 0.510，求试样溶液中 Fe^{3+} 的含量。

$(10.07\mu g\cdot mL^{-1})$

21. 钴和镍与某显色剂的络合物有如下数据：

λ/nm	510	656
ε_{Co}/ $L\cdot mol^{-1}\cdot cm^{-1}$	3.64×10^4	1.24×10^3
ε_{Ni}/ $L\cdot mol^{-1}\cdot cm^{-1}$	5.52×10^3	1.75×10^4

将 0.376g 土壤试样溶解后配成 50.00mL 溶液，取 25.00mL 溶液进行处理，以除去干扰物质，然后加入显色剂，将体积调至 50.00mL。此溶液在 510nm 处吸光度为 0.467，在 656nm 处吸光度为 0.374，吸收池厚度为 1cm。计算钴和镍在土壤中的含量（以 $\mu g\cdot g^{-1}$ 表示）。

(Co 152μg·g^{-1} Ni 323μg·g^{-1})

22. 某钢样含镍为 0.12%，用丁二酮肟光度法进行测定，$\varepsilon=1.3\times10^4 L\cdot mol^{-1}\cdot cm^{-1}$。若试样溶解后，转入 100.0mL 容量瓶中，显色，加水稀释至刻度。取部分试液在 $\lambda=470$nm 处用 1cm 的吸收池测量，如要求测量误差最小，应称取试样多少克？

(0.16g)

23. 用硅钼蓝分光光度法测定钢中硅的含量。用下列数据绘制标准曲线：

硅标准溶液的浓度/mg·mL^{-1}	0.050	0.100	0.150	0.200	0.250
吸光度(A)	0.210	0.421	0.630	0.839	1.01

测定试样时，称取钢样 0.500g，溶解后定量转入 50mL 容量瓶中，与标准曲线相同的条件下测得吸光度 $A=0.522$。求试样中硅的质量分数。

(1.24%)

24. 吸光光度法定量测定浓度为 c 的溶液，如吸光度为 0.434，假定透射比的测定误差为 0.05%，由仪器测定产生的相对误差为多少？

(0.14%)

25. 配制一系列溶液，其中 Fe^{2+} 含量相同（各加 $7.12\times10^{-4} mol\cdot L^{-1}$ Fe^{2+} 溶液 2.00mL），分别加入不同体积的 $7.12\times10^{-4} mol\cdot L^{-1}$ 的邻二氮杂菲（Phen）溶液，稀释至 25.00mL 后用 1.0cm 比色皿在 510nm 处测得吸光度为：

邻二氮杂菲溶液的体积 V/mL	2.00	3.00	4.00	5.00	6.00	8.00	10.00	12.00
A	0.240	0.360	0.480	0.593	0.700	0.720	0.720	0.720

求络合物的组成。

(络合物的组成为 Fe(Phen)$_3$，即 M∶L=1∶3)

26. 用普通光度法测定 $1.00×10^{-3}$ mol·L^{-1} 锌标准液和锌试样，吸光度分别为 0.700 和 1.000，二者透射比相差多少？若用示差分光光度法，以 $1.00×10^{-3}$ mol·L^{-1} 的锌标准液作参比，试液的吸光度值为多少？与普通分光光度法相比，读数标尺放大多少倍？

(10.0%，0.301，5 倍)

27. 称取 1.00g 钢样，酸溶后氧化锰为 MnO$_4^-$ 并定容至 250mL，用光度法测定的吸光度为 $1.00×10^{-3}$ mol·L^{-1} KMnO$_4$ 溶液的 1.5 倍，计算钢中锰的质量分数。

(2.06%)

28. 将 2.481mg 的某碱（BOH）的苦味酸（HA）盐溶于 100mL 乙醇中，在 1cm 的吸收池中测得其 380nm 处吸光度为 0.598，已知苦味酸的摩尔质量为 229，求该碱的摩尔质量（已知其摩尔吸光系数 ε 为 $2×10^4$ L·mol^{-1}·cm^{-1}）是多少？

(M=619)

29. Ti 和 V 与 H$_2$O$_2$ 作用生成有色络合物，今以 50mL $1.06×10^{-3}$ mol·L^{-1} 的钛溶液显色后定容为 100mL；25mL $6.28×10^{-3}$ mol·L^{-1} 的钒溶液显色后定容为 100mL。另取 20.0mL 含 Ti 和 V 的未知混合液经以上相同方法发色。这三份溶液各用厚度为 1cm 的吸收池在 415nm 及 455nm 处测得吸光度值如下：

溶液	A(415nm)	A(455nm)
Ti	0.435	0.246
V	0.251	0.377
合金	0.645	0.555

求未知液中 Ti 和 V 的含量为多少？

(Ti $2.71×10^{-3}$ mol·L^{-1}；V $6.30×10^{-3}$ mol·L^{-1})

30. 精密称取 VB$_{12}$ 对照品 20mg，加水准确稀释至 1000mL，将此溶液置厚度为 1cm 的吸收池中，在 λ=361nm 处测得其吸收值为 0.414，另有两个试样，一为 VB$_{12}$ 的原料药，精密称取 20mg，加水准确稀释至 1000mL，同样在 b=1cm，λ=361nm 处测得其吸光度为 0.400。一为 VB$_{12}$ 注射液，精密吸取 1.00mL，稀释至 10.00mL，同样测得其吸光度为 0.518。试分别计算 VB$_{12}$ 原料药及注射液的含量。

(原料药=96.62%，注射液含量=0.250mg·mL^{-1})

31. 配制某弱酸的 HCl 0.5mol·L^{-1}、NaOH 0.5mol·L^{-1} 和邻苯二甲酸氢钾缓冲液（pH=4.00）的三种溶液，其浓度均为含该弱酸 0.01g·L^{-1}。在 λ_{max}=590nm 处分别测出其吸光度如下表。求该弱酸 pK_a。

pH	A(λ_{max}590nm)	主要存在形式
4	0.430	[HIn]与[In$^-$]
碱	1.024	[In$^-$]
酸	0.002	[HIn]

(pK_a=4.14)

32. NO$_2^-$ 在波长 355nm 处 ε_{355}=23.3L·mol^{-1}·cm^{-1}，$\varepsilon_{355}/\varepsilon_{302}$=2.50；NO$_3^-$ 在波长 355nm 处的吸收可忽略，在波长 302nm 处 ε_{302}=7.24L·mol^{-1}·cm^{-1}。今有一含 NO$_2^-$ 和 NO$_3^-$ 的试液，用 1cm 吸收池测得 A_{302}=1.010，A_{355}=0.730。计算试液中 NO$_2^-$ 和 NO$_3^-$ 的浓度。

(NO$_2^-$ 0.0313mol·L^{-1}；NO$_3^-$ 0.0992mol·L^{-1})

第9章 原子吸收光谱法

9.1 概述

9.1.1 原子吸收光谱的发现与发展

原子吸收光谱法（atomic absorption spectrometry，AAS）又称原子吸收分光光度法，简称原子吸收，它是基于气态的基态原子对其原子发射出来的特定波长辐射的共振吸收，通过测量基态原子对光辐射的吸收程度来测定样品中被测元素浓度的定量分析方法。

1802年，Wollaston在观察太阳光谱时，发现了一些暗线，但当时他没有弄清出现这些暗线的原因；在1814～1815年间，Fraunhofer在棱镜后面安装了一个很窄的狭缝和一架望远镜，对Wollaston太阳暗线进行了更仔细的观察和观测，并对这些暗线位置进行标定。当时，他标出太阳光谱中的700多条暗线，并对其中最明显的8组暗线，依波长顺序命名为A、B、C、D、E、F、G、H线，这些线被称为Fraunhofer暗线。Fraunhofer指出，这些暗线的出现是由于太阳外围较冷的气体吸收了太阳辐射引起的，但他未能从理论上弄清楚出现这些暗线的原因，原子吸收也没有引起人们的重视。

1955年，澳大利亚物理学家A.Walsh在他的著名论文"原子吸收光谱在分析化学中的应用"中，提出了峰值吸收测量原理——通过测量峰值吸收系数来代替积分吸收系数的测定。Walsh认为，采用锐线光源是可以"准确"测定峰值吸收系数的，并从实验技术上，发明了锐线光源灯，解决了原子吸收实际测量的问题，制造出世界上第一台原子吸收光谱商品仪器。此后，原子吸收的应用和实际应用得到突飞猛进的发展，目前已为人们所普遍承认和接受，并在化工、冶金、地质、石油、农业、医药、环保、商检等部门得到日益广泛的应用，并成为许多部门所必需的分析测试手段。

9.1.2 原子吸收光谱分析过程

光源发射特定波长的共振辐射通过气态原子蒸气层时，被吸收掉一部分，剩余的光辐射经单色器分光，由检测器接受到电信号，经放大器放大，最后由显示系统显示吸光度或光谱图。如图9-1所示，试液喷射成细雾与燃气混合后进入燃烧的火焰中，被测元素在火焰中转化为原子蒸气。气态的基态原子吸收从光源发射出的与被测元素吸收波长相同的特征谱线，使该谱线的强度减弱，再经分光系统分光后，由检测器接收。产生的电信号经放大器放大，由显示系统显示吸光度或光谱图。

原子吸收光谱法与紫外吸收光谱法都是基于物质对光的吸收而建立起来的分析方法，属于吸收光谱分析，但它们吸光物质的状态不同。原子吸收光谱分析中，吸收物质是基态原子蒸气，而紫外-可见分光光度分析中的吸光物质是溶液中的分子或离子。原子吸收光谱是线状光谱，而紫外-可见吸收光谱是带状光谱，这是两种方法的主要区别。正是由于这种差别，它们所用的仪器分析方法都有许多不同之处。

9.1.3 原子吸收光谱法的特点和应用范围

（1）灵敏度高，检出限低

火焰原子吸收光谱法的检出限每毫升可达10^{-6}g；无火焰原子吸收光谱法的检出限可达$10^{-10}\sim10^{-14}$g。

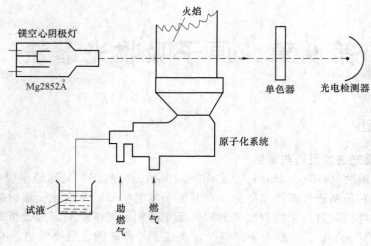

图 9-1　原子吸收光谱分析示意图
1Å=0.1nm，下同

(2) 准确度好

火焰原子吸收光谱法的相对误差小于 1%，其准确度接近经典化学方法。石墨炉原子吸收法的准确度一般为 3%~5%。

(3) 选择性好

用原子吸收光谱法测定元素含量时，通常共存元素对待测元素干扰少，若实验条件合适，一般可以在不分离共存元素的情况下直接测定。

(4) 操作简便，分析速度快

在准备工作做好后，一般几分钟即可完成一种元素的测定。若利用自动原子吸收光谱仪可在 35min 内连续测定 50 个试样中的 6 种元素。

(5) 应用广泛

原子吸收光谱法被广泛应用于各领域中，它可以直接测定 70 多种金属元素，也可以用间接方法测定一些非金属和有机化合物。

原子吸收光谱法的不足之处是：由于分析不同元素，必须使用不同元素灯，因此多元素同时测定尚有困难。有些元素的灵敏度还比较低（如钍、铪、银、钽等）。对于复杂样品仍需要进行复杂的化学预处理，否则干扰将比较严重。

9.2　基本原理

9.2.1　共振线和吸收线

一般情况下，原子处于能量最低状态（最稳定态），称为基态（$E_0=0$）。当原子吸收外界能量被激发时，其最外层电子可能跃迁到较高的不同能级上，原子的这种运动状态称为激发态。处于激发态的电子很不稳定，一般在极短的时间（10^{-8}~10^{-7}s）便跃回基态（或较低的激发态），此时，原子以电磁波的形式放出能量，如图 9-2 所示。

共振发射线：原子外层电子由第一激发态直接跃迁至基态所辐射的谱线称为共振发射线。

共振吸收线：原子外层电子从基态跃迁至第一激发态所吸收的一定波长的谱线称为共振吸收线。

共振线：共振发射线和共振吸收线都简称为共振线。

由于第一激发态与基态之间跃迁所需能量最低，最容易发生，大多数元素吸收也最强。

因为不同元素的原子结构和外层电子排布各不相同，所以"共振线"也就不同，各元素各具特征，又称"特征谱线"，原子吸收光谱法就是利用共振线的吸收来进行分析的，所以共振线又称作"分析线"。

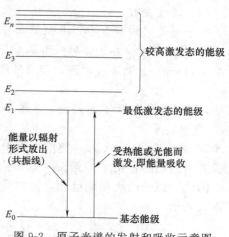

图 9-2 原子光谱的发射和吸收示意图

9.2.2 吸收线轮廓及谱线变宽

（1）吸收线轮廓

如图 9-3 所示，若将一束不同频率、强度为 I_0 的平行光通过厚度为 1cm 的原子蒸气时，一部分光被吸收，透射光的强度 I_ν 仍服从朗伯-比尔定律。

$$A = \lg \frac{I_0}{I_\nu} = 0.434 K_\nu l \tag{9-1}$$

式中 K_ν——基态原子对频率为 ν 的光的吸收系数，它是光源辐射频率 ν 的函数。

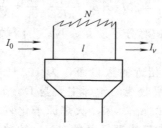

图 9-3 基态原子对光的吸收

由于外界条件及本身的影响，造成对原子吸收的微扰，使其吸收不可能仅仅对应于一条细线，即原子吸收线并不是一条严格的几何线，而是具有一定的宽度、轮廓，即透射光的强度表现为一个相似于图 9-4 的频率分布。

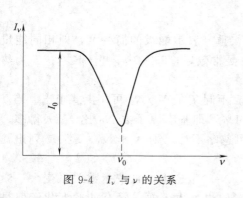

图 9-4 I_ν 与 ν 的关系

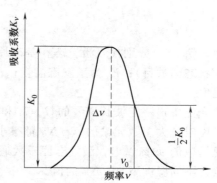

图 9-5 原子吸收线的轮廓图

吸收系数 K_ν 随 ν 变化的关系作图得到吸收系数轮廓如图 9-5。图中 K_0 为峰值吸收系数或中心吸收系数（最大吸收系数）；ν_0 叫中心频率，是最大吸收系数 K_0 所对应的频率；$\Delta\nu$ 为吸收线的半宽度；$K_0/2$ 是吸收线上两点间的距离；吸收曲线的形状就是谱线轮廓。

(2) 谱线变宽

原子吸收谱线变宽主要由原子本身的性质和外界因素决定。

① 自然宽度 在无外界条件影响下的谱线本身固有的宽度称为自然宽度。根据量子力学的 *Heisenberg* 测不准原理，能级的能量有不确定量 ΔE，可由下式估算

$$\Delta E = h/(2\pi\tau)$$

式中，τ 为激发态原子的寿命，τ 越小，宽度越宽。但对共振线而言，其宽度一般 $<10^{-5}$ nm，可忽略不计。

② 多普勒（*Doppler*）宽度 由于原子无规则运动而引起的变宽。当火焰中基态原子向光源方向运动时，由于 *Doppler* 效应而使光源辐射的波长增大，基态原子将吸收较长的波长。因此，原子的无规则运动，使该吸收谱线变宽。当处于热力学平衡时，*Doppler* 变宽可用下式表示

$$\Delta\nu_D = \frac{2\nu_0}{c}\sqrt{\frac{2\times(\ln 2)RT}{A}} = 0.716\times 10^{-6}\nu_0\sqrt{\frac{T}{A}} \qquad (9-2)$$

即 $\Delta\nu_D$ 与 T 的平方根成正比，与相对分子质量 A 的平方根成反比。对多数谱线：$\Delta\nu_D$ 为 $10^{-3}\sim 10^{-4}$ nm，$\Delta\nu_D$ 比自然变宽大 1～2 个数量级，是谱线变宽的主要原因。

③ 劳伦兹（*Lorentz*）变宽 原子与其他外来粒子间的相互作用引起的变宽。

$$\Delta\nu_L = 2N_A\sigma^2 p\sqrt{\frac{1}{\pi RT}\left(\frac{1}{A}+\frac{1}{M}\right)} \qquad (9-3)$$

式中，p 为气体压力；M 为气体相对分子质量；N_A 为阿伏加德罗常数；σ 为原子和分子间碰撞的有效截面。

劳伦兹宽度与多普勒宽度有相近的数量级，为 $10^{-3}\sim 10^{-4}$ nm。实验结果表明：常压下，对于温度在 1000～3000K，吸收线的轮廓主要受 Doppler 和 Lorentz 变宽影响，两者具有相同的数量级，为 0.001～0.005nm。采用火焰原子化装置时，$\Delta\nu_L$ 是主要的。

9.2.3 基态原子数（N_0）与待测元素原子总数（N）的关系

原子吸收测定时，试液应在高温下挥发并解离成原子蒸气——原子化过程，其中有一部分基态原子进一步被激发成激发态原子，在一定温度下，处于热力学平衡时，激发态原子数 N_j 与基态原子数 N_0 之比服从玻尔兹曼分布定律

$$\frac{N_j}{N_0} = \frac{G_j}{G_0}e^{-\frac{E_j}{KT}} \qquad (9-4)$$

式中，G_j、G_0 分别代表激发态和基态原子的统计权重（表示能级的简并度，即相同能量能级的状态的数目）；E_j 为激发态能量；K 为玻尔兹曼常数，1.83×10^{-23} J·K^{-1}；T 为热力学温度。

光谱中，一定波长谱线的 G_j/G_0 和 E_j 都已知，不同 T 的 N_j/N_0 可用上式求出。当 $T<3000K$ 时，大多数元素的 N_j/N_0 都很小，不超过 1%，即基态原子数 N_0 比 N_j 大得多，占总原子数的 99%以上，激发态原子数通常情况下可忽略不计，则 $N_j\approx N_0$。表 9-1 列出几种元素在不同温度下 N_j/N_0 的值。

从式（9-4）及表 9-1 都可以看出，温度愈高，N_j/N_0 愈大，且按指数关系变大；激发能（电子跃迁能级差）愈小，吸收波长愈长，N_j/N_0 也愈大。而尽管有如此变化，但是在原子吸收光谱法中，原子化温度一般小于 3000K，大多数元素的最强共振线波长都低于 600nm，N_j/N_0 值绝大多数在 10^{-3} 以下，激发态的原子数不足于基态的千分之一，激发态的原子数在总原子数中可以忽略不计，即基态原子数近似等于总原子数。

表 9-1 某些元素共振激发态与基态原子数限的比值

λ共振线/nm	G_j/G_0	激发能/eV	N_j/N_0	
			$T=2000K$	$T=3000K$
Cs 852.1	2	1.45	4.44×10^{-4}	7.24×10^{-3}
Na 589.0	2	2.104	9.86×10^{-6}	5.83×10^{-4}
Sr 460.7	3	2.690	4.99×10^{-7}	9.07×10^{-9}
Ca 422.7	3	2.932	1.22×10^{-7}	3.55×10^{-5}
Fe 372.0	?	3.332	2.99×10^{-9}	1.31×10^{-6}
Ag 328.1	2	3.778	6.03×10^{-10}	8.99×10^{-7}
Cu 324.8	2	3.817	4.82×10^{-10}	6.65×10^{-7}
Mg 285.2	3	4.346	3.35×10^{-11}	1.50×10^{-7}
Pb 283.3	3	4.375	2.83×10^{-11}	1.34×10^{-7}
Zn 213.9	3	5.795	7.45×10^{-15}	5.50×10^{-10}

9.2.4 积分吸收与峰值吸收

（1）积分吸收

积分吸收就是指原子蒸气中的基态原子吸收共振线的全部能量，相当于对吸收线轮廓下面所包围的整个面积进行积分。根据经典的爱因斯坦理论，积分吸收与基态原子数的关系为

$$\int K_\nu d\nu = \frac{\pi e^2}{mc} f N_0 \tag{9-5}$$

式中，e 为电子电荷；m 为电子质量；c 为光速；N_0 为单位体积原子蒸气中能够吸收波长 $\lambda+\Delta\lambda$ 范围辐射光的基态原子数；f 为振子强度（每个原子中能够吸收或发射特定频率光的平均电子数，f 与能级间跃迁概率有关，反映吸收谱线的强度）。

在一定条件下，如对于给定元素来讲，f 可视为定值，上式中 $\pi e^2/(mc)$ 项为常数，以 k 表示，则

$$\int K_\nu d\nu = k N_0 \tag{9-6}$$

即积分吸收与单位体积原子蒸气中能够吸收辐射的基态原子数成正比，这是原子吸收光谱分析的理论依据。若能测得积分吸收值，则可求得待测元素的浓度。但是：

① 要测量出半宽度 $\Delta\nu$ 只有 0.001～0.005nm 的原子吸收线轮廓的积分值（吸收值），所需单色器的分辨率高达 50 万的光谱仪，这实际上是很难达到的；

② 若采用连续光源时，把半宽度窄的原子吸收轮廓叠加在半宽度很宽的光源发射线上，实际被吸收的能量相对于发射线的总能量来说极其微小，在这种条件下要准确记录信噪比十分困难。

（2）峰值吸收

1955 年，澳大利亚物理学家 A. Walsh 提出用锐线光源作为激发光源，用测量峰值吸收系数（K_0）的方法代替吸收系数积分值的方法，解决了吸收测量的难题。

峰值吸收是指气态基态原子蒸气对入射光中心频率线的吸收。其大小以峰值吸收系数 K_0 表示。如图 9-6 所示。

锐线光源指发射线的半宽度比吸收线的半宽度窄得多的光源。当其发射线中心频率或波长与吸收线中心频率或波长相一致时，可以认为在发射线半宽度的范围内

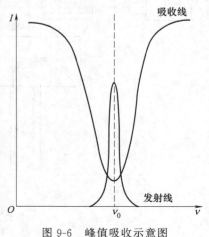

图 9-6 峰值吸收示意图

K_ν 为常数,并等于中心频率 $\Delta\nu$ 处的吸收系数 K_0。(峰值吸收 K_0 可准确测得)。

理想的锐线光源——空心阴极灯:用一个与待测元素相同的纯金属制成。

由于灯内是低电压,压力变宽基本消除;灯电流仅几毫安,温度很低,热变宽也很小。在确定的实验条件下,用空心阴极灯进行峰值吸收 K_0 测量时,也遵守 Lamber-Beer 定律

$$A = \lg \frac{I_0}{I_\nu} = 0.434 K_0 l \tag{9-7}$$

峰值吸收系数 K_0 与谱线宽度有关,若仅考虑多普勒宽度 $\Delta\nu_D$:

$$K_0 = \frac{2}{\Delta\nu_D}\sqrt{\frac{\lg 2}{\pi}} \times \frac{\pi e^2}{mc} N_0 f \tag{9-8}$$

峰值吸收系数 K_0 与单位体积原子蒸气中待测元素的基态原子数 N_0 成正比。

$$A = [0.434 \times \frac{2}{\Delta\nu_D}\sqrt{\frac{\lg 2}{\pi}} \times \frac{\pi e^2}{mc} fl] N_0 \tag{9-9}$$

在一定条件下,上式中括号内的参数为定值,则

$$A = K' N_0 \tag{9-10}$$

式(9-10)表明:在一定条件下,当使用锐线光源时,吸光度 A 与单位体积原子蒸气中待测元素的基态原子数 N_0 成正比。

若进入火焰的试样保持一个恒定的比例,则 A 与溶液中待测元素的浓度成正比。因此,在一定浓度范围内

$$A = Kc \tag{9-11}$$

式(9-11)说明:在一定实验条件下,通过测定基态原子(N_0)的吸光度(A),就可求得试样中待测元素的浓度(c),此即为原子吸收分光光度法定量分析的基础。

9.3 原子吸收分光光度计

原子吸收光谱仪也叫原子吸收分光光度计。如图 9-7 所示,它由光源、原子化器、单色器和检测器等四个主要部分组成。原子吸收光谱仪工作时,由光源发射的待测元素的特征光谱通过原子化器,被原子化器中的基态原子吸收,再射入单色器中进行分光后,被检测器接

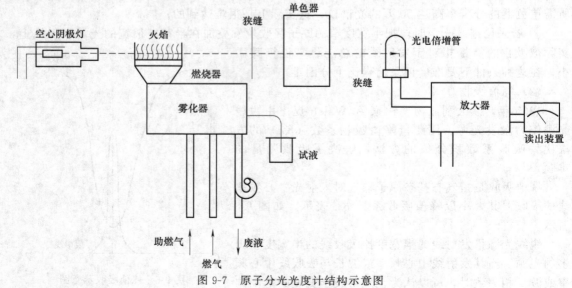

图 9-7 原子分光光度计结构示意图

收，即可测得其吸收信号。

9.3.1 光源

光源的作用是发射被测元素的特征光谱。对光源的要求是：

① 发射的共振辐射的半宽度要明显小于吸收线的半宽度；

② 辐射的强度大，背景小（便于信号检测）；

③ 辐射光强稳定，使用寿命长，多达 500～1000h，辐射光强稳定，得到谱线稳定，每次测定才具有可比性。

空心阴极灯是符合上述要求的理想的锐线光源，应用最广。如图 9-8 所示，空心阴极灯是由玻璃管制成的封闭着低压气体的放电管。主要由一个阳极和一个空心阴极组成。阳极为钨棒，阴极为空心圆柱形，由待测元素的高纯金属或合金制成，贵重金属在阴极内壁。玻璃管内充有 0.1～0.7kPa 压力的惰性气体，如 Ne、Ar 等。灯的光窗材料是根据空心阴极灯所发射的共振线波长而定，在可见波段（400～750nm）用硬质玻璃，紫外用石英玻璃。

空心阴极灯的发光原理是：由于受到外界光线的作用，空心阴极灯中总是存在极少量带电粒子。当在阴、阳两极间加上 300～500V 的电压后，管内气体中存在着的少量的阳离子向阴极运动，并轰击阴极表面，使阴极表面的电子获得外加能量而逸出。逸出的电子在电场作用下，向阳极做加速运动，运动过程中与惰性气体碰撞，使气体原子电离。在电场作用下，这些质量较重、速度较快的正离子向阴极运动并轰击阴极表面，不但使阴极表面的电子被击出，而且还使阴极表面的原子获得能量从晶格能的束缚中逸出而进入空间，这种现象称为阴极的"溅射"。"溅射"出来的阴极元素的原子，在阴极区与电子、惰性气体原子、离子等相互碰撞，从而获得能量被激发，发射出阴极物质的线光谱。

空心阴极灯发射的光谱，主要是阴极元素的光谱。若阴极物质只含有一种元素，则制成的是单元素灯；若阴极物质含多种元素，则可制成多元素灯。多元素灯的发光强度一般都比单元素灯弱。

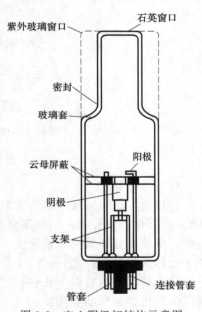

图 9-8 空心阴极灯结构示意图

空心阴极灯的发光强度与工作电流有关。使用灯电流过小，放电不稳定；灯电流过大，溅射作用增强，原子蒸气密度增大，谱线变宽，甚至引起自吸，导致测定灵敏度下降，灯寿命缩短。因此在实际工作中应选择合适的工作电流。一般原则是，在保证有足够强且稳定的光强输出条件下，尽量使用较低的工作电流。通常以空心阴极灯上标明的最大电流的一半至三分之二作为工作电流为宜。

空心阴极灯是性能很好的锐线光源，主要表现在以下方面：由于元素可以在空心阴极中多次溅射和被激发，气态原子平均停留时间长，激发效率较高，因而发射的谱线强度大；由于采用的工作电流一般只有几毫安或几十毫安，灯内温度较低，因此热变宽很小；由于灯内充气压力很低，激发原子与不同原子碰撞引起的碰撞变宽可忽略不计；由于阴极附近的蒸气相金属原子密度较小，同种原子碰撞引起的共振变宽也很小。因此使用空心阴极灯可以得到强度较大、谱线很窄的待测元素的特征共振线。

另外，锐线光源还有无极放电灯、低压汞蒸气发电灯、氙弧等，它们的强度高，但使用不普遍。

9.3.2 原子化器

原子化器的功能是提供能量，使试液干燥、蒸发和原子化。即提供被测试样原子化所需的能量。由于锐线光源中发射的特征谱线是在原子化器中被基态原子吸收的，因此对原子化器的要求是：必须有足够高的原子化效率；具有良好的稳定性和重现性；操作简便以及干扰小等。常用的原子化器有火焰原子化器和非火焰原子化器。

9.3.2.1 火焰原子化器

火焰原子化装置包括：雾化器和燃烧器两部分。燃烧器有全消耗型（试液直接喷入火焰）和预混合型（在雾化室将试液雾化，然后导入火焰）两类。目前常用的是预混合型原子化器，结构如图9-9所示。

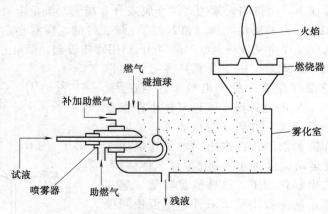

图 9-9 火焰原子化器结构示意图

（1）雾化器

作用是将试样溶液分散为极微细的雾滴，形成直径约 $10\mu m$ 的雾滴的气溶胶（使试液雾化）。对雾化器的要求：①喷雾要稳定；②雾滴要细而均匀；③雾化效率要高；④有好的适应性。其性能好坏对测定精密度、灵敏度和化学干扰等都有较大影响。因此，雾化器是火焰原子化器的关键部件之一。

常用的雾化器有以下几种：气动雾化器，离心雾化器，超声喷雾器和静电喷雾器等。目前广泛采用的是气动雾化器。

其原理如图9-9所示。高速助燃气流通过毛细管口时，把毛细管口附近的气体分子带走，在毛细管口形成一个负压区，若毛细管另一端插入试液中，毛细管口的负压就会将液体吸出，并与气流冲击而形成雾滴喷出。形成雾滴的速率：①与溶液的黏度和表面张力等物理性质有关；②与助燃器的压力有关，增加压力，助燃气流速加快，可是雾滴变小，但压力过大，单位时间进入雾化室的试液量增加，反而使雾化效率下降；③与雾化器的结构有关，如气体导管和毛细管孔径的相对大小。

（2）燃烧器

试液雾化后进入预混合室（雾化室），与燃气在室内充分混合。雾化室的要求是能使雾滴与燃气、助燃气混合均匀。雾化室设有分散球，较大的雾滴碰到分散球后进一步细微化。另有扰流器，较大的雾滴凝结在壁上，然后经废液管排出。最后只有那些直径很小、细而均匀的雾滴才能进入火焰中。

燃烧器可分为："单缝燃烧器"（喷口是一条长狭缝。①缝长 10cm，缝宽 0.5～0.6cm，适应空气-乙炔火焰；②缝长 5cm，缝宽 0.46cm，适应 N_2O-乙炔火焰）；"三缝燃烧器"（喷口是三条平行的狭缝）和 "多孔燃烧器"（喷口是排在一条线上的小孔）。

目前多采用"单缝燃烧器"。做成狭缝式,这种形状既可获得原子蒸气较长的吸收光程,又可防止回火。但"单缝燃烧器"产生的火焰很窄,使部分光束在火焰周围通过,不能被吸收,从而使测量的灵敏度下降。采用"三缝燃烧器",由于缝宽较大,并避免了来自大气的污染,稳定性好。但气体耗量大,装置复杂。燃烧器的位置可调。

(3) 火焰

原子吸收所使用的火焰,只要其温度能使待测元素离解成自由的基态原子就可以了。如超过所需温度,则激发态原子增加,电离度增大,基态原子减少,这对原子吸收是很不利的。因此,在确保待测元素能充分原子化的前提下,使用较低温度的火焰比使用较高温度火焰具有较高的灵敏度。但对某些元素,温度过低,盐类不能离解,产生分子吸收,干扰测定。火焰的温度取决于燃气和助燃气的种类以及其流量,按照燃气和助燃气比例不同,可将火焰分为以下三类。

① 化学计量火焰:温度高,干扰少,稳定,背景低,适用于测定许多元素。
② 富燃火焰:还原性火焰,燃烧不完全,测定较易形成难熔氧化物的元素 Mo、Cr、稀土等。
③ 贫燃火焰:火焰温度低,氧化性气氛,适用于碱金属测定。

火焰的组成关系到测定的灵敏度、稳定性和干扰等。常用的火焰有空气-乙炔、氧化亚氮-乙炔、空气-氢气等多种。

① 空气-乙炔火焰:空气-乙炔火焰最为常用。其最高温度 2300℃,能测 35 种元素。但不适宜测定已形成难离解氧化物的元素,如 Al,Ta,Zr,H 等。

贫燃性空气-乙炔火焰,其燃助比小于 1:6,火焰燃烧高度较低,燃烧充分,温度较高,但范围小,适用于不易氧化的元素。富燃性空气-乙炔火焰,其燃助比大于 1:3,火焰燃烧高度较高,温度较贫然性火焰低,噪声较大,由于燃烧不完全,火焰成强还原性的,有利于金属氧化物的测定,故适用于测定较易形成难熔氧化物的元素。

日常分析工作中,多采用化学计量点前的空气-乙炔火焰,燃助比为 1:4。这种火焰稳定、温度较高、背景低、噪声小,适用于测定许多元素。

② 氧化亚氮-乙炔火焰:火焰温度达 3000℃。火焰中除含 C,CO,OH 等半分解产物外,还含有 CN,NH 等成分,因而具有强化原性,可使许多易形成难离解氧化物元素原子化,产生的基态原子又被 CN,NH 等包围,故原子化效率高。另由于火焰温度高,化学干扰也少。可适用于难原子化元素的测定,用它可测定 70 多种元素。

③ 空气-乙炔火焰:用氧气流将空气-乙炔火焰与大气隔开。特点:温度高、还原性强。适合测定 Al 等一些易形成难离解氧化物的元素。表 9-2 列出几种常见火焰的燃烧特性。

表 9-2 几种常见火焰的燃烧特征

燃气	助燃气	最高着火温度 /K	最高燃烧速度 /cm·s^{-1}	最高燃烧温度/K	
				计算值	实验值
乙炔	空气	623	158	2523	2430
	氧气	608	1140	3341	3160
	氧化亚氮		160	3150	2990
氢气	空气	803	310	2373	2318
	氧气	723	1400	3083	2933
	氧化亚氮		390	2920	2880
煤气	空气	560	55	2113	1980
	氧气	450		3073	3013
丙烷	空气	510	82		2198
	氧气	490			2850

9.3.2.2 无火焰原子化装置

无火焰原子化装置是利用电热、阴极溅射、等离子体或激光等方法使试样中待测元素形成基态自由原子。目前广泛使用的是电热高温石墨炉原子化器。

石墨炉原子化器本身就是一个电加热器，通电加热盛放试样的石墨管，使之升温，以实现试样的蒸发、原子化和激发。

(1) 结构

如图 9-10 所示，石墨炉原子化器由石墨炉电源、炉体和石墨管三部分组成。将石墨管固定在两个电极之间，石墨管具有冷却水外套。石墨管中心有一进样口，试样由此注入。

石墨炉电源是能提供低电压（10V）、大电流（500A）的供电设备。当其与石墨管接通时，能使石墨管迅速加热到 2000~3000℃ 的高温，以使试样蒸发、原子化和激发。炉体具有冷却水外套，用于保护炉体。当电源切断时，炉子很快冷却至室温。炉体内通有惰性气体（Ar，N_2），其作用是：①防止石墨管在高温下被氧化；②保护原子化了的原子不再被氧化；③排除在分析过程中形成的烟气。另外，炉体两端是两个石英窗。

(2) 石墨炉原子化过程

一般需要经四步程序升温完成，如图 9-11 所示。

① 干燥：在低温（溶剂沸点）下蒸发掉样品中的溶剂。通常干燥的温度稍高于溶剂的沸点。对水溶液，干燥温度一般在 100℃ 左右。干燥时间与样品的体积有关，一般为 20~60s 不等。对水溶液，一般为 1.5s。

② 灰化：在较高温度下除去比待测元素容易挥发的低沸点无机物及有机物，减少基体干扰。

③ 高温原子化：使以各种形式存在的分析物挥发并离解为中性原子。原子化的温度一般在 2400~3000℃（因被测元素而已），时间一般为 5~10s。可绘制 A-T，A-t 曲线来确定。

④ 净化（高温除残）：升至更高的温度，除去石墨管中的残留分析物，以减少和避免记忆效应。

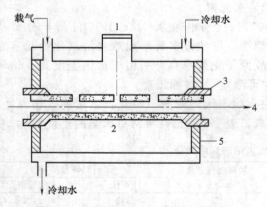

图 9-10 石墨炉原子化器结构示意图
1—进样窗；2—石墨管；3—电极；
4—光束；5—绝缘材料

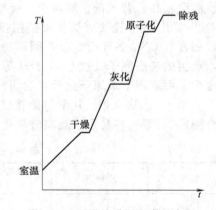

图 9-11 石墨炉升温程序示意图

(3) 石墨炉原子化法的特点

试样原子化是在惰性气体保护下的石墨介质中进行的，有利于易形成难熔氧化物的元素的原子化；取样量少。通常固体样品，0.1~10mg，液体样品，1~50μL；试样全部蒸发，原子在测定区的停留时间长，几乎全部参与光吸收，绝对灵敏度高；检测极限可达 10^{-9}~

10^{-13} g，一般比火焰原子化法提高几个数量级；测定结果受样品组成的影响小。

缺点是基体效应、化学干扰大，有背景吸收，测定结果的重现性较火焰法差。

9.3.2.3 其他原子化法（化学原子化法）

(1) 氢化物原子化法

氢化物原子化方法属低温原子化方法（原子化温度 700～900℃）。主要应用于：As、Sb、Bi、Sn、Ge、Se、Pb、Ti 等元素。

原理：在酸性介质中，与强还原剂硼氢化钠反应生成气态氢化物，将待测试样在专门的氢化物生成器中产生氢化物，然后引入加热的石英吸收管内，使氢化物分解成气态原子，并测定其吸光度。

特点：原子化温度低；灵敏度高（对砷、硒可达 10^{-9} g）；基体干扰和化学干扰小。

(2) 冷原子化法

主要应用于各种试样中 Hg 元素的测量。汞在室温下，有一定的蒸气压，将试样中的汞离子用 $SnCl_2$ 或盐酸羟胺完全还原为金属汞后，用气流将汞蒸气带入具有石英窗的气体测量管中进行吸光度测量。

特点是在常温下有背景吸收测量。其灵敏度、准确度较高（可达 10^{-8} g 汞）。

9.3.3 单色器

单色器主要由色散元件，入射、出射狭缝，反射镜等组成。AAS 中，单色器的作用是把待测元素的共振线与其他谱线分离开，让待测元素的共振线通过。单色器的操作参数主要是光谱通带（W），W 指在选定狭缝宽度时，通过出口狭缝的波长范围。单色器将两条相邻谱线分开的能力，不仅和色散元件的色散能力有关，而且还受出射狭缝宽度的影响，因此，可表示为

$$W = DS$$

式中，W 为光谱通带，nm；D 为倒色散率，nm·mm^{-1}；S 为狭缝宽度，mm。如果相邻的干扰谱线与被测元素共振线之间相距小时，光谱通带要小。反之，光谱通带可增大。不同元素谱线的复杂程度不同，选用光谱通带的大小亦各不一样。碱金属、碱土金属元素的谱线简单，谱线及背景干扰小，可选用较大的光谱通带，而过渡元素、稀土元素的谱线复杂，测定时应采用较小的光谱通带。锐线光谱的谱线比较简单，对单色器分辨率的要求不高，一般光谱通带为 0.2nm 就可满足要求。

9.3.4 检测系统

检测系统主要由检测器、放大器和读数、记录系统组成。

(1) 检测器

是将单色器分出的光信号转变成电信号。如：光电池、光电倍增管、光敏晶体管等。分光后的光照射到光敏阴极 K 上，轰击出的光电子又射向光敏阴极上，轰击出更多的光电子，依次倍增，在最后放出的光电子比最初多到 106 倍以上，最大电流可达 $10\mu A$，电流经负载电阻转变为电压信号送入放大器。

(2) 放大器

放大器的作用是将光电倍增管输出的电压信号放大后送入显示器，原子吸收光谱仪中常使用同步检波放大器以改善信噪比。

(3) 对数转换器

对数转换器的作用是将检测、放大后的透光度（T）信号，经运算放大器转换成吸光度（A）信号。

(4) 显示记录装置

显示装置可以是微安表或检流器直接读数,也可以用记录仪记录或微机绘制、校准工作曲线处理测定数据。

AAS中用光电倍增管为光电转换元件,它由一个光敏阴极、若干个倍增极和一个阳极组成,具有光电转换和信号放大双重功能,从光电倍增管输出的放大过的电信号再经交流放大器消除火焰发射的干扰。电信号放大后就可通过读数装置显示出来。

9.3.5 吸收分光光度计的类型

(1) 单道光束原子吸收分光光度计

指仪器有一个光源,每次只能测一种元素,结构简单、价廉,能满足一般原子吸收分析的要求;但易受光源强度变化影响,灯预热时间长,分析速度慢。

(2) 单道双光束原子分光光度计

使用一种空心阴极灯,光源发出的光分为两束,一束光通过火焰,一束光不通过火焰,直接经单色器,这类仪器可获得稳定的输出信号,但无法消除火焰和背景吸收的干扰。

(3) 双道或多道原子分光光度计

使用两种或多种空心阴极灯,使光辐射同时通过原子蒸气而被吸收,然后再分别引到不同分光和检测系统,测定各元素的吸光度值。

此类仪器准确度高,可采用内标法,并可同时测定两种以上元素。但装置复杂,仪器价格昂贵。

9.4 定量分析方法

9.4.1 标准曲线法

AAS法的标准曲线与分光光度法中的标准曲线法一样。即首先配制与试样溶液相同或相近基体的含有不同浓度的待测元素的标准溶液,分别测定 A 值,作 A-c 曲线,图9-12为测定锌含量的工作曲线。测定试样溶液的 A_x,从标准曲线上查得试样中待测组分的含量 c_x。

从测量误差的角度考虑,A 值在 0.1~0.8 之间,测量误差最小。为了保证测定结果的准确度,标准试样应尽可能与实际试样接近。

在实际工作中,应用标准曲线时,重要的是标准曲线必须是线性的,在应用本法时应注意以下几点:

① 所配标准溶液的浓度,应在 A 与 c 成线性关系的范围内;
② 标准溶液与试样溶液应用相同的试剂处理,以消除基体干扰;
③ 应扣除空白值;
④ 在分析过程中,操作条件应保持不变;
⑤ 由于喷雾效率和火焰状态经常变动,标准曲线的斜率也随之变动,因此,每次测定前,应用标准溶液对吸光度进行检查和校正。

本方法适用于组成简单、干扰较少的试样。

【例 9-1】 测定头发样品中锌含量,称取样品0.9986g,经化学处理后,移入250mL容量瓶中,以蒸馏水稀释至标线,摇匀。喷入火焰,测出其吸光度为0.320,求该样品中锌的质量分数(工作曲线如图9-12)。

解: 由工作曲线查出当 $A=0.320$ 时,$c=6.2\mu g \cdot mL^{-1}$,即所测头发样品溶液中锌的质量浓度。则样品中锌的质量分数为

$$w_{Cu} = \frac{6.2 \times 10^{-6} \times 250}{0.9986} \times 100\%$$

=0.16%

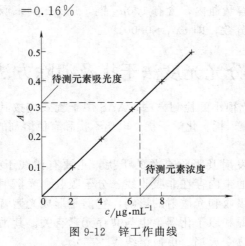

图 9-12 锌工作曲线

9.4.2 标准加入法

当试样基体影响较大，或所测定物质中极微量的元素时采用标准加入法：在 4 份或 5 份相同体积试样中，分别加入不同量的待测元素的标准溶液，稀释至相同体积，然后分别测定吸光度 A。以加入待测元素的标准量为横坐标，相应的吸光度为纵坐标作图可得一直线（如图 9-13），直线的延长线在横坐标轴上交点到原点的距离相应的质量即为原始试样中待测元素的量。

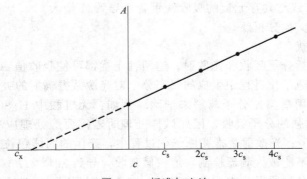

图 9-13 标准加入法

使用标准加入法进行定量分析时，应注意以下几点。

① 标准加入法是建立在 A 与 c 成正比的基础上，故要求相应的标准曲线是一条过原点的直线，被测元素的浓度应在此范围内。

② 为得到较为精确的外推结果，加入标准液的量不能过高或过低，否则会引起较大误差（一般 $c_s \approx c_x$）。

③ 标准加入法可以消除基体效应带来的影响，但不能消除背景吸收的影响，因此只有扣除了背景之后，才能得到被测试样中待测元素的真实含量，否则，得到的结果就偏高。

【例 9-2】 测定某样品中微量铜。称取 0.2687g 试样，经化学处理后移入 50mL 容量瓶中，以蒸馏水稀释至刻度后摇匀。取上述试液 10mL 于 25mL 容量瓶中（共取四份），分别加入铜 0.0μg、1.0μg、2.0μg、3.0μg、4.0μg，以蒸馏水稀至标线，摇匀。测出上述各溶液的吸光度依次为 0.100、0.200、0.300、0.400、0.500，求试样中铜的质量分数。

解： 根据数据绘出如图 9-13 所示的工作曲线，曲线与横坐标交点到原点距离为 1.0，即未加标准溶液铜的 25mL 容量瓶内,含有 1.0μg 铜,1.0μg 铜来源于 10mL 的试样溶液,所以可算出试样中铜的质量分数,即 $w_{Cu}=0.0019\%$。

9.5 原子吸收分光光度法干扰及消除方法

原子吸收法是一种干扰很小的检测方法,AAS 中干扰效应按其性质和产生的原因,可以分为五类:光谱干扰、物理干扰、化学干扰、电离干扰和有机溶剂的影响。下面分别介绍。

9.5.1 光谱干扰及消除

光谱干扰是指与光谱发射及吸收有关的干扰,主要有谱线干扰和背景吸收所产生的干扰。包括谱线重叠、光谱通带内存在非吸收线、分子吸收、光散射等。前两种因素一般可以不予考虑,主要考虑分子吸收和光散射的影响,它们是形成光谱背景的主要因素。

光谱干扰主要来自光源和原子化器,也与共存元素有关。其消除方法主要有:减小狭缝宽度、更换空心阴极灯、改变火焰、更换谱线等。

(1) 谱线干扰

谱线干扰包括两种情况。

① 光谱通带内存在非吸收线(即吸收线与相邻谱线不能完全分开),导致 A 下降。例如:Ni 空心阴极灯的发射谱线中,在镍的分析线(232.0nm)附近还有许多条镍的发射线,由于这些谱线不被镍吸收,若进入光谱通带后,导致测定灵敏度下降,工作曲线向浓度轴弯曲。

消除办法:减小狭缝宽度,除去非吸收线。

② 待测元素分析线与共存元素的吸收线重叠,导致 A 增大。

消除办法:采用其他分析线。

(2) 光谱背景干扰

光谱背景干扰包括分子吸收和光散射。这两种干扰都可使吸收值 A 增大,产生正误差。分子吸收干扰是指在原子化过程中生成的气态分子对光源共振辐射的吸收而引起的干扰,它是一种带吸收。可采用高温使分子离解来消除。例如:无机酸中 H_2SO_4 和 H_3PO_4 在波长小于 250.0nm 时有很强的分子吸收,因此试样处理时若需要酸处理应尽量避免使用这两种酸,可用 HCl、HNO_3;光散射是指在原子化过程中,产生的固体颗粒对光产生散射,使被散射的光偏离光路而不能被检测器检测,形成假吸收,导致 A 增大。

这种背景吸收在各种原子化方式中均存在,只是程度不同。一般在火焰法中,除短波紫外区外,普遍较小,可采用仪器调零除去。非火焰法以及火焰法的短波紫外区则必须使用背景校正装置予以消除。背景校正方法如下。

① 用邻近非共振线校正背景 当背景分布比较均匀时,可以认为与分析线邻近的非共振线的吸收与分析线的背景吸收近似相等。用分析线测量原子吸收与背景吸收的总吸光度,而非共振线不产生原子吸收,用它来测量背景吸收的吸光度,两次测量值相减即得到校正背景之后的原子吸收的吸光度。例:镍的共振线 232.0nm 附近有非共振线 231.6nm,可在 232.0nm 测定镍的原子吸收和背景吸收的总和($A+\Delta A$),然后在 231.6nm 测定背景吸收(ΔA),两者之差即为镍的吸光度。

用于测量背景吸收的邻近线可以是待测元素的,也可以是其他元素的谱线。

② 连续光源校正背景 先用锐线光源测定分析线的原子吸收和背景吸收的总吸光度,再用氘灯(紫外区)或碘钨灯、氙灯(可见区)在同一波长测定背景吸收(这时原子吸收可以忽略不计),计算两次测定吸光度之差,即可使背景吸收得到校正。此外还有塞曼效应校正背景、自吸校正背景等方法。

9.5.2 物理干扰及消除

物理干扰是指由于物理因素变化（如黏度、表面张力或溶液的密度等的变化）而引起的干扰。对火焰原子化法而言，影响试样喷入火焰的速度、雾化效率、雾滴的大小、表面张力、溶剂等。最终都影响进入火焰的待测原子数目，因而影响 A 的测量。因此，物理干扰与试样的基体组成有关。

消除办法如下。

① 配制与待测试样具有相似组成的标准溶液，尽可能保持试液与标液的物理性质一致。测定条件一致是消除物理干扰最常用的方法。

② 若不知试样组成，或无法配制与试样匹配的标液时，可采用标准加入法。

③ 若试样中待测元素含量较大，可稀释试样。

9.5.3 化学干扰及消除

化学干扰是指待测元素与其他组分之间的化学作用所引起的干扰，它主要影响待测元素的原子化效率，是原子吸收分光光度法中的主要干扰。由于被测元素的原子与干扰物质组成之间形成更稳定的化合物，从而影响被测元素化合物的解离及其原子化。

消除化学干扰的方法有：化学分离；使用高温火焰；加入释放剂和保护剂等抑制剂；使用基体改进剂等。常用的抑制剂有下列几种。

(1) 释放剂

当被测元素和干扰元素在火焰中形成更稳定的化合物时，加入另一种物质，使之与干扰元素化合，生成更难挥发的化合物，从而使被测元素从干扰元素的化合物中释放出来，这种加入的物质称为释放剂，例如：用空气-乙炔火焰测定 Ca^{2+} 时，PO_4^{3-}、SO_4^{2-} 能与 Ca^{2+} 形成难离解的盐，此时向溶液中加入一定量的 $SrCl_2$ 或 $LaCl_3$ 即可消除干扰[生成 $LaPO_4$，$Sr_3(PO_4)_2$]，这时 $SrCl_2$ 或 $LaCl_3$ 就是释放剂。

(2) 保护剂

保护剂大多是络合剂，通过与待测元素或干扰元素形成稳定的络合物而消除干扰。例如，测定 Ca^{2+} 时，PO_4^{3-}、SO_4^{2-} 干扰，加入 EDTA 与 Ca^{2+} 生成络合物后抑制了 PO_4^{3-}、SO_4^{2-} 的干扰，则 EDTA 为保护剂。

(3) 缓冲剂

缓冲剂本身也是被测元素的干扰组分，但当其含量超过某一定值时，干扰趋于恒定，故可加入超过极限值的干扰元素来抑制干扰。例如：N_2O-乙炔火焰测定 Ti 时，Al 抑制 Ti 的吸收，但当 Al 的浓度大于 $200mg \cdot L^{-1}$ 后，吸收趋于稳定。因此在试样和标样中均加入 $200mg \cdot L^{-1}$ 的干扰元素，则可以消除 Al 对 Ti 的干扰，铝盐就称为缓冲剂。

除了加抑制剂外，还可通过萃取、离子交换等化学分离方法来消除化学干扰。

9.5.4 电离干扰及消除

待测元素在高温原子化过程中因电离作用而引起基态原子数减少，引起原子吸收信号降低，这种干扰称为电离干扰。电离效应随温度升高、电离平衡常数增大而增大，随被测元素浓度增高而减小。加入更易电离的碱金属元素，可以有效地消除电离干扰。

电离作用大小与待测元素电离电位大小有关，碱金属、碱土金属等电离电位小于 6eV，易发生电离，还与火焰温度有关，火焰温度越高，越易发生电离。因此对电离干扰的消除，首先可采用低温火焰。温度降低本身就可以防止电离，但这种方法有时对金属的原子化不利；所以通常采用另一种方法，在试液中加入更易电离的元素，有效地抑制待测元素的电离，这种试剂称为消电离剂。消电离剂是在火焰中能够提供大量电子而又不会在所用波长发生吸收的易电离元素。由于它们在火焰中强烈电离，从而抑制了待测元素基态原子的电离作用，使测定结果得到改善。例如：测定 Ba 时（Ba 的电离电位为 5.21eV），加入 0.2%KCl（电离电位 4.3eV），由于钾的电离所产生的大量电子可以使 Ba 的电离向中性原子方向移动，即

$$K \longrightarrow K^+ + e^-$$
$$Ba^{2+} + e^- \longrightarrow Ba$$

常用的消电离剂有 NaCl、KCl、CsCl 等。

9.5.5 有机溶剂的影响

在 AAS 中，有机溶剂可有效地提高测定灵敏度，可以提高喷雾速度和雾化效率，降低火焰温度的衰减，能有效提高原子化效率。但缺点是有机溶剂的产物可能会引发发射和吸收，燃烧不完全将产生微粒碳而导致散射，因而影响背景等。如氯仿、四氯化碳、苯、环己烷、石油醚等，因其燃烧不完全，生成碳等固体微粒引起散射，同时溶剂本身有强吸收。因此，在选择溶剂时，不宜选用含氯有机溶剂，醛类、酯类是最适合的溶剂。

9.6 工作条件的选择

在测定过程中，要使测定结果准确就必须根据样品的情况选择合适的实验工作条件。

9.6.1 分析线的选择

通常选择元素的共振线作分析线，可使测定具有较高的灵敏度。但并非在任何情况下都是如此。在分析被测元素浓度较高的试样时，可选用灵敏度较低的非共振线作为分析线，否则，A 值太大。但也有一些例外，主要包括以下几种情况。

① 测定高含量元素时，为避免试样浓度过度稀释和减小污染等问题，可选用灵敏度较低的非共振吸收线作为分析线；如：Na 低浓度 589.0nm；高浓度 330.2nm，330.3nm。

② 对于 As、Se、Te、Hg 等元素其共振线在 200nm 以下的远紫外区，因为火焰组分对其有明显吸收，所以如果元素含量不太低，用其他谱线可以测量时，最好在长波区选用其他谱线。

此外，还要考虑谱线的自吸收和干扰等问题。表 9-3 列出了常用的各元素分析线。

表 9-3 原子吸收光谱法中常用的分析线

元素	λ/nm	元素	λ/nm	元素	λ/nm
Ag	328.07,338.29	Hg	253.65	Ru	349.89,372.80
Al	309.27,308.22	Ho	410.38,405.39	Sb	217.58,206.83
As	193.64,197.20	In	303.94,325.61	Sc	391.18,402.04
Au	242.80,267.60	Ir	209.26,208.88	Se	196.09,703.99
B	249.68,249.77	K	766.49,769.90	Si	251.61,250.69
Ba	553.55,455.40	La	550.13,418.73	Sm	429.67,520.06
Be	234.86	Li	670.78,323.26	Sn	224.61,520.69
Bi	223.06,222.83	Lu	335.96,328.17	Sr	460.73,407.77
Ca	422.67,239.86	Mg	285.21,279.55	Ta	271.47,277.59
Cd	228.80,326.11	Mn	279.48,403.68	Tb	432.65,431.89
Ce	520.00,369.70	Mo	313.26,317.04	Te	214.28,225.90
Co	240.71,242.49	Na	589.00,330.30	Th	371.90,380.30
Cr	357.87,359.35	Nb	334.37,358.03	Ti	364.27,337.15
Cs	852.11,455.54	Nd	463.42,471.90	Tl	276.79,377.58
Cu	324.75,327.40	Ni	232.00,341.48	Tm	409.4
Dy	421.17,404.60	Os	290.91,305.87	U	351.46,358.49
Er	400.80,415.11	Pb	216.70,283.31	V	318.40,385.58
Eu	459.40,462.72	Pd	247.64,244.79	W	255.14,294.74
Fe	248.33,352.29	Pr	495.14,513.34	Y	410.24,412.83
Ga	287.42,294.42	Pt	265.95,306.47	Yb	398.80,346.44
Gd	386.41,407.87	Rb	780.02,794.76	Zn	213.86,307.59
Ge	265.16,275.46	Re	346.05,346.47	Zr	360.12,301.18
Hf	307.29,286.64	Rh	343.49,339.69		

9.6.2 空心阴极灯电流的选择

空心阴极灯的发射特性取决于工作电流。灯电流过小，放电不稳定，光输出的强度小；灯电流过大，发射谱线变宽，导致灵敏度下降，校正曲线弯曲，灯寿命缩短。选用灯电流的一般原则是，应在保持稳定和有合适的光强输出的情况下，尽量选用较低的工作电流。一般商品的空心阴极灯都标有允许使用的最大电流与可使用的电流范围，通常选用最大电流的最大一半至三分之二作为工作电流。实际工作中，最合适的电流应通过实验确定。通过测定吸光度随灯电流的变化而选定最适宜的工作电流。空心阴极灯一般需要预热 10~30min 才能达到稳定输出。

9.6.3 狭缝宽度的选择

狭缝宽度影响光谱通带与检测器接收辐射的能量。狭缝宽度的选择要能使吸收线与邻近干扰线分开。当有干扰线进入光谱通带内时，吸光度值将立即减小。不引起吸光度减小的最大狭缝宽度为应选择的合适的狭缝宽。

原子吸收分析中，谱线重叠的概率较小，因此，可以使用较宽的狭缝，以增加光强与降低检出限。在实验中，也要考虑被测元素谱线复杂程度，碱金属、碱土金属谱线简单，可选择较大的狭缝宽度；过渡元素与稀土元素等谱线比较复杂，要选择较小的狭缝宽度。

狭缝宽度影响光谱通带和检测器接受的能量。测定过程中如果狭缝宽度过宽，则信号能量增大，信噪比大，灵敏度高，但容易使干扰谱线进入光谱通带，使测定值偏低；狭缝宽度过窄，虽然可以消除干扰谱线的影响，但信号太弱，信噪比小，测定结果的稳定性也变差。在实际测量过程中主要考虑分析线附近邻近干扰谱线的情况，具体做法是：调节不同的狭缝宽度，测定某一固定溶液的吸光度随狭缝宽度的变化，当有其他谱线或非吸收光进入光谱通带内，吸光度将立即减小。那么不引起吸光度减小的最大狭缝宽度，即为应选取的狭缝宽度。

9.6.4 原子化条件的选择

(1) 火焰原子化条件的选择

① 试液进样量的选择　当试液喷雾时，进样量受吸液毛细管的内径、长度及通入压缩空气的压强等的影响，通常控制在 3~6mL·min^{-1}，雾化效率可达 10%。进样量较小，雾化效率高，但灵敏度会降低；进样量大时，雾化效率降低，大量试液作为废液排出，灵敏度也不会提高。

② 火焰的选择　选择适宜的火焰类型，不仅能提高测定的灵敏性和稳定性，还有利于减少干扰，火焰类型和特性是影响原子化效率的主要因素。火焰类型的一般选择原则是：对于低温、中温火焰，适合的元素可使用乙炔-空气火焰；在火焰中易生成难离解的化合物及难溶氧化物的元素，宜用乙炔-氧化亚氮高温火焰；分析线在 220nm 以下的元素，可选用氢气-空气火焰。

火焰类型选定以后，须通过试验调节燃气与助燃气比例，以得到所需特点的火焰。易生成难离解氧化物的元素，用富燃火焰；氧化物不稳定的元素，宜用化学计量火焰或贫燃火焰。合适的燃助比应通过实验确定。

③ 燃烧器高度的选择　光源的光束通过火焰的不同部位，对测定的灵敏度和稳定性有一定的影响。为保证测定的灵敏度，应使光源发出的光通过火焰中基态原子密度最大的中间薄层区（位于燃烧器狭缝上方 2~10mm 附近）。该区域火焰比较稳定，干扰也少。适宜的燃烧器高度可以通过实验来确定，即用一固定浓度的溶液喷雾，再缓缓地上下移动燃烧器，直至吸光度达最大值，此时的位置即为燃烧器的最佳高度。同样，也可以通过转动燃烧器来测试最佳灵敏度。通常当燃烧器缝口与光轴一致时测定的灵敏度最高；当被测组分浓度较高

时,也可以转动燃烧器至适当角度以减少吸收的长度来降低灵敏度。

(2) 无火焰原子化条件的选择

① 惰性气体的选择 在试样的原子化过程中,常用氩气或氮气作保护气体,通常认为采用氩气比氮气更好。氩气作为载气进入石墨管内,一方面将已汽化的样品带走,另一方面可保护石墨管不致因高温灼烧而被氧化。因此氩气流量的大小在原子化阶段将直接影响基态原子蒸气在石墨管中的浓度和停留时间,从而影响原子吸收分析的测定。

为了减少氩气对原子化的影响,通常采用石墨管内、外单独供气,管外供气连续且流量大,管内供气流量小,并可在原子化期间中断,这样就可以使基态原子在光路中停留的时间更长些,同时由于浓度增大,也可以提高灵敏度。

② 操作温度的选择 样品在石墨炉中原子化要经历干燥、灰化、原子化和高温净化四个阶段。a. 干燥阶段通常选择100℃,对10～100μL样品,干燥时间为15～60s。b. 灰化阶段作用是除去基体组分,减少或消除共存元素的干扰,通常温度为100～1800℃,时间为10～30s。也可以通过绘制吸光度A与灰化温度T关系曲线来确定。c. 原子化阶段的作用是将试样中的待测元素转化为原子蒸气,通常可控制温度为1800～2900℃,时间为3～5s,也可以通过绘制吸光度A与原子化温度T关系曲线来确定。d. 高温净化是在每个样品测定结束后,在短时间内使石墨炉内温度升至最高,燃尽残存样品,净化环境。通常控制在3000℃,约5s时间。

③ 冷却水的选择 为使高温后的石墨炉迅速降至室温,通常向石墨炉中通入20℃的冷水,流量保持在1～2L·min^{-1}。水温不宜过低,以免由于水量过大或水温过低而在石墨炉体或石英窗上产生冷凝水。

9.7 灵敏度和检出极限

9.7.1 灵敏度(S)

国际纯粹与应用化学联合会(IUPAC)规定:某种分析方法在一定条件下的灵敏度是表示被测物质浓度或含量改变一个单位时所引起的测量信号的变化程度。在原子吸收分光光度法中灵敏度S可以理解为标准曲线的斜率(dA/dc),即被测元素的浓度(c)改变一个单位时吸光度(A)的变化量。S值大,则灵敏度高。可以用相对灵敏度和绝对灵敏度两种方法表示。

(1) 相对灵敏度(特征浓度)

在火焰原子吸收法中,用相对灵敏度比较方便。相对灵敏度又称特征浓度,是指在火焰原子吸收光谱分析中,产生1%吸收或0.0044吸光度时所对应的被测元素在水溶液中的质量浓度(μg·mL^{-1})。其计算公式为

$$c_c = \frac{0.0044\rho_s}{A} \tag{9-12}$$

式中,c_c为元素的特征浓度,μg·mL^{-1}·1%$^{-1}$;ρ_s为待测元素在试液中的质量浓度,μg·mL^{-1};A为试液的吸光度。显然,c_c越小,元素的灵敏度越高。

(2) 绝对灵敏度(特征质量)

在石墨炉原子吸收法中,灵敏度决定于石墨炉原子化器中试样的加入量,常用绝对灵敏度来表示。绝对灵敏度又称特征质量,是指在无焰原子吸收光谱分析中能产生1%吸收(或0.0044吸光度)时,被测元素在水溶液中的质量(μg)。元素的特征质量m_c计算公式为

$$m_c = \frac{\rho_s V \times 0.0044}{A} \tag{9-13}$$

式中，m_c 为元素的特征质量，$g \cdot 1\%^{-1}$；ρ_s 为待测元素在试液中的浓度，$\mu g \cdot mL^{-1}$；V 为试液进样体积，mL；A 为试液的吸光度。同样，m_c 越小，元素的灵敏度越高。

【例 9-3】 以 $3\mu g \cdot mL$ 的锌溶液，测得透过率为 48%，计算锌的特征浓度。

解： $A = \lg 1/T = \lg 1/48\% = 0.3188$

$$c_c = \frac{0.0044c}{A} = \frac{0.0044 \times 3}{0.3188} = 0.041(\mu g \cdot mL^{-1} \cdot 1\%^{-1})$$

测定时被测试液的最适宜浓度应选在灵敏度的 15~100 倍范围内。"灵敏度"并不能指出可测定元素的最低浓度或最小量，它可用"检出极限"表示。

9.7.2 检出限

检出限是指仪器能以适当的置信度检出元素的最低浓度或最低质量。在原子吸收分析中将待测元素给出 3 倍于标准偏差（3σ）的读数时所对应元素的浓度或质量称为最小检测浓度（相对检出限，$\mu g \cdot mL^{-1}$）或最小检测质量（绝对检出限，μg）。因此，原子吸收法的相对检出限为

$$D = \frac{\rho_s \times 3\sigma}{A} \tag{9-14}$$

同理，原子吸收法的绝对检出限为

$$D = \frac{m \times 3\sigma}{A} \tag{9-15}$$

或

$$D = \frac{\rho_s \times 3\sigma}{A} \tag{9-16}$$

式（9-14）~式（9-16）中，m 为被测物质的质量，g；ρ_s 为待测元素在试液中的质量浓度，$\mu g \cdot mL^{-1}$；A 为试液的吸光度；σ 为至少十次连续测量空白值的标准偏差。

"检出限"是指产生一个能够确定在试样中存在某元素的分析信号所需要元素的最小量。

"灵敏度"和"检出限"是衡量分析方法和仪器性能的重要指标，"检出限"考虑了噪声的影响，其意义比灵敏度更明确。同一元素在不同仪器上有时"灵敏度"相同，但由于两台仪器的噪声水平不同，检出限可相差一个数量级以上。因此，降低噪声，如将仪器预热及选择合适的空心阴极灯的工作电流、光电倍增管的工作电压等，有利于改进"检出限"。

9.8 原子吸收分光光度法的特点及其应用

原子吸收光谱法具有灵敏度高、干扰小、操作方便等特点。到目前为止，原子吸收法可测定的元素达 70 多种，但许多元素用常规方法，如直接分析法不能测定，或虽可测定但灵敏度太低而没有利用价值。例如硼、钨、铌、锆、铼等元素，其最灵敏线虽有光谱易测区域，但用火焰法直接测定的灵敏度很低，又如氮、磷、氧、碘、氯、溴等元素，其最灵敏线在真空紫外区，难以直接测定，还有砷、钛、钒、锗等元素，虽能达到一定的灵敏度，但仍不能满足微量分析的需要。为了扩大原子吸收光谱的分析范围，间接分析法成为一种好的补充测定方法。间接法就是让待测元素与一种或几种其他离子反应，然后测定生成物浓度或测定未反应完的过量试剂浓度，从而计算出待测元素的浓度。通常有以下方法：应用有机化合物或阴离子与金属离子形成络合物来测定有机物或阴离子。例如：利用维生素 B_{12} 的每个分子中含有一个钴原子，用原子吸法测定钴的吸光度（242.5nm 处），从而计算 B_{12} 的含量。原子吸收光谱法常用于以下方面的测定应用。

(1) 碱金属（K、Na、Li、Rb、Cs）

测定碱金属灵敏度和精密度都很高，且干扰效应较小，尤其是 K、Na、Li 三种元素。

(2) 碱土金属（Be、Mg、Ca、Sr、Ba）

测定这类元素的最大优点是——专属性好，干扰很少，这些元素的混合物能容易地用原子吸收法测定（Mg 的分析灵敏度特别高，是本法测定最灵敏的元素之一）。

(3) 有色金属（Cu、Pb、Zn、Cd、Hg、Sn、Bi、Ti）

吸收专属性很高，完全没有元素之间的相互干扰，共振线都在紫外区。

(4) 黑色金属（Fe、Co、Ni、Mn、Mo、Cr）

共同特点：光谱复杂，有很多谱线，尤其是 Fe、Co、Ni，因此，应使用高强度空心阴极灯和窄的光谱通带。

(5) 贵金属（Au、Ag、Pt、Rh、Ru、Os、Ir）

测定这类金属灵敏度较高。

人体中含有三十几种金属元素，如：K、Na、Mg、Ca、Cr、Mo、Fe、Pb、Co、Ni、Cu、Zn、Cd、Mn、Se 等，其中大部分为痕量，可用原子吸收分光光度法测定。如头发中锌的火焰原子化测定：取枕部距发根 1cm 的发样约 200mg，经洗涤剂液浸约 0.5h，用自来水冲洗，再用去离子水冲洗，烘干，准确称量 20mg，在石英消化管用 $HClO_4 : HNO_3 = 1 : 5$，消化后用 0.5% HNO_3 定容，最后测定 A。另外，空气、水和土壤等样品中各种有害微量元素 Pb、Zn、Cd 等的检测都可用原子吸收法来测定。

本 章 小 结

本章主要讲述了原子吸收光谱法的基本原理、基本仪器装置、光谱定量分析方法等。

原子吸收光谱法与学过的分光光度法从吸收定律、定量公式、仪器组成等方面有许多相似之处，又有本质的区别。所以掌握本方法的基本原理、仪器装置、定量分析方法以及与其他分析方法的联系与区别是十分重要的。具体要求如下。

1. 基本概念：共振吸收线、半宽度、积分吸收、峰值吸收、空心阴极灯、原子化器、灵敏度、检测极限。

2. 基本原理
(1) 原子吸收光谱分析法。
(2) 吸收线轮廓及吸收线轮廓的变宽原因。
(3) 峰值吸收与积分吸收。
(4) 原子吸收光谱分析法的定量方法有：校正曲线法、标准加入法。
(5) 原子吸收分光光度法中，干扰效应及消除方法；采用标准加入法和改变仪器条件（如分辨率、狭缝宽度）或背景扣除等。

3. 原子吸收分光光度法定量分析法。
4. 掌握原子吸收分光光度计的基本类型与结构。
5. 掌握原子吸收分光光度法的基本应用。

思考题与习题

1. 简述原子吸收分光光度计的主要部件及作用。
2. 何谓共振线？在原子吸收分光光度法中为什么常选择共振线作为分析线？
3. 原子吸收分光光度法主要有哪些干扰？如何消除？
4. 试比较紫外-可见分光光度法与原子吸收分光光度法的异同点。
5. 试述空心阴极灯的工作原理和特点。
6. 为什么在原子吸收分析时采用峰值吸收而不应用积分吸收？

7. 为什么选用共振线作为原子吸收法的测定分析线?
8. 火焰的高度和气体的比例对被测元素有何影响?
9. 对试样原子化的要求是什么?简述试样原子化的物理化学过程。
10. 比较火焰原子化法和石墨炉原子化法的特点。
11. 对于一个原子吸收测量来说,如果测量所用的空心阴极灯在有关的锐线区发射相当强的连续背景辐射,则测得的吸收与没有连续发射的灯所测得的有何不同?
12. 如果样品中的共存物质在火焰中产生一种能散射光源辐射的物质,则与待测元素浓度相同但无共存物质的溶液所测得的吸收有何不同?
13. 火焰有哪几种类型?举例说明火焰的种类及类型对元素测定有什么影响?
14. 试简述发射线和吸收线的轮廓对原子吸收光谱分析的影响。
15. 用原子吸收分光光度计对浓度为 $3.00 mg \cdot L^{-1}$ 的 Mg 标准溶液进行测定,测得透光率为 48%,计算灵敏度。   ($0.041 mg \cdot L^{-1} \cdot 1\%^{-1}$)
16. 用原子吸收法测定废水中的微量 Hg,分别吸取试液 10.00mL 于一组 25mL 的容量瓶中,加入不同体积的标准 Hg 溶液(质量浓度为 $0.400 mg \cdot L^{-1}$),稀释至刻度。测得下列吸光度:

V(Hg)/mL	0.00	0.50	1.0	1.50	2.00	2.50
A	0.067	0.145	0.222	0.294	0.371	0.445

在相同条件下做空白实验,吸光度 A 为 0.015。计算水样中 Hg 的质量浓度。   ($14 \mu g \cdot L^{-1}$)

17. 已知 Ca 的灵敏度是 $0.0050 \mu g \cdot mL^{-1} \cdot 1\%^{-1}$。试样中 Ca 的含量约为 0.010%,若用原子吸收法测定 Ca,其最适宜的测定浓度范围是多少?   ($0.10 \sim 0.15 \mu g \cdot mL^{-1}$)
18. 用原子吸收分光光度法分析水样中的铜,加入 $100 \mu g \cdot mL^{-1}$ 铜标液,用 (2+100) 硝酸稀释至 50mL。测定吸光度,分析结果列于下表中。另取样品 10mL 加入 50mL 容量瓶中,用 (2+100) 硝酸定容,测得吸光度 0.137。试计算样品中铜的浓度。   ($22.0 \mu g \cdot mL^{-1}$)

加入 $100 \mu g \cdot mL^{-1}$ 铜标液的体积/mL	1.00	2.00	3.00	4.00	5.00
A	0.073	0.127	0.178	0.234	0.281

19. 称取某含锌试样 2.1251g,移入 50mL 容量瓶中,稀释至刻度。在四个 50mL 容量瓶内,分别精确加入上述样品溶液 10.00mL,然后再依次加入浓度为 $0.1 mg \cdot mL^{-1}$ 的锌标准溶液 0.00mL、0.50mL、1.00mL、1.50mL,稀释至刻度,摇匀,在原子吸收分光光度计上测得吸光度分别为 0.061、0.182、0.303、0.415,求试样中锌的含量。   ($1.31 mg \cdot kg^{-1}$)

第 10 章 原子发射光谱法

10.1 概述

原子发射光谱法（atomic emission spectrometry，AES）是依据每种化学元素的原子或离子在热激发或电激发下，发射特征的电磁辐射进行定性、半定量和定量分析的方法。它是光学分析中历史最悠久的一种分析方法。早在 19 世纪 60 年代就确立了光谱定性分析的基础；20 世纪 30 年代建立了光谱定量分析法。60 年代以后，由于各种新型光源和现代电子技术的应用，使原子发射光谱法又一次得到新的发展。

10.1.1 原子发射光谱法基本原理

(1) 原子光谱的产生

原子发射光谱法是根据待测物质的气态基态原子或离子受激发后所发射的特征光谱的波长及其强度来测定物质中元素组成和含量的分析方法。原子发射光谱法的一般分析步骤如下：

① 在激发光源中，将被测定物质蒸发、解离、电离、激发，产生光辐射；
② 将被测定物质发射的复合光经分光装置色散成光谱；
③ 通过检测器检测被测定物质中元素谱线的波长和强度，进行光谱定性和定量分析。

正常情况下，组成物质的原子处于最低能量的基态。但是，当原子受到外界能量（如电能、热能等）的作用时，致使原子的外层电子从基态跃迁到能量更高的激发态，同时还可能电离并进一步被激发，处于各种激发态的原子或离子是很不稳定的，在 10^{-8} s 时间内，按照光谱选择定则，以光辐射形式释放出能量，跃迁到较低能级或基态，就产生原子发射光谱。发射光谱的能量可用下式表示：

$$\Delta E = E_2 - E_1 = h\nu = \frac{hc}{\lambda} \tag{10-1}$$

$$\lambda = \frac{hc}{\Delta E} \tag{10-2}$$

式中，E_2 及 E_1 分别是高能级与低能级的能量，通常以电子伏为单位；ν、λ 分别为发射光的频率和波长；c 为光在真空中的速度，等于 2.997×10^{10} cm·s^{-1}；h 为普朗克常量，6.625×10^{-34} J·s。

原子中的某个外层电子由基态跃迁到更高能级的激发态所需要的能量称为激发电位，以电子伏特表示，当该电子获得更多能量后，就可能发生电离，使原子电离所需要的最低能量称为电离电位。原子失去一个电子，称为一次电离，一次电离的原子再失去一个电子，称为二次电离。依次类推。

原子发射光谱是由于原子的外层电子在不同能级之间的跃迁而产生的。不同的元素其原子结构不同，原子的能级状态不同，因此，原子发射谱线的波长也不同，也即每种元素都有其特征光谱，这是光谱定性分析的基础。由于原子的能级很多，其外层电子可有不同的跃迁，但这些跃迁应遵循一定的规则"光谱选择定则"，因此，对特定元素的原子可产生一系列不同波长的特征光谱线（或光谱线组），这些谱线按一定的顺序排列，并保持一定的强度比例。原子内的电子轨道是不连续的（量子化的），电子的跃迁也是不连续的，故得到的光谱是线状光谱。根据国际纯粹与应用化学联合会（IUPAC）的规定，激发态与激发态之间跃迁所产生的谱线称为非共振线；由激发态向基态跃迁所发射的谱线称为共振线。共振线具有最小的激发电位，因此最容易被激发，为该元素最强的谱线。

在光谱学中，原子发射的谱线称为原子线，通常在元素符号后用罗马字母Ⅰ表示；离子的外层电子跃迁时发射的谱线称为离子线，一级离子线、二级离子线分别在元素符号后用Ⅱ、Ⅲ表示。如 Mg Ⅰ 285.21nm、Mg Ⅱ 280.27nm、Mg Ⅲ 182.90nm 等分别表示中性原子镁的原子线和其一级离子线、二级离子线。同种元素的原子和离子所产生的原子线和离子线都是该元素的特征光谱，习惯上统称为原子光谱。原子光谱线和离子光谱线各有其相应的激发电位和电离电位，都可在元素谱线表中查得。

(2) 谱线的强度

若某元素的原子或离子的激发处于热力学平衡条件下，则分配在各激发态和基态的原子浓度遵循麦克斯韦-玻尔兹曼分布定律。即：

$$N_i = N_0 \frac{g_i}{g_0} e^{-\frac{E_i}{kT}} \tag{10-3}$$

式中，N_i 为处于较高激发态 i 的原子密度，m^{-3}；N_0 为处于基态的原子密度，m^{-3}；g_i 和 g_0 为第 i 个激发态和基态的统计权重（统计权重是和这个能级的简并度有关的常数）；E_i 为激发电位；k 为玻尔兹曼常数，其值为 $1.38 \times 10^{-23} J \cdot K^{-1}$ 或 $8.618 \times 10^{-5} eV \cdot K^{-1}$；$T$ 为激发光源温度，K。

若用 N 表示被测定元素在等离子体中原子总密度，则任意激发态原子的密度 N_i 与原子总密度的关系如下：

$$N_i = \frac{g_i}{Z} N e^{-\frac{E_i}{kT}} \tag{10-4}$$

式中，$Z = \sum_i g_i e^{-\frac{E_i}{kT}}$，称为配分函数，$Z$ 为原子所有不同状态的统计权重和玻尔兹曼因子乘积的总和。

因为等离子体中物质不仅存在激发平衡，还存在解离平衡和电离平衡。分别用解离度（β）和电离度（α）来表征分子的解离和原子电离的程度。在等离子体工作条件下，分子一般可以完全解离，即 $\beta \approx 1$。这样任意能级状态下的原子和离子的密度与总原子密度间的关系如下：

$$N_i = \frac{g_i}{Z}(1-\alpha) N e^{-\frac{E_i}{kT}} \tag{10-5}$$

$$N_i^+ = \frac{g_i^+}{Z^+}(1-\alpha) N e^{-\frac{E_i^+}{kT}} \tag{10-6}$$

式中，N_i^+、g_i^+ 分别为离子在 i 能级状态下的密度、统计权重；E_i^+ 为离子的总激发电位，它等于原子的电离电位与离子的激发电位之和；Z^+ 为离子的配分函数。

电子在 i、j 两个能级间跃迁所产生的谱线强度可用 I_{ij} 表示，则

$$I_{ij} = N_i A_{ij} h \nu_{ij} \tag{10-7}$$

式中，N_i 为处于较高激发态 i 的原子密度，m^{-3}；A_{ij} 为跃迁概率，即每秒在 i、j 两能级间跃迁发生的概率；h 为普朗克常量；ν_{ij} 为发射谱线的频率。

将式（10-5）、式（10-6）分别代入式（10-7），则谱线强度公式为

$$I_{ij} = \frac{g_i}{Z} A_{ij} h \nu_{ij} (1-\alpha) N e^{-\frac{E_i}{kT}} \tag{10-8}$$

$$I_{ij}^+ = \frac{g_i^+}{Z^+} A_{ij}^+ h\nu_{ij}^+ \alpha N e^{-\frac{E_i^+}{kT}} \tag{10-9}$$

也可改写成：

$$I_{ij} = \frac{g_i}{Z} A_{ij} h \frac{c}{\lambda_{ij}} (1-\alpha) N e^{-\frac{E_i}{kT}} \tag{10-10}$$

$$I_{ij}^+ = \frac{g_i^+}{Z^+} A_{ij}^+ h \frac{c}{\lambda_{ij}^+} \alpha N e^{-\frac{E_i^+}{kT}} \tag{10-11}$$

由式（10-8）～式（10-11）可得，影响谱线强度的主要因素有以下几种。

① 激发电位　谱线强度与激发电位是负指数关系。激发电位越高，谱线强度越小。这是由于随着激发电位的增高，处于激发态的原子数迅速减少。激发电位较低的谱线都较强，而激发电位高的谱线都较弱，所以第一共振线常是某一元素所有谱线中最强的谱线。

② 跃迁概率　可通过实验数据得到，跃迁概率一般在 $10^6\sim10^9\,s^{-1}$ 之间，它与激发态寿命的倒数成正比，即原子处于激发态的时间越长，跃迁概率越小，产生的谱线强度越弱，显然，谱线强度与跃迁概率成正比。

③ 统计权重　具有相同 n、L、J 值的能级在有外加磁场时可以分裂成 $2J+1$ 个能级，而一般在无外加磁场时，这个能级就不会发生分裂，此时可以认为这个能级是由 $2J+1$ 个不同能级合并而成的。所以数值 $2J+1$ 常称作能级简并度或统计权重。谱线强度与统计权重成正比。

④ 激发温度　由谱线强度公式可知，谱线强度随激发温度升高而增大。但由于光源中的激发、电离等过程是同时发生的，随着温度升高，虽然激发能力增强，易于原子激发，但同时原子的电离能力也增强。随着温度的升高，一级电离度增大，中性原子密度减少，一级离子密度增大，使原子线强度减弱，一级离子线强度增大。当激发温度进一步升高时，一级离子线强度也会减弱。一些谱线强度与温度的关系如图 10-1 所示。可见，不同元素的不同谱线都有其最佳激发温度。

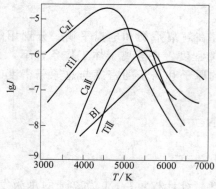

图 10-1　谱线强度与温度的关系

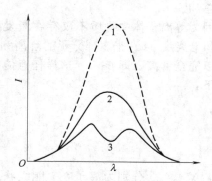

图 10-2　谱线的自吸和自蚀
1—无自吸；2—自吸；3—自蚀

⑤ 原子总密度　谱线强度与原子总密度 N 成正比。在一定条件下，N 与试样中被测元素的含量成正比，所以谱线强度也应与被测定元素含量成正比，光谱定量分析就是根据这一关系而建立的。

（3）谱线的自吸和自蚀

实际工作中，原子发射光谱的激发光源所产生的弧焰都具有一定的厚度，粒子密度与温度在弧焰各部位的分布并不均匀，中心部位的温度高，边缘部位温度低。元素的原子或离子从弧焰中心部位发射出来的辐射,被弧焰边缘处于基态或较低能态的同类原子吸收,使发射线强度减弱,这种现象称为谱线的自吸。谱线的自吸不仅影响谱线的强度,而且影响谱线的形状,如图 10-2 所示。弧层越厚,弧焰中被测元素的原子浓度越大,则自吸现象越严重。

当被测元素含量很小,即原子密度很低时,谱线不呈现自吸现象;当原子密度增大,谱线便产生自吸,使其强度减小;当元素含量增大到一定程度时,自吸现象非常严重,此时,谱线的峰值强度会完全被吸收,这种现象称为谱线的自蚀。在元素光谱表中,用 γ 表示自吸线,用 R 表示自蚀线。当被测定元素含量很高时,元素的共振线常有自蚀现象。

原子发射光谱分析中,由于自吸现象影响谱线的强度和形状,使光谱定量分析的灵敏度和准确度都下降。因此,应该注意控制被测定元素的含量范围,并且尽量避免选择自吸线为元素的分析线。

10.1.2 原子发射光谱法的特点

原子发射光谱法是一种成分分析方法,可对约 70 种元素(金属元素及磷、硅、砷、碳、硼等非金属元素)进行分析。发射光谱法在发现新元素和推动原子结构理论的建立等方面做出过重要贡献,在各种无机材料的定性、半定量及定量分析方面也曾发挥过重要作用。

原子发射光谱分析法有如下突出特点。

① 灵敏度高。在一般情况下适用于低含量元素的测定,对于电弧和火花光谱分析,大多数元素的检出限 $0.1 \sim 1 \mu g \cdot g^{-1}$;对于 ICP 光谱分析,大多数元素的检出限为 $10^{-3} \sim 10^{-5} \mu g \cdot g^{-1}$。

② 精密度和线性范围。对于电弧和火花光谱分析,精密度 ±10% 左右,线性范围约 2 个数量级;对 ICP 光电直读光谱分析,精密度为 ±1% 左右,线性范围可达 6 个数量级,可同时测定高、中、低含量的不同元素。

③ 选择性好,多元素同时检出能力强。由于每一种元素都有其特征谱线,一个样品一经激发,样品中各元素都各自发射出其特征谱线,可同时对多种元素进行定性和定量分析,目前该分析方法可测定 70 多种元素。

④ 分析效率高 原子发射光谱分析一般不必把待测元素从基体中分离出来,所用试样量少,一般只需要几毫克甚至十分之几毫克的试样,在较短时间内可测定大批试样,多通道光谱仪可以进行多元素同时测定,也可以进行光谱全分析,所分析工作的效率高。

原子发射光谱法除具有上述优点外,还存在以下缺点:

① 在经典分析中,影响谱线强度的因素较多,尤其是试样组分的影响较为显著,所以对标准参比的组分要求较高;

② 含量(浓度)较大时,准确度较差;

③ 只能用于元素分析,不能进行结构、形态的测定。

④ 大多数非金属元素难以得到灵敏的光谱线。

10.2 光谱分析仪器

进行光谱分析的仪器主要包括激发光源、光谱仪及进行光谱分析附属设备。

10.2.1 激发光源

激发光源的作用是提供样品蒸发、解离、原子化和激发所需要的能量,并产生光辐射信号。激发光源是影响分析精密度、准确度和灵敏度的主要因素。对激发光源的要求是:激发能力强,灵敏度高,稳定性好,结构简单,操作方便,使用安全。目前常用的激发光源有直流电弧、低压交流电弧、高压电火花和电感耦合等离子体等。

(1) 直流电弧光源

直流电弧发生器由一个电压为 220～380V、电流为 5～30A 的直流电源,一个铁芯自感线圈和一个整流电阻所组成,如图 10-3 所示。铁芯自感线圈 L 用于防止电流的波动,镇流电阻 R 用于调节和稳定电流大小。

工作原理:利用直流电源作为激发能源,使上下电极接触短路引燃电弧,也可用高频引燃电弧。如图 10-3 所示,分析间隙 G 一般以两个碳电极为阴、阳两极,试样装在下电极的凹孔内,工作时,使上、下电极接触通电,此时电极尖端烧热,引燃电弧后慢慢拉开,使两电极相距 4～6mm,就形成了电弧光源。燃弧后,从灼热的阴极端发射出的热电子流,高速穿过分析间隙而飞向阳极,冲击阳极时形成灼热的阳极斑,使阳极头温度达 3800K,试样在阳极表面蒸发、解离和原子化。产生的气态原子与电子碰撞,再次产生的电子向阳极奔去,正离子则冲击阴极又使阴极发射电子,该过程连续不断地进行,使电弧不灭。

直流电弧光源的弧焰温度为 4000～7000K,激发能力强,电极头温度高达 3800K,蒸发能力强,试样进入分析间隙的量多,因此,分析的绝对灵敏度高。常用于定性分析及矿石难熔物中低含量组分的定性、半定量和定量分析。缺点是弧焰不稳定,定量分析的精密度不高,而且谱线容易发生自吸现象。

(2) 低压交流电弧光源

交流电弧分为高压交流电弧和低压交流电弧。高压交流电弧的工作电压为 2000～4000V,电流为 3～6A,利用高压直接引弧,由于装置复杂,操作危险,因此实际上已很少采用。低压交流电弧的工作电压为 110～220V,设备简单,操作安全,应用较多。

如图 10-4 所示,低压交流电弧发生器由高频引弧电路(Ⅰ)和低压电弧电路(Ⅱ)组成。220V 的交流电通过变压器 T_1 使电压升至 3000V 左右向电容器 C_1 充电,充电速度由 R_2 调节。当 C_1 的充电能量随交流电压每半周升至放电盘 G' 击穿电压时,放电盘击穿,此时 C_1 通过电感 L_1 向 G' 放电,在 L_1C_1 回路中产生高频振荡电流,振荡的速度由放电盘的距离和充电速度来控制,每半周只振荡一次。高频振荡电流经高频变压器 T_2 耦合到低压电弧回路(Ⅱ),并升压至 10kV,通过电容器 C_2 使分析间隙 G 的空气电离,形成导电通道。低压电流沿着已造成电离的空气通道,通过 G 引燃电弧。当电压降至低于维持电弧放电所需的电压时,弧焰熄灭。此时,第二个半周又开始,该高频电流在每半周使电弧重新点燃一

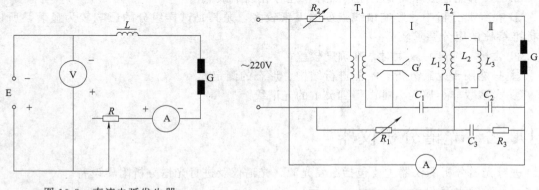

图 10-3 直流电弧发生器
E—直流电源;V—直流电压表;
A—直流安培表;R—整流电阻;
L—电感;G—分析间隙

图 10-4 低压交流电弧发生器
T_1,T_2—变压器;C_1,C_2—电容;
R_1,R_2—可变电阻;L_1,L_2—电感;
G'—放电盘;G—分析间隙

次，维持弧焰不熄。为了保证在小电流下弧焰稳定，可用电容器 C_3、电阻 R_3 与 C_2 并联。电感 L_3 与 L_2 并联，可防止因过热而烧坏 L_2。低压交流电弧光源的电极温度较低，这是由交流电弧的间隙性引起的。交流电弧的弧焰温度较高，因为其电弧的电流有脉冲性，电流密度比直流电弧大，因此，弧焰温度可达 4000~8000K，激发能力强，且稳定性好，定量分析精密度较好。该激发光源广泛应用于金属、合金中低含量元素的光谱定性、定量分析。但是由于电极温度较低，蒸发能力稍差，灵敏度低些。

（3）高压火花光源

高压火花发生器的电路如图 10-5 所示。220V 交流电压经变压器 T 升压至 1×10^4V 以上，通过扼流线圈 D 向电容器 C 充电。当电容器 C 两端的充电电压达到分析间隙的击穿电压时，通过电感 L 向分析间隙 G 放电而产生电火花。在交流电下半周时，电容器 C 又重新充电、放电，如此反复进行。在放电电路中串联一个由同步电机带动的转动电极 M（或用串联一个距离可精密调节的控制间隙，也可并联一个自感线圈来控制火花间隙），使电火花每半周放电一次或数次，确保在每半周电压最大值的瞬间放电，以获得最大的放电能量。

高压火花放电稳定性好，放电时间极短，瞬间通过分析间隙的电流密度很高，因此弧焰的瞬间温度高达 10000K，激发能量大。激发产生的谱线主要是元素的离子线，适用于难激发元素的定量分析。由于电火花以间隙的方式进行放电，因此电极温度较低，且弧焰半径小，其蒸发能力差。高压火花光源主要用于易熔金属、合金以及高含量元素的定量分析，不适于微量或痕量元素的测定。

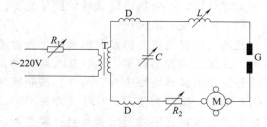

图 10-5　高压火花发生器

（4）电感耦合等离子体光源

电感耦合等离子体（inductively coupled plasma，ICP）光源是利用高频电感耦合的方法产生等离子体放电的一种装置。如图 10-6 所示，ICP 光源一般由三部分组成：高频发生器、

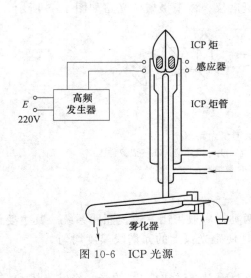

图 10-6　ICP 光源

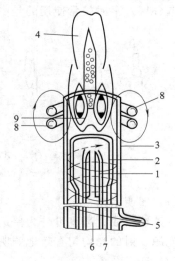

图 10-7　ICP 炬形成原理
1—内层管；2—中层管；3—外层管；
4—ICP 炬；5—冷却气；6—载气；
7—辅助气；8—感应圈；9—感应区

等离子体炬管和雾化器。等离子体炬管是一个三层同心石英玻璃管。外层通入冷却气氩气的目的是使等离子体离开外层石英管内壁，以避免烧毁石英管。中层石英管出口做成喇叭形，通入氩气起维持等离子体的作用，有时也可不通氩气。内层以载气载带试样气溶胶由内管注入等离子体内。试样气溶胶由气动雾化器和超声波雾化器产生。当高频发生器与围绕在等离子体炬管外的负载铜管线圈（以水冷却）接通时，高频电流流过线圈，并在炬管的轴线方向上形成一个高频磁场。此时，若向炬管内通入气体，并用一感应圈产生电火花引燃，则气体触发产生电离粒子。当这些带电离子达到足够的电导率时，就会产生一股垂直于管轴方向的环形涡电流。这股几百安培的感应电流瞬间就将气体加热到近10000K，并在管口形成一个火炬状的稳定的等离子炬，如图10-7所示。试样由内管喷射到等离子体中被蒸发、解离、电离和激发，并产生原子发射光谱。

由于高频电流的趋肤效应，使中心通道内的电流密度较低，而试样气溶胶在通道内受热蒸发、分解和激发。所以试样中共存元素对外层放电影响不大，降低了基体元素对谱线强度的影响，提高了ICP的分析准确度。ICP光源具有稳定性好、基体效应小、检出限低、线性范围宽等优点，是分析液体试样的最佳光源。

10.2.2 光谱仪（摄谱仪）

光谱仪的作用将光源发射出来的含各种波长的光色散成为光谱或单色光，并进行记录和检测。光谱仪的种类很多，但是基本部件是相近的，一般都是由照明系统、准光系统、色散系统和记录测量系统四个部分组成。按照所使用的色散元件不同，光谱仪分为棱镜光谱仪和光栅光谱仪；按照光谱记录与测量方法不同，分为摄谱仪和光电直读光谱仪。常用的光谱仪有棱镜光谱仪、光栅光谱仪和光电直读光谱仪。

10.2.2.1 棱镜摄谱仪

棱镜摄谱仪是以棱镜为色散元件并用照相法记录光谱的光谱仪。根据棱镜色散能力大小不同，可分为大、中、小型摄谱仪。大型的色散能力强，可分析具有复杂光谱的元素；中型的适用于一般元素分析；小型的可用于简单分析。若按棱镜材料不同，可分为玻璃棱镜摄谱仪，适用于可见光区；石英棱镜摄谱仪，适用于紫外区；萤石棱镜光电直读式光谱仪，适用于远紫外区。平时较常使用的是中型石英棱镜摄谱仪。棱镜摄谱仪光路如图10-8所示。

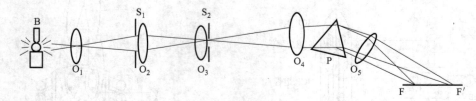

图10-8 棱镜摄谱仪光路图
B—光源；O_1,O_2,O_3—三透镜照明系统；O_4—准光镜；O_5—成像物镜；
S_1—遮光板；S_2—狭缝；P—色散棱镜；FF'—感光板

(1) 照明系统

由透镜组成。透镜可分为单透镜及三透镜两类，一般采用三透镜照明系统，其主要作用是使光源发射的光均匀有效地照明入射狭缝S_2，使感光板上的光谱线黑度均匀。

(2) 准光系统

包括狭缝S_2和准光镜O_4，其作用在于把光源辐射通过狭缝S_2的光，经准光镜O_4变成平行光束投射到色散棱镜P上。

(3) 色散系统

由一个或多个棱镜与成像物镜组成，其作用是将入射光色散成光谱。棱镜的色散原理由科希（Cauchy）经验公式表示

$$n = A + \frac{B}{\lambda^2} + \frac{C}{\lambda^4} \tag{10-12}$$

式中，n 为折射率；λ 为波长；A、B、C 为常数。

由式（10-12）可见，棱镜是利用光的两次折射原理进行色散的，波长越短的光，折射率越大，当复合光通过棱镜时，不同波长的光就会因折射率不同被色散为光谱。

（4）记录系统

包括成像物镜 O_5 和感光板 FF'。其作用是将经过色散后的单色光束聚焦而形成按波长顺序排列的狭缝像——光谱，并记录在感光板上。然后再作光谱定性和定量分析。感光板可以同时记录一定波长范围内的所有元素的光谱，并能长期保存。感光板上谱线的质量直接影响测量结果，因此必须了解和掌握感光板的基本性质。

① 感光板与谱线黑度　感光板主要由玻璃片基和感光层两部分组成。感光层又称乳剂，由感光物质卤化银、明胶和增感剂等组成，最常用的卤化银为 AgBr。摄谱时元素的光谱使感光板感光，然后在暗室显影、定影，感光层中金属银析出，形成黑色的光谱线。

感光板上的谱线黑度是指谱线在感光板上的变黑程度，主要取决于曝光量 H，一般曝光量越大，谱线越黑。曝光量 H 等于乳剂所接受光的照度 E 与感光时间 t 的乘积。而照度又与光的强度 I 成正比，所以

$$H = Et = KIt \tag{10-13}$$

谱线黑度 S 常用测微光度计来测量。如图 10-9 所示，设测量谱线黑度 S 时所用的光源强度为 I_0，i_0 为感光板无谱线部位透过光的强度，i 为有谱线部位透过光的强度，则谱片变黑处的透光度 T 为

$$T = \frac{i}{i_0}$$

而黑度 S 则定义为

$$S = \lg \frac{1}{T} = \lg \frac{i_0}{i} \tag{10-14}$$

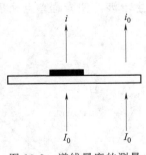

图 10-9　谱线黑度的测量

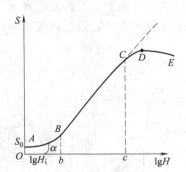

图 10-10　乳剂特性曲线

② 感光板的乳剂特性曲线　谱线的黑度 S 与曝光量 H 之间的关系比较复杂，很难用简单的数学公式表达，常常只能用图解方法表示。如图 10-10 所示，把 S-$\lg H$ 关系曲线称为乳剂特性曲线。由图可见，曲线可分为四部分：AB 部分为曝光不足部分，黑度小，斜率增加缓慢；CD 部分为曝光过量部分，斜率逐渐减小；DE 为负感光部分，黑度随曝光量增大而降低；BC 部分为正常曝光部分，其斜率是固定的。光谱定量分析中一般用 S-$\lg H$ 曲线的正

常曝光部分来确定曝光量和定性分析的线性范围,此时,S 与 $\lg H$ 的关系可用直线方程表示,即

$$S=\gamma(\lg H-\lg H_i) \tag{10-15}$$

式中,γ 为直线 BC 的斜率,表示当曝光量改变时黑度变化的速度,即 $\gamma=\tan\alpha$,称为感光板的反衬度,它是感光板的重要特性之一;BC 直线的延长线在横坐标上的截距为 $\lg H_i$,H_i 决定感光板的灵敏度,H_i 值愈小,灵敏度愈高,感光速度愈快,H_i 称为感光板的惰延量;S_0 是感光板上未曝光的乳剂经显影液作用后产生的黑度,称为雾翳黑度;bc 是直线 BC 在横坐标上的投影,称为乳剂的展度,在定量分析时,它决定感光度正常曝光量对数值的范围,以此确定元素定量分析的含量范围。

在实际工作中,由于谱线强度 I 与曝光量 H 是成正比的,根据式(10-13),通常以光强度或透射比 T 代替曝光量制作乳剂特性曲线,即 S-$\lg I$ 或 S-$\lg T$ 关系曲线。

10.2.2.2 光栅摄谱仪

光栅摄谱仪应用衍射光栅作为色散元件,利用光的衍射现象进行分光,其光学系统与棱镜摄谱仪基本一样,图 10-11 是国产 WSP-1 型平面反射光栅摄谱仪的光路示意图。试样在光源 B 激发后发射的光经三透镜 L 及狭缝 S 投射到反射镜 P_1 上,经反射之后投射到凹面反射镜 M 下方的准光镜 O_1 上,变为平行光,再射至平面反射光栅 G,经色散后便按波长顺序被分开。不同波长的光由凹面反射镜 M 上方的准光镜 O_2 聚焦于感光板的乳剂面 F 上,得到按波长顺序展开的光谱。P_2 是二级衍射反射镜,图中虚线表示衍射光路。旋转光栅转台 D 可改变入射角和衍射角,得到所需要波长范围的光谱。为避免一次和二次衍射光相互干扰,在暗箱前投一光阑,将一次光谱挡掉。在不用二次衍射时,转动挡光板将二次衍射反射镜 P_2 挡住。

(1) 光栅的色散原理

光栅分透射光栅和反射光栅两类。现代光谱仪器主要使用反射光栅,它是在光学玻璃或金属高抛光表面上,准确地刻制出许多等宽、等距、平行的具有反射面的刻痕。常用的光栅刻痕密度每毫米为 1200 条、1800 条或 2400 条。反射光栅又分为平面反射光栅和凹面反射光栅,凹面反射光栅具有色散和聚焦两种作用。其色散原理如图 10-12 所示,一束均匀的平行光照射到平面光栅上,光波就在光栅每条刻痕的小反射面上产生衍射光,各条刻痕同一波长的衍射光方向一致,它们经物镜聚合,并在焦平面上发生干涉,使光程差与衍射光波长成

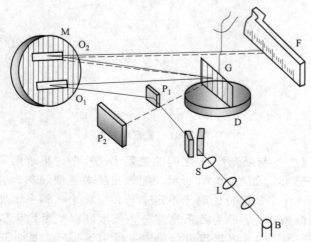

图 10-11 国产 WSP-1 型平面光栅摄谱仪

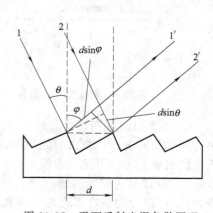

图 10-12 平面反射光栅色散原理

整数倍的光波互相加强，得到亮条纹，即该波长单色光的谱线。光栅的色散作用可由光栅公式表示，即

$$d(\sin\theta \pm \sin\varphi) = K\lambda \tag{10-16}$$

式中，d 为光栅常数，mm，它是相邻两刻痕间的距离，是光栅刻痕密度 b（mm^{-1}）的倒数；θ 为入射角；φ 为衍射角；$d\sin\theta$ 为相邻入射光波 1 与 2 的光程差；$d\sin\varphi$ 为相邻衍射光波 $1'$ 与 $2'$ 的光程差；$d(\sin\theta \pm \sin\varphi)$ 为光波 $11'$ 与光波 $22'$ 的总光程差，即在 φ 方向衍射的两相邻光波的光程差。在式（10-16）中，加号表示衍射光和入射光在光栅法线的同侧，减号表示它们在光栅法线异侧。K 为光谱级次，$K=0, \pm1, \pm2, \cdots$；λ 为衍射光的波长。

（2）光栅光谱仪的光学特性

光栅光谱仪的光学特性常用色散率、分辨率来表征。

① 色散率　常用线色散率 $dl/d\lambda$（mm·nm^{-1}）和倒线色散率 $d\lambda/dl$（nm·mm^{-1}）表示。是将不同波长的光谱线色散开来的能力。

线色散率 $dl/d\lambda$ 表示具有单位波长差的两条谱线在焦平面上分开的距离。可用下式表示：

$$\frac{dl}{d\lambda} = \frac{Kf}{d\cos\varphi} \tag{10-17}$$

大多数情况下，衍射角一般都小于 $8°$，可近似认为 $\cos\varphi=1$，则

$$\frac{dl}{d\lambda} = \frac{Kf}{d} \tag{10-18}$$

或

$$\frac{dl}{d\lambda} = Kfb \tag{10-19}$$

在实际工作中，光栅光谱仪的色散率习惯用倒线色散率表示，即

$$\frac{d\lambda}{dl} = \frac{d}{Kf} \tag{10-20}$$

② 分辨率 R　分辨率 R 是指根据瑞利（Rayleigh）准则分辨清楚两条相邻光谱线的能力。瑞利准则认为，等强度相邻的两条谱线，当一条谱线的衍射极大值恰好和另一条谱线的衍射极小值重叠时，可以认为这两条谱线刚好能被分辨开来，如图 10-13 所示。根据瑞利准则和光栅理论，分辨率公式为

$$R = \frac{\lambda}{\Delta\lambda} = KN \tag{10-21}$$

或

$$R = KN = Klb \tag{10-22}$$

式中，λ 为两条相邻谱线的平均波长；$\Delta\lambda$ 为其波长差；K 为光谱级次；N 为光栅刻痕总数；b 为光栅刻痕密度，mm^{-1}；l 为光栅宽度，mm。

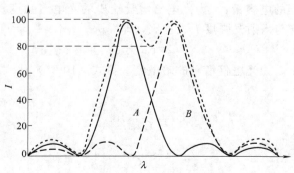

图 10-13　光栅分辨能力示意图

一般光谱仪的实际分辨率仅为理论分辨率的 70%～80%。实际工作中，用分开波长很近的谱线（双线或多重线）来评价和计算光栅光谱仪的实际分辨率。例如，某光谱仪能分辨谱线的最小波长差为 $\Delta\lambda=0.033\text{nm}$，它能够清楚地分开铁三线（Fe 310.067nm、Fe 310.030nm、Fe 310.997nm），则光谱仪的实际分辨率为

$$R=\frac{\lambda}{\Delta\lambda}=\frac{310.031\text{nm}}{0.033\text{nm}}=9395$$

即当光谱仪器的实际分辨率大于 9395 时，就能清楚地分开 Fe 310.00nm 附近的三条谱线。

光栅一般多用于光电直读光谱仪，而光栅摄谱仪由于对成像质量要求比较高，多采用平面光栅作为色散原件。按刻制方式不同，还可分为机刻光栅（包括原刻光栅和复制光栅）和全息光栅，全息光栅采用激光全息照相方法制造，刻槽数可达 6500 条·mm^{-1}，且可得到较大面积的光栅。机刻光栅和全息光栅都是现代发射光谱仪的重要色散原件。

10.2.2.3 光电直读光谱仪

光电直读光谱仪利用光电法直接测量谱线的强度。目前由于 ICP 光源的广泛应用，光电直读光谱仪已较普遍使用。它与摄谱仪不同之处在于光谱信号记录系统不是感光板，而是由出射狭缝、光电倍增管及读出系统组成的光电测量记录系统。其基本构造原理如图 10-14 所示。光栅色散后的单色光通过出射狭缝后进入光电倍增管，光电倍增管将光信号转换成电信号，并且将电流放大。产生的阳极电流输入到测光读数系统中的积分电路中，并向积分电容充电。若在积分时间 t 内，电容器累积的电量为 Q，则电容器的充电电压 U 为

$$U=\frac{Q}{C} \tag{10-23}$$

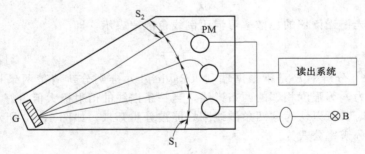

图 10-14 光电直读光谱仪示意图

B—光源；S$_1$—入射狭缝；G—凹面光栅；S$_2$—出射狭缝；PM—光电倍增管

$$U=\frac{1}{C}\int_0^t i\,\mathrm{d}t \tag{10-24}$$

式中，C 为积分电容器的电容量；i 为光电倍增管输出的光电流强度。当入射光的光谱成分不变时，光电流强度 i 与入射光强度 I 成正比，即

$$i=KI+i_0 \tag{10-25}$$

式中，K 为比例系数；i_0 为光电倍增管的暗电流。将式（10-25）代入式（10-24），并令 $i_0=0$，得

$$U=\frac{K}{C}\int_0^t I\,\mathrm{d}t \tag{10-26}$$

$$U=\frac{Kt}{C}I \tag{10-27}$$

式中（10-27）中电容器电容量 C 为恒定的，因此 K 与 C 之比为常数，令其为 k，则

$$U = kIt \tag{10-28}$$

由此可知，当积分时间 t 一定时，积分电容器的充电电压与谱线强度成正比。

光电直读光谱仪类型很多，按照出射狭缝的工作方式，可分为顺序扫描式、多通道固定狭缝式和傅里叶变换型三类。目前，常用的光电直读仪是多通道固定狭缝式，而傅里叶变换型应用很少。顺序扫描式只有一个通道，转动光栅在不同的时间检测不同波长的谱线；多通道固定狭缝式光电直读仪结构如图 10-14 所示。在焦面上安装了若干个出射狭缝和光电倍增管，构成若干个通道（可根据需要设置 20～70 个）。发射光谱由入射狭缝投射到凹面光栅 G 上，经光栅色散成光谱后，不同波长的光聚焦在不同的焦面上经相应的出射狭缝进入相应的光电倍增管，光电转换、放大后经过计算机处理、记录，在电视屏幕显示或打印出数据。全部过程都是计算机自动程控进行。在分析测定各元素含量时，将各元素的标准曲线输入计算机，可同时测定多种元素的含量。缺点是出射狭缝和能分析的元素固定，改换分析线和增加分析元素都有困难。

光电直读光谱仪的优点是：可与计算机联用直接处理结果，分析速度快，准确度高，线性范围宽。可在同一分析条件下对试样中含量差别很大的不同元素同时进行测定。主要缺点是仪器昂贵，维护费用高，固定通道的仪器只能测定有限的固定元素。

综上所述，在原子发射光谱仪中使用的检测器大致可以分为两类：一类是通过摄谱仪以胶片感光方式记录原子发射光谱，再利用感光胶片上的原子发射线的波长和黑度进行间接定性和定量检测；另一类则通过光电转换元件将光信号转换为电流并放大，再进行检测，所使用检测器除了有上述光电倍增管之外，还有很多种如光电池、二极管阵列、接触式感光器件（CIS）、电荷耦合式检测器（CCD）、电荷注入式检测器（CID）、分段式电荷耦合检测器（SCD）等。

10.3 原子发射光谱分析

发射光谱分析包括定性、半定量和定量分析三种。

10.3.1 光谱定性分析

由于各种元素的原子结构不同，在光源的激发作用下，可以产生许多按一定波长次序排列的谱线组——特征谱线，其波长是由每种元素的原子性质所决定的。通过检查谱片上有无特征谱线的出现来确定该元素是否存在，称为光谱定性分析。光谱定性分析一般都采用摄谱法。试样中所含元素只要达到一定的含量，都可以有谱线被摄谱在感光板上。

（1）灵敏线、最后线、特征线组和分析线

有些元素的光谱比较简单，所发射出的谱线数量较少，如氢等。但有些元素的原子结构比较复杂，所发射出的谱线很多，有的多达几千条。在元素光谱定性分析时，并不要求对元素的每条谱线都进行鉴别，一般只要在试样光谱中根据波长鉴别出 2～3 条元素的灵敏线，就可以确定试样中存在该元素。

元素的灵敏线是指元素特征光谱中强度较大的谱线，通常是具有较低激发电位和较大跃迁概率的共振线；谱线强度与试样中元素的含量有关，当元素的含量逐渐减少时，其中有一部分灵敏度较低、强度较弱的谱线将渐次消失，最后消失的谱线称为该元素的最后线。最后线往往就是元素的最灵敏线，即元素的主共振线。但是，当试样中元素含量较高时，由于产生谱线自吸现象，元素的最后线往往不是最灵敏线；特征线组是指某种元素特有的、最容易辨认的多重线组，如铁元素的四重线组（301.62nm、301.76nm、301.90nm、302.06nm）；在光谱分析中，用于鉴定元素的存在及测定元素含量的谱线称为分析线。元素的分析线应该具备以下基本条件：①它是元素的灵敏线，具有足够的强度和足够的灵敏度；②是元素的特征线组；③是无自吸的共振线；④不应与其他干扰谱线重叠。一般，元素分析线可在光谱波长表中查到。

（2）光谱定性分析方法

光谱定性分析一般采用比较法，常用的有标准试样光谱比较法和标准光谱图比较法。

① 标准试样光谱比较法　若只需检定少数几种元素，且这几种元素的纯物质比较容易获得，采用该法比较方便。在同一条件下将试样与已知的待测定元素化合物并列摄谱，再根据光谱图进行比较，便可确定某些元素是否存在。例如检查黄铜试样中是否含有铅，只要将黄铜试样与已知含铅的黄铜标准试样并列摄谱于同一感光板上，比较并检查试样光谱中是否有铅的谱线存在便可确定。

② 标准光谱图比较法　标准光谱图比较法又叫铁光谱比较法。由于铁光谱的谱线很多，在各波段分布均匀，而且每一条铁谱线的波长，已经过精确的测量，故可作为波长标尺。"标准光谱图"是在一张放大20倍的纯铁光谱图上准确标出68种元素主要特征谱线的图谱，如图10-15所示。当把样品与纯铁并列摄谱于同一感光板上后，将谱板在映谱仪上放大20倍，使纯铁光谱与标准光谱图上铁光谱重合，若试样光谱上某些谱线和图谱上某些元素谱线重合，就可以确定谱线的波长及所代表的元素。标准光谱图比较法可以同时进行多种元素的定性分析。

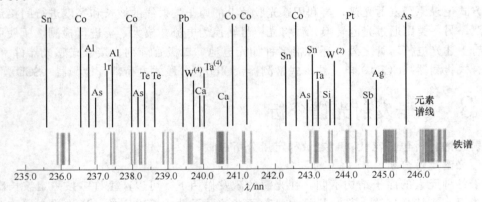

图 10-15　元素标准光谱图

有些样品光谱中，有些谱线在铁标准图谱上没有标出，无法辨别是何种元素，此时可采用波长测定法，确定波长，再到谱线波长表上确定该波长的谱线属何种元素。波长计算方法为：当未知波长谱线位于两已知波长铁谱线间时，先在测长仪上测定两条铁谱线间距离 a，再测定未知谱线与其中一条铁谱线间的距离 b，根据下式知谱线波长：

$$\frac{\lambda_2-\lambda_1}{a}=\frac{\lambda_2-\lambda_x}{b} \tag{10-29}$$

式中，λ_1、λ_2 分别为两相邻铁谱线的波长；a 为 λ_1、λ_2 两谱线间的距离；λ_x 为未知谱线的波长；b 为未知谱线 λ_x 与 λ_2 谱线间的距离。

光谱定性分析简单快速，可靠性高，可对七十多种元素作定性分析，它所需试样量很少，而且可以采用任何形式的试样，对大部分元素都有很高的灵敏度，它是目前进行元素定性分析的最好方法。

（3）光谱定性分析工作条件的选择

① 一般选用中型摄谱仪，因为中型摄谱仪的色散率比较适中，可将欲测定元素一次摄谱，便于检出。对谱线复杂、谱线干扰严重，如稀土元素等，可采用色散率大的大型摄

谱仪。

② 为提高分辨率，减少谱线重叠干扰和降低光谱背景，光谱仪应采用较小的入射狭缝，以 5~7μm 为宜。

③ 一般采用直流电弧光源，因为直流电弧电极头温度高，有利于试样蒸发，分析的绝对灵敏度高。

④ 电流控制应先用小电流，如 5~6A，使易挥发元素先蒸发；后用大电流，如 6~20A，直至试样蒸发完毕。这样保证易挥发和难挥发元素都能很好地被检出。

⑤ 定性分析用的电极应该无杂质，根据工作需要，光谱纯碳电极应该加工成不同形状的电极孔穴，以利于各种不同元素的蒸发和激发。

⑥ 一般采用灵敏度高的紫外Ⅱ型感光板。

此外，摄谱时曝光时间对检测痕量杂质元素影响也很大，既要有足够的曝光时间以保证痕量元素谱线在感光板上显现一定黑度，又要防止过度曝光使光谱背景增大，使微弱的元素谱线难以辨识。

10.3.2 光谱半定量分析

若分析的准确度要求不高，只需要知道元素大概含量并迅速得出结果时，可用半定量分析法快速、简便地解决问题。如在钢材、合金的分类，矿石品级的评定以及在光谱定性分析中，除需要给出试样中存在哪些元素外，还需要给出元素的大致含量，这时就须采用半定量分析法。该方法准确度较差，误差一般为 30%~100%。常用的光谱半定量分析法有谱线黑度比较法和谱线呈现法。

（1）谱线黑度比较法

将被测元素配制成标准系列，将试样与配好的标准系列试样或标样在相同实验条件下并列摄于同一块谱板上，然后在映谱仪上用目视法直接比较试样和标样光谱中元素分析线的黑度，即可估计试样中待测元素的含量。例如分析黄铜中的铅含量。摄谱后在映谱仪上分别找出试样与标样中铅的分析线 Pb 283.3nm，然后观察比较两条谱线的黑度，如果试样中分析线的黑度与含铅 0.01% 标样中谱线的黑度相似，则此试样中铅的含量大约也是 0.01%。该方法的准确度取决于被测试样与标样基体组成的相似程度以及标准系列中被测元素含量间隔的大小。

（2）谱线呈现法

谱线的数量随元素含量的降低而减少。当元素含量足够低时，仅出现少数灵敏线；当元素含量逐渐增加时，则谱线的数量也随之逐渐增加。于是，根据实验可以编制一张谱线出现与含量的关系表，即谱线呈现表。以后就根据某一谱线是否出现来估计试样中该元素的大致含量。表 10-1 为铅的谱线呈现表。例如，试样光谱中铅的分析线仅 283.31nm、261.42nm、280.20nm 三条谱线清晰可见，根据谱线呈现表可以判断试样中 Pb 的质量分数为 0.003%。此法的优点是不需要每次配制标样，方法简便快速。谱线呈现法的准确度，同样受试样组成和分析条件的影响较大。

表 10-1　铅的谱线呈现表

$w_{Pb}/\%$	谱线波长及其特征
0.001	283.31nm 清晰，261.42nm 清晰，280.20nm 清晰
0.003	283.31nm 和 261.42nm 谱线增强，280.20nm 谱线清晰
0.01	上述各线均增强，266.32nm 和 287.33nm 谱线很弱
0.03	上述各线均增强，266.32nm 和 287.33nm 谱线清晰
0.1	上述各线均增强，不出现新谱线
0.3	上述各线均增强，239.38nm 和 257.73nm 谱线清晰
1.0	上述各线均增强，240.20nm、241.17nm、244.38nm 和 244.62nm 谱线很弱

此外，也可选用一条或数条分析线与一些内标线组成若干个匀称线组，在一定分析条件下对样品摄谱，观察所得光谱中分析线和内标线的黑度，找出黑度相等的匀称线对来确定样品中分析元素的含量。该方法称为匀称线对法。

10.3.3 光谱定量分析

(1) 定量分析的基本关系式

光谱定量分析是根据被测试样中元素的谱线强度来确定元素的含量的。从式（10-8）、式（10-9）、式（10-10）和式（10-11）可知，激发温度 T 一定时，谱线强度公式中除了原子总密度 N，其余各项均可视为常数，而原子总密度又与试样中该元素的含量 c 成正比，比例系数和上述各项常数统一用 a 表示，则有

$$I = ac \tag{10-30}$$

当考虑到谱线存在自吸时，元素谱线强度 I 与浓度 c 之间的关系可由赛伯（Schiebe）-罗马金（Lomakin）经验公式表示

$$I = ac^b \tag{10-31}$$

式中，a 和 b 在一定条件下为常数。a 与光源、蒸发、激发等工作条件及试样组成有关；b 为自吸系数，它与谱线自吸性质有关，$b \leqslant 1$。当被测元素含量很低时，谱线无自吸，$b=1$，有自吸时，$b<1$，自吸愈大，b 值愈小。

将式（10-31）两边同时取对数，得

$$\lg I = b\lg c + \lg a \tag{10-32}$$

式（10-31）和式（10-32）为光谱定量分析的基本公式。$\lg I$ 和 $\lg c$ 的关系曲线如图 10-16 所示。由图可见，在一定浓度范围内，$\lg I$ 与 $\lg c$ 呈线性关系。当元素含量较高时，谱线产生自吸，由于 b 不为常数（$b<1$），曲线发生弯曲。因此，只有在一定的实验条件下 $\lg I$-$\lg c$ 关系曲线的直线部分才可作为元素定量分析的标准曲线。可以直接测量谱线的绝对强度，制成如图 10-16 所示的标准曲线，再测量待测元素的含量，这种方法称为绝对强度法。

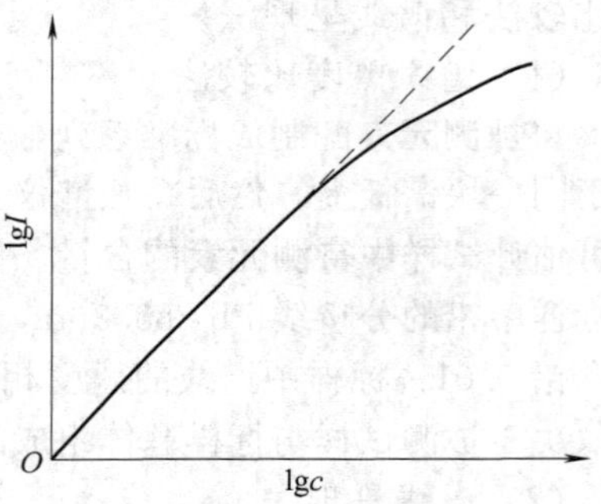

图 10-16 元素含量与谱线强度的关系

(2) 内标法定量分析的基本关系式

实际工作中，由于工作条件及试样组成等的变化，a 值在测定过程中很难保持为常数。因此，绝对强度法是很难得到准确结果的，故通常采用内标法来消除工作条件不稳定对分析结果的影响，提高光谱定量分析的准确度。内标法又叫相对强度法，由盖拉赫提出，基本原理是：在被测定元素的谱线中选一条灵敏线作为分析线，在基体元素（或定量加入的其他元素）的谱线中选一条谱线作为内标线。发射内标线的元素称为内标元素。所选用的分析线与内标线组成分析线对。分析线与内标线的绝对强度的比值称为分析线对的相对强度。显然工作条件相对变化时，分析线对两谱线的绝对强度虽然均有变化，但对分析线对的相对强度影响不大。因此，用分析线对的相对强度可以准确地测定元素的含量。

设待测元素的含量为 c_1，对应分析线强度为 I_1，内标元素的含量为 c_2，对应内标线强度为 I_2，由式（10-31）得

$$I_1 = a_1 c_1^{b_1}$$
$$I_2 = a_2 c_2^{b_2}$$

当内标元素的含量为一定值时，c_2 为常数；若内标线无自吸，则 $b_2 = 1$，这样内标线强度 I_2 为一常数。则分析线与内标线相对强度比 R 为

$$R=\frac{I_1}{I_2}=\frac{a_1 c_1^b}{I_2} \tag{10-33}$$

令 $A=\dfrac{a_1}{I_2}$,将分析元素的含量 c_1 和吸收系数 b_1 改写为 c 和 b,得

$$R=\frac{I_1}{I_2}=Ac^b \tag{10-34}$$

将式(10-34)两边同时取对数得

$$\lg R=\lg \frac{I_1}{I_2}=b\lg c+\lg A \tag{10-35}$$

式(10-35)即为内标法光谱定量分析的基本公式。内标元素和分析线对的选择原则如下。

① 内标元素和被测元素有相近的物理化学性质,如沸点、熔点相近,在激发光源中有相近的蒸发性。

② 内标元素可以是基体元素,也可以是外加元素,但其含量必须固定。若是外加的,样品中不应含有内标元素。

③ 若分析线对为原子线,分析线对的激发电位应该相近;若分析线对为离子线,分析线对的电离电位和激发电位也应该相近。激发电位或电离电位相同的分析线对称为"匀称线对",它们的相对强度不受激发条件改变的影响。

④ 分析线对的波长、强度也应尽量接近,以减少测量误差。分析线对应无干扰、无自吸。分析线对的光谱背景也应尽量小。

用摄谱法进行光谱定量分析时,最后测得的是谱线的黑度,而不是谱线的强度。前述已知感光板乳剂特性曲线直线部分的 S-$\lg H$ 关系式(10-15)可由 S-$\lg I$ 关系式表示,即

$$S=\gamma(\lg I-\lg I_\mathrm{i}) \tag{10-36}$$

对于一定的乳剂,$\gamma \lg H_\mathrm{i}$ 或 $\gamma \lg I_\mathrm{i}$ 为常数,以 i 表示,可将式(10-36)写成

$$S=\gamma \lg I - i \tag{10-37}$$

当分析线对的谱线所产生的黑度均落在乳剂特性曲线的直线部分时,分析线对中分析线黑度 S_1 和内标线黑度 S_2 分别为

$$S_1=\gamma_1 \lg I_1 - i_1$$
$$S_2=\gamma_2 \lg I_2 - i_2$$

由于分析线对的波长要求很接近,又在同一块感光板的同一条谱带上,曝光时间相等,则可令

$$\gamma_1=\gamma_2=\gamma, i_1=i_2=i$$

此时分析线对的黑度差 ΔS 为

$$\Delta S=S_1-S_2=\gamma \lg \frac{I_1}{I_2} \tag{10-38}$$

或

$$\Delta S=\gamma \lg R$$

可见分析线对的黑度差值与谱线相对强度的对数呈正比。

将式(10-35)代入式(10-38)得

$$\Delta S=\gamma b \lg c + \gamma \lg A \tag{10-39}$$

式(10-39)即为摄谱法光谱定量分析的基本关系式。采用式(10-39)进行光谱定量分析时,除遵循内标法的一般原则外,还应注意以下几点:

① 分析线对的黑度值必须落在乳剂特性曲线的直线部分;
② 在分析线对的波长范围内,乳剂的反衬度 γ 值保持不变;
③ 分析线对无自吸现象,$b=1$。

光电直读光谱定量分析法中，积分电容器的充电电压与谱线强度成正比。将 $I=ac^b$ 代入式（10-28）得

$$U=ktac^b$$

由于积分时间 t 为常数，上式可写为

$$U=Ac^b \tag{10-40}$$

或

$$\lg U=b\lg c+\lg A \tag{10-41}$$

式（10-40）和式（10-41）是光电直读光谱分析的基本关系公式。为了进一步提高分析的准确度，也可采用内标法进行定量分析。设分析线的强度为 I_1，内标线的强度为 I_2，测得积分电容器上的充电电压分别为 U_1 和 U_2。根据内标法原理和式（10-28），得

$$\frac{U_1}{U_2}=\frac{I_1}{I_2}=R \tag{10-42}$$

或

$$\lg\frac{U_1}{U_2}=\lg\frac{I_1}{I_2}=\lg R \tag{10-43}$$

由式（10-35），得光电直读光谱分析内标法关系式为

$$\lg\frac{U_1}{U_2}=b\lg c+\lg A \tag{10-44}$$

（3）光谱定量分析方法

光谱定量分析法仍然是一种依赖于标准试样的相对分析法。常用的方法有标准曲线和标准加入法。

① 标准曲线法　配制一系列（三个或三个以上）基体组成与试样相似的标准试样，在与试样完全相同的工作条件下激发，测得相应的元素分析线的黑度、强度，或者测得相对应的分析线对的黑度差、相对强度等。绘制 $\lg R\text{-}\lg c$、$\Delta S\text{-}\lg c$ 或 $\lg U\text{-}\lg c$、$\lg (U_1/U_2)\text{-}\lg c$ 标准曲线，如图 10-17。根据试样的 $\lg R_x$、ΔS_x、$\lg U_x$ 或 $\lg (U_1/U_2)_x$，从相应的标准曲线上求算出被测定元素的含量。由于绘制标准曲线不应少于三个标准试样，故称为"三标准试样法"。三标准试样法是将标样与试样同时摄谱，可以消除实验条件变化引入的误差，因而准确度较高。但是，在进行分析时，要在感光板上拍摄较多条标准试样的光谱，需花费较长的时间，消耗大量的标准试样，故不适合快速分析。

② 标准加入法　标准加入法又称添加法和增量法。其基本原理如下。

设试样中被测元素含量或浓度为 c_x，等量称取或量取待测试样若干份，从第二份开始每份加入已知的不同量或不同浓度的待测元素的标样或标准溶液，设不同加入量 c_s（增量）分别为 c_0，$2c_0$，$3c_0$，$4c_0$，…；在相同的工作条件下激发，测得试样和不同加入量标样的分析线对强度比 R。根据式（10-34）和式（10-42），有

$$R=\frac{I_1}{I_2}=\frac{U_1}{U_2}=Ac^b$$

在元素的微量及痕量分析中，$b=1$，则 $R=Ac$，在相同实验条件下分析线对的强度比 R 加入 c_s 有如下关系：

$$R=A(c_x+c_s)$$

作 $R\text{-}c_s$ 工作曲线，并延长工作曲线与横坐标相交，其交点的含量或浓度的绝对值即为 c_x，如图 10-18 所示。

若是摄谱法，必须通过乳剂特性曲线 $S\text{-}\lg H$（$\lg I$）关系求出分析线对的强度比 R；若是光电直读法，分析线对的强度比即为 U_1/U_2，可在仪器上直接显示。

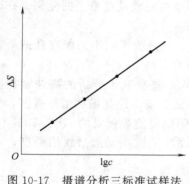

图 10-17　摄谱分析三标准试样法

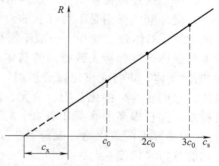

图 10-18　标准加入法

标准加入法可以有效地抑制基体的影响，当被测元素含量很低时，或者试样基体组成复杂、未知，难以配制与试样基体组成相似的标准试样时，一般采用标准加入法。

(4) 光谱定量分析工作条件的选择

① 光谱仪　对于一般谱线不太复杂的试样，选用中型光谱仪即可，对于谱线复杂的元素（如稀土元素），应选用色散率大的大型光谱仪。

② 激发光源　根据试样的特性、被测元素的含量、元素的激发性能及具体分析要求来选择合适的激发光源。应特别注意光源的稳定性以及试样在光源中的燃烧过程。对于交流电弧和火花电源，分析间隙的极距（电极间距离）在 2～3nm 范围，对于直流电弧极距稍大。对于 ICP 光源，等离子体的光谱观察高度 h 不同，则激发温度不同，谱线的性质及强度也不同，应通过实验选择适合的光谱观察高度。另外，各种氩气流量也会影响到 ICP 炬的放电特性和雾化器的工作性能。其中包括等离子体氩气流量、辅助气氩气流量、载气氩气流量及雾化器工作气压。

此外，合理选择光源电学参数才能获得较好的激发条件，根据不同光源及分析对象选择各种电学参数，如电流强度、ICP 发生器的入射功率、反射功率等。

③ 狭缝宽度　狭缝的宽度直接影响到谱线宽度、谱线强度、谱线的背景及光谱仪的分辨率。在定量分析中，为了减少由于乳剂不均产生的误差及方便测黑度，宜使用较宽狭缝，一般比定性分析中的宽，为 15～20μm；对于谱线复杂的元素，应选择较小的狭窄宽度，以 10～15μm 为宜。

④ 内标元素和分析线对　应该遵守前述分析线对的原则，分析线对的两条谱线应该同是原子线或同是离子线。在金属光谱分析中，一般选择基体元素为内标元素；在矿物分析中，由于组分复杂，一般采用外加元素为内标元素。对有富线元素存在的基体，应该通过实验排除光谱干扰，正确选择元素分析线。

⑤ 缓冲剂　试样组分影响弧焰温度，弧焰温度又直接影响待测元素的谱线强度。这种由于其他元素存在而影响待测元素谱线强度的作用称为第三元素的影响。对于成分复杂的样品来说，第三元素的影响往往是很显著的，并引起较大的分析误差。

为了减少试样成分对电弧温度的影响，使弧焰温度稳定，常在试样中加入一种或几种物质，来抵偿试样组分的影响，这些物质称为缓冲剂。光谱缓冲剂是一些具有适当电离能、适当熔点和沸点、谱线简单的物质，如 Ga_2O_3 具有较低的熔点、沸点，且 Ga 元素的电离能较低，可以控制等离子区的电子浓度和蒸发、激发温度的恒定，有利于易挥发、易激发元素的分析。同时可抑制复杂谱线的出现，减小光谱干扰。常用的缓冲剂有：碱金属盐类，用作易挥发元素的缓冲剂、碱土金属盐类，用作中等挥发元素的缓冲剂，碳粉也是缓冲剂常见组分。

此外，缓冲剂还可稀释试样，这样可减小试样与标样在组成及性质上的差别。在矿石光谱分析中，缓冲剂的作用是不可忽视的。

ICP 光源的基体效应较小，一般不需要光谱添加剂，但是为了减小可能存在的干扰，使标准溶液与试样溶液保持大致相同的基体组成也是必要的。

⑥ 光谱载体　进行光谱定量分析时，在试样中加入一些有利于分析的高纯度物质称为光谱载体。它们多为一些化合物、盐类、碳粉等。载体的主要作用是增加谱线强度，提高分析的灵敏度，并且提高准确度和消除干扰等。如 AgCl 等则可使难挥发的 Nb、Ta、Ti、Zr、Hf 等转变为易挥发的氯化物，改善了蒸发条件，大大提高了这些元素谱线的强度，从而提高了它们的分析灵敏度。

10.4　发射光谱的应用

以电弧为光源、光谱感光板为检测器的发射光谱，在工业上至今仍用于定性分析。有些商品仪器，采用球状电弧和 PMT（光电倍增管）做检测器，用于测量如纯铜中痕量元素，其灵敏度比 X 射线荧光光谱法还要高。由于该系统能直接分析金属丝和粉末，简化了样品的设备。

火花 AES 广泛用于直接测定金属和合金，例如钢、不锈钢、镍和镍合金、铝和铝合金等。由于分析的速度和精度的优点，在钢铁工业中，AES 分析技术也是相当出色的，但也有一定的局限性，需要每类样品建立一套校准曲线，这是由于样品的基体效应不同而引起的。

ICP-AES 法可用于分析任何能制成溶液的样品，其应用领域很广，包括金属与合金的地质样品、环境样品、生物和医学临床样品、农业和食品样品、电子材料及高纯化学试剂等。它的主要限制是需要将样品制成溶液。对固体样品，其制备样品手续烦琐且费时，故固体样品分析一般选择火花或激光把固体消融成悬浮液进样，或直接插入固体到等离子体中。

本 章 小 结

本章主要讲述了发射光谱法的基本原理、光谱分析仪器以及光谱定性、半定量和定量分析方法和应用。主要内容如下。

1. 原子发射光谱分析法的一般分析步骤

（1）在激发光源中，将被测定物质蒸发、解离、电离、激发，产生光辐射；

（2）将被测定物质发射的复合光经分光装置色散成光谱；

（3）通过检测器检测被测定物质中元素谱线的波长和强度，进行光谱定性和定量分析。

2. 原子线、离子线、共振线、灵敏线、最后线和分析线。

3. 元素的原子和离子所产生的原子线和离子线都是该元素的特征光谱线，统称为原子光谱。谱线的波长和强度是两个重要参数，即

$$\lambda = \frac{hc}{E_2 - E_1} = \frac{hc}{\Delta E}$$

$$I_{ij} = \frac{g_i}{Z} A_{ij} h \frac{c}{\lambda_{ij}} (1-\alpha) N e^{-\frac{E_i}{kT}}$$

$$I_{ij}^+ = \frac{g_i^+}{Z^+} A_{ij}^+ h \frac{c}{\lambda_{ij}^+} \alpha N e^{-\frac{E_i^+}{kT}}$$

4. 原子发射光谱法常用的激发光源包括：直流电弧光源、低压交流电弧光源、高压火

花光源、电感耦合等离子体（ICP）光源等。

5. 常用光谱仪：摄谱仪（棱镜摄谱仪和光栅摄谱仪），ICP 光电直读式光谱仪。

6. 进行光谱定性、定量分析的附属设备。

7. 在原子光谱分析中，根据谱线的波长进行定性分析，根据谱线的强度进行定量分析。光谱定量分析的基本关系式如下。

（1）光谱定量分析的基本公式
$$I = ac^b$$
或
$$\lg I = b\lg c + \lg a$$

（2）内标法光谱定量分析原理
$$R = \frac{I_1}{I_2} = Ac^b$$
或
$$\lg R = \lg \frac{I_1}{I_2} = b\lg c + \lg A$$

（3）摄谱法光谱定量分析原理
$$\Delta S = \gamma b\lg c + \gamma \lg A$$

（4）光电直读光谱分析原理
$$\lg U = b\lg c + \lg A$$
或
$$\lg \frac{U_1}{U_2} = b\lg c + \lg A$$

8. 原子发射光谱法的特点及应用。

思考题与习题

1. 原子发射光谱是怎样产生的？为什么各种元素的原子都有其特征的谱线？
2. 何谓共振线、灵敏线、最后线和分析线？它们之间有什么联系？
3. 解释下列名词：
   (1) 激发电位和电离电位；
   (2) 原子线和离子线；
   (3) 等离子体及 ICP 炬；
   (4) 弧焰温度；
   (5) 谱线的自吸和自蚀；
   (6) 线色散率和分辨率；
   (7) 谱线的强度和黑度；
   (8) 内标线和分析线对；
   (9) 标准加入法。
4. 试比较原子发射光谱中几种常用激发光源的工作原理，并分析下列试样应选用何种光源？
   (1) 矿石中元素的定性和半定量分析；
   (2) 铜合金中的锡（$w_{Sn} = 0.x\%$）；
   (3) 钢中的锰（$w_{Mn} = 0.0x\% \sim 0.x\%$）；
   (4) 污水中的 Cr、Cu、Fe、Pb、V 的定量分析；
   (5) 人发中的 Cu、Mn、Zn、Cd、Pb 的定量分析。
5. 影响原子发射光谱的谱线强度的因素是什么？产生谱线自吸及自蚀的原因是什么？
6. 简述 ICP 光源优缺点。
7. 光谱仪由哪几个基本部分组成？各部分的主要作用是什么？说明影响原子发射光谱分析中谱线强度的主要因素。
8. 简述光谱定性分析基本原理和基本方法。

9. 光谱定量分析为何经常采用内标法？简述内标法基本原理其基本公式和各项的物理意义。
10. 选择内标元素及分析线对的原则是什么？
11. 选择分析线应根据什么原则？
12. 下列光谱定量关系分别在什么情况下使用？

  (1) $\lg I = b\lg c + \lg a$

  (2) $\lg R = \lg \dfrac{I_1}{I_2} = b\lg c + \lg A$

  (3) $\Delta S = \gamma b\lg c + \gamma \lg A$

  (4) $\lg U = b\lg c + \lg A$

  (5) $\lg \dfrac{U_1}{U_2} = b\lg c + \lg A$

13. 某光栅光谱仪的光栅刻痕密度为 $2400 mm^{-1}$，光栅宽度为 $50 mm$，求此光谱仪的理论分辨率。该光谱仪能否将 Nb 309.418nm 与 Al 309.271nm 两谱线分开？为什么？(1.2×10^5；能；某光谱仪能分辨谱线的最小波长差 $\Delta\lambda = 2.6\times10^{-3}$ nm)

14. 测定钢中锰的含量，测量的分析线对黑度值 $S_{Mn}=134$，$S_{Fe}=130$。已知感光板的 $\gamma=2.0$，求此分析线对的强度比。 (100)

15. 用标准加入法测定 SiO_2 中微量铁的质量分数时，以 Fe 302.06nm 为分析线，Si 302.00nm 为内标线。标准系列中 Fe 加入量和分析线对测得值列于下表中，试绘制工作曲线，求试样 SiO_2 中 Fe 的质量分数。 (0.0018%)

$w_{Fe}/\%$	0	0.001	0.002	0.003
R	0.24	0.37	0.51	0.63

16. 应用电感耦合等离子体摄谱分析法测定某合金中铅的质量，以镁做内标，铅标准系列溶液的质量浓度和分析线、内标线黑度测得值列于下表中。试绘制工作曲线，求算 A、B、C 合金中铅的含量，以 $mg\cdot mL^{-1}$ 表示。 ($0.26 mg\cdot mL^{-1}$；$0.346 mg\cdot mL^{-1}$；$0.416 mg\cdot mL^{-1}$)

编号	S_{Pb}	S_{Mg}	$\rho_{Pb}/mg\cdot mL^{-1}$
1	17.5	7.3	0.151
2	18.5	8.7	0.201
3	11.0	7.3	0.301
4	12.0	10.3	0.402
5	10.4	11.6	0.502
A	15.5	8.8	
B	12.5	9.2	
C	12.2	10.7	

第 11 章 电位分析法

11.1 电分析化学法概述

电分析化学是利用物质在溶液中的电化学性质及其变化规律进行分析的方法,是仪器分析的一个重要分支。它是以溶液的电导、电量、电流、电位等电化学参数与待测物质含量之间的关系作为计量的基础。

根据测定参数的不同,电化学分析法分为以下几类:电导分析法、电位分析法、电解分析法、库仑分析法、伏安法和极谱分析法等。

电分析化学法具有如下特点:
① 灵敏度、准确度高,适用于痕量甚至超痕量物质的分析;
② 仪器装置较为简单,价格较便宜,操作方便,易实现自动化和连续化,适合在线分析;
③ 选择性好,分析速度快;
④ 应用范围十分广泛,不仅可以作组分含量分析,也可以进行价态、形态分析,还可以作为其他领域科学研究的工具。

11.2 电位分析法原理

电位分析法是电分析化学方法的重要分支,它是在通过电路的电流接近于零的条件下以测定电池的电动势或电极电位为基础的电分析化学方法。由能斯特(Nernst)方程可知,电极电位与溶液中所对应的离子活度有确定的关系:

$$E = E^{\ominus} + \frac{RT}{nF} \ln \frac{a_{氧化态}}{a_{还原态}} \tag{11-1}$$

因此,通过电极电位的测定,可以确定被测离子的活度,这是电位法的理论依据。

11.2.1 电位分析法的分类及特点

电位分析法是通过测定两电极间的电位差进行分析测定的分析方法。它包括直接电位法和电位滴定法。

直接电位法是通过测定原电池的电动势或电极电位,利用 Nernst 方程直接求出待测物质含量的方法。具有应用范围广、测定速度快、测定的离子浓度范围宽的特点,可以制作成传感器,用于工业生产流程或环境监测的自动检测;可以微型化,做成微电极,用于微区、细胞等的分析。

电位滴定法是利用指示电极在滴定过程中电位的变化及化学计量点附近电位的突跃来确定滴定终点的滴定分析方法。其准确度比指示剂滴定法高,可用于指示剂法难进行的滴定,如极弱酸、碱的滴定,络合物稳定常数较小的滴定,浑浊、有色溶液的滴定等。也可较好地应用于非水滴定。

必须指出的是,电位法测得的是被测溶液里某种离子的平衡浓度,电位滴定法测得的是物质的总量。

11.2.2 化学电池

无论是哪种电化学方法，总是将待测溶液作为化学电池的一个部分进行分析的。因此，化学电池理论也就是电化学分析的理论基础，是学习电化学分析必须具备的基础知识。

（1）原电池

将化学能转变为电能的装置。

① 组成 以铜银原电池为例，其组成如图 11-1 所示。它是由一块 Ag 浸入 $AgNO_3$ 溶液中；一块 Cu 浸入 $CuSO_4$ 溶液中；$AgNO_3$ 与 $CuSO_4$ 之间用盐桥连接起来以构成电流回路。若用导线将 Cu 极与 Ag 极接通，则有电流由 Ag 极流向 Cu 极（电子流动方向相反），发生化学能转变成电能的过程，形成原电池。

$$\text{Cu 极（负极）} \quad Cu \Longrightarrow Cu^{2+} + 2e^-$$
$$\text{Ag 极（正极）} \quad Ag^+ + e^- \Longrightarrow Ag$$

电池反应： $\quad Cu + 2Ag^+ \Longrightarrow 2Ag + Cu^{2+}$

为了维持溶液中各部分保持电中性，盐桥中 Cl^- 移向左，K^+ 移向右。盐桥的作用是消除液接电位。

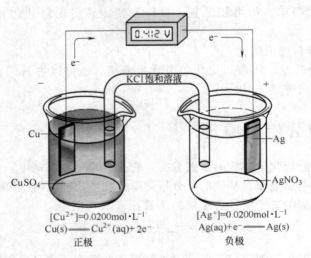

图 11-1 原电池

② 电池的表示方法

（阳极）$Cu | CuSO_4 (0.02 mol \cdot L^{-1}) \| AgNO_3 (0.02 mol \cdot L^{-1}) | Ag$（阴极）

电动势 $\qquad\qquad E_{电池} = \varphi_右 - \varphi_左$

（2）电解池

电解池是将电能转变为化学能的装置。其组成与原电池相似。如图 11-2 所示，若用一外电源接在它的两极上，如果外电源的电压略大于该原电池的电动势，则

$$\text{Cu 极（阴极）} \quad Cu^{2+} + 2e^- \Longrightarrow Cu$$
$$\text{Ag 极（阳极）} \quad Ag - e^- \Longrightarrow Ag^+$$

电池反应 $\qquad 2Ag + Cu^{2+} \Longrightarrow Cu + 2Ag^+$

反应不能自发进行，必须外加能量，电解才能进行。

电池表示为

（阳极）$AgNO_3 (0.02 mol \cdot L^{-1}) | Ag \| Cu | CuSO_4 (0.02 mol \cdot L^{-1})$（阴极）

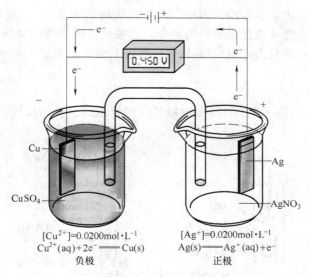

图 11-2　电解电池

化学电池在电化学分析中的应用很广，就原电池而言，如果知道一个电极的电位，又能测得原电池的电动势，则可计算出另一电极的电位，这就是电化学分析中用来测电极电位的方法，如电位分析法。对电解池而言，有许多都是利用和研究电解池的性质而建立起来的分析方法。如电解分析法、库仑分析法、伏安法等。

11.2.3　电极电位及其测量

IUPAC 推荐电极的电位符号的表示方法如下。

① 规定半反应写成还原过程

$$Ox + ne^- \Longrightarrow Red$$

② 规定电极的电极电位符号相当于该电极与标准氢电极组成电池时，该电极所带静电荷的符号。如 Cu 与 Cu^{2+} 组成电极并和标准氢电极组成电池时，金属 Cu 带正电荷，则其电极电位为正值；Zn 与 Zn^{2+} 组成电极并和标准氢电极组成电池时，金属 Zn 带负电荷，则其电极电位为负值。

③ 电极电位的测定　电池都是由至少两个电极组成的，根据它们的电极电位，可以计算出电池的电动势。但是目前还无法测量单个电极的绝对电位值，而只能测量整个电池的电动势。于是就统一以标准氢电极作为标准，并人为地规定它的电极电位为零，然后把它与待测电极组成电池，测得的电动势规定为该电极的电极电位（electrode potential）。因此目前通用的标准电极电位值都是相对值，即相对标准氢电极的电位而言的，并不是绝对值。

测量时规定将标准氢电极作为负极与待测电极组成电池：

（一）标准氢电极‖待测电极（＋）

测得化学电池的电动势，即待测电极的电位。若测得的电池电动势为正值，即待测电极的电位较标准氢电极高；若测得的电池电动势为负值，即待测电极的电位较标准氢电极低。

11.3　参比电极

与被测物质的浓度无关，测量过程中电位恒定，提供测量电位参考的电极，称为参比电极。如前面讲述的标准氢电极可用作测量标准电极电位的参比电极。但因该种电极制作麻烦，使用过程中要用氢气，因此在实际测量中，常用其他参比电极来代替。

参比电极是用来提供电位标准的电极。对参比电极的主要要求是：电极的电位值恒定，且受外界影响小，对温度或浓度没有滞后现象，具备良好的重现性和稳定性。电位分析法中最常用的参比电极是饱和甘汞电极和银-氯化银电极，尤其是饱和甘汞电极（SCE）。

11.3.1 甘汞电极

(1) 电极组成和结构

甘汞电极由纯汞、Hg_2Cl_2-Hg 混合物和 KCl 溶液组成。其结构如图 11-3 所示。

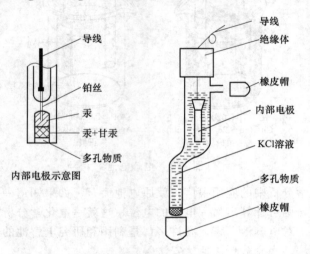

图 11-3 甘汞电极结构示意图

甘汞电极有两个玻璃套管，内套管封接一根铂丝，铂丝插入纯汞中，汞下装有甘汞和汞（Hg_2Cl_2-Hg）的糊状物；外套管装入 KCl 溶液，电极下端与待测溶液接触处是熔接陶瓷芯或玻璃砂芯等多孔物质。

(2) 甘汞电极的电极反应和电极电位

甘汞电极的半电池为

$$Hg, Hg_2Cl_2(固) | KCl(液)$$

电极反应

$$Hg_2Cl_2 + 2e^- \rightleftharpoons 2Hg + 2Cl^-$$

25℃时电极电位为

$$\varphi_{Hg_2Cl_2/Hg} = \varphi^{\ominus}_{Hg_2Cl_2/Hg} - \lg a^2_{Cl^-} = \varphi^{\ominus}_{Hg_2Cl_2/Hg} - 0.059/2 \lg a_{Cl^-} \qquad (11-2)$$

可见，在一定温度下，甘汞电极的电位取决于 KCl 溶液的浓度，当 Cl^- 活度一定时，其电位值也是一定的。表 11-1 给出了不同浓度 KCl 溶液制得的甘汞电极的电位值。

表 11-1 25℃时甘汞电极的电极电位

名称	KCl 溶液浓度/mol·L^{-1}	电极电位/V
饱和甘汞电极（SCE）	饱和浓度	0.2438
标准甘汞电极（NCE）	1.0	0.2828
0.1mol·L^{-1} 甘汞电极	0.10	0.3365

由于 KCl 的溶解度随温度而变化，电极电位与温度有关。因此，只要内充 KCl 溶液、温度一定，其电位值就保持恒定。

电位分析法最常用的甘汞电极中的 KCl 溶液为饱和溶液，因此称为饱和甘汞电极。

(3) 饱和甘汞电极的使用

在使用饱和甘汞电极时，需要注意下面几个问题。

① 使用前应先取下电极下端口和上侧加液口的小胶帽，不用时戴上。

② 电极内部溶液的液面应高于试样溶液液面！以防止试样对内部溶液的污染或因外部溶液与 Ag^+，Hg^{2+} 发生反应而造成液接面的堵塞，尤其是后者，可能是测量误差的主要来源。

③ 上述试液污染对测定影响较小。但如果用此参比电极测 K^+，Cl^-，Ag^+，Hg^{2+} 时，其测量误差可能会较大。这时可用盐桥（不含干扰离子的 KNO_3 或 Na_2SO_4）。

④ 使用前要检查电极下端陶瓷芯毛细管是否通畅。检查方法是：先将电极外部擦干，然后用滤纸紧贴瓷芯下端片刻，若滤纸上出现湿印，则证明毛细管未堵塞。

11.3.2 银-氯化银电极

(1) 电极的组成和结构

将表面镀有 AgCl 层的金属银丝，浸入一定浓度的 KCl 溶液中，即构成银-氯化银电极，如图 11-4 所示。

(2) 银-氯化银电极的电极反应和电极电位

银-氯化银电极的半电池为

$$Ag,AgCl(固) | KCl(液)$$

电极反应

$$AgCl + e^- \rightleftharpoons Ag + Cl^-$$

25℃时电极电位为

$$\varphi_{AgCl/Ag} = \varphi^{\ominus}_{AgCl/Ag} - 0.0591 \lg a_{Cl^-} \qquad (11-3)$$

可见，在一定温度下银-氯化银电极的电极电位同样也取决于 KCl 溶液中的 Cl^- 的活度。25℃时，不同浓度的 KCl 溶液的银-氯化银电极的电位如表 11-2 所示。

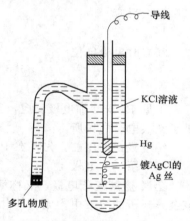

图 11-4 银-氯化银电极

表 11-2 25℃时银-氯化银电极的电极电位

名　　称	KCl 溶液浓度/mol·L^{-1}	电极电位/V
饱和银-氯化银电极	饱和浓度	0.2000
标准银-氯化银电极	1.0	0.2223
0.1mol·L^{-1}银-氯化银电极	0.10	0.2880

(3) 银-氯化银电极的使用

银-氯化银电极常用在 pH 玻璃电极和其他各种离子选择性电极中做内参比电极。银-氯化银电极不像甘汞电极那样有较大的温度滞后效应，在高达 275℃ 左右的温度下仍能使用，而且稳定性好，因此可在高温下替代甘汞电极。

银-氯化银电极用做外参比电极使用时，使用前必须除去电极内的气泡。内参比电极应有足够高度，否则应添加 KCl 溶液。应该指出，银-氯化银电极所用的 KCl 溶液必须事先用 AgCl 饱和，否则会使电极上的 AgCl 溶解，因为 AgCl 在 KCl 溶液中有一定溶解度。

11.4 指示电极

电位分析法中，电极电位随溶液中待测离子活（浓）度的变化而变化，并指示出待测离子活（浓）度的电极称为指示电极。常用的指示电极种类很多，主要有由于电子交换反应的金属基电极和离子交换或扩散的离子选择性电极（ISE）两大类。

11.4.1 金属基电极

金属基电极是以金属为基体的电极，其特点是：它们的电极电位来源于电极表面的氧化还原反应，在电极反应过程中发生了电子交换。常用的金属基电极有以下几种。

（1）零类电极

这类电极为惰性金属电极，即电极本身不发生氧化还原反应，只提供电子交换场所。它是由铂、金等惰性金属（或石墨）插入含有氧化还原电对（如 Fe^{3+}/Fe^{2+}，Ce^{4+}/Ce^{3+}，I_3^-/I^- 等）物质的溶液中构成的。例如铂片插入含 Fe^{3+} 和 Fe^{2+} 的溶液中组成的电极，其电极组成表示为

$$Pt \mid Fe^{3+}, Fe^{2+}$$

电极反应

$$Fe^{3+} + e^- = Fe^{2+}$$

25℃时电极电位

$$\varphi = \varphi^\ominus + 0.0591 \lg \frac{a_{Fe^{3+}}}{a_{Fe^{2+}}} \tag{11-4}$$

可见 Pt 未参加电极反应，其电位指示出溶液中氧化态和还原态离子活度之比，Pt 只提供了交换电子的场所。

铂电极在使用前，先要在 10% 的 HNO_3 溶液中浸泡数分钟，清洗干净后再用。

（2）第一类电极

金属-金属离子电极，又称活性金属电极。它是由能发生可逆氧化反应的金属插入含有该金属离子的溶液中构成。其电极反应

$$M^{n+} + ne^- = M$$

25℃时电极电位

$$\varphi = \varphi^\ominus + \frac{0.0592}{n} \lg M^{n+} \tag{11-5}$$

例如：将金属银丝浸在 $AgNO_3$ 溶液中构成的电极，其电极反应为

$$Ag + e^- = Ag$$

25℃时的电极电位为

$$\varphi_{Ag^+/Ag} = \varphi^\ominus_{Ag^+/Ag} + 0.0591 \lg Ag^+ \tag{11-6}$$

可见，电极反应与 Ag^+ 的活度有关，因此这种电极不但可用于测定 Ag^+ 的活度，而且可用于滴定过程中，由于沉淀或络合等反应而引起 Ag^+ 活度变化的电位滴定。

此类电极选择性差，既对本身阳离子响应，也对其他阳离子响应；电极只能在碱性或中性溶液中使用，因为酸可使其溶解一些金属，如 Fe，Cr，Co，Ni 等其电极电位的重现性差；故此类电极应用并不广泛。较常用的金属基电极有银、铜、镉、锌、汞等。

（3）第二类电极

金属-金属难溶盐电极（M-MX），金属与其难溶盐（或络离子）及难溶盐的阴离子（或络离子）组成的电极，如：银-氯化银电极（$Ag/AgCl$，Cl^-），甘汞电极（Hg/Hg_2Cl_2，Cl^-）。

金属与其络离子组成的电极如银-银氰络离子电极。其电极电位取决于阴离子的活度，所以可以作为测定阴离子的指示电极，例如银-氯化银电极可用来测定氯离子活度。由于这类电极具有制作容易、电位稳定、重现性好等优点，因此主要用做参比电极。

（4）第三类电极

汞电极。它是由金属汞浸入含少量 Hg^{2+}-EDTA 络合物及被测离子 M^{n+} 的溶液中所组成。

电极可表示为

$$Hg \mid HgY^{2-}, MY^{n-4}, M^{n+}$$

25℃时汞的电极电位为

$$\varphi_{Hg^{2+}/Hg} = K + \frac{0.059}{2}\lg Hg^{2+} \tag{11-7}$$

由式（11-7）可见，在一定条件下，汞电极电位仅与［M^{n+}］有关，因此可用做 EDTA 滴定 M^{n+} 的指示电极。

11.4.2 离子选择性电极

11.4.2.1 概述

离子选择性电极（ion selective electrode）是国际纯粹与应用化学联合会（IUPAC）推荐使用的专业术语，是一类电化学传感器，它的电位与溶液中所给定的离子活度的对数呈线性关系。离子选择性电极是指示电极中的一类，它对给定的离子具有能斯特响应。但这类电极的电位不是由于氧化或还原反应所形成的，故与金属基指示电极在原理上有本质的区别。离子选择性电极都具有一个敏感膜，所以又称为膜电极。1976 年，IUPAC 基于离子选择性电极都是膜电极这一事实，根据膜的特征，将离子选择性电极分为以下几类：

$$\text{离子选择性电极}\begin{cases}\text{原电极}\begin{cases}\text{晶体膜电极}\begin{cases}\text{均相膜}\begin{cases}\text{单晶 }LaF_3\text{ 制成 F 电极}\\\text{混晶 }AgCl\text{-}Ag_2S\text{ 制成氯电极}\end{cases}\\\text{非均相膜：如 }Ag_2S\text{ 掺入硅橡胶中制成硫电极}\end{cases}\\\text{非晶体膜电极}\begin{cases}\text{硬质电极，如 pH 电极}\\\text{流动载体电极}\begin{cases}\text{正电荷载体电极如 }NO_3^-\text{ 电极}\\\text{负电荷载体电极如钙电极}\\\text{中性载体电极如钾电极}\end{cases}\end{cases}\end{cases}\\\text{敏化电极}\begin{cases}\text{气敏电极：如氨电极}\\\text{酶电极：如尿素电极}\end{cases}\end{cases}$$

pH 玻璃电极是世界上使用最早的离子选择性电极，20 世纪 60 年代以后，人们开始研制出来了以其他敏感膜（如晶体膜）制作的各种 ISE，使得电位分析法得到了快速发展和应用。

其电极电位是由于离子交换或扩散而产生的，而没有电子转移。是一种以电位法测量溶液中某些特定离子活度的指示电极。pH 玻璃电极，就是具有氢离子专属性的典型离子选择性电极。敏感膜指的是对某一种离子具有敏感响应的膜，膜电位的大小与响应离子活度之间的关系服从 Nernst 方程式。

离子选择性电极主要由离子选择性膜、内参比溶液和外参比溶液组成。根据膜的性质不同，离子选择性电极可分为非晶体膜电极、晶体膜电极和敏化电极等。用离子选择性电极测定有关离子，一般都是基于内部溶液与外部溶液之间产生的电位差，即所谓膜电位。膜电位的产生是由于溶液中的离子与电极膜上的离子发生了交换作用的结果。pH 玻璃电极是其中最具代表性的一种，下面以其为代表来讲述离子选择性电极的响应机理。

11.4.2.2 pH 玻璃电极

pH 玻璃电极是世界上使用最早的离子选择性电极，早在 20 世纪初就用于测定溶液的 pH 值，直到今天，大多数实验室测定溶液的 pH 仍然使用 pH 玻璃电极。

(1) pH 玻璃电极的结构

pH 玻璃电极是测定溶液 pH 的一种常用指示电极,其结构如图 11-5 所示。

电极的下端是一个由特殊玻璃制成的球形玻璃薄膜。膜厚 0.08~0.1mm,膜内密封,以 0.1mol·L^{-1} HCl 为内参比溶液,在内参比溶液中插入银-氯化银作内参比电极。内参比电极的电位是恒定不变的,它与待测试液中的 H$^+$ 活度(pH)无关,pH 玻璃电极之所以能作为 H$^+$ 的指示电极,是由于玻璃膜与试液接触时会产生与待测溶液 pH 有关的膜电位。现在不少商品的 pH 玻璃电极制成复合电极,它集指示电极和外参比电极于一体,使用起来更为方便。

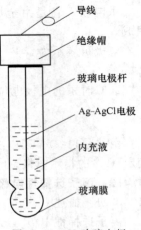

图 11-5 pH 玻璃电极结构示意图

(2) pH 玻璃电极的响应机理

① 膜电位 玻璃电极依据玻璃球膜材料的特定配方不同,可以做成对不同离子响应的电极。如常用的玻璃电极,其配方为: Na$_2$O 21.4%,CaO 6.4%,SiO$_2$ 72.2%(摩尔分数),其 pH 测量范围为 pH1~10,若加入一定比例的 Li$_2$O,可以扩大测量范围。改变玻璃的某些成分,如加入一定量的 Al$_2$O$_3$,可以做成某些阳离子电极,如表 11-3 所示。

表 11-3 阳离子玻璃电极

主要响应离子	玻璃膜组成(摩尔分数)/%			选择性系数
	Na$_2$O	Al$_2$O$_3$	SiO$_2$	
Na$^+$	11	18	71	K$^+$ 3.3×10^{-3}(pH 7),3.6×10^{-4}(pH 11),Ag$^+$ 500
K$^+$	27	5	68	Na$^+$ 5×10^{-2}
Ag$^+$	11	18	71	Na$^+$ 1×10^{-3}
	28.8	19.1	52.1	H$^+$ 1×10^{-5} Na$^+$ 0.3
Li$^+$	Li$_2$O 15	25	60	K$^+$ <1×10^{-3}

pH 玻璃电极的玻璃膜由于 Na$_2$O 的 Na$^+$ 取代了玻璃中 Si(IV)的位置,Na$^+$ 与 O^{2-} 之间呈离子键性质,形成可以进行离子交换的点位,—Si—O—Na$^+$。当电极浸入水溶液中,玻璃外表面吸收水产生溶胀,形成很薄的水合硅胶层(见图 11-6)。水合硅胶层只允许氢离子扩散进入玻璃结构的空隙并与 Na$^+$ 发生交换反应。

$$G\text{-}Na^+ + H^+ \rightleftharpoons G\text{-}H^+ + Na^+$$

玻璃膜表面形成了水化胶层,因此在水中浸泡后的玻璃膜由三部分组成:膜内外两表面的两个水化胶层及膜中间的干玻璃层,如图 11-6 所示。当玻璃电极外膜与待测溶液接触时,由于水合硅胶层表面与溶液中的氢离子的活度不同,氢离子便从活度大的向活度小的相迁移,在玻璃膜内外界面与溶液之间均产生界面电位,而在内、外水化胶层中均产生扩散电位,膜电位是这四部分电位的总和。可见,玻璃电极两侧的相界电位的产生不是由于电子得失,而是由于氢离子在溶液和玻璃水化层界面之间转移的结果。根据热力学推导,25℃时,玻璃电极内外膜电位可表示为

$$\varphi_\text{膜} = \varphi_\text{外} - \varphi_\text{内} = 0.0591\lg\frac{a_{H^+_\text{外}}}{a_{H^+_\text{内}}} \tag{11-8}$$

式中,$\varphi_\text{外}$ 是外膜电位;$\varphi_\text{内}$ 是内膜电位;$a_{H^+_\text{外}}$ 是外部待测溶液的 H$^+$ 的活度;$a_{H^+_\text{内}}$ 是内参比溶液 H$^+$ 的活度。由于内参比溶液的 H$^+$ 活度 $a_{H^+_\text{内}}$ 恒定,因此,25℃时式(11-8)可表

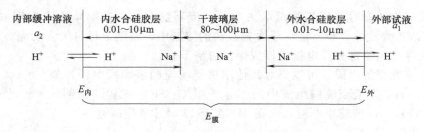

图 11-6　pH 玻璃电极膜电位形成示意图

示为

$$\varphi_{膜} = K' + 0.059 \lg a_{H^+_{外}} \tag{11-9}$$

或

$$\varphi_{膜} = K' - 0.059 pH_{外} \tag{11-10}$$

式中，K' 对于某一确定的玻璃电极，是一个常数，由式 (11-10) 可以看出，在一定温度下，玻璃电极的膜电位与外部溶液的 pH 成线性关系。

从以上分析可以看出，pH 玻璃电极膜电位是由于玻璃膜的钠离子与水溶液中的氢离子以及玻璃水化层中氢离子与溶液中氢离子之间交换的结果。

② 不对称电位　根据式 (11-8)，当膜内外的溶液相同时，$\varphi = 0$，但实际上仍有一很小的电位存在，称为不对称电位，其产生的原因是膜的内外表面的性状不可能完全一样，当玻璃电极在水溶液中长时间浸泡后，可使 φ 达不到恒定值，并可通过使用标准缓冲溶液校正电极的方法予以抵消。

③ 玻璃电极的电极电位　玻璃电极具有内参比电极，通常用 Ag-AgCl 电极，其电位是恒定的。所以玻璃电极的电极电位应是内参比电极电位和膜电位之和。

$$\varphi_{玻璃} = \varphi_{AgCl/Ag} + \varphi_{膜} = \varphi_{AgCl/Ag} + K' - 0.059 pH_{外} \tag{11-11}$$

$$\varphi_{玻璃} = K_{玻} - 0.059 pH_{外} \tag{11-12}$$

可见，当条件一定时，pH 玻璃电极的电极电位与试液的 pH 成线性关系。可以看出：试液的 pH 每改变 1 个单位，电位变化 592mV。由于 K' 值无法计算，故电位法测量溶液 pH 值时，先用标准缓冲溶液定位，然后在 pH 计上读出 pH 值。

(3) pH 玻璃电极的特性和使用注意事项

使用 pH 玻璃电极测定溶液 pH 的优点是不受溶液中氧化剂或还原剂的影响，玻璃膜不易因杂质的作用而中毒，能在胶体溶液和有色溶液中应用。缺点是本身具有很高的电阻，必须辅以电子放大装置才能测定，其电阻又随温度而变化，一般只能在 5~60℃ 使用。

在测定酸度过高 (pH<1) 和碱度过高 (pH>9) 的溶液时，测得的 pH 值偏离线性，称为"酸差"或"碱差"。当测量 pH 小于 1 的溶液时，测得的 pH 值偏高，称为"酸差"。产生"酸差"的原因是：当测定酸度大时，玻璃膜表面可能吸附 H^+，溶液中 a_{H^+} 变小。pH 大于 9 时，由于 a_{H^+} 太小，其他阳离子在溶液和界面间可能进行交换而使得 pH 偏低，尤其是 Na^+ 的参与响应，这种误差称为"碱差"或"钠差"。

使用玻璃电极时还应注意如下事项。

① 使用前要仔细检查所选电极的球泡是否有裂纹，内参比电极是否浸入内参比溶液中，内参比溶液内是否有气泡。有裂纹或内参比电极未浸入内参比溶液的电极不能使用。若内参比溶液内有气泡，应稍晃动以除去气泡。

② 玻璃电极在长期使用或贮存中会"老化"，老化的电极不能再使用。玻璃电极的使用期一般为一年。

③ 玻璃电极玻璃膜很薄，容易因为碰撞或受压而破裂，使用时必须特别注意。

④ 玻璃球泡沾湿时可以用滤纸吸去水分，但不能擦拭。玻璃球泡不能用浓 H_2SO_4 溶液、洗液或浓乙醇洗涤，也不能用于含氟较高的溶液中，否则电极将失去功能。

⑤ 电极导线绝缘部分及电极插杆应保持清洁干燥。

⑥ 改变玻璃膜的组成，可制成对其他阳离子响应的玻璃膜电极，如：Na^+，K^+，Li^+ 等玻璃电极，只要改变玻璃膜组成中的 $Na_2O\text{-}Al_2O_3\text{-}SiO_2$ 三者的比例，电极的选择性会表现出一定的差异。锂玻璃膜电极，仅在 pH 大于 13 时才发生碱差。

11.4.2.3 晶体膜电极

电极的薄膜一般是由难溶盐经过加压或拉制成单、多晶或混晶的活性膜。晶体膜电极是目前品种最多、应用最广泛的一类离子选择性电极。

由于膜的制作方法不同，晶体膜电极可分为均相膜电极和非均相膜电极两类。

(1) 均相膜电极

敏感膜由一种或几种化合物的均匀混合物的晶体构成。

(2) 非均相膜电极

敏感膜是将难溶盐均匀地分散在惰性材料中制成的敏感膜。其中电活性物质对膜电极的功能起决定性作用。惰性物质可以是硅橡胶、聚氯乙烯、聚苯乙烯、石蜡等。氟离子选择性电极是其中最典型的一种。如图 11-7 为氟离子选择性电极构造。

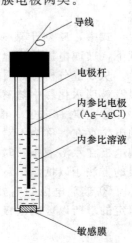

图 11-7 氟离子选择性电极

图 11-7 中，敏感膜为氟化镧单晶，即掺有 EuF_2 的 LaF_3 单晶切片；掺杂的目的有两个，一是造成晶格缺陷（空穴），二是降低晶体的电阻，增加导电性。将氟化镧单晶封在塑料管的一端。

内参比电极为 Ag-AgCl 电极。

内参比溶液为 $0.10\text{mol}\cdot L^{-1}$ 的 NaCl 和 $0.10\text{mol}\cdot L^{-1}$ 的 NaF 混合溶液（F^- 用来控制膜内表面的电位，Cl^- 用以固定内参比电极的电位）。

膜电位：LaF_3 的晶格中有空穴，在晶格上的 F^- 可以移入晶格邻近的空穴而导电。对于一定的晶体膜，离子的大小、形状和电荷决定其是否能够进入晶体膜内，氟化镧单晶中可移动的是 F^-，所以电极电位反映试液中 F^- 活度。

当氟电极插入到 F^- 溶液中时，F^- 在晶体膜表面进行交换。25℃时

$$\varphi_{膜}=K'-0.059\lg a_{F^-} \tag{11-13}$$

氟离子电极有较高的选择性，阴离子中除了 OH^- 外均无干扰。

11.4.2.4 非晶体膜电极

(1) 刚性基质电极

硬性电极也叫刚性基质电极，前面学习过的玻璃电极属于刚性基质电极。其中，pH 玻璃电极是世界上使用最早的离子选择性电极，早在 20 世纪初就用于测定溶液的 pH 值。随后，20 世纪 20 年代，人们又发现不同组成的玻璃膜对其他一些阳离子如 Na^+、K^+、NH_4^+ 等也有能斯特响应，相继研制出了 pNa、pK、pNH_4 玻璃电极，这些都是 ISE。

(2) 液膜电极

液膜电极亦称流动载体电极，此类电极是用浸有某种液体离子交换剂的惰性多孔膜作电极膜制成。以钙离子选择性电极（图 11-8）为例来说明。

如图 11-8，内参比溶液为 Ca^{2+} 水溶液。内外管之间装的是 $0.1\text{mol}\cdot L^{-1}$ 二癸基磷酸钙（液体离子交换剂）的苯基膦酸二辛酯溶液。其极易扩散进入微孔膜，但不溶于水，故不能进入试液溶液。二癸基磷酸根可以在液膜-试液两相界面间来回迁移，传递钙离子，直至达

到平衡。由于 Ca^{2+} 在水相（试液和内参比溶液）中的活度与有机相中的活度差异，在液膜-试液两相界面间进行扩散，会破坏两相界面附近电荷分布的均匀性，在两相之间产生相界电位。钙电极适宜的 pH 范围是 5～11，可测出 $10^{-5}\,mol\cdot L^{-1}$ 的 Ca^{2+}。可以推导出，膜电位与试液中 Ca^{2+} 的活度有如下关系：

$$\varphi_{膜}=K'+\frac{0.059}{2}\lg a_{Ca^{2+}} \quad (11\text{-}14)$$

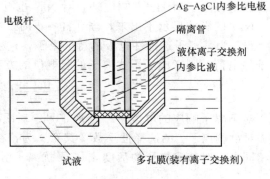

图 11-8 钙离子选择性电极

11.4.2.5 气敏电极

敏化电极是指气敏电极、酶电极、细菌电极及生物电极等。这类电极的结构特点是在原电极上覆盖一层膜或物质，使得电极的选择性提高。气敏电极是对气体敏感的电极。它是将离子选择性电极 ISE 与气体透气膜结合起来而组成的覆膜电极；管的底部紧靠选择性电极敏感膜，装有透气膜：憎水性多孔膜，允许溶液中的离子通过，可以是多孔玻璃、聚氯乙烯、聚四氟乙烯等；管中有电解质溶液，它是将响应气体与 ISE 联系起来的物质。如图 11-9 为气敏氨电极示意图。

气敏氨电极指示电极是以 pH 玻璃电极；AgCl/Ag 为参比电极，中介溶液为 $0.1\,mol\cdot L^{-1}$ 的 NH_4Cl。当电极浸入待测试液时，试液中 NH_3 通过透气膜，并发生如下反应：

$$NH_3+H_2O \Longrightarrow NH_4^{+}+OH^{-}$$

使内部 OH^- 活度发生变化，即 pH 发生改变，被 pH 玻璃电极响应。可以推导出，膜电位与试液中 Ca^{2+} 的活度有如下关系：

$$\varphi_{膜}=K'-0.059\lg a_{NH_3} \quad (11\text{-}15)$$

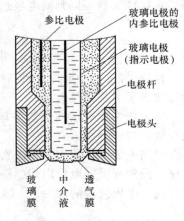

图 11-9 气敏氨电极的结构示意图

11.4.2.6 酶电极

酶电极也是一种基于界面酶催化反应敏化的离子电极。酶电极将 ISE 与某种特异性酶结合起来构成的。也就是在 ISE 的敏感膜上覆盖一层固定化的酶而构成覆膜电极。

酶是具有生物活性的催化剂，酶的催化反应选择性强，催化效率高，而且大多数酶的催化反应可在常温下进行。酶电极就是利用酶的催化活性，将某些复杂化合物分解为简单化合物或离子，而这简单化合物或离子，可以被 ISE 测出，从而间接测定这些化合物。

如尿素可以被尿酶催化分解，反应如下：

$$CO(NH_2)_2+H_2O \Longrightarrow 2NH_3+CO_2$$

产物 NH_3 可以通过气敏氨电极测定，从而间接测定出尿素的浓度。

由于酶的活性不易保存，酶电极的使用寿命短，精制困难，使得电极的制备不太容易。

11.4.2.7 离子选择性电极的性能

任何一个离子选择性电极对一特定离子的响应都不会是绝对专一的，溶液中的某些共存离子可能也会有响应，即共存离子对离子选择性电极的电位也有响应贡献，我们把待测离子叫做响应离子，其他共存离子叫做干扰离子。例如，用 pH 玻璃电极测定溶液 pH 值时，当 pH＞9 时，若溶液中有 Na^+ 存在，电极电位就会偏离能斯特响应，产生误差（Na 差）。原

因是膜电极除了对 H^+ 有响应外，对 Na^+ 也有响应，只是响应的程度小而已。当 $[H^+]$ 大时，Na^+ 的影响显示不出来，当 $[H^+]$ 小时，Na^+ 的影响就显著了，故产生干扰作用。

设 i 为某离子选择性电极的待测离子，j 为共存的干扰离子，n_j 及 n_i 分别为 j 离子及 i 离子的电荷，则考虑了干扰离子的膜电位的方程式为

$$\varphi_{膜}=K'\pm\frac{0.059}{n}\lg[a_i+K_{ij}(a_j)^{n_i/n_j}] \tag{11-16}$$

对阳离子响应的电极，K' 后取正号；对阴离子响应的电极，K' 后取负号。K_{ij} 为干扰离子 j 对欲测离子 i 的选择性系数。其意义为：在相同的测定条件下，待测离子和干扰离子产生相同电位时待测离子的活度 a_i 与干扰离子活度 a_j 的比值

$$K_{ij}=\frac{a_i}{a_j^{n_i/n_j}} \tag{11-17}$$

通常 $K_{ij}\ll 1$，K_{ij} 值越小，表明电极的选择性越高。例如：$K_{ij}=0.001$ 时，意味着干扰离子 j 的活度比待测离子 i 的活度大 1000 倍时，两者产生相同的电位。

选择性系数严格来说不是一个常数，在不同离子活度条件下测定的选择性系数值各不相同。选择性系数可以判断电极选择性的好坏，粗略估计干扰离子对测定所带来的误差。根据 K_{ij} 的定义：

$$相对误差=\frac{K_{ij}(a_j)^{n_i/n_j}}{a_i}\times 100\% \tag{11-18}$$

显然，K_{ij} 愈小愈好，选择性系数愈小，说明 j 离子对 i 离子的干扰愈小，亦即此电极对待测离子的选择性愈好。

离子选择性电极的性能好坏，除了选择性系数之外，还与响应时间、温度、pH 范围、电极的稳定性等因素有关。

常用电极因体积大而无法实现在线检测，因此电极呈现微型化的趋势；由于传感器使用方便，操作简单，电极向传感器方向发展。多探头联合工作，极大地提高了检测效率，生物芯片成为电极发展的前沿。

11.5　直接电位法

直接电位法主要应用于 pH 的电位测定和用离子选择性电极测定溶液中的离子活度。

11.5.1　直接电位法测 pH

（1）测定原理

测量溶液 pH 的电极体系为：玻璃电极作为指示电极，饱和甘汞电极作为参比电极。测量装置如图 11-10。测量电池如下：

Ag/AgCl, 0.1mol·L^{-1} HCl ｜ 玻璃膜 ｜ 试样溶液 ｜
｜ KCl(饱和), Hg$_2$Cl$_2$ ｜ Hg

25℃时电池的电动势可用下式计算

$$E=\varphi_{SCE}-\varphi_{玻}=\varphi_{SCE}-K+0.059\text{pH}_{试} \tag{11-19}$$

在一定条件下，φ_{SCE}，K 可视为常数，于是上式可写为

$$E_{电池}=K'+0.059\text{pH}_{试} \tag{11-20}$$

可见，测定溶液 pH 的电动势 E 与试样的 pH 成线

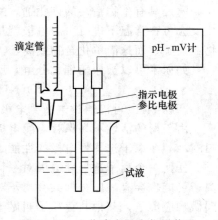

图 11-10　电位滴定基本仪器装置

性关系，根据此公式可进行溶液 pH 的测定。

(2) 溶液 pH 的测定

式 (11-20) 中只要测定出 E，并求出常数 K'，就可计算出试样的 pH 值了。但 K' 是个复杂的常数，包括外参比电极电位、内参比电极电位、不对称电位、液接电位等。

由于不对称电位、液接电位无法测得，所以不能由上式测量 E 求出溶液 pH。在实际测定中，pH_x 的测定是通过与标准缓冲溶液的 pH_s 相比较而确定的。

若测得 pH_s 的标准缓冲溶液电动势为 E_s，则

$$E_s = K + 0.059 pH_s \tag{11-21}$$

在相同条件下，测得 pH_x 的试样溶液的电动势为 E_x，则

$$E_x = K + 0.059 pH_x \tag{11-22}$$

由式 (11-21)、式 (11-22) 可得

$$pH_x = pH_s + \frac{E_x - E_s}{0.059} \tag{11-23}$$

若以 pH 玻璃电极作为正极，饱和甘汞电极作为负极，则有关系式

$$pH_x = pH_s + \frac{E_s - E_x}{0.059} \tag{11-24}$$

式 (11-23) 和式 (11-24) 称为溶液 pH 的操作定义（实用定义），亦称 pH 标度。实验测出 E_s 和 E_x 后，即可计算出试液的 pH_x。而在实际工作中，用 pH 计测量 pH 值时，先用 pH 标准缓冲溶液对仪器进行定位，然后测量试液，从仪表上直接读出试液的 pH 值。使用 pH 计时，应尽量使温度保持恒定并选用与待测溶液 pH 接近的标准缓冲溶液。常用的标准缓冲溶液见表 11-4。

表 11-4　标准缓冲溶液 pH 值

温度 /℃	草酸氢钾 $0.05 mol \cdot L^{-1}$	酒石酸氢钾 25℃，饱和	邻苯二甲酸氢钾 $0.05 mol \cdot L^{-1}$	KH_2PO_4 $0.025 mol \cdot L^{-1}$ Na_2HPO_4 $0.025 mol \cdot L^{-1}$
0	1.666	—	4.003	6.984
10	1.670	—	5.998	6.923
20	1.675	—	4.002	6.881
25	1.679	3.557	4.008	6.865
30	1.683	3.552	4.015	6.853
35	1.688	3.549	4.024	6.844
40	1.694	3.547	4.035	6.838

11.5.2　离子活（浓）度的测定

(1) 测定原理

Nernst 方程式表示的是电极电位与离子活度之间的关系式，一般测定的是离子浓度而不是活度，活度与浓度的关系为

$$a = \gamma c$$

式中，γ 为活度系数，由溶液的离子强度决定。为此，在系列的测量中必须使 γ 基本不变，才不会影响测定的结果。在电位分析法中通过加入总离子强度调节缓冲剂（total ionic strength adjustment buffer，简称 TISAB）来实现的。

总离子强度缓冲溶液一般由中性电解质、掩蔽剂和缓冲溶液组成。例如，测定试样中的氟离子所用的 TISAB 由氯化钠、柠檬酸钠及 HAc-NaAc 缓冲溶液组成。氯化钠用以保持溶

液的离子强度恒定，柠檬酸钠用以掩蔽 Fe^{3+}、Al^{3+} 等干扰离子，HAc-NaAc 缓冲溶液则使溶液的 pH 控制在 5.0～6.0。

用离子选择性电极测定离子活度时也是将它浸入待测溶液而与参比电极组成一电池，并测量其电动势。对于各种离子选择性电极，电池电动势如下公式

$$E=K+\frac{RT}{nF}\ln a$$

当离子总强度保持相同时

$$E=K'+\frac{RT}{nF}\ln c \tag{11-25}$$

工作电池的电动势在一定实验条件下与待测离子的浓度的对数值呈直线关系。因此通过测量电动势可测定待测离子的浓度。其中离子选择性电极作正极时，K' 后一项取正值；对阴离子响应的电极 K' 后一项取负值。

（2）定量分析方法

由于实际测定的是离子浓度而不是活度，难以方便获得各种离子的标准溶液，故不能像测定 pH 一样采用比较法。通常定量分析采用以下两种方法。

① 标准曲线法　用测定离子的纯物质配制一系列不同浓度的标准溶液，并用总离子强度调节缓冲溶液（TISAB）保持溶液的离子强度相对稳定，分别测定各溶液的电位值，并绘制 E-$\lg c_i$ 的工作曲线（注意：离子活度系数保持不变时，膜电位才与 $\lg c_i$ 呈线性关系）。

例如：测 F^- 时，所使用的 TISAB 的典型组成为：$1 mol \cdot L^{-1}$ 的 NaCl，使溶液保持较大稳定的离子强度；$0.25 mol \cdot L^{-1}$ 的 HAc 和 $0.75 mol \cdot L^{-1}$ 的 NaAc，使溶液 pH 在 5 左右；$0.001 mol \cdot L^{-1}$ 的柠檬酸钠，掩蔽 Fe^{3+}、Al^{3+} 等干扰离子。标准曲线法适于大批量且组成较为简单的试样分析。

② 标准加入法　分析复杂样品时一般选择标准加入法。将小体积 V_s（一般为试液的 1/50～1/100）而大浓度 c_s（一般为试液的 100～50 倍）的待测组分的标准溶液，加入到一定体积的试样溶液中，分别测量标准加入前后的电动势，从而求出 c_x。可分为一次标准加入法和多次标准加入法两种。

a. 一次标准加入法　设某一试液体积为 V_x，其待测离子的浓度为 c_x，测定的工作电池电动势为 E_1，则：

$$E_1=K+\frac{2.303RT}{nF}\lg(x_i\gamma_i c_x) \tag{11-26}$$

式中，x_i 为游离态待测离子占总浓度的分数；γ_i 是活度系数；c_x 是待测离子的总浓度。

往试液中准确加入一小体积 V_s（大约为 V_x 的 1/100）的用待测离子的纯物质配制的标准溶液，浓度为 c_s（约为 c_x 的 100 倍）。由于 $V_x \gg V_s$，可认为溶液体积基本不变。浓度增量为

$$\Delta c=\frac{c_s V_s}{V_x}$$

再次测定工作电池的电动势为 E_2：

$$E_2=K+\frac{2.303RT}{nF}\lg(x_2\gamma_2 c_x+x_2\gamma_2\Delta c)$$

可以认为 $\gamma_2\approx\gamma_1$，$x_2\approx x_1$，则

$$\Delta E=E_2-E_1=\frac{2.303RT}{nF}\lg\left(1+\frac{\Delta c}{c_x}\right)$$

令，

$$S=\frac{2.303RT}{nF}$$

则
$$\Delta E = S\lg\left(1+\frac{\Delta c}{c_x}\right)$$

所以
$$c_x = \frac{\Delta c}{10^{\Delta E/S}-1} \tag{11-27}$$

【例 11-1】 将钙离子选择电极和饱和甘汞电极插入 100.00mL 水样中，用直接电位法测定水样中的 Ca^{2+}。25℃时，测得钙离子电极电位为 $-0.0619V$（对 SCE），加入 $0.0731 mol \cdot L^{-1}$ 的 $Ca(NO_3)_2$ 标准溶液 1.00mL，搅拌平衡后，测得钙离子电极电位为 $-0.0483V$（对 SCE），试计算原水样中 Ca^{2+} 的浓度。

解：由标准加入法计算公式

$$S = \frac{0.059}{2}$$

$$\Delta E = -0.0483 - (-0.0619) = 0.0619 - 0.0483 = 0.0136V$$

$$\Delta c = \frac{c_s V_s}{V_x} = \frac{0.0731 \times 1.00}{100.00} = 7.31 \times 10^{-4} mol \cdot L^{-1}$$

则
$$c_x = \frac{\Delta c}{10^{\Delta E/S}-1} = 3.87 \times 10^{-4} mol \cdot L^{-1}$$

答：试样中 Ca^{2+} 的浓度为 $3.87 \times 10^{-4} mol \cdot L^{-1}$。

一次标准加入法最大的特点是：两次测量在同一溶液中进行，仅仅是待测离子浓度稍有不同，溶液条件几乎完全相同，因此一般可以不加 TISAB。但 V_x、V_s 必须准确加入，V_x 一般为 100mL，V_s 一般为 1mL，最多不超过 10mL。

一次标准加入法适应于复杂物质的分析，精确度高。

b. 多次标准加入法——格氏（Gran）作图法 在测定过程中，连续多次（3～5 次）加入标准溶液，多次测定 E 值，按照上述电池的表达式，于体积为 V_x、浓度为 c_x 的试样溶液中，加入体积 V_s、浓度 c_s 的待测离子标准溶液后，测得电动势为 E 与 c_x、c_s 应符合如下关系

$$E = K' + S\lg \frac{c_x V_x + c_s V_s}{V_x + V_s} \tag{11-28}$$

将式 (11-28) 重排，得

$$(V_x + V_s) 10^{E/S} = 10^{K'/S}(c_x V_x + c_s V_s)$$

令 $10^{K'/S} = K$，得

$$(V_x + V_s) 10^{E/S} = K(c_x V_x + c_s V_s) \tag{11-29}$$

若每添加一次标准溶液，测一个 E，并计算出 $(V_x+V_s)10^{E/S}$，以 $(V_x+V_s)10^{E/S}$ 为纵坐标，以 V_s 为横坐标，作图得一直线。延长与横坐标相交，此处纵坐标为零，即：

$$(V_x + V_s) 10^{E/S} = 0$$

根据式 (11-29)

$$K(c_x V_x + c_s V_s) = 0$$

$$c_x = -\frac{c_s V_s}{V_x} \tag{11-30}$$

因此，从图 11-11 可求算 c_x。

格氏作图法是采用一种半反对数的格氏坐标纸，直接作 E-V_s 曲线，结果的计算公式同上。格氏作图法适用于低浓度物质的测定。

11.5.3 影响测定准确度的因素

在测定溶液 pH 和其他离子活度时，直接电位法的电位测量的准确性直接影响到结果的

准确。影响电位准确性的因素主要有以下几个方面。

（1）温度

据 $E = K' + \dfrac{RT}{nF}\ln a$，温度对测量的影响主要表现在对电极的标准电极电位、直线的斜率和离子活度的影响上，有的仪器可同时对前两项进行校正，但多数只对斜率进行校正。温度的变化使离子活度变化而影响测定结果的准确性。在测量过程中应尽量保持温度恒定。

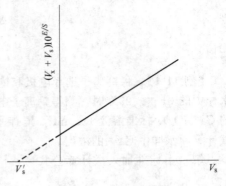

图 11-11　格氏作图法

（2）电动势的测量

由 Nernst 公式知，E 的测量的准确度直接影响分析结果的准确度。E 的测量误差 ΔE 与分析结果的相对误差 $\Delta c/c$ 之间的关系是可以通过对式（11-25）微分导出

$$\Delta E = \pm \dfrac{RT}{nF} \times \dfrac{\Delta c}{c}$$

当 $T=298\text{K}$ 时，可表示为

$$\Delta E = \dfrac{0.0257}{n} \times \dfrac{\Delta c}{c} \tag{11-31}$$

浓度测定的相对误差为：

$$\dfrac{\Delta c}{c} = \dfrac{n\Delta E}{0.0257} = 3900 n\Delta E \tag{11-32}$$

由式（11-32）可以看出，当 $\Delta E = \pm 1\text{mV}$ 时，对于一价离子，浓度的相对误差为 $\pm 3.9\%$；对于二价离子，浓度的相对误差为 $\pm 7.8\%$；对于三价离子，浓度的相对误差为 $\pm 11.7\%$。可见，E 的测量误差 ΔE 对分析结果的相对误差 $\Delta c/c$ 影响极大，高价离子尤为严重。因此，电位分析中要求测量仪器要有较高的测量精度（$\leqslant \pm 1\text{mV}$）。

（3）干扰离子

在电位分析中干扰离子的干扰主要有以下几种情况。

① 干扰离子与电极膜发生反应　以氟离子选择性电极测定氟为例，当试液中存在大量柠檬酸根时，有如下化学反应：

$$\text{LaF}_3(\text{固}) + \text{Cit}^{3-}(\text{水}) \Longrightarrow \text{LaCit}(\text{水}) + 3\text{F}^-(\text{水})$$

由于发生上述反应，使溶液中 F^- 增加，导致分析结果偏高。

② 干扰离子与待测离子发生反应　如氟离子选择性电极测定氟时，若溶液中存在铁、铝、钨等时，会与 F^- 形成络合物（不能被电极响应），而产生干扰。

③ 干扰离子影响溶液的离子强度　由于干扰离子对溶液离子强度影响，可导致待测离子的活度受到影响。对干扰离子的影响，一般可加入掩蔽剂消除，必要时，预先分离。如，氟 ISE 测定氟。

（4）溶液的 pH

酸度是影响测量的重要因素之一，一般测定时，要加缓冲溶液控制溶液的 pH 范围。如，氟离子选择性电极测定氟时控制 pH 在 5～7。

（5）被测离子的浓度

由 Nernst 公式知，在一定条件下，E 与 $\ln c$ 成正比关系。任何一个离子选择性电极都有一个线性范围，一般为 10^{-1}～10^{-6}mol·L^{-1}。检出下限主要取决于组成电极膜的活性物质的性质。例如，沉淀膜电极检出限不能低于沉淀本身溶解所产生的离子活度。

(6) 响应时间

响应时间是离子选择性电极的一个重要性能指标。根据 IUPAC 的建议，其定义是：从离子选择性电极和参比电极一起接触溶液的瞬间算起，直到电动势达稳定数值（变化 $\leqslant$ 1mV）所需要的时间。它与待测离子到达电极表面的速率端，待测离子的活度，介质的离子强度，电极膜的弧度、光洁度等因素有关。另外，当共存离子为干扰离子时，对响应时间也有一定的影响。

(7) 迟滞效应

对同一活度的溶液，测出的电动势数值与离子选择性电极在测量前接触的溶液有关，这种现象称之为迟滞效应。它是离子选择性电极分析法的主要误差来源之一。消除的方法是：测量前用去离子水将电极电位洗至一定的值。

11.5.4 直接电位法的应用

离子选择性电极是一种简单、迅速、能用于有色和浑浊溶液的非破坏性分析工具，仪器不复杂，而且可以分辨不同离子的存在形式，能测量少到几微升的样品，所以十分适用于野外分析和现场自动连续监测。与其他分析方法相比，它在阴离子分析方面具有优势。电极对活度产生响应这一点也有特殊意义，它不仅可用作络合物和动力学的研究工具，而且通过电极的微型化用于直接观察体液甚至细胞内某些重要离子的活度变化。离子选择性电极的分析对象十分广泛，它已成功地应用于环境监测、水质和土壤分析、临床化验、海洋考察、工业流程控制以及地质、冶金、农业、食品和药物分析等领域。

11.6 电位滴定法

11.6.1 电位滴定法的测定原理

电位滴定法是通过测量滴定过程中指示电极电位的突跃来确定滴定终点的一种滴定分析方法。滴定时，在溶液中插入一个合适的指示电极与参比电极组成工作电池，随着滴定剂的加入，由于待测离子和滴定剂发生化学反应，待测离子的浓度不断变化，使得指示电极的电位也相应发生改变。到达化学计量点时，溶液中待测离子浓度发生突跃变化，必然引起指示电极电位发生突跃变化。因此，可以通过测量指示电极电位的变化来确定终点。再根据滴定剂浓度和终点时滴定剂消耗的体积计算待测离子的含量。

由于电位滴定法只需观测滴定过程中电位的变化情况，而不需知道终点电位的绝对值，因此与直接电位法相比，受电极性质、液接电位和活度系数等的影响要小得多。因此测定的精密度、准确度均比直接电位法高，与滴定分析相当。另外，由于电位滴定法不用指示剂确定终点，因此它不受溶液颜色、浑浊等限制，特别是在无合适指示剂的情况下，可以很方便地采用电位滴定法。但电位滴定法与普通的滴定法、直接电位法相比，分析时间较长。如能使用自动电位滴定仪，则可达到简便、快速的目的。

11.6.2 基本装置

在直接电位法的装置中，加一滴定管，即组成电位滴定的装置。进行电位滴定时，每加一定

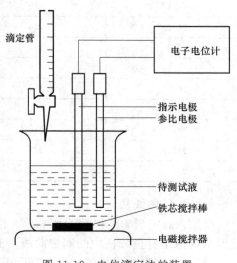

图 11-12 电位滴定法的装置

体积的滴定剂,测一次电动势,直到达到化学计量点为止。这样就可得到一组滴定用量(V)与相应电动势(E)的数据。由这组数据就可以确定滴定终点。电位滴定法的装置由四部分组成,即电池、搅拌器、测量仪表、滴定装置,如图11-12所示。

电位滴定法可用于酸碱滴定、沉淀滴定、氧化还原滴定及络合滴定,不同类型的滴定选择不同的指示电极,表11-5是各种滴定中常用的电极。

表 11-5 各种滴定常用电极

滴定方法	参比电极	指示电极
酸碱滴定	甘汞电极	玻璃电极,锑电极
沉淀滴定	甘汞电极,玻璃电极	银电极,硫化银薄膜电极等离子选择性电极
氧化还原滴定	甘汞电极,钨电极,玻璃电极	铂电极
络合滴定	甘汞电极	铂电极,汞电极,银电极,氟离子、钙离子等离子选择性电极

11.6.3 电位滴定的终点确定方法

在电位滴定中,确定终点的方法有 E-V 曲线法、$\Delta E/\Delta V$-V 曲线法和二级微商法等三种。下面以 $0.1000\text{mol} \cdot \text{L}^{-1}$ AgNO$_3$ 溶液滴定 NaCl 溶液为例。滴定过程的数据如表11-6所示。

表 11-6 以 $0.1000\text{mol} \cdot \text{L}^{-1}$ AgNO$_3$ 溶液滴定 Cl$^-$ 溶液

加入 AgNO$_3$ 的体积 V/mL	电动势 E/mV	$\dfrac{\Delta E}{\Delta V}$/mV·mL^{-1}	$\dfrac{\Delta^2 E}{\Delta V^2}$/mV·mL^{-2}
5.00	62		
		2	
15.00	85		
		4	
20.00	107		
		8	
22.00	123		
		15	
23.00	138		
		16	
23.50	146		
		50	
23.80	161		
		65	
24.00	174		
		90	
24.10	183		
		110	
			2800
24.20	194		
		390	
			4400
24.30	233		
		830	
			−5900
24.40	316		
		240	
			−1300
24.50	340		
		110	
			−400
24.60	351		
		70	
24.70	358		
		50	
25.00	373		
		24	
25.50	385		

(1) E-V 曲线法

以加入滴定剂的体积 V 为横坐标,相应电动势 E 为纵坐标,绘制 E-V 曲线(见图11-13)。其形状类似于容量分析中的滴定曲线,曲线的拐点相应的体积即为终点时消耗滴定剂的体积 V_{ep}。与一般容量分析相同,电位突跃范围和斜率的大小取决于滴定反应的平衡常数和被测物质的浓度。

电位突跃范围越大，分析误差越小。这种方法的缺点是：准确度不高，特别是当滴定曲线斜率不够大时，较难确定终点。

(2) $\Delta E/\Delta V$-V 曲线法 (一阶微商法)

首先根据实验数据计算出 ΔV、ΔE、$\Delta E/\Delta V$、V。绘制 $\Delta E/\Delta V$-V 曲线。曲线峰对应的体积即为终点时消耗滴定剂的体积 V_{ep}。

表 11-6 中，ΔV 为相邻两次加入滴定剂体积之差，即 $\Delta V = V_2 - V_1$；ΔE 为相邻两次测得电动势之差，即 $\Delta E = E_2 - E_1$；$\Delta E/\Delta V$ 为 $(E_2 - E_1)/(V_2 - V_1)$；V 为相邻两次加入滴定剂体积之平均值，即 $V = (V_2 - V_1)/2$。

一阶微商法的优点是准确度高。

(3) 二阶微商法

① $\Delta^2 E/\Delta V^2$-V 曲线法 首先计算出 ΔV、$\Delta(\Delta E/\Delta V)$、$\Delta^2 E/\Delta V^2$ 及 V，绘制 $\Delta^2 E/\Delta V^2$-V 曲线。$\Delta^2 E/\Delta V^2 = 0$，所对应的体积即为终点时消耗滴定剂的体积 V。

表 11-6 中，ΔV 为相邻两次 $\Delta E/\Delta V$ 之差，即 $\Delta V = V_2 - V_1$；$\Delta(\Delta E/\Delta V)$ 为相邻两次 $\Delta E/\Delta V$ 之差，即 $\Delta(\Delta E/\Delta V) = (\Delta E/\Delta V)_2 - (\Delta E/\Delta V)_1$；$\Delta^2 E/\Delta V^2$ 为 $((\Delta E/\Delta V)_2 - (\Delta E/\Delta V)_1)/(V_2 - V_1)$；$V$ 为相邻两次加入滴定剂体积之平均值，即 $V = (V_2 - V_1)/2$。

该法的优点是准确度高。

② 二阶微商计算法 二级微商 $\Delta^2 E/\Delta V^2 = 0$ 时就是终点。计算方法如下。

加入 24.30mL 时，

$$\frac{\Delta^2 E}{\Delta V^2} = \frac{(\Delta E/\Delta V)_{24.35} - (\Delta E/\Delta V)_{24.25}}{V_{24.35} - V_{24.25}} = \frac{0.830 - 0.390}{24.35 - 24.25} = 4.4$$

加入 24.40mL 时，

$$\frac{\Delta E}{\Delta V} = \frac{0.316 - 0.233}{24.40 - 24.30} = 0.83$$

$$\frac{\Delta^2 E}{\Delta V^2} = -5.9$$

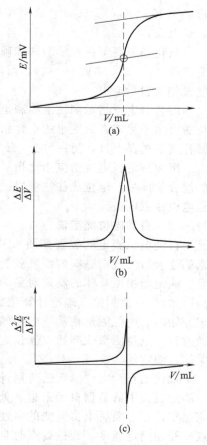

图 11-13 电位滴定曲线

二级微商等于零时所对应的体积值应在 24.30～24.40mL 之间，准确值可以由内插法计算出：

$$V_{ep} = 24.30 + \frac{(24.40 - 24.30) \times 4.4}{4.4 + 5.9} = 24.34 \text{mL}$$

这就是滴定终点时消耗 $AgNO_3$ 溶液的量。

11.6.4 电位滴定法的应用

电位滴定法除了适用于没有合适指示剂及浓度很稀的试液的各滴定反应类型的滴定外，还特别适用于有色溶液、浑浊溶液和不透明溶液的测定，还可用于非水溶液的滴定，采用自动滴定仪，还可加快分析速度，实现全自动操作。下面分别简单介绍。

酸碱滴定：可以进行某些极弱酸（碱）的滴定。指示剂法滴定弱酸碱时，准确滴定的要

求必须 $K_ac(K_bc) \geqslant 10^{-8}$，而电位法只需 $K_ac(K_bc) \geqslant 10^{-10}$；电位法所用的指示电极为 pH 玻璃电极。

氧化还原滴定：指示剂法准确滴定的要求是滴定反应中，氧化剂和还原剂的标准电位之差必须 $\Delta\varphi^{\ominus} \geqslant 0.36V$（$n=1$），而电位法只需大于等于 0.2V，应用范围广；电位法常用 Pt 电极作为指示电极。

络合滴定：指示剂法准确滴定的要求是生成络合物的稳定常数必须是 $\lg(Kc) \geqslant 6$，而电位法可用于稳定常数更小的络合物；电位法所用的指示电极一般有两种，一种是 Pt 电极或某种离子选择电极，另一种为 Hg 电极即第三类电极。

沉淀滴定：电位法应用比指示剂法更为广泛，尤其是难找到指示剂或难以进行选择滴定的混合物体系，电位法往往可以进行；电位法所用的指示电极主要是离子选择电极，也可用银电极或汞电极。

11.6.5 自动电位滴定法

自动电位滴定的装置如图 11-14 所示。在滴定管末端连接可通过电磁阀的细乳胶管，管下端接上毛细管。滴定前根据具体的滴定对象为仪器设置电位（或 pH）的终点控制值（理论计算值或滴定实验值）。滴定开始时，电位测量信号使电磁阀断续开关，滴定自动进行。电位测量值到达仪器设定值时，电磁阀自动关闭，滴定停止。

现代的自动电位滴定已应用计算机控制。计算机对滴定过程中的数据自动采集、处理，并利用滴定反应化学计量点前后电位突变的特性，自动寻找滴定终点、控制滴定速度，到达终点时自动停止滴定。由人工操作来获得滴定曲线及精确地确定终点是很费时的。如果采用自动电位滴定仪就可以解决上述问题，尤其对批量试样的分析更能显示其优越性。

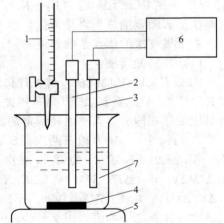

图 11-14 自动电位滴定装置示意图
1—滴定管；2—指示电极；3—参比电极；
4—铁芯搅拌棒；5—电磁搅拌器；
6—自动滴定控制器；7—试液

目前使用的滴定仪主要有两种类型：一种是滴定至预定终点电位时，滴定自动停止；另一种是保持滴定剂的加入速度恒定，在记录仪上记录其完整的滴定曲线，以所得曲线确定终点时滴定剂的体积。

自动控制终点型仪器需事先将终点信号值（如 pH 或 mV）输入，当滴定到达终点后 10s 时间内电位不发生变化，则延迟电路就自动关闭电磁阀电源，不再有滴定剂滴入。使用这些仪器实现了滴定操作连续自动化，而且提高了分析的准确度。

本 章 小 结

本章主要讲述了电位分析法基本原理、基本方法和各种电极基本结构、使用方法。

1. 基本概念

指示电极、参比电极、膜电位、不对称电位、酸差、碱差、离子选择电极、电极选择性系数、相界电位、液接电位、原电池、直接电位法、电位滴定法。

2. 基本理论

pH 玻璃电极的基本构造；膜电位产生原理及表示式。

金属基电极电位的产生机理、电极分类及各电极的电极反应、电极电位的表达式。

离子选择性电极的基本构造；分类；响应机理及电位选择性系数。

3. 直接电位法测量溶液 pH 的测量原理；pH 的实用定义；测量方法；离子活度的电位测定原理；定量分析方法。

4. 电位滴定法：原理方法；确定滴定终点的方法；电极的选择及电位滴定的应用。

思考题与习题

1. 电位分析法的理论基础是什么？它可以分成哪两类分析方法？它们各有何特点？
2. 试述 pH 玻璃电极的响应机理。解释 pH 的实用定义。
3. 什么叫 ISE 的不对称电位？在使用 pH 玻璃电极时，如何减少不对称电位对 pH 测量的影响？
4. 电极电位及电池电动势的表达式如何表示？电极有几种类型？各种类型电极的电极电位如何表示？
5. 气敏电极在结构上与一般的 ISE 有何不同？其原理如何？
6. 为什么玻璃电极使用前要用蒸馏水充分浸泡？如何测定水样的 pH？什么叫总离子强度调节缓冲剂？它的作用是什么？
7. 直接电位法与电位滴定法有何区别？电位滴定的终点确定有哪几种方法？
8. 简述氟离子选择性电极的构造。电极使用的适宜 pH 为多少？为什么？
9. 为什么离子选择性电极对待测离子具有选择性？如何估量这种选择性？
10. 硫化银膜电极以银丝为内参比电极，$0.0100 \text{mol} \cdot \text{L}^{-1}$ 硝酸银为内参比溶液，计算该电极在 1.00×10^{-4} $\text{mol} \cdot \text{L}^{-1} \text{S}^{2-}$ 碱性溶液中的电极电位。已知：$\varphi_{Ag^+/Ag} = 0.799\text{V}$，$K_{sp} = 2 \times 10^{-49}$。

(-0.522V)

11. 测定 pH=5.00 的溶液，得到电动势为 0.2018V；而测定另一未知溶液时，电动势为 0.2366V。电极的实际响应斜率为 $58.0 \text{mV} \cdot \text{pH}^{-1}$。计算未知液的 pH。

(5.6)

12. 玻璃电极在 25℃ 时测得 $\text{pH}_s = 4.00$ 的缓冲液的电动势为 0.209V。当缓冲液由未知液代替，测得的电动势分别为：(1) 0.312V；(2) -0.017V；计算未知液的 pH_x 值。

$(5.75, 0.17)$

13. 准确移取 50.00mL 含 NH_4^+ 的试液，用气敏氨电极测得其电位为 -80.1mV。若加 $1.00 \times 10^{-3} \text{mol} \cdot \text{L}^{-1}$ 的 NH_4^+ 标准溶液 0.50mL，测得电位值为 -96.1mV。然后此溶液中再加入离子强度调节剂 50.00mL。测得其电位值为 -78.3mV。计算试液中的 NH_4^+ 浓度为多少？

$(0.206 \mu\text{g} \cdot \text{mL}^{-1})$

14. Ca^{2+} 选择电极与另一参比电极组成电池，测得 $0.010 \text{mol} \cdot \text{L}^{-1}$ 的 Ca^{2+} 溶液的电动势为 0.250V，同样情况下，测得未知钙离子溶液电动势为 0.271V。两种溶液的离子强度相同，计算未知 Ca^{2+} 溶液的浓度。

$(1.94 \times 10^{-3} \text{mol} \cdot \text{L}^{-1})$

15. 在干净的烧杯中准确加入试液 50.0mL，用铜离子选择电极和参比电极组成测量电池，测得其电动势 $E_x = -0.0225$V。然后向试液中加入 $0.10 \text{mol} \cdot \text{L}^{-1} \text{Cu}^{2+}$ 的标准溶液 0.50mL（搅拌均匀），测得电动势 $E = -0.0145$V。计算原试液中 Cu^{2+} 的浓度（25℃）。

$(1.15 \times 10^{-3} \text{mol} \cdot \text{L}^{-1})$

16. 取 10mL 含氯离子水样，插入氯离子电极和参比电极，测得电动势为 200mV，加入 $0.1\text{mL} 0.1 \text{mol} \cdot \text{L}^{-1}$ 的 NaCl 标准溶液后电动势为 185mV。已知电极的响应斜率为 59mV。求水样中氯离子含量。

$(1.26 \times 10^{-3} \text{mol} \cdot \text{L}^{-1})$

17. 用氟离子选择电极测定天然水中的氟离子的含量。取水样 25.00mL，用离子强度调节剂稀释至 50.00mL，测得其电位为 88.3mV。若加入 $5.0 \times 10^{-4} \text{mol} \cdot \text{L}^{-1}$ 的标准氟离子溶液 0.50mL，测得的电位为 68.8mV。然后再分别加入标准氟离子溶液 0.50mL 并依次测定其电位，得到下列数据：

次数	0	1	2	3	4	5
E/mV	88.3	68.8	58.0	50.5	44.8	40.0

已知该氟离子选择电极的实际斜率为 $58.0 \text{mV} \cdot \text{pF}^-$。试分别用标准加入法和格氏作图法（空白试验直线通过 O 点），求天然水中氟离子的含量。

$(8.46×10^{-6} mol·L^{-1})$

18. 用电位滴定法测定氯化钠的含量时得到如下数据，试分别用 E-V 曲线法和内插法求其化学计量点时硝酸银液的体积。

V_{AgNO_3}/mL	11.10	11.20	11.30	11.40	11.50	12.00
E/mV	210	224	250	303	328	365

(11.35mL)

19. 下面是用 NaOH 标准溶液（0.1250mol·L^{-1}）滴定 50.00mL 某一元弱酸的部分数据表。

体积/mL	0.00	4.00	8.00	20.00	36.00	39.20
pH	2.40	2.86	3.21	3.81	4.76	5.50
体积/mL	39.92	40.00	40.08	40.80	41.60	
pH	6.51	8.25	10.00	11.00	11.24	

（1）绘制滴定曲线；（2）绘制 ΔV-$\bar{V}$ 曲线；（3）绘制 $\frac{\Delta^2 E}{\Delta V^2}$-$V$ 曲线；（4）计算该酸溶液的浓度；（5）计算弱酸的离解常数 K_a。

$(0.1000 mol·L^{-1}, 1.57×10^{-4})$

第 12 章 气相色谱法

12.1 概述

12.1.1 色谱法简介

色谱法与蒸馏、重结晶、溶剂萃取、化学沉淀及电解沉积法一样，是一种分离技术。这种分离方法能将各种性质极相似的组分彼此分离，是各种分离技术中效率最高和应用最广的一种方法。

色谱法创立于 1906 年，当时俄国植物学家茨维特（Tsweet）在研究植物叶子的色素成分时，使用竖立的填充有细颗粒碳酸钙（$CaCO_3$ 有吸附能力）的玻璃管作为分离柱，将植物叶片的石油醚（饱和烃混合物）提取液倒入玻璃管中，并不断用纯石油醚洗脱，此时色素受两种作用力影响：一种是 $CaCO_3$ 吸附，使色素在柱中停滞下来；一种是被石油醚溶解，使色素向下移动。由于各种色素结构不同，受两种作用力大小不同，经过一段时间洗脱后，色素在柱子上分开，形成了各种颜色的谱带，如图 12-1 所示，这种方法因此得名为"色谱法"。随着科学技术的发展，被分离样品种类的增多，该方法广泛地用于无色物质的分离与分析，"色谱"名称中的"色"失去了原有的意义，但"色谱"这一名称仍被人们沿用至今。

在色谱法中，将填入玻璃柱内静止不动的一相（如上述茨维特实验中的 $CaCO_3$）称为固定相，携带试样混合物流过此固定相的物质（如石油醚）称为流动相。

图 12-1 Tsweet 实验示意图

12.1.2 色谱法的分类

色谱法的分类方法很多，各种方法从不同角度分类。有时，一种色谱技术常有多种不同的名称。其主要分类方法如下。

(1) 按两相物理状态分类

色谱法根据流动相类型不同可分为用气体作流动相的气相色谱（gas chromatography，GC）、用液体作流动相的液相色谱法（liquid chromatography，LC）和用超临界流体（流动相处于其临界温度和临界压力以上，具有气体和液体的双重性质，如 CO_2）作色谱流动相的超临界流体色谱等。由于固定相可以是固体吸附剂或涂渍在载体上的固定液，故又按所用的固定相进行分类，如气相色谱法又分为气-固色谱（GSC）和气-液色谱（GLC）；液相色谱又分为液-固色谱（LSC）和液-液色谱（LLC）。

(2) 按固定相形式分类

按固定相不同的形式，色谱法可以分为以下几种。

① 柱色谱：固定相装在色谱柱中。共分为两大类，一类是固定相装入玻璃或金属内，叫"填充柱色谱"，另一类是固定相附着在一根细管内壁上，管中心是空的，叫开管柱色谱或毛细管柱色谱。上述对植物色素的分离即是经典的填充柱色谱法。

② 纸色谱：用多孔滤纸为载体，以吸附在滤纸上的水为固定相，有机溶剂为流动相，

也称展开剂。各组分在纸上经展开而分离。如图 12-2（a）所示。

③ 薄层色谱：以涂渍在玻璃板或塑料板上的吸附剂薄层为固定相，然后按照与纸色谱类似的方法操作。如图 12-2（b）所示。

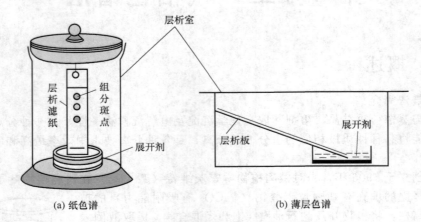

图 12-2　纸色谱和薄层色谱法示意图

这三种色谱均属于比较简单的经典色谱法，具体过程将在 13.4 色谱分离法中介绍。

(3) 按分离原理分类

按色谱分离过程的作用原理，色谱法又可分为以下几种。

① 吸附色谱法：利用吸附剂表面对不同组分吸附性能的差异进行分离。

② 分配色谱法：利用不同组分在两相中分配系数的差异进行分离。

③ 离子交换色谱法：利用不同组分对离子交换剂亲和力不同进行分离。

④ 尺寸排阻色谱法（凝胶色谱）：利用凝胶对分子的大小和形状不同的组分所产生的阻碍作用不同而进行分离。

⑤ 电色谱法：利用带电物质在电场作用下移动速度不同进行分离的色谱法。

(4) 按色谱动力学过程及展开程序分类

① 迎头色谱：以试样混合物作流动相的色谱法。

② 顶替色谱：用含吸附能力或其他作用能力较被分析组分强的组分作流动相的色谱法。

③ 洗脱色谱：以吸附能力或其他吸附作用能力比试样组分弱的气体或液体作流动相色谱法。

本章主要介绍气相色谱法，并简要介绍高效液相色谱法。

12.1.3　气相色谱分离流程

气相色谱仪型号较多，随着计算机的广泛使用，仪器的自动化程度也越来越高，但各类仪器的基本组成基本上是一样的。常用的气相色谱仪的主要部件及分离流程如图 12-3 所示。

主要包括五大系统：气路系统（由气源、气体净化、流速控制和测量等部分组成）、进样系统（由进样器、汽化室等组成）、分离系统、温度控制系统、检测和记录系统（由放大器、记录仪、数据处理装置等组成）。

气相色谱的流动相称为载气，由高压钢瓶供给，经减压阀减压后，通过净化干燥管干燥、净化，再用气流调节阀调节气体流速至所需值（流量计及压力表显示柱前流量及压力）。当检测器、汽化室和色谱柱均升温至所需温度时，将待测样用微量注射器由进样口以"插塞"的方式注入，在汽化室瞬间汽化后被载气带入到色谱柱中进行分离。分离后的组分随着载气先后进入检测器，检测器将组分的浓度（或质量）的变化转化为电信号，经放大后在记

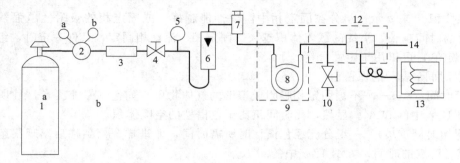

图 12-3 气相色谱流程示意图
1—载气瓶；2—压力调节器（a—瓶压；b—输出压力）；3—净化干燥管；4—稳压阀；5—柱前压力表；
6—转子流量计；7—进样器和汽化室；8—色谱柱；9—色谱柱恒温箱；10—馏分收集口；
11—检测器；12—检测器恒温箱；13—记录仪；14—尾气出口

录仪上记录下来，从而得到各组分的色谱峰。

在气相色谱仪的主要部件中，色谱柱和检测器是其关键部件。试样中各组分能否分离好，取决于色谱柱；分离后的组分测量结果是否准确则取决于检测器。

12.1.4 气相色谱常用术语

试样中各组分经分离后，随载气依次进入检测器，检测器将各组分的浓度（或质量）的变化转化为电信号，记录仪上所产生的信号随时间变化所形成的曲线称为色谱流出曲线，也称色谱图，曲线上突起部分就是色谱峰。图 12-4 为单组分的色谱流出曲线，如果进样量很小，组分浓度很低时，色谱峰一般呈高斯分布。下面结合色谱流出曲线说明有关术语。

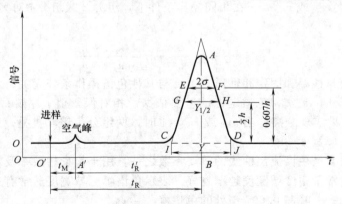

图 12-4 色谱流出曲线

(1) 基线

在正常操作条件下，仅有纯载气通过色谱柱时，检测器响应信号的记录，即没有组分流出时的流出曲线称为基线。基线反映检测器系统的噪声随时间的变化。稳定的基线应该是一条水平直线。

(2) 峰高 h 和峰面积 A

色谱峰最高点与基线之间的距离称为峰高，以 h 表示，如图 12-4 中的 AB。色谱峰与基线所包围的区域面积称为峰面积，以 A 表示。峰高或峰面积的大小和每个组分在样品中的含量相关，因此色谱峰的峰高或峰面积是气相色谱进行定量分析的主要依据。

(3) 保留值

组分在色谱柱中停留的数值，它反映了组分与固定相间作用力大小。通常用时间 t 或相

应的载气体积 V 来表示。组分在固定相中溶解性能越好，或固定相的吸附性越强，组分在柱中滞留的时间越长，消耗的载气体积越大。固定相、流动相固定，条件一定时，组分的保留值是个定值，可以用于定性分析。

① 以时间 t 表示的保留值

a. 死时间 (t_M)——不被固定相吸附或溶解的气体物质（如空气）流经色谱柱所需的时间，如图 12-4 中的 $O'A'$。显然，死时间正比于色谱柱的空隙体积。

b. 保留时间 (t_R)——组分流经色谱柱时所需时间，即进样开始到柱后出现某组分色谱峰最大值时所需的时间，如图 12-4 中的 $O'B$。

c. 调整保留时间 (t'_R)——扣除了死时间的保留时间，如图 12-4 中的 $A'B$，即 $t'_R = t_R - t_M$，又称校正保留时间、实际保留时间。t'_R 体现的是组分在柱中被吸附或溶解的时间。

保留时间可用时间单位（如 min 或 s）或长度单位（如 cm）表示。

② 用体积 V 表示的保留值 与各种保留时间对应，有相应的保留体积，其单位一般用 mL 表示。

死体积 (V_M)——不被固定相滞留的组分流经色谱柱所消耗的流动相体积称死体积，实际上就是色谱柱中载气所占的体积。它和死时间关系为：$V_M = t_M F_0$，F_0 为柱出口处载气的体积流速 $mL \cdot min^{-1}$。

保留体积 (V_R)——组分从进样开始到色谱柱后出现某组分色谱峰最大值时所通过载气的体积，即 $V_R = t_R F_0$。

调整保留体积 (V'_R)——扣除了死体积后的保留体积，真实地将待测组分从固定相中携带出柱子所需的载气体积，即 $V'_R = t'_R F_0$。

③ 相对保留值 $r_{2,1}$ 或 $r_{i,s}$——在相同操作条件下，组分 2 或组分 i 对另一参比组分 1 或 s 调整保留值之比：

$$r_{2,1} = \frac{t'_{R_2}}{t'_{R_1}} = \frac{V'_{R_2}}{V'_{R_1}}, \quad r_{i,s} = \frac{t'_{R_i}}{t'_{R_s}} = \frac{V'_{R_i}}{V'_{R_s}} \tag{12-1}$$

相对保留值只与柱温和固定相性质有关，与其他色谱操作条件无关，它表示了固定相对这两种组分的选择性，是气相色谱定性的重要依据。相对保留值 $r_{2,1}$ 或 $r_{i,s}$ 越大，两组分的 t'_R 相差越大，越容易实现分离，当 $r_{2,1}$ 或 $r_{i,s} = 1$ 时，两组分色谱峰重叠。

(4) 色谱峰区域宽度

色谱峰区域宽度是色谱流出曲线的重要参数之一，用于衡量柱效率及反映色谱操作条件的动力学因素。通常希望区域宽度越窄越好。表示色谱峰区域宽度通常有三种方法。

① 标准偏差 σ——峰高 0.607 倍处的色谱峰宽的一半，图 12-4 中 EF 的一半。

② 半峰宽 $Y_{1/2}$——峰高 h 一半处色谱峰的宽度，图 12-4 中的 GH。它与标准偏差的关系为：$Y_{1/2} = 2.354\sigma$。

③ 峰底宽 Y——色谱峰两侧拐点所作切线，与基线交点间的距离，图 12-4 中的 IJ。它与标准偏差和半峰宽的关系为：$Y = 4\sigma$，$Y_{1/2} = 0.589Y$。

从色谱流出曲线中，如图 12-5，可得许多重要信息：

① 根据色谱峰的个数，可以判断样品中所

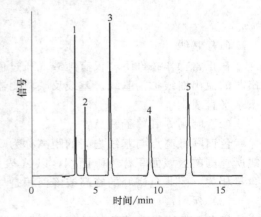

图 12-5 多组分试样流出色谱曲线

含组分的最少个数；
② 根据色谱峰的保留值，可以进行定性分析；
③ 根据色谱峰的面积或峰高，可以进行定量分析；
④ 色谱峰的保留值及其区域宽度，是评价色谱柱分离效能的依据；
⑤ 色谱峰两峰间的距离，是评价固定相（或流动相）选择是否合适的依据。

12.2 气相色谱理论基础

色谱分析的目的是将样品中各组分彼此分离，组分要达到完全分离，两峰间的距离必须足够远。两峰间的距离是由组分在两相间的分配系数决定的，即与色谱过程的热力学性质有关。但是两峰间虽有一定距离，如果每个峰都很宽，以致彼此重叠，还是不能分开。这些峰的宽或窄是由组分在色谱柱中传质和扩散行为决定的，即与色谱过程的动力学性质有关。因此，要从热力学（塔板理论）和动力学（速率理论）两方面来研究色谱行为。下面分别从分配平衡、塔板理论和速率理论来加以介绍。

12.2.1 分配平衡

以气液色谱为例，当气态的试样组分随载气进入色谱柱时，试样组分分子与固定液充分接触，由于二者之间的相互作用，有一部分组分被固定相溶解，另一部分仍留在流动相中，随着载气不断通入色谱柱，流动相中的组分又被前方的固定相溶解，而已溶解于固定相中的组分又可挥发到流动相中，组分在固定相和流动相两相间的溶解、挥发过程是一个分配平衡过程。当组分在固定相中的量较大时，在色谱柱中的停留时间必然长，即组分的保留时间较大。色谱分离与两相分配平衡过程有关，可用分配系数、分配比等概念来描述组分在给定两相间的分配行为。

（1）分配系数（partition coefficient）K

在一定温度、压力下，组分在两相之间分配达到平衡时的浓度比称为分配系数 K，即

$$K = \frac{\text{组分在固定相中的浓度}}{\text{组分在流动相中的浓度}} = \frac{c_s}{c_m} \tag{12-2}$$

（2）分配比（partition ratio）k

在实际工作中，也常用分配比来表征色谱分配平衡过程。分配比是指在一定温度下，组分在两相间分配达到平衡时的量比。

$$k = \frac{\text{组分在固定相中的量}}{\text{组分在流动相中的量}} = \frac{n_s}{n_m} = \frac{m_s}{m_m} \tag{12-3}$$

分配比 k 越大，组分分配在固定相中的量越多，相当于柱的容量越大，故也称容量因子（capacity factor）、容量比（capacity factor）。

分配系数与分配比都是与组分及固定相的热力学性质有关的常数，随分离柱温度、柱压的改变而变化，因而可以通过改变操作条件来提高分离效果。某组分的分配比可由实验测得，它等于该组分的调整保留时间与死时间的比值，即

$$k = \frac{t_R - t_M}{t_M} = \frac{t'_R}{t_M} \tag{12-4}$$

上式表明，某组分的保留时间越长则 k 值越大，色谱柱对该组分的保留能力就越强。

（3）分配系数（K）和分配比 k 的关系

设 V_s 为固定相的体积，V_m 为流动相的体积，则结合式（12-2）和式（12-3）可得：

$$K = k \frac{V_m}{V_s} = k\beta \tag{12-5}$$

β 称为色谱柱的相比。

12.2.2 塔板理论

塔板理论（plate theory）最早是由马丁（Martin）等人提出，属于一个半经验理论，除引入分配系数、分配比等概念外，还将色谱分离过程比拟作精馏过程（如图 12-6），将连续的色谱分离过程分割成多次的平衡过程的重复（类似于精馏塔塔板上的平衡过程）。塔板理论假设：①在每一块塔板上，平衡可以迅速达到，塔板高度用 H 表示；②将载气看作成脉动（间歇）过程；③试样沿色谱柱方向的扩散可忽略；④每次分配的分配系数相同。这样经过多次分配平衡后，分配系数小的组分先离开精馏塔，分配系数大的组分后离开精馏塔，从而使分配系数不同的组分彼此达到分离。

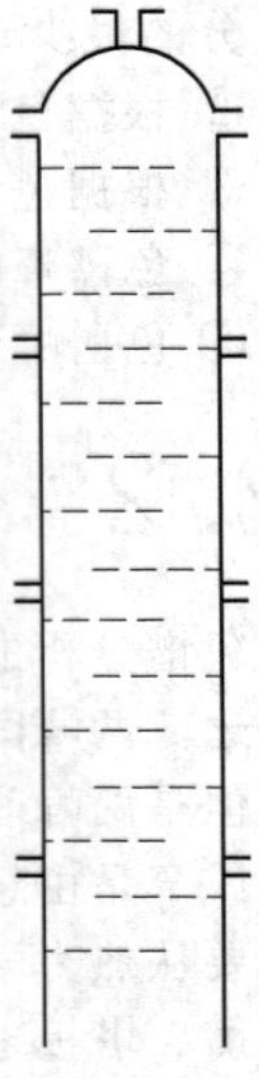

根据塔板理论的假定，若色谱柱中柱长为 L，则被分离组分达到平衡的次数 n 为：

$$n = \frac{L}{H} \tag{12-6}$$

图 12-6 精馏塔示意图

式中，n 称为理论塔板数；H 称为理论塔板高度。从定性的角度看，理论塔板数越多或理论塔板高度越小，则色谱效能越高。

理论塔板数 n 还可根据色谱图按下面经验公式计算：

$$n = 5.54 \left(\frac{t_R}{Y_{1/2}}\right)^2 = 16 \left(\frac{t_R}{Y}\right)^2 \tag{12-7}$$

式中，t_R，Y，$Y_{1/2}$ 用同一单位（时间或距离）。

由式（12-7）可知，组分的保留时间越长，峰宽度越窄，则理论塔板数越多，色谱柱效能越高。但是，由于保留时间 t_R 内包含死时间 t_M，t_M 不参加柱内分配，因此有时尽管计算得的 n 值很大，但色谱柱的实际分离效果并不好，为了使塔板数和塔板高度能较真实地反映色谱柱分离的好坏，就提出了用 t'_R 代替 t_R 计算得到有效塔板数 $n_{有效}$ 和有效塔板高度 $H_{有效}$ 来衡量色谱柱效能，即

$$n_{有效} = 5.54 \left(\frac{t'_R}{Y_{1/2}}\right)^2 = 16 \left(\frac{t'_R}{Y}\right)^2 \tag{12-8}$$

$$H_{有效} = \frac{L}{n_{有效}} \tag{12-9}$$

应用塔板理论时应当注意两点：①同一色谱柱对不同物质显示的柱效能是不同的，当用这些指标表示柱效能时，必须说明是对什么物质而言；②不能把 $n_{有效}$ 看作有无实现分离可能的依据，而只是在一定条件下色谱柱分离能力发挥程度的标志。

塔板理论虽然阐述了组分的分配行为以及给出了柱效能的评价等，但是，由于塔板理论的假设并不完全符合色谱柱内的实际分离过程，没有全面考虑各种传质过程，因此不能解释造成色谱峰变宽的原因和影响塔板高度的各种因素，从而限制了它的应用。但由于这个比喻形象简明，能说明一些问题，解释一些实验现象，并计算出理论塔板数以评价柱效率，因此一直采用。

12.2.3 速率理论

1956 年荷兰学者范第姆特（Van Deemter）等在研究气相色谱的基础上，提出了色谱过程的动力学理论——速率理论。他们吸收了塔板理论的概念，并把影响塔板高度的动力学因素结合进去，导出了塔板高度 H 与载气线速度 u 的关系：

$$H = A + \frac{B}{u} + Cu \tag{12-10}$$

其中，A 称为涡流扩散项；B/u 为分子扩散项；Cu 为传质阻力项；u 为载气的平均流速。

上式指出，填充性的柱效能受涡流扩散、分子扩散、传质阻力、载气流速等因素的影响，从而较好地解释了影响理论塔板高度的各种因素。

当 u 一定时，只有当 A、B、C 较小时，H 才小，柱效才会高，反之则柱效较低，色谱峰扩张。但这三项各与哪些因素有关？下面对这三项分别进行讨论。

(1) 涡流扩散项 A

在填充色谱柱中，流动相通过填充物的不规则空隙时，其流动方向不断地改变，因而形成紊乱的类似"涡流"的流动，从而引起色谱峰变宽，如图 12-7。

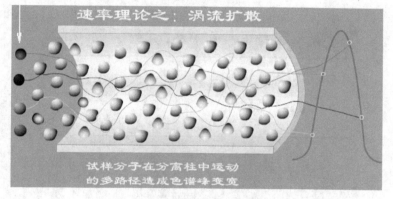

图 12-7 涡流扩散示意图

色谱峰变宽的程度由下式决定：

$$A = 2\lambda d_p \tag{12-11}$$

式中，d_p 为固定相的平均颗粒直径；λ 为固定相的填充不规则因子。涡流扩散项的大小与流动相的流速无关。固定相颗粒越小，填充得越均匀，A 值越小，柱效越高，表现在涡流扩散所引起的色谱峰变宽现象减轻，色谱峰较窄。

(2) 分子扩散项 B/u

当试样以"塞子"形式进入色谱柱后，便在色谱柱的轴向上造成浓度梯度，使组分分子产生浓差扩散，导致色谱峰变宽。故该项也称为纵向扩散项。如图 12-8。

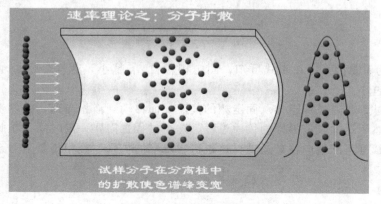

图 12-8 分子扩散示意图

气体分子扩散项系数为：
$$B = 2\gamma D_g \quad (12\text{-}12)$$

式中，γ 为弯曲因子，反映柱填充物对分子扩散的阻碍程度；D_g 为组分在气相中的扩散系数，$cm^2 \cdot s^{-1}$，它与载气相对分子质量的平方根成反比，且与组分的性质、温度、压力有关。分子扩散项还与流速有关，流速越小，组分在柱中滞留的时间越长，扩散越严重。因此，为了减小 B 项，可采用较高的载气流速，使用相对分子质量较大的载气，控制较低的柱温。

（3）传质阻力项 Cu

物质系统由于浓度不均匀而发生的物质迁移过程，称为传质。影响这个过程进行速度的阻力，称为传质阻力，如图 12-9。传质阻力系数 C 包括流动相传质阻力系数 C_m 和固定相传质阻力系数 C_s，即 $C = C_m + C_s$。

$$Cu = C_m u + C_s u \quad (12\text{-}13)$$

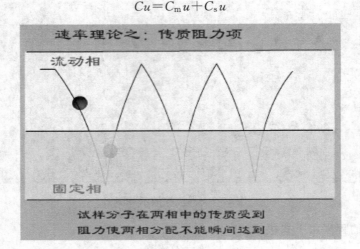

图 12-9 传质阻力示意图

对于气液色谱，流动相为气体（相应的为气相传质阻力），固定相为液体（相应的为液相传质阻力）。

气相传质过程是指试样组分在气相和气液界面上的传质。由于传质阻力的存在，使得试样在两界面上不能瞬间达到分配平衡。所以，有的分子还来不及进入两相界面，就被气相带走，出现超前现象。上面这些现象均将造成色谱峰扩宽。对于填充柱，气相传质阻力系数 C_g 为：

$$C_g = \frac{0.01 k^2}{(1+k)^2} \times \frac{d_p^2}{D_g} \quad (12\text{-}14)$$

式中，k 为容量因子。由上式可知，固定相颗粒 d_p 越小，载气分子量越小即 D_g 越大，气相传质阻力越小。

液相传质过程是指试样组分从固定相的气液界面移动到液相内部，并发生质量交换，达到分配平衡，然后返回气液界面的传质过程。这个过程也需要一定时间，在此时间，组分的其他分子仍随载气不断地向柱口运动，这也造成峰形的扩张。液相传质阻力系数 C_l 为：

$$C_l = \frac{2}{3} \times \frac{k}{(1+k)^2} \times \frac{d_f^2}{D_l} \quad (12\text{-}15)$$

式中，d_f 为固定液的液膜厚度，D_l 为组分在液相中的扩散系数。因此，可适当降低

d_f，增大 D_1，减小液相传质阻力，提高柱效能，改善色谱峰形。

(4) 载气流速 u 对理论塔板高度 H 的影响

根据式 $H=A+\dfrac{B}{u}+Cu$，载气流速高时，传质阻力项是影响柱效的主要因素，流速越大，柱效能越低；载气流速低时，分子扩散项成为影响柱效的主要因素，流速增大，柱效能提高。

由于流速对这两项完全相反的作用，故必有一个最佳流速值，使色谱柱的理论塔板高度 H 最小，柱效能最高。

以塔板高度 H 对应载气流速 u 作图，见图 12-10，曲线最低点的流速即为最佳流速。

$$u_{最佳}=\sqrt{B/C} \tag{12-16}$$

$$\begin{aligned}H_{\min}&=A+B/u_{最佳}+Cu_{最佳}\\&=A+B/\sqrt{B/C}+C\sqrt{B/C}=A+2\sqrt{BC}\end{aligned} \tag{12-17}$$

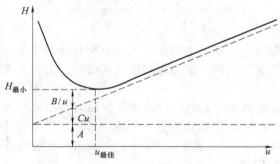

图 12-10 H-u 关系图与最佳载气流速

可测三种流速对应的板高 H，解三元一次方程，求出 A、B、C 即可求出 $u_{最佳}$ 和 $H_{\min}$。实际工作中，为缩小分析时间，可选略高 $u_{最佳}$ 的流速，常用 $2u_{最佳}$。

由以上的讨论可以看出，范第姆特方程式对分离条件的选择具有指导意义。它可以说明填充物颗粒度、填充均匀程度、固定液膜厚度、载气种类及流速等对柱效能和色谱峰变宽的影响。

12.3 色谱分离条件的选择

色谱分析作为一种分离技术，其主要目的是分离物质。色谱分析的两个基本理论，塔板理论和速率理论都难以描述难分离物质对的实际分离程度，即柱效为多大时，相邻两组分能够被完全分离。另外，在进行分离时，必须选择合适的操作条件，因为这对实现分离的可能性有很大的影响。

本节从分离度入手，结合速率理论讨论色谱分离条件的选择。

12.3.1 分离度

在色谱分析中，通常用一对难分离的物质对的分离情况表示色谱柱的分离效能，图 12-11 给出了两相邻组分在不同色谱条件下的四种分离情况。从图中可以看出：①柱效较高即色谱峰窄，ΔK（分配系数）较大即两峰间有一定的距离，完全分离；②ΔK 不是很大，柱效较高即峰较窄，基本上完全分离；③柱效较低，ΔK 较大，但分离得不好；④ΔK 小，柱效低，分离效果更差。故要达到混合物中各组分彼此分离。应满足两个条件：一个是两组分色谱峰之间的距离必须相差足够大，即 ΔK（分配系数）较大；另一个是色谱峰必须窄即柱效要高。只有同时满足这两个条件，两组分才能完全分离。综合这两个条件，提出了用分离度 R（亦称分辨率）来评价色谱柱总的分离效能。

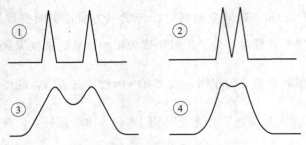

图 12-11　色谱分离的四种情况

分离度定义为相邻两色谱峰保留值之差与两组分色谱峰底宽度平均值之比，即

$$R=\frac{t_{R_2}-t_{R_1}}{\frac{1}{2}(Y_1+Y_2)}=\frac{2(t_{R_2}-t_{R_1})}{Y_1+Y_2} \tag{12-18}$$

式中，分子即保留值之差反映了溶质在两相中分配行为对分离的影响，是色谱分离的热力学因素。分母即色谱峰宽窄反映了动态过程溶质区带的扩展对分离的影响，是色谱分离的动力学因素。

R 越大，表明两组分分离效果越好，即两组分保留时间相差越大，色谱峰越窄，分离越好。一般说，当 $R<1$ 时，两峰有部分重叠；当 $R=1$ 时，分离程度可达 98%；当 $R=1.5$ 时，分离程度可达 99.7%。通常用 $R=1.5$ 作为相邻两组分已完全分离的标志。

12.3.2　色谱基本分离方程式

分离度作为柱的总分离效能指标，既反映了两组分保留值的差值，即固定相对两组分的选择性 $r_{2,1}$ 的大小（由固定相的热力学性质决定）；又考虑到了色谱峰宽度对分离的影响，即柱效能 n_{eff} 的高低（取决于色谱过程的动力学因素）。分离度与柱效能和选择性的关系可由下式导出，设相邻两色谱峰峰底宽度相等，即 $Y_2=Y_1=Y$，引入相对保留值和塔板数，可导出下式：

$$R=\frac{2(t_{R_2}-t_{R_1})}{Y_2+Y_1}=\frac{t'_{R_2}-t'_{R_1}}{Y}=\frac{(t'_{R_2}/t'_{R_1}-1)t'_{R_1}}{Y}$$

$$=\frac{(r_{2,1}-1)}{t'_{R_2}/t'_{R_1}}\times\frac{t'_{R_2}}{Y}=\frac{r_{2,1}-1}{r_{2,1}}\sqrt{\frac{n_{eff}}{16}}$$

$$R=\frac{\sqrt{n_{eff}}}{4}\times\frac{r_{2,1}-1}{r_{2,1}} \tag{12-19}$$

式（12-19）将分离度 R 与柱效能 n_{eff}、柱选择性 $r_{2,1}$ 联系起来，为色谱分离条件的选择提供了理论依据，称为色谱基本分离方程式。

【例 12-1】 在一定条件下，两个组分的调整保留时间分别为 85s 和 100s，要达到完全分离，即 $R=1.5$。计算需要多少块有效塔板？若填充柱的塔板高度为 0.1cm，柱长是多少？

解： $r_{2,1}=100/85=1.18$

$$n_{有效}=16R^2\left(\frac{r_{2,1}}{r_{2,1}-1}\right)^2=16\times 1.5^2\times\left(\frac{1.18}{0.18}\right)^2$$

$$=1547$$

$$L=n_{有效}H_{有效}=1547\times 0.1\text{cm}=155\text{cm}$$

即柱长为 1.55m 时，两组分可以得到完全分离。

12.3.3 分离操作条件的选择

气相色谱分析中,选择分离操作的最佳条件时,既要考虑难分离物质达到分离的要求,还应尽量缩短分析所需的时间。

(1) 载气种类及其流速的选择

载气种类的选择根据速率理论 $H = A + \dfrac{B}{u} + Cu$ 和前述的影响速率理论方程式中 A、B、C 的各种因素,当 u 较小时,分子扩散项是引起色谱峰展宽的主要因素,此时应采用分子量较大的载气(N_2、Ar),使组分在载气中有较小的扩散系数,以减小分子扩散项的影响。当 u 较大时,传质阻力项成为控制因素,此时宜用低分子量载气(H_2、He),使组分在载气中有较大的扩散系数,可减少气相传质阻力。此外,选择载气种类时,还要注意与所用的检测器相配套(讨论见 12.5)。

载气流速的选择前面速率理论已作介绍,实际工作中,为了缩短分析时间,流速往往高于最佳流速。对于填充柱,以 N_2 为载气的最佳实用线速为 $10\sim 12\,\mathrm{cm\cdot s^{-1}}$,$H_2$ 为 $12\sim 20\,\mathrm{cm\cdot s^{-1}}$。

(2) 固定液的配比(液载比)的选择

对于气液色谱,从速率方程式可知,固定液的配比主要影响传质阻力项,降低 d_f,可使传质阻力项减小从而提高柱效。但固定液用量太少,易存在活性中心,致使峰形拖尾,且会引起柱容量下降,进样量减少。在填充柱色谱中,液载比一般为 $5\%\sim 25\%$。

(3) 色谱柱的选择

色谱柱的柱形、柱长、柱内径均对色谱柱的柱效能产生影响。一般,直形管柱效能高些,V 形、螺旋形及盘形管柱效能要低些。

柱长增加对分离有利,但会延长分析时间,因此,在能达到一定分辨率 R 的条件下使用尽可能短的柱子。一般填充柱柱长在 $1\sim 3\,\mathrm{m}$。

柱内径增大可增加柱容量,有效分离的试样量增加,但涡流扩散路径也会增加,导致柱效能降低,内径小有利于提高柱效,但渗透性会下降,影响分析速度。一般填充柱柱内径常用 $3\sim 4\,\mathrm{mm}$。

(4) 柱温的选择

在气相色谱中,柱温是一个重要的操作参数,直接影响分离效能和分析速度。

选择柱温时,首先要考虑柱温不能高于固定液的最高使用温度,避免挥发流失。根据速率理论,提高柱温,组分在两相间的传质速度加快,有利于降低塔板高度,缩短分析时间,但同时,也使得分子扩散作用加剧,导致柱效下降。但太低的柱温,又使组分在两相中的扩散速率大为降低,分配不能迅速达到平衡,峰形变宽,柱效下降,且分析时间延长。通常选择比各组分平均沸点低 $20\sim 30\,^\circ\!\mathrm{C}$ 作为柱温。

对于沸点范围较宽的试样,则需采取程序升温法分析,即柱温按预定的加热速度,随时间作线性和非线性的增加,使混合物中各组分在最佳温度下洗出色谱柱,达到最短时间的最佳的分离效果。常用线性升温,即单位时间内温度上升的速度是恒定的,例如每分钟上升 $2\,^\circ\!\mathrm{C}$、$4\,^\circ\!\mathrm{C}$、$6\,^\circ\!\mathrm{C}$ 等。图 12-12 所示是正构烷烃在恒定温度和程序升温时的分离效果比较。

(5) 汽化温度的选择

汽化温度的选择主要取决于待测试样的沸点范围、化学稳定性以及进样量等因素。汽化温度一般选组分的沸点或稍高于其沸点,以保证试样完全汽化。对于热稳定性较差的试样,汽化温度不能过高,以防试样分解。一般,汽化室温度较柱温高 $30\sim 70\,^\circ\!\mathrm{C}$。

(6) 进样量和进样时间的选择

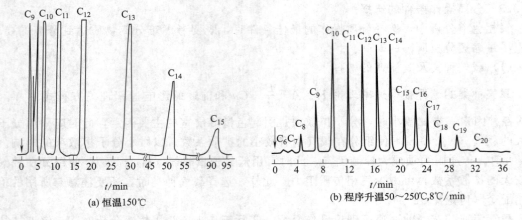

图 12-12　正构烷烃恒温和程序升温色谱图比较

色谱分析的进样量一般是比较少的，气体试样进样为 $0.1 \sim 10 \mathrm{mL}$，液体试样为 $0.1 \sim 5 \mu \mathrm{L}$。进样量太小，会因检测器的灵敏度不够而使微量组分无法检出（不出峰）。进样量太高，会使几个组分的色谱峰相互重叠，而影响分离。因此，应根据试样的种类、检测器的灵敏度等，通过实验确定进样量的多少，一般进样量应控制在峰面积或峰高与进样量的线性关系范围内。

进样速度必须很快，因为进样时间太长，试样原始宽度将变大，色谱峰随之变宽，有时甚至使峰变形。一般来说，进样时间应在 1s 内，用注射器或气体进样阀进样。

12.4　气相色谱固定相及其选择原则

气相色谱的固定相对于分离效果的影响很大，固定相的选择是否适当是能否获得满意分离的关键所在。气相色谱固定相分为两类：固体固定相和液体固定相，其中液体固定相是由固定液和载体构成。

12.4.1　固体固定相（吸附剂）

固体固定相通常是具有一定活性的吸附剂颗粒，经活化处理后直接填充到空色谱柱中使用。当样品随载气通过色谱柱时，因吸附剂对样品中各组分的吸附力不同，经过反复多次的吸附与脱附的分配过程，最后彼此分离而随载气流出色谱柱。

固体吸附剂的优点是吸附容量大、热稳定性好、无流失现象。主要应用于永久性气体（H_2、O_2、N_2、CH_4 等）和一些低沸点物质的分离分析，特别对烃类异构体的分离有很好的选择性和较高的分离效率。其缺点是当进样量稍大时，色谱峰就不对称，有拖尾现象，而且重现性差。由于其在高温下常具有催化活性，因而不宜分析高沸点和有活性组分的试样。常用的吸附剂及其性能见表 12-1。

12.4.2　液体固定相

液体固定相是用固定液均匀涂布于载体上组成，固定液是一类高沸点有机物。被分离组分在固定相上进行分离。这类柱子因柱效高，可灵活选用固定液，应用广泛。

12.4.2.1　载体

载体亦称担体，一种化学惰性的多孔固体颗粒，是固定液的支持骨架，固定液可在其表面形成一层薄而均匀的液膜，以加大与流动相接触的面积。对载体的要求是比表面积大，化学和热稳定性好，有一定的机械强度，不易破碎。

表 12-1　几种常用的吸附剂及其性能

吸附剂	主要化学成分	最高使用温度	极性	分析对象	活化方法
活性炭	C	<300℃	非极性	适合于永久性气体和低沸点烃类的分离	粉碎过筛,用苯浸泡,在350℃用水蒸气洗至白色物质,在180℃烘干备用
氧化铝	Al_2O_3	<400℃	弱极性	适合于烃类及有机异构体的分离,在低温下可分离氢的同位素	200～1000℃以下烘烤活化
分子筛	$x(MO) \cdot y(Al_2O_3) \cdot z(SiO_2) \cdot nH_2O$	<400℃	极性	适合于永久性气体和惰性气体的分离	粉碎过筛后,在350～550℃下烘烤3～4h,或在350℃真空下活化2h
硅胶	$SiO_2 \cdot nH_2O$	<400℃	氢键性	适合于永久性气体及低级烃的分离	粉碎过筛后,用1mol·L^{-1}HCl浸泡1～2h,用蒸馏水洗到无Cl^-,在180℃烘干备用

载体大致分为两大类,硅藻土类和非硅藻土类。硅藻土类载体是由天然硅藻土煅烧而成,具有一定粒度的多孔性颗粒,是目前气相色谱中广泛使用的一种载体。按其制造方法的不同,它又分为红色载体和白色载体两种。

红色载体因其中含有少量氧化铁,使颗粒成红色而得名,如国产6201型载体等。其优点是机械强度好,表面孔穴密集,孔径较小,比表面积大。其缺点是表面存在活性中心,分析强极性组分时色谱峰易拖尾。一般适宜涂非极性固定液,用来分离测定非极性组分。

白色载体是在天然硅藻土煅烧前加入少量碳酸钠助熔剂,煅烧时氧化铁转变为白色铁硅酸钠而得名,如101,Chromosorb W 等型号的载体。白色载体机械强度差,比表面积小,但其表面活性中心少,吸附性小,有利于在较高柱温下使用。一般适宜涂极性固定液,用来分离测定极性组分。

硅藻土类型的载体在使用前需进行预处理,预处理方法有酸洗法、碱洗法、硅烷化法等。目前已有经过预处理的载体出售,可以直接使用。

非硅藻土类载体有氟载体、玻璃微球载体、高分子多孔微球等。氟载体,适用于强极性和腐蚀性气体的分析;玻璃微球,适合于高沸点物质的分析;高分子多孔微球既可以用作气-固色谱的吸附剂,又可以用作气-液色谱的载体。

12.4.2.2　固定液

在气液色谱中,固定液起分离作用,它的选择具有非常重要的意义。

(1) 对固定液的要求

① 热稳定性好、蒸气压低,以免在操作柱温度下发生流失而影响柱寿命(一般根据固定液沸点确定其最高使用温度);

② 化学稳定性好,在操作柱温度下,不能与载体以及待测组分发生不可逆的化学反应;

③ 对试样各组分有合适的溶解能力(分配系数适当),对沸点相同或相近的不同物质有尽可能高的溶解能力;

④ 对各组分具有良好的选择性,这样才能根据各组分溶解度的差异,达到相互分离的目的;

⑤ 在工作温度下固定液对载体有好的浸渍能力,使固定液形成均匀的液膜。

(2) 组分分子与固定液分子间的作用力

被测组分能否分离取决于各组分在固定液中的溶解度或分配系数的大小,而分配系数的大小是由组分和固定液分子之间的作用力所决定,它直接影响色谱柱的分离情况。这些作用力主要有静电力、诱导力、色散力和氢键作用力。此外还可能存在形成化合物或络合物的键合力等。

(3) 固定液分类

近年来，固定液发展很快，其种类繁多。一般按固定液的相对极性来分类。此法规定强极性的 β,β'-氧二丙腈的相对极性 $P=100$，非极性的角鲨烷的相对极性 $P=0$；其他固定液与它们比较，测其相对极性。具体做法是选一对物质如正丁烷-丁二烯进行试验，分别测定它们在氧二丙腈、角鲨烷及欲测极性固定液上的相对保留。将其取对数后，得到

$$q=\lg\frac{t'_R(丁二烯)}{t'_R(正丁烷)} \tag{12-20}$$

则被测固定液的相对极性 P_x 为：

$$P_x=100\left(1-\frac{q_1-q_x}{q_1-q_2}\right) \tag{12-21}$$

q_1、q_2、q_x 分别为物质对正丁烷-丁二烯在氧二丙腈、角鲨烷、被测固定液上的相对保留值的对数值。

这样测得的各种固定液的相对极性值均在 0~100 之间。一般又将其分为五级，20 为一级，以"+"表示。0~+1 为非极性固定液，+1~+2 级别的固定液为弱极性，+2~+3 为中等级性，+4~+5 为强极性。表 12-2 列出了一些常用的固定液。

表 12-2 几种常用的固定液

名称	相对极性	常用溶剂	最高使用温度/℃	分析对象
角鲨烷	0	乙醚	140	烃类，非极性有机化合物
甲基硅油	+1	氯仿	200	非极性，弱极性化合物
邻苯二甲酸二壬酯	+2	乙醚,甲醇	130	烃,醇,醛,酮,酯,酸等
硝酸邻三甲苯酯	+3	甲醇	100	烃类,芳烃,酯类异构物,卤化物
有机皂土-34	+4	甲苯	200	芳烃,对于二甲苯异构物有高选择性
β,β'-氧二丙腈	+5	甲醇,丙酮	100	伯胺,仲胺,不饱和烃,环烷烃,芳烃
聚乙二醇-20M	氢键型	乙醇,氯仿	200	醇,醛,酮,脂肪酸,酯

(4) 固定液的选择

一般按照"相似相溶"原则选择，因为这时分子间的作用力强，选择性高，分离效果好，具体可从以下几个方面进行考虑。

第一，分离非极性试样一般选用非极性固定液。组分和固定液分子间的作用力主要是色散力，试样中各组分基本上按沸点由低到高的顺序流出色谱柱。

第二，分离中等极性试样一般选用中等极性固定液。组分和固定液分子间的作用力主要是色散力和诱导力。试样中各组分按沸点由低到高的顺序流出色谱柱。

第三，分离极性组分选用极性固定液。组分和固定液分子间的作用力主要是静电力。待测试样中各组分按极性由小到大的顺序流出色谱柱。如用极性固定液聚乙二醇-20M 分析乙醛和丙烯醛时，极性较小的乙醛先出峰。

第四，分离非极性和极性（或被易极化）组分的混合物选用极性固定液。非极性组分先流出，极性（或被易极化）的组分后流出色谱柱。

第五，对于能形成氢键的组分选用强极性或氢键型的固定液。如多元醇、酚和胺等的分离，不易形成氢键的先流出色谱柱。

第六，对于复杂的难分离物质，可采用两种或两种以上的混合固定液。

12.4.3 新型合成固定相

高分子微球（如 GDX 系列）固定相分为极性和非极性两种。这类新型高分子微球合成

固定相既是载体又起固定液的作用,可以在活化后直接用于分离,也可以作为载体在其表面上涂渍固定液后再用于分离。

由于这类高分子微球是人工合成的,所以能控制其孔径大小及表面性质。一般说来,这类固定相的颗粒是均匀的圆球,所以色谱柱容易填充均匀,数据的重现性好;又因无液膜存在,即无"流失"问题,故有利于大幅度程序升温,用于沸点范围宽的试样的分离。实验证明,这类高分子微球特别适用于有机物中痕量水的分析,也可用于多元醇、脂肪酸、胺类等的分析。

12.5 气相色谱检测器

检测器是色谱仪的重要组成部分,其作用是将经色谱柱分离后的各组分的浓度或质量转换成易于测量的电信号,经放大器放大后,由记录仪或微处理机得到色谱图,根据色谱图对待测组分进行定性和定量分析。

气相色谱检测器根据其测定范围可分为通用型检测器和选择型检测器两类。通用型检测器是对所有的物质均有响应,如热导检测器。选择型检测器则只对某些物质有响应,对其他物质无响应或很小,如电子捕获、火焰光度检测器和氮磷检测器。

根据检测器的输出信号与组分含量间的关系不同,还可分为浓度型检测器和质量型检测器。浓度型检测器测量的是载气中组分浓度的瞬间变化,检测器的响应值与组分在载气中的浓度成正比,如热导和电子捕获检测器。质量型检测器测量的是载气中某组分进入检测器的质量流速变化,即检测器的响应值与单位时间内进入检测器某组分的质量成正比,如氢火焰离子化、火焰光度和氮磷检测器。

12.5.1 热导池检测器

热导池检测器(thermal conductivity detector,简称 TCD)是一种结构简单、性能稳定,线性范围宽,并且对所有物质都有响应,应用最为广泛的气相色谱检测器之一。缺点是灵敏度较低。

(1) 热导池结构

热导池的结构如图 12-13 所示,它由池体和热敏元件组成。在金属池体上钻有两个或四个大小相同、形状完全对称的孔道,每个孔道里各固定一根长短、粗细和电阻值都相等的金属丝(钨丝或铂丝),此金属丝称为热敏元件或热丝。为了提高检测器的灵敏度,一般选用电阻率高、电阻温度系数大的金属丝或半导体热敏电阻作热导池的热敏元件。钨丝具有这些

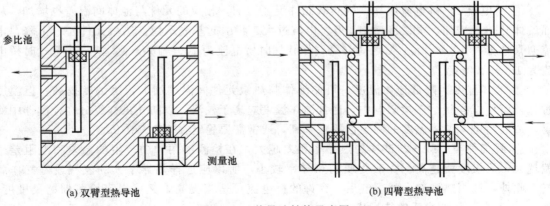

图 12-13 热导池结构示意图

优点,而且价廉,容易加工,所以是目前广泛使用的热敏元件。

用两根钨丝作热敏元件的称为双臂热导池。测量时,双臂热导池的一臂连接在色谱柱之前,只通过载气,称为参比池。一臂接在色谱柱之后,通过载气和样品,称为测量池。装有四根钨丝作热敏元件的称为四臂热导池,其中两臂为参比池,两臂为测量池。四臂热导池的灵敏度比双臂热导池高一倍,目前通常都采用四臂热导池。

(2) 热导池的检测原理

热导池是基于不同的物质具有不同的热导率来检测组分的浓度变化。测量时,将热导池的参比池和测量池同两个等值的固定电阻 R_1、R_2 构成惠斯登桥,如图 12-14 所示。四臂热导池以自身的四臂组成电桥。接通电源,在只有载气通过时,热导池的加热与散热达到平衡,调节电路电阻使电桥平衡,即

$$\frac{R_参}{R_测} = \frac{R_2}{R_1}$$

两端无电压信号输出,记录仪走直线(基线)。当有试样组分随载气进入测量池时,此时参比池流过的仍是纯载气,由于测量池中的传热介质(试样组分加载气)与参比池中的传热介质(纯载气)的热导率不同,致使带走的热量、钨丝降温和电阻的改变不等,于是

$$R_参 \neq R_测$$

则

$$R_参 R_1 \neq R_2 R_测$$

此时电桥失去平衡,电桥 a,b 两端出现电位差,产生桥电流,流过电阻 R 给出电信号在记录仪上出现色谱峰。载气中被测组分的浓度越大,温度改变越大,电阻也改变越大。

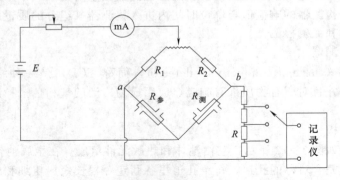

图 12-14　热导池检测原理示意图

(3) 影响热导池灵敏度的因素

① 桥电流 I　桥电流增加,则热敏元件温度增加,相应的元件与池体间温差也增加,从而气体热传导增加、灵敏度增加。但桥电流过大,将引起基线不稳,热敏元件寿命下降。电流通常选择在 100～200mA 之间(氮气作载气时桥电流为 100～150mA;氢气作载气时桥电流为 150～200mA)。

② 池体温度　降低池体温度,可使池体与热敏元件间温差加大,灵敏度提高。但温度过低,可使试样凝结于检测器中,通常池体温度应高于柱温,以防止试样组分在检测器中冷凝,造成污染。池体温度的稳定性要求较高,通常需要稳定在 0.1～0.05℃。

③ 载气种类　载气与试样的热导率相差越大,在检测器两臂中产生的温差和电阻差也就越大,灵敏度就越高。一般物质的热导率较小,所以应选择热导率大的氢气或氦气作载气。此外,选用热导率大的载气后,允许的桥电流可适当提高,又可提高检测器的灵敏度。表 12-3 列出了几种物质的热导率。

表 12-3 某些气体和蒸气的热导率 λ   单位：$J \cdot (cm \cdot s \cdot ℃)^{-1}$

物质	$\lambda \times 10^5$		物质	$\lambda \times 10^5$	
	0℃	100℃		0℃	100℃
氢	174.4	224.3	甲烷	30.2	45.8
氦	146.2	175.6	乙烷	18.1	30.7
氧	24.8	31.9	丙烷	15.1	26.4
空气	24.4	31.5	异丁烷	13.9	24.4
氮	24.4	31.5	正丁烷	13.4	23.5
氩	16.8	21.8	甲醇	14.3	23.1
CO	23.5	30.2	乙醇	—	22.3
CO_2	14.7	22.3	苯	9.2	18.5

12.5.2 氢火焰离子化检测器

氢火焰离子化检测器（flame ionization detector，简称 FID）又称氢焰检测器，它是以氢气和空气燃烧的火焰为能源，含碳有机物在火焰中燃烧产生离子，在外加电场作用下，离子定向移动形成离子流，根据离子流产生的电信号强度，检测被色谱柱分离出的组分。

(1) 氢火焰离子化检测器的结构

该检测器主要是由离子室、离子头和气体供应三部分组成。结构示意图见图 12-15。离子室是一金属圆筒，气体入口在离子室的底部，氢气和载气按一定的比例混合后，由喷嘴喷出，再与助燃气空气混合，点燃形成氢火焰。靠近火焰喷嘴处有一圆环状的发射极（通常是由铂丝制成），喷嘴的上方为一加有恒定电压（+300V）的圆筒形收集极（不锈钢制成），形成静电场，从而使火焰中生成的带电离子能被对应的电极所吸引而产生电流。

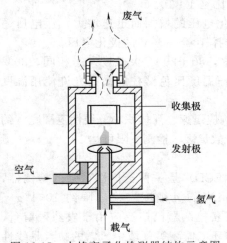

图 12-15 火焰离子化检测器结构示意图

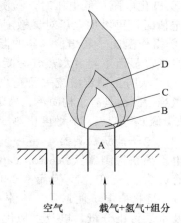

图 12-16 氢火焰各层图
A 区—预热区；B 层—点燃火焰；
C 层—热裂解区，温度最高；D 层—反应区

(2) 火焰离子化检测器的工作原理

由色谱柱流出的载气（样品）流经温度高达 2100℃ 的氢火焰时，待测有机物组分在火焰中发生离子化作用，使两个电极之间出现一定量的正、负离子，在电场的作用下，正、负离子各被相应电极所收集。当载气中不含待测物时，火焰中离子很少，即基流很小，约 10^{-14} A。当待测有机物通过检测器时，火焰中电离的离子增多，电流增大（但很微弱 $10^{-8} \sim 10^{-12}$ A）。需经高电阻（$10^8 \sim 10^{11} \Omega$）后得到较大的电压信号，再由放大器放大，才能在记录仪上

显示出足够大的色谱峰。该电流的大小,在一定范围内与单位时间内进入检测器的待测组分的质量成正比,所以火焰离子化检测器是质量型检测器。

关于有机物在氢火焰中的离子化机理至今还不十分清楚,一般认为是一个化学电离过程。以有机烃类化合物为例,离子化过程如下。

① 含碳有机物 C_nH_m 的载气由喷嘴喷出进入火焰时,在 C 层(图 12-16)发生裂解反应产生自由基:

$$C_nH_m \longrightarrow CH \cdot$$

② 产生的自由基在 D 层火焰中与外面扩散进来的激发态原子氧或分子氧发生如下反应:

$$CH \cdot + O_2^* \longrightarrow CHO^+ + e^-$$

③ 生成的正离子 CHO^+ 与火焰中大量水分子碰撞而发生分子离子反应:

$$CHO^+ + H_2O \longrightarrow H_3O^+ + CO$$

④ 化学电离产生的正离子和电子在外加恒定直流电场的作用下分别向两极定向运动而产生微电流。

火焰离子化检测器对电离势低于 H_2 的有机物产生响应,而对无机物、永久性气体和水基本上无响应,所以火焰离子化检测器只能分析有机物(含碳化合物),不适于分析惰性气体、空气、水、CO、CO_2、CS_2、NO、SO_2 及 H_2S 等。

(3)影响氢焰检测器灵敏度的因素

① 载气与氢气流速 一般选择 N_2 作载气,其流速主要由分离效能来确定,但也要考虑其流速与 H_2 流速相匹配。一般 N_2 与 H_2 的最佳流速比在 (1:1)~(1:1.5) 之间。

② 空气流速 空气流速较低时,增加流失,灵敏度增大,但增大到一定值后,改变空气流速对增大灵敏度几乎无影响。一般 H_2 与空气流速比是 1:10。

③ 极化电压 低电压时,检测器的灵敏度随着极化电压的增加而迅速增大;但电压超过一定值时,再增加电压对灵敏度几乎无影响。通常选择 100~300V 的极化电压。

④ 操作温度 氢焰检测器的温度不是主要影响因素,80~200℃灵敏度几乎相同。80℃以下灵敏度显著下降(水蒸气冷凝所致),所以一般操作温度比色谱柱的最高允许使用温度低约 50℃(防止固定液流失及基线漂移)。

氢焰检测器具有结构简单、稳定性好、灵敏度高、响应迅速、死体积小、线性范围宽(约 10^7 数量级)等特点。灵敏度比热导池检测器高出近 3 个数量级,检测下限可达 $10^{-12}\text{g} \cdot \text{s}^{-1}$。

12.5.3 电子捕获检测器

电子捕获检测器(electron capture detector,简称 ECD)是一种选择性很强的检测器,对含有卤素、S、P、N 等元素的电负性化合物具有很高的灵敏度(检出限约 $10^{-14}\text{g} \cdot \text{cm}^{-3}$)。且物质电负性越强,检测灵敏度越高。电子捕获检测器已广泛应用于农药残留量、大气及水质污染分析,以及生物化学、医学、药物学和环境监测等领域中。它的缺点是线性范围窄,只有 10^3 左右,且响应易受操作条件的影响以及重现性较差等。

(1)电子捕获检测器的结构

早期电子捕获检测器由两个平行电极制成。现多用放射性同轴电极,结构见图 12-17。在检测器池体内,装有一个不锈钢棒作为正极(阳极),一个圆筒状 β 放射源(^{3}H、^{63}Ni)作负极(阴极),两极间施加直流或脉冲电压。

(2)电子捕获检测器的工作原理

当纯载气(通常用高纯 N_2)进入检测室时,受 β 射线照射,电离产生正离子(N_2^+)和电子 e^-,生成的正离子和电子在电场作用下分别向两极运动,形成约 10^{-8}A 的恒定电流——基流。加入样品后,若样品中含有某种电负性强的元素即易于电子结合的分子时,就

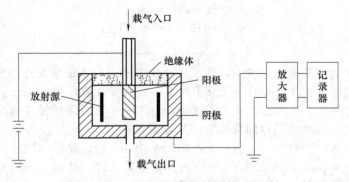

图 12-17 电子捕获检测器结构示意图

会捕获这些低能电子,产生带负电荷阴离子,这些阴离子和载气电离生成的正离子结合生成中性化合物,被载气带出检测室外,从而使基流降低,产生负信号,形成倒峰。倒峰大小(高低)与组分浓度呈正比,因此,电子捕获检测器是浓度型的检测器。电子捕获的机理和过程如下。

$$N_2 \xrightarrow{\beta} N_2^+ + e^- \quad (基电流)$$
$$AB + e^- \longrightarrow AB^-$$
$$AB^- + N_2^+ \longrightarrow N_2 + AB$$

12.5.4 火焰光度检测器

火焰光度检测器(flame photometric detector,简称 FPD)是对含硫、磷化合物具有高灵敏度的选择性检测器,故又称硫、磷检测器。是利用在一定外界条件下促使一些物质产生化学发光,通过波长选择、光信号接收,经放大把物质及其含量和特征的信号联系起来的一个装置。

(1) 火焰光度检测器的结构

FPD 检测器的结构如图 12-18 所示,它由氢火焰和光度计两部分组成。氢火焰部分有火焰喷嘴、遮光槽点火器等。光电部分有石英窗、滤光片、散热片和光电倍增管等。

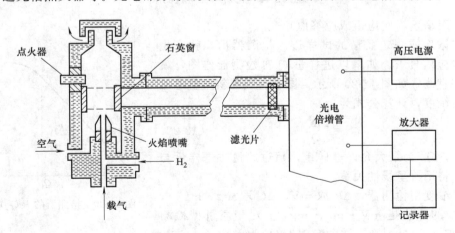

图 12-18 火焰光度检测器

(2) 火焰光度检测器工作原理

根据含 S、P 化合物在富氢火焰中($H_2:O_2>3:1$)燃烧时,生成化学发光物质,并能发射出特征波长的光,记录这些特征光谱,就能检测硫和磷。以硫为例有以下反应发生:

$$RS + 空气 + O_2 \longrightarrow SO_2 + CO_2$$
$$SO_2 + 2H_2 \longrightarrow S + 2H_2O$$
$$S + S \xrightarrow{390℃} S_2^* \longrightarrow S_2 + h\nu$$

有机含硫化合物首先氧化成 SO_2，被氢还原成 S 原子后生成激发态的 S_2^* 分子，当其回到基态时，发射出 350～430nm 的特征分子光谱，最大吸收波长为 394nm。含磷化合物发射出 480～600nm 的特征分子光谱，最大吸收波长为 526nm。可采用光电倍增管来检测光的信号强度，信号强度与进入检测器的化合物的质量成正比。

此外，还有氮磷检测器（nitrogen phosphorus detector，简称 NPD），又称热离子检测器（thermionic detector，简称 TID），是一种质量型检测器，适用于分析氮、磷化合物的高灵敏度、高选择性检测器。具有与 FID 相似的结构，只是在 FID 检测器的喷嘴与收集极加了一个含硅酸铷的玻璃球，含氮或磷化合物在受热分解时，受硅酸铷作用产生大量的电子，提高检测灵敏度。

12.5.5 检测器的性能指标

检测器的性能指标是在色谱仪工作稳定的前提下进行讨论的，主要是指灵敏度、检测限、噪声、线性范围和响应时间等。

(1) 噪声和漂移

在没有样品进入检测器的情况下，仅由于检测仪器本身及其他操作条件（如柱内固定液流失，橡胶隔垫流失，载气、温度、电压的波动，漏气等因素）使基线在短时间内发生起伏的信号，称为噪声（N），单位用 mV 表示，如图 12-19 所示。噪声是检测器的背景信号。使基线在一定时间内对原点产生的偏离，称为漂移（M），单位用 $mV \cdot h^{-1}$ 表示。良好的检测器其噪声与漂移都应该很小，它们表明检测器的稳定状况。

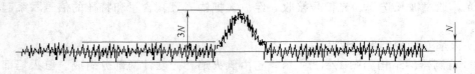

图 12-19 色谱噪音与检测限

(2) 灵敏度（响应值或应答值）

一定浓度或一定质量的试样进入检测器后，就产生一定的响应信号 R。如果以进样量 Q 对检测器作图，就可得到一直线，如图 12-20 所示。图中直线的斜率就是检测器的灵敏度，计算公式为：

$$S = \frac{\Delta R}{\Delta Q} \tag{12-22}$$

图中，Q_L 为最大允许进样量，超过此量时进样量与响应信号将不再呈线性关系。

对于浓度型检测器，ΔR 取 mV，ΔQ 取 $mg \cdot mL^{-1}$，灵敏度 S_c 的单位是 $mV \cdot mL \cdot mg^{-1}$；对于质量型检测器，$\Delta Q$ 取 $g \cdot s^{-1}$，则灵敏度 S_m 的单位为 $mV \cdot s \cdot g^{-1}$。

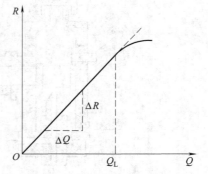

图 12-20 检测器的 R-Q 关系图

在实际工作中，我们常常从色谱图上测量峰的面积来计算检测器的灵敏度。根据灵敏度的定义，可得浓度型检测器灵敏度计算公式：

$$S_c = \frac{AC_1 F_c}{mC_2} \tag{12-23}$$

式中，A 为色谱峰面积，cm^2；C_1 为记录仪灵敏度，$mV \cdot cm^{-1}$；F_c 为检测器入口处载气流速，$mL \cdot min^{-1}$；C_2 为记录纸移动速度，$cm \cdot min^{-1}$；m 为进入检测器的样品量，如果进样是液体，m 以质量 mg 表示，S_c 的单位为 $mV \cdot mL \cdot mg^{-1}$，即每毫升载气中有 1mg 试样时在检测器所能产生的响应信号。如果对于气体样品，进样量以体积 mL 表示时，则灵敏度 S_c 的单位为 $mV \cdot mL \cdot mL^{-1}$。

由式（12-23）可知，进样量与峰面积成正比，当进样量一定时，峰面积与流速成反比。前者是色谱定量的基础，后者要求定量分析时要保持载气流速恒定。

质量型检测器灵敏度计算公式为：

$$S_m = \frac{60 C_1 A}{m C_2} \tag{12-24}$$

式中，S_m 的单位为 $mV \cdot s \cdot g^{-1}$，m 为进入检测器的样品量，g。由此式可见，峰面积与进样量成正比；进样量一定时，峰面积与流速无关。

(3) 检出限（detection limit）

检出限也称敏感度，是指检测器恰能产生和噪声相鉴别的信号时，在单位时间进入检测器的质量（对质量型检测器）或单位体积载气中所含的试样的质量或体积（对浓度型检测器）。检出限以符号 D 表示，一般 D 值越小说明仪器越敏感。通常认为恰能鉴别的响应信号应等于检测器噪声的 3 倍，如图 12-20 所示。其可定义为

$$D = \frac{3N}{S} \tag{12-25}$$

式中，N 为检测器噪声，mV；S 为检测器的灵敏度。

(4) 最小检出量（minimum detectable quantity）

检测器的最小检出量，是指检测器恰能产生 3 倍噪声的信号时所需进入色谱柱的最小质量（或最小浓度），以 Q 表示。

质量型检测器的最小检出量为：

$$Q_m = \frac{1.065 Y_{1/2} 60}{C_2} D_m \tag{12-26}$$

式中，Q_m 为质量型检测器的最小检出量，g；$Y_{1/2}$ 为半高峰宽；D_m 为检测器的检出限。

浓度型检测器的最小检出量为

$$Q_c = \frac{1.065 Y_{1/2} F_c}{C_2} D_c \tag{12-27}$$

式中，Q_c 的单位为 mg 或 mL。

由式（12-26）及式（12-27）可见，最小检出量 Q 与检出限 D 成正比。检出限和最小检出量是两个不同的概念。检出限只与检测器的性能有关；最小检出量不仅与检测器的性能有关，还与色谱柱的柱效以及操作条件有关。所得色谱峰的半峰宽 $Y_{1/2}$ 越窄，最小检出量 Q 越小。

(5) 线性范围（linear range）

检测器的线性范围是指响应信号与被测组分浓度之间保持线性关系的范围，用最大允许进样量与最小进样量（即最小检出量）之比或被测物质的最大浓度（或量）与最低浓度（或量）之比来表示。其值越大，线性范围就越好。

(6) 响应时间（response time）

响应时间指进入检测器的某一组分的输出信号达到其真值的 63% 所需的时间。检测器的死体积小，电路系统的滞后现象小，响应速度就快。响应时间一般都要小于 1s。

综上所述，对一个理想的色谱检测器应具备如下特点：灵敏度要高，检测限低，线性范

围宽，噪声低，死体积小，响应快。表 12-4 列出了几种常用检测器的性能。

表 12-4 几种常用检测器的性能

项目	热导(TCD)	氢焰(FID)	电子捕获(ECD)	火焰光度(FPD)
类型	浓度型、通用型	质量型、通用型	浓度型、选择型	质量型、选择型
灵敏度 S	$10^4 mV \cdot mL \cdot mg^{-1}$	$10^{-2} C \cdot g^{-1}$	$800 A \cdot mL \cdot g^{-1}$	$400 C \cdot g^{-1}$
检出限	$2 \times 10^{-6} mg \cdot mL^{-1}$	$10^{-13} g \cdot s^{-1}$	$10^{-14} g \cdot mL^{-1}$	$10^{-11} g \cdot s^{-1}$(S) $10^{-11} g \cdot s^{-1}$(P)
最小检测浓度	$0.1 \mu g \cdot mL^{-1}$	$1 ng \cdot mL^{-1}$	$0.1 ng \cdot mL^{-1}$	$10 ng \cdot mL^{-1}$
线性范围	10^4	10^7	$10^2 \sim 10^4$	10^3
进样量	$1 \sim 40 \mu L$	$0.05 \sim 0.5 \mu L$	$0.1 \sim 10 ng$	$1 \sim 400 ng$
载气流量/mL·min^{-1}	$1 \sim 1000$	$1 \sim 200$	$10 \sim 200$	$10 \sim 100$
最高使用温度	500℃	约 1000℃	350℃(^{63}Ni)	270℃
试样性质	各类气相物质	含碳有机物	含电负性物质	含 S，P 有机物
适用范围	无机气体、有机物	有机物及痕量分析	农药、污染物	农药残留物及大气污染

12.6 气相色谱定性方法

色谱分析中，定性分析的任务是确定每个色谱峰代表何种物质，进而确定试样的组成。色谱定性的主要依据是保留值，这需要和已知的标准物质的保留值进行比对。由于即使保留值完全相同的两个峰，也可能是不同的物质，因此在最终准确确定色谱图中某个峰是什么物质时还需要一些辅助技术。下面介绍色谱分析中常用的一些定性方法。

12.6.1 根据色谱保留值进行定性分析

在色谱分析中利用保留值定性是最基本的定性方法，其基本依据是：两个相同的物质在相同的色谱条件下应该有相同的保留值。但应注意，有些情况下反推不一定成立。

（1）利用纯物质直接对照进行定性

利用纯物质对照定性，首先要对试样的组分有初步了解，预先准备用于对照的已知纯物质（标准对照品）。该方法简便，是气相色谱定性中最常用的定性方法。实验时，可采用单柱比较法、双柱比较法或峰高增量法。

① 单柱比较法 单柱比较法是将未知物和已知标准物在同一根色谱柱上，用相同的色谱操作条件进行分析，做出色谱图后进行对照比较。若它们的保留值（可以是保留时间、保留体积或换算为某一物质的相对保留值）相同，可能未知物是已知纯物质。若不同，则未知物质肯定不是纯物质。例如，有一未知组分的醇溶液，用这一方法进行分析，在同样的色谱条件下测得的对照色谱如图 12-21 所示。从对应的色谱峰可知 2、3、4、7、9 号峰分别为甲醇、乙醇、正丙醇、正丁醇和正戊醇。

② 双柱比较法 双柱比较法是在两个极性完全不同的色谱柱上，按照单柱定性的方法，测定纯样和待测组分在每根柱上的保留值。如果都相同，则可较准确地判断试样中有与此纯样相同的物质存在。显然，双柱比较法比单柱比较法更为可靠，因为不同组分在同一色谱柱上可能有相同的保留值。

③ 峰高增量法 若试样组成较复杂、峰间距太近或操作条件不易控制稳定而很难准确测定其保留值时，可在得到未知试样的色谱图后，将适量的已知纯物质加入试样中混匀，相

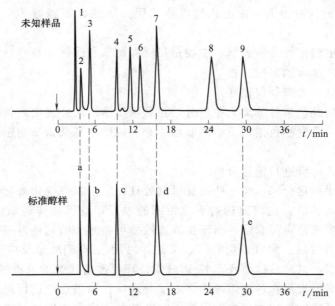

图 12-21　用已知物与未知样品对照比较进行定性分析
1～9—未知样的色谱峰；a—甲醇峰；b—乙醇峰；
c—正丙醇峰；d—正丁醇峰；e—正戊醇峰

同条件下进样分析。对比前后两色谱图。若色谱图中某一色谱峰相对增高了，则该峰与加入的已知纯物质可能是同一物质。

保留时间（或保留体积）由于受柱长、固定液含量、载气流速等操作条件的影响较大，因此一般宜采用仅与柱温有关，而不受操作条件影响的相对保留值作为定性指标。

（2）保留指数法（retention index）定性

保留指数又称为科瓦茨（Kovats）指数，用 I 表示，与其他保留数据相比，是一种重现性较好的定性参数。

保留指数规定：正构烷烃的保留指数为其碳数乘100。如正己烷、正庚烷及正辛烷的保留指数分别为600、700、800，其他类推。其他物质的保留指数是以正构烷烃作为参比进行测定的。测定时，将碳数为 n 和 $n+1$ 的正构烷烃加入试样 x 中进行分析。要求被测组分的调整保留时间在两个相邻的正构烷烃的保留时间之间，即 $t'_R(C_n) < t'_R(x) < t'_R(C_{n+1})$，如图 12-22 所示。

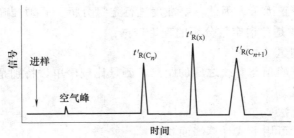

图 12-22　保留指数测定示意图

组分的保留指数为：

$$I_x = 100\left[n + \frac{\lg t'_R(x) - \lg t'_R(C_n)}{\lg t'_R(C_{n+1}) - \lg t'_R(C_n)}\right] \tag{12-28}$$

I_x 为待测组分的保留指数,由上式计算待测组分 x 的保留指数 I_x,再与文献值对照,即可定性。

目前文献上报道的定性分析数据,主要是相对保留值和保留指数。

12.6.2 与其他方法结合的定性分析

(1) 与质谱、红外光谱等仪器联用

较复杂的混合物经色谱柱分离为单组分,再利用质谱、红外光谱或核磁共振等仪器进行定性鉴定。其中特别是气相色谱和质谱的联用,是目前解决复杂未知物定性问题的最有效工具之一。

(2) 与化学方法配合进行定性分析

带有某些官能团的化合物,经一些特殊试剂处理,发生物理变化或化学反应后,其色谱峰将会消失或提前或移后,比较处理前后色谱图的差异,就可初步辨认试样含有哪些官能团。例如,用乙酸酐来鉴定醇和酚,由于生成乙酸酯可使醇和酚的色谱峰提前,所以将加入乙酸酐前后的色谱图对照,便可识别它们。又如,可用乙醇-硝酸银反应鉴定卤代烷,由于生成白色沉淀,所以,试样在柱前经乙醇-硝酸银处理可使卤代烷的色谱峰消失。

使用这种方法时可直接在色谱系统中装上预处理柱。如果反应过程进行较慢或进行复杂的试探性分析,也可使试样与试剂在注射器内或者其他小容器内反应,再将反应后的试样注入色谱柱。

12.6.3 利用检测器的选择性进行定性分析

不同类型的检测器对各种组分的选择性和灵敏度是不相同的,例如热导池检测器(TCD)对无机物和有机物都有响应,但灵敏度较低;氢焰电离检测器(FID)对有机物灵敏度高,而对无机气体、水分、二硫化碳等响应很小,甚至无响应;电子捕获检测器(ECD)只对含有卤素、氧、氮等电负性强的组分有高的灵敏度;火焰光度检测器(FPD)只对含硫、磷的物质有信号;氮磷检测器(NPD)对分析氮、磷化合物有很高的灵敏度。利用不同检测器具有不同的选择性和灵敏度,可以对未知物进行大致的分类定性。

12.7 气相色谱定量方法

在一定的色谱操作条件下,流入检测器的待测组分 i 的质量 m_i(或浓度)与检测器的响应信号(峰面积 A 或峰高 h)成正比:

$$m_i = f_i A_i \quad 或 \quad m_i = f_i h_i \tag{12-29}$$

式中,f_i 为定量校正因子。因此,要准确进行定量分析,必须准确地测量响应信号和定量校正因子 f_i。此两式是色谱定量分析的理论依据。

12.7.1 响应信号的测量

色谱峰的峰高是其峰顶与基线之间的距离,测量比较简单,特别是较窄的色谱峰。下面主要介绍峰面积的测量。

(1) 峰高乘半峰宽法

对于对称色谱峰,可用下式计算峰面积:

$$A = 1.065 h Y_{1/2} \tag{12-30}$$

在作相对计算时,系数 1.065 可约去。

(2) 峰高乘平均峰宽法

对于不对称色谱峰,可在峰高 0.15 和 0.85 处分别测出峰宽值,由下式计算峰面积:

$$A = \frac{1}{2}h(Y_{0.15} + Y_{0.85}) \tag{12-31}$$

此法测量时比较麻烦，但计算结果较准确。

(3) 峰高乘保留时间法

在一定操作条件下，同系物的半峰宽与保留时间成正比，即

$$Y_{1/2} \propto t_R, Y_{1/2} = bt_R$$

$$A = hY_{1/2} = bht_R \tag{12-32}$$

在作相对计算时，b 可略去。此法适用于较窄的峰。

(4) 自动积分法

现代色谱仪多具有微处理机（工作站、数据站等），能自动测量色谱峰面积，对不同形状的色谱峰可以采用相应的计算程序自动计算，得出准确的结果，并由打印机打出保留时间和 A 或 h 等数据。

峰面积的大小不易受操作条件如柱温、流动相的流速、进样速度等的影响，从这一点来看，峰面积比峰高更适于作为定量分析的参数。

12.7.2 定量校正因子

定量校正因子有绝对校正因子和相对校正因子。

(1) 绝对校正因子 f_i

绝对校正因子是指单位峰面积或单位峰高所代表的组分的量，即

$$f_i = \frac{m_i}{A_i}, f_i = \frac{m_i}{h_i} \tag{12-33}$$

f_i 是单位峰面积或单位峰高所代表物质的质量，主要由仪器的灵敏度所决定，它既不易测定，也无法直接应用，所以定量工作中都是应用相对校正因子。

(2) 相对校正因子 f_i'

即某一组分与标准物质的绝对校正因子之比，即：

$$f_i' = \frac{f_i}{f_s} = \frac{m_i/A_i}{m_s/A_s} = \frac{m_i}{m_s} \times \frac{A_s}{A_i} \tag{12-34}$$

式中，A_i、A_s 分别为组分和标准物质的峰面积；m_i、m_s 分别为组分和标准物质的量。m_i、m_s 可以用质量或摩尔质量或体积为单位，其所得的相对校正因子分别称为相对质量校正因子、相对摩尔校正因子、相对体积校正因子，用 f_m'、f_M' 和 f_V' 表示。

相对校正因子可以自行测定，也可通过文献、手册查得。使用时常将"相对"二字省去。

12.7.3 几种常用的定量计算方法

(1) 外标法

外标法也称标准曲线法。取待测试样的纯物质配成一系列不同浓度的标准溶液，分别取一定体积，进样分析。从色谱图上测出峰面积（或峰高），以峰面积（或峰高）对含量作图即为标准曲线。然后在相同的色谱操作条件，分析待测试样，从色谱图上测出试样的峰面积（或峰高），由上述标准曲线查出待测组分的含量。如图 12-23 所示。

外标法是最常用的定量方法。其优点是操作简便，不需要测定校正因子，计算简单。结果的准确性主要

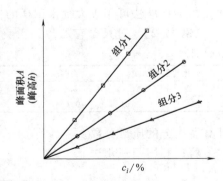

图 12-23 组分的标准曲线

取决于进样的重现性和色谱操作条件的稳定性。

(2) 归一化法

如果试样中所有组分均能流出色谱柱,并在检测器上都有响应信号,都能出现色谱峰,可用此法计算各待测组分的含量。其计算公式如下：

$$w_i = \frac{m_i}{m_1+m_2+\cdots+m_n} \times 100\% = \frac{A_i f'_i}{A_1 f'_1 + A_2 f'_2 + \cdots + A_n f'_n} \times 100\% \quad (12\text{-}35)$$

若各组分的 f 值相近或相同,例如同系物中沸点接近的各组分,则上式可简化为：

$$w_i = \frac{A_i}{A_1 + A_2 + \cdots + A_i + \cdots + A_n} \times 100\% \quad (12\text{-}36)$$

归一化法简便、准确。由于计算的是相对值,进样量的多少以及操作条件的变动对结果的影响较小,尤其适用多组分的同时测定。但若试样中有的组分不能出峰,则不能采用此法。

(3) 内标法

当只需测定试样中某几个组分,而且试样中所有组分并不能全部出峰时,可采用此法。

内标法是在试样中加入一定量的纯物质作为内标物来测定组分的含量。内标物应选用试样中不存在的纯物质并能溶于试样,其色谱峰应位于待测组分色谱峰附近或几个待测组分色谱峰的中间,并与待测组分完全分离,内标物的加入量也应接近试样中待测组分的含量。具体做法是准确称取 m(g) 试样,加入 m_s(g) 内标物,根据试样中待测组分和内标物的质量比及相应的峰面积之比,由下式计算待测组分的含量：

$$\frac{m_i}{m_s} = \frac{f'_i A_i}{f'_s A_s} \quad (12\text{-}37)$$

$$w_i = \frac{m_i}{m} \times 100\% = \frac{f'_i A_i}{f'_s A_s} \times \frac{m_s}{m} \times 100\% \quad (12\text{-}38)$$

在实际工作中,一般以内标物为基准,则 $f'_s = 1$,则式 (12-38) 可简化为

$$w_i = \frac{f_i A_i}{A_s} \times \frac{m_s}{m} \times 100\% \quad (12\text{-}39)$$

内标法的优点是定量准确。因为该法是用待测组分和内标物的峰面积的相对值进行计算,所以不要求严格控制进样量和操作条件,试样中含有不出峰的组分时也能使用,但每次分析都要准确称取试样和内标物的量,比较费时,因而它不适合大批量试样的快速分析。

若将内标法中的试样取样量和内标物加入量固定,则

$$w_i = \frac{A_i}{A_s} \times 常数 \quad (12\text{-}40)$$

可见,被测组分的含量 w_i 与 A_i/A_s 成正比关系。可以 A_i/A_s 对 w_i 作图,得内标标准曲线。内标标准法可用于大批量试样的快速分析。

【例 12-2】 对只含有乙醇、正庚烷、苯和乙醇乙酯的某化合物进行色谱分析,其测定数据如下：

化合物	乙醇	正庚烷	苯	乙醇乙酯
A_i/cm^2	5.0	9.0	4.0	7.0
f_i	0.64	0.70	0.78	0.79

计算各组分的质量分数。

解：利用归一化法

$$w_i = \frac{A_i f_i}{A_1 f_1 + A_2 f_2 + \cdots + A_i f_i} \times 100\%$$

$$w_{乙醇} = \frac{5.0 \times 0.64}{5.0 \times 0.64 + 9.0 \times 0.70 + 4.0 \times 0.78 + 7.0 \times 0.79} \times 100\%$$
$$= 17.63\%$$

$$w_{正庚烷} = \frac{9.0 \times 0.70}{5.0 \times 0.64 + 9.0 \times 0.70 + 4.0 \times 0.78 + 7.0 \times 0.79} \times 100\%$$
$$= 34.71\%$$

$$w_{苯} = \frac{4.0 \times 0.78}{5.0 \times 0.64 + 9.0 \times 0.70 + 4.0 \times 0.78 + 7.0 \times 0.79} \times 100\%$$
$$= 17.19\%$$

$$w_{乙酸乙酯} = \frac{7.0 \times 0.79}{5.0 \times 0.64 + 9.0 \times 0.70 + 4.0 \times 0.78 + 7.0 \times 0.79} \times 100\%$$
$$= 30.47\%$$

12.8 毛细管柱气相色谱法

毛细管柱气相色谱法是用毛细管柱作为气相色谱柱的一种高效、快速、高灵敏的分离分析法。用内壁涂渍一层极薄而均匀的固定液膜的毛细管代替填充柱，可以解决组分在填充柱中由于受到大小不均匀载体颗粒的阻碍而造成的色谱峰扩展、柱效降低的问题。这种色谱柱的固定液涂在内壁上，中心是空的，故又称开管柱。由于毛细管柱具有相比大、渗透性好、分析速度快、总柱效高等优点，因此可以解决原来填充柱色谱法不能解决或很难解决的问题。

12.8.1 毛细管色谱柱

毛细管柱内径一般只有 $250\mu m$，长度为 20m 左右，由均匀的金属管、玻璃管或石英管等制成。

毛细管柱按其固定液的涂渍方法可分为如下几种。

（1）壁涂层毛细管柱（wall coated open tubular，WCOT）

将固定液直接涂在毛细管内壁上。由于管壁的表面光滑，润湿性差，对表面接触角大的固定液，直接涂渍制柱，重现性差，柱寿命短，现在的 WCOT 柱，其内壁通常都先经过表面处理，以增加表面的润湿性，减小表面接触角，再涂固定液。

（2）多孔层毛细管柱（porous layer open tubular，PLOT）

在管壁上涂一层多孔性吸附剂固体微粒，不再涂固定液，实际上是使用毛细管柱的气固色谱。

（3）载体涂毛细管柱（support coated open tubular，SCOT）

为了增大毛细管柱内固定液的涂渍量，先在毛细管内壁上涂一层很细的（$<2\mu m$）多孔颗粒，然后再在多孔层上涂渍固定液，这种毛细管柱，液膜较厚，因此柱容量较 WCOT 柱高。

（4）化学键合相毛细管柱

将固定相用化学键合的方法键合到硅胶涂敷的柱表面或经表面处理的毛细管内壁上。经过化学键合，大大提高了柱的热稳定性。

（5）交联毛细管柱

由交联引发剂将固定相交联到毛细管管壁上。这类柱子具有耐高温、抗溶剂抽提、液膜稳定、柱效高、柱寿命长等特点。

12.8.2 毛细管色谱柱的特点

（1）渗透性好，相比 β 大，利于实现快速分析柱渗透性好,即载气流动阻力小。柱渗透性一般用比渗透率表示。毛细管色谱柱的比渗透率比填充柱的大近2个数量级,可采用长色谱柱。

毛细管柱的 β 值大(固定液液膜厚度小),有利于提高柱效。加上由于渗透性大,可使用很高的载气流速,从而使分析时间变得很短。

(2) 柱容量小,允许进样量少

进样量取决于柱内固定液的含量。毛细管柱涂渍的固定液仅几十毫克,液膜厚度为 $0.35\sim1.50\mu m$,柱容量小,因此进样量不能大,否则将导致过载而使柱效率降低,色谱峰扩展、拖尾。对液体试样,进样量通常为 $10^{-3}\sim10^{-2}\mu L$。因此毛细管柱气相色谱在进样时需要采用分流进样技术。

(3) 总柱效高,分离复杂混合物的能力大为提高

从单位柱长的柱效看,毛细管柱的柱效优于填充柱,但二者仍处于同一数量级,由于毛细管柱的长度比填充柱大 $1\sim2$ 个数量级,所以总的柱效远高于填充柱,可解决很多极复杂混合物的分离分析问题。

12.8.3 毛细管柱的色谱系统

毛细管柱和填充柱的色谱系统,基本上是相同的。不同之处一个在进样口增加了分流/不分流装置,由于毛细管柱的柱容量很小,用微量注射器很难准确地将小于 $0.01\mu L$ 的液体试样直接送入,为此常采用分流进样方式;另外一个不同之处是在柱后增加了一个尾气吹的辅助气路,减少了柱与检测器连接处的死体积过大的问题,此外通常采用程序升温技术。其结构和流程如图12-24所示。

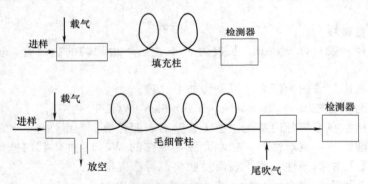

图12-24 填充柱色谱和毛细管柱色谱结构比较

所谓分流进样,是将液体试样注入进样器使其汽化,并与载气均匀混合。然后让少量试样进入色谱柱,大量试样放空。放空的试样量与进入毛细管柱试样的比称分流比,通常控制在 50:1 至 500:1。分流后的试样组分能否代表原来的试样与分流器的设计有关。分流进样器由于简便易行而得到广泛应用。

然而它尚未能很好适用于痕量组分的定量分析以及定量要求高的分析,为此已发展了多种进样技术,如不分流进样、冷柱头进样等。

12.9 气相色谱分析的特点及其应用

12.9.1 气相色谱法的特点

气相色谱法是一种分离效能高,选择性好(色谱柱的理论塔板数多,使分配系数相近的物质亦可分离),灵敏度高,检出限量低($10^{-9}g$,甚至可以达 $10^{-11}\sim10^{-13}g$),操作简单,

分析速快，应用广泛的分离方法。

12.9.2　气相色谱法的应用

气相色谱分析可以应用于分析气体试样，也可分析易挥发或可转化为易挥发物质的液体和固体，不仅可分析有机物，也可分析部分无机物。一般地说，只要沸点在 500 ℃ 以下，热稳定良好，相对分子质量在 400 以下的物质，原则上都可采用气相色谱法。目前气相色谱法所能分析的有机物，占全部有机物的 15%～20%，而这些有机物恰是目前应用很广的那一部分，因而气相色谱法的应用是十分广泛的。对于难挥发和热不稳定的物质，气相色谱法是不适用的。

下面简要介绍几个领域气相色谱的应用。

① 石油和石油化工分析：油气田勘探中的化学分析、原油分析、炼厂气分析、模拟蒸馏、油料分析、单质烃分析、含硫/含氮/含氧化合物分析、汽油添加剂分析、脂肪烃分析、芳烃分析。

② 环境分析：大气中的微量污染成分，如卤化物、氮化物、硫化物和芳香族等有机合物等。另外还用于环境水源、土壤、固体废物等痕量毒物的分析。

③ 食品分析：农药残留分析、香精香料分析、添加剂分析、脂肪酸甲酯分析、食品包装材料分析。

④ 药物和临床分析：雌三醇分析、儿茶酚胺代谢产物分析、尿中孕二醇和孕三醇分析、血浆中睾丸激素分析、血液中乙醇和麻醉剂及氨基酸衍生物分析。

⑤ 农药残留物分析：有机氯农药残留分析、有机磷农药残留分析、杀虫剂残留分析、除草剂残留分析等。

⑥ 精细化工分析：添加剂分析、催化剂分析、原材料分析、产品质量控制。

⑦ 聚合物分析：单体分析、添加剂分析、共聚物组成分析、聚合物结构表征、聚合物中的杂质分析、热稳定性研究。

⑧ 合成工业：方法研究、质量监控、过程分析等。

12.10　高效液相色谱法简介

12.10.1　高效液相色谱法的特点

高效液相色谱法（high performance liquid chromatography，HPLC）是 20 世纪 70 年代初，在经典液相色谱法基础上发展起来的一种新型分离、分析技术。高效液相色谱法的基本概念及理论与气相色谱法相同，塔板理论和速率理论仍然适用。高效液相色谱法具有以下几个突出的特点。

① 高压　液相色谱法以液体作为流动相（称为载液），液体流经色谱柱时，受到的阻力较大，为了能迅速地通过色谱柱，必须对载液施加高压。在现代液相色谱法中供液压力和进样压力都很高，一般可达到 $(150\sim350)\times10^5$ Pa 高压。高压是高效液相色谱法的一个突出特点。

② 高速　高效液相色谱由于采用高压，载液流速快，故较经典液体色谱法分析速度快得多，通常分析一个样品在 15～30min，有些样品甚至在 5min 内即可完成，一般小于 1h。

③ 高效　气相色谱法的分离效能很高，柱效约为 2000 塔板·m^{-1}；而高效液相色谱法的柱效更高，约可达 3 万塔板·米$^{-1}$ 以上。从单位长度的塔板数来看，高效液相色谱分析的柱效能要比气相色谱法高得多。

④ 高灵敏度　高效液相色谱采用高灵敏度的检测器，大大提高了分析的灵敏度。如紫

外检测器的最小检测量可达 10^{-9} g；荧光检测器的灵敏度可达 10^{-11} g。高效液相色谱的高灵敏度还表现在所需试样很少，微升数量级的试样就足以进行全分析。

⑤ 应用范围广　百分之七十以上的有机化合物可用高效液相色谱分析，特别是针对高沸点、强极性、热稳定性差化合物的分离分析。

高效液相色谱法由于具有上述特点，因而在色谱文献中又将它称为现代液相色谱法、高压液相色谱法或高速液相色谱法。

12.10.2　高效液相色谱法的分类

按照分离机制不同，高效液相色谱可分为液-液色谱法、液-固色谱法、离子交换色谱法、离子对色谱法和空间排阻色谱法等。

（1）液-液色谱

在液-液色谱中，一个液相作为流动相，另一个液相则分散在很细的惰性载体或硅胶上作为固定相，被分离组分随流动相进入色谱柱在两相间经过反复多次分配，达到分离，故又称液-液分配色谱。

在液-液色谱法中，一般为了避免固定液的流失，对于亲水性固定液常采用疏水性流动相，即流动相的极性小于固定液的极性，这种情况称为正相液-液色谱法。反之，若流动相的极性大于固定液的极性，则称为反相液-液色谱法。前者主要分离极性化合物，被分离组分按极性从小到大的顺序流出色谱柱；后者主要用来分离非极性化合物，被分离组分流出顺序与前者正好相反。

（2）液-固色谱

固定相为固体吸附剂，基于各组分在固体吸附剂表面上具有不同吸附能力来进行分离，故又称液-固吸附色谱。常用的固体吸附剂主要有极性的硅胶、氧化铝、分子筛和非极性的活性炭等，其中尤以硅胶吸附剂应用最广。液-固吸附色谱特别适用于非离子的、不溶于水的化合物以及几何异构体的分离。

（3）离子交换色谱法

离子交换色谱法是基于离子交换树脂上可电离的离子与流动相中具有相同电荷的组分离子进行可逆交换，依据这些离子对交换剂具有不同的亲和力而将它们分离。离子交换色谱主要是用来分离离子或可离解的化合物。它不仅广泛地应用于无机离子的分离，而且广泛地应用于有机和生物物质，如氨基酸、核酸、蛋白质等的分离。

（4）离子对色谱法

将一种（或数种）与组分分子电荷相反的离子（称为对离子或反离子）加到流动相或固定相中，使其与组分离子结合形成离子对，从而控制离子的保留值的色谱法。离子对色谱法也可分为正相离子对色谱法和反相离子对色谱法，其中反相离子对色谱法应用较多，它是以非极性烷基键合相为固定相，含低浓度反离子的水溶性缓冲溶液为流动相，适用于极性较小的样品分离。

（5）体积排阻色谱法

体积排阻色谱法是基于试样中各组分的大小和形状的差异进行分离的一种液相色谱法，也称凝胶色谱法。其固定相是一种表面惰性、含有许多不同尺寸的孔穴或立体网状物质，流动相是可以溶解样品的溶剂，它的选择决定于固定相类型。体积排阻色谱可用于分离相对分子质量大的分子，如蛋白质、核酸等。

12.10.3　高效液相色谱仪

高效液相色谱仪主要包括高压输液系统、进样系统、分离系统、检测系统、数据处理系统及梯度洗脱等辅助装置。其工作流程如图 12-25，高压泵将贮液器中的流动相经过进样器

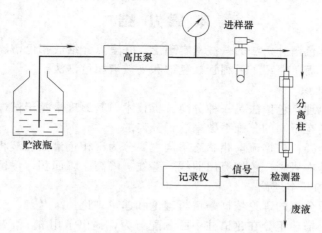

图 12-25　高效液相色谱仪工作流程示意图

输入色谱柱，待分离试样由进样器注入，随流动相一起进入色谱柱进行分离，被分离组分依次进入检测器，检测信号由记录仪记录或经数据处理得到液相色谱图。

(1) 高压输液系统

高压输液系统的作用是提供足够恒定的高压，使流动相以稳定的流量快速渗透通过固定相。高压输液系统主要由贮液器、高压泵、过滤器、梯度洗脱装置等组成。其中高压泵是高效液相色谱仪的关键部件之一，用以完成流动相的输送任务。对泵的要求是：耐腐蚀、耐高压、无脉冲、输出流量范围宽、流速恒定，且泵体易于清洗和维修。

高效液相色谱仪中的梯度洗脱，和气相色谱法中的程序升温一样，给分离工作带来很大的方便。所谓梯度洗脱，就是流动相中含有两种或两种以上不同极性的溶剂，在分离过程中按一定的程序连续改变流动相中溶剂的配比和极性，以提高分离效果，缩短分离时间，提高测定的灵敏度和准确度。

(2) 进样系统

进样系统的作用是将试样引入色谱柱。目前常采用旋转式六通阀于高压下进样。采用旋转式六通阀进样的优点是进样量可变范围大，耐高压，宜于进样自动化，但易造成色谱峰柱前扩展。

(3) 分离系统

色谱柱是高效液相色谱仪的心脏部件，它包括柱管与固定相两部分。柱管材料有玻璃、不锈钢、铝、铜及内衬光滑的聚合材料的其他金属。玻璃管耐压有限，故金属管用得较多。一般色谱柱长 5～30cm，内径为 4～5mm。一般在分离柱前备有一个前置柱，前置柱内填充物和分离柱完全一样，这样可使淋洗溶剂由于经过前置柱而被其中的固定相饱和，使它在流过分离柱时不再洗脱其中固定相，保证分离柱的性能不受影响。

(4) 检测系统

在液相色谱中，现有两种基本类型的检测器。一类是溶质性检测器，它仅对被分离组分的物理或化学特性有响应，属于这类检测器的有紫外、荧光、电化学检测器等。另一类是总体检测器，它对试样和流动相总的物理或化学性质有响应，属于这类检测器的有示差折射率检测器、电导检测器等。

目前，高效液相色谱法已成为化学、生化、医学、工业、农业、环保、商检和法检等学科领域中重要的分离分析技术，是分析化学、生物化学和环境化学工作者手中必不可少的工具。

本 章 小 结

本章主要介绍了色谱分析法的一些基本理论,并重点介绍气相色谱法的仪器以及分离的一些条件及其应用。简单介绍了毛细管柱色谱和高效液相色谱法。

1. 色谱法基本知识

(1) 色谱分离原理:色谱法是一种分离分析技术,其原理是基于试样中的各组分在色谱分离柱中的两相中具有不同的分配系数来进行分离的。

(2) 色谱法的分类:根据流动相状态不同主要分为气相色谱法和液相色谱法。

(3) 色谱分离基本概念:色谱流出曲线、基线、峰高、峰面积、保留值、相对保留值。

2. 气相色谱法的基本理论

气相色谱法进行分离的理论依据是塔板理论和速率理论。

(1) 塔板理论:描述组分在色谱柱中的分配行为,提出了用 n_{eff} 和 H_{eff} 来评价色谱柱的分离效能,即:

$$n_{有效} = 5.54 \left(\frac{t'_R}{Y_{1/2}}\right)^2 = 16 \left(\frac{t'_R}{Y}\right)^2$$

(2) 速率理论:基于塔板理论的基础,解释了影响塔板高度或使色谱峰展宽的各种因素,包括涡流扩散、纵向扩散、传质阻抗和流动相线速度。速率理论其表达式为:

$$H = A + \frac{B}{u} + Cu$$

3. 气相色谱分离条件的选择

(1) 分离度 R:反映柱效能及选择性对分离的影响。其定义式为

$$R = \frac{t_{R_2} - t_{R_1}}{\frac{1}{2}(Y_1 + Y_2)} = \frac{2(t_{R_2} - t_{R_1})}{Y_1 + Y_2}$$

(2) 色谱分离基本方程式:$R = \frac{\sqrt{n_{eff}}}{4} \times \frac{r_{2,1} - 1}{r_{2,1}}$,为色谱分离条件的选择提供了理论基础。

(3) 色谱分离操作条件的选择:色谱分离操作条件选择主要包括以下几个方面。

① 载气种类及其流速的选择:载气种类的选择为当 u 较小时,采用分子量较大的载气(N_2、Ar);当 u 较大时,宜用低分子量载气(H_2、He)。

载气流速的选择,根据速率方程,存在 $u_{最佳} = \sqrt{B/C}$,实际工作中,为了缩短分析时间,一般选择 $2u_{最佳}$。

② 固定液的配比(液载比)的选择:在填充柱色谱中,液载比一般为 5%~25%。

此外,还有色谱柱的选择、柱温的选择、汽化温度的选择、进样量和进样时间的选择。

4. 气相色谱仪

气相色谱仪主要包括五大系统:气路系统、进样系统、分离系统、温度控制系统、检测和记录系统。

检测器类型有热导池检测器、氢火焰离子化检测器、电子捕获检测器和火焰光度检测器以及氮磷检测器。评价检测器的性能指标主要有灵敏度、检测限、噪声、线性范围和响应时间等。

5. 气相色谱法应用

(1) 定性分析:其主要方法有根据色谱保留值进行定性分析、与其他方法结合的定性分

析、利用检测器的选择性进行定性分析。

(2) 定量分析：其定量依据是 $m_i = f_i A_i$ 或 $m_i = f_i h_i$。定量分析方法有标准曲线法、归一化法和内标法。

6. 毛细管柱气相色谱法：简要介绍了毛细管色谱柱的类型、特点以及色谱系统。

7. 高效液相色谱法

(1) 高效液相色谱法特点：高效液相色谱法是以液体为流动相的快速分离色谱技术，具有高效、高速、高灵敏度等特点，对于沸点高、热稳定性差、相对分子量大的有机化合物均可进行分离。

(2) 高效液相色谱法分类：按照分离机制不同，可分为液-液色谱法、液-固色谱法、离子交换色谱法、离子对色谱法和空间排阻色谱法等。

(3) 高效液相色谱仪：主要包括高压输液系统、进样系统、分离系统、检测系统、数据处理系统及梯度洗脱等辅助装置。

思考题与习题

1. 简要说明气相色谱法的分离原理，并简述其分离基本过程。
2. 试按流动相和固定相的不同将色谱分析分类。
3. 气相色谱仪有哪些主要部件？各有什么作用？
4. 试述气固色谱和气液色谱的分离原理，并对它们进行简单的对比。
5. 简述范氏方程在气相色谱中的表达式以及在分离条件选择中的应用。
6. 某色谱柱理论塔板数很大，是否任何两种难分离的组分一定能在该柱上分离？为什么？
7. 在气相色谱中，如何选择固定液？
8. 说明氢焰、热导以及电子捕获检测器各属于哪种类型的检测器，它们的优缺点以及应用范围。
9. 在气相色谱分析中，应如何选择载气流速与柱温？
10. 什么是程序升温？什么情况下采取程序升温？它有什么特点？
11. 气相色谱定量分析的依据是什么？为什么要引入定量校正因子？常用的定量方法有哪几种？各在何种情况下应用？
12. 毛细管柱气相色谱有什么特点？毛细管柱为什么比填充柱有更高的柱效？
13. 什么叫正相色谱？什么叫反相色谱？各适用于分离哪些化合物？
14. 什么叫梯度洗脱？它与 GC 的程序升温有何异同？
15. 什么是浓度型检测器？什么是质量型检测器？各举例说明之。
16. 当色谱峰的半峰宽为 2mm，保留时间为 4.5min，死时间为 1min，色谱柱长为 2m，记录仪纸速为 $2cm \cdot min^{-1}$，计算色谱柱的理论塔板数，塔板高度以及有效理论塔板数，有效塔板高度。

(11200, 0.18mm, 6790, 0.29mm)

17. 某色谱柱长 60.0cm，柱内径 0.8cm，载气流量为 $30mL \cdot mL^{-1}$，空气、苯和甲苯的保留时间分别是 0.25min，1.58min 和 3.43nin。计算：(1) 苯的分配比；(2) 柱的流动相体积 V_g 和固定相体积 V_1（假设柱的总体积为 $V_g + V_1$）；(3) 苯的分配系数；(4) 甲苯对苯的相对保留值。

(5.32, V_g = 4.5mL、V_1 = 22.6mL, 1.76, 2.39)

18. 某色谱柱的柱效能相当于 10^4 块理论塔板。当所得色谱峰的保留时间为 100s、1000s 和 10^4 s 时的峰底宽度（W_b）分别是多少？假设色谱峰均为符合正态分布。

(4s, 40s, 400s)

19. 在一根色谱柱上测得某组分的调整保留时间为 1.94min，峰底宽度为 9.7s，假设色谱峰呈正态分布，色谱柱的长度为 1m，试计算该色谱柱的有效理论塔板及有效理论塔板高度。

(2304 块，0.434mm)

20. 在一个柱效能相当于 4200 块有效理论塔板的色谱柱上，十八烷及 α-甲基十七烷的调整保留时间分别为 15.05min 及 14.82min。(1) 这两个化合物在此色谱柱上的分离度是多少？(2) 如果需要分离度 $R =$

1.0，需要多少块有效理论塔板？

(0.25，68507 块)

21. 在一根 3m 长的色谱柱上，分析某试样时，得到两个组分的调整保留时间分别为 13min 及 16min，后者的峰底宽度为 1min，计算：(1) 该色谱柱的有效理论塔板数；(2) 两个组分的相对保留值；(3) 如欲使两个组分的分离度 $R=1.5$，需要有效理论塔板数为多少？此时应使用多长的色谱柱？

(4096 块，1.23，1030 块，0.75m)

22. 对某特定的气相色谱体系，假设范第姆特方程式中的常数 $A=0.05\text{cm}$，$B=0.50\text{cm}^2 \cdot \text{s}^{-1}$，$C=0.10\text{s}$。计算其最佳线速度和相应的最小理论塔板高度。

($2.24\text{cm} \cdot \text{s}^{-1}$，0.50cm)

23. 某色谱柱长 2m，载气线速度分别为 $4.0\text{cm} \cdot \text{s}^{-1}$，$6.0\text{cm} \cdot \text{s}^{-1}$ 和 $8.0\text{cm} \cdot \text{s}^{-1}$ 时，测得相应的理论塔板数为 323，308 和 253。计算：(1) 范第姆特方程中的 A、B、C；(2) 最佳线速度；(3) 在最佳线速度时，色谱柱的理论塔板数。

($A=-0.54\text{cm}$，$B=2.64\text{cm}^2 \cdot \text{s}^{-1}$、$C=0.125\text{s}$，$4.60\text{cm} \cdot \text{s}^{-1}$，328 块)

24. 对只含有乙醇、正庚烷、苯和乙酸乙酯的某化合物进行色谱分析，其测定数据如下：

化合物	乙醇	正庚烷	苯	乙酸乙酯
A_i/cm^2	5.0	9.0	4.0	7.0
f_i	0.64	0.70	0.78	0.79

计算各组分的质量分数。

($w_{乙醇}=17.63\%$，$w_{正庚烷}=34.71\%$，$w_{苯}=17.19\%$，$w_{乙酸乙酯}=30.47\%$)

25. 用甲醇作内标，称取 0.0573g 甲醇和 5.869g 环氧丙烷试样，混合后进行色谱分析，测得甲醇和水的峰面积分别为 164mm^2 和 186mm^2，校正因子分别为 0.59 和 0.56。计算环氧丙烷中水的质量分数。

(1.05%)

第 13 章 常用的分离和富集方法

13.1 概述

分离和富集是定量分析化学的重要组成部分。当分析对象中的共存物质对测定有干扰时，如果采用控制反应条件、掩蔽等方法仍不能消除其干扰时，就要将其分离，然后测定；当待测组分含量低、测定方法灵敏度不足够高时，就要先将微量待测组分富集，然后测定。分离过程往往也是富集过程。

对分离的要求是分离得完全，即干扰组分减少到不再干扰待测组分；而待测组分在分离过程中的损失要小至可忽略不计。被测组分在分离过程中的损失以及分离的完全程度，可用回收率和分离因子来衡量。

（1）回收率（R）

其定义为：

$$R = \frac{\text{分离后待测组分的质量}}{\text{分离前待测组分的质量}} \times 100\% \tag{13-1}$$

回收率越高越好，但分离过程中，待测组分难免有损失。在实际工作中，对质量分数为 1% 以上的待测组分，一般要求 $R > 99.9\%$；对质量分数为 0.01%～1% 的待测组分，要求 $R > 99\%$；质量分数小于 0.01% 的痕量组分，要求 R 为 90%～95%。

【例 13-1】 含有钴与镍离子的混合溶液中，钴与镍的质量均为 20.0mg，用离子交换法分离钴镍后，溶液中余下的钴为 0.20mg，而镍为 19.0mg，钴镍的回收率分别为多少？

解：

$$R_{Ni} = \frac{19.0}{20.0} = 95.0\%, \quad R_{Co} = \frac{0.20}{20.0} = 1.0\%$$

（2）分离因子 $S_{B/A}$

分离因子 $S_{B/A}$ 等于干扰组分 B 的回收率与待测组分 A 的回收率的比，可用来表示干扰组分 B 与待测组分 A 的分离程度。

$$S_{B/A} = \frac{R_B}{R_A} \times 100\% \tag{13-2}$$

由此可见，干扰组分 B 的回收率越低，待测组分 A 的回收率越高，分离因子越小，则 A 与 B 之间的分离就越完全，干扰消除越彻底。

13.1.1 沉淀分离法

沉淀分离法是一种经典的分离方法，它是利用沉淀反应选择性地沉淀某些离子，而与其他可溶性离子分离。沉淀分离法的主要依据是溶度积原理。

沉淀分离法的主要类型如图 13-1。

13.1.1.1 常量组分的沉淀分离

（1）氢氧化物沉淀分离

大多数金属离子都能生成氢氧化物沉淀，各种氢氧化物沉淀的溶解度有很大的差别，并与溶液中的 $[OH^-]$ 有直接的关系。因此可以通过控制酸度，改变溶液中的 $[OH^-]$，以达到选择沉淀分离的目的。表 13-1 为各种金属离子氢氧化物开始沉淀和沉淀完全时的 pH 值。

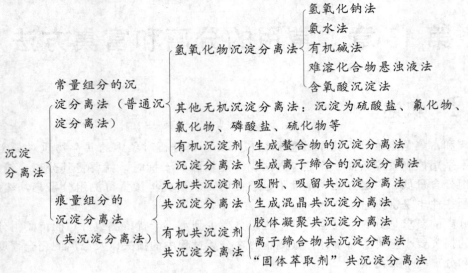

图 13-1 沉淀分离法分类

表 13-1 各种金属离子氢氧化物开始沉淀和沉淀完全时的 pH 值

氢氧化物	溶度积 K_{sp}	开始沉淀时的 pH 值 $[M^+]=0.01 mol \cdot L^{-1}$	沉淀完全时的 pH 值 $[M^+]=0.01 mol \cdot L^{-1}$
$Sn(OH)_4$	1×10^{-57}	0.5	1.3
$TiO(OH)_2$	1×10^{-29}	0.5	2.0
$Sn(OH)_2$	1×10^{-27}	1.7	3.7
$Fe(OH)_3$	1×10^{-38}	2.2	3.5
$Al(OH)_3$	1×10^{-32}	4.1	5.4
$Cr(OH)_3$	1×10^{-31}	4.6	5.9
$Zn(OH)_2$	1×10^{-17}	6.5	8.5
$Fe(OH)_2$	1×10^{-15}	7.5	9.5
$Ni(OH)_2$	1×10^{-18}	6.4	8.4
$Mn(OH)_2$	1×10^{-13}	8.8	10.8
$Mg(OH)_2$	1×10^{-11}	9.6	11.6

① 氢氧化钠　以 NaOH 作沉淀剂，将两性元素与非两性元素分离，两性元素以含氧酸阴离子形态留在溶液里，非两性元素则生成氢氧化物沉淀。表 13-1 中列举了多种金属离子的氢氧化物开始沉淀与沉淀完全时的 pH 值。可控制溶液酸度使物质分离。

② 氨水法　在铵盐存在条件下，加入 NH_3 水，调节溶液的 pH 为 8～9，利用生成氨络合物与氢氧化物沉淀分离。如 Ag^+，Cd^{2+}，Cu^{2+}，Co^{2+}，Zn^{2+}，Ni^{2+} 等生成络合物，与 Fe^{3+}，Al^{3+} 和 Ti(Ⅳ) 等高价离子定量分离。

氨水法中常加入 NH_4Cl 等铵盐，其作用是：控制溶液的 pH 8～9，防止 $Mg(OH)_2$ 沉淀生成；大量 NH_4^+ 作为抗衡离子，减少氢氧化物对其他金属离子的吸附；NH_4^+ 作为电解质，还可以促进胶状沉淀的凝聚。

③ 有机碱法　六亚甲基四胺、吡啶、苯胺、苯肼等有机碱与其共轭酸组成缓冲溶液，可控制溶液的 pH，利用氢氧化物分级沉淀的方法达到分离的目的。例如，将六亚甲基四胺加入到酸性溶液中，生成六亚甲基四胺盐，而形成 pH5～6 的缓冲溶液。本法常用于

Mn^{2+},Co^{2+},Ni^{2+},Cu^{2+},Zn^{2+},Cd^{2+} 与 Al^{3+},Fe^{3+},Ti(Ⅳ) 和 Th(Ⅳ) 等的分离。

④ 氧化锌悬浮液法 在酸性溶液中加入 ZnO 悬浮液,ZnO 与酸作用逐渐溶解,使溶液 pH 值提高,达到平衡后,可控制溶液 pH 为 6 左右,使部分氢氧化物沉淀。此外,碳酸钡、碳酸钙、碳酸铅及氧化镁等微溶性盐的悬浮液也有同样的作用,但所控制的 pH 范围各不相同。以 Zn^{2+} 不干扰的体系方可用此法。

在使用氢氧化物沉淀分离法时,可以加入掩蔽剂提高分离选择性。

(2) 硫化物沉淀分离

约 40 余种金属离子可生成难溶硫化物沉淀,各种金属硫化物沉淀的溶解度相差较大,为硫化物分离提供了基础。硫化物沉淀分离法特点如下。

① 硫化物的溶度积相差比较大,可通过控制溶液的酸度来控制硫离子浓度,而使金属离子相互分离。

② 硫化物沉淀分离的选择性不高,分离效果不理想,主要适用于沉淀分离除去重金属离子。其主要原因是硫化物沉淀多是胶体,共沉淀现象严重,而且还存在继沉淀现象。

③ H_2S 是有毒气体,为了避免使用 H_2S 带来的污染,可以采用硫代乙酰胺在酸性或碱性溶液中水解进行均相沉淀。

在酸性溶液中的反应:$CH_3CSNH_2 + 2H_2O + H^+ \Longrightarrow CH_3COOH + H_2S + NH_4^+$

在碱性溶液中的反应:$CH_3CSNH_2 + 3OH^- \Longrightarrow CH_3COO^- + S^{2-} + NH_3 + H_2O$

(3) 其他无机沉淀剂

① 硫酸 使 Ca^{2+}、Sr^{2+}、Ba^{2+}、Pb^{2+}、Ra^{2+} 等形成硫酸盐沉淀与其他金属离子分离。

② HF 或 NH_4F 用于 Ca^{2+}、Sr^{2+}、Mg^{2+}、Th(Ⅳ)、稀土金属离子等与其他金属离子的分离。

③ 磷酸 利用 Zr(Ⅳ)、Hf(Ⅳ)、Th(Ⅳ)、Bi^{3+} 等金属离子能生成磷酸盐沉淀而与其他离子分离。

(4) 有机沉淀剂

有机沉淀剂分离法具有吸附作用小、高选择性与高灵敏度的特点,而且灼烧时共沉淀剂易除去,因而方法应用普遍。有机沉淀剂与金属离子生成的沉淀主要有以下三种类型。

① 螯合物沉淀 例如,丁二酮肟在氨性溶液中,与镍的反应几乎是特效的。

又如 8-羟基喹啉与 Al^{3+}、Zn^{2+} 均生成沉淀,若在 8-羟基喹啉芳环上引入一个甲基,形成 2-甲基-8-羟基喹啉,可选择性地沉淀 Zn^{2+},而 Al^{3+} 不沉淀,使 Al^{3+} 与 Zn^{2+} 的分离。再如,铜铁试剂(N-亚硝基苯胲胺盐),可使 Fe^{3+},Th(Ⅳ),V(Ⅴ) 等形成沉淀而与 Al^{3+}、Cr^{3+}、Co^{2+}、Ni^{2+} 等分离。

② 缔合物沉淀 四苯基硼化物与 K^+ 的反应产物为离子缔合物,其溶度积很小,为 2.25×10^{-8}。

③ 利用胶体的凝聚作用进行沉淀,如辛可宁、单宁、动物胶等。

表 13-2 为常见的有机沉淀剂沉淀条件。

表 13-2 有机沉淀剂

沉淀剂	沉淀条件	可以沉淀的离子	备注
草酸	pH=1～2.5	Th(Ⅳ),稀土金属离子	
	pH=4～5+EDTA	Ca^{2+}、Si^{2+}、Ba^{2+}	
铜试剂(二乙基胺二硫代甲酸钠,简称DDTC)	pH=5～6	Ag^+、Pb^{2+}、Cu^{2+}、Cd^{2+}、Bi^{3+}、Fe^{3+}、Co^{2+}、Ni^{2+}、Zn^{2+}、Sn(Ⅳ)、Sb(Ⅲ)、Tl(Ⅲ)	除重金属较方便,并且没有臭味,与碱土、稀土、Al^{3+}分离
	pH=5～6+EDTA	Ag^+、Pb^{2+}、Cu^{2+}、Cd^{2+}、Bi^{3+}、Sb(Ⅲ)、Tl(Ⅲ)	
铜铁试剂(N-亚硝基苯胺胺盐)	约 $3mol·L^{-1}H_2SO_4$	Cu^{2+}、Fe^{3+}、Ti(Ⅳ)、Nb(Ⅳ)、Ta(Ⅳ)、Ce^{4+}、Sn(Ⅳ)、Zr(Ⅳ)、V(Ⅴ)	

13.1.1.2 痕量组分的共沉淀分离和富集

利用共沉淀现象,以某种沉淀作载体,将痕量组分定量地沉淀下来,达到分离的目的。共沉淀分离一方面要求待测的痕量组分回收率高,另一方面要求共沉淀载体不干扰待测组分的测定。

(1) 无机沉淀剂

① 利用表面吸附作用进行共沉淀分离 如利用 $Fe(OH)_3$、$Al(OH)_3$ 或 $MnO(OH)_2$ 作载体,通过吸附共沉淀将痕量组分共沉淀分离富集。

② 利用生成混晶进行共沉淀分离 利用生成混晶对痕量组分进行共沉淀分离富集。例如利用 Pb^{2+} 与 Ba^{2+} 生成硫酸盐混晶,用 $BaSO_4$ 共沉淀分离富集 Pb^{2+}。

(2) 有机共沉淀剂

① 利用胶体的凝聚作用进行共沉淀 钨、铌、钽、硅等的含氧酸常沉淀不完全,有少量的含氧酸以带负电荷的胶体微粒留于溶液中,形成胶体溶液,可用辛可宁、单宁、动物胶等将它们共沉淀下来。例如,钨酸的胶体溶液中,加入辛可宁,辛可宁在酸性溶液中带有正电荷,能与带负电的钨酸凝聚而沉淀下来。

② 利用形成离子缔合物进行共沉淀 一些分子质量较大的有机化合物,如甲基紫、孔雀绿、品红及亚甲基蓝等,在酸性溶液中带正电荷,当它们遇到以络阴离子形式存在的金属络离子时,能生成微溶性的离子缔合物而被共沉淀下来。

③ 利用"固体萃取剂"进行共沉淀 例如 U(Ⅵ)-1-亚硝基-2-萘酚是微溶螯合物,量少时难以沉淀。在体系中加入 α-萘酚或酚酞的乙醇溶液,α-萘酚或酚酞在水溶液中溶解度小,故析出沉淀,同时将 U(Ⅵ)-1-亚硝基-2-萘酚螯合物一并共沉淀富集。α-萘酚或酚酞不与 U(Ⅵ) 及其螯合物发生反应,称为"惰性共沉淀剂"。

又如,萘作为萃取溶剂最早是以高温熔融萃取法应用于分析化学,当萘从高温冷却至室温时,萘以固体析出,从而使被萃取物很容易分离。但是这项操作需在 90℃ 下进行熔融萃取,分离后还需加热至 90℃ 熔融或以其他有机溶剂溶解萘相,再进行分光光度法测定。1978 年,提出了微晶萘萃取及共沉淀技术,其方法是将萘溶于丙酮中,取少量的萘丙酮溶液于被萃取金属络合物的溶液中,由于溶液中丙酮浓度的迅速降低,萘以微小的晶体析出,同时萃取了溶液中金属离子的络合物,达到了分离富集的目的。

13.1.2 挥发和蒸馏分离法

挥发和蒸馏分离法是利用物质挥发性的差异进行分离的一种方法,可以用于除去干扰组分,也可以使被测组分定量分出后再进行测定。

在无机物中，具有挥发性的物质并不多，因此这种方法选择性较高。它是将组分从液体或固体样品中转变为气相的过程，主要包括：蒸发、蒸馏、升华、灰化和驱气等。砷的氢化物，硅的氟化物，锗、砷、锑、锡等的氯化物都具有挥发性，可控制不同的温度将它们蒸出，再用合适的吸收液吸收，便可选用适宜的方法进行测定。例如，测定水中或食品等试样中的微量砷时，先用锌粒和稀硫酸将试样中的砷还原成砷化氢，经挥发和收集后，可用比色等方法进行测定。适于气态分离的无机化合物（不包括金属螯合物和有机金属化合物）如表13-3。

表 13-3　适于气态分离的无机化合物

挥发形式	元素和化合物
单质	H，N，卤素，Hg 等
氢化物	As，Sb，Bi，Te，Sn，Pb，Ge，F，Cl，S，N，O
氟化物	B，Mo，Nb，Si，Ta，Ti，V，W
氯化物	Al，As，Cd，Cr，Ga，Ge，Hg，Mo，Sb，Sn，Ta，Ti，V，W，Zn，Zr
溴化物	As，Bi，Hg，Sb，Se，Sn
碘化物	As，Sb，Sn，Te
氧化物	As，C，H，Os，Re，Ru，S，Se，Te

有机分析中，也常用挥发和蒸馏分离法，如 C、H、O、N 和 S 等元素的测定，多可用此方法分离。如氮的测定，将化合物中的氮经处理转化为 NH_4^+，然后在浓碱存在的条件下将 NH_3 蒸出，用酸吸收后测定。在环境监测中，如 Hg，CN^-，SO_2，S^{2-}，F^-，酚类等有毒物质，都可用蒸馏分离法分离富集，然后选用适当的方法测定。

13.2　溶剂萃取分离法

溶剂萃取分离法又称液-液萃取分离法，简称萃取分离法。该方法是利用被分离组分在两种互不相溶的溶剂中具有不同的溶解度，把被分离组分从一种液相（如水相）转移到另一种液相（如有机相），以达到分离的目的。如在含有被分离组分的水溶液中，加入与水不相混溶的有机溶剂，振荡，使其达到溶解平衡，被分离组分进入有机相中，另一些组分仍留在水相。该法所用仪器设备简单，操作比较方便，分离效果好，既能用于主要组分的分离，更适合于微量组分的分离和富集。如果被萃取的是有色化合物，还可以直接在有机相中比色测定。因此溶剂萃取，在微量分析中有重要意义。

13.2.1　萃取分离的基本原理

(1) 分配系数 K_D

设水相中有某溶质 A，加入有机溶剂并振荡，使两相充分接触后，A 在两相中进行分配，如果 A 在两相中的存在型体相同，都为 A。那么，达到分配平衡时，A 在两相中的平衡浓度之比称为分配系数 K_D。

$$K_D = \frac{[A]_o}{[A]_w} \tag{13-3}$$

式中，$[A]_o$、$[A]_w$ 分别为有机相和水相中 A 的平衡浓度。在给定的温度和离子强度下，K_D 是一常数。

(2) 分配比 D

实际体系当中，溶质 A 在水相和有机相中常有多种存在型体，此时，以上分配定律就不能适用了。通常将溶质 A 在有机相中的各种存在型体的总浓度与在水相中各种存在型体的总浓度之比，称为分配比 D。

$$D=\frac{c_o}{c_w} \qquad (13\text{-}4)$$

式中，c_o 和 c_w 分别为溶质 A 在有机相和水相中的总浓度。分配比除了与一些常数有关之外，有时还与酸度、溶质的浓度等因素有关，它并不是一个常数。

显然，当溶质在两相中均以单一的相同型体存在，且溶液较稀时，$K_D = D$。而在复杂体系中，K_D 和 D 不相等。对于分配比 D 较大的物质，用该种有机溶剂萃取时，溶质的绝大部分将进入有机相中，这时萃取效率就高。

(3) 萃取率 E

物质被萃取到有机相中的比率，称为萃取率，它是衡量萃取效果的一个重要指标。

$$E=\frac{被萃物在有机相中的总量}{被萃物在两相中的总量}=\frac{c_o V_o}{c_w V_w + c_o V_o} \qquad (13\text{-}5)$$

式中，c_o 和 c_w 分别为溶质 A 在有机相和水相中的总浓度；V_o 和 V_w 分别为有机相和水相的体积。

E 与分配比 D 和两相体积比有关。

$$E=\frac{D}{D+V_w/V_o} \qquad (13\text{-}6)$$

当用等体积溶剂进行萃取时，$V_o = V_w$，则：

$$E=\frac{D}{D+1} \qquad (13\text{-}7)$$

上式说明，当有机相和水相体积相等时，若 $D=1$，则萃取一次的萃取百分率为 50%；若要求萃取百分率大于 90%，则 D 必须大于 9。当分配比 D 不高时，一次萃取不能满足分离和测定的要求，此时可采用多次连续萃取的方法来提高萃取率。

(4) 多次萃取

设 V_w (mL) 水相中含有被萃物的质量为 m_0 (g)，用 V_o (mL) 有机溶剂萃取一次，水相中剩余的被萃物的质量为 m_1 (g)，则进入有机相的质量是 $(m_0 - m_1)$ (g)，此时分配比为

$$D=\frac{c_o}{c_w}=\frac{(m_0-m_1)/V_o}{m_1/V_w}$$

$$m_1 = m_0 \frac{V_w}{DV_o + V_w}$$

若每次都用 V_o (mL) 有机溶剂萃取，n 次萃取后，水相中剩余的被萃取物的质量为 m_n (g)。

$$m_n = m_0 \left(\frac{V_w}{DV_o + V_w}\right)^n \qquad (13\text{-}8)$$

用同样体积的有机相的萃取，分多次萃取比一次萃取的效率高。但增加萃取次数，会增加萃取操作的工作量，影响工作效率。

13.2.2 重要萃取体系

无机物质中只有少数共价分子，如 HgI_2、$HgCl_2$、$GeCl_4$、$AsCl_3$、SbI_3 等可以直接用有机溶剂萃取。大多数无机物质在水溶液中离解成离子，并与水分子结合成水合离子，从而使各种无机物质较易溶解于极性溶剂水中而不易溶于有机溶剂中。而萃取过程却要用非极性或弱极性的有机溶剂，从水中萃取出已水合的离子来，这显然是有困难的。为此必须在水中加入某种试剂，使被萃取物质与试剂结合成不带电荷的、难溶于水而易溶于有机溶剂的分子。这种试剂称为萃取剂。所以说，萃取过程的实质是完成由水相到有机相的变化，使亲水

性的物质变成疏水性的物质。反之，由有机相到水相的转化，称为反萃取。根据被萃取组分与萃取剂所形成的可被萃取分子性质的不同，可以把萃取体系分类如下。

(1) 金属螯合物萃取体系

螯合物萃取是指螯合剂与金属离子形成疏水性的中性螯合物，同时应有较多的疏水基团，然后被有机溶剂所萃取。例如，8-羟基喹啉可以与 Al^{3+} 发生螯合作用，形成的螯合物难溶于水，可用有机 $CHCl_3$ 溶液萃取。再如，Ni^{2+} 与丁二酮肟、Hg^{2+} 与双硫腙、Cu^{2+} 与铜试剂等都是典型的螯合物萃取体系。螯合物萃取体系广泛应用于金属离子的萃取。

(2) 离子缔合物萃取体系

大体积的阳离子和阴离子通过静电引力相结合形成电中性的化合物而被有机溶剂萃取，称为离子缔合萃取。例如，亚铜离子与双喹啉形成络阳离子后，可与阴离子 Cl^-、ClO_4^- 形成缔合物，被异戊醇萃取。

$$Cu^+ + 2 \underbrace{\begin{array}{c}\text{(Bq)}\end{array}}_{} \longrightarrow Cu(Bq)_2^+$$

$$Cu(Bq)_2^+ + Cl^- \rightleftharpoons [Cu(Bq)_2^+ \cdot Cl^-]$$

许多金属阳离子和金属络阴离子以及某些酸根离子，能形成疏水性的离子缔合物而被萃取。离子的体积越大，电荷越少，越容易形成疏水性的离子缔合物。

① 金属阳离子的离子缔合物　水合金属阳离子与适当的络合剂作用，形成没有或很少络合水分子的络阳离子，然后与大体积的阴离子缔合，形成疏水性的离子缔合物。例如 Cu^+ 与 2,9-二甲基-1,10-邻二氮菲的螯合物带正电荷，能与氯离子生成可被氯仿萃取的离子缔合物。

② 金属络阴离子或无机酸根的离子缔合物　金属络阴离子（如 $GaCl_4^-$），在水溶液中以阴离子形式存在的无机酸根离子（如 WO_4^-），可与一种大分子量的有机阳离子形成疏水性的离子缔合物。例如，在 HCl 溶液中，Tl（Ⅲ）与 Cl^- 络合形成 $TlCl_4^-$，加入以阳离子形式存在于溶液中的甲基紫，即生成不带电荷的疏水性离子缔合物，可被苯或甲苯等惰性溶剂萃取出来。

(3) 溶剂化合物萃取体系

某些溶剂分子通过其络合原子与无机化合物中的金属离子相键合，形成溶剂化合物，从而可溶于该有机溶剂中。这种萃取体系称为溶剂化合物萃取体系。例如用膦酸三丁酯（TBP）对硝酸盐的萃取，对 $FeCl_3$ 或 $HFeCl_4$ 的萃取等。杂多酸的萃取体系一般也属于溶剂化合物萃取体系。

(4) 简单分子萃取体系

被萃物在水相和有机相中都以中性分子形式存在，溶剂与被萃物之间无化学结合，不需外加萃取剂。例如 TBP 在水相与煤油间的分配。I_2、Cl_2、Br_2、AsI_3、SnI_4、$GeCl_4$ 和 OsO_4 等稳定的共价化合物，它们在水溶液中主要以分子形式存在，不带电荷。利用 CCl_4、$CHCl_3$ 和苯等惰性溶剂，可将它们萃取出来。

13.2.3　萃取操作方法

(1) 萃取条件的选择

不同萃取体系对萃取条件的要求不同。以螯合萃取体系为例，讨论以下条件对萃取的影响。

设金属离子 M^{n+} 与螯合剂 HR 作用生成螯合物 MR_n 被有机溶剂所萃取。如果 HR 易溶

于有机相而难溶于水相,则总的萃取反应为:

$$(M^{n+})_w + n(HR)_o \rightleftharpoons (MR_n)_o + n(H^+)_w$$

此反应的平衡常数称为萃取平衡常数 K_{ex}。

$$K_{ex} = \frac{[MR_n]_o [H^+]_w^n}{[M^{n+}]_w [HR]_o^n} \tag{13-9}$$

将各平衡常数代入此式,可得

$$K_{ex} = K_{d(MR_n)} K_f \left(\frac{K_a}{K_{d(HR)}}\right)^n \tag{13-10}$$

式中,$K_{d(MR_n)}$ 为螯合物的分配系数;K_a 为 HR 在水相中的解离常数,K_f 为螯合物的形成常数;$K_{d(HR)}$ 为 HR 的分配系数。

因为

$$D = \frac{[MR_n]_o}{[M^{n+}]_w}$$

所以可推导得到

$$D = K_{ex} \frac{[HR]_o^n}{[H^+]_w^n} \tag{13-11}$$

可见,此萃取体系的分配比与 K_{ex} 有关,即与 $K_{d(MR_n)}$、K_a、K_f 和 $K_{d(HR)}$ 有关;与水相中 pH 有关;与螯合剂在有机相中的浓度有关。

① 螯合剂的选择 螯合剂与金属离子生成的螯合物越稳定,K_f 越大,萃取效率越高;螯合剂的疏水性越强,$K_{d(HR)}$ 越小,萃取效率越高。

② 溶液的酸度 溶液的酸度越低,D 越大,越有利于萃取。但溶液的酸度太低时,许多金属离子可能发生水解,或引起其他干扰反应,对萃取反而不利。因此,必须正确控制萃取时溶液的酸度。例如,用双硫腙作螯合剂,用 CCl_4 作萃取剂,萃取 Zn^{2+} 时,适宜的 pH 范围为 6.5~10,溶液的 pH 太低,难于生成稳定的螯合物;pH 太高,则形成 $Zn(OH)_2$ 或 ZnO_2^{2-},这都会降低萃取效率。

③ 萃取溶剂的选择 金属螯合物的 $K_{d(MR_n)}$ 越大,越有利于萃取。根据螯合物的组成和结构,按结构相似的原则,选择合适的萃取剂。例如含烷基的螯合物用卤代烷烃(如 CCl_4、$CHCl_3$)作萃取溶剂,含芳香基的螯合物用芳香烃(如苯、甲苯等)作萃取溶剂较合适。

此外还要考虑萃取溶剂的其他性质,如密度与水溶液的密度的差别要大,黏度要小,最好无毒、无特殊气味、挥发性小等。

④ 干扰离子的消除 可以通过控制酸度进行选择性萃取,将待测组分与干扰组分分离。例如,用双硫腙-CCl_4 法萃取测定工业废水中的 Hg^{2+} 时,若控制 pH=1,则其他离子基本不被萃取,仍保留在水相中,而 Hg^{2+} 则被完全萃取到有机相中。同理,若要用该体系分离 Cd^{2+},则可控制 pH=10。此时只有 Cd^{2+} 留在水相中,其他金属离子均被萃取到有机相中。也可通过加入掩蔽剂,来提高萃取分离的选择性。例如,用双硫腙-CCl_4 法萃取测定铅合金中的银,将试样分解后,在适宜的酸度条件下加入双硫腙和 EDTA。由于 Ag^+ 不与 EDTA 形成稳定的络合物,而只与双硫腙络合,因而能被 CCl_4 萃取。而 Pb^{2+} 及其他金属离子因与 EDTA 生成稳定而带电荷的络合物,而被留在水中。

(2) 萃取技术

在实验室中进行萃取分离主要有单级萃取(间歇萃取)、多级萃取(错流萃取)、连续萃取等三种方式。

① 单级萃取(间歇萃取) 通常在 60~125mL 的梨形分液漏斗中进行。其主要步骤是,

将待萃取水样放入梨形分液漏斗中，加入萃取剂，调节至最佳分离条件（酸度、掩蔽剂等），并加入一定体积的与水互不相溶有机溶剂，盖上顶塞充分振荡数分钟（注意放气），使物质在两相中达到分配平衡，静置分层后，转动漏斗旋塞，使下层的水相或有机相流入另一容器中从而分离。如果被萃取物质的分配比足够大，则一次萃取即可达到定量分离的要求；如果分配比不够大，经第一次分离后，可在水相中再加入新鲜有机溶剂，重复萃取一两次。

萃取所需的时间，决定于达到萃取平衡的速度。它受到两种速度的影响：一种是化学反应速度，即形成可被萃取的化合物的速度；另一种是扩散速度，即被萃取物质由一相转入另一相的速度。具体的萃取时间应通过实验确定，一般从30s到数分钟不等。

萃取后应让溶液静置一下，待其分层，然后将两相分开。分开两相时，不应使被测组分损失，也不要混入杂质或干扰组分。静置分层时，有时在两相交界处会出现一层乳浊液，其原因很多。例如，可能是由于振荡过于激烈，使一相高度分散在另一相中；也可能是反应中生成了某种微溶化合物，既不溶于水相也不溶于有机相，以致在界面上沉淀。一般来说，采用增大有机溶剂的用量，加入电解质，改变溶液酸度，振荡不要过于激烈等方法，都有可能避免或消除乳浊液的产生。

在萃取分离时，当被测组分进入有机相时，其他干扰组分也可能进入有机相中。杂质被萃取的程度决定于其分配比。若杂质的分配比很小，可用洗涤的方法除去。此时可配制与试液的组成基本相同、但不含被萃取物质的洗涤液，与已分出的有机相一起振荡。如果杂质的分配比较小，则易进入洗涤液中而被除去。待测组分在洗涤时也将有部分损失，一般洗涤1～2次为宜。

萃取分离后，如果需将被萃取的物质再转入水相中进行测定，可改变条件进行反萃取。例如，Fe^{3+}在盐酸介质中形成$FeCl_4^-$，可与甲基异丁酮结合成𬭩盐而被萃取；如果再用酸度较低的水相对有机相进行反萃取，则Fe^{3+}将定量进入水相，即可进行测定。

② 多级萃取（错流萃取）　将水相固定，多次用新鲜的有机相进行萃取，可提高分离效果。

③ 连续萃取　连续萃取法用于待分离组分在两相中分配比不高的情况，该方法可使溶剂得到循环利用，常用于植物中有效成分的提取及中药成分的提取研究。连续萃取法可分为高密度溶剂萃取和低密度溶剂萃取两种类型。

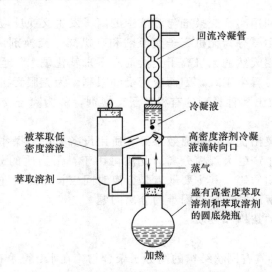

图13-2　高密度溶剂连续萃取

图 13-2 为高密度溶剂连续萃取装置。当萃取溶剂相的密度比被萃取溶剂相的密度高时，采用这种装置。圆底烧瓶中的高密度溶剂受热蒸发，蒸气在回流冷凝管中冷凝后形成萃取剂液滴，经转向口进入低密度被萃取溶液，在流经被萃取溶液时，将待分离物质萃取，萃取溶剂相经底部的弯管流回圆底烧瓶，如此循环，连续萃取。

图 13-3 为低密度溶剂连续萃取装置。当萃取溶剂相的密度比被萃取溶剂相的密度小时，采用这种装置。圆底烧瓶中的低密度萃取剂受热蒸发，蒸气在回流冷凝管中冷凝后形成萃取剂液滴，滴入接收管中，当管中液柱的压力足够大时，萃取溶剂从管底部流出，流出的萃取组分萃取进低密度萃取溶剂相，流回圆底烧瓶，如此循环，连续萃取。

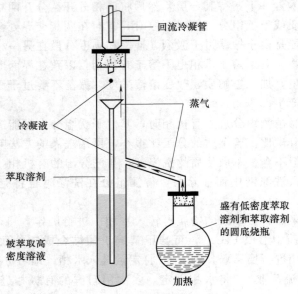

图 13-3 低密度溶剂连续萃取

13.3 离子交换分离法

离子交换分离法是利用离子交换剂与溶液中的离子发生交换反应而进行分离的方法。离子交换剂的种类很多，主要分为无机离子交换剂和有机离子交换剂两大类型。早在 20 世纪初，工业上就已开始使用天然的无机离子交换剂沸石来软化硬水。但由于其交换能力低，化学稳定性和机械强度差，再生困难，因而应用受到限制。为克服无机离子交换剂的缺点，自 20 世纪 40 年代以来合成出多种类型的有机离子交换剂，称为离子交换树脂，现已得到较为广泛的应用。

离子交换分离法的突出优点是分离效果好、所用设备简单、操作较容易，不仅适用于实验室，而且适用于工业生产的大规模分离。此法可用于：①物质的分离；②富集微量物质；③除去杂质，制备高纯物质等。其主要缺点是分离时间较长，耗费洗脱液的量较多。所以分析化学中一般只用它来解决某些比较困难的分离问题。

13.3.1 离子交换树脂的结构和性质

13.3.1.1 种类

离子交换树脂是一种具有网状结构的高分子聚合物，在水、酸和碱中难溶，对有机溶剂、氧化剂、还原剂和其他化学试剂具有一定的稳定性。对热也较稳定。在离子交换树脂的网状结构的骨架上，有许多可以与溶液中的离子发生交换作用的活性基团，例如—SO_3H，—COOH，=NOH 等。如图 13-4 所示根据树脂的性能，可分为以下四大类型。

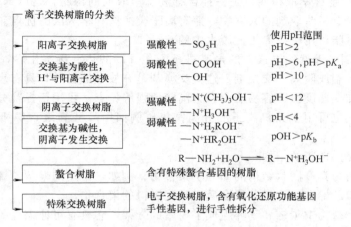

图 13-4 离子交换树脂的类型

(1) 阳离子交换树脂

这类树脂的活性交换基团为酸性，可与溶液中的阳离子发生交换。根据活性基团的强弱，可分为强酸性和弱酸性两种类型。

① 强酸性 活性基团为—SO_3H，这类树脂应用比较广泛，在酸性、中性和碱性溶液中都能使用。

② 弱酸性 活性基团为—COOH、—OH，在中性和碱性溶液中使用，因其对 H^+ 的亲和能力大，在酸性溶液中不宜使用。但这类树脂容易用酸洗脱，选择性高，故常用于分离不同强度的有机碱。

(2) 阴离子交换树脂

这类树脂的活性交换基团为碱性，可与溶液中的阴离子发生交换。根据活性基团的强弱，可分为强碱性和弱碱性两种类型。

① 强碱性 活性基团为季铵基 [—$N(CH_3)_3Cl$]，这类树脂应用比较广泛，在酸性、中性和碱性溶液中都能使用。

② 弱碱性 活性基团为伯、仲、叔胺基，在中性和酸性中使用。因其对 OH^- 的亲和能力大，在碱性溶液中不宜使用。

(3) 螯合树脂

这类树脂含有特殊的活性基团，可与某些金属离子形成螯合物。在交换过程中能选择性地交换某些离子。所以对化学分离有重要的意义。现已合成了许多类的螯合树脂。例如，氨羧基螯合树脂，含有 [—$N(CH_2COOH)_2$] 螯合基团。这类树脂的特点是选择性高；缺点是制备难度大，成本高，交换容量低。

(4) 特殊交换树脂

① 大孔树脂 这类树脂是在聚合时加入适当的致孔剂，使在网状固化和链节单元形成过程中，填垫惰性分子，预先留下孔道，它们不参与反应，在骨架形成后提出致孔剂，留下永久通道。它比一般树脂有更多、更大的孔道，表面积大，离子容易迁移扩散，富集速度快，并且耐氧化、耐磨、耐冷热变化，具有较高的稳定性。

② 氧化还原树脂 这类树脂含有可逆的氧化还原基团，可与溶液中离子发生电子转移，

主要用于氧化还原而不引入杂质,提高产品纯度,除去溶液中溶解的氧气。例如,可利用氧化还原树脂,直接将二苯肼氧化为偶氮苯。

③ 萃淋树脂 也称萃取树脂,是一种含有液态萃取剂的树脂,是以苯乙烯-二乙烯苯为骨架的大孔结构和有机萃取剂的共聚物,兼有离子交换法和萃取法的优点。例如,TBP(膦酸三丁酯)萃淋树脂可用于分离工业废水中的 $Cr(\mathrm{IV})$。

④ 纤维交换剂 天然纤维素上的羟基进行酯化、磷酸化、羧基化后,可制成阳离子交换剂;经胺化后可制成阴离子交换剂。这类交换剂是开放性的长链,具有表面积大、孔隙宽松、稳定性高、交换速度快、容易洗脱、分离能力强等特点。可用于提纯分离蛋白质、氨基酸、酶、激素等,也可用于无机离子的分离富集。例如用膦酸纤维素层析分离汞、镉、锌和铅。

13.3.1.2 离子交换树脂的结构

离子交换树脂为具有网状结构的高分子聚合物。例如,常用的聚苯乙烯磺酸型阳离子交换树脂,就是以苯乙烯和二乙烯苯聚合后经磺化制得的聚合物。

在树脂的庞大结构中碳链和苯环组成了树脂的骨架,它具有可伸缩性的网状结构,其上的磺酸基是活性基团。当这种树脂浸泡在溶液中时,—SO_3H 的 H^+ 与溶液中阳离子进行交换。在苯乙烯和二乙烯苯聚合成具有网状骨架结构树脂小球中,二乙烯苯在苯乙烯长链之间起到"交联"作用。因此,二乙烯苯称为交联剂。通过磺化,在树脂的网状结构上引入许多活性离子交换基团,如磺酸基团。磺酸根固定在树脂的骨架上,称为固定离子,而氢离子可被交换,称为交换离子。

13.3.1.3 离子交换树脂的性能参数

(1) 交联度

交联度是树脂聚合反应中交联剂所占的质量分数,是表征离子交换树脂骨架结构的重要性质参数。是衡量离子交换树脂孔隙度的一个指标。

树脂的交联度小:网眼大,对水的溶胀性好,交换速度快,选择性差,力学性能差。

交联度大:网眼小,对水的溶胀性差,交换速度慢,选择性好,力学性能高。

树脂的交联度一般以 4%~14%为宜。

(2) 交换容量 (exchange capacity)

交换容量是指每克干树脂所能交换的物质的量 (mmol)。也是表征离子交换树脂活性基团的重要性质参数,可由实验的方法测得。它决定于网状结构中活性基团的数目。一般树脂的交换容量为 $3\sim 6\mathrm{mmol\cdot g^{-1}}$。

交换容量可以通过酸碱滴定法加以测定。以阳离子交换树脂为例,首先准确称取一定量干燥的阳离子交换树脂,置于锥形瓶中。然后加入一定量且过量的 NaOH 标准溶液,充分振荡后放置约 24h,使树脂活性基团中的 H^+ 全部被交换。再用 HCl 标准溶液返滴定剩余的 NaOH,则

$$交换容量 = \frac{c_{NaOH}V_{NaOH} - c_{HCl}V_{HCl}}{干树脂质量}$$

13.3.2 离子交换亲和力

树脂对离子的亲和力大小决定树脂对离子的交换能力。这种亲和力的大小与水合离子的半径、电荷及离子极化程度有关。水合离子的半径越小,电荷越高,离子的极化程度越大,其亲和力也越大。实验表明,在常温下,较稀的溶液中,离子交换树脂对不同离子的亲和力有下列顺序。

(1) 强酸性阳离子交换树脂

① 不同价态的离子，电荷越高，亲和力越大。

例如，以下离子的亲和力大小顺序是：$Na^+ < Ca^{2+} < Al^{3+} < Th(IV)$。

② 当离子价态相同时，亲和力随水合离子半径减小而增大。

例如，以下一价离子的亲和力大小顺序是：$Li^+ < H^+ < Na^+ < NH_4^+ < K^+ < Rb^+ < Cs^+ < Tl^+ < Ag^+$；

二价离子亲和力大小顺序是：$Mg^{2+} < Zn^{2+} < Co^{2+} < Cu^{2+} < Cd^{2+} < Ni^{2+} < Ca^{2+} < Sr^{2+} < Pb^{2+} < Ba^{2+}$。

③ 稀土元素的亲和力随原子序数增大而减小，这主要由于镧系收缩现象所致。稀土金属的离子半径随其原子序数的增大而减小，但水合离子的半径却增大，故亲和力顺序为：$La^{3+} > Ce^{3+} > Pr^{3+} > Nd^{3+} > Sm^{3+} > Eu^{3+} > Gd^{3+} > Tb^{3+} > Dy^{3+} > Y^{3+} > Ho^{3+} > Er^{3+} > Tm^{3+} > Yb^{3+} > Lu^{3+} > Sc^{3+}$。

(2) 弱酸性阳离子交换树脂

H^+ 的亲和力比其他阳离子大，但其他阳离子的亲和力大小顺序与强酸性阳离子交换树脂相似。

(3) 强碱性阴离子交换树脂

常见阴离子的亲和力顺序为：$F^- < OH^- < CH_3COO^- < HCOO^- < Cl^- < NO_2^- < CN^- < Br^- < C_2O_4^{2-} < NO_3^- < HSO_4^- < I^- < CrO_4^{2-} < SO_4^{2-} <$ 柠檬酸根离子。

(4) 弱碱性阴离子交换树脂

常见阴离子的亲和力顺序为：$F^- < Cl^- < Br^- < I^- < CH_3COO^- < MoO_4^{2-} < PO_4^{3-} < AsO_4^{3-} < NO_3^- <$ 酒石酸根离子 $< CrO_4^{2-} < SO_4^{2-} < CrO_4^{2-} < OH^-$。

以上所述仅为一般的情况。在温度较高、离子浓度较大及有络合剂存在的水溶液，或非水介质中，离子的亲和力顺序会发生变化。

13.3.3 离子交换色谱法

离子色谱分析法出现在 20 世纪 70 年代，80 年代迅速发展起来，以无机、特别是无机阴离子混合物为主要分析对象。离子交换色谱利用被分离组分与固定相之间发生离子交换的能力差异来实现分离。离子交换色谱的固定相一般为离子交换树脂，树脂分子结构中存在许多可以电离的活性中心，待分离组分中的离子会与这些活性中心发生离子交换，形成离子交换平衡，从而在流动相与固定相之间形成分配。固定相的固有离子与待分离组分中的离子之间相互争夺固定相中的离子交换中心，并随着流动相的运动而运动，最终实现分离。

(1) 原理

离子交换色谱的固定相是交换剂，根据交换剂性质可分为：阳离子交换剂和阴离子交换剂。

交换剂由固定的离子基团和可交换的平衡离子组成。当流动相带着组分离子通过离子交换柱时，组分离子与交换剂上可交换的平衡离子进行可逆交换，最后达到交换平衡，阴、阳离子的交换平衡可表示如下。

阳离子交换：$R^- Y^+ + X^+ \rightleftharpoons R^- X^+ + Y^+$

阴离子交换：$R^+ Y^- + X^- \rightleftharpoons R^+ X^- + Y^-$

式中　R^+，R^-——交换剂上的固定离子基团，如 RSO_3^- 或 RNH_3^+；

Y^+，Y^-——可交换的平衡离子，可以是 H^+、Na^+ 或 OH^-、Cl^- 等；

X^+，X^-——组分离子。

组分离子对固定离子基团的亲和力强，分配系数大，其保留时间长；反之，分配系数小，其保留时间短。因此，离子交换色谱是根据不同组分离子对固定离子基团的亲和力的差别而达到分离的目的。

(2) 固定相

① 离子交换色谱固定相：早期离子交换色谱法采用离子交换树脂作为固定相，有溶胀和收缩现象，不耐高压，而且表面微孔结构影响传质，柱效低，现已被离子交换键合相所取代。

② 离子交换键合相：是以薄壳型或全多孔微粒硅胶为载体，表面经化学反应键合上各种离子交换基团。若键合上磺酸基（—SO_3H 强酸性）、羧基（—COOH 弱酸性）就是阳离子交换树脂；若键合上季铵基（—NR_3Cl 强碱性）或氨基（—NH_2 弱碱性）就是阴离子交换剂。

(3) 流动相

离子交换色谱流动相：通常是盐类的缓冲溶液。通过改变流动相的 pH、缓冲剂（平衡离子）的类型、离子强度以及加入有机溶剂、络合剂等都会改变交换剂的选择性，影响样品的分离效果。

常用的缓冲剂有：磷酸盐、乙酸盐、柠檬酸盐、甲酸盐、氨水等。

(4) 应用

离子交换色谱主要是用来分离离子或可离解的化合物。它不仅广泛地应用于无机离子的分离，而且广泛地应用于有机和生物物质，如氨基酸、核酸、蛋白质等的分离。

13.3.4 离子交换分离法的操作

离子交换分离法包括静态法和柱交换分离法两种类型。

静态法是将处理好的交换树脂放于样品溶液中，或搅拌或静止，反应一段时间后分离。该法非常简便，但分离效率低。常用于离子交换现象的研究。在分析上用于简单组分的富集或大部分干扰物的去除。

柱交换分离法是将树脂颗粒装填在交换柱上，让试液和洗脱液分别流过交换柱进行分离。以下介绍的是离子交换柱分离法。常用的离子交换柱如图 13-5 所示。

(1) 树脂的选择和预处理

① 选择　根据待分离试样的性质与分离的要求，选择合适型号和粒度的离子交换树脂。应用最多的为强酸性阳离子交换树脂和强碱性阴离子交换树脂。市售的树脂颗粒大小往往不够均匀，故使用前应当先过筛以除去太大和太小的颗粒，也可以用水溶胀后用筛在水中选取大小一定的颗粒备用。

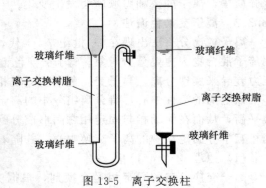

图 13-5　离子交换柱

② 浸泡　让干树脂充分溶胀，除去树脂内部杂质。如强酸性阳离子交换树脂，先用乙醇洗去有机杂质，再用 2~4mol·L^{-1} HCl 浸泡 1~2 天；然后用蒸馏水洗至中性，浸于水中备用。这样得到的树脂，其活性基团上含有可被交换的 H^+，称为强酸性（氢型）阳离子交换树脂。

③ 转型　根据分离需要进一步转型。如强酸性阳离子交换树脂，可用 NH_4Cl 溶液转化为铵型阳离子交换树脂；强碱性阴离子交换树脂可用 NaCl 溶液转化为氯型阴离子交换树脂。

(2) 装柱

① 交换柱的选择　交换柱的直径与长度主要由所需交换的物质的量和分离的难易程度

所决定，较难分离的物质一般需要较长的柱子。

② 装柱　用处理好的离子交换树脂装柱。在柱管底部装填少量玻璃丝，柱管注满蒸馏水，倒入一定量的湿树脂，让其自然沉降到一定高度而形成交换层。装柱时应防止树脂层中夹留气泡，以免交换时试液与树脂无法充分接触。树脂的高度一般约为柱高的90%。为防止加试剂时树脂被冲起，在柱的上端也应铺一层玻璃丝，并保持蒸馏水的液面略高于树脂层，保证树脂颗粒完全浸泡在水中。以防止树脂干裂而混入气泡。图13-5中的左柱较右柱优越。

(3) 交换

如图13-6所示，将试液按适当的流速，流经交换柱，试液中那些能与离子交换树脂发生交换的相同电荷的离子将保留在柱上，而那些带异性电荷的离子或中性分子不发生交换作用，随着液相继续向下流动。当试液不断地倒入交换柱，在交换层的上面一段树脂已全部被交换（已交换层），下面一段树脂完全还没有交换（未交换层），中间一段部分交换（交界层）。在不断的交换过程中，交界层逐渐向下移动。当交界层底部到达交换柱底部时，在流出液中开始出现未被交换的样品离子，交换过程达到"始漏点"（break-through point）。此时，对应交换柱的有效交换容量称为"始漏量"（break-through capicity）。

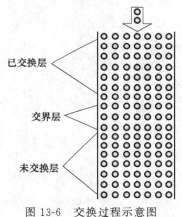

图 13-6　交换过程示意图

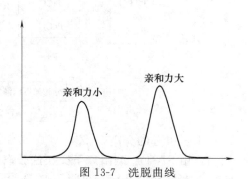

图 13-7　洗脱曲线

(4) 淋洗（洗脱）

用适当的淋洗剂，以适当的流速，将交换上去的离子洗脱并分离。因此说洗脱过程是交换过程的逆过程。当洗脱液不断地注入交换柱时，已交换在柱上的样品离子就不断地被置换下来。置换下来的离子在下行过程中又与新鲜的离子交换树脂上的可交换离子发生交换，重新被柱保留。在淋洗过程中，待分离的离子在下行过程中反复地进行着"置换-交换-置换"的过程。

根据离子交换树脂对不同离子的亲和力差异，洗脱时，亲和力大的离子更容易被柱保留而难以置换，离子向下移动的速度缓慢；相反，亲和力小的离子向下移动的速度快。因此可以将它们逐个洗脱下来。洗脱过程可用图13-7的洗脱曲线表示，亲和力最小的离子最先被洗脱下来。因此，淋洗过程也就是分离过程。

(5) 再生

使交换树脂上的可交换离子回复为交换前的离子，以使再次使用。有时洗脱过程就是再生过程。

13.3.5　离子交换分离法的应用

离子交换分离法的应用十分广泛，不仅用于无机离子的分离，也可用于有机物和生化物质的分离,如氨基酸、胺类的分离等。

(1) 去离子水的制备

将含有阴、阳离子的水样依次流经强酸性阳离子交换柱和强碱性阴离子交换柱,水样中的阳离子与强酸性阳离子交换树脂发生交换作用,交换出 H^+;水样中的阴离子与强碱性阴离子交换树脂发生交换作用,交换出 OH^-,H^+ 与 OH^- 中和生成 H_2O,从而制得去离子水。实际制备纯水时往往采用多个阳柱和阴柱交错排列,当待纯化的水依次通过许多阳柱和阴柱而从出口流出时,就可以方便地得到总离子含量极低的去离子水。

当树脂使用过一段时间后,活性基团就会逐渐被交换上去的离子所饱和,以致完全丧失交换能力。此时需分别用强酸和强碱溶液洗脱阳柱和阴柱,恢复树脂的交换能力。此过程即为再生。

(2) 微量组分的富集

例如矿石中痕量铂与钯,可用以下方面富集和测定。

试样用王水溶解后,加入浓 HCl 溶液,使铂、钯形成 $PtCl_6^{2-}$ 和 $PdCl_4^{2-}$ 络阴离子。稀释之后,将试液通过强碱性阴离子交换树脂,即可使铂、钯与其他阳离子分离,并逐渐富集到树脂相中。将树脂灰化,再用王水浸取残渣,就得到含 Pt(Ⅳ) 和 Pd(Ⅱ) 浓度较高的试液,可用分光光度法进行测定。如图 13-8 所示。

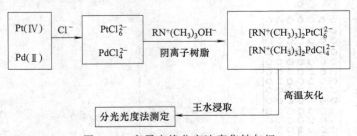

图 13-8 离子交换分离法富集铂与钯

(3) 干扰组分的分离

例如,用 SA-110 型阳离子交换法分离性质相近的 Ga^{3+} 和 In^{3+},选择 $0.45\sim1.0\text{mol}\cdot L^{-1}$ 的 HCl 溶液作淋洗液,可将 In^{3+} 洗脱,而 Ga^{3+} 保留在树脂上。

(4) 阴、阳离子的分离

例如用重量法测定硫酸根,当有大量 Fe^{3+} 存在时,由于严重的共沉淀现象而影响测定。如将试液的稀酸溶液通过阳离子交换树脂,则 Fe^{3+} 被树脂吸附,HSO_4^- 进入流出液,从而消除 Fe^{3+} 的干扰。

(5) 试样中总盐量的测定

工厂废水、土壤抽取物、海水、天然水中的含盐总量是十分重要的分析项目之一,可用离子交换-酸碱滴定法进行测定。水样通过 H 型阳离子交换柱,阳离子与 H^+ 进行交换,使流出液中氢离子浓度发生变化,然后通过酸碱滴定,可测量水样中盐的总量。

13.4 色谱分离法

色谱法 (chromatography) 又称层析法或色层法,这类分离方法最大的特点是分离效率高,它能把各种性质极相类似的组分彼此分离,而后分别加以测定,因而是一类重要而常用,且发展最快的分离手段。其是一种物理化学分离法。是利用各组分的物理化学性质的差异,使各组分不同程度地分配在两相中。一相是固定相,另一相是流动相。由于各组分受到两相的作用力不同，从而使各组分以不同的速度移动，达到分离的目的。

根据流动相的状态，色谱法又可分为液相色谱法和气相色谱法。这里只简单介绍属于经典的液相色谱法的萃取色谱分离法、纸上色谱分离法和薄层色谱分离法。

13.4.1 反向分配色谱分离法（柱色谱）

(1) 方法原理

用有机相作固定相，水相为流动相的萃取色谱分离法称为反相分配色谱分离法或反相萃取色谱分离法。反相分配色谱分离法一般在柱上进行，因此属于柱色谱的一种。其基本原理是，用一种惰性的、不与待分离的组分发生作用的载体将有机萃取剂牢固地吸着作为固定相。将负载有固定相的载体装入柱中，把试液引入色谱柱时，各组分先集中在柱上层浓缩。当加入洗脱剂时，各组分就在两相之间进行萃取-反萃取-萃取多次重复的分配过程，特别是用含有络合剂的洗液，会使一些组分容易被反萃取而实现分离。反相分配色谱分离法将液-液萃取的高选择性与色谱的高效率性结合在一起，大大提高了分离效果，所以是一种有广泛应用的分离方法。

(2) 操作方法

第一，将有机萃取剂溶于挥发性溶剂中配制成适当浓度的溶液，把载体浸渍在此溶液中，搅拌或振荡一段时间后，让溶剂挥发制成固定相，然后装柱。第二，装柱后，用水流过色谱柱使固定相和流动相达到平衡。第三，将试液调至萃取所需要的最佳条件，并控制一定的流速流经色谱柱。第四，用同样的流速及与试液相似的水溶液洗涤柱床。第五，控制一定的流速、温度，根据待分离组分的性质选择不同的洗脱液淋洗，使各组分分离。例如用三正辛胺-纤维素色谱柱，分别用 $10\,mol\cdot L^{-1}$ 盐酸、$6\,mol\cdot L^{-1}$ 盐酸和 $0.05\,mol\cdot L^{-1}$ 硝酸为洗脱液，可以将 Th(Ⅳ)，Zr(Ⅳ) 和 UO_2^{2+} 很好地分离。如图 13-9 所示。

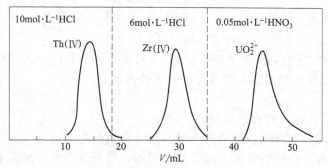

图 13-9　Th(Ⅳ)、Zr(Ⅳ) 和 UO_2^{2+} 混合物的反相分配色谱
分离（三正辛胺-纤维素色谱柱）

13.4.2 纸上色谱分离法（纸色谱）

(1) 方法原理

纸上色谱分离法是以层析滤纸为惰性载体的液相色谱法。这种滤纸，其组成中的纤维素通常可吸附约等于自身质量 20% 的水分，其中部分水分子通过氢键与纤维素上的羟基结合，在分离过程中不随流动相的移动而移动，形成色谱中的固定相。由有机溶剂等组成的展开剂为流动相。操作时，取一大小适宜的滤纸条，放在含饱和水蒸气的空气中，滤纸吸收水分（约等于自身质量的 20%）。将试液点在滤纸条下端点原点处，如图 13-10 所示；然后放入色谱筒，使有试液斑点的一端浸入流动相溶剂中约 1cm，如图 13-10 所示。由于滤纸的毛细管作用，流动相将沿着滤纸自下而上地不断上升，待分离组分也随着流动相一起上升。流动相上升时，与滤纸上的固定相相遇，这时被分离组分就在两相间一次又一次地分配。分配比大

的组分上升得快，分配比小的组分上升得慢，从而将它们逐个分开。

层析经过一定时间后，当流动相前沿接近滤纸条上端时，可以停止。取出后晾干，再根据组分的性质喷洒显色剂使它们显色，就会在滤纸上显现出若干个分开的色斑，如图13-10所示。然后进行相关测定。

（2）比移值（retardation factor，R_f）

通常用比移值 R_f 来表示某组分在滤纸上的迁移情况，如图13-11所示，比移值等于展开后组分斑点中心到原点的距离与溶剂前沿到原点距离之比。图13-11中，组分1的比移值为

$$R_{f_1} = h_1/h$$

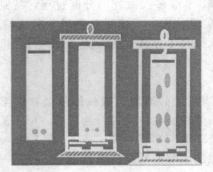 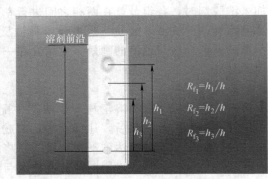

图13-10　纸色谱分离原理　　　　　　图13-11　比移值的测量

组分2的比移值为

$$R_{f_2} = h_2/h$$

组分3的比移值为

$$R_{f_3} = h_3/h$$

式中，h 为展开后溶剂前沿到原点的距离；h_1、h_2、h_3 为组分1、2、3展开后斑点中心到原点的距离。显然，比移值相差越大的组分，分离效果越好。

（3）应用

纸色谱的展开方式通常有以下几种。

① 上行法　即展开剂从层析纸的下方因毛细管作用而向上运动。

② 下行法　试液点在层析纸的上端，滤纸倒悬，展开液因重力而向下展开。

③ 双向展开法　先用一种展开剂按一个方向展开后，再用另一种展开剂按垂直于第一种方向进行展开。若一种展开剂不能将待分离组分分开，可用此方法。

因纸色谱具有简单、分离效能较高、所需仪器设备价廉、应用范围广泛等特点，因而在有机化学、分析化学、生物化学等方面得到应用。如用丁酮、甲基异丁酮、硝酸和水作展开剂，可分离铀、钍、钪及稀土。用甲基异丁酮、丁酮、氢氟酸和水作展开剂可分离铌和钽。还可用于性质相近的多种氨基酸的分离及产品中微量杂质的鉴定等方面。

13.4.3　薄层色谱分离法（薄层色谱）

（1）方法原理

薄层色谱是把吸附剂铺在支撑体上，制成薄层作为固定相，以一定组成的溶剂作为流动相，进行色谱分离的方法。其吸附剂常为纤维素、硅胶、活性氧化铝等，支撑体常为铝板、塑料板、玻璃板等。试样沿着吸附层不断地发生"溶解-吸附-再溶解-再吸附"，由于吸附剂对不同组分的吸附力的差异，造成它们在薄层上迁移速度的差别，从而得到分离，各组分比

移值的计算同纸色谱。

(2) 应用

薄层色谱是一种吸附层析，需利用各种不同极性的溶剂来配制适当的展开剂，常用溶剂按极性增强的次序为：石油醚、环己烷、CCl_4、苯、甲苯、$CHCl_3$、乙醚、乙酸、乙酯、正丁醇、1,2-二氯乙烷、丙酮、乙醇、甲醇、水、吡啶、HAc 等。

展开的方式常采用上行、下行的单向层析法。对于难分离组分，还可采用"双向层析法"。

根据一定条件下组分的比移值与标准进行对照，可进行定性分析。各斑点显色后，观察色斑的深浅程度，参照标准可作半定量分析。

将该组分色斑连同吸附剂一块刮下，然后洗脱，测定，可进行定量分析。也可用薄层扫描仪，直接扫描斑点，得出峰高或积分值，自动记录进行定量分析。

本 章 小 结

本章主要讲述了常用的分离和富集方法，包括沉淀分离法、溶剂萃取法、离子交换分离法以及经典的液相色谱分离法。

1. 分离在分析化学中占有十分重要的地位，是消除干扰最根本、最彻底的方法。一般可用回收率和分离率来表示分离方法的效果。各种分离方法虽不相同，原理上都是使待分离组分分别处于不同的两相，当用物理方法将两相分开后，待分离组分即随之分离。

2. 沉淀分离法是利用沉淀反应进行分离的方法，不仅适用于常量组分的分离，还可以利用共沉淀现象对微量组分进行分离和富集。在沉淀分离法中，有机沉淀剂或共沉淀剂由于其具有选择性高、所生成的沉淀溶解度小、不易污染等优点而受到重视。

3. 溶剂萃取分离法是利用物质对水的亲疏性而进行分离的方法。通常采用螯合物或离子缔合物萃取体系将亲水的无机离子转化为疏水的螯合物或离子缔合物，以便用有机溶剂对其萃取。在萃取分离中，应理解和掌握分配系数 K、分配比 D 和萃取率 E 等概念及其相互关系。

4. 离子交换分离法是利用离子交换树脂与离子间的交换反应而进行分离的方法。离子交换分离法易于分离带有不同电荷的离子，广泛应用于生产和科研实践中。而对于具有相同电荷的离子，则可利用离子交换亲和力的差异，在反复的交换和洗脱过程中进行分离，故又称为离子交换色谱法。

5. 经典的液相色谱法主要用于有机物的分离。按照固定相的形状和操作方式，液相色谱法可分为柱色谱、纸色谱和薄层色谱。它们都是使待分离组分在固定相和流动相中反复进行相间转移，使被分离物质之间微小的性质差别在此过程中得以放大，最终由于迁移速度的差别，而得以分离。几种色谱法的区别仅在于固定相和流动相的不同，所利用的待分离组分性质上的差别不同。

思考题与习题

1. 试说明分离与富集在定量分析中的重要作用。
2. 何谓回收率？在回收工作中对回收率要求如何？
3. 何谓分离因子？在分析工作中分离因子与回收率有什么关系？
4. 有机沉淀剂和有机共沉淀剂有什么优点？
5. 何谓分配系数、分配比？二者在什么情况下相等？
6. 为什么在进行螯合物萃取时控制溶液的酸度十分重要？

7. 解释下列各概念：交联度，交换容量，比移值。
8. 在离子交换分离法中，影响离子交换亲和力的主要因素有哪些？
9. 柱色谱、纸色谱、薄层色谱和离子交换色谱这几种色谱分离法的固定相和流动相各是什么？试比较它们分离机理的异同。
10. 溶液含 Fe^{3+} 10mg，采用某种萃取剂将它萃入某种有机溶剂中。若分配比 $D=99$，用等体积有机溶剂分别萃取 1 次和 2 次在水溶液中各剩余 Fe^{3+} 多少毫克？萃取百分率各为多少？

(0.1mg，0.01mg，99%，99.99%)

11. 将一种螯合剂 HL 溶解在有机溶剂中，按下面反应从水溶液中萃取金属离子 M^{2+}：

$$M^{2+}_{(水)} + 2HL_{(有)} \rightleftharpoons ML_{2(有)} + 2H^+_{(水)}$$

反应平衡常数 $K=0.010$。取 10mL 水溶液，加 10mL 含 HL 0.010mol·L^{-1} 的有机溶剂萃取 M^{2+}。设水相中的 HL、有机相中的 M^{2+} 可以忽略不计，且因为 M^{2+} 的浓度较小，HL 在有机相中的浓度基本不变。试计算：
(1) 当水溶液的 pH=3.0 时，萃取百分率等于多少？
(2) 如要求 M^{2+} 的萃取百分率为 99.9%，水溶液的 pH 应调至多大？

(50%，4.35)

12. 用某有机溶剂从 100mL 含溶质 A 的水溶液中萃取 A。若每次用 20mL 有机溶剂，共萃取两次，萃取百分率可达 90.0%，计算该萃取体系的分配比。

(10.8)

13. 某弱酸 HB 在水中的 $K_a=4.2\times10^{-5}$，在水相与某有机相中的分配系数 $K_D=44.5$。若将 HB 从 50.0mL 水溶液中萃取到 10.0mL 有机溶液中，试分别计算 pH=1.0 和 pH=5.0 时的萃取百分率（假如 HB 在有机相中仅以 HB 一种型体存在）。

(89.9%，63.1%)

14. 称取 1.500g 氢型阳离子交换树脂，以 0.09875mol·L^{-1} NaOH 50.00mL 浸泡 24h，使树脂上的 H^+ 全部被交换到溶液中。再用 0.1024mol·L^{-1} HCl 标准溶液滴定过量的 NaOH，用去 24.50mL。试计算树脂的交换容量。

(1.619mmol·g^{-1})

15. 称取 1.0g 氢型阳离子交换树脂，加入 100mL 含有 1.0×10^{-4} mol·L^{-1} $AgNO_3$ 的 0.010mol·L^{-1} HNO_3 溶液，使交换反应达到平衡。计算 Ag^+ 的分配系数和 Ag^+ 被交换到树脂上的百分率各为多少？已知 $K_{Ag/H}=6.7$，树脂的交换容量为 5.0mmol·g^{-1}。

(3.3×10^3，97%)

16. 将 0.2548g NaCl 和 KBr 的混合物溶于水后通过强酸性阳离子交换树脂，经充分交换后，流出液需用 0.1012mol·L^{-1} NaOH 35.28mL 滴定至终点。求混合物中 NaCl 和 KBr 的质量分数。

(65.40%，35.60%)

17. 用纸色谱法分离混合物中的物质 A 和 B，已知两者的比移值分别为 0.45 和 0.67。欲使分离后两斑点中心相距 3.0cm，问滤纸条至少应长多少厘米？

(14cm)

第 14 章 定量分析的一般步骤

定量分析工作的一般步骤是：①分析试样的采取与制备；②试样的称量和分解；③干扰组分的分离与富集（在上章介绍，本章不再介绍）；④定量地测定；⑤分析结果的计算及数据处理等。本章重点介绍定量分析的一般步骤，讨论分析试样的采取、制备、分解方法及要求，对分析过程有个比较全面的了解，以便在今后的学习和工作中能够按照测定方法选择原则，承担物质分析任务，为生产提供及时而准确的数据。

14.1 分析试样的采取和制备

分析试样（analytical sample）的采集和制备是分析工作中的重要环节，它们直接影响试样的代表性和分析结果的可靠性。因此，要想所得分析结果能反映物料的真实情况，除了要根据试样的性质和分析要求选择合适的分析测定方法和仔细操作外，还要注重测定前的试样采集与处理。由于待分析物料的形态和性质多种多样，因此试样的采集、处理等的方法也各不相同。本章仅就常见的一些试样采集和处理方法做简单介绍。

定量分析所称取的试样只有零点几克至几克，其分析结果常常要代表数吨甚至数千吨物料的真实情况。分析的对象多种多样，包括各种无机试样、有机试样、生物试样和环境试样等，存在的形态包括固态、液态和气态，组成通常不均匀且可能极不均匀。因此，所采试样应具有高度的代表性，即采取的试样的组成能代表全部物料的平均组成。分析试样的采取是指从大批物料中采取少量样本作为原始试样，然后再制备成供分析用的最终试样（分析试样）。

采样的步骤：收集粗样（原始试样）；将每份粗样混合和粉碎、缩分、减少至适合分析所需数量；制成符合分析用的样品。

采样的基本原则：大批试样（总体）中所有组成部分都有同等的被采集的概率；根据给定的精确度，采取有次序和随机采样，使采样的费用尽可能低；将 N 个采样单元（如车、船、袋等）的试样彻底混合后，再分成若干份，每份分析一次，这样比采用分别分析几个采样单元的办法更优化。

14.1.1 组成分布比较均匀的试样采取

金属试样、水样、液态与气态试样，以及某些组成较为均匀的化工产品等，取样比较简单，任意取一部分或稍加搅匀后取一部分即为具有代表性的试样，但即便如此，还应根据试样的性质，力求避免可能产生不均匀性的一些因素。对于金属制品，如板材和线材等，由于经过高温熔炼组成一般较均匀，可将许多板（线）对齐横切削一定数量的试样混匀；对于大气样品，根据被测组分在空气中存在状态、浓度及测定方法的灵敏度，可用直接法或浓缩法取样，通常选择距地面 50～180cm 的高度用抽气泵或吸筒采样，使所采气样与人呼吸的空气相同；对于水样，需根据情况确定取样面、取样点、取样方法；对于较均匀的粉状固体或液体，分装在数量较大的小容器内，可从总体中按有关标准规定随机地抽取部分容器，再采取部分试样混匀即可，大容器要在不同的深度取样。

14.1.2 组成分布比较不均匀的试样采取

煤炭、土壤、矿石等试样，其颗粒大小不一、成分混杂不齐、组成极不均匀。若要选取具有代表性的试样是一项较为复杂的操作。为了使采取的试样具有代表性，必须按一定的程序，自物料的各个不同部位，取出一定数量大小不同的颗粒。取出的份数越多，则试样的组成与所分析物料的平均组成越趋于接近。根据经验，平均试样采取量与试样的均匀度、粒度、易破碎度有关，可用采样公式表示：

$$Q \geqslant Kd^a \tag{14-1}$$

式中　　Q——采取平均试样的最低质量，kg；

　　　　d——试样中最大颗粒的直径，mm；

　　K，a——经验常数，根据物料的均匀程度和易破碎程度等而定，K 值在 0.02～0.15 之间，a 值通常为 1.8～2.5，地质部门将 a 值规定为 2。

则上式为：

$$Q \geqslant Kd^2 \tag{14-2}$$

例如，在采取铁矿石试样时，若此矿石的最大直径为 20mm，矿石的 K 值为 0.06，则根据上式计算得：

$$Q \geqslant 0.06 \times 20^2 = 24 \text{（kg）}$$

14.1.3　分析试样的制备

采集的原始平均试样的量一般很大（数千克至数十千克），而实验室分析测定需要的样品量一般都很少，如 200～500g，有时还更少。因此，需要经过破碎、过筛、混匀和缩分等步骤制成分析试样。

(1) 破碎

用机械或人工的方法把试样逐步破碎，一般分为粗碎、中碎、细碎及研磨等。粗碎是用颚式破碎机把取来的平均试样粉碎至通过 4～6 目筛；中碎是用盘式破碎机把粗碎后的试样磨碎至能通过约 20 目筛；细碎是用盘式破碎机进一步磨碎，必要时再用研钵研磨，直至试样全部通过所要的筛孔为止（通常为 100～200 目筛）。

过筛时试样必须全部通过筛孔，分样筛一般用铜合金制成，有一定的孔径。常用标准筛号表示。标准筛号（网目 mesh number）是指 1in（1in＝2.54cm，下同）长度的筛网上筛孔数。100 目—0.149mm，140 目—0.150mm，200 目—0.074mm。我国常用的标准筛的筛号可参见表 14-1。

表 14-1　标准筛的筛号

筛号（网目）	3	6	10	20	40	60	80	100	120	140	200
筛孔直径/mm	6.72	3.36	2.00	0.83	0.42	0.25	0.177	0.149	0.125	0.105	0.074

(2) 缩分

试样每经过一次破碎后，使用机械或人工的方法取出一部分有代表性的试样，再进行下一步处理，这样就可以将试样量逐渐缩小，这个过程称为缩分。一般采取四分法，如图 14-1。按经验式确定缩分次数，另外，根据样品的性质和测定要求确定取样量；样品必须谨慎贮藏，避免组成发生变化。

【例 14-1】　有试样 20kg，粗碎后最大粒度为 6mm 左右，设 K 为 $0.2\text{kg} \cdot \text{mm}^{-2}$，应保留的试样量至少为多少千克？若再磨碎至粒度不大于 2mm，则应继续缩分几次？

解：(1) 最小取样量为

$$Q \geqslant 0.2\text{kg} \cdot \text{mm}^{-2} \times (6\text{mm})^2 = 7.2\text{kg}$$

所以原样经过缩分一次，即 20kg→10kg。

(2) $Q \geqslant 0.2\text{kg} \cdot \text{mm}^2 \times (2\text{mm})^2 = 0.8\text{kg}$

则继续缩分 3 次：10kg→5kg→2.5kg→1.25kg→0.625kg。

根据所采物料的试样类型对试样进行相应的处理后，样品量往往还大于实验室样品用量，因而必须把样品缩分成 2～3 份小样。一份送实验室检测，一份保留，必要时可封送一份给买方。样品装入容器后必须贴上标签，填写采样报告。根据试样的性质进行适当的处理和保存。采样误差常大于分析误差。

一般样品往往含有湿存水。湿存水，又叫引湿水（hygroscopic water），亦称吸湿水，是指样品表面及孔隙中吸附了空气中的水分。湿存水含量可根据在分析之前后烘干（对于受热易分解的物质采用风干或真空干燥的方法干燥）试样的质量计算。

湿存水的处理：湿存水是试样表面及空隙中吸附的空气中的水分，其含量随样品的粉碎程度和放置时间的长短而改变，因而试样各组分的相对含量也随湿存水的多少而改变，湿存水的含量也是决定原料的质量和价格的指标之一。用烘干样品进行分析，则测得的结果是恒定的。对于水分的测定，可另取烘干前的试样进行测定。

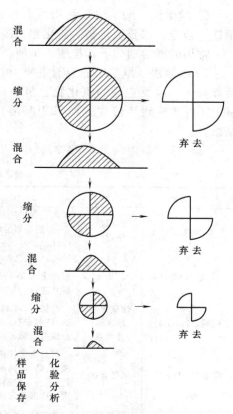

图 14-1　缩分——四分法取样图解

例如含 SiO_2 60% 的潮湿样品 100g，由于湿度的降低重量减至 95g，则 SiO_2 的含量增至 60/95＝63.2%。所以在进行分析之前，必须先将分析试样放在烘箱里，在 100～105℃ 烘干（温度和时间可根据试样的性质而定，对于受热易分解的物质可采用风干的办法）。

14.1.4　采取与制备试样应注意的事项

① 样品容器必须清洁、干燥、严密。

② 采样设备必须清洁、干燥，不能用与被采取物料起化学作用的材料制造。

③ 采样过程中防止被采物料受到环境污染和变质。

④ 采样者必须熟悉被采产品的特性、安全操作的有关知识及处理方法。

14.2　试样的分解

在一般分析工作中，通常先要将试样分解，制成溶液。试样的分解工作是分析工作的重要步骤之一。试样分解分为无机试样的分解和有机试样的分解。

14.2.1　无机试样的分解

（1）溶解法

采用适当的溶剂将试样溶解制成溶液，这种方法比较简单、快速。常用的溶剂有水、酸和碱等。溶于水的试样一般称为可溶性盐类，如硝酸盐、醋酸盐、铵盐、绝大部分的碱金属化合物和大部分的氯化物、硫酸盐等。对于不溶于水的试样，则采用酸或碱作溶剂的酸溶法或碱溶法进行溶解，以制备分析试液。

① 水溶法　可溶性的无机盐直接用水溶解制成试液。

② **酸溶法** 酸溶法是利用酸的酸性、氧化还原性和形成络合物的作用，使试样溶解。钢铁、合金、部分氧化物、硫化物、碳酸盐矿物和磷酸盐矿物等常采用此法溶解。

常用的酸溶剂如下：盐酸、硝酸、硫酸、磷酸、高氯酸、氢氟酸、混合酸。

③ **碱溶法** 碱溶法的溶剂主要为 NaOH 和 KOH。碱溶法常用来溶解两性金属铝、锌及其合金，以及它们的氧化物、氢氧化物等。在测定铝合金中的硅时，用碱溶解使 Si 以 SiO_3^{2-} 形式转到溶液中。如果用酸溶解，则 Si 可能以 SiH_4 的形式挥发损失，影响测定结果。

常用酸、碱溶剂见表 14-2。

表 14-2 常用酸、碱溶剂

常用溶剂	性质	可溶解物质
盐酸（HCl）	还原性 络合性	除银、铅等少数金属外的绝大部分金属氯化物；金属电位序中氢以前的金属或合金；多数金属的氧化物和碳酸盐；碱金属、碱土金属为主成分的矿物；软锰矿（MnO_2）/赤铁矿（Fe_2O_3）。另外，$HCl+H_2O_2$，$HCl+Br_2$ 常用于分解铜合金及硫化物矿石等
硝酸（HNO_3）	氧化性	除铂、金、少数稀有金属和表面易钝化的 Al、Cr、Fe 以及与 HNO_3 作用生成不溶于酸的金属 Te、W、Sn 外，几乎能分解所有金属和合金。此外，在钢铁分析中用于破坏碳化物，$HNO_3+H_2O_2$ 可用来溶解毛发、肉类等有机物
硫酸（H_2SO_4）	强氧化性 脱水性 高沸点	高温下，浓 H_2SO_4 可分解有机物，Fe、Co、Ni、Zn 等金属及其合金，Al、Pe、Mn、Th、Ti、U 等矿石；除去低沸点的 HCl、HF、HNO_3 等（加入 H_2SO_4 蒸发至冒白烟，使低沸点酸挥发除去）
磷酸（H_3PO_4）	强络合性	可分解铬铁矿、钛铁矿、铌铁矿和金红石 TiO_2 等很多其他酸不能溶的矿石；溶解高碳、高铬、高钨的合金钢。需注意，单独使用 H_3PO_4 时，加热温度不宜过高，时间不宜过长（一般控制在 500～600℃，5min 以内），以免生成微溶性焦磷酸盐或与玻璃生成聚硅磷酸而腐蚀玻璃并粘于皿底
高氯酸（$HClO_4$）	强酸性 强氧化性 高沸点	热的浓 $HClO_4$ 能迅速分解钢和各种铝合金，同时能将常见元素如 Cr、V、S 氧化成高价态；利用其高沸点可除去 HCl、HF、HNO_3 等低沸点酸，残渣加入水后很容易溶解。另外，使用 $HClO_4$ 时应避免与有机物接触，以免引起爆炸
氢氟酸（HF）	强络合性	常与硫酸或硝酸混合使用，分解含硅、铌、钨、钛等的试样。分解试样时，Fe(Ⅲ)、Al(Ⅲ)、Ti(Ⅳ)、Zr(Ⅳ)、W(Ⅴ)、Nb(Ⅴ)、Ta(Ⅴ)、U(Ⅵ) 等将形成氟络离子进入溶液，Ca^{2+}、Mg^{2+}、Th(Ⅳ)、U(Ⅵ) 和稀土金属离子则析出微溶性氟化物沉淀，此时硅以 SiF_4 形式挥发逸出。另外，用氟硅酸分解试样，通常用铂皿。采用聚四氟乙烯烧杯和坩埚时，分解试样的温度必须低于 250℃
氢氧化钠和氢氧化钾（NaOH、KOH）	强碱性	溶解两性金属铝、锌及其合金以及它们的氧化物和氢氧化物；溶解酸性氧化物如 WO_3 及 MoO_3 等。分解应在银及聚四氟乙烯等塑料器皿中进行
混合溶剂		王水（3 体积 HCl 和 1 体积 HNO_3）、逆王水（1 体积 HCl 和 3 体积 HNO_3）是溶解金属及矿石最常用的溶剂

（2）熔融法

熔融法是将试样与固体熔剂混合，在高温下加热，利用试样与熔剂发生的复分解反应，使试样的全部组分转化成易溶于水或酸的化合物，如钠盐、钾盐、氯化物等。根据熔剂的性质，可分为酸熔法和碱熔法。

① **酸熔法** 碱性试样宜采用酸性熔剂。常用的酸性熔剂有 $K_2S_2O_7$（熔点 419℃）和 $KHSO_4$（熔点 219℃），后者经灼烧后亦生成 $K_2S_2O_7$。所以两者的作用是一样的。

$$2KHSO_4 = K_2S_2O_7 + H_2O\uparrow$$

这类熔剂在 300℃ 以上可与碱或中性氧化物作用，生成可溶性的硫酸盐。如分解金红石的反应是：

$$TiO_2 + 2K_2S_2O_7 = Ti(SO_4)_2 + 2K_2SO_4$$

这种方法常用于分解 Al_2O_3、Cr_2O_3、Fe_3O_4、ZrO_2、钛铁矿、铬矿、中性耐火材料（如铝砂、高铝砖）及碱性耐火材料（如镁砂、镁砖）等。

用 $K_2S_2O_7$ 或 $KHSO_4$ 熔剂进行熔融时，可在刚玉（三氧化二铝）坩埚中进行，也可以使用铂皿，但对铂皿稍有腐蚀。此时，熔融的温度不要超过 500℃，以防止 SO_3 过多、过早地挥发损失掉。熔融物冷却后用水溶解时，应加入少量酸，以免有些元素（如 Ti、Zr）发生水解而产生沉淀。

② 碱熔法　酸性试样宜采用碱熔法，如酸性矿渣、酸性炉渣和酸不溶试样均可采用碱熔法，使它们转化为易溶于酸的氧化物或碳酸盐。

常用的碱性熔剂有 Na_2CO_3（熔点 853℃）、K_2CO_3（熔点 891℃）、NaOH（熔点 318℃）、Na_2O_2（熔点 460℃）和它们的混合熔剂等。这些溶剂除具碱性外，在高温下均可起氧化作用（本身的氧化性或空气氧化），可以把一些元素氧化成高价[Cr^{3+}、Mn^{2+} 可以氧化成 Cr(Ⅵ)、Mn(Ⅶ)]，从而增强了试样的分解作用。有时为了增强氧化作用还加入 KNO_3 或 $KClO_3$。常用的碱性熔剂如下。

a. Na_2CO_3 和 K_2CO_3　常用来分解硅酸盐和硫酸盐等。分解反应如下：

$$Al_2O_3 \cdot 2SiO_2 + 3Na_2CO_3 = 2NaAlO_2 + 2Na_2SiO_3 + 3CO_2\uparrow$$
$$BaSO_4 + Na_2CO_3 = BaCO_3 + Na_2SO_4$$

b. Na_2O_2　常用来分解含 Se、Sb、Cr、Mo、V 和 Sn 的矿石及其合金。由于 Na_2O_2 是强氧化剂，能把其中大部分元素氧化成高价状态。例如铬铁矿的分解反应为：

$$2FeO \cdot Cr_2O_3 + 7Na_2O_2 \xrightarrow{\triangle} 2NaFeO_2 + 4Na_2CrO_4 + 2Na_2O$$

熔块用水处理，溶出 Na_2CrO_4，同时 $NaFeO_2$ 水解而生成 $Fe(OH)_3$ 沉淀：

$$NaFeO_2 + 2H_2O = NaOH + Fe(OH)_3\downarrow$$

然后利用 Na_2CrO_4 溶液和 $Fe(OH)_3$ 沉淀分别测定铬和铁的含量。

c. NaOH（KOH）　常用来分解硅酸盐、磷酸盐矿物、钼矿和耐火材料等。

(3) 烧结法

此法是将试样与熔剂混合，小心加热至熔块（半熔物收缩成整块），而不是全熔，故称为烧结法，又叫半熔法。在此温度下，使试样与混合熔剂发生反应。与熔融法相比，烧结法的温度较低，加热时间较长，但不易损坏坩埚，烧结法通常在瓷坩埚中进行，不需要贵金属器皿。常用 MgO 或 ZnO 与一定比例的 Na_2CO_3 混合物作为熔剂（如 2 份 MgO+3 份 Na_2CO_3 或 1 份 MgO+1 份 Na_2CO_3；1 份 ZnO+1 份 Na_2CO_3），此法广泛地用来分解铁矿及煤中的硫。作用在于其熔点高，可以预防 Na_2CO_3 在灼烧时融合，而保持松散状态，使矿石氧化得更快、更完全，反应生成的气体也容易逸出。

此外，碳酸钠与氯化铵也用做熔融分解的熔剂。将熔剂与试样混匀后置于铁（或镍）坩埚内，在 750~800℃ 熔融。主要用于硅酸盐中 K^+、Na^+ 的测定等。

采用熔融法和烧结法分解试样后，用水或酸浸取熔块，然后根据分析工作的要求，再制成分析试液。

14.2.2 有机试样的分解

有机试样的分解一般采用溶解法、分解法（湿法、干法）。

(1) 溶解法

低级醇、多元酸、糖类、氨基酸、有机酸的碱金属盐、均可用水溶解。

许多不溶于水的有机物可溶于有机溶剂；根据相似相溶原理，极性有机化合物易溶于甲醇、乙醇等极性有机溶剂，非极性有机化合物易溶于苯、甲苯等非极性有机溶剂。有机溶剂的选择，可参考有关手册。

(2) 分解法

为测定有机试样（或生物试样）中某些元素（如金属元素、硫及卤素等）的含量，须先将其分解。在分解过程中，待测元素应能定量回收并转化为易于测定的某一价态，同时还要避免引入干扰物质。有机试样的分解，通常采用干式灰化法（干法）和湿式消化法（湿法）两种。

① 干法：主要依靠加热或燃烧使试样灰化分解，将所得灰分溶解后分析测定之。包括坩埚灰化法、氧瓶燃烧法、燃烧法、定温灰化法和低温灰化法等。

坩埚灰化法是将试样置于坩埚中，先在电热板上烘干并预灰化，然后转入高温炉中，以大气中的氧气为氧化剂分解。

氧瓶燃烧法是将试样包在定量滤纸内，用铂金片夹牢，放入充满氧气并盛有少量吸收液的锥形瓶中进行燃烧，试样中的卤素、硫、磷及金属元素分别形成卤素离子、硫酸根、磷酸根及金属氧化物或盐类等而被溶解在吸收液中，然后吸取吸收液进行元素含量的测定。氧瓶燃烧法分解试样完全，适用于少量试样的分解，操作简便、快速。

燃烧法通常用于有机化合物中C、H元素的测定。将有机试样置于铂舟内，在有适量金属氧化物作催化剂条件下在氧气流中充分燃烧。此时碳定量转化为CO_2，氢定量转化为H_2O。将燃烧生成的CO_2和H_2O分别用预先称量并盛有适当吸收剂的吸收管吸收，由吸收管增加的质量计算有机物中的C、H含量。一般采用烧碱石棉吸收CO_2，高氯酸镁吸收H_2O。

定温灰化法：将试样置于敞口皿或坩埚内，在空气中，于500～550℃温度范围内加热灰化，将残渣溶解测定样品中的无机元素，如Te、Cr、Fe、Mo、Sr、Zn、As、Se、Hg等。如在灰化前加入CaO、MgO、Na_2CO_3等添加剂，灰化效果更佳。

低温灰化法：近年来使用的低温灰化法是采用射频放电来产生活性氧自由基，能在低温下破坏有机物质。低温灰化一般保持温度低于100℃，可最大限度减少被测物质挥发损失。

干法灰化法的优点是不加入（或少量加入）试剂，避免了由外部引入杂质。其缺点是因少数元素挥发或器壁上沾附金属而造成损失。

② 湿法：常用硫酸、硝酸或混合酸与试样一起在克氏烧瓶中于一定温度下进行煮解，样品中有机物氧化成CO_2和H_2O，金属转变为硫酸盐或硝酸盐，非金属转变为相应的阴离子，可用于测定有机物中的金属、硫、卤素等。

湿法中选择溶剂的原则：能溶于水先用水溶解，不溶于水的酸性物质用碱性溶剂，碱性物质用酸性溶剂，还原性物质用氧化性溶剂，氧化性物质用还原性溶剂。

湿式消化法的优点是速度较干法快，缺点是会因加入试剂而引入杂质，因此尽可能使用高纯度试剂。

在分解试样时必须注意：①试样分解必须完全、分解速度快、定量转移、尽量避免和减少溶剂（熔剂）的干扰，处理后的溶液中不得残留原试样的细屑或粉末；②分离测定方便、精确度高、尽量减少对环境的污染；③试样分解过程中待测组分不应挥发；④不应引入被测组分的干扰物质。由于试样的性质不同，分解的方法也有所不同。

14.3 测定方法的选择

物质的测定方法多种多样，一种物质的测定方法也往往有几种，究竟选择哪种，可根据下述情况加以考虑。

14.3.1 对测定的具体要求

应根据测定的对象确定分析工作的重点和要求，并选择相应的分析方法。当遇到分析任务时，首先要明确分析目的和要求，确定测定组分、准确度以及要求完成的时间。如原子量的测定、标样分析和成品分析，准确度是主要的。高纯物质的有机微量组分分析，灵敏度是主要的。而生产过程中的控制分析，速度成了主要的问题。所以应根据分析的目的要求，选择适宜的分析方法。例如：测定标准钢样中硫的含量时，一般采用准确度较高的重量法。而炼钢炉前控制硫含量的分析，采用 1～2min 即可完成的燃烧容量法。

14.3.2 被测组分的性质

一般来说，分析方法都是根据被测组分的某种性质建立起来的。如 Mn^{2+} 在 pH＞6 时可与 EDTA 定量络合，用络合滴定法测定其含量；MnO_4^- 具有氧化性，可用氧化还原法测定，也可根据 MnO_4^- 呈紫红色的性质选用比色法测定。对被测组分性质的了解与熟悉，有助我们选择合适的分析方法。

14.3.3 被测组分的含量

常量组分的测定，多采用滴定分析法和重量分析法。滴定分析法简单迅速，因此应用广泛。在重量分析法和滴定分析法均可采用的情况下，一般选用滴定分析法。测定微量组分多采用灵敏度比较高的仪器分析法。例如，测定磷矿粉中磷的含量时，采用重量分所法或滴定分析法，而测定钢铁中磷的含量时则宜采用吸光光度法。

14.3.4 共存组分的影响

在选择分析方法时，应尽量选择共存组分不干扰（如选择特效性较好的分析方法）或通过改变测定条件、加掩蔽剂等方式即能消除干扰的分析方法，常用的掩蔽方法有络合掩蔽法、沉淀掩蔽法和氧化还原掩蔽法等，如上述办法难以奏效，即需通过分离除去干扰组分后再进行测定。此外，还应根据本单位的设备条件、试剂纯度等，以考虑选择切实可行的分析方法。

综上所述，分析方法很多，各种方法均有其特点和不足之处，一个完整无缺适宜于任何试样、任何组分的方法是不存在的。因此，我们必须根据对测定的具体要求、被测组分的性质、含量、共存组分的影响、本单位的设备条件、试剂的纯度等多方面因素综合考虑，选择切实可行的分析方法。

14.4 复杂物质分析示例——硅酸盐的分析

在生产中遇到的分析样品，如合金、矿石和各种自然资源等，都含有多种组分，即使纯的化学试剂也含有一定量的杂质。因此，为了掌握资源的情况和产品的质量，常须进行样品的全分析。现以硅酸盐的全分析为例进行较为详细的讨论。硅酸盐是水泥、玻璃、陶瓷等许多工业生产的原料，天然的硅酸盐矿物有石英、云母、滑石、长石和白云石等多种，它们的主要成分是 SiO_2、Fe_2O_3、Al_2O_3、CaO、MgO、TiO_2 等。其具体分析步骤如下。

14.4.1 硅酸盐试样的分解

若 SiO_2 含量低可用酸溶法分解试样，常用 HCl 或 $HF-H_2SO_4$ 为溶剂，后者对 SiO_2 的测定必须另取试样进行分析；若 SiO_2 含量高，则采用碱熔法分解试样，常用 Na_2CO_3 或 $Na_2CO_3+K_2CO_3$ 作熔剂，如果试样中含有还原性组分如黄铁矿、铬铁矿时，则于熔剂中加入一些 Na_2O_2 以分解试样。试样先在低温熔化，然后升高温度至试样完全分解（一般约需 20min），放冷，用热水浸取熔块，加 HCl 酸化并制备成一定体积的溶液。测定 SiO_2 的方法有重量法和氟硅酸钾容量法，前者准确度高但太费时间，后者虽然准确度稍差但测定速度快。

14.4.2 SiO_2 的测定

(1) 重量法

试样经碱熔法分解，SiO_2 转变成硅酸盐，加 HCl 之后形成含有大量水分的无定形硅酸沉淀，为了使硅酸沉淀完全并脱去所含水分，可以在水浴上蒸发至近干，加入 HCl 蒸发至湿盐状，再加入 HCl 和动物胶使硅酸凝聚。于 60~70℃ 保温 10min 以后，加水溶解其他可溶性盐类，趁热用快速滤纸过滤、洗涤，滤液留作测定其他组分用。沉淀灼烧至恒重，或称得 SiO_2 的质量，计算 SiO_2 的百分含量。重量分析法准确度高，但操作烦琐费时。

上述手续所得到的 SiO_2 中，往往含有少量被硅酸吸附的杂质如 Al^{3+}、$Ti(Ⅳ)$ 等，经灼烧之后变成对应的氧化物与 SiO_2 一起被称重，造成结果偏高。为了消除这种误差，可将称量过的不纯 SiO_2 沉淀用 $HF-H_2SO_4$ 处理，则 SiO_2 转变成 SiF_4 挥发逸去：

$$SiO_2 + 4HF = SiF_4\uparrow + 2H_2O$$

残渣经灼烧后再次称量，处理前后质量之差即为 SiO_2 的准确质量。再次称量后的残渣用 $K_2S_2O_7$ 熔融、水浸取之后，浸出液和以上滤液合并，供测定其他组分之用。

(2) 氟硅酸钾容量法

试样分解后使 SiO_2 转化成可溶性的硅酸盐，在硝酸介质中，加入 KCl 和 KF，则生成硅氟酸钾沉淀：

$$SiO_3^{2-} + 6F^- + 2K^+ + 6H^+ = K_2SiF_6\downarrow + 3H_2O$$

因为沉淀的溶解度较大，所以应加入固体 KCl 至饱和，以降低沉淀的溶解度。在过滤洗涤过程中为了防止沉淀的溶解损失，采用 $KCl-C_2H_5OH$ 溶液作洗涤剂。沉淀洗后连同滤纸一起放入原塑料烧杯中，加入 $KCl-C_2H_5OH$ 溶液及酚酞指示剂，用 NaOH 溶液中和游离酸至酚酞变红，加入沸水使沉淀水解：

$$K_2SiF_6 + 3H_2O = 2KF + H_2SiO_3\downarrow + 4HF$$

用标准 NaOH 溶液，滴定水解产生的 HF，由此计算 SiO_2 的百分含量。

14.4.3 Fe_2O_3、Al_2O_3 和 TiO_2 的测定

(1) Fe_2O_3 的测定

将重量法测定 SiO_2 的滤液加热至沸，以甲基红作指示剂，用氨水中和至微碱性，则 Fe^{3+}、Al^{3+}、Ti^{4+} 生成氢氧化物沉淀，过滤、洗涤。滤液备作 Ca^{2+}、Mg^{2+} 之用，沉淀用稀 HCl 溶解之后，进行 Fe^{3+}、Al^{3+}、Ti^{4+} 的测定。铁含量低时采用比色法测定，含量高时则用滴定分析测定。

① 光度法 在 pH=8~11 的氨性溶液中，Fe^{3+} 与磺基水杨酸生成黄色络合物，即用分光光度法进行吸光度测定。

② 滴定分析法 铁含量高时，一般采用络合滴定法。控制溶液 pH 为 2~2.5，以磺基水杨酸作指示剂，用标准 EDTA 滴定至试液淡黄色为终点，由此计算 Fe_2O_3 含量。滴定后的溶液留待测定 Al_2O_3 和 TiO_2 之用。

(2) Al_2O_3 和 TiO_2 的测定

① 滴定分析法 在滴定 Fe^{3+} 后的溶液中加入已知量过量的 EDTA 标准溶液，用氨水调节 pH 为 4 左右，加热煮沸促使 Al^{3+} 和 $Ti(Ⅳ)$ 与 EDTA 络合完全，加入 $HOAc-NaOAc$ 缓冲溶液调节溶液 pH 为 5，用 PAN 作指示剂，用标准硫酸铜返滴剩余的 EDTA，滴定至溶液呈紫红色即为终点，以测出 Al^{3+}、Ti^{4+} 的总量。在滴定 Al^{3+} 和 $Ti(Ⅳ)$ 后的溶液中，加入苦杏仁酸并加热煮沸，则 TiY 络合物中的 EDTA 被置换出来，而 AlY 则不反应。用标准硫酸铜溶液滴定释放出来的 EDTA，即可测出 TiO_2 的量。由上述两次测定结果之差即可算

出 Al_2O_3 的含量。

② Ti(Ⅳ) 的光度法测定　在 5%~10% 的硫酸介质中，微量 Ti(Ⅳ) 与 H_2O_2 作用生成黄色络合物，用吸光光度法测定。

$$TiO^{2+} + H_2O_2 \Longrightarrow [TiO(H_2O_2)]^{2+}$$

测定中 Fe^{3+} 有干扰，可加入 H_3PO_4 掩蔽。但是，H_3PO_4 对钛络合物的黄色起减弱作用，为此试液与标准液中应加入同样量的 H_3PO_4。

14.4.4　CaO 和 MgO 的测定

分离 Fe^{3+}、Al^{3+}、Ti^{4+} 的滤液即可用来测定 CaO 和 MgO 的含量。一般采用络合滴定法，已在第 4 章介绍，不再重述。

本 章 小 结

本章主要介绍了定量分析的一般步骤：分析试样的采取与制备、试样的分解、定量分析方法的选择。

1. 分析试样的采取分为组成分布比较均匀的试样采取、组成分布不均匀的试样的采取两种类型。
2. 分析试样的制备分为破碎、筛分、混合和缩分等。
3. 无机试样的分解包括溶解法和熔融法两大类，有机试样的分解包括干式灰化法和湿式消化法两大类。
4. 定量分析方法的选择通常应根据对测定的具体要求、被测组分的性质、含量、共存组分的影响、本单位的设备条件、试剂的纯度等多方面因素综合考虑。

思考题与习题

1. 进行试样的采取、制备和分解应注意哪些事项？
2. 简述下列各种溶（熔）剂对试样分解的作用。常用的酸溶剂：盐酸、硝酸、硫酸、磷酸、高氯酸、氢氟酸、混合酸。
3. 熔融法分解试样有何优缺点？
4. 选择分析方法的注意事项是什么？
5. 分解无机试样与有机试样的区别有哪些？
6. 预测定硅酸盐中 SiO_2 的含量，应选用什么方法分解试样？若测定其中的 Fe, Al, Ca, Mg, Ti 的含量呢，又如何？
7. 已知铝锌矿的 $K=0.1$, $d=2mm$。
   (1) 采取的原始试样最大颗粒直径为 30mm。问最少应采取多少千克试样才具有代表性？
   (2) 将原始试样破碎并通过直径为 3.36mm 的筛孔，再用四分法进行缩分最多应缩分几次？
   (3) 如果要求最后所得分析试样不超过 100g，问试样通过筛孔的直径应为多少毫米？

   (90kg，6 次，1mm)
8. 分析新采的土壤试样，得如下结果：H_2O 5.23%，烧失量 16.35%，SiO_2 37.92%，Al_2O_3 35.91%，Fe_2O_3 9.12%，CaO 3.24%，MgO 1.21%，K_2O+Na_2O 1.02%。将样品烘干，除去水分，计算各成分在烘干土中的质量分数。

   (17.25%，40.01%，27.34%，9.62%，3.42%，1.28%，1.07%)
9. 测得长石中各组成的质量分数如下：K_2O 16.9%，Al_2O_3 18.28%，SiO_2 64.74%，求长石的分子式。

   ($K_2O \cdot Al_2O_3 \cdot 6SiO_2$)

附 录

表1 常用基准物质的干燥条件和应用

基准物质 名称	基准物质 分子式	干燥后组成	干燥条件/℃	标定对象
碳酸氢钠	$NaHCO_3$	Na_2CO_3	270~300	酸
十水合碳酸钠	$Na_2CO_3 \cdot 10H_2O$	Na_2CO_3	270~300	酸
硼砂	$Na_2B_4O_7 \cdot 10H_2O$	$Na_2B_4O_7 \cdot 10H_2O$	放在装有 NaCl 和蔗糖饱和溶液的密闭器皿中	酸
碳酸氢钾	$KHCO_3$	K_2CO_3	270~300	酸
二水合草酸	$H_2C_2O_4 \cdot 2H_2O$	$H_2C_2O_4 \cdot 2H_2O$	室温空气干燥	碱或 $KMnO_4$
邻苯二甲酸氢钾	$KHC_8H_4O_4$	$KHC_8H_4O_4$	110~120	碱
重铬酸钾	$K_2Cr_2O_7$	$K_2Cr_2O_7$	140~150	还原剂
溴酸钾	$KBrO_3$	$KBrO_3$	130	还原剂
碘酸钾	KIO_3	KIO_3	130	还原剂
铜	Cu	Cu	室温干燥器中保存	还原剂
三氧化二砷	As_2O_3	As_2O_3	室温干燥器中保存	氧化剂
草酸钠	$Na_2C_2O_4$	$Na_2C_2O_4$	130	氧化剂
碳酸钙	$CaCO_3$	$CaCO_3$	110	EDTA
锌	Zn	Zn	室温干燥器中保存	EDTA
氧化锌	ZnO	ZnO	900~1000	EDTA
氯化钠	NaCl	NaCl	500~600	$AgNO_3$
氯化钾	KCl	KCl	500~600	$AgNO_3$
硝酸银	$AgNO_3$	$AgNO_3$	220~250	氯化物

表2 弱酸、弱碱在水中的解离常数（25℃，$I=0 \text{mol} \cdot L^{-1}$）

弱酸	化学式	K_a	pK_a	弱酸	化学式	K_a	pK_a
砷酸	H_3AsO_4	$6.3 \times 10^{-3}(K_{a_1})$	2.20			$6.3 \times 10^{-8}(K_{a_2})$	7.20
		$1.0 \times 10^{-7}(K_{a_2})$	7.00	偏硅酸	H_2SiO_3	$1.7 \times 10^{-10}(K_{a_1})$	9.77
		$3.2 \times 10^{-12}(K_{a_3})$	11.50			$1.6 \times 10^{-12}(K_{a_2})$	11.80
亚砷酸	$HAsO_2(H_3AsO_3)$	6.0×10^{-10}	9.22	甲酸(蚁酸)	HCOOH	1.8×10^{-4}	3.74
硼酸	H_3BO_3	5.8×10^{-10}	9.24	乙酸(醋酸)	CH_3COOH	1.8×10^{-5}	4.74
碳酸	$H_2CO_3 (CO_2+H_2O)$①	$4.2 \times 10^{-7}(K_{a_1})$	6.38	一氯乙酸	$CH_2ClCOOH$	1.4×10^{-3}	2.86
		$5.6 \times 10^{-11}(K_{a_2})$	10.25	二氯乙酸	$CHCl_2COOH$	5.0×10^{-2}	1.30
氢氰酸	HCN	7.2×10^{-10}	9.14	氨基乙酸盐	NH_3CH_2COOH	$4.5 \times 10^{-3}(K_{a_1})$	2.35
铬酸	$HCrO_4^-$	3.2×10^{-7}	6.50		$NH_3CH_2COO^-$	$2.5 \times 10^{-10}(K_{a_2})$	9.60
氢氟酸	HF	7.2×10^{-4}	3.14	乳酸	$CH_3CHOHCOOH$	1.4×10^{-4}	3.86
磷酸	H_3PO_4	$7.6 \times 10^{-3}(K_{a_1})$	2.12	苯甲酸	C_6H_5COOH	6.2×10^{-5}	4.21
		$6.3 \times 10^{-8}(K_{a_2})$	7.20	草酸	$H_2C_2O_4$	$5.9 \times 10^{-2}(K_{a_1})$	1.22
		$4.4 \times 10^{-13}(K_{a_3})$	12.36			$6.4 \times 10^{-5}(K_{a_2})$	4.19
亚磷酸	H_3PO_3	$5.0 \times 10^{-2}(K_{a_1})$	1.30	d-酒石酸	CH(OH)COOH | CH(OH)COOH	$9.1 \times 10^{-4}(K_{a_1})$	3.04
		$2.5 \times 10^{-7}(K_{a_2})$	6.60			$4.3 \times 10^{-5}(K_{a_2})$	4.37
氢硫酸	H_2S	$5.7 \times 10^{-8}(K_{a_1})$	7.24	邻苯二甲酸	$C_6H_4(COOH)_2$	$1.1 \times 10^{-3}(K_{a_1})$	2.95
		$1.2 \times 10^{-15}(K_{a_2})$	14.92			$3.9 \times 10^{-6}(K_{a_2})$	5.41
硫酸	HSO_4^-	$1.0 \times 10^{-2}(K_{a_2})$	2.00	柠檬酸	CH_2COOH | $C(OH)COOH$ | CH_2COOH	$7.4 \times 10^{-4}(K_{a_1})$	3.13
						$1.7 \times 10^{-5}(K_{a_2})$	4.76
亚硫酸	$H_2SO_3(SO_2+H_2O)$	$1.3 \times 10^{-2}(K_{a_1})$	1.90			$4.0 \times 10^{-7}(K_{a_3})$	6.40

续表

弱酸	化学式	K_a	pK_a	弱酸	化学式	K_a	pK_a
苯酚	C_6H_5OH	1.1×10^{-10}	9.95	甲胺	CH_3NH_2	4.2×10^{-4}	3.38
乙二胺四乙酸	$H_6Y_2^+$	$0.1(K_{a_1})$	0.9	乙胺	$C_2H_5NH_2$	5.6×10^{-4}	3.25
(EDTA)	H_5Y^+	$3\times10^{-2}(K_{a_2})$	1.6	三乙醇胺	$(HOCH_2CH_2)_3N$	5.8×10^{-7}	6.24
	H_4Y	$1\times10^{-2}(K_{a_3})$	2.00	六亚甲基四胺	$(CH_2)_6N_4$	1.4×10^{-9}	8.85
	H_3Y^-	$2.1\times10^{-3}(K_{a_4})$	2.67	乙二胺	$H_2NCH_2CH_2NH_2$	$8.5\times10^{-5}(K_{b_1})$	4.07
	H_2Y^{2-}	$6.9\times10^{-7}(K_{a_5})$	6.16			$7.1\times10^{-8}(K_{b_2})$	7.15
	HY^{3-}	$5.5\times10^{-11}(K_{a_6})$	10.26	吡啶	C_5H_5N	1.7×10^{-9}	8.77
氨水	NH_3 的水溶液	1.8×10^{-5}	4.74				
联氨	H_2NNH_2	$3.0\times10^{-6}(K_{b_1})$	5.52	三(羟甲基)氨基甲烷(Tris)	$(CH_2OH)_3CNH_2$	1.6×10^{-6}	5.79
		$7.6\times10^{-15}(K_{b_2})$	14.12				
羟胺	NH_2OH	9.1×10^{-9}	8.04				

① 如不计水合 CO_2，H_2CO_3 的 $pK_{a_1}=3.76$。

表3 常用缓冲溶液的配制

缓冲溶液组成	pK_a	pH 值	缓冲溶液配制方法
一氯乙酸-NaAc	2.86	2.1	取 100g 一氯乙酸溶于 200mL 水中，加无水 NaAc 10g，稀至 1L
氨基乙酸-HCl	2.35 (pK_{a_1})	2.3	取氨基乙酸 150g 溶于 500mL 水中后，加浓 HCl 80mL，水稀至 1L
H_3PO_4-柠檬酸盐		2.5	取 $Na_2HPO_4\cdot12H_2O$ 113g 溶于 200mL 水后，加柠檬酸 387g，溶解，过滤后，稀至 1L
一氯乙酸-NaOH	2.86	2.8	取 200g 一氯乙酸溶于 200mL 水中，加 NaOH 40g 溶解后，稀至 1L
邻苯二甲酸氢钾-HCl	2.95 (pK_{a_1})	2.9	取 500g 邻苯二甲酸氢钾溶于 500mL 水中，加浓 HCl 80mL，稀至 1L
甲酸-NaOH	3.76	3.7	取 95g 甲酸和 NaOH 40g 于 500mL 水中，溶解，稀至 1L
NaAc-HAc	4.74	4.0	取无水 NaAc 32g 溶于水中，加冰 HAc 120mL，稀至 1L
NH_4Ac-HAc		4.5	取 NH_4Ac 77g 溶于 200mL 水中，加冰 HAc 59mL，稀至 1L
NaAc-HAc	4.74	4.7	取无水 NaAc 83g 溶于水中，加冰 HAc 60mL，稀至 1L
NaAc-HAc	4.74	5.0	取无水 NaAc 160g 溶于水中，加冰 HAc 60mL，稀至 1L
NH_4Ac-HAc		5.0	取 NH_4Ac 250g 溶于水中，加冰 HAc 25mL，稀至 1L
六亚甲基四胺-HCl	5.15	5.4	取六亚甲基四胺 40g 溶于 200mL 水中，加浓 HCl 10mL，稀至 1L
NaAc-HAc	4.74	5.5	取无水 NaAc 200g 溶于水中，加冰 HAc 14mL，稀至 1L
NH_4Ac-HAc		6.0	取 NH_4Ac 600g 溶于水中，加冰 HAc 20mL，稀至 1L
NaAc-H_3PO_4 盐		8.0	取无水 NaAc 50g 和 Na_2HPO_4 $12H_2O$ 50g，溶于水中，稀至 1L
HCl-Tris	8.21	8.2	取 25g Tirs 试剂溶于水中，加浓 HCl 18mL，稀至 1L
NH_3-NH_4Cl	9.26	9.2	取 NH_4Cl 54g 溶于水中，加浓氨水 63mL，稀至 1L
NH_3-NH_4Cl	9.26	9.5	取 NH_4Cl 54g 溶于水中，加浓氨水 126mL，稀至 1L
NH_3-NH_4Cl	9.26	10.0	取 NH_4Cl 54g 溶于水中，加浓氨水 350mL，稀至 1L

注：1. 缓冲液配制后可用 pH 试纸检查。如 pH 值不对，可用共轭酸或碱调节。pH 值欲调节精确时，可用 pH 计调节。
2. 若需增加或减少缓冲液的缓冲量时，可相应增加或减少共轭酸碱对物质的量，再调节之。

表4 部分络合物的形成常数（18~25℃）①

络合剂	金属离子	n	$\lg\beta_n$
NH_3	Ag^+	1,2	3.32, 7.23
	Cd^{2+}	1,…,6	2.65, 4.75, 6.19, 7.12, 6.80, 5.14
	Co^{2+}	1,…,6	2.11, 3.74, 4.79, 5.55, 5.73, 5.11
	Cu^{2+}	1,…,4	4.15, 7.63, 10.53, 12.67

续表

络合剂	金属离子	n	$\lg\beta_n$
NH_3	Ni^{2+}	1,…,6	2.80,5.04,6.77,7.96,8.71,8.74
	Zn^{2+}	1,…,4	2.27,4.61,7.01,9.06
Cl^-	Ag^+	1,…,4	3.48,5.23,5.70,5.30
	Hg^{2+}	1,…,4	6.74,13.22,14.07,15.07
CN^-	Ag^+	1,…,4	—,21.1,21.7,20.6
	Cd^{2+}	1,…,4	5.54,10.54,15.26,18.78
	Cu^+	1,…,4	—,24.0,28.59,30.3
	Fe^{2+}	6	35
	Fe^{3+}	6	42
	Hg^{2+}	4	41.4
	Ni^{2+}	4	31.3
	Zn^{2+}	4	16.7
F^-	Al^{3+}	1,…,6	6.13,11.15,15.00,17.75,19.37,19.84
	Fe^{3+}	1,…,6	5.28,9.30,12.06,—,15.77,—
	Sn^{4+}	6	25
	Th^{4+}	1,…,3	7.65,13.46,17.97
	TiO^{2+}	1,…,4	5.4,9.8,13.7,18.0
	ZrO^{2+}	1,…,3	8.80,16.12,21.94
I^-	Ag^+	1,…,3	6.58,11.74,13.68
	Cd^{2+}	1,…,4	2.10,3.43,4.49,5.41
	Hg^{2+}	1,…,4	12.87,23.82,27.60,29.83
SCN^-	Ag^+	1,…,4	—,7.57,9.08,10.08
	Fe^{3+}	1,2	2.95,3.36
	Hg^{2+}	1,…,4	—,17.47,—,21.23
$S_2O_3^{2-}$	Ag^+	1,…,3	8.82,13.46,14.15
	Hg^{2+}	1,…,4	—,29.86,32.26,33.61
乙酰丙酮	Al^{3+}	1,…,3	8.60,15.5,21.30
	Cu^{2+}	1,2	8.27,16.34
	Fe^{3+}	1,…,3	11.4,22.1,26.7
柠檬酸	Al^{3+}	1	20
	Cu^{2+}	1	18
	Fe^{3+}	1	25
	Ni^{2+}	1	14.3
	Zn^{2+}	1	11.4
乙二胺	Ag^+	1,2	4.70,7.70
	Cd^{2+}	1,…,3	5.47,10.09,12.09
	Co^{2+}	1,…,3	5.91,10.64,13.94
	Cu^{2+}	1,…,3	10.67,20.00,21.00
	Hg^{2+}	1,2	14.3,23.3
	Ni^{2+}	1,…,3	7.52,13.80,180.6
	Zn^{2+}	1,…,3	5.77,10.83,14.11
磺基水杨酸	Al^{3+}	1,…,3	13.20,22.83,28.89
	Fe^{3+}	1,…,3	14.34,25.18,32.12

续表

络合剂	金属离子	n	$\lg\beta_n$
OH$^-$	Al^{3+}	4	33.3
	Bi^{3+}	1	12.4
	Cu^{2+}	1	6
	Cd^{2+}	1,…,4	4.3, 7.7, 10.3, 12.0
	Co^{2+}	1,3	5.1, —, 10.2
	Cr^{3+}	1,2	10.2, 18.3
	Fe^{2+}	1	4.5
	Fe^{3+}	1,2	11
	Hg^{2+}	2	21.7
	Mg^{2+}	1	2.6
	Mn^{2+}	1	3.4
	Ni^{2+}	1	4.6
	Pb^{2+}	1,…,3	6.2, 10.3, 13.3
	Zn^{2+}	1,…,4	4.4, 10.1, 14.2, 15.5

① I 的数值不统一，多在 0～0.5 之间，也有少数超过 1。

表 5　金属离子与某些氨羧络合剂络合物的形成常数（18～25℃，$I=0.1\text{mol}\cdot\text{L}^{-1}$）

金属离子	EDTA			CyDTA	EGTA	HEDTA	TTHA
	$\lg K_{\text{MHY}}$	$\lg K_{\text{MY}}$	$\lg K_{\text{M(OH)Y}}$	$\lg K_{\text{ML}}$	$\lg K_{\text{ML}}$	$\lg K_{\text{ML}}$	$\lg K_{\text{ML}}$
Ag$^+$	6.0	7.32			6.88	6.71	8.67
Al^{3+}	2.5	16.3	8.1	17.63	13.9	14.3	19.7
Ba^{2+}	4.6	7.86		8.0	8.41	6.3	8.22
Bi^{3+}		27.94		32.3		22.3	
Ca^{2+}	3.1	10.7		12.10	10.97	8.3	10.06
Cd^{2+}	2.9	16.46		19.23	16.7	13.3	19.8
Ce^{3+}		15.98		16.76			
Co^{2+}	3.1	16.31		18.92	12.39	14.6	17.1
Co^{3+}	1.3	36				37.4	
Cr^{3+}	2.3	23.4	6.6				
Cu^{2+}	3.0	18.80	2.5	21.30	17.71	17.6	19.2
Fe^{2+}	2.8	14.32		19.0	11.87	12.3	
Fe^{3+}	1.4	25.1	6.5	30.1	20.5	19.8	26.8
Hg^{2+}	3.1	21.80	4.9	25.00	23.2	20.30	26.8
La^{3+}		15.50		16.26	15.6	13.2	22.22
Mg^{2+}	3.9	8.7		11.02	5.21	7.0	8.43
Mn^{2+}	3.1	13.87		16.78	12.28	10.9	14.65
Ni^{2+}	3.2	18.62		20.3	13.55	17.3	18.1
Pb^{2+}	2.8	18.04		19.68	14.71	15.7	17.1
Sn^{2+}		22.1					
Sn^{4+}		34.5					
Sr^{2+}	3.9	8.73		10.59	8.50	6.9	9.26
Th^{4+}		23.2		25.6			31.9
TiO^{2+}		17.3					
Zn^{2+}	3.0	16.50		18.67	12.7	14.7	
ZrO^{2+}		29.5					16.65

注：EDTA—乙二胺四乙酸（25℃，$I=0.1\text{mol}\cdot\text{L}^{-1}$）；
CyDTA（或 DCTA）—1,2-二氨基环己烷四乙酸；
EGTA—乙二醇二乙醚二胺四乙酸；
HEDTA—N-β-羟基乙基乙二胺三乙酸；
TTHA—三亚乙基四胺六乙酸。

表6 EDTA 的酸效应系数 $\lg\alpha_{Y(H)}$ 值

pH	$\lg\alpha_{Y(H)}$	pH	$\lg\alpha_{Y(H)}$	pH	$\lg\alpha_{Y(H)}$	pH	$\lg\alpha_{Y(H)}$	pH	$\lg\alpha_{Y(H)}$
0.0	23.64	2.5	11.90	5.0	6.45	7.5	2.78	10.0	0.45
0.1	23.06	2.6	11.62	5.1	6.26	7.6	2.68	10.1	0.39
0.2	22.47	2.7	11.35	5.2	6.07	7.7	2.57	10.2	0.33
0.3	21.89	2.8	11.09	5.3	5.88	7.8	2.47	10.3	0.28
0.4	21.32	2.9	10.84	5.4	5.69	7.9	2.37	10.4	0.24
0.5	20.75	3.0	10.60	5.5	5.51	8.0	2.27	10.5	0.20
0.6	20.18	3.1	10.37	5.6	5.33	8.1	2.17	10.6	0.16
0.7	19.62	3.2	10.14	5.7	5.15	8.2	2.07	10.7	0.13
0.8	19.08	3.3	9.92	5.8	4.98	8.3	1.97	10.8	0.11
0.9	18.54	3.4	9.70	5.9	4.81	8.4	1.87	10.9	0.09
1.0	18.01	3.5	9.48	6.0	4.65	8.5	1.77	11.0	0.07
1.1	17.49	3.6	9.27	6.1	4.49	8.6	1.67	11.1	0.06
1.2	16.98	3.7	9.06	6.2	4.34	8.7	1.57	11.2	0.05
1.3	16.49	3.8	8.85	6.3	4.20	8.8	1.48	11.3	0.04
1.4	16.02	3.9	8.65	6.4	4.06	8.9	1.38	11.4	0.03
1.5	15.55	4.0	8.44	6.5	3.92	9.0	1.28	11.5	0.02
1.6	15.11	4.1	8.24	6.6	3.79	9.1	1.19	11.6	0.02
1.7	14.68	4.2	8.04	6.7	3.67	9.2	1.10	11.7	0.02
1.8	14.27	4.3	7.84	6.8	3.55	9.3	1.01	11.8	0.01
1.9	13.88	4.4	7.64	6.9	3.43	9.4	0.92	11.9	0.01
2.0	13.51	4.5	7.44	7.0	3.32	9.5	0.83	12.0	0.01
2.1	13.16	4.6	7.24	7.1	3.21	9.6	0.75	12.1	0.01
2.2	12.82	4.7	7.04	7.2	3.10	9.7	0.67	12.2	0.005
2.3	12.50	4.8	6.84	7.3	2.99	9.8	0.59	13.0	0.0008
2.4	12.19	4.9	6.65	7.4	2.88	9.9	0.52	13.9	0.0001

表7 一些络合剂的酸效应系数 $\lg\alpha_{L(H)}$

络合剂 \ pH	0	1	2	3	4	5	6	7	8	9	10	11	12
CyDTA	23.77	19.79	15.91	12.54	9.95	7.87	6.07	4.75	3.71	2.70	1.71	0.78	0.18
EGTA	22.96	19.00	15.31	12.48	10.33	8.31	6.31	4.32	2.37	0.78	0.12	0.01	0.00
TTHA	35.28	29.30	23.43	18.25	14.16	10.83	7.98	5.65	3.61	1.74	0.47	0.06	0.00
HEDTA	17.70	14.71	11.79	9.23	7.10	5.23	3.82	2.74	1.74	0.81	0.19	0.02	0.00
乙酰丙酮	9.0	8.0	7.0	6.0	5.0	4.0	3.0	2.0	1.04	0.30	0.04	0.00	
草酸盐	5.45	3.62	2.26	1.23	0.41	0.06	0.00						
柠檬酸	13.5	10.5	7.5	4.8	2.7	1.2	0.25	0.05					
氰化物	9.14	8.14	7.14	6.14	5.14	4.14	3.14	2.14	1.17	0.38	0.06	0.00	
氨	9.4	8.4	7.4	6.4	5.4	4.4	3.4	2.4	1.4	0.5	0.1		
氟化物	3.17	2.17	1.16	0.37	0.06	0.00							

表8 部分金属离子的水解效应系数 $\lg\alpha_{M(OH)}$ 值

金属离子	pH													
	1	2	3	4	5	6	7	8	9	10	11	12	13	14
Ag(Ⅰ)										0.1	0.5	2.3	5.1	
Al(Ⅲ)					0.4	1.3	5.3	9.3	13.3	17.3	21.3	25.3	29.3	33.3
Ba(Ⅱ)											0.1	0.5		
Bi(Ⅲ)	0.1	0.5	1.4	2.4	3.4	4.4	5.4							
Ca(Ⅱ)													0.3	1.0
Cd(Ⅱ)								0.1	0.5	2.0	4.5	8.1	12.0	

续表

金属离子	pH													
	1	2	3	4	5	6	7	8	9	10	11	12	13	14
Ce(Ⅳ)	1.2	3.1	5.1	7.1	9.1	11.1	13.1							
Cu(Ⅱ)								0.2	0.8	1.7	2.7	3.7	4.7	5.7
Fe(Ⅱ)									0.1	0.6	1.5	2.5	3.5	4.5
Fe(Ⅲ)				0.4	1.8	3.7	5.7	7.7	9.7	11.7	13.7	15.7	17.7	19.7	21.7
Hg(Ⅱ)				0.5	1.9	3.9	5.9	7.9	9.9	11.9	13.9	15.9	17.9	19.9	21.9
La(Ⅲ)									0.3	1.0	1.9	2.9	3.9
Mg(Ⅱ)										0.1	0.5	1.3	2.3
Ni(Ⅱ)								0.1	0.7	1.6				
Pb(Ⅱ)							0.1	0.5	1.4	2.7	4.7	7.4	10.4	13.4
Th(Ⅳ)			0.2	0.8	1.7	2.7	3.7	4.7	5.7	6.7	7.7	8.7	9.7	
Zn(Ⅱ)								0.2	2.4	5.4	8.5	11.8	15.5

表 9 铬黑 T 和二甲酚橙的 $\lg\alpha_{\text{In(H)}}$ 及其变色点的 pM（pM_t）值

铬黑 T

pH	$\lg K_{\text{MIn}}$	6.0	7.0	8.0	9.0	10.0	11.0	12.0
$\lg\alpha_{\text{In(H)}}$		6.0	4.6	3.6	2.6	1.6	0.7	0.1
pCa_t（至红）	5.4			1.8	2.8	3.8	4.7	5.3
pMg_t（至红）	7.0	1.0	2.4	3.4	4.4	5.4	6.3	6.9
pMn_t（至红）	9.6	3.6	5.0	6.2	7.8	9.7	11.5	
pZn_t（至红）	12.9	6.9	8.3	9.3	10.5	12.2	13.9	

二甲酚橙

pH	0	1.0	2.0	3.0	4.0	4.5	5.0	5.5	6.0
$\lg\alpha_{\text{In(H)}}$	35.0	30.0	25.1	20.7	17.3	15.7	14.2	12.8	11.3
pBi_t（至红）		4.0	5.4	6.8					
pCd_t（至红）						4.0	4.5	5.0	5.5
pHg_t（至红）							7.4	8.2	9.0
pLa_t（至红）						4.0	4.5	5.0	5.6
pPb_t（至红）				4.2	4.8	6.2	7.0	7.6	8.2
pTh_t（至红）			3.6	4.9	6.3				
pZn_t（至红）						4.1	4.8	5.7	6.5
pZr_t（至红）	7.5								

表 10 ΔpM 与 A 的换算 $(A = |10^{\Delta pM} - 10^{-\Delta pM}|)$

ΔpM \ A	0.00	0.01	0.02	0.03	0.04	0.05	0.06	0.07	0.08	0.09
0.00	0.00	0.05	0.09	0.14	0.19	0.23	0.28	0.33	0.37	0.42
0.10	0.47	0.51	0.56	0.61	0.66	0.71	0.76	0.81	0.86	0.91
0.20	0.96	1.01	1.06	1.11	1.16	1.22	1.28	1.33	1.38	1.44
0.30	1.49	1.55	1.61	1.67	1.73	1.79	1.85	1.92	1.98	2.05
0.40	2.11	2.18	2.25	2.32	2.39	2.46	2.54	2.61	2.69	2.77
0.50	2.85	2.93	3.01	3.09	3.18	3.27	3.36	3.45	3.54	3.63
0.60	3.73	3.83	3.93	4.03	4.14	4.24	4.35	4.46	4.58	4.69
0.70	4.81	4.93	5.06	5.18	5.31	5.45	5.58	5.72	5.86	6.00
0.80	6.15	6.30	6.46	6.61	6.77	6.94	7.11	7.28	7.45	7.63
0.90	7.82	8.01	8.20	8.39	8.60	8.80	9.01	9.23	9.45	9.67
1.00	9.90	10.1	10.4	10.6	10.9	11.1	11.4	11.7	11.9	12.2
1.10	12.5	12.8	13.1	13.4	13.7	14.1	14.4	14.7	15.1	15.4

ΔpM \ A	0.00	0.01	0.02	0.03	0.04	0.05	0.06	0.07	0.08	0.09
1.20	15.8	16.2	16.5	16.9	17.3	17.7	18.1	18.6	19.0	19.5
1.30	19.9	20.4	20.9	21.3	21.8	22.3	22.9	23.4	24.0	24.5
1.40	25.1	25.7	26.3	26.9	27.5	28.2	28.8	29.5	30.2	30.9
1.50	31.6	32.3	33.1	33.9	34.6	35.5	36.3	37.1	38.0	38.9

换算示例 1. 已知 $\Delta pM=0.32$，查 ΔpM：0.30 与 0.02，得 $A=1.61$；
$\Delta pM=-0.32$，查 ΔpM：0.30 与 0.02，得 $A=-1.61$。
2. 已知 $A=1.11$，查 $\Delta pM=0.20+0.03=0.23$；
$A=-1.11$，查 $\Delta pM=-0.20-0.03=-0.23$。

表 11 指数加法表

$10^a+10^b=10^c$ $(a>b)$，先算出 $a-b=A$，再查表得 B，则 $c=a+B$

A \ B	0.00	0.01	0.02	0.03	0.04	0.05	0.06	0.07	0.08	0.09
0.0	0.301	0.296	0.291	0.286	0.281	0.277	0.272	0.267	0.262	0.258
0.1	0.254	0.249	0.245	0.241	0.237	0.232	0.228	0.224	0.220	0.216
0.2	0.212	0.209	0.205	0.201	0.197	0.194	0.190	0.187	0.183	0.180
0.3	0.176	0.173	0.170	0.167	0.163	0.160	0.157	0.154	0.151	0.148
0.4	0.146	0.143	0.140	0.137	0.135	0.132	0.129	0.127	0.124	0.122
0.5	0.119	0.117	0.115	0.112	0.110	0.108	0.106	0.104	0.101	0.099
0.6	0.097	0.095	0.093	0.091	0.090	0.088	0.086	0.084	0.082	0.081
0.7	0.079	0.077	0.076	0.074	0.073	0.071	0.070	0.068	0.067	0.065
0.8	0.064	0.063	0.061	0.060	0.059	0.057	0.056	0.055	0.054	0.053
0.9	0.051	0.050	0.049	0.048	0.047	0.046	0.045	0.044	0.043	0.042
1.0	0.041	0.040	0.040	0.039	0.038	0.037	0.036	0.035	0.035	0.034
1.1	0.033	0.032	0.032	0.031	0.030	0.030	0.029	0.028	0.028	0.027
1.2	0.027	0.026	0.025	0.025	0.024	0.024	0.023	0.023	0.022	0.022
1.3	0.021	0.021	0.020	0.019	0.019	0.019	0.019	0.018	0.018	0.017
1.4	0.017	0.017	0.016	0.016	0.015	0.015	0.015	0.014	0.014	0.014
1.5	0.014	0.013	0.013	0.013	0.012	0.012	0.012	0.012	0.011	0.011
1.6	0.011	0.011	0.010	0.010	0.010	0.010	0.009	0.009	0.009	0.009
1.7	0.009	0.008	0.008	0.008	0.008	0.008	0.007	0.007	0.007	0.007
1.8	0.007	0.007	0.007	0.007	0.006	0.006	0.006	0.006	0.006	0.006
1.9	0.005	0.005	0.005	0.005	0.005	0.005	0.005	0.005	0.005	0.004
2.0	0.004	0.004	0.004	0.004	0.004	0.004	0.004	0.004	0.004	0.004

表 12 部分氧化还原电对的标准电极电势（18～25℃）

半 反 应	电极电位/V	半 反 应	电极电位/V
$Ag_2S+2e^- \rightleftharpoons 2Ag+S^{2-}$	−0.71	$Ba^{2+}+2e^- \rightleftharpoons Ba$	−2.90
$AgI+e^- \rightleftharpoons Ag+I^-$	−0.152	$BiOCl+2H^++3e^- \rightleftharpoons Bi+Cl^-+H_2O$	0.1583
$Ag_2S+2H^++2e^- \rightleftharpoons 2Ag+H_2S$	−0.0366	$Br_2+2e^- \rightleftharpoons 2Br^-$	1.087
$AgBr+e^- \rightleftharpoons Ag+Br^-$	0.071	$BrO_3^-+6H^++6e^- \rightleftharpoons Br^-+3H_2O$	1.44
$AgCl+e^- \rightleftharpoons Ag+Cl^-$	0.224	$BrO_3^-+6H^++5e^- \rightleftharpoons 1/2Br_2+3H_2O$	1.52
$Ag(NH_3)_2^++e^- \rightleftharpoons Ag+2NH_3$	0.37	$Ca^{2+}+2e^- \rightleftharpoons Ca$	−2.76
$Ag^++e^- \rightleftharpoons Ag$	0.7994	$Ce^{4+}+e^- \rightleftharpoons Ce^{3+}$	1.61
$Al^{3+}+3e^- \rightleftharpoons Al$	−1.706	$Cd^{2+}+2e^- \rightleftharpoons Cd$	−0.4026
$AsO_4^{3-}+H_2O+2e^- \rightleftharpoons AsO_3^{3-}+2OH^-$	−0.67	$Cl_2+2e^- \rightleftharpoons 2Cl^-$	1.36
$H_3AsO_4+2H^++2e^- \rightleftharpoons HAsO_2+2H_2O$	0.559	$ClO_3^-+6H^++6e^- \rightleftharpoons Cl^-+3H_2O$	1.47
$Au^{3+}+2e^- \rightleftharpoons Au^+$	1.33	$2ClO^-+4H^++2e^- \rightleftharpoons Cl_2+2H_2O$	1.63

续表

半反应	电极电位/V	半反应	电极电位/V
$2CO_2 + 2H^+ + 2e^- \rightleftharpoons H_2C_2O_4$	-0.49	$MnO_4^- + 2H_2O + 3e^- \rightleftharpoons MnO_2 + 4OH^-$	0.60
$Co^{2+} + 2e^- \rightleftharpoons Co$	-0.28	$MnO_2 + 4H^+ + 2e^- \rightleftharpoons Mn^{2+} + 2H_2O$	1.23
$Co^{3+} + e^- \rightleftharpoons Co^{2+}$	2.00	$MnO_4^- + 8H^+ + 5e^- \rightleftharpoons Mn^{2+} + 4H_2O$	1.51
$Cr^{3+} + 3e^- \rightleftharpoons Cr$	-0.74	$MnO_4^- + 4H^+ + 3e^- \rightleftharpoons MnO_2 + 2H_2O$	1.69
$Cr^{3+} + e^- \rightleftharpoons Cr^{2+}$	-0.41	$Na^+ + e^- \rightleftharpoons Na$	-2.7109
$CrO_4^{2-} + 4H_2O + 3e^- \rightleftharpoons Cr(OH)_3 + 5OH^-$	-0.13	$Ni^{2+} + 2e^- \rightleftharpoons Ni$	-0.246
$Cr_2O_7^{2-} + 14H^+ + 6e^- \rightleftharpoons 2Cr^{3+} + 7H_2O$	1.33	$NO_3^- + H_2O + 2e^- \rightleftharpoons NO_2^- + 2OH^-$	0.01
$Cu_2O + H_2O + 2e^- \rightleftharpoons 2Cu + 2OH^-$	-0.361	$NO_3^- + 3H^+ + 2e^- \rightleftharpoons HNO_2 + H_2O$	0.94
$Cu^{2+} + e^- \rightleftharpoons Cu^+$	0.16	$NO_3^- + 4H^+ + 3e^- \rightleftharpoons NO + 2H_2O$	0.96
$Cu^{2+} + 2e^- \rightleftharpoons Cu$	0.3402	$HNO_2 + H^+ + e^- \rightleftharpoons NO + H_2O$	0.99
$Cu^{2+} + Cl^- + e^- \rightleftharpoons CuCl$	0.57	$N_2O_4 + 4H^+ + 4e^- \rightleftharpoons 2NO + 2H_2O$	1.03
$Cu^+ + e^- \rightleftharpoons Cu$	0.5338	$O_2 + 2H^+ + 2e^- \rightleftharpoons H_2O_2$	0.682
$Cu^+ + I^- + e^- \rightleftharpoons CuI$	0.87	$O_2 + 4H^+ + 4e^- \rightleftharpoons 2H_2O$	1.29
$F_2 + 2e^- \rightleftharpoons 2F^-$	2.87	$O_3 + 2H^+ + 2e^- \rightleftharpoons O_2 + H_2O$	2.07
$Fe^{2+} + 2e^- \rightleftharpoons Fe$	-0.409	$Pb^{2+} + 2e^- \rightleftharpoons Pb$	-0.1263
$Fe^{3+} + 3e^- \rightleftharpoons Fe$	-0.036	$PbO_2 + 4H^+ + 2e^- \rightleftharpoons Pb^{2+} + 2H_2O$	1.455
$Fe(EDTA)^- + e^- \rightleftharpoons Fe(EDTA)^{2-}$	0.12	$HSnO_2^- + H_2O + 2e^- \rightleftharpoons Sn + 3OH^-$	-0.79
$Fe(CN)_6^{3-} + e^- \rightleftharpoons Fe(CN)_6^{4-}$	0.36	$SO_4^{2-} + H_2O + 2e^- \rightleftharpoons SO_3^{2-} + 2OH^-$	-0.93
$FeF_6^{3-} + e^- \rightleftharpoons Fe^{2+} + 6F^-$	0.4	$S + 2e^- \rightleftharpoons S^{2-}$	-0.48
$Fe^{3+} + e^- \rightleftharpoons Fe^{2+}$	0.77	$S_4O_6^{2-} + 2e^- \rightleftharpoons 2S_2O_3^{2-}$	0.09
$2H^+ + 2e^- \rightleftharpoons H_2$	0.0000	$S + 2H^+ + 2e^- \rightleftharpoons H_2S$(水溶液)	0.14
$2H_2O + 2e^- \rightleftharpoons H_2 + 2OH^-$	-0.828	$SO_4^{2-} + 4H^+ + 2e^- \rightleftharpoons H_2SO_3 + H_2O$	0.20
$H_2O_2 + 2H^+ + 2e^- \rightleftharpoons 2H_2O$	1.77	$2H_2SO_3 + 2H^+ + 4e^- \rightleftharpoons S_2O_3^{2-} + 3H_2O$	0.52
$Hg_2Cl_2 + 2e^- \rightleftharpoons 2Hg + 2Cl^-$ (0.1mol·L^{-1} NaOH 溶液)	0.2680	$S_2O_8^{2-} + 2e^- \rightleftharpoons 2SO_4^{2-}$	2.07
		$Sn(OH)_6^{2-} + 2e^- \rightleftharpoons HSnO_2^- + 3OH^- + H_2O$	-0.96
$2Hg_2Cl_2 + 2e^- \rightleftharpoons Hg_2Cl_2 + 2Cl^-$	0.63	$Sn^{2+} + 2e^- \rightleftharpoons Sn$	-0.1364
$Hg_2^{2+} + 2e^- \rightleftharpoons 2Hg$	0.7994	$Sn^{4+} + 2e^- \rightleftharpoons Sn^{2+}$	0.15
$2Hg^{2+} + 2e^- \rightleftharpoons Hg_2^{2+}$	0.907	$Sr^{2+} + 2e^- \rightleftharpoons Sr$	-2.89
$IO_3^- + 3H_2O + 6e^- \rightleftharpoons I^- + 6OH^-$	0.26	$TiO_2 + 4H^+ + 4e^- \rightleftharpoons Ti + 2H_2O$	-0.89
$I_3^- + 2e^- \rightleftharpoons 3I^-$	0.54	$Ti^{3+} + e^- \rightleftharpoons Ti^{2+}$	-0.37
$I_2 + 2e^- \rightleftharpoons 2I^-$	0.56	$Ti^{4+} + e^- \rightleftharpoons Ti^{3+}$	0.092
$IO^- + 2H_2O + 4e^- \rightleftharpoons IO^- + 4OH^-$	0.56	$TiO^{2+} + 2H^+ + e^- \rightleftharpoons Ti^{3+} + H_2O$	0.10
$IO_3^- + 6H^+ + 6e^- \rightleftharpoons I^- + 3H_2O$	1.085	$VO^{2+} + 2H^+ + e^- \rightleftharpoons V^{3+} + H_2O$	0.36
$IO_3^- + 6H^+ + 5e^- \rightleftharpoons 1/2 I_2 + 3H_2O$	1.19	$VO_2^+ + 2H^+ + e^- \rightleftharpoons VO^{2+} + H_2O$	1.00
$K^+ + e^- \rightleftharpoons K$	-2.924	$Zn(CN)_4^{2-} + 2e^- \rightleftharpoons Zn + 4CN^-$	-1.26
$Mg^{2+} + 2e^- \rightleftharpoons Mg$	-2.375	$ZnO_2^{2-} + 2H_2O + 2e^- \rightleftharpoons Zn + 4OH^-$	-1.216
$Mn^{2+} + 2e^- \rightleftharpoons Mn$	-1.18	$Zn^{2+} + 2e^- \rightleftharpoons Zn$	-0.763
$MnO_4^- + e^- \rightleftharpoons MnO_4^{2-}$	0.56		

表13 部分氧化还原电对的条件电势（18～25℃）

半反应	$E^{\ominus}$/V	介质
$Ag^+ + e^- \rightleftharpoons Ag$	0.792	1mol·L^{-1} HClO$_4$ 溶液
	0.228	1mol·L^{-1} HCl 溶液
$H_3AsO_4 + 2H^+ + 2e^- \rightleftharpoons H_3AsO_3 + H_2O$	0.557	1mol·L^{-1} HCl 溶液
	0.557	1mol·L^{-1} HClO$_4$ 溶液
	0.07	1mol·L^{-1} NaOH 溶液
$Ce^{4+} + e^- \rightleftharpoons Ce^{3+}$	1.70	1mol·L^{-1} HClO$_4$ 溶液
	1.75	3mol·L^{-1} HClO$_4$ 溶液
	1.61	1mol·L^{-1} HNO$_3$ 溶液
	1.44	1mol·L^{-1} H$_2$SO$_4$ 溶液

半反应	$E^{\ominus}/V$	介质
$Ce^{4+}+e^-\rightleftharpoons Ce^{3+}$	1.42	$4mol \cdot L^{-1} H_2SO_4$ 溶液
	1.28	$1mol \cdot L^{-1} HCl$ 溶液
$Co^{3+}+e^-\rightleftharpoons Co^{2+}$	1.85	$4mol \cdot L^{-1} KNO_3$ 溶液
$Cr(Ⅲ)+e^-\rightleftharpoons Cr(Ⅱ)$	−0.40	$5mol \cdot L^{-1} HCl$ 溶液
$Cr_2O_7^{2-}+14H^++6e^-\rightleftharpoons 2Cr^{3+}+7H_2O$	1.00	$1mol \cdot L^{-1} HCl$ 溶液
	1.05	$2mol \cdot L^{-1} HCl$ 溶液
	1.08	$3mol \cdot L^{-1} HCl$ 溶液
	1.10	$2mol \cdot L^{-1} H_2SO_4$ 溶液
	1.15	$4mol \cdot L^{-1} H_2SO_4$ 溶液
	1.025	$1mol \cdot L^{-1} HClO_4$ 溶液
$CrO_4^{2-}+2H_2O+3e^-\rightleftharpoons CrO_2^-+4OH^-$	−0.12	$1mol \cdot L^{-1} NaOH$ 溶液
$Fe^{3+}+e^-\rightleftharpoons Fe^{2+}$	0.732	$1mol \cdot L^{-1} HClO_4$ 溶液
		$1mol \cdot L^{-1} HCl$ 溶液
	0.68	$3mol \cdot L^{-1} HCl$ 溶液
	0.68	$0.1\sim 4mol \cdot L^{-1} H_2SO_4$ 溶液
	0.51	$1mol \cdot L^{-1} HCl$ 溶液 $+0.25mol \cdot L^{-1} H_3PO_4$ 溶液
$FeY^-+e^-\rightleftharpoons FeY^{2-}$	0.72	$1mol \cdot L^{-1} HClO_4$ 溶液
	0.71	$1mol \cdot L^{-1} HCl$ 溶液
	0.56	$0.1mol \cdot L^{-1} HCl$ 溶液
	0.48	$0.01mol \cdot L^{-1} HCl$ 溶液
	0.12	$0.1mol \cdot L^{-1} EDTA$ 溶液 $pH=4\sim 6$
$Fe(CN)_6^{3-}+e^-\rightleftharpoons Fe(CN)_6^{4-}$	0.6276	$1mol \cdot L^{-1} H^+$ 溶液
	0.56	$0.1mol \cdot L^{-1} HCl$ 溶液
$I_2+2e^-\rightleftharpoons 2I^-$	0.545	$1mol \cdot L^{-1} H^+$ 溶液
$I_3^-+2e^-\rightleftharpoons 3I^-$	0.5446	$0.5mol \cdot L^{-1} H_2SO_4$ 溶液
	1.45	$1mol \cdot L^{-1} HClO_4$ 溶液
	1.27	$8mol \cdot L^{-1} H_3PO_4$ 溶液
$Hg_2^{2+}+2e^-\rightleftharpoons 2Hg$	0.28	$1mol \cdot L^{-1} KCl$ 溶液
$2Hg^{2+}+2e^-\rightleftharpoons Hg_2^{2+}$	0.28	$1mol \cdot L^{-1} HCl$ 溶液
$MnO_4^-+8H^++5e^-\rightleftharpoons Mn^{2+}+4H_2O$	1.45	$1mol \cdot L^{-1} HClO_4$ 溶液
	0.79	$5mol \cdot L^{-1} HCl$ 溶液
$Os(Ⅷ)+4e^-\rightleftharpoons Os(Ⅳ)$	0.14	$1mol \cdot L^{-1} HCl$ 溶液
$SnCl_6^{2-}+2e^-\rightleftharpoons SnCl_4^{2-}+2Cl^-$	0.14	$1mol \cdot L^{-1} HCl$ 溶液
	0.10	$5mol \cdot L^{-1} HCl$ 溶液
	−0.16	$1mol \cdot L^{-1} HClO_4$ 溶液
$Sn^{2+}+2e^-\rightleftharpoons Sn$	−0.20	$1mol \cdot L^{-1} HCl$ 溶液 或 $0.5mol \cdot L^{-1} H_2SO_4$ 溶液
$Sb(Ⅴ)+2e^-\rightleftharpoons Sb(Ⅲ)$	−0.428	$3mol \cdot L^{-1} NaOH$ 溶液
	0.75	$3.5mol \cdot L^{-1} HCl$ 溶液
$Sb(OH)_6^-+2e^-\rightleftharpoons SbO_2^-+2OH^-+2H_2O$	−0.675	$10mol \cdot L^{-1} KOH$ 溶液
	−0.01	$0.2mol \cdot L^{-1} H_2SO_4$ 溶液
	0.12	$2mol \cdot L^{-1} H_2SO_4$ 溶液
$SbO_2^-+2H_2O+3e^-\rightleftharpoons Sb+4OH^-$	−0.04	$1mol \cdot L^{-1} HCl$ 溶液
	−0.05	$1mol \cdot L^{-1} H_3PO_4$ 溶液
$Ti(Ⅳ)+e^-\rightleftharpoons Ti(Ⅲ)$	−0.32	$1mol \cdot L^{-1} NaAc$ 溶液
	−0.14	$1mol \cdot L^{-1} HClO_4$ 溶液
$Pb(Ⅱ)+2e^-\rightleftharpoons Pb$	0.41	$0.5mol \cdot L^{-1} H_2SO_4$ 溶液

表 14 难溶化合物的活度积常数 （18～25℃，$I=0\,\text{mol}\cdot\text{L}^{-1}$）

难溶化学物	K_{sp}	pK_{sp}	难溶化学物	K_{sp}	pK_{sp}
$Al(OH)_3$ 无定形	1.3×10^{-33}	32.9	$\beta\text{-}CoS$	2×10^{-25}	24.7
Ag_3AsO_4	1×10^{-22}	22.0	$Co_3(PO_4)_2$	2×10^{-35}	34.7
$AgBrO_3$	5.77×10^{-5}	4.24	$Cr(OH)_3$	6×10^{-31}	30.2
$AgBr$	5.0×10^{-13}	12.30	$CuBr$	5.2×10^{-9}	8.28
Ag_2CO_3	8.1×10^{-12}	11.09	$CuCl$	1.2×10^{-6}	5.92
$AgCl$	1.8×10^{-10}	9.75	$CuCN$	3.2×10^{-20}	19.49
Ag_2CrO_4	2.0×10^{-12}	11.70	CuI	1.1×10^{-12}	11.96
$AgCN$	1.2×10^{-16}	15.92	$CuOH$	1×10^{-14}	14.0
$AgOH$	2.0×10^{-8}	7.71	Cu_2S	2×10^{-48}	47.7
AgI	9.3×10^{-17}	16.03	$CuSCN$	4.8×10^{-15}	14.32
$Ag_2C_2O_4$	3.5×10^{-11}	10.46	$CuCO_3$	1.4×10^{-10}	9.86
Ag_3PO_4	1.4×10^{-16}	15.84	$Cu(OH)_2$	2.2×10^{-20}	19.66
Ag_2SO_4	1.4×10^{-5}	4.84	CuS	6×10^{-36}	35.2
Ag_2S	2×10^{-49}	48.7	$FeCO_3$	3.2×10^{-11}	10.50
$AgSCN$	1.0×10^{-12}	12.00	$Fe(OH)_2$	8×10^{-16}	15.1
$BaCO_3$	5.1×10^{-9}	8.29	FeS	6×10^{-18}	17.2
$BaCrO_4$	1.2×10^{-10}	9.93	$Fe(OH)_3$	4×10^{-38}	37.4
BaF_2	1×10^{-6}	6.0	$FePO_4$	1.3×10^{-22}	21.89
$BaC_2O_4\cdot H_2O$	2.3×10^{-8}	7.64	Hg_2Br_2	5.8×10^{-23}	22.24
$BaSO_4$	1.1×10^{-10}	9.96	Hg_2CO_3	8.9×10^{-17}	16.05
$Bi(OH)_3$	4.0×10^{-31}	30.4	Hg_2Cl_2	1.3×10^{-18}	17.88
$BiOOH$	4×10^{-10}	9.4	$Hg_2(OH)_2$	2×10^{-24}	23.7
BiI_3	8.1×10^{-19}	18.09	Hg_2I_2	4.5×10^{-29}	28.35
$BiOCl$	1.8×10^{-31}	30.75	Hg_2SO_4	7.4×10^{-7}	6.13
$BiPO_4$	1.3×10^{-23}	22.89	Hg_2S	1×10^{-47}	47.0
Bi_2S_3	1×10^{-97}	97.0	$Hg(OH)_2$	3.0×10^{-26}	25.52
$CaCO_3$	2.9×10^{-9}	8.54	HgS 红色	4×10^{-53}	52.4
CaF_2	2.7×10^{-11}	10.57	HgS 黑色	2×10^{-52}	51.7
$CaC_2O_4\cdot H_2O$	2.0×10^{-9}	8.70	$MgNH_4PO_4$	2×10^{-13}	12.7
$Ca_3(PO_4)_2$	2.0×10^{-29}	28.70	$MgCO_3$	1.0×10^{-5}	5.00
$CaSO_4$	9.1×10^{-6}	5.04	MgF_2	6.4×10^{-9}	8.19
$CaWO_4$	8.7×10^{-9}	8.06	$Mg(OH)_2$	1.8×10^{-11}	10.74
$CdCO_3$	5.2×10^{-12}	11.28	$MnCO_3$	1.8×10^{-11}	10.74
$Cd_2[Fe(CN)_6]$	3.2×10^{-17}	16.49	$Mn(OH)_2$	1.9×10^{-13}	12.72
$Cd(OH)_2$ 新析出	2.5×10^{-14}	13.60	MnS 无定形	2×10^{-10}	9.7
$CdC_2O_4\cdot 3H_2O$	9.1×10^{-8}	7.04	MnS 晶形	2×10^{-13}	12.7
CdS	7.1×10^{-28}	27.15	$NiCO_3$	6.6×10^{-9}	8.18
$CoCO_3$	1.4×10^{-13}	12.84	$Ni(OH)_2$ 新析出	2×10^{-15}	14.7
$Co_2[Fe(CN)_6]$	1.8×10^{-15}	14.74	$Ni_3(PO_4)_2$	5×10^{-31}	30.3
$Co(OH)_2$ 新析出	2×10^{-15}	14.7	$\alpha\text{-}NiS$	3×10^{-19}	18.5
$Co(OH)_3$	2×10^{-44}	43.7	$\beta\text{-}NiS$	1×10^{-24}	24.0
$Co[Hg(SCN)_4]$	1.5×10^{-6}	5.82	$\gamma\text{-}NiS$	2×10^{-26}	25.7
$\alpha\text{-}CoS$	4×10^{-21}	20.4	$PbCO_3$	7.4×10^{-14}	13.13

续表

难溶化合物	K_{sp}	pK_{sp}	难溶化合物	K_{sp}	pK_{sp}
$PbCl_2$	1.6×10^{-5}	4.79	$Sn(OH)_4$	1×10^{-56}	56.0
$PbClF$	2.4×10^{-9}	8.62	SnS_2	2×10^{-27}	26.7
$PbCrO_4$	2.8×10^{-13}	12.55	$SrCO_3$	1.1×10^{-10}	9.96
PbF_2	2.7×10^{-8}	7.57	$SrCrO_4$	2.2×10^{-5}	4.65
$Pb(OH)_2$	1.2×10^{-15}	14.93	SrF_2	2.4×10^{-9}	8.61
PbI_2	7.1×10^{-9}	8.15	$SrC_2O_4 \cdot H_2O$	1.6×10^{-7}	6.80
$PbMoO_4$	1×10^{-13}	13.0	$Sr_3(PO_4)_2$	4.1×10^{-28}	27.39
$Pb_3(PO_4)_2$	8.0×10^{-43}	42.10	$SrSO_4$	3.2×10^{-7}	6.49
$PbSO_4$	1.6×10^{-8}	7.79	$Ti(OH)_3$	1×10^{-40}	40.0
PbS	8×10^{-28}	27.1	$TiO(OH)_2$	1×10^{-29}	29.0
$Pb(OH)_4$	3×10^{-66}	65.5	$ZnCO_3$	1.4×10^{-11}	10.84
$Sb(OH)_3$	4×10^{-42}	41.4	$Zn_2[Fe(CN)_6]$	4.1×10^{-16}	15.39
Sb_2S_3	2×10^{-93}	92.8	$Zn(OH)_2$	1.2×10^{-17}	16.92
$Sn(OH)_2$	1.4×10^{-28}	27.85	$Zn_3(PO_4)_2$	9.1×10^{-33}	32.04
SnS	1×10^{-25}	25.0	ZnS	1.2×10^{-23}	22.92

表15 相对原子质量表

符号	元素	原子序数	相对原子质量	符号	元素	原子序数	相对原子质量
Ac	锕	89	227.0278	Ho	钬	67	164.93032(2)
Ag	银	47	107.8682(2)	I	碘	53	126.90447(3)
Al	铝	13	26.981538(2)	In	铟	49	114.818(3)
Ar	氩	18	39.948(1)	Ir	铱	77	192.217(3)
As	砷	33	74.9216(2)	K	钾	19	39.0983(1)
Au	金	79	196.96655(2)	Kr	氪	36	83.898(2)
B	硼	5	10.811(7)	La	镧	57	138.9055(2)
Ba	钡	56	137.327(7)	Li	锂	3	6.941(2)
Be	铍	4	9.012182(3)	Lu	镥	71	174.967(1)
Bi	铋	83	208.98038(2)	Mg	镁	12	24.3050(6)
Br	溴	35	79.904(1)	Mn	锰	25	54.938049(9)
C	碳	6	12.0107(8)	Mo	钼	42	95.94(2)
Ca	钙	20	40.078(4)	N	氮	7	14.0067(2)
Cd	镉	48	112.411(8)	Na	钠	11	22.989770(2)
Ce	铈	58	140.116(1)	Nb	铌	41	92.90638(2)
Cl	氯	17	35.4527(9)	Nd	钕	60	144.24(3)
Co	钴	27	58.933200(9)	Ne	氖	10	20.1797(6)
Cr	铬	24	51.9961(6)	Ni	镍	28	58.6934(2)
Cs	铯	55	132.90545(2)	Np	镎	93	237.05
Cu	铜	29	63.546(3)	O	氧	8	15.9994(3)
Dy	镝	66	162.500(1)	Os	锇	76	190.23(3)
Er	铒	68	167.269(3)	P	磷	15	30.973761(2)
Eu	铕	63	151.964(1)	Pa	镤	91	231.03588(2)
F	氟	9	18.9984032(5)	Pb	铅	82	207.2(1)
Fe	铁	26	55.845(2)	Pd	钯	46	106.42(1)
Ga	镓	31	69.723(1)	Pr	镨	59	140.90765(2)
Gd	钆	64	157.25(3)	Pt	铂	78	195.078(2)
Ge	锗	32	72.64(1)	Ra	镭	88	226.03
H	氢	1	1.00794(7)	Rb	铷	37	85.4678(3)
He	氦	2	4.002602(2)	Re	铼	75	186.207(1)
Hf	铪	72	178.49(2)	Rh	铑	45	102.90550(2)
Hg	汞	80	200.59(2)	Ru	钌	44	101.07(2)

续表

符号	元素	原子序数	相对原子质量	符号	元素	原子序数	相对原子质量
S	硫	16	32.065(5)	Zr	锆	40	91.224(2)
Sb	锑	51	121.760(1)	Tl	铊	81	204.3833(2)
Sc	钪	21	44.955910(8)	Tm	铥	69	168.93421(2)
Se	硒	34	78.96(3)	U	铀	92	238.02891(3)
Si	硅	14	28.0855(3)	V	钒	23	50.9415
Sm	钐	62	150.36(3)	W	钨	74	183.84(1)
Sn	锡	50	118.710(7)	Xe	氙	54	131.293(6)
Sr	锶	38	87.62(1)	Y	钇	39	88.90585(2)
Ta	钽	73	180.9479(1)	Yb	镱	70	173.04(3)
Tb	铽	65	158.92534(2)	Zn	锌	30	65.409(4)
Te	碲	52	127.60(3)	Ti	钛	22	47.867(1)
Th	钍	90	232.0381(1)				

表 16 化合物的相对分子质量

化合物	M_r	化合物	M_r	化合物	M_r
$AgBr$	187.77	$CaCl_2$	110.99	Cu_2O	143.09
$AgCl$	143.35	$CaCl_2 \cdot 6H_2O$	219.09	CuS	95.62
$AgCN$	133.91	$Ca(NO_3)_2 \cdot 4H_2O$	236.16	$CuSO_4$	159.62
$AgSCN$	165.96	$Ca(OH)_2$	74.10	$CuSO_4 \cdot 5H_2O$	249.68
Ag_2CrO_4	331.73	$Ca_3(PO_4)_2$	310.18	$FeCl_2$	126.75
AgI	234.77	$CaSO_4$	136.15	$FeCl_2 \cdot 4H_2O$	198.81
$AgNO_3$	169.88	$CdCO_3$	172.41	$FeCl_3$	162.21
$AlCl_3$	133.33	$CdCl_2$	183.33	$FeCl_3 \cdot 6H_2O$	270.30
$AlCl_3 \cdot 6H_2O$	241.43	CdS	144.47	$FeNH_4(SO_4)_2 \cdot 12H_2O$	482.22
$Al(NO_3)_3$	213.01	$Ce(SO_4)_2$	332.24	$Fe(NO_3)_3$	241.86
$Al(NO_3)_3 \cdot 9H_2O$	375.19	$Ce(SO_4)_2 \cdot 4H_2O$	404.30	$Fe(NO_3)_3 \cdot 9H_2O$	404.01
Al_2O_3	101.96	$CoCl_2$	129.84	FeO	71.85
$Al(OH)_3$	78.00	$CoCl_2 \cdot 6H_2O$	237.93	Fe_2O_3	159.69
$Al_2(SO_4)_3$	342.17	$Co(NO_3)_2$	182.94	Fe_3O_4	231.55
$Al_2(SO_4)_3 \cdot 18H_2O$	666.46	$Co(NO_3)_3 \cdot 6H_2O$	291.03	$Fe(OH)_3$	106.87
As_2O_3	197.84	CoS	90.99	FeS	87.92
As_2O_5	229.84	$CoSO_4$	154.99	Fe_2S_3	207.91
As_2S_3	246.05	$CoSO_4 \cdot 7H_2O$	281.10	$FeSO_4$	151.91
$BaCO_3$	197.31	$Co(NH_2)2$	60.06	$FeSO_4 \cdot 7H_2O$	278.03
BaC_2O_4	225.32	$CrCl_3$	158.35	$FeSO_4(NH_4)_2SO_4 \cdot 6H_2O$	392.17
$BaCl_2$	208.24	$CrCl_3 \cdot 6H_2O$	266.45	H_3AsO_3	125.94
$BaCl_2 \cdot 2H_2O$	244.24	$Cr(NO_3)_3$	238.01	H_3AsO_4	141.94
$BaCrO_4$	253.32	Cr_2O_3	151.99	H_3BO_3	61.83
BaO	153.33	$CuCl$	99.00	HBr	80.91
$Ba(OH)_2$	171.33	$CuCl_2$	134.45	HCN	27.03
$BaSO_4$	233.37	$CuCl_2 \cdot 6H_2O$	170.48	$HCOOH$	46.03
$BiCl_3$	315.33	$CuSCN$	121.62	CH_3COOH	60.05
$BiOCl$	260.43	CuI	190.45	H_2CO_3	62.03
CO_2	44.01	$Cu(NO_3)_2$	187.56	$H_2C_2O_4$	90.04
CaO	56.08	$Cu(NO_3)_2 \cdot 3H_2O$	241.60	$H_2C_2O_4 \cdot 2H_2O$	126.07
$CaCO_3$	100.09	CuO	79.55	HCl	36.46
HF	20.01	$K_3Fe(CN)_6$	329.25	MnS	87.01

化合物	M_r	化合物	M_r	化合物	M_r
HI	127.91	$K_4Fe(CN)_6$	368.35	$MnSO_4$	151.01
HIO_3	175.91	$KFe(SO_4)_2 \cdot 12H_2O$	503.28	$MnSO_4 \cdot 4H_2O$	223.06
HNO_3	63.02	$KHC_2O_4 \cdot H_2O$	146.15	NO	30.01
HNO_2	47.02	$KHC_2O_4 \cdot H_2C_2O_4 \cdot 2H_2O$	254.19	NO_2	46.01
H_2O	18.015	$KHC_4H_4O_6$	188.18	NH_3	17.03
H_2O_2	34.02	$KHSO_4$	136.18	CH_3COONH_4	77.08
H_3PO_4	97.99	KI	166.00	NH_4Cl	53.49
H_2S	34.08	$KHC_8H_4O_4(KHP)$	204.22	$(NH_4)_2CO_3$	96.09
H_2SO_3	82.09	KIO_3	214.00	$(NH_4)_2C_2O_4$	124.10
H_2SO_4	98.09	$KIO_3 \cdot HIO_3$	389.91	$(NH_4)_2C_2O_4 \cdot H_2O$	142.12
$Hg(CN)_2$	252.63	$KMnO_4$	158.03	NH_4SCN	76.13
$HgCl_2$	271.50	$KNaC_4H_4O_6$	282.22	NH_4HCO_3	79.06
Hg_2Cl_2	472.09	KNO_3	101.10	$(NH_4)_2MoO_4$	196.01
HgI_2	454.40	KNO_2	85.10	NH_4NO_3	80.04
$Hg_2(NO_3)_2$	525.19	K_2O	94.20	$(NH_4)_2HPO_4$	132.06
$Hg_2(NO_3)_2 \cdot 2H_2O$	561.22	KOH	56.11	$(NH_4)_2S$	68.15
$Hg(NO_3)_2$	324.60	K_2SO_4	174.27	$(NH_4)_2SO_4$	132.15
HgO	216.59	$MgCO_3$	84.32	NH_4VO_3	116.98
HgS	232.65	$MgCl_2$	95.22	Na_3AsO_3	191.89
$HgSO_4$	296.67	$MgCl_2 \cdot 6H_2O$	203.31	$Na_2B_4O_7$	201.22
Hg_2SO_4	497.27	MgC_2O_4	112.33	$Na_2B_4O_7 \cdot 10H_2O$	381.42
$KAl(SO_4)_2 \cdot 12H_2O$	474.41	$Mg(NO_3)_2 \cdot 6H_2O$	256.43	$NaBiO_3$	279.97
KBr	119.00	$MgNH_4PO_4$	137.32	NaCN	49.01
$KBrO_3$	167.00	MgO	40.31	NaSCN	81.08
KCl	74.55	$Mg(OH)_2$	58.33	Na_2CO_3	105.99
$KClO_3$	122.55	$Mg_2P_2O_7$	222.55	$Na_2CO_3 \cdot 10H_2O$	286.19
$KClO_4$	138.55	$MgSO_4 \cdot 7H_2O$	246.49	$Na_2C_2O_4$	134.00
KCN	65.12	$MnCO_3$	114.95	CH_3COONa	82.03
KSCN	97.18	$MnCl_2 \cdot 4H_2O$	197.91	$CH_3COONa \cdot 3H_2O$	136.08
K_2CO_3	138.21	$Mn(NO_3)_2 \cdot 6H_2O$	287.06	NaCl	58.44
K_2CrO_4	194.19	MnO	70.94	NaClO	74.44
$K_2Cr_2O_7$	294.18	MnO_2	86.94	$NaHCO_3$	84.01
$Na_2HPO_4 \cdot 12H_2O$	358.14	$PbCl_2$	278.11	$SnCl_4 \cdot 5H_2O$	350.58
$Na_2H_2Y \cdot 2H_2O$	372.24	$PbCrO_4$	323.19	SnO_2	150.77
$NaNO_2$	69.00	$Pb(CH_3COO)_2$	325.29	SnS	150.77
$NaNO_3$	85.00	$Pb(CH_3COO)_2 \cdot 3H_2O$	379.34	$SrCO_3$	147.63
Na_2O	61.98	PbI_2	461.01	SrC_2O_4	175.64
Na_2O_2	77.98	$Pb(NO_3)_2$	331.21	$SrCrO_4$	203.62
NaOH	40.00	PbO	223.20	$Sr(NO_3)_2$	211.64
Na_3PO_4	163.94	PbO_2	239.20	$Sr(NO_3)_2 \cdot 4H_2O$	283.69
Na_2S	78.05	Pb_3O_4	685.6	$SrSO_4$	183.68
$Na_2S \cdot 9H_2O$	240.19	$Pb_3(PO_4)_2$	811.54	$UO_2(CH_3COO)_2 \cdot 2H_2O$	424.15
Na_2SO_3	126.05	PbS	239.27	$ZnCO_3$	125.39
Na_2SO_4	142.05	$PbSO_4$	303.27	ZnC_2O_4	153.40
$Na_2S_2O_3$	158.12	SO_3	80.07	$ZnCl_2$	136.29

续表

化合物	M_r	化合物	M_r	化合物	M_r
$Na_2S_2O_3 \cdot 5H_2O$	248.2	SO_2	64.07	$Zn(CH_3COO)_2$	183.43
$NiCl_2 \cdot 6H_2O$	237.69	$SbCl_3$	228.15	$Zn(CH_3COO)_2 \cdot 2H_2O$	219.50
NiO	74.69	$SbCl_5$	299.05	$Zn(NO_3)_2$	189.39
$Ni(NO_3)_2 \cdot 6H_2O$	290.79	Sb_2O_3	291.60	$Zn(NO_3)_2 \cdot 6H_2O$	297.51
NiS	90.76	Sb_3S_3	339.81	ZnO	81.38
$NiSO_4 \cdot 7H_2O$	280.87	SiF_4	104.08	ZnS	97.46
OH^-	17.01	SiO_2	60.08	$ZnSO_4$	161.46
P_2O_5	141.94	$SnCl_2$	189.60	$ZnSO_4 \cdot 7H_2O$	287.57
$PbCO_3$	267.21	$SnCl_2 \cdot 2H_2O$	225.63		
PbC_2O_4	295.22	$SnCl_4$	260.50		

参 考 文 献

[1] 武汉大学等. 分析化学. 第 4 版. 北京：高等教育出版社，2004.
[2] 赵藻藩，周性尧，张悟铭等. 仪器分析. 北京：高等教育出版社，2001.
[3] 武汉大学等. 分析化学：上、下册. 第 5 版. 北京：高等教育出版社，2010.
[4] 华中师范大学、陕西师范大学、东北师范大学等. 分析化学：下册. 第 3 版. 北京：高等教育出版社，2002.
[5] 高职高专化学教材编写组. 分析化学. 第 2 版. 北京：高等教育出版社，2006.
[6] 华中师范大学等. 分析化学：上、下册. 第 4 版. 北京：高等教育出版社，2011.
[7] 彭崇慧，冯建章，张锡瑜. 分析深化定量化学分析简明教程. 第 3 版. 北京：北京大学出版社，2009.
[8] 林树昌，胡乃非，曾泳淮. 分析化学：化学分析部分. 第 2 版. 北京：高等教育出版社，2004.
[9] 孙毓庆，胡育筑，吴玉田等. 分析化学. 第 2 版. 北京：科学出版社，2007.
[10] 张明晓，张春荣. 新分析化学. 北京：高等教育出版社，2008.
[11] 高歧. 分析化学. 北京：高等教育出版社，2004.
[12] 黄杉生. 分析化学. 北京：科学出版社，2008.
[13] 刘志广. 分析化学. 北京：高等教育出版社，2008.
[14] 孟凡昌. 分析化学教程. 武汉：武汉大学出版社，2009.
[15] 杨铁金. 分析样品预处理及分离技术. 北京：化学工业出版社，2007.
[16] 鞠煜先，邱宗荫，丁世家等. 生物分析化学. 北京：科学出版社，2007.
[17] 陈毓荃. 生物化学实验方法和技术. 北京：科学出版社，2002.
[18] 汪尔康，陈义. 生命分析化学. 北京：科学出版社，2006.
[19] 李锦萍. 电子线路. 北京：电子工业出版社，2001.
[20] 刘红玲. 微机接口实用技术教程. 北京：电子工业出版社，2003.
[21] 梁逸曾，俞汝勤. 化学计量学. 北京：高等教育出版社，2003.